CW01639098

Manfred Spitzer

Musik im Kopf

Manfred Spitzer

Musik im Kopf

Hören, Musizieren, Verstehen und Erleben im neuronalen Netzwerk

2. Auflage

Mit 148 Abbildungen und 17 Tabellen

Schattauer

Prof. Dr. Dr. Manfred Spitzer
Universität Ulm
Psychiatrische Klinik
Leimgrubenweg 12–14
89075 Ulm

Bibliografische Information der Deutschen Nationalbibliothek

Die Deutsche Nationalbibliothek verzeichnet diese Publikation in der Deutschen Nationalbibliografie; detaillierte bibliografische Daten sind im Internet über http://dnb.d-nb.de abrufbar.

2. Auflage

E-Mail: info@schattauer.de
Internet: www.schattauer.de
Printed in Germany

Lektorat: Danielle Flemming, Dr. Beatrix Spitzer, Susanne Spitzer
Umschlagabbildung: Kokopelli. © Viktoriia Protsak, www.fotolia.de
Satz: am-productions GmbH, Wiesloch
Druck und Einband: Himmer AG, Augsburg

Auch als E-Book erhältlich:
ISBN 978-3-7945-6902-1 (ePub)
ISBN 978-3-7945-6770-6 (PDF)

ISBN 978-3-7945-2940-7

Für meine Mutter Maria

Vorwort zur zweiten Auflage

Der Erfolg dieser Einführung in die spannenden Zusammenhänge zwischen Musik, Psychologie und Neurobiologie hat mich überrascht und sehr gefreut. Zwei Preise für das Buch – 2010 Preis der *Dr. Margrit Egnér-Stiftung* und 2012 die *Leo-Kerstenberg-Medaille des Verbandes der Deutschen Schulmusiker e.V.* – machen deutlich, dass es bei den Interessierten „angekommen" ist und gern aufgenommen wurde. Von allen meinen Büchern ist *Musik im Kopf* dasjenige, das mir beim Schreiben am meisten Spaß gemacht hat und bei dessen Abfassung ich selbst am meisten gelernt habe. Meine Begeisterung für die Musik und die Wissenschaft, so schrieben mir viele Leser in unzähligen Briefen und E-Mails, sei auf jeder Seite zu spüren – was mich ganz besonders freut.

Bemängelt wurde von Anfang an das etwas antiquierte formale Layout, die Typographie, die „Bleiwüsten", wie sich mancher Kenner ausdrückte. Dies alles ist allein mein Verschulden, denn damals machte ich bei meinen Büchern noch alles selbst: das Cover, die Abbildungen und eben nicht nur die Sätze, sondern auch den Satz. Typographie war seit mehr als 10 Jahren schon zu meinem Hobby geworden, und bis heute ärgere ich mich darüber, dass ich noch nicht die Zeit gefunden habe, einmal *darüber* ein Buch zu schreiben. Denn es gibt neben der langen Tradition der Typographie (einer Kunstform) auch die empirische Psychologie des Lesens und die Neurobiologie des Sehens – und wieder liegt vieles unverbunden und damit auch letztlich unverstanden vor. – Ein traumhafter Ausgangspunkt für ein Buch!

Das anhaltende Interesse am Buch einerseits und die Unzufriedenheit (nicht zuletzt des Verlags selbst) mit dessen Form andererseits hat nun zur zweiten Auflage geführt, mit der Musik im Kopf nun endlich erwachsen geworden ist und hoffentlich für den Leser (noch) leichter zugänglich. Bücher zum Thema gibt es mittlerweile ja sehr viele, meist jedoch behandeln sie Spezialgebiete in vertiefter Form, wie etwa die ebenfalls bei Schattauer erschienene *MusikerMedizin*[1] oder die englischsprachigen Bücher zu *Takt und Rhythmus*[2] oder zu den *Emotionen in der Musik*[3].

Selbstverständlich ist heutzutage „alles" *im Netz.* Was aber gerne übersehen wird: Googeln kann nur derjenige, der schon etwas weiß, denn wer gar nichts weiß hat auch keine Frage, und wer sehr wenig weiß, kann die Spreu nicht vom Weizen trennen. Ihm fehlt der „Filter", das Vorwissen, um die „10.000 Hits in 0,1 Sekunden" zu bewerten, die eine Suchmaschine liefern mag. Eigentlich ist dies seit mehr

---

1 Spahn C, Richter B, Altenmüller E (2010) MusikerMedizin: Diagnostik, Therapie und Prävention von musikerspezifischen Erkrankungen. Stuttgart: Schattauer.

2 London J (2012) Hearing in Time: Psychological Aspects of Musical Meter. Oxford University Press, USA.

3 Juslin PN, Sloboda JA (2011) Handbook of Music and Emotion: Theory, Research, Applications. Oxford University Press, USA.

als 150 Jahren klar, denn wie Verstehen funktioniert, wurde von einer Reihe von Denkern unter dem Fachbegriff der *Hermeneutik* schon im 19. Jahrhundert herausgearbeitet. Wissen wird durch das Internet nicht überflüssig, sondern stellt überhaupt erst die Voraussetzung dar, es zu benutzen. Daher braucht man nach wie vor – und im Grunde jetzt erst recht (!) – Einführungen in ein Thema, in denen ein Autor einen Leser gleichsam an der Hand nimmt und ihn zu Neuem führt, mit dem Ziel, ihm Lust auf (noch viel) mehr zu machen. Eine solche Einführung ist dieses Buch, jetzt in neuem und schönerem Kleid. Ich danke dem Verlag – den Herren Dieter Bergemann und meinem Freund Wulf Bertram – für den Einsatz um diese Neuauflage herum und insbesondere Frau Ruth Becker für ihr unermüdliches Arbeiten an deren Realisierung!

Anlässlich des Erscheinens von *Musik im Kopf* vor gefühlten hundert Jahren hatte Wulf die Idee, bei den *Lindauer Psychotherapiewochen* nicht nur über Musik zu reden, sondern auch Musik zu machen. Und so spielten wir zu zweit (Klarinette und Gitarre) ein Paar (groß geschrieben, denn es waren nur zwei) Stückchen. Daraus wurde dann eine kleine Band[4], zusammen mit Joram Ronel (dem Dritten im Bunde), die bis heute existiert (siehe Abbildung). So hat ein Buch über Musik *ursächlich* zu noch mehr Musik geführt! Hoffentlich war und ist dies kein Einzelfall, sondern die Regel, denn noch schöner als über Musik zu lesen ist, sie zu machen! Nach wie vor gilt daher: A one, a two, a-one-two-three-four ...

Ulm, am Schwörmontag 2014 **Manfred Spitzer**

4 http://www.braintertainers.de/band.htm

Vorwort zur ersten Auflage

Warum machen Menschen Musik? Was ist überhaupt Musik? Wie wirkt Musik auf uns und warum wirkt sie so? Was geschieht, wenn wir Musik hören, machen oder verstehen? Was ist Talent und was geschieht beim Üben? – In diesem Buch geht es um Fragen wie diese. Die Antworten werden im Kopf gesucht, das heißt da, wo Musik „eigentlich" stattfindet. Gewiss, auch ein Gemälde wird letztlich im Kopf gesehen, nachdem es mit dem Kopf (der den Pinsel lenkte) gemalt wurde; aber es hängt an der Wand, auch wenn keiner hinsieht. Musik hingegen ist nur da, wenn sie erlebt wird. Die Schwingungen in der Luft, die Rillen in der Schallplatte oder die Nullen und Einsen auf einer CD *sind* ebenso wenig schon Musik wie die im Schrank liegenden Noten. Musik ist zeitliche Gestalt und bedarf des Erlebens und des aktiven Hervorbringens solcher Gestalt. Selbst eine so einfache Melodie wie *Hänschen klein* entsteht erst dadurch, dass Töne gehört und als Musik erlebt werden.

Wie aber macht unser Gehirn, das Organ des Wahrnehmens, Erlebens, Handelns und Verstehens, in unserem Kopf Musik? – Von allen höheren geistigen Leistungen scheint sich Musik am wenigsten für neurowissenschaftliche Untersuchungen zu eignen. Das Musikhören stellt eine sehr persönliche Erfahrung dar, die oft nur schwer zu beschreiben ist. Der Hörer reagiert emotional auf die vom Komponisten erdachten und den Musikern ausgeführten Bewegungen der Luft. Diese Reaktionen sind stark abhängig von den jeweiligen Vorerfahrungen des Hörers, seinem Interesse, seiner (musikalischen) Erziehung, seiner Kultur und seiner Persönlichkeit. Das gleiche Musikstück kann den einen tief bewegen und den anderen völlig kalt lassen. Wie soll man in Anbetracht dieser Individualität und problematischen Kommunizierbarkeit von Musik zu wissenschaftlichen, d.h. allgemein gültigen Aussagen über Musik gelangen? Da Neurobiologie zu den Wissenschaften gehört, muss man also die Frage stellen, ob die hier angestrebte Naturwissenschaft der Musik überhaupt sinnvoll und durchführbar ist.

Musik kommt einerseits in allen Kulturen vor, ist jedoch andererseits nicht wie die Sprache praktisch lebensnotwendig, weswegen es auch eine deutlich größere Variationsbreite musikalischer Fähigkeiten im Vergleich zu sprachlichen Fähigkeiten gibt. Fast jeder hört Musik, das aktive Musizieren ist jedoch hierzulande eine hoch spezialisierte Aktivität, die von einer kleinen Minderheit aller Menschen mit großer Perfektion ausgeübt wird. Die Frage danach, wie unser Gehirn Musik hervorbringt oder wahrnimmt, scheint also zunächst wissenschaftlich recht hoffnungs- bzw. aussichtslos. Dieser Frage nachzugehen ist jedoch seit einigen Jahren möglich. Die Erforschung des Gehirns hat in den vergangenen etwa zehn Jahren einen beispiellosen Aufschwung genommen. Gerade weil Musik eine so besondere Fähigkeit ist, lassen sich durch das neurowissenschaftliche Studium dieser Fähigkeit wichtige Einsichten in die Funktionsweise unseres Gehirns gewinnen, die keineswegs nur für den Bereich der Musik gelten. Man kann also den Spieß gleichsam herumdrehen: Nicht nur die perzeptuellen oder sprachlichen Aspekte von Musik, sondern auch und gerade deren Individualität und Emotionalität machen neurobiologische Untersuchungen zur Musik überhaupt erst so richtig spannend!

Als Psychiater, Psychologe und Neurowissenschaftler habe ich die Entwicklung der Gehirnforschung beruflich mitverfolgt bzw. mitvertreten und habe – zu einem winzigen Teil – auch daran mitgewirkt. Als musikbegeisterter Nicht-Musikwissenschaftler habe ich zugleich die Ignoranz, die es mir erlaubt, über Musik zu schreiben ohne in – mir gar nicht bekannten – Detailproblemen zu versinken. So erklärt sich die Entstehung dieses Buchs aus einer zunehmend spannungsgeladenen Mischung von beruflichem Erkenntnisgewinn und privatem Enthusiasmus, und es bedurfte lediglich eines Zündfunkens, um diese Mischung zur Entladung (d.h. das Buch zur Entstehung) zu bringen. Dieser bestand in der Einladung meines Ulmer Kollegen Horst Kächele, einen Vortrag über Musik und das Gehirn anlässlich des 13. Workshops zur musiktherapeutischen Forschung im Februar 2001 zu halten. Die Vor- und vor allem Nachbereitungen hierzu uferten gleichsam aus und das Ergebnis liegt vor Ihnen.

Die Verbindung von Neurobiologie und Medizin einerseits sowie Musik andererseits ist ungewöhnlich, jedoch keineswegs an den Haaren herbeigezogen. Die Seele und die Nerven werden seit Jahrhunderten mit der Metaphorik der Schwingung beschrieben, und Ärzte haben – den Gründen sei hier nicht weiter nachgegangen – einen Hang zur Musik, was nicht zuletzt die vielen Ärzteorchester bezeugen. (Kennt jemand ein Juristen-, Wirtschaftswissenschaftler- oder Informatikerorchester?) Die Schnittmenge aus der Gruppe von Menschen, die sich für das Gehirn interessieren, und der Gruppe von Menschen, die sich für Musik interessieren, ist also gar nicht so klein, wie man bei der Verschiedenheit der Sachgebiete zunächst annehmen könnte.

Es ist wohl auch kein Zufall, dass sehr viele Ergebnisse zur Neurobiologie des Lernens beim Menschen sich auf Musik und Musiker beziehen, denn wo sonst wird mit so viel Hingabe an Zeit und Aufwand geübt wie in der Musik? Wer ein Instrument erlernt, verbringt tausende von Stunden mit immer wieder den gleichen oder ähnlichen Bewegungsabläufen und hat entsprechende klangliche Wahrnehmungen, so dass sich die Effekte des Lernens auf das Gehirn des Menschen kaum irgendwo besser studieren lassen als im Bereich der Musik.

Im Hinblick auf das Hören und Machen von Musik ist die Kenntnis der dies ermöglichenden neuronalen Maschinerie zwar nicht notwendig, der Musiker wird aber dennoch vieles besser verstehen, wenn die physikalischen und physiologischen Grundlagen klar sind. So folgt beispielsweise das Design vieler Instrumente ebenso aus der Physik und der Physiologie wie die Tonleiter oder die Architektur von Konzertsälen. In diesem Buch geht es somit um Musik als einem Spezialfall von Wahrnehmen, Denken, Lernen und Handeln, an dem sich viele Einsichten besonders klar verdeutlichen lassen. Musik wird hier zu einer Art Brennpunkt, in dem sich erhellende Strahlen der Erkenntnisse aus verschiedensten Disziplinen (von Psychologie und Philosophie über die Physik zur Neurobiologie und wieder zurück) schneiden, in dem sich Einsichten aus den entferntesten Sachgebieten gegenseitig befruchten und Erfahrungen aus den entlegensten Winkeln unseres Seins überschneiden oder miteinander verschmelzen. Wir gehen ja immer schon, meist ohne viel darüber nachzudenken, mit Musik um, und dieses Buch soll einen Beitrag dazu leisten, diesen Umgang besser zu verstehen.

Was das konkrete Lehren und Lernen von Musik anbelangt, kann die Bedeutung der Forschungsergebnisse aus der jüngeren Zeit in Neurobiologie und Psychologie wahrscheinlich gar nicht überschätzt werden. Das Gehirn ist das Organ des Lernens und das Verständnis seiner Funktionsprinzipien sollte daher für Lehrer und Schüler etwa die Bedeutung haben wie das Verständnis der Funktion eines Motors für den Automechaniker. Im Hinblick auf den Musikunterricht an den Schulen wurde dies erst kürzlich von Ortwin Nimczik (2001, S. 3), Professor an der Hochschule für Musik in Detmold und Mitherausgeber der *Zeitschrift Musik und Bildung*, formuliert: „Für eine notwendige Neukonzeption [des Unterrichts] bedarf es unabdingbar der verstärkten Berücksichtigung von Erkenntnissen der Musikpsychologie und der neurobiologischen Forschung."

Die Bedeutung der Physik schwingender Körper für Musik ist seit Pythagoras und Helmholtz jedem geläufig, der sich mit der Materie befasst. Sie ist Gegenstand sehr vieler guter Bücher zu den Grundlagen von Musik. Die Bedeutung der Physiologie, also der Wissenschaft vom lebendigen Körper, und insbesondere der Psychologie und Neurobiologie, der Wissenschaften vom Gehirn, für Musik ist ebenfalls heute sehr deutlich, findet sich jedoch bislang kaum zusammengefasst und für Jedermann zugänglich dargestellt. Diese Lücke soll das vorliegende Buch schließen. Es soll klar werden, was man weiß, wie man es weiß und was man nicht weiß, in einer möglichst einfachen und klaren Sprache.

Das Buch sollte sowohl für den musikalischen Laien als auch für den neurowissenschaftlichen Laien lesbar sein, weswegen ich vereinfachen musste, allerdings immer in dem Bestreben, die Dinge nicht bis zur Unkenntlichkeit oder gar Falschheit zu vereinfachen. Bei Experten auf dem Gebiet der Musik oder Neurobiologie möchte ich mich jedoch an dieser Stelle für die zuweilen für deren Geschmack vielleicht zu starken Vereinfachungen entschuldigen. Ich hoffe dennoch, dass auch ihnen die Lektüre gewinnbringend ist, zumal ich kein entsprechendes Buch auf dem deutschen bzw. internationalen (sprich: englischsprachigen) Markt finden konnte.

Ich habe viele Abbildungen gezeichnet, am Computer generiert oder fotografiert, weil auch im Bereich der Akustik und Musik manchmal ein Bild mehr sagt als tausend Worte. Es soll Spaß machen, dieses Buch zu lesen! Wer bei der Lektüre abstürzt, z.B. bei den Details in den Kapiteln 2 oder 3, sollte es einfach an einer anderen Stelle des Buchs wieder versuchen, vielleicht bei den Babys in Kapitel 6, dem Tanz in Kapitel 8, dem Singen in Kapitel 10, den singenden Buckelwalen und Neandertalern in Kapitel 14, den Wiegenliedern in Kapitel 15 oder der Filmmusik in Kapitel 16. Es ist meine Hoffnung, dass beim Lesen vor lauter Bäumen (sprich: interessanten Details) auch der Wald (der Grundgedanke) nicht untergeht, sondern im Gegenteil immer deutlicher hervortritt: Es geht immer wieder um die Musik im Kopf, also um das an uns und in uns, was Musik überhaupt erst entstehen lässt. Die zum Teil persönlichen Details mögen zum Ausdruck bringen, dass Musik nicht ohne die musizierenden Menschen denkbar ist und daher immer auch eine persönliche und private Seite hat. Es soll damit – wenigstens in diesem Buch – so oft wie möglich gleichsam die Gegenposition zu der heute großen Anonymität der allermeisten Musikerlebnisse der allermeisten Menschen zu Worte kommen.

Um die Verständlichkeit des Buchs zu verbessern, habe ich Verwandte, Freunde und Mitarbeiter gebeten, eine Vorabversionen von Kapiteln kritisch durchzugehen. Für diese Mühe möchte ich mich sehr herzlich bei Renate Campos, Bernhard Connemann, Karl Enders, Susanne Erk, Ulrike Gässler, Georg Groen, Markus Kiefer, Thomas Kammer, Holger Ohl, Anne Pfoh, Martin Schuster, Ulla Spitzer, Friedrich Uehlein, Matthias Weisbrod, Anne Wietasch, Matthias Wittfoth und Tatjana Zimmermann bedanken. Julia Ferreau und Gerlinde Troegele halfen manchmal beim Schreiben des Manuskripts. Birgit Sommer besorgte Literatur und Bärbel Herrnberger hat bei den Einzelheiten der Physiologie ebenso geholfen wie beim Layout. Thomas Merz hat mich bei typographischen und drucktechnischen Fragen beraten. Wulf Bertram vom Schattauer Verlag hat das Buchvorhaben von Anfang an unterstützt und mit begleitet, Birgit Fiebiger, Danielle Flemming und Bernd Burkart hatten die Materialisierung des Projekts unter ihren Fittichen. Allen sei an dieser Stelle für ihre Mühe mit einem manchmal etwas eigenwilligen Autor sehr herzlich gedankt. Für das Endlektorat bedanke ich mich bei meiner Frau und meiner Schwester Susanne sehr herzlich. Für alle verbliebenen Fehler und unausgemerzten Verständnishürden bin allein ich selbst verantwortlich.

Zum Schluss noch eine Bitte an den Leser: Auf den folgenden 440 Seiten warten einerseits sehr viele Details, die ohne den großen Zusammenhang vielleicht schwer verständlich oder zumindest in ihrer Interpretation nicht ganz klar sein könnten. Das Gesamtbild erschließt sich jedoch erst demjenigen, der das Buch ganz gelesen hat, und dieser Zusammenhang wiederum sollte das Verstehen der vielen Details erleichtern und zudem auch verdeutlichen, warum diese oder jene Kleinigkeit gerade an dieser oder jener Stelle angeführt ist. Der Ausweg aus dieser unter dem Namen *hermeneutischer Zirkel* bekannten Paradoxie, dass man ein Buch zwar lesen, aber eigentlich gar nicht verstehen kann (zum Verständnis des Ganzen braucht man die Einzelheiten, die man wiederum nur versteht, wenn man das Ganze schon kennt) besteht darin, dass man irgendwo anfängt und sich dann immer weiter und tiefer mit den Dingen beschäftigt. Daraus leitet sich meine Bitte ab, das Buch zweimal zu lesen. Ich hoffe, es ist dann wie bei einem guten Film, den man zum zweiten Mal sieht: Man befindet sich nicht mehr ohne Distanz mittendrin, denn man weiß ja schon, wie die Geschichte ausgeht und kann sich genüsslich zurücklehnend den Details widmen.

Das Buch ist meiner Mutter gewidmet. Sie hatte schon als kleines Mädchen auf dem Akkordeon ihres älteren Bruders herumprobiert, bekam irgendwann von meinem Vater eines geschenkt und spielte darauf Volkslieder – immer lächelnd, aber zugleich mit senkrechten Falten auf der Stirn, denn das Auswendigspielen ohne jegliche Übung (die fünf Kinder zu verhindern wussten) bedurfte der Konzentration. Auch die Wiegenlieder, die mir meine Mutter vorsang und an die ich mich nur in Form der in meinem Kopf fest verankerten Struktur der Dur-Tonleiter erinnern kann, sind Grund genug, ihr dieses Buch zu widmen, das sicherlich mein persönlichstes ist und zugleich dasjenige, an dem ich am liebsten geschrieben habe.

Ulm, im November 2001 **Manfred Spitzer**

Inhalt

1 Götter und Gefühle, Wirtschaft und Wissenschaft

Musik bewegt die meisten Menschen tief. Sie ist so schön, dass weder die Töne noch die Instrumente von Menschen erfunden oder gemacht sein können. Der Ursprung der Musik muss daher bei den Göttern liegen – so oder so ähnlich wird in vielen Kulturen das Verhältnis des Menschen zur Musik bestimmt.

Vieles spricht dafür, dass Musik in früherer Zeit ganzheitlich erlebt wurde und mit Tanz und anderen Aktivitäten eng verbunden war. Ihre Wirkung auf den Menschen wurde von Priestern und Politikern früherer Hochkulturen klar gesehen. So erklärt sich die mitunter starke Reglementierung all dessen, was mit Musik zu tun hatte, durch den Staat. Auch im Christentum spielt Musik eine wichtige Rolle: Die heilige Messe ist unter anderem ein Liederreigen; die Engel spielen in der christlichen Bildkunst Harfe, der Teufel spielt in der Volkskultur Geige.

Die breite Einbettung der Musik in die Gedanken und den Lebensvollzug der Menschen muss jedoch verwundern, denn Musik erscheint auf den ersten Blick völlig überflüssig und dem sich damit beschäftigenden Menschen sogar abträglich, denn schließlich „vertut" er seine Zeit. Dies wirft letztlich die Frage auf, was Musik überhaupt ist, warum es sie gibt und worin die Bedeutung von Musik für den Menschen besteht.

China, Babylon, Ägypten und das Abendland

Bereits die Frage nach Entstehung und Geschichte der Musik hat mehrere Antworten. Die ältesten archäologisch identifizierten Musikinstrumente sind etwa 50.000 Jahre alt, und es gibt eine Reihe solcher Funde über den Erdball verstreut. Dies legt nahe, dass es überall lokale Musiktraditionen gab, dass Musik also nicht an Hochkulturen gebunden ist, sondern zum „einfachen Menschen" von Anfang an dazugehörte (vgl. Kapitel 14).

Die Geschichte der Musik im Sinne der Geschichte eines wesentlichen Bestandteils unserer Kultur beginnt irgendwo zwischen China und Babylon (geographisch etwa im heutigen Iran und Irak) vor mehr als 5000 Jahren. Man kann dies aus Gemeinsamkeiten schließen wie beispielsweise der, dass Abbildungen alter Saiteninstrumente aus China solche mit fünf und solche mit sieben Saiten zeigen. Auf einem babylonischen Vasenfragment aus dem vierten Jahrtausend v. Chr. sind entsprechend zwei Instrumente mit fünf und sieben Saiten zu sehen. Auch die Intervalle Oktave, Quinte und Quarte und sogar die Einteilung der Oktave in zwei Abschnitte, entsprechend etwa C–F und G–C, wurden in beiden Kulturen beschrieben (Sachs 1928). Bei den Griechen spielten diese Abschnitte – Tetrachorde genannt – später ebenfalls eine wichtige Rolle. Selbst die Überzeugung von nicht zufälligen Zusammenhängen zwischen Musik und Himmelsmechanik war den Chinesen und

Abb. 1-1 Ägyptische Malerei aus einem Grab in Theben, die links eine Doppeloboe, in der Mitte eine Laute und rechts eine Harfe zeigt. E. M. von Hornbostel hat durch genaue Betrachtung der Grifflöcher der Oboe und der Bünde der Laute sogar Rückschlüsse auf die gespielten Tonstufen gezogen (zitiert nach Sachs 1928, Tafel 1 und S. 5; vgl. auch Dullat 1990).

Babyloniern (von den Griechen gar nicht zu reden) gemeinsam: Fünf war die Zahl der alten Planeten, sieben die der Wochentage.

Vor etwa viertausend Jahren wurde in Ägypten mit den unterschiedlichsten Instrumenten ganz offensichtlich sehr differenziert musiziert, wie Statuen und Abbildungen vor allem aus Grabfunden nahelegen (vgl. Abb. 1-1). Von Ägypten kam diese Musikkultur nach Griechenland und von dort ins gesamte Abendland.

Mythos, Zauber und staatliche Kontrolle

Die Ursprünge der Musik liegen so weit zurück, dass sie nicht in der Geschichte, sondern in der Mythologie vieler Völker ihren Ausdruck gefunden haben. Betrachten wir einige Beispiele. Der Gott Apollo und die Musen gaben den Menschen die Musik – so die griechische Mythologie, der zufolge auch die Musikinstrumente göttlicher Herkunft waren: Der Götterbote Hermes brachte die Lyra, die Kriegsgöttin Athene erfand Trompete und Schalmei, und auf den Hirtengott Pan geht die Flöte zurück. Die indische Göttin Sarasvati erfand der dortigen Mythologie zufolge die Tonleiter, deren einzelne Töne wiederum auf andere Götter zurückgeführt wurden. Den Chinesen wurde die Tonleiter von einem Wundervogel gebracht, und in Japan wurde das Koto, ein Saiteninstrument (vgl. Abb. 1-2), von einem Gott erfunden, um die Sonnenkönigin aus ihrem Versteck zu locken (Engel 1876/1977, S. 75).

Abb. 1-2 Das Koto (deutsch: Wölbbrettzither) ist ein japanisches Saiteninstrument, das zunächst nur sechs Saiten hatte und dessen hier abgebildete zeitgenössische Version mit 13 Saiten bespannt ist. Mit seiner Länge von 180 cm klingt das nicht gerade handliche Instrument weniger wie eine Zither, sondern eher wie eine Harfe. Man spielt es mit drei Fingern der rechten Hand, über die Plektren aus Papier und Elfenbein gestülpt werden. Die Stimmung ist durch die für jede Saite einzeln frei zwischen Korpus und Saite geklemmten beweglichen Stege variabel, wird jedoch in Japan wie folgt vorgenommen (nach Yoshizaki 1994):

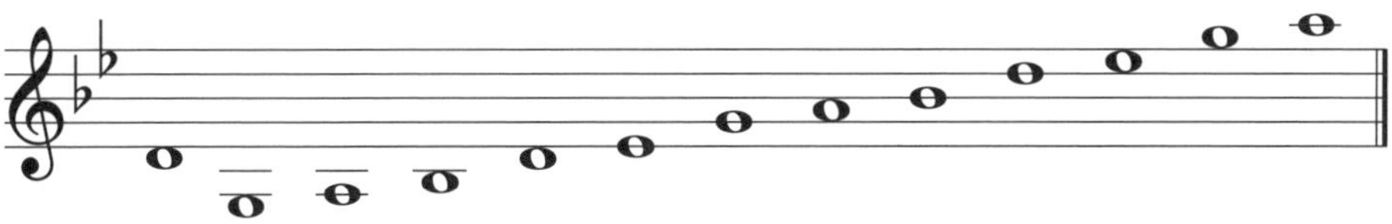

Aufgrund der für japanische Musik charakteristischen unterschiedlichen Schrittweiten der Tonstufen klingt es „japanisch", was auch immer man auf einem derart gestimmten Koto spielt. Die linke Hand kann durch Hinunterdrücken der Saite links vom Steg deren Ton erhöhen sowie Vibrato erzeugen.

Die Menschen verbanden Musik seit alters her mit besonderen Kräften, wahrscheinlich, weil sie selbst von Musik auf ganz besondere Weise bewegt wurden. Dieses Bewegtwerden war dabei in aller Regel emotional positiv (vgl. Kapitel 15), wie am Beispiel eines Gottes aus der Neuen Welt illustriert sei.

Kokopelli: Synthese von Fruchtbarkeit und Musik

Im Südwesten der USA, vor allem im Staat New Mexico, finden sich an sehr vielen Orten, zumeist Klippen oder Höhlen, in Felsen geschlagene oder geritzte Bilder eines Flöte spielenden, leicht buckligen Männchens, das bei den Hopi- und Zuni-Indianern unter dem Namen Kokopelli bekannt ist (Abb. 1-3). Sein Name leitet sich möglicherweise aus der Sprache der in Arizona lebenden Hopi-Indianer ab, wo „Kookopölö" so viel wie „Holzbuckel" heißt. Eine andere Quelle besagt, dass Koko ein in der Wüste namens „pelli" lebender Gott der Zuni-Indianer sei, es sich

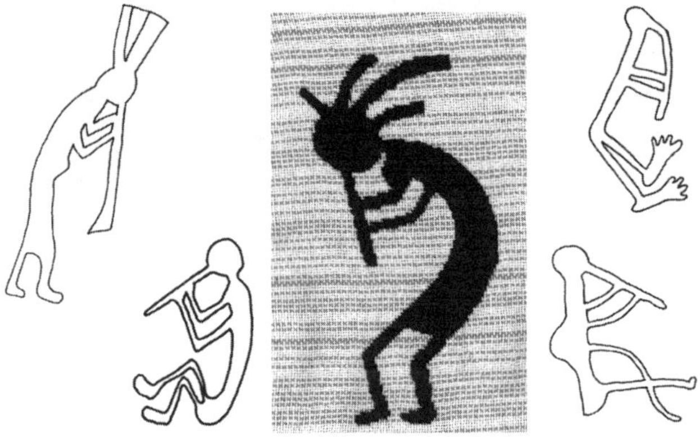

Abb. 1-3 Der „Party-Gott" Kokopelli taucht in sehr vielen Variationen auf Felsen auf – stehend, sitzend oder mit übereinandergeschlagenen Beinen (nach Slifer u. Duffield 1994 sowie Walker 1998; vgl. auch Malotki 2001), erstmals bereits etwa um 200 n. Chr.

also um einen Wüstengott handelt. Heute findet sich das Motiv auf vielen touristisch vermarkteten Gegenständen wie Töpferwaren, Decken (Bildmitte), Teppichen oder Fußmatten. Seit eineinhalb Jahrtausenden ist Kokopelli das Sinnbild für Musik, Tanz, gute Laune und auch Fruchtbarkeit, und das Zeichen wurde schriftähnlich auf so genannten Newspaper-Rocks, also Zeitungsfelsen, verwendet.

Im Unterschied zu den politisch korrekten zeitgenössischen Darstellungen Kokopellis ist dieser auf den Originalen oft mit langem Schwanz und Penis als Fruchtbarkeitssymbol abgebildet. Wie in anderen Kulturen auch wird damit die Musik mit der Reproduktion und Fruchtbarkeit in enge Verbindung gebracht.

Von Zauberei und totalitären Staaten

Musik war keineswegs immer die nette Freizeitbeschäftigung, jedem selbst überlassen, beliebig in Rhythmik, Tonalität und Form, die sie heute zu sein scheint. Gewiss, Musik hat auch, gerade heute, gesellschaftlich bedeutsame emotionale Auswirkungen und sogar ökonomische Funktionen (siehe die Kapitel 15 und 16). Dies alles geschieht jedoch mehr oder weniger zufällig und unterliegt beispielsweise nicht unbedingt wissenschaftlicher Logik oder gar staatlicher Kontrolle. Das war nicht immer so.

In China galt es für den Staat als unbedingt erforderlich, dass der Grundton der Musik richtig festgelegt war und bestimmten kosmischen Maßen entsprach. Auch hielt man den Einfluss der Musik auf den Charakter und die moralische Haltung der Menschen für groß und achtete entsprechend von Staats wegen auf die richtige Musik (Lachmann 1929).

Die Zumessung bestimmter Kräfte der Musik ging so weit, dass man bestimmten Melodien eine Zauberwirkung zuschrieb, ähnlich wie primitive Stämme die Ausübung von Musik mit der Einflussnahme auf andere Menschen und auch die Natur verbanden. So erzählt die griechische Mythologie von Orpheus, der nicht nur wilde Tiere, sondern auch Felsen, Wälder, Flüsse, Hagel und Schnee durch seinen Gesang besänftigte. Die Sage vom Rattenfänger von Hameln stößt ins gleiche Horn, und auch indische Erzählungen berichten von der Macht bestimmter Melodien über die Elemente und Naturkräfte. Die *Râgas*, bestimmte Tonleitern und daraus improvisierte Melodien der indischen Musik, wurden und werden zum Teil noch heute bestimmten Tages- und Jahreszeiten zugeordnet, vor allem aber bestimmten Emotionen und Göttern. Nicht anders steht es um die *Mâquâmat* der Araber, bei denen es sich um ursprünglich der Volksmusik entstammende Melodiegestalten handelt, die wegen der ihnen zugeschriebenen Wirkungen ebenfalls nur zu bestimmten Zeiten und für bestimmte Menschen gesungen oder gespielt werden durften.

Bender (2000) bringt das Beispiel der traditionellen Musik in Guinea, Afrika, aus der Zeit vor der Kolonialisierung, die unter anderem als *Initiationsmusik* Bestandteil der Erziehung und Ausbildung eines jeden jungen Mannes war.

Am weitesten trieb es wohl der griechische Philosoph Platon (427 bis 347 v. Chr.), was die Ausarbeitung eines Systems der Wirkungen von Musik auf den Menschen und der daraus abgeleiteten gesellschaftspolitischen Konsequenzen anbelangt. Mit Musik war nicht zu spaßen! Dafür war sie für die harmonische Ausbildung der Seele und für die Modulation der Emotionen, wie wir heute sagen würden, von viel zu großer Bedeutung.

Die Griechen unterschieden in ihrer ausgefeilten Musiktheorie (*systema teleion* genannt) sieben verschiedene Tonleitern mit entsprechend unterschiedlich verteilten Ganz- und Halbtonschritten (vgl. Tabelle 1-1) und ordneten jeder eine bestimmte Wirkung auf den Menschen zu. Analog wie wir heute etwa eine Moll-Tonleiter als traurig und eine Dur-Tonleiter als fröhlich erleben können, galt für Platon die eine Tonleiter als verweichlichend (und sollte daher der Jugend nicht vorgespielt werden) und die andere als stählend.

Tab. 1-1 Griechische Tonleitern, zur einfacheren Darstellung und besseren Vergleichbarkeit ausgehend vom Grundton C aufwärts dargestellt (modifiziert nach Dahlhaus und Eggebrecht 1998, S. 220), und deren vermeintliche Wirkung auf den Menschen (nach drei mittelalterlichen Quellen, zusammengefasst im New Groves, Bd. 12, S. 398, vom Autor übersetzt und vereinfacht). Das griechische System bildete später die Grundlage der mittelalterlichen Kirchentonarten, aus denen sich wiederum ab dem 17. Jahrhundert (Barock) das (vergleichsweise einfache) Dur-Moll-System herausbildete, in dem nur noch die hypolydische (ionische, Dur) und die hypodorische (äolische, Moll) Tonleiter übrig blieben. Bei den „hypo"-Tonarten werden die drei höchsten Töne der Skala unten aufgereiht, der Grundton ist somit F, was die traurige, weinerliche Wirkung des heutigen Dur erklärt.

Tonart	Wirkung
dorisch: c-d-es-f-g-a-b-c	ernst, ehrenvoll, offen
phrygisch: c-des-es-f-g-as-b-c	aufregend
lydisch: c-d-e-fis-g-a-h-c	fröhlich
mixolydisch: c-d-e-f-g-a-b-c	theatralisch
hypodorisch (äolisch): c-d-es-f-g-as-b-c	traurig, ernst
hypophrygisch (lokrisch): c-des-es-f-ges-as-b-c	mäßig, schmeichelnd
hypolydisch (ionisch): c-d-e-f-g-a-h-c	traurig, weinerlich

Neben den Tonleitern waren für Platon auch unterschiedliche Rhythmen mit verschiedenen Effekten verbunden, so dass sich insgesamt ein sehr komplexes Lehrgebäude ergab. Dieses hatte seine Wurzeln im vorderen Orient und Ägypten, also dort, wo man auch Astronomie betrieb und die Sterne mit der Musik verband. Diese Verbindung war bereits vor Platon von Pythagoras in ausgefeilter Weise ausgearbeitet worden.

Musik im Abendland: Zahlen, Sterne und Sphärenmusik

Der Grieche Pythagoras (570–497 v. Chr.) ist hierzulande vor allem durch sein Theorem bekannt, demzufolge bei jedem rechtwinkligen Dreieck die Flächen der Quadrate über den kürzeren Seiten mit dem Quadrat über der langen Seite identisch sind. Wer kann sich nicht an $a^2 + b^2 = c^2$ erinnern? Wer würde jedoch denselben Herrn mit der Gründung einer Art Orden in Verbindung bringen, dessen Anhänger die Seelenwanderung (und daher Respekt vor allen Lebewesen) predigten, ihren Körper und Geist durch Diät günstig zu beeinflussen suchten (Bohnen waren streng verboten) und die erstmals Musik und Mathematik miteinander verbanden?

Obwohl man heute nicht mehr daran zweifelt, dass Pythagoras tatsächlich gelebt hat, ist nicht immer klar zwischen Legende und Tatsachen zu unterscheiden, zumal von Pythagoras selbst keinerlei Schriftzeugnisse erhalten sind. Dennoch ist nicht

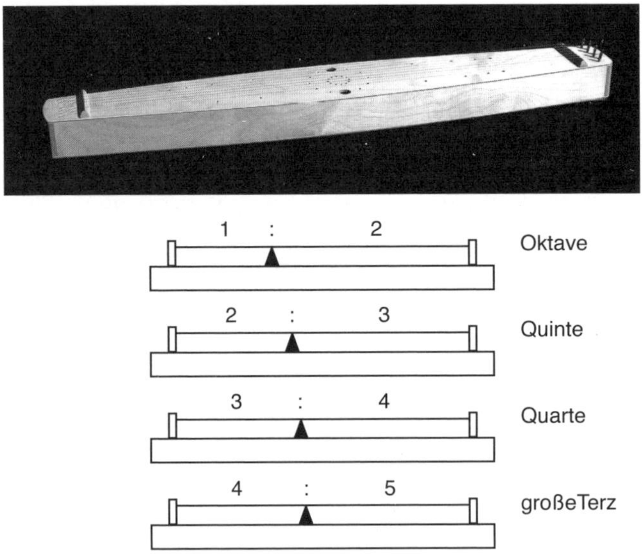

Abb. 1-4 Monochord. Gegenwärtig wird dieses Instrument nur noch selten z. B. im musiktherapeutischen Kontext eingesetzt (vgl. auch van der Maas 1985). In diesem Kontext machen Monochorde ihrem Namen wenig Ehre, denn sie haben für gewöhnlich mehr als nur eine Saite. Die Abbildung verdanke ich meinem Freund Helmut Seibert von der „Werkstatt für Musik und Klang" im hessischen Oberhof. Unten ist schematisch dargestellt, welche Intervalle bei welcher Teilung einer Saite entstehen.

unwahrscheinlich, dass Pythagoras selbst die Experimente gemacht hat, die ihm wichtige Erkenntnisse zum Zusammenhang von musikalischer Wahrnehmung einerseits und Zahlenverhältnissen andererseits brachten. Er verwendete hierzu ein Monochord, also einen Resonanzkörper mit einer einzigen Saite und einem verschiebbaren Steg (vgl. Abb. 1-4).

Seine Entdeckung bestand darin, dass den grundlegenden Intervallen der Musik – Oktave, Quinte und Quarte – einfache Zahlenverhältnisse der Längen einer schwingenden Saite entsprechen. Bei der Oktave verhalten sich die Längen der Saite wie 1 zu 2, bei der Quinte wie 2 zu 3, und bei der Quarte wie 3 zu 4. Diese Einsicht mag manchem heute nicht sehr wichtig erscheinen, sie stellte in der damaligen Zeit jedoch einen Durchbruch dar. Konnte doch erstmals sehr klar gezeigt werden, wie Musik (und damit Phänomene der Wahrnehmung von Natur) auf einfachen mathematischen Strukturen beruht (siehe auch Kapitel 4). Diese Einsicht hatte Folgen, denn was den Tönen recht war, das sollte anderen Naturgegenständen billig sein. Auch sie sollten sich mathematisch beschreiben lassen. Damit war zum ersten Mal – anhand der Entdeckung aus dem Bereich der Musik – das Programm naturwissenschaftlicher Forschung formuliert. Nahezu zwei Jahrtausende später wird von Galileo Galilei prägnant ausgedrückt: „Das Buch der Natur ist in der Sprache der Mathematik geschrieben."

Ob die astronomischen Spekulationen zu den Zahlenverhältnissen der Planetenbahnen ebenso auf Pythagoras zurückgehen, ist nicht geklärt. Seine Anhänger waren jedoch davon überzeugt, dass auch die himmlische Natur einfachen Zahlenverhältnissen folgt. Man dachte sich damals den Nachthimmel als ein die Erde umgebendes System von Kugeln (Sphären), die zur Erklärung der Bewegungen der Planeten und der Fixsterne herangezogen wurden (vgl. Aristoteles, *Vom Himmel II* 9. 290b 12ff, in Capelle 1968, S. 491f). Viel später erst kam die Phantasie hinzu, dass durch die Bewegung der Kugeln gegeneinander Töne entstehen, die *Sphärenmusik*. Diese sei jedoch für den Menschen unhörbar, weil sie permanent vorhanden sei und wir uns daher an ihre immerwährende Existenz (heute würde man hinzufügen: durch Adaptation) gewöhnt hätten.

Pythagoras war sowohl genialer Wissenschaftler als auch spirituelle Leitfigur und begründete eine ganze Bewegung, die *Pythagoräer*. Diese Bewegung spaltete sich bald nach seinem Tod in ein Lager der *Mathematiker* und eines der *Akousmatiker*. Dies waren Spiritualisten, die Riten und mystische Inhalte pflegten und tradierten. Pythagoras war „Guru eines Ashram und zugleich Direktor eines Forschungsinstituts", wie ein philosophisches Wörterbuch treffend zusammenfasst (Flew 1979, S. 294, Übersetzung durch den Autor).

Hohe, schöne und niedere Kunst

Wie oben bereits ausgeführt, war Musik für die Griechen des Altertums ein wesentlicher Teil der Welt und des gesellschaftlichen Lebens. Im Erziehungs- bzw. Bildungssystem stand Musik, wie Platon in seinem Werk *Der Staat* näher ausführt, neben der Gymnastik: Das eine sei gut für den Körper, das andere für den Geist; für die richtige Erziehung brauche es beides wohldosiert.

Platon lässt beispielsweise Sokrates seinen Gesprächspartner Glaukon fragen: „Bemerkst du nicht, in welchen Geisteszustand diejenigen geraten, die ihr Leben lang sich mit der Gymnastik beschäftigen, ohne sich irgendwie musisch zu bilden? Oder diejenigen, mit welchen das Gegenteil der Fall ist?" Und als Glaukon nicht recht weiß, worauf die Frage hinausläuft, gibt Sokrates selbst die Antwort: „Auf Rauheit und Härte einerseits, auf Weichheit und Milde andererseits" (vgl. Platon, *Staat III*, 410cd). Musik und Gymnastik haben mithin unterschiedliche Effekte auf den heranwachsenden Menschen, die sich gegenseitig zum Teil aufheben, aber in ihrer Verbindung für die richtige Erziehung sorgen.

Nach den Ausführungen zu Pythagoras verwundert es nicht, wenn im Griechenland der Antike die Musik zusammen mit der Arithmetik, der Geometrie und der Astronomie zu einem Lehrprogramm zusammengefasst war. Im späten Griechenland und im antiken Rom wurden hieraus, zusammen mit Grammatik, Rhetorik und Logik, die sieben freien Künste, die *artes liberales*. Bis weit ins Mittelalter hinein hielt sich die Einteilung dessen, was man heute Bildung nennen würde, in das *Quadrivium* der *höheren* Künste, das dem *Trivium* aus Grammatik, Rhetorik und Logik, den *niederen* Künsten, entgegengestellt war. Diese Künste waren deshalb nieder, weil sie ja nur mit Worten zu tun hatten (daher bis heute der Ausdruck *trivial* für etwas Einfaches, Niederes) und nicht wie die Musik und die anderen höheren Künste mit Zahlen (genau genommen mit Zahlenverhältnissen).

Mittelalter: Systematik, Notenschrift, Liebeslieder und Mehrstimmigkeit

Das oft als *finster* bezeichnete Mittelalter brachte in musikalischer Hinsicht eine Reihe ganz wesentlicher Fortschritte. Am Ende des sechsten Jahrhunderts sammelte Papst Gregor die einstimmigen Kirchengesänge. Aus der Notwendigkeit, diesen Gregorianischen Kirchengesang aufzuschreiben, entstand um die Jahrtausendwende die erste Notenschrift, zunächst mit vier und später mit fünf Linien (man experimentierte mit bis zu 20 Linien).

Ab dem elften Jahrhundert kam in Frankreich (durch die Troubadoure) und später in Deutschland der Minnesang auf, eine Form der weltlichen Musik, die von Adligen und Rittern zur Verherrlichung des anderen Geschlechts gesungen wurde. Aus der Tradition des Minnesangs entwickelten sich in der zunehmend wohlhabenden Gesellschaft des ausgehenden Mittelalters die bürgerlichen Singschulen und Meistersänger. Neben kirchlicher und höfischer Musik gab es im Mittelalter auch die Musik für die einfachen Leute, oft auf der Drehleier gespielt (Abb. 1-5). Sie wurde von Menschen am Rande der Gesellschaft gemacht, die dafür oft abgetragene Kleider als Lohn erhielten. Ab dem zwölften Jahrhundert war daher sehr bunte Kleidung ein Kennzeichen dieser nicht sesshaften Spielleute, denen später in einer der frühesten deutschen Reichspolizeiordnungen ausgefallene Kleider sogar vorgeschrieben wurden (Bergmann 2000).

Die wichtigste musikalische Entwicklung im Mittelalter war die Mehrstimmigkeit. Zwar gab es an anderen Orten und zu anderen Zeiten auch gelegentlich zusammenklingende (beispielsweise überlappende) Gesänge; aber dass in einem Chor verschiedene Sänger ganz unterschiedliche Melodien gleichzeitig sangen, war neu.

Abb. 1-5 Links: Darstellung aus der Großen Heidelberger Liederhandschrift, die irrtümlich dem Ritter Rüdiger Manesse zugeschrieben wurde und daher auch Manesse-Handschrift genannt wird. Man sieht ein Paar in liebender Pose vor einer Blumenranke. Rechts: Drehleier, gebaut von Helmut Seibert. Dieses heute nahezu ausgestorbene Instrument hatte im Mittelalter gerade bei den Spielleuten weite Verbreitung. Durch das Rad werden alle Saiten wie durch einen „unendlichen Bogen" kontinuierlich angestrichen. Die Melodiesaite wird mit Tasten verkürzt, drei oder mehr zusätzliche Saiten schwingen mit immer gleichem Ton mit. Man nennt diese Töne, die heute fast nur noch vom Dudelsack her bekannt sind, Borduntöne (vgl. Bröcker 1977, Delfino u. Loibner 1997 sowie Abb. 1-6).

Harmonie (das gleichzeitige Erklingen verschiedener Töne) ist viel anfälliger gegen Fehler, fragiler, störbarer als Melodie (Töne erklingen nacheinander). Entsprechend war das Singen in Harmonie eine größere Kunst. Sie provozierte auch die Entwicklung einer Notenschrift, in der Gleichzeitigkeit durch untereinander stehende Noten ausgedrückt wurde.

Neuzeit: der wirtschaftlich unabhängige Musiker

Auf die immer komplizierter werdende Mehrstimmigkeit des ausgehenden Mittelalters folgte die klare Musik der Renaissance, an deren Ende die Oper (im Rückgriff auf die antike Tragödie) erfunden wurde. Aus der Begleitmusik des Operngesangs wurde im Laufe der Zeit eigenständige Instrumentalmusik, gespielt von einem großen Orchester. Die Sinfonie entstand, ihre vorklassische Form – schnell, langsam, schnell – war noch immer dem Tanz entlehnt.

Vom Bau immer besserer Instrumente profitierten Johann Sebastian Bach (1685–1750), Wolfgang Amadeus Mozart (1756–1791) und Ludwig van Beethoven (1770–1827). In dieser Zeit etablierte sich nicht nur die Musik als eigenständige Kunstform unabhängig von jeglicher Sprache, sondern auch die Profession des Berufsmusikers. Wirtschaftlich eigenständige Musiker gab es zu Beginn der Neuzeit nicht. Noch Bach soll sich über die Sterbeunwilligkeit der Bevölkerung von Leipzig beklagt haben, denn er bestritt seinen Unterhalt unter anderem von dem, was heute unter Musikern als *Gruftmucke* bezeichnet wird: der musikalischen Begleitung von Leichenfeiern. Mozart war schon eher Künstler und Berufsmusiker, starb jedoch bekanntermaßen in Armut, wohingegen Beethoven als Pianist und Komponist ein gutes Auskommen hatte.

Mit den Berufsmusikern kam ökonomische Betriebsamkeit, die in den vergangenen knapp dreihundert Jahren zu gigantischen Ausmaßen herangereift ist: Man brauchte Verleger für die immer neuen Kompositionen, man musste Opernhäuser und Konzerthallen errichten, baute immer neue, immer bessere Musikinstrumente, gründete Musikschulen und Gesangvereine, den Studiengang der Musikwissenschaft ebenso wie später die Institutionen der Hitparaden, Musikwettbewerbe und Musiktourneen großer Künstler. Es kam die Spaltung der Musik in solche, die man ernst nannte und nahm, und solche, die nur unterhält; aber es kam auch die Überwindung dieser Spaltung bei all denen, die mit Unterhaltungsmusik ernsthaft Geld verdienen, und denjenigen, denen nur wirklich ernsthaft produzierte Musik Spaß macht.

Von der Kognition zur Emotion

Über die Jahrhunderte verschob sich der Akzent der Einschätzung von Musik vom Kognitiven zum Affektiven hin. Man kann zwar davon ausgehen, dass bereits Platon sich nicht so sehr um die richtige Musik für die Jugend gesorgt hätte, wenn er Musik für ein rein kognitives Geschehen gehalten hätte. Dennoch kann man behaupten, dass im Zeitraum der Romantik, in welchem Komponisten, Künstler und Philosophen den Menschen neu bestimmten, der emotionale Aspekt der Musik stärker in den Vordergrund rückte.

Parallel zu dieser Entwicklung kam es in der deutschen Sprache zu einer phonetischen Veränderung der Betonung des Wortes Musik durch französischen Einfluss, so dass nicht mehr von *mu*sica (Betonung der ersten Silbe), sondern von music (Betonung der zweiten Silbe) die Rede war. Musik in diesem neuen Sinn war neben Dichtung und Malerei Bestandteil der *schönen Künste*. Ihre sinnlich-praktische Seite wurde dadurch bedeutsamer. Dies zeigt sich ganz besonders auch daran, wie Musik im weiteren Zeitverlauf von bekannten Philosophen diskutiert wurde.

René Descartes wandte sich in seinem *Compendium der Musik* gegen eine rein mathematische Begründung der Musik und suchte nach Gründen im wahrnehmenden Subjekt (heute würde man sagen nach psychologischen Gründen) für die Wirkungen von Musik auf den Menschen. Auch er betonte damit die subjektiv-emotionale Seite der Musik gegenüber der allgemein-rationalen. Mit der Abkehr von den Sternen, von reiner Mathematik und dem immergleichen Lauf der Gestirne und der damit verbundenen Hinwendung zum Inneren des einzelnen Menschen erfolgte zugleich eine Entwertung der Musik. Aus der höchsten wurde die niederste aller Künste, wie sich am Beispiel des Philosophen Immanuel Kant illustrieren lässt.

Von der schönen zur niederen Kunst

Immanuel Kant (1724–1804) äußerte sich zur Musik in seiner Anthropologie und vor allem in der *Kritik der Urteilskraft*. Da Musik, sofern sie nicht Gesang ist, keine Wörter enthält und *nur* auf dem Spiel der Empfindungen äußerer Sinneseindrücke beruht, ist sie für ihn *niedrig*.

> „Aber an dem Reize und der Gemütsbewegung, welche die Musik hervorbringt, hat die Mathematik sicherlich nicht den mindesten Anteil. [...] Wenn man [...] den Wert der schönen Künste [...] schätzt, so hat die Musik unter den schönen Künsten insofern den untersten [...] Platz, weil sie bloß mit Empfindungen spielt" (Kant 1790/1924, S. 186f).

Kant vertritt damit eine Auffassung, wie sie verglichen mit Pythagoras kaum verschiedener sein könnte. Musik ist für Kant oberflächlich, äußerlich und hat nur vielleicht eine formale Bedeutung, die es rechtfertigen würde, sie nicht nur als angenehm, sondern auch als schön zu bezeichnen (denn „in aller schönen Kunst besteht das wesentliche in der Form"; Kant 1790/1924, S. 182).

Sofern Musik nicht Werte repräsentiert oder vermittelt, hält Kant nicht viel von ihr, denn sie dient dann nur noch der Zerstreuung (und was Kant hiervon hält, sagt er unmissverständlich): „... deren man desto mehr bedürftig wird, als man sich ihrer bedient, um die Unzufriedenheit des Gemüts mit sich selbst dadurch zu vertreiben, dass man sich immer noch unnützlicher und mit sich selbst unzufriedener macht" (Kant 1790/1924, S. 182f).

Man kann vermuten, dass Kant unter Transistorradios und der heute allgegenwärtigen Musik ganz besonders gelitten hätte, denn bereits vor aller elektronisch verstärkten Musik kennt er die Möglichkeit des Gestörtwerdens durch Musik offenbar genau. Man kann wegsehen, aber nicht weghören, und wenn man zuhören muss, so kann Musik sein wie ein übler Geruch, dem man nicht entgehen kann:

> „Außerdem hängt der Musik ein gewisser Mangel an Urbanität an, dass sie, vornehmlich nach Beschaffenheit ihrer Instrumente, ihren Einfluss weiter, als man ihn verlangt (auf die Nachbarschaft), ausbreitet und so sich gleichsam aufdringt, mithin der Freiheit anderer, außer der musikalischen Gesellschaft, Abbruch tut; welches die Künste, die zu den Augen reden, nicht tun, indem man seine Augen nur wegwenden darf, wenn man ihren Eindruck nicht einlassen will. Es ist hiermit fast so wie mit der Ergötzung durch einen sich weit ausbreitenden Geruch bewandt. Der, welcher sein parfümiertes Schnupftuch aus der Tasche zieht, traktiert alle um und neben sich wider ihren Willen ..." (Kant 1790/1924, S. 187).

Kurz: „*Musik wird oft nicht schön empfunden, weil sie stets mit Geräusch verbunden*" – dieser Reim von Wilhelm Busch aus *Dideldum der Maulwurf* scheint die Auffassung Kants gegenüber der Musik einigermaßen treffend zusammenzufassen. Dass er mit seiner Meinung keineswegs alleine stand, zeigt sich daran, dass immer wieder versucht wurde, dem Lärm durch Gesetze Einhalt zu gebieten, wie die tabellarische Auflistung der entsprechenden Verordnungen der Stadt Bern beispielhaft illustriert (vgl. Tabelle 1-2).

Tab. 1-2 Verordnungen gegen den Lärm, erlassen von der Schweizer Hauptstadt Bern (modifiziert nach Beyer 1999, S. 333).

Jahr	Verordnung
1628	gegen das Singen und Schreien auf der Straße [...] an Feiertagen
1661	gegen Schreien, Weinen und das Treiben von Unfug am Sonntag
1763	gegen störenden Lärm bei Nacht
1784	gegen bellende Hunde
1788	gegen Lärm in der Nähe von Kirchen
1810	gegen jeglichen lärmenden Unfug
1878	gegen Lärm in der Nähe von Krankenhäusern und Kranken
1879	gegen das Musizieren nach 22.30 Uhr
1886	gegen das Schreinern bei Nacht
1887	gegen bellende Hunde
1906	für den Erhalt ruhiger Sonntage
1911	gegen laute Musik, gegen das Singen bei Weihnachts- und Neujahrsfeiern und gegen das unnötige Knallen von Peitschen bei Nacht
1913	gegen unnötigen Autolärm und das Hupen bei Nacht
1914	gegen Teppichklopfen und lärmende Kinder
1915	gegen Teppich- und Matratzenklopfen
1918	gegen Teppichklopfen und Musizieren
1923	für den Erhalt ruhiger Sonntage
1927	gegen lärmende Kinder
1933	gegen kommerziellen und privaten Lärm
1936	gegen das Läuten, Trompeten und laute Rufen von Verkäufern
1939	gegen unnötigen Lärm an Feiertagen
1947	für den Erhalt ruhiger Sonntage
1961	gegen kommerziellen und privaten Lärm
1967	für den Erhalt ruhiger Sonntage

Selbst das Singen von Kirchenliedern war für Kant aufgrund des damit verbundenen Lärms ein Problem:

> „Diejenigen, welche zu den häuslichen Andachtsübungen auch das Singen geistlicher Lieder empfohlen haben, bedachten nicht, dass sie dem Publikum durch eine solche *lärmende* [...] Andacht eine große Beschwerde auflegen, indem sie die Nachbarschaft entweder mitzusingen oder ihr Gedankengeschäft niederzulegen nötigen" (Kant 1790/1924, S. 187).

Nur zwei Seiten weiter zeigt Kant allerdings, dass er musikalische Unterhaltung in Gesellschaft durchaus schätzte. Er nennt „Glücksspiel, Tonspiel und Gedankenspiel" in einem Atemzug als absichtsloses freies Spiel der Empfindungen und fährt fort:

„Wie vergnügend die Spiele sein müssen, [...] zeigen alle unsere Abendgesellschaften; denn ohne Spiel kann sich beinahe keine unterhalten“ (Kant 1790/1924, S. 189).

Engelsharfen und Teufelsgeigen

Die Verbindung der Musik mit dem Übernatürlich-Göttlichen beschränkt sich keineswegs auf die Naturvölker und die Antike. Sie ist vielmehr auch Bestandteil christlichen Gedankenguts. Es gibt kaum ein Musikinstrument, das man nicht schon einem Engel in die Hand gedrückt hätte, wie viele kirchliche Bild- und Schriftzeugnisse zeigen. Die singenden und musizierenden himmlischen Heerscharen sind in den Texten kirchlicher Gesänge geradezu sprichwörtlich häufig. Auch wurde im Mittelalter gelegentlich die Meinung vertreten, dass Musik zugleich mit den Engeln erschaffen worden sei, da diese ja ohne Lobgesänge an Gott gleichsam nichts zu tun hätten.

Ein besonders schönes Beispiel für die Bedeutung der Musik für die Liturgie stellt der Torbogen des Eingangs der Kathedrale in Santiago di Compostela dar. Auf ihm sind Mönche zu sehen, die die unterschiedlichsten und zum Teil heute kaum noch bekannten Musikinstrumente spielen. In der Mitte des Bogens findet sich beispielsweise das Organistrum (vgl. Abb. 1-6), eine Art Zwei-Mann-Drehleier (einer dreht, der andere spielt), das in der gegenwärtigen Musik längst nicht mehr vorkommt, jedoch aufgrund der genauen Abbildung im Kirchentorbogen nachgebaut werden

Abb. 1-6 Links: Nach dem über dem Portal der Kirche in Santiago di Compostela in Stein gemeißelten Original nachgebautes Organistrum, heute noch in Heidelberg von seinem Besitzer Dr. Karl Kischka und dessen Tochter Claudia im historischen Restaurant *Zum Güldenen Schaf* zu besonderen Anlässen gespielt.
Rechts: Bauteil (Saitenabdeckung) eines im Nachbau (in meiner Werkstatt) befindlichen Organistrums. Die weitestmöglich dem steinernen Vorbild angeglichene Ornamentik lässt arabischen Einfluss vermuten und legt nahe, dass die ersten Drehleiern über den Orient nach Europa kamen (vgl. Böcker 1977, S. 38ff).

konnte (Rault 1993). Die Abbildung stammt aus dem zwölften Jahrhundert und stellt eine der ältesten Abbildungen einer Drehleier überhaupt dar.

Sprichwörtlich für die himmlische Musik ist die Harfe, das vielleicht am meisten auf den Darstellungen von Engeln zu findende Instrument. Glaube und Aberglaube mischen sich auf eigenartigste Weise in den Meinungen, dass sich zur Adventszeit vielerorts Musik in der Luft vernehmen lasse, dass die Himmelfahrt einer verstorbenen Seele von vernehmbarer Musik begleitet sein kann oder dass Musik im Umkreis von versteckten Marienbildern zu hören sei (vgl. Bächtold-Stäubli 1935/1986, S. 674).

Aber nicht nur das Gute, sondern auch das Böse ist in christlicher Tradition mit Musik verknüpft. Im *Handwörterbuch des deutschen Aberglaubens* heißt es hierzu:

> „Der Teufel gilt als vortrefflicher Spielmann, der von seiner bezaubernden Kunst Gebrauch zu machen pflegt, wenn die Menschen durch sündiges Treiben seiner Gewalt sich ausliefern. Das ist vor allem bei Tanzvergnügungen der Fall. Beginnt es lustig herzugehen, so stellt er sich ein mit seiner Fidel und reißt die Tanzenden taumelnd ins Verderben" (Bächtold-Stäubli 1935/1986, S. 672).

Ich hatte als kleines Kind Gelegenheit, mich vor einer Teufelsgeige zu grausen, die ich beim Besuch eines Bergbauernhofs im Riesengebirge von einem älteren Mann gezeigt bekam. Wie mir meine Mutter damals erklärte, spielte der Mann nur manchmal und bei ganz bestimmten Anlässen auf dem Instrument, das einen sehr eindringlichen Klang hatte. Die Teufelsgeige (vgl. Abb. 1-7) hatte etwa die Größe und Form eines Cellos, war schwarz und leuchtend rot bemalt und wies am Ende des Halses statt der Schnecke einen Teufelskopf auf.

Abb. 1-7 Teufelsgeige, wie sie im Riesengebirge gespielt wurde (aus Richter et al. 1994, S. 268; für die Genehmigung zum Abdruck danke ich Herrn Josef Richter, Bad Liebenzell-Unterhaugstett, sehr herzlich).

Abb. 1-8 Die *Hardangerfidel* (auch *Hardingfelle* genannt) ist außerhalb Norwegens kaum bekannt. Sie hat etwa die Form einer Violine, ist jedoch etwas kürzer und meist sehr reich verziert (links). Vor allem besitzt sie vier unter dem Griffbrett verlaufende Resonanzsaiten, die dem Klang einen weichen Nachhall verleihen (Mitte). Der Kopf hat anstatt der klassischen Schneckenform die Gestalt eines Drachenkopfes und vier zusätzliche Wirbel (rechts). Die Aufnahmen links und rechts wurden vom Autor am weltweit einzigen Hardangerfidel-Institut im norwegischen Voss von alten Originalinstrumenten angefertigt (die älteste bekannte Hardangerfidel wurde 1651 gebaut).

Da Skandinavien besonders viele Geschichten von musikliebenden Naturgeistern beherbergt, wundert nicht, dass das norwegische Volksinstrument, die Hardangerfidel (Abb. 1-8), statt der Schnecke einen Drachenkopf aufweist.

Auch und gerade das professionelle Musizieren war zu früheren Zeiten mit religiösen Ritualen verknüpft. „Der Stand der Zauberer und Priester stellt die ersten Berufsmusiker“, ist im *Handwörterbuch des deutschen Aberglaubens* (S. 635) zu lesen.

Musik – überall und eigenartig

Ob öffentlich in Kirchen oder Diskotheken, ob privat in Küche oder Wohnzimmer, ob fröhlich zur Hochzeit oder traurig zur Beerdigung, ob leise unter dem Fenster der Geliebten oder laut marschierend – Musik begleitet unser Leben buchstäblich von der Wiege bis zur Bahre. Dank der Wunder der Technik in Form von zunächst Phonograph und Verstärkerröhre, dann Transistor, Tonband und Schallplatte, später Walkman und CD und seit ein paar Jahren Internet und MP3-Standard ist Musik allgegenwärtig. Wir hören Musik während Arbeit und Freizeit, beim Autofahren, Wandern, Joggen oder Inline-Skaten und mancher sogar beim Skifahren oder Schwimmen.

Die genannten technischen Erfindungen brachten für die Musik auch insofern eine neue Ära, als diese Techniken Musik ohne einen Musikanten, d. h. ohne einen an der Reproduktion beteiligten Menschen, erlaubten. Musik wurde zu einer ver-

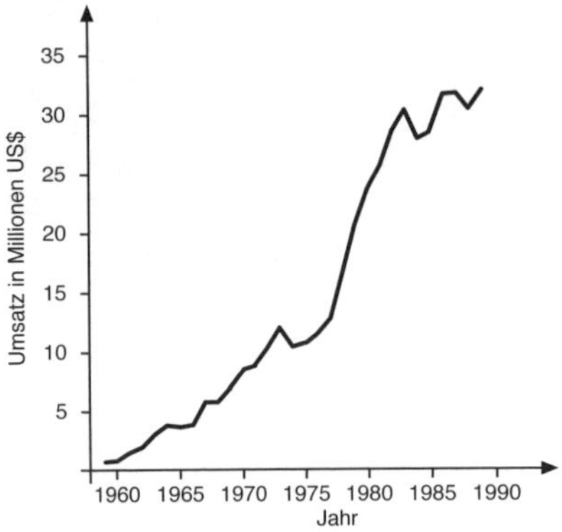

Abb. 1-9 Umsatzentwicklung der Musikbranche am Beispiel des Verkaufs von Kassettenrecordern in den Jahren 1959–1989 (Daten aus Morton 2000).

fügbaren Sache und damit auch zu einer Ware mit jährlichem Milliardenumsatz (vgl. Abb. 1-9). Allein im ersten Halbjahr 2000 wurden 84,5 Millionen CDs verkauft, 4,4 Millionen mehr als im Vorjahreszeitraum (Musikzeitung 2000/10). Ganz eindeutig spiegelt sich hier das Bedürfnis der Menschen nach Musik in einem marktwirtschaftlichen System. Damit wird noch einmal die offensichtlich ganz elementare Bedeutung der Musik für den Menschen deutlich: Ganz gleich, wie die kulturellen Rahmenbedingungen aussehen, Musik gehört dazu. Von Anthropologen wird entsprechend betont, dass bisher keine menschliche Gesellschaft angetroffen wurde, in der es Musik nicht gibt (vgl. Storr 1992, S. 1).

Musikmetaphorik

Musik ist nicht nur einfach „das Gedudel aus dem Lautsprecher", wie man heute manchmal meinen könnte. Im Gegenteil: Die Tatsache, dass Musik heute ganz leicht und überall verfügbar ist, verstellt zuweilen die Bedeutung und Kostbarkeit der Musik. Wie sehr Musik unser Leben durchdringt, erkennt man auch daran, wie oft wir sie als Metapher benutzen. Jemand spielt die erste Geige, gibt den Ton an, bläst uns den Marsch oder pfeift auf dem letzten Loch. Wenn jemand etwas Nettes sagt, ist das Musik für unsere Ohren, und wenn wir wissen, wo die Musik spielt, dann wissen wir, wo etwas los ist. Jemand redet im forte, der Singsang der Diskussion steigert sich im crescendo, und ein anderer kommt im piano daher. Metaphern aus der Musik sind so allgegenwärtig wie die Musik selbst. Je länger man über Musik nachdenkt, umso eigenartiger erscheint einem der Sachverhalt. Jeder kennt Musik, fast jeder wird von Musik berührt und sehr viele Menschen machen Musik in irgendeiner Form, vom Pfeifen oder Summen bei guter Laune, über das Singen in der Badewanne oder beim Autofahren (Motto: keiner hört mich), über das gemeinsame Singen und Musizieren bis hin zur Musik als Beruf. Warum aber bereitet uns das Erzeugen und Wahrnehmen von Schwingungen der Luft so großes Vergnügen? Man wird weder satt davon noch bringt Musik irgendeinen anderen unmittelbaren Überlebensvorteil. Im Gegenteil: Wer in grauer Vorzeit Musik machte, der war gegenüber seinen weniger musikalischen Artgenossen womöglich benachteiligt, denn er verschwendete kostbare Zeit und Energie und machte vielleicht auch noch ein

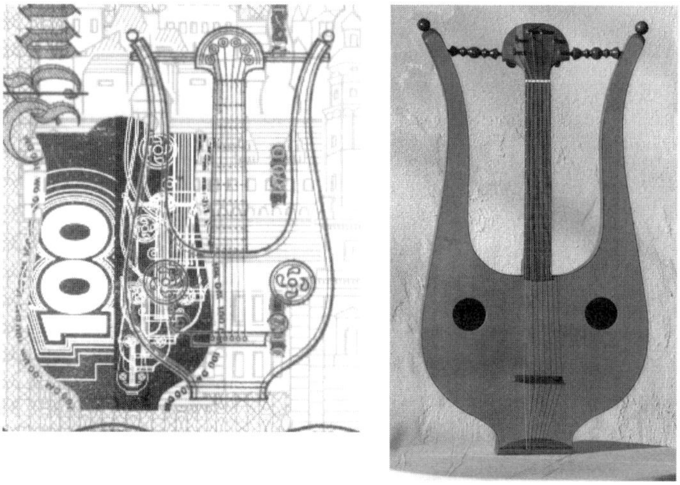

Abb. 1-10 Die heute kaum noch bekannte Lyragitarre war auf jedem Hundertmarkschein abgebildet. Sie war eine Modeerscheinung aus der Zeit Napoleons I. und wurde vor allem in Frankreich um 1800 herum gebaut (Pfäffgen 1988). Rechts ein Nachbau nach dem Plan auf dem Zahlungsmittel, auf dessen Rückseite eine Stimmgabel und ein weiteres Musikinstrument (wissen Sie welches?) abgebildet sind.

Raubtier auf sich aufmerksam. Auch heute ist dies nicht anders: Wer seine Zeit mit Musik verbringt und sein Geld dafür ausgibt, dem fehlt beides anderswo, und er wird vielleicht MP3-Player-begleitet joggend eher vom Auto überfahren als der unmusikalische Nachbar.

Kurz: Musik erscheint zugleich einerseits völlig überflüssig und ist andererseits allgegenwärtig (Abb. 1-10)! Warum ist dies so?

Was ist Musik?

Jeder weiß, was Musik ist, aber soll man sagen, was es wirklich ist, gerät man in Schwierigkeiten. Musik hat etwas mit Ton und Melodie, Klang und Klangfarbe, Harmonie und Rhythmus sowie mit komplexen hieraus gebildeten akustischen Strukturen zu tun. Aber es gibt Musikstücke nur für Trommeln (also ohne Töne im strengen Sinne), es gibt Musik ohne Rhythmus, und der Pianist und Komponist John Cage ist berühmt, weil sein im Jahr 1952 komponiertes Stück *4'33"* aus einer langen Pause (vier Minuten und 32 Sekunden) *und sonst nichts* besteht, aufzuführen durch „any instrument or combination of instruments" (vgl. Brown et al. 2000; S. 6). Gewiss, man kann sagen, dass nur dann, wenn man schon weiß, was Musik ist, auch solche Nicht-Musik unter musikalischem Gesichtspunkt betrachtet werden kann, dass also diese Ausnahmen die Regel – Musik ist Melodie, Harmonie, Rhythmus und Struktur – bestätigen. Dennoch ist es mit Musik ähnlich wie beispielsweise mit der Bedeutung des Wortes Spiel in dem Sinne, dass es schwer fällt, eine notwendige Bedingung dafür anzugeben. Der Philosoph Ludwig Wittgenstein hat in diesem Zusammenhang den Begriff der Familienähnlichkeit geprägt, um auszudrücken, dass es zwar Überlappungen angrenzender (Bei-)Spiele gibt, nicht aber ein allen gemeinsames definierendes Merkmal.

Bei ihrer Suche nach neuen Klängen gingen Komponisten und Vortragende in die verschiedensten Extreme: Harry Partch erfand eine neue Tonleiter und entwickelte ein ganzes Orchester voller neuer Instrumente, um seine Musik zu spielen. Young und Moorman brachten den Klang einer verbrennenden Geige auf die Bühne (Pierce 1992), und Computer helfen heute nicht nur bei der Aufzeichnung und der Erzeugung völlig neuer Klänge, sondern bei praktisch allen Aktivitäten, die mit Musik in Verbindung stehen.

„Musik ist die produktive Gestaltung des Klingenden", weiß das *Brockhaus Riemann Musiklexikon* (Band 3, S. 175), nicht jedoch ohne den Satz wie folgt fortzusetzen: „[Musik ist die produktive Gestaltung des Klingenden], das als Natur- und Emotionslaut die Welt und die Seele im Reich des Hörens in begriffsloser Konkretheit bedeutet, und das als Kunst in solchem Bedeuten vergeistigt zur Sprache gelangt kraft einer durch Wissenschaft (Theorie) reflektierten und geordneten und daher sinnvollen und sinnstiftenden Materialität. Die ‚Sprachfähigkeit' der abendländischen Musik beruht auf der Geistfähigkeit der seit der griechischen Antike vom und als Logos erschlossenen Physis des tönenden Materials und begründet die Geschichtsfähigkeit der Musik."

Hier wird in einer vielleicht etwas ungewohnten Sprache und sehr gedrängt auf die verschiedenen Facetten von Musik hingewiesen. Der oben erwähnte Komponist Cage hat diese Vielgestaltigkeit in Beliebigkeit verwandelt mit der Behauptung, dass jeder Musik nennen könne, was immer er wolle. Beim Gesang der Vögel und insbesondere der Wale wird deutlich, dass es hier wirklich ein Problem gibt, denn Versuche, Musik auf den Menschen und seinen spezifischen Geist zu beschränken, werden gerade durch neuere Untersuchungen in Frage gestellt (vgl. Kapitel 14).

Nach einer anderen Definition handelt es sich bei Musik um produzierte Schallmuster unterschiedlicher Tonhöhe und -länge zu emotionalen, sozialen, kulturellen oder kognitiven Zwecken (Gray et al. 2001). Musik ist Gestalt in der Zeit, und unser Hörsinn ist unser zeitlich genauester Sinn. Mit ihm können Zeitstrukturen erfasst werden, die anderen Sinnen verborgen bleiben. Das weiß nicht zuletzt der Neurophysiologe, der mit der Elektrode in der Hand sein Ohr am Lautsprecher hat, um auf diese Weise zeitliche Muster zu entdecken. Er *hört* die Nervenzellen, er erkennt Zelltypen an deren Rhythmus, und er verlässt sich auf sein Ohr beim Fortgang des Experiments. Mittlerweile gibt es Versuche, nicht nur Daten mit Zeitgestalt akustisch darzustellen: „Heutzutage werden Daten von Proteinstrukturen, Erdbeben, Gehirnströmen bis zu Gewittern auf dem Jupiter verwendet, um Musik zu generieren", schreibt Wolman (2001, S. 30) in einer entsprechenden Übersicht. Wenn man die Dinge so betrachtet, ist alles, was irgendeine Struktur aufweist, zumindest potenziell Musik, und man denkt durchaus über den ein Erdbeben ankündigenden Singsang des Bodens nach (Ravilious 2001). Zweieinhalbtausend Jahre nach den Griechen der Antike ist das abendländische Denken damit wieder fast da angekommen, wo es seinen Ausgang nahm.

Verteilte Kenntnis

Mit Musik beschäftigen sich nicht nur Musiker, sondern auch Plattenproduzenten, Akustiker, Physiker, Instrumentenbauer, Physiologen, Psychologen, Werbefachleute, Regisseure und Ärzte. Musiklehrer an Schulen, Volkshochschulen, Musikschulen und Musikhochschulen unterrichten Schüler und Studenten im Musizieren, Musiktherapeuten verwenden Musik, um bei Patienten bestimmte Wirkungen zu erzielen, ebenso wie Sound-Designer beim Menschen durch das Hören bestimmter Klänge bestimmte Wirkungen erzielen wollen. Erzieherinnen singen im Kindergarten, um den Kindern Spaß an der Musik zu vermitteln und um auf sie emotional einzuwirken.

Diesen vielfältigen Zugangsweisen der unterschiedlichsten Menschen zur Musik entspricht eine Vielfalt von Überlegungen, die schriftlich in den unterschiedlichsten Publikationsorganen ihren Niederschlag finden. Die Kenntnis zur und über Musik ist daher unglaublich verteilt, und je mehr man weiß, umso stärker ist dieses Wissen in einer Weise verstreut, dass man große Mühe hat, sich eine Übersicht zu verschaffen.

Vom Hören und Machen zum Verstehen: der Plan

In diesem Buch liegt der Schwerpunkt der Betrachtung im Kopf, d.h. Musik wird als ein Sachverhalt begriffen, der sich nur verstehen lässt, wenn man das Hören (Wahrnehmen), das Musizieren (als komplexes Verhalten) und das Verstehen und Erleben von Musik genauer analysiert. Man kann Musik auch anders betrachten, beispielsweise rein formal oder rein historisch. Hier wird sie unter dem Gesichtspunkt betrachtet, dass sie von Menschen gehört und gemacht wird. Gerade hierzu sind in den vergangenen Jahren interessante neue Erkenntnisse gewonnen worden, nicht zuletzt aufgrund der Fortschritte im Bereich der Neurowissenschaften.

Es geht keinesfalls darum, Musik auf das Gehirn oder auf Neurobiologie zu reduzieren. Vielmehr wird der aufmerksame Leser vielleicht umso mehr staunen und umso mehr Gefallen an Musik finden, je mehr er über das Organ der Musik, unser Gehirn, weiß. Nach diesen einführenden historischen Schlaglichtern geht es in den folgenden vier Kapiteln um die Grundlagen der Akustik und des Hörens von Musik. Wir gehen dabei von außen nach innen vor und betrachten zunächst den Schall (Kapitel 2), danach das Ohr vom äußeren Ohr zum Mittelohr und Innenohr und von dort zur weiteren zentralnervösen akustischen Informationsverarbeitung (Kapitel 3). Was leistet diese Verarbeitung? Wie ermöglicht sie die Wahrnehmung von Tönen und Geräuschen und was genau wird eigentlich wahrgenommen? Wir beginnen mit einfachen Phänomenen wie Töne und Geräusche und beschäftigen uns erst danach mit Musik im engeren Sinne, also mit Melodie und Harmonie (Kapitel 4) sowie dem Hören komplexerer zeitübergreifender Strukturen (Kapitel 5).

Untersuchungen zum Erleben von Musik bilden den zweiten Teil. Zunächst wird die Entwicklung des Erlebens, beginnend im Mutterleib, nachgezeichnet (Kapitel 6). Weiter geht es mit der Verarbeitung von Musik im Gehirn (Kapitel 7). Der ganze Körper ist bei Rhythmus und Tanz (Kapitel 8) Thema, und danach (Kapitel 9) die Sonderbefähigung zum absoluten Gehör.

Im dritten Teil dieses Buchs geht es um das aktive Musizieren, das Singen (Kapitel 10) und das Spielen von Instrumenten (Kapitel 11). Ein eigenes Kapitel ist dem Erlernen des Instrumentenspiels gewidmet und damit zugleich der Frage, was Übung bewirkt, wie sie am besten praktisch vollzogen wird, und was im Gehirn geschieht, wenn man ein Instrument spielen lernt. Auch der Frage, inwieweit die Fähigkeit zur Musik angeboren oder erlernt ist, wird nachgegangen (Kapitel 12). Schließlich wird das gemeinsame Musizieren in Chor, Orchester oder Band, d. h. die Musik als soziales Interaktionsphänomen und damit als Medium der Kommunikation diskutiert (Kapitel 13).

Der vierte Teil des Buchs ist mit „Musik verstehen" überschrieben, wobei es nicht um den Sachverhalt der Interpretation von Musikstücken geht, sondern darum zu verstehen, was es mit Musik überhaupt auf sich hat. Warum gibt es Musik überhaupt? Woher kommt sie? Wozu dient sie? – Diesen sehr allgemeinen Fragen, für deren Beantwortung sich der kommunikative Aspekt der Musik als wesentlicher Schlüssel erweist, wird konkret nachgegangen durch Überlegungen zur Evolutionsbiologie und Musik (Kapitel 14), zur Emotionalität von Musik (Kapitel 15) und zu den Funktionen von Musik im Alltagsleben, wobei wir das Wo und das Wozu von Musik beispielhaft anhand der Architektur von Konzertsälen und anhand von Filmmusik erörtern (Kapitel 16). Ein Kapitel zu Medizin und Musik und vor allem zu den möglichen heilenden Wirkungen von Musik in der Musiktherapie (Kapitel 17), das auch Anlass zu einigen allgemeinen Überlegungen zu Musik gibt, bildet den Abschluss.

Auch wenn die behandelten Sachverhalte sehr unterschiedlich sind, sollte dennoch klar werden, wie Musik durch Physik und Physiologie, d. h. durch Körperhaftes und durch unseren Körper, vor allem durch die Funktion unseres Gehirns bestimmt ist. Nimmt man die dargestellten Gedanken zur Kenntnis, wird Musik keineswegs weniger schön, mystisch oder gefühlvoll. Im Gegenteil: Je mehr die Wissenschaft über die Musik in Erfahrung bringt, umso mehr möchte man über unsere Befähigung zur Musik staunen.

Teil I Musik hören

Das Gehör ist einer der fünf Sinne des Menschen. Es liefert uns Geräusche und Töne, Klänge und Rhythmen, Signale und Sprache. Wir verwenden das Gehör zur Kommunikation mit der Umwelt. Wie das Sehen ist das Gehör ein Fernsinn, d. h. bedarf im Gegensatz zu Berührung, Geschmack und Geruch keines direkten Kontakts. Im Gegensatz zum Licht jedoch, das zur Ausbreitung keines Mediums bedarf (am besten geht es durch ein Vakuum, also gar nichts), braucht Schall ein Ausbreitungsmedium. Die Ohren müssen in etwas baden, meist in Luft, manchmal in Wasser, damit sie hören können.

Wie jeder Wahrnehmungsprozess ist das Hören aktiv. Diese aktive Seite des Wahrnehmens wird gerade beim Hören von Musik sehr deutlich. Melodie und Harmonie, Rhythmus und Form, Klang und Zeitstruktur entstehen überhaupt erst durch das aktive Erleben von Musik. Wie dies im Einzelnen geschieht, sollen die folgenden Kapitel über Schall (Physik) und Hören (Physiologie) sowie über grundlegende Phänomene und Strukturen der Musik (Melodie und Harmonie) verständlich machen.

2 Luftbewegungen

Was wir mit unseren Ohren wahrnehmen, muss erst einmal dorthin gelangen. Schall braucht ein Medium – zumeist Luft – zu seiner Ausbreitung. Wer Fahrrad fährt, der kennt zwei wichtige Eigenschaften der Luft, die für die Schallausbreitung wichtig sind: Pumpt man den Reifen auf, so merkt man deutlich, dass Luft *elastisch* ist (hält man beispielsweise den Luftausgang der Pumpe mit dem Daumen zu, geht der Handgriff wieder zurück als sei eine Spiralfeder in der Pumpe). Fährt man gegen den Wind, so spürt man, dass Luft eine *Masse* hat.

Schall

Explodiert ein Silvesterkracher, so kommt es durch eine sehr rasche Verbrennung am Ort des Krachers zu einer Vermehrung der Gasmenge. Mehr Gas am gleichen Ort bedeutet jedoch höheren Druck. Hierdurch werden Luftmoleküle um den Kracher herum angeschubst, diese wiederum schubsen ihre Nachbarn usw. Eine kugelförmige Druckwelle breitet sich um den Kracher aus (Abb. 2-1).

Aufgrund der bestimmten Masse und Elastizität von Luft geschieht dies mit einer Geschwindigkeit von etwa 343 Metern in der Sekunde, wie man auf ein Prozent genau seit 1738 weiß (Beyer 1999). Wichtig ist hierbei, sich zu vergegenwärtigen, dass sich weder das vom Silvesterkracher produzierte Gas noch die Luft darum herum mit Schallgeschwindigkeit ausbreiten. Die betreffenden Moleküle vollführen vielmehr lediglich kleine Schubsbewegungen in Richtung der Ausbreitung des Schalls. Schwingt ein Gegenstand, so schubst er die umgebende Luft nicht nur einmal an – wie der Silvesterkracher –, sondern immer wieder. Es breiten sich um ihn lauter ineinanderliegende Druckkugeln aus, wie in Abbildung 2-2 schematisch dargestellt ist.

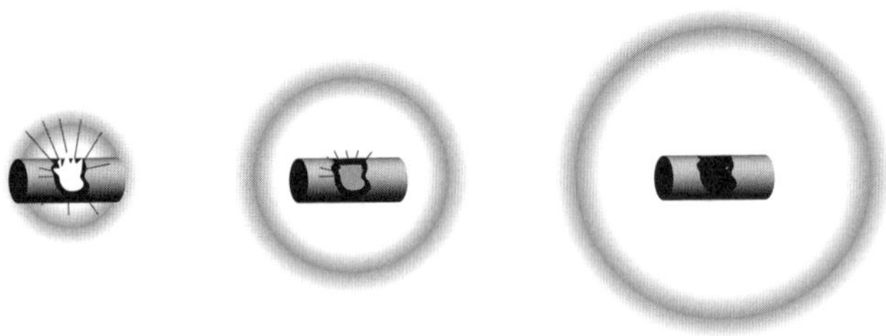

Abb. 2-1 Der Knall eines explodierenden Silvesterkrachers ist eine sich mit Schallgeschwindigkeit ausbreitende kugelförmige Druckwelle.

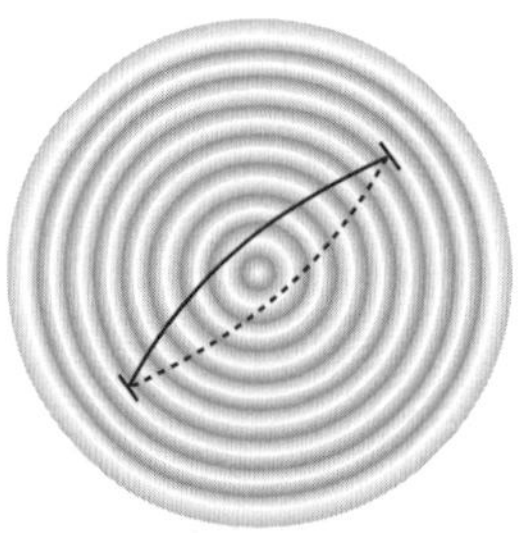

Abb. 2-2 Ein schwingender Gegenstand wie beispielsweise eine Geigensaite bewirkt, dass sich in der Umgebungsluft Druckkugeln ausbreiten.

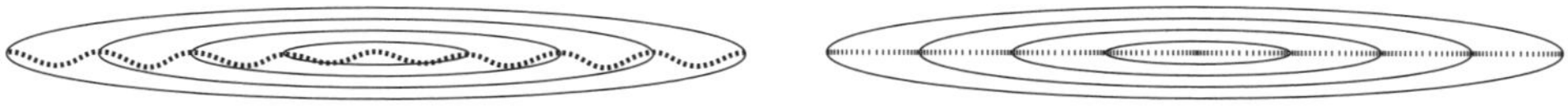

Abb. 2-3 Transversalwellen, die sich auf einer Wasseroberfläche ausbreiten (oben), und Longitudinalwellen von Schall in der Luft (unten). Die Moleküle der schwingenden Wasseroberfläche bewegen sich auf und ab (senkrecht zur Ausbreitungsrichtung), die der schwingenden Luft bewegen sich hin und her (in der Ausbreitungsrichtung) und sorgen so für Luftdruckschwankungen.

Diese Ausbreitung wird gerne mit Wellen auf einer Wasseroberfläche verglichen. Auch in diesem Fall bewegt sich ja nicht das Wasser, sondern eine Art kreisförmige Verbeulung der Wasseroberfläche. Im Unterschied zu den Luftmolekülen, die sich in Ausbreitungsrichtung anstoßen, bewegen sich die Wassermoleküle einer Welle auf einem Teich auf und ab, d. h. quer zur Ausbreitungsrichtung der Welle. Wasserwellen werden daher auch als Transversalwellen bezeichnet, wohingegen es sich bei Schallwellen um Longitudinalwellen handelt (Abb. 2-3).

Eisenbahnen, Helium und Mickey Mouse

Die Ausbreitung von Wellen ist sehr stark vom Medium abhängig, in dem diese Ausbreitung stattfindet. Wie bereits erwähnt, breitet sich Schall in der Luft mit 343 m/s aus, in anderen Materialien jedoch schneller. Wenn man beispielsweise wissen will, ob auf den Eisenbahnschienen, an denen man vielleicht gerade entlangläuft oder die man kreuzt, demnächst ein Zug fahren wird, so kann man dies dadurch herausbekommen, dass man ein Ohr auf die Schiene presst und genau hinhört. (Wer dies versucht, achte bitte vorher sehr genau darauf, dass gerade kein Zug kommt!) Man kann auf diese Weise einen Zug oft schon hören, wenn er sich noch einige Kilometer entfernt außer Sichtweite befindet. Dies liegt daran, dass sich Schall in Eisen – einem Material hoher Elastizität – sehr gut ausbreiten kann. Die Ausbreitungsgeschwindigkeit von Schall in Stahl beträgt 5900 m/s, also etwa das Achtzehnfache der Geschwindigkeit von Schall in Luft, was bedeutet, dass ein nahezu sechs Kilometer entfernter Zug über die Schienen bereits nach einer Sekunde vernommen werden kann. Unter hohem Druck, wie er beispielsweise im Erdinneren herrscht, ist die Ausbreitungsgeschwindigkeit von Schall in Eisen noch höher und wurde mit fast 9000 m/s bestimmt (Fiquet et al. 2001). Diese Erkenntnisse sind insofern von Bedeutung, als man aus der Ausbreitung von Druckwellen (nichts anderes sind Schallwellen) auf die Struktur und Zusammensetzung des Erdinneren schließen kann. Dass es einen Erdmantel und einen Erdkern gibt, weiß man aufgrund der Messungen von Infraschallwellen in der Erde. Nebenbei bemerkt breitet sich der Schall auch in Eichenholz mit 3850 m/s sehr rasch aus, und auch im Meerwasser liegt die Schallgeschwindigkeit noch bei beachtlichen 1531 m/s.

Erstmals gemessen wurde die Geschwindigkeit des Schalls in Wasser von dem Schweizer Jean-Daniel Colladon (1802–1893) und dem deutschen Mathematiker Charles Sturm (1803–1855) mit zwei Booten auf dem Genfer See. Vom einen Boot wurde eine Glocke ins Wasser gelassen, die über einen Mechanismus mit einem

Hammer so angeschlagen wurde, dass zugleich über Wasser Schießpulver entzündet wurde. Vom anderen Boot aus hing eine Art Riesenhörrohr ins Wasser. Durch den Vergleich der Zeit von der beobachteten Explosion mit dem ankommenden Schall wurde bereits um 1825 die Schallgeschwindigkeit in Süßwasser mit 1437,8 m/s gemessen, was um weniger als 0,1 % vom heute bekannten Wert von 1438,8 m/s abweicht (Beyer 1999, S. 34ff).

Wenn man das Edelgas Helium einatmet, klingt die eigene Stimme wesentlich höher und erinnert an Mickey Mouse. Warum ist dies so? Die Schallgeschwindigkeit in Helium ist mit 965 m/s wesentlich höher als in Luft. Wie unten (vgl. Kapitel 10) noch genauer dargestellt wird, ist die Singstimme das Produkt einer stehenden Welle, die in einer Luftsäule schwingt. Die Frequenz dieser stehenden Welle ist abhängig von der Länge der Luftsäule und der Schallgeschwindigkeit, weswegen nach Einatmen von Helium höhere Töne gesungen werden können. In dem Lied *The Song of the White Horse* von David Belford muss die Sopranistin Helium einatmen, um die verlangten extrem hohen Töne zu singen (O'Hare 2000, S. 65f).

Warum brüllen Löwinnen nach Sonnenuntergang?

Ob es sich beim Gebrüll weiblicher Löwen nach Sonnenuntergang um Musik handelt oder nicht, sei hier nicht weiter untersucht. Sie tun dies bekanntermaßen, um ihr Revier gegenüber anderen abzugrenzen, d. h. es handelt sich um Territorialverhalten. Das Phänomen wird hier deswegen kurz erwähnt, da es ein Licht auf die Gesetze der Schallausbreitung einerseits und die biologischen und verhaltensmäßigen Anpassungsleistungen von Organismen andererseits zu werfen vermag.

Messungen der Temperatur der Atmosphäre über der afrikanischen Savanne sowie Experimente und Computersimulationen zur Schallausbreitung in der Atmosphäre bei unterschiedlichen Temperaturverhältnissen ergaben Folgendes: Tagsüber breitet sich der Schall in alle Richtungen gleich und damit halbkugelförmig um das brüllende Tier aus, wobei die Schallenergie (der Schalldruck) mit dem Quadrat der Entfernung abnimmt. Dies begrenzt die Weite und damit den Umkreis, innerhalb dessen das Gebrüll von anderen Tieren gehört werden kann (vgl. Abb. 2-4 oben).

Nach Sonnenuntergang sind die Verhältnisse anders: Jetzt ist die Luft der Atmosphäre geschichtet, und in Bodennähe ist es kälter. Dies sorgt dafür, dass sich der Schall wie in einem Leitungsband (d. h. ähnlich wie Licht in einer Glasfaser) am Boden entlang ausbreitet (Abb. 2-4 unten). Wegen der Verteilung des Schalldrucks auf einen Kreisdurchmesser (eine am ehesten zylindrische Oberfläche der Wellenfront) nimmt die Energie nur etwa mit der einfachen Entfernung (und nicht mit deren Quadrat) ab, so dass man das Gebrüll wesentlich weiter vernehmen kann als am Tage. Ganz konkret liegen die Verhältnisse in Afrika so, dass Löwengebrüll nach Sonnenuntergang etwa zehnmal so weit zu hören ist wie zu anderen Zeiten. Man fand weiterhin, dass der Radius des Gebiets der Hörbarkeit nach Sonnenuntergang etwa der Größe der Jagdreviere der Löwinnen entspricht. Hieraus folgt: Sofern das Gebrüll zur Abgrenzung von Revieren dient, so lohnt es sich für Löwinnen aufgrund der Temperaturverhältnisse in der Atmosphäre und der physikalischen Gesetzmäßigkeiten der Schallausbreitung nur nach Sonnenuntergang, Zeit und Energie in Bewegungen der Stimmbänder zu investieren.

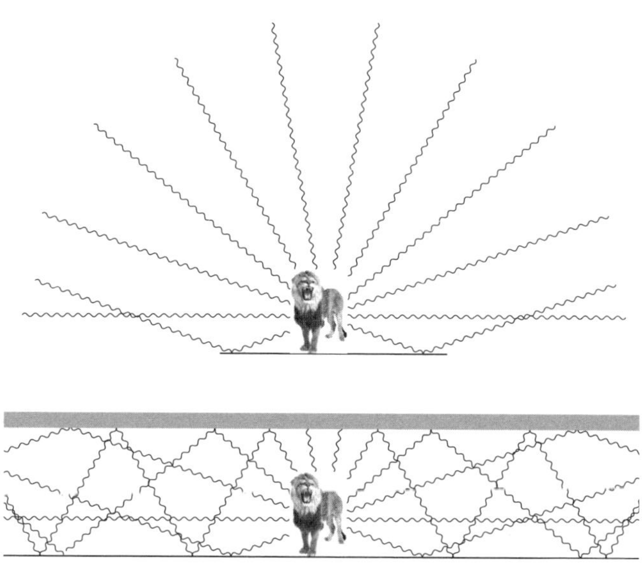

Abb. 2-4 Schallausbreitung bei vertikal gleichbleibender Temperatur der Luft (oben) sowie bei kühlerer Luft in Bodennähe (unten). Verhältnisse wie unten dargestellt herrschen nicht nur in der Savanne nach Sonnenuntergang, sondern auch in warmen Gegenden tagsüber auf einer kühlen Wasseroberfläche, weswegen an einem Sommertag auf einem See Zurufe besonders weit zu hören sind. Umgekehrt verhält es sich an einem Sommernachmittag auf dem flachen Land (besonders warme Luft in Bodennähe), wo der Schall nach oben abgelenkt wird und sich daher besonders stark gedämpft anhört.

Geräusch und Ton

Vom leisen Gesäusel bis zum lauten Krach lässt sich Schall physikalisch prinzipiell in zwei Kategorien – Rauschen und Töne – einteilen (vgl. Abb. 2-5). Den Unterschied kann man nicht nur hören, sondern auch mathematisch beschreiben sowie graphisch sichtbar machen. Ein reiner Ton, eine Sinusschwingung, ist mathematisch betrachtet etwas ganz Einfaches und lässt sich mit nur zwei Zahlen, Frequenz und Amplitude, beschreiben (von der Phase sehen wir einmal ab). Mit Frequenz bezeichnet man die Anzahl der Schwingungen pro Sekunde, gemessen in Hertz (Hz), die Amplitude gibt die Größe des Ausschlags der Schwingung an (bei mechanischen Schwingungen gemessen in Metern oder Millimetern).

Im Gegensatz dazu ist Rauschen völlig ungeordnet, d. h. die Luftteilchen schwingen nicht, sondern führen vollkommen zufällige Bewegungen aus. Rauschen enthält alle Töne und daher auch wieder keinen, etwa so, wie weißes Licht alle Farben enthält und aus genau diesem Grund keine Farbe hat. Rauschen, das alle Frequenzen in gleichem Ausmaß enthält (bei dem also die Luftteilchen mit gleicher Wahrscheinlichkeit in jeder Position auf dem Ort-Zeit-Diagramm auftreten), heißt daher auch weißes Rauschen.

Man kann Schallereignisse auf verschiedene Arten beschreiben bzw. visuell darstellen. Eine Art der Beschreibung besteht darin, das Ausmaß der Schwingung der

Luftteilchen in Abhängigkeit von der Zeit darzustellen. Man „sieht" auf diese Weise also die Schallwelle, deren Form natürlich vom gewählten Maßstab für die Zeitachse abhängt. Das Sichtbarmachen erfolgte früher analog mittels Oszillographen.

Digital: Mit Musik können Sie rechnen

Der von den Ohren oder einem Mikrophon registrierte Luftdruck ist eine kontinuierliche Variable. Man kann Töne dadurch aufzeichnen, dass man diese Variable sehr oft misst und die Messergebnisse als Zahlen speichert. Dies geschieht beispielsweise bei der digitalen Tonaufzeichnung mittels einer CD. In jeder Sekunde wird der Luftdruck 44.100 Mal gemessen bzw. abgetastet. Da ein Computer mit Zweierpotenzen rechnet, wird das Ergebnis jeder einzelnen Messung durch eine von 2^{16} Zahlen dargestellt. (Da man bei Null anfängt, ist die höchste Zahl $2^{16}–1 = 65.535$.) Eine Sekunde Schall (Musik oder was auch immer auf der CD zu hören ist) besteht damit auf der CD aus 44.100 Zahlen, wobei jede dieser Zahlen 16 Stellen hat, in denen jeweils nur Nullen oder Einsen stehen. Da auf einer CD Schall in Stereo aufgezeichnet ist, hat man tatsächlich sogar die doppelte Anzahl (88.200 mal 16 = 1.411.200) dieser Menge an Nullen und Einsen pro Sekunde. Wenn die CD 74 Minuten (= 4440 Sekunden) spielt, enthält sie damit 1.411.200 mal 4440 = 6.265.728.000 Nullen oder Einsen (tatsächlich sind es noch ein paar mehr, denn die CD hat auch eine Art Inhaltsverzeichnis sowie Korrekturzeichen, die es spezieller Software in CD-Spielern ermöglichen, auch verschollene Zeichen, z. B. auf verkratzten CDs, zu schätzen). Wenn Sie eine CD erwerben, dann kaufen Sie also im Grunde nichts weiter als eine Folge von gut sechs Milliarden Nullen und Einsen.

Den Schall sehen

Abbildung 2-5a zeigt oben links Rauschen und oben rechts einen Ton. Tastet man die Signale ab, so sieht man (mit einem vergrößerten Maßstab der Zeitachse) den Luftdruck bzw. die Auslenkung der Luftteilchen zu einzelnen Zeitpunkten (Abb. 2-5b) und damit besonders schön die Ungeordnetheit der Punkte beim Rauschen. Man spricht bei beiden Darstellungen von der *Wellenform-Darstellung* eines Tons bzw. Schallereignisses, wie man sie früher mit einer Stimmgabel und einem kleinen Stift erhielt (Abb. 2-5e). Im Gegensatz dazu wird bei *Spektrogrammen* nicht mehr die Bewegung der Luftteilchen in der Zeit, sondern das Vorhandensein von Frequenzen in der Zeit dargestellt. Wie man sieht (Abb. 2-5c), besteht das Schallereignis links aus einem Gemisch aller Frequenzen (dargestellt durch die graue Fläche) und rechts nur aus einer einzigen Frequenz von 1760 Hz. Auch für den spektralen Gehalt von Signalen gibt es mehrere Darstellungsmöglichkeiten. In diesem Buch ist durchgängig die Frequenzzusammensetzung über die Zeit hinweg betrachtet. Die Intensität der auf der y-Achse abgetragenen Frequenzen wird hierbei durch Grauwerte angezeigt (je dunkler, desto stärker die Frequenz).

Bedenkt man, dass bereits Pythagoras die Tonhöhenunterschiede zwischen zwei Tönen, die Intervalle, mit Zahlen*verhältnissen* von Saitenlängen in Verbindung gebracht hat, so ist erstaunlich, dass erst mehr als zwei Jahrtausende später der fran-

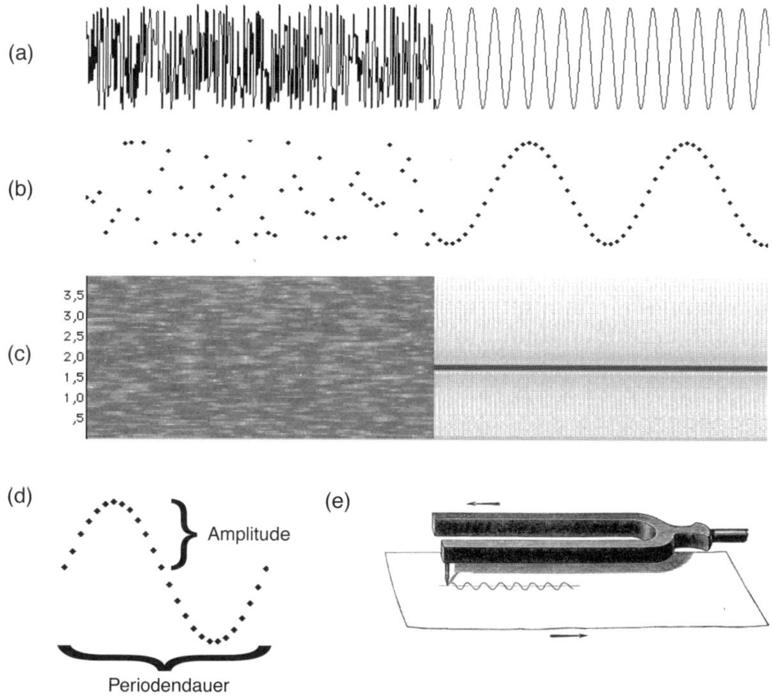

Abb. 2-5 (a) Rauschen (links) und Ton (rechts). Abgebildet sind Druckschwankungen in der Zeit, die beim Rauschen ungeordnet sind, bei einem Ton hingegen geordnet. (b) Die Mitte der Abbildung (a) ist zeitlich vergrößert dargestellt, so dass man jeden einzelnen Abtastpunkt sieht. Die Unordnung links und die Ordnung rechts wird deutlich. (c) Spektrogramm des Rauschens und des Tons. Alle Frequenzen zwischen 0 und 4000 Hz sind beim Rauschen gleich häufig (graphisch durch die graue Fläche links dargestellt), wohingegen beim reinen Ton rechts nur eine Frequenz (die des abgebildeten A6 [1760 Hz]) über die Zeit vorhanden ist. (d) Eine einzelne Schwingung, vergrößert mit ihren Parametern Amplitude und Periodendauer. Bei einer Abtastfrequenz von 44.100 Hz (CD-Qualität) entsprechen dem hier abgebildeten Ton 44.100/1760 = 25 Punkte in jeder Schwingung. (e) Sichtbarmachen der Schwingung einer Stimmgabel vor 150 Jahren (aus Helmholtz 1862).

zösische Mönch, Philosoph und Mathematiker Marin Mersenne die Höhe eines Tons mit der absoluten Anzahl der Schwingungen in Verbindung brachte. Dies gelang ihm unter anderem dadurch, dass er extrem lange Saiten – eine etwa 30 Meter lange Schnur und einen 40 Meter langen Draht – in Schwingung versetzte (vgl. Pierce 1992). Er fand, dass eine Saite umso langsamer schwingt, je länger sie ist. Nimmt die Länge zu, nimmt die Frequenz ab ($f \sim 1/l$). Er konnte weiterhin zeigen, dass die Frequenz mit der Spannung der Saite steigt und mit deren Dicke (genau: der Masse je Längeneinheit) fällt. Vervierfacht man die Spannung, schwingt die Saite allerdings nur doppelt so schnell, und vervierfacht man die Masse der Saite (je Längeneinheit), so schwingt sie nur halb so schnell. Die Frequenz steigt also mit der Quadratwurzel aus der Spannung und fällt mit der Quadratwurzel aus Masse pro Längeneinheit.

Der Konzertflügel zwischen Physik und Möbel

Dieser einfache gesetzmäßige Zusammenhang hat für den Bau von Saiteninstrumenten größte Bedeutung. Ein Konzertflügel (Abb. 2-6) beispielsweise hat einen Tonumfang von A0 (vier Oktaven unter dem A4 von 440 Hz, das über dem mittleren C4 liegt), entsprechend 27,5 Hz (440 viermal halbiert) bis zum vier Oktaven über dem mittleren C4 gelegenen C8 (4186 Hz). Die höchste Saite schwingt also 4186/27,5 = 152-mal so oft in der Sekunde wie die tiefste. Da die Länge der höchsten Saite etwa fünf Zentimeter beträgt, müsste die Länge der tiefsten Saite bei gleicher Dicke und Spannung 152-mal 5 cm, also 7,60 Meter, betragen – kaum eine praktische Größe für ein transportfähiges Konzertinstrument, von einem wohnzimmertauglichen Möbelstück gar nicht zu reden. Da die längsten Saiten in einem üblichen Konzertflügel etwa zwei Meter lang sind (etwa ein Viertel der eigentlich benötigten Länge), müsste man deren Spannung auf etwa ein Sechzehntel vermindern, was in einer im Flügel „herumschlabbernden" Saite ohne musikalischen Wert resultierte. Die Saite braucht Spannung, damit sie die Energie des sie anschlagenden Hammers aufnehmen und über die Zeitdauer des verklingenden Tons wieder abgeben kann.

Man macht die Saiten daher schwerer. Dies geschieht, indem man ihnen Gewichte anhängt, sie nämlich im Grunde so belässt, wie sie sind, aber mit schwerem Material, wie beispielsweise Kupferdraht, umwickelt. Die tiefste Saite eines Flügels kann daher durchaus einen halben Zentimeter Durchmesser haben und aus einer Saite mit zweilagiger Umwicklung bestehen.

Weil hohe Töne leiser gehört werden als tiefe (siehe nächstes Kapitel), werden zu ihrer Erzeugung zwei oder drei Saiten verwendet, um den Klang des Flügels für unser Gehör insgesamt ausgeglichen erscheinen zu lassen. Ein Konzertflügel mit 88 Tasten und Tönen hat daher üblicherweise 243 Saiten. Diese sind aus Stahl und mit 30 bis 60 % der Kraft gespannt, die sie zum Zerreißen bringen würde. Wenn einmal eine Saite reißt, dann glücklicherweise für gewöhnlich dort, wo sie vom Hammer angeschlagen wird, also am den Tasten zugewandten Ende (Fletcher u. Rossing 1998). Das längere freie Ende schnurrt dann vom Spieler weg in Richtung Flügelende und sollte ihn nicht verletzen. (Ähnliches gilt für Geigen; die Saiten reißen, wo sie gespielt werden, und das freie Ende saust in Richtung Stimmkopf. Augenverletzungen durch reißende Saiten bei Violinisten sind in der medizinischen Literatur nicht beschrieben, wie eine Suche bei MEDLINE ergab.)

Historische Instrumente wie Spinett oder insbesondere Clavicord sind vergleichsweise leise. Die Erfindung der Hammermechanik (im Jahre 1709 durch Bartolomeo Cristofori) und ihre zunehmende Weiterentwicklung hatte im darauf folgenden Jahrhundert zu einem deutlich lauteren Instrument, dem Flügel und dem davon abgeleiteten Klavier, geführt. Dem Wunsch der Musiker und Komponisten nach immer lauteren Instrumenten – Beethoven bat beispielsweise im Jahr 1817 den Klavierbauer Streicher um ein lauteres Instrument (er war zu dieser Zeit bereits nahezu taub) – begegneten die Instrumentenbauer mit immer größerer Spannung der Saiten (eine ähnliche Entwicklung gab es auch bei der Geige, siehe unten).

Der Zug auf einer Saite liegt bei einem Konzertflügel in der Größenordnung von 100 Kilogramm. Addiert man diese Spann-Kräfte aller Saiten, so ergibt sich, dass

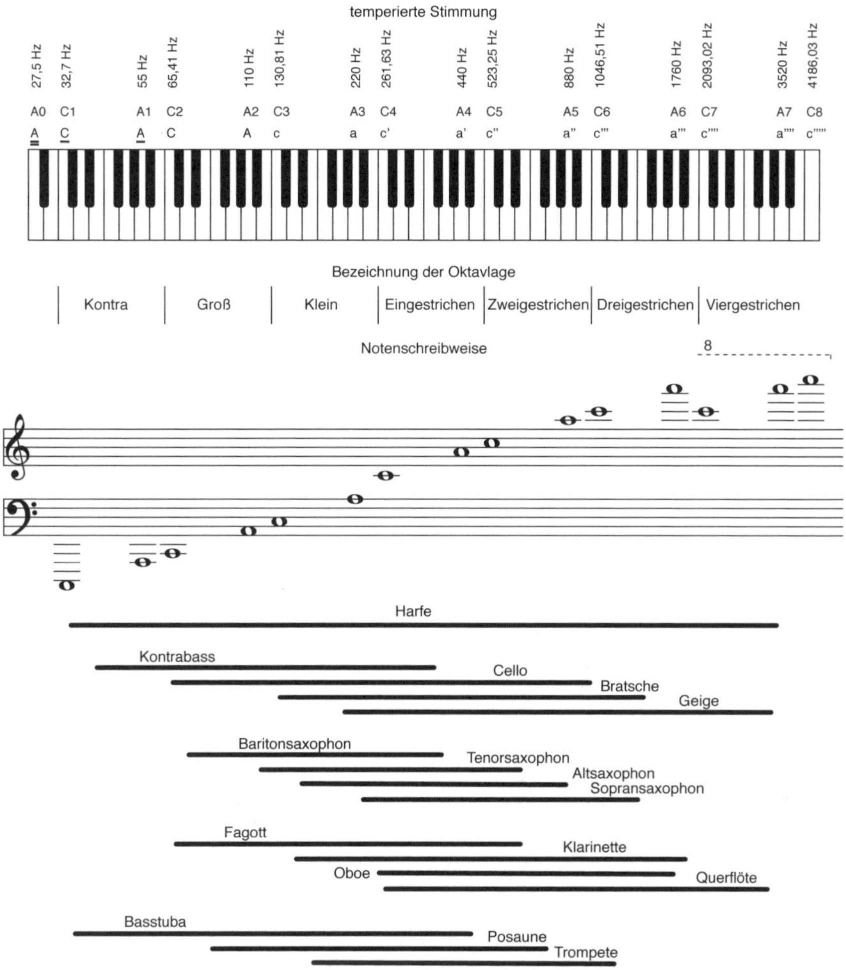

Abb. 2-6 Tastatur und Tonumfang eines Konzertflügels sowie einiger anderer Instrumente im Vergleich. Einer Anmerkung von Sundberg (1987, S. 11) folgend bezeichnen wir die Oktaven mit großen Buchstaben und Zahlen, wobei jede Oktave mit einem C beginnt und mit einem H endet. Die Oktave mit der Nummer 0 ist die unterste, innerhalb der unser Hörsystem Töne mit unterschiedlicher Tonhöhe unterscheiden kann. Diese Töne liegen auf der Klaviatur eines Konzertflügels ganz links. Die Töne der nächsten Oktave werden dann wieder von C bis H mit einer nachgestellten 1 gekennzeichnet und so weiter. Das System lässt sich leicht merken, da das A der Stimmgabel (A4) 440 Hertz entspricht. Man spart sich bei dieser Art der Bezeichnung den Verweis auf große oder kleine Oktaven (in welchem Sinne?), den Verweis auf einfach oder mehrfach „gestrichene" Töne (auch ein dreigestrichenes C kann man zupfen) oder die Annahme eines irgendwie ausgezeichneten „mittleren" Tons.

der Rahmen eines heutigen Flügels über 20 Tonnen Zug aushalten muss (noch 1808 betrug die Gesamtspannung nur etwa 4,5 Tonnen; vgl. Briner 1988). Zum Vergleich: 20 Tonnen entsprechen dem Gewicht von etwa 30 Kleinwagen (Typ VW Polo) oder eines Eisenbahnwaggons. Kein Wunder also, dass die immer mehr Kraft aufnehmenden, immer stärker gespannten Saiten der Instrumente eines immer festeren Rahmens bedurften, der seit 1831 daher aus Metall gefertigt wird, was wiederum das Gewicht eines Konzertflügels von einer drittel bis nahezu einer halben Tonne bewirkt. Die Grenzen des Transportablen und (von wohlhabenden Menschen in großen Wohnzimmern) Aufstellbaren waren um 1900 erreicht, weswegen der Konzertflügel sich seither kaum verändert hat.

Erst mit dem Aufkommen der elektronischen Möglichkeiten der Verstärkung von Musik ging diese Entwicklung erneut weiter in Richtung kompakter und zugleich lauter Instrumente (wenn auch unter Inkaufnahme qualitativer Einbußen des Klangs), wie die hunderttausendfach verkauften elektronischen Keyboards und E-Pianos zeigen.

Natürliche Schwingungsmöglichkeiten

Das Schwingen einer Saite ist leichter vorstellbar als das Schwingen einer Luftsäule oder einer flächigen Membran. Daher bleiben wir beim Betrachten musikalischer Phänomene und Prinzipien zunächst bei Saiteninstrumenten, bevor auch Schlag- und Blasinstrumente thematisiert werden.

Eine Saite hat viele Möglichkeiten zu schwingen. Zupft man an einer Saite und berührt sie genau in der Mitte, so klingt sie eine Oktave höher. Man kann sie sogar erst anzupfen und dann den Finger sachte auf den Mittelpunkt der Saite legen. Der Finger erlaubt der Saite nicht mehr, normal auf und ab zu schwingen (Abb. 2-7, rechts oben). Man hört aber die Oktave weiterklingen. Da man die Saite zwischenzeitlich nicht mehr angezupft hat, muss diese um eine Oktave höhere Schwingung bereits zuvor in ihr gesteckt haben. Man spricht daher auch von der ersten Oberschwingung (den Ton nennt man den ersten Oberton), die von der Saite tatsächlich zugleich mit der Grundschwingung (man spricht auch vom Grundton) ausgeführt wird, so dass insgesamt eine komplexe Bewegung der Saite resultiert.

An einer Gitarre kann sich jeder leicht selbst davon überzeugen: Man zupfe die tiefe E-Saite an (man sieht sie am besten schwingen) und berühre die Saite dabei sachte über dem zwölften Bundstäbchen, d. h. dort, wo sie zur Hälfte geteilt wird. Sie kann jetzt nicht mehr einfach auf- und abschwingen, hat aber noch die Möglichkeit, links vom berührenden Finger auf- und rechts davon abzuschwingen (vgl. Abb. 2-7). Dabei klingt sie eine Oktave höher, so als hätte man sie bis zum Bundstäbchen hinuntergedrückt, hätte also nur noch eine halbe schwingende Saite. (Bei einer billigen Gitarre können die Töne verschieden sein, d. h. die gegriffene Oktave stimmt nicht mit der Oberschwingung der Saite überein. Man sagt dann, dass die Gitarre nicht bundrein ist, und das Spiel auf einem solchen Instrument wird wenig Spaß bereiten.)

Berührt man die Saite an einem der beiden Punkte, die sie in drei gleiche Teile einteilen, so erlaubt man ihr weder die Grundschwingung noch den ersten Oberton. Sie kann aber noch so schwingen, dass zwischen den beiden Knotenpunkten insgesamt drei Schwingungsbäuche entstehen (Abb. 2-7, links). Dies entspricht der Quinte über der Oktave, dem zweiten Oberton der Saite. Wieder kann man auch diesen Ton hören, wenn man die Saite zunächst anzupft und sie danach an einem der beiden Knotenpunkte berührt. Auf der Gitarre liegen diese Punkte über dem 7. und über dem 19. Bundstäbchen.

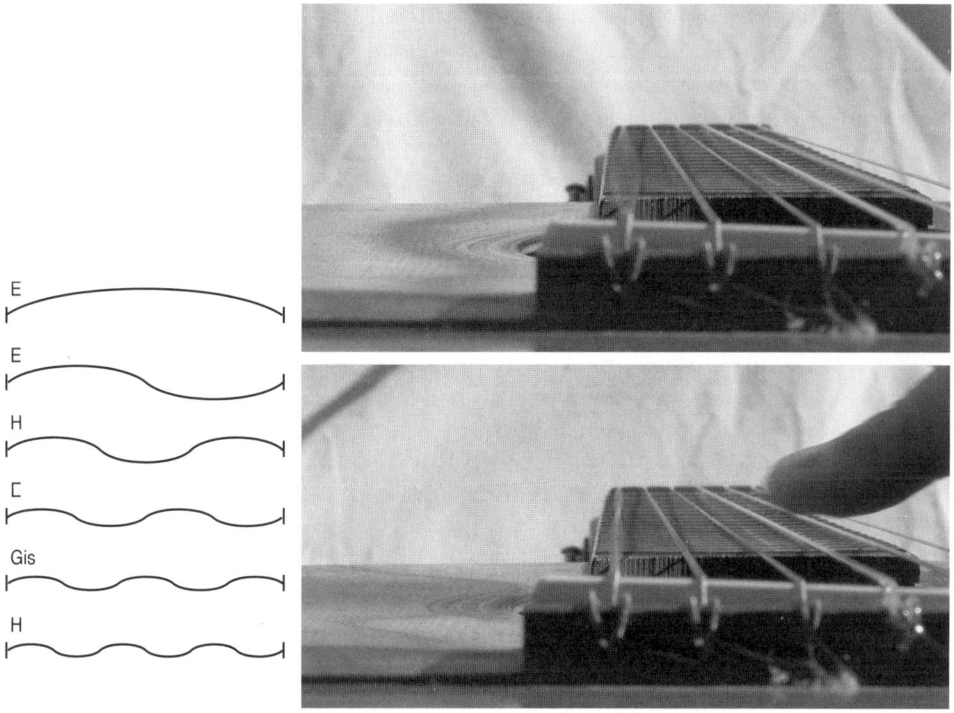

Abb. 2-7 Schwingende tiefe E-Saite einer Gitarre (rechts oben). Um die Krümmung der Saite optisch gut sichtbar zu machen, wurde sie mit Teleobjektiv vom Steg her aufgenommen, so dass die Saitenlänge optisch stark verkürzt und somit die vergleichsweise geringe Auslenkung sichtbar wird. Damit wird allerdings eine verminderte Tiefenschärfe in Kauf genommen. Unten wurde die E-Saite angezupft, jedoch danach kurz der Finger genau auf die Mitte gelegt (und gleich wieder weggezogen), so dass sie nicht mehr so schwingen kann, wie man es oben sieht. Unter diesen Umständen kann sie aber dennoch schwingen, nämlich mit zwei „Bäuchen" zugleich auf und ab. Die Auslenkung ist geringer und damit der Ton leiser. Dennoch sieht man die zwei Schwingungsbäuche sehr deutlich. Der resultierende Ton ist eine Oktave höher als oben und hat eine andere Klangfarbe, die man auch als Flageolett bezeichnet. Links sind die ersten sechs Möglichkeiten zur Schwingung einer Saite schematisch gezeichnet. Nehmen wir an, es handele sich um die E-Saite einer Gitarre. Dann hört man entsprechend der Schemazeichnung von oben nach unten zunächst ein E, dann wieder ein E (dies sind die beiden rechts dargestellten Fälle), dann ein H, dann wieder E, dann Gis und wieder H.

Da wir die Oktave oft genauso hören wie den Grundton – Naturvölker, Chorsänger und Musikunkundige verwechseln nicht selten Töne, die eine Oktave auseinanderliegen bzw. hören keinen Unterschied zwischen ihnen –, überrascht der erste Oberton weniger als der zweite, bei dem es sich ja um einen ganz anderen, einen *neuen* Ton handelt. Richtig spannend wird es dann beim vierten und fünften Oberton, die zusammen mit dem dritten einen Dur-Dreiklang bilden! In jeder schwingenden Saite steckt also – in Form der Obertöne drei, vier und fünf – bereits ein Dur-Dreiklang.

Über die Interpretation dieses Sachverhalts wird bis in die Gegenwart gestritten (vgl. z.B. Storr 1992, Kap. 2). Für die einen ist der in jeder schwingenden Saite (ja, in jedem schwingenden Körper mit harmonischen Oberschwingungen; siehe unten) enthaltene Dur-Dreiklang ein eindeutiger Beweis dafür, dass es sich bei ihm um etwas Natürliches handelt, unser Musiksystem also anderen Systemen, die auf anderen Tonverhältnissen aufbauen, überlegen ist. Der Komponist und Dirigent Leonard Bernstein (1918–1990) vertrat diese Auffassung sehr vehement in seinen publizierten sechs Vorträgen, die er 1973 an der Harvard Universität hielt:

> „I believe that from Earth emerges musical poetry, which is by the nature of its sources tonal. I believe that these sources cause to exist a phonology of music, which evolves from the universal known as the harmonic series. And that there is an equally universal musical syntax, which can be codified and structured in terms of symmetry and repetition. [...] I believe that our deepest affective responses to these particular language are innate ones, but do not preclude additional responses which are conditioned or learned" (Bernstein 1976, S. 424).

Es ist kein Zufall, dass Bernstein hier Ausdrücke aus der Sprachwissenschaft – Phonologie, Syntax; an anderer Stelle Grammatik, Tiefenstruktur etc. – verwendet, denn er vergleicht die Struktur von Musik direkt mit der von Sprache, wie sie der Linguist Noam Chomsky vorgeschlagen hat. Es gibt demzufolge eine allgemeine (vielleicht vererbte) Tiefenstruktur, die wir anwenden, wann immer wir sprechen oder Sprache verstehen. In der Musik sieht Bernstein beispielsweise das Formelement der Wiederholung (vgl. Bernstein 1976, S. 145–161) und die Obertonreihe (d.h. reine Intervalle und den Dur-Dreiklang; vgl. Bernstein 1976, S. 19–29) als musikalische Universalien, also als Strukturmomente jeder Musik. In der abendländisch-westlichen Musik seien solche Strukturen am weitesten ausgereift, am vollendetsten repräsentiert, am weitesten fortgeschritten. Daher sei sie auch anderen Formen der Musik überlegen und verdränge diese bei kulturellem Kontakt, wie beispielsweise Deryck Cooke ausführt:

> „Wherever Western European civilization has penetrated another culture, and has set the people's thoughts along the road to material happiness, the tonal music of Western Europe has begun to oust the music of that culture from the people's affections" (Cooke 1959, S. 55).

Soweit ein möglicher Standpunkt, das eine Extrem. Andere weisen demgegenüber auf das Fehlen des Moll-Dreiklangs (in der abendländischen Musik kaum unwichtiger als der Dur-Dreiklang) in den Schwingungen einer Saite sowie auf andere vermeintlich „willkürliche" Tatsachen des westlichen Musiksystems (zwölf Tonschritte, meist einfache Zweier-, Dreier- oder Vierertakte etc.) hin und sehen in ihm nichts Natürliches, sondern ein reines Kulturprodukt, gleichberechtigt neben vielen anderen. Storr (1992) weist mit Recht darauf hin, dass der „Bulldozereffekt" (S. 59) der westlichen Kultur – sie walze alles andere nieder – nicht unbedingt als Qualitätsmerkmal angesehen werden kann: „American popular music has swept the world; but few musicians consider it better than the varieties of music which it has displaced" (Storr 1992, S. 59). Wir werden in diesem Buch immer wieder auf diese Frage – ist Musik kulturell-beliebig oder auf irgendeine Weise physikalisch oder physiologisch oder psychologisch universal? – zurückkommen. Sie ist mit Fragen nach dem Ursprung von Musik, nach der Entwicklung beim Kind und nach der Entwicklung der Spezies Mensch verknüpft.

Halten wir fürs Erste fest: Eine Saite der Länge l kann als ganze auf und ab schwingen und so einen Ton der Frequenz f erzeugen. Teilt man die Saite genau in der Mitte oder sorgt dafür, dass sie sich genau in der Mitte nicht bewegen kann, so können dennoch die beiden Hälften schwingen, jeweils die eine Hälfte nach oben und die andere nach unten. Der Ton der Saite mit der schwingenden Länge l/2 hat die Frequenz 2f. Teilt man die Saite in drei Teile (Länge l/3), so erhält man einen Ton der Frequenz 3f usw. Bei einer realen schwingenden Saite sind diese Weisen des Schwingens mehr oder weniger stark *zugleich* vorhanden, weswegen der zu hörende Ton die höheren Töne mit enthält.

Klangfarbe

Was Saiten recht ist, das ist anderen Körpern billig: Viele Körper schwingen bzw. sind im Prinzip zu Schwingungen fähig. Es hängt im Wesentlichen von deren Elastizität und Lagerung ab, ob es zu Schwingungen und damit zu Tönen kommt oder nicht. Nimmt man ein ganz normales Holzbrettchen, ein Stück Metallrohr oder ein Weinglas und lagert sie so, dass sie schwingen können – voilà: schon hat man einen Ton. Nimmt man viele Brettchen, Rohre oder Gläser in den jeweils richtigen unterschiedlichen Größen, hat man ein Instrument. Diese Tatsache – es gibt viele Möglichkeiten der Tonerzeugung durch schwingende Körper – hat nicht nur zur Entwicklung der Vielzahl bekannter Musikinstrumente geführt, sondern lässt sich auch zum Bau immer neuer Varianten verwenden (für einige besonders skurrile Beispiele vgl. Hopkin 1996).

Vom Regelmaß zum Rauschen

Ganz allgemein sind Töne dadurch gekennzeichnet, dass regelmäßige Schwingungen vorliegen. Der einfachste Ton ist ein Sinuston (siehe Abb. 2-8 oben links), der so genannt wird, weil die Kurve der Auslenkung (Amplitude) in der Zeit eine Sinuskurve darstellt. Ein solcher Ton, der als einzelner in der Natur kaum vorkommt, sich heute jedoch leicht elektronisch erzeugen lässt, klingt nicht besonders interessant und ähnelt am ehesten dem einer Flöte.

Addiert man zu diesem Ton eine Sinusschwingung mit der doppelten Frequenz, also den ersten Oberton, so ergibt sich eine Schwingung, die schon etwas komplizierter aussieht und auch etwas interessanter klingt. Addiert man eine weitere Schwingung mit der dreifachen Grundfrequenz, sieht es noch interessanter aus und klingt entsprechend. Man kann auf diese Weise durch Addieren von Sinusschwingungen der Obertonreihe zu einem Grundton Töne unterschiedlicher *Klangfarbe* erzeugen. Ein Geigenton klingt anders als ein Trompetenton oder der Ton einer Orgel oder Oboe. Dies liegt zu einem großen Teil an der Zusammensetzung der zum Grundton mitschwingenden Obertöne. Die meisten natürlichen Gegen-

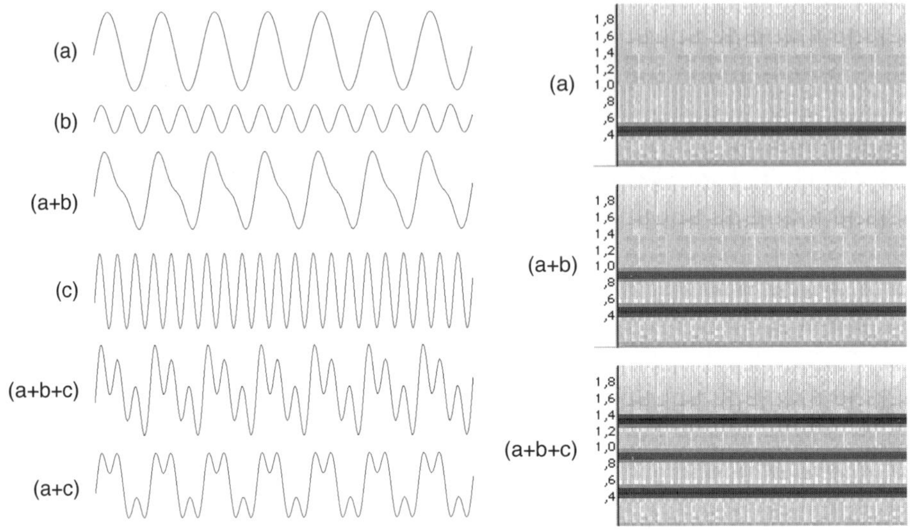

Abb. 2-8 Schwingungen am Computer sichtbar gemacht: Oben links (a) ein reiner Ton (Sinusschwingung), darunter (b) die Sinusschwingung, die dem erstem Oberton entspricht. Die Summe aus beiden (a+b) hat die gleiche Tonhöhe wie der erste Ton (a), nur klingt sie anders, nämlich heller. Dann folgt (c) der zweite Oberton zu (a) und darunter der aus allen drei Sinusschwingungen bestehende Ton (a+b+c). Addiert man nur den zweiten Oberton zum Grundton, erhält man einen Ton, der etwas näselnd (wie eine Klarinette) klingt, denn auch bei dieser herrscht der zweite Oberton (die Quinte über der Oktave) vor (vgl. Abb. 2-9). Rechts sind die Spektrogramme der Töne (a), (a+b) und (a+b+c) dargestellt.

stände schwingen auf komplizierte Weise, weswegen auch Musikinstrumente keine reinen Sinustöne (das wäre langweilig), sondern obertonreiche Töne erzeugen (Beispiele in Abb. 2-9).

Auch bei den komplizierteren Schwingungen in Abbildung 2-9 ist deutlich eine Periodizität zu erkennen. Wann immer dem so ist, hören wir einen Ton. Es gibt aber auch den Fall, dass Gegenstände nicht gleichmäßig schwingen, sondern irgendwie unregelmäßig. Betrachten wir einmal als Extremfall die Blätter eines Baumes im Wind oder eine brechende Welle am Meer: Durch das ungeregelte Aneinanderschlagen von Blättern und Zweigen im ersten Fall und von Wassertropfen bzw. Wassermassen im zweiten Fall entstehen ungeordnete Luftbewegungen, die wir nicht als Ton, sondern als *Rauschen* hören (vgl. Abb. 2-5).

Maultrommel und Didgeridoo

Die Maultrommel und das hierzulande in den letzten beiden Jahrzehnten auch bekannt gewordene Didgeridoo, die australische Holztrompete, sind Instrumente, die strenggenommen nur einen einzigen Ton hervorbringen können. Durch Variation des Rachenraumes bei der Maultrommel und durch Variation des Anblasens und der Lippenstellung beim Didgeridoo lässt sich jedoch das Obertonspektrum des Tons, also dessen Klangfarbe, verändern. Die Grundfrequenz bleibt immer gleich,

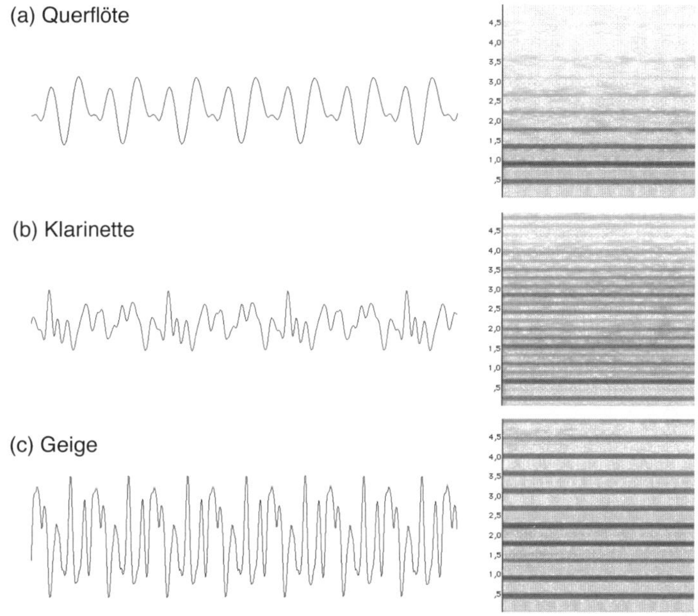

Abb. 2-9 Wellenformen (links) und Spektrogramme (rechts) einiger bekannter Musikinstrumente. (a) Querflöte (440 Hz) mit relativ wenig Obertönen, (b) Klarinette (220 Hz) mit praktisch fehlendem ersten Oberton und (c) Geige (440 Hz) mit einem Reichtum an Obertönen.

so dass sich auf diesen Instrumenten genauso wenig wie auf einer Trommel oder einer Triangel eine Melodie spielen lässt.

Interessanterweise lassen sich durch systematische Variation der Klangfarbe und vor allem auch durch Einhalten von Rhythmus und Tonlängen Melodien gleichsam vorgaukeln, d. h., es ist durchaus möglich, eine Art „Liederraten“ mit diesen Instrumenten zu veranstalten. Man wird *Fuchs, du hast die Gans gestohlen* von *Hänschen klein* und *Alle meine Entchen* unterscheiden können.

Trommeln, Becken und Rasseln

Keineswegs alle Musikinstrumente erzeugen Töne. Rasseln, Becken und manch andere Schlaginstrumente bringen keine Töne hervor, sondern im physikalischen Sinne Rauschen. Es wird zwar Schall durch das Schwingen einer Membran oder eines Stücks Metall erzeugt, die Schwingungen sind jedoch unregelmäßig, d. h. nicht periodisch. Warum haben dann manche Schlagzeuger ganze Wälder von Becken um sich herum aufgebaut, wenn doch nichts weiter als Rauschen damit produziert werden kann?

Der Grund hierfür ist einfach: Rauschen ist nicht gleich Rauschen. Das kann jeder selbst ausprobieren, wenn er die stimmlosen Zischlaute /s/, /ch/ und /sch/ produziert. Bei allen dreien handelt es sich um Rauschen, also um Schall, der aus nicht-periodischen (ungeordneten) Bewegungen der Luft besteht. Der Unter-

Abb. 2-10 Südamerikanische, aus Horn bestehende „tierische" Rassel.

schied im Klang der Zischlaute, also des Rauschens, liegt im Anteil verschieden hoher Frequenzen an der klanglichen Unordnung. Die Becken des Schlagzeugers entsprechen also den verschiedenen Zischlauten der Sprache. Ein zweiter Unterschied besteht in der zeitlichen Erstreckung des Rauschens. Ein *Ride-Becken*, auf dem ein Jazz-Schlagzeuger den wesentlichen Grundrhythmus mit der rechten Hand produziert („ding dinge-ding dinge-ding ...") muss langsamer abklingen (also länger und gleichmäßiger klingen) als ein *Crash-Becken*, das – wie der Name schon sagt – nur gelegentlich für einen Akzent sorgt und daher nicht zu lange klingen darf.

Rasseln bringen ebenfalls keine Töne hervor, sondern in akustischer Hinsicht Rauschen verschiedenster Form, was letztlich von der Art der Geräuscherzeugung im Einzelnen abhängt. Es gibt sehr viele unterschiedliche Arten von Rasseln. Die Abbildung 2-10 zeigt eine in den bolivianischen Anden verwendete Art, die aus den aufgefädelten Hufen bzw. „Zehennägeln" einer lokal vorkommenden Bergziegenart hergestellt wird.

Die Moden von Glocken und Pauken

Zwischen Tönen mit periodischen Schwingungen und Oberschwingungen einerseits und Rauschen, also der totalen Unordnung, andererseits stehen die Tongemische verschiedenster Art, die periodische Schwingungen enthalten, wobei jedoch die Frequenzen der Obertöne nicht ganzzahlige Vielfache des Grundtons sind. Die bekanntesten Beispiele hierfür sind Glockentöne. Nehmen wir an, die Grundschwingung einer Glocke sei f, dann ist die erste Oberschwingung vielleicht 2,3f, die zweite 3,5f und die dritte 4,8f. Dennoch hören unsere Ohren einen Glockenton, und mit Glockenspielen lassen sich Melodien hervorbringen. Aufgrund bestimmter Eigenschaften unseres Hörsystems ordnen wir schwingenden Glocken einen Ton zu (übrigens *nicht* den Grundton, sondern einen aus höheren Teiltönen vom Hörsystem berechneten, mitunter gar nicht vorhandenen Ton; siehe Kapitel 4). Weil die Obertonverhältnisse aber nicht stimmen, klingen Glockenspiele auf Marktplätzen immer dann jämmerlich, wenn sie Harmonien spielen. Bei Paukentönen ist dies ähnlich, obwohl die Obertöne von Pauken aufgrund der Luft und des Kessels einigermaßen den Vielfachen der Grundschwingung entsprechen.

Hüllkurven

Es ist ein weitverbreiteter Irrtum zu glauben, der Klang eines Tons hinge nur von dessen Obertönen ab. Der Klang wird vielmehr auch ganz wesentlich dadurch bestimmt, wie sich Töne in der Zeit verändern. Sie können ganz langsam ansteigen oder explosionsartig beginnen, im Verlauf können sie immer lauter oder immer leiser werden oder auch periodisch lauter und leiser. Schließlich können sich die einzelnen Obertöne eines Tons unterschiedlich in der Zeit verhalten, so dass der beim Betätigen eines Instruments entstehende Schall insgesamt eine komplexe Verlaufsgestalt in der Zeit hat.

Die Lautstärke (Amplitude) eines Tons in der Zeit wird durch die Hüllkurve beschrieben. Im englischen Sprachraum heißt sie *envelope*, was ebenfalls sehr deutlich macht, worum es sich handelt: Diese Kurve beschreibt nicht den Verlauf des Luftdrucks (wie es die Schwingungskurve eines Tons tut), sondern den Verlauf der Maxima des Luftdrucks (siehe Abb. 2-11). Sie hüllt damit die Tonkurve gewissermaßen ein, was ihr den Namen gab.

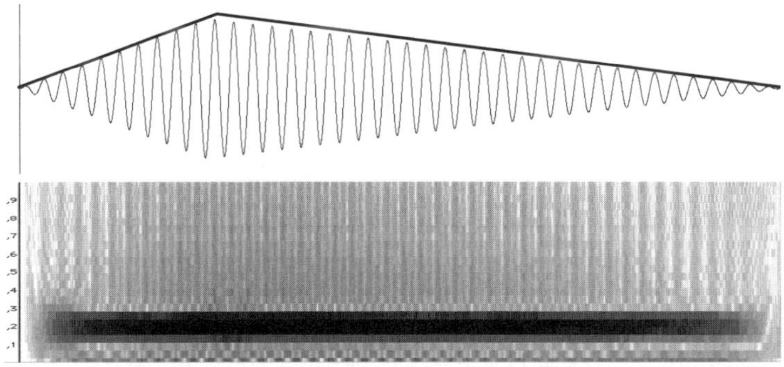

Abb. 2-11 Prinzip der Hüllkurve (oben). Man sieht eine Sinusschwingung, deren Amplitude zunächst größer und dann wieder kleiner wird. Dem entspricht ein Ton, der erst lauter und dann wieder leiser wird. Man nennt die Kurve, die den Ton gewissermaßen „einhüllt", auch dessen *Hüllkurve*. Unten ist das Spektrogramm des Tons dargestellt; die Frequenz von 200 Hz schwillt an und ab.

Schlagen, Zupfen und Streichen

Eine Saite kann auf verschiedene Weise zum Schwingen gebracht werden: Man kann sie mit einem Hämmerchen anschlagen, man kann daran (mit den Fingern, Fingernägeln oder einem Metall-, Plastik- oder Elfenbeinplättchen) zupfen oder man kann sie mit einem Bogen streichen. Je nachdem, wie die Saite in Schwingung versetzt wird, hört sie sich anders an, was man auch sichtbar machen kann (vgl. Abb. 2-12). Zum einen variiert der Obertongehalt der Schwingung in Abhängigkeit davon, wie die Saite in Schwingung versetzt wurde. Eine angeschlagene Saite klingt härter (der Ton ist obertonreicher) als eine gezupfte. Eine gestrichene Saite wiederum klingt nochmals ganz anders.

Zum zweiten hängt auch der Verlauf des Schwingungsausschlags (der Amplitude) in der Zeit von der Art ab, wie die Saite in Schwingung versetzt wird. Ein Hammer hat nur sehr kurz Kontakt mit der Saite, lenkt sie aus und überlässt sie dann sich selbst, so dass die Amplitude der Schwingungen abnimmt. Ähnlich beim Zup-

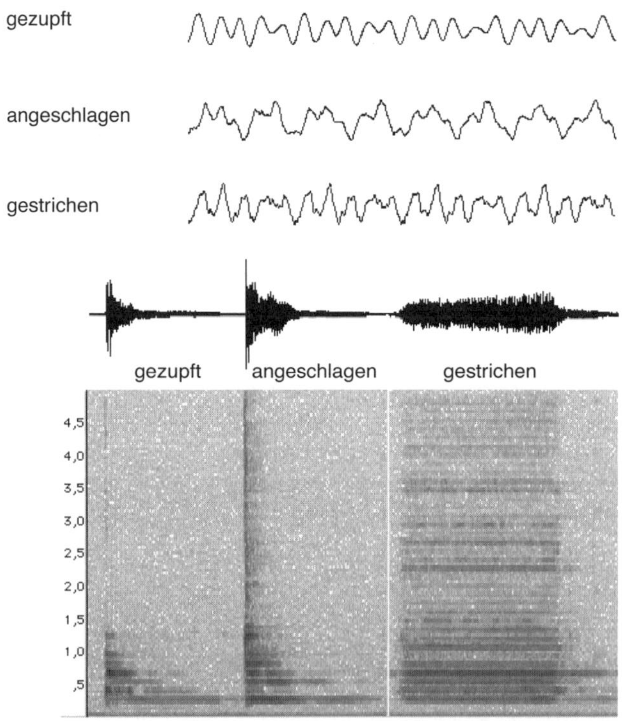

Abb. 2-12 Sichtbar gemachte Töne (ein C4 von ca. 260 Hz) der gleichen Saite, die mit der Fingerkuppe gezupft, mit einem Dulcimerhämmerchen angeschlagen und mit dem Bogen gestrichen wurde. Dargestellt sind oben die Wellenform des Tons (Ausschnitt), in der Mitte die Amplitude des gesamten Tons und unten das Spektrogramm der Töne. Die gezupfte Saite hat deutlich weniger Obertöne, die angeschlagene hat am Anfang sehr viele Obertöne, und die gestrichene Saite ist kontinuierlich recht obertonreich. Die gleiche Saite schwingt also jedes Mal anders.

fen. Beim Streichen ist dies ganz anders. Hier kommt es zum so genannten *Einschwingen* der Töne, d.h. der Ton fängt nicht buchstäblich mit einem Schlag an, sondern nimmt über einen gewissen Zeitraum hinweg an Lautstärke zu. Das Einschwingen kann zudem für die verschiedenen Obertöne der Saite unterschiedlich lang dauern, so dass sich die Klangfarbe des Tons rasch ändert. Dies alles führt zu der bekannten Lebendigkeit natürlich entstehender Töne, zum Beispiel im Vergleich zu elektronisch (mittels Amplitudenmodulation) erzeugten Tönen, die erst in der jüngsten Vergangenheit in dieser Hinsicht (u.a. durch die Einführung des Sampling und der Frequenzmodulation) aufholen konnten.

Diese Lebendigkeit und Vielfalt von Tönen, die durch schwingende Saiten hervorgerufen werden, haben dazu geführt, dass im Laufe der Geschichte eine ganze Reihe sehr unterschiedlicher Saiteninstrumente entstanden ist. Das jüngste, der Flügel, wurde oben bereits erwähnt. Er hat mit den ältesten Saiteninstrumenten gemeinsam, dass auch bei diesen die Saite angeschlagen und nicht gezupft oder gestrichen wird. So wird ein im oben (Kapitel 1) bereits erwähnten Torbogen von Santiago gemeißelter Psalter vom spielenden Mönch geschlagen, nicht gezupft.

Ein Abkömmling der geschlagenen Saiteninstrumente ist das Hackbrett (vgl. Abb. 2-13), das über China, Persien, die Araber und die Slawen zur Zeit der Renaissance nach Europa kam. Es konnte sich gegenüber anderen Saiteninstrumenten nicht durchsetzen und ist heute nur noch in der Volksmusik Österreichs und der Schweiz heimisch sowie unter einem anderen und fälschlich vergebenen Namen – *hammered*

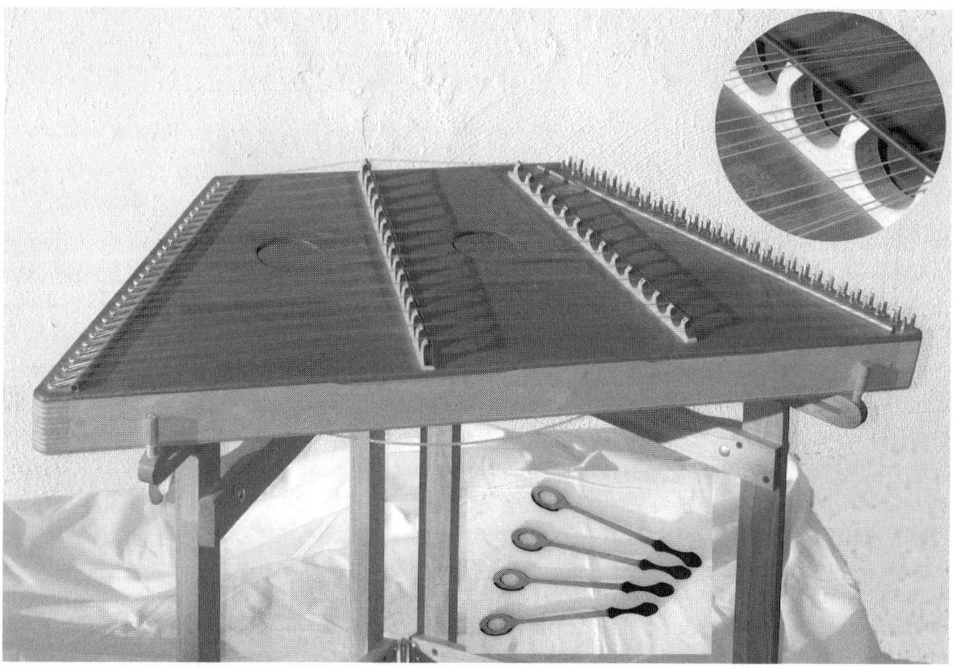

Abb. 2-13 Hackbrett (hammered dulcimer). Vergrößert abgebildet sind rechts oben die durchdachte Anordnung der Saiten sowie unten vier Schlegel.

dulcimer – in den USA. Um mit den beiden hölzernen Schlegeln (die auf einer Seite mit Filz bezogen sind, um leiser spielen zu können) die Saiten zu treffen, verwendet das Hackbrett einen Trick: Die Saiten verlaufen rechts und links über durchbrochene Stege, so dass abwechselnd ein Ton oben und die Nachbartöne unten liegen. Dadurch wird vermieden, dass Saiten beim oft sehr schnellen Spiel versehentlich getroffen werden. Durch einen dritten Steg, der die Saiten im Verhältnis 2 zu 3 teilt, sorgt eine Saite für zwei Töne (im Quintabstand), so dass Saiten gespart werden und das Instrument trotz seines Tonumfangs von gut drei Oktaven transportabel bleibt.

Der Klick: not a bug but a feature

In der Natur vorkommende Töne weisen immer Einschwingvorgänge auf: Die Natur macht keine Sprünge. Anders ist dies bei elektronisch erzeugten Tönen, wie sie beispielsweise von Orgeln hervorgebracht werden, deren Klangerzeugungsprinzip (vgl. Abb. 2-14) im Jahre 1933 von Laurens *Hammond* erfunden wurde und die bis heute seinen Namen tragen. Hier erfolgt kein Einschwingen, ein Ton beginnt also sozusagen mitten in der Schwingung. Dieses unvermittelte Einsetzen eines Sinustons entspricht der Überlagerung vieler Obertöne (zumindest im Prinzip ist deren Zahl unendlich) am Beginn des Tons. Wir hören daher einen Klick.

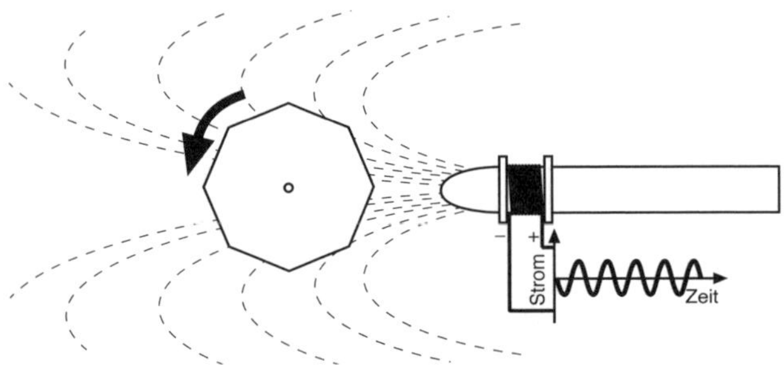

Abb. 2-14 Prinzip der elektromechanischen Tonerzeugung nach L. Hammond (Zeichnung modifiziert nach Rossing 1990, S. 523). Metallscheiben mit unterschiedlich vielen Ecken rotieren an Stabmagneten, umgeben von einer Spule, die als Tonabnehmer fungiert, vorbei und erzeugen dadurch in der Spule sich periodisch ändernde kleine Ströme. Diese werden verstärkt und (durch die Verwendung von Zugriegelregistern) stufenlos mit anderen in gleicher Weise erzeugten Tönen der Obertonreihe zu komplexen Tönen gemischt, so dass sich ein reiches Klangbild ergibt. Da alle Scheiben auf einer Welle sitzen und von einem Motor angetrieben werden, sind die Töne untereinander immer richtig gestimmt (was den Klang wiederum langweilig macht und zur Entwicklung von Rotationslautsprechern geführt hat). Hammond war ein in vielen Bereichen tätiger Erfinder. Hammond-Orgeln wurden seit Mitte der 1930er Jahre von der gleichnamigen Firma in Chicago gebaut und stellen das erste weit verbreitete elektronische Musikinstrument dar. Sie waren so erfolgreich, dass ihr Name buchstäblich zum Begriff wurde: Man spricht heute oft von einer *Hammond-Orgel* (ähnlich wie beim Tempo-Taschentuch oder dem Tesa-Film) auch dann, wenn das Instrument weder von der Firma Hammond gebaut wurde, noch nach dem Funktionsprinzip von Hammond funktioniert. Hammond-Orgel meint in diesem ganz allgemeinen Sinn jede elektronische Orgel.

Dieser Klick wurde zunächst als störend empfunden und man hat versucht, ihn durch Filter zu beseitigen. Die elektronische Orgel wurde aber bald nicht nur in Kirchen, sondern aufgrund ihrer Transportfähigkeit auch auf Bühnen eingesetzt, und hier nicht nur für klassische Musik, sondern beispielsweise auch für Pop und Jazz. Den Musikern dieses Genres kam der Klick gerade recht: Er sorgte dafür, dass der gleichförmige Orgelton einen perkussiven Anfang erhielt und damit dem Spiel neue Ausdrucksmöglichkeiten verlieh. Aus einem technischen Fehler wurde somit innerhalb weniger Jahre ein Merkmal, auf das man nicht mehr verzichten wollte. Meine erste im Jahr 1977 erstandene elektronische Orgel (eine Elka XP55) hatte dementsprechend einen kleinen Schalter, mit dem man einen Klick am Tonanfang zuschalten (oder beim Spiel von Kirchenmusik auch abschalten) konnte.

Resonanz: vom Kürbis zur Stradivari

Stellen Sie sich eine Schaukel vor, auf der ein kleines Kind sitzt. Wenn Sie das Kind in der Schaukel mit beiden Händen packen, dann können Sie es langsam oder schnell nach Belieben in alle Richtungen bewegen. Der Kraftaufwand wird hierbei je nach Gewicht des Kindes sowie in Abhängigkeit von Ausmaß und Geschwindigkeit der Auslenkung unterschiedlich sein. Versuchen Sie zum Beispiel, das Kind sehr rasch vor- und zurückzubewegen, können Sie leicht ins Schwitzen kommen.

Sie können dem Kind jedoch ohne viel Mühe ähnliche Erlebnisse rasanter Bewegung (Kinder mögen alles, was saust) vermitteln, indem Sie die Physik der Schaukel und den Sachverhalt der Resonanz zum Einsatz bringen. Eine Schaukel ist in physikalischer Hinsicht ein System, das zur Aufnahme von Energie in der Lage ist: Man kann ihr kinetische Energie (durch waagerechtes Anschubsen) oder potenzielle Energie (durch Auslenken und damit Anheben) zuführen, was sie in Schwingung versetzt. Eine solche schwingende Schaukel speichert die zugeführte Energie für eine Weile (eben so lange, wie die Schaukel schwingt). Während des Schwingens wird dabei dauernd Höhe (potenzielle Energie) in Bewegung (kinetische Energie) verwandelt und umgekehrt. Durch den Luftwiderstand und andere Reibungsverluste bei diesen Umwandlungen entsteht letztlich Wärme, und das Schaukeln hört irgendwann wieder auf.

Man kann nun in bestimmten Abständen der Schaukel einen kleinen Schubs geben. Tut man dies immer genau dann, wenn sie ohnehin in die geschubste Richtung schwingt, dann schaukelt das Kind immer höher, obgleich jeder einzelne Schubser nur wenig Mühe bereitet. Man kann sich sogar vorstellen, es säße ein Elefant auf der Schaukel. Obwohl wir nicht in der Lage sind, einen Elefanten zu heben, kann man sich vorstellen, dass man ihn durch häufiges Anschubsen zum Schaukeln bringt und ihn damit auch anhebt. Beim Anschubsen einer Schaukel führt man ihr also Energie zu, nur ein klein wenig, aber immerhin: Ist die Energie des Schubsers größer als der Reibungsverlust zwischen zwei Schubsern, dann nimmt die Gesamtenergie des Systems zu (sprich: die Schaukel schwingt immer toller). Man muss dabei beachten, dass man genau zum richtigen Zeitpunkt schubst, nämlich immer dann, wenn die Schaukel sowieso schon in die entsprechende Richtung schwingt. (Stößt man die Schaukel nach Belieben zufällig an, wird man sie manchmal bremsen und manchmal beschleunigen und insgesamt wird außer einem leichten Gezitter der Schaukel nicht viel geschehen.) Man wird also – z. B. innerhalb einer Minute – genau so oft schubsen, wie die Schaukel in dieser Zeit auch hin- und herschwingt. Man spricht hier von der *Eigenfrequenz* der Schaukel, die letztlich von der Länge der Seile abhängt. Nach nicht-repräsentativen Untersuchungen des Autors auf Spielplätzen liegt die Eigenfrequenz von Schaukeln bei etwa 15 bis 18 Schwingungen pro Minute, also bei etwa 0,25 bis 0,3 Hz.

Halten wir fest: Führt man einem zur Aufnahme von Energie fähigen schwingenden System (Schaukel) intermittierend mit der Eigenfrequenz des Systems Energie zu (Anschubsen), so nimmt der Energiegehalt des Systems zu. Man nennt diesen Vorgang ganz allgemein *Resonanz*. Obwohl im Wort schon das lateinische *sonare* (klingen) steckt, kommt Resonanz keineswegs nur in der Musik oder beim Schall vor. Das Phänomen ist vielmehr so allgemein wie oben dargestellt und gilt für jedes energieaufnehmende schwingende System (also auch für Schaukeln, deren Schwingungen wir ja, sieht man vom Gequietsche der Aufhängung ab, nicht hören).

Soldaten und Brücken, Ella Fitzgerald und Gläser

Wenn Soldaten über Brücken marschieren, so erhalten sie zuvor den Befehl „ohne Tritt marsch!“, was bedeutet, dass sie nicht mehr im Gleichschritt laufen sollen, sondern jeder, wie er will. Warum? – Wer bei stärkerem Wind einmal auf einer Brücke stand, der weiß, dass Brücken schwingen können. Das Anschubsen kann dabei nicht nur durch den Wind geschehen, sondern auch durch einen Fußtritt. Ein einzelner Tritt wird dabei nicht viel anrichten, laufen jedoch Hunderte oder Tausende von Menschen im Gleichschritt, so wird der Brücke bei jedem Tritt eine beträchtliche Energie zugeführt. Wirklich problematisch wird die Sache aber erst dann, wenn die Frequenz der Tritte mit der Eigenfrequenz der Brücke – oder auch einer ihrer Oberschwingungen – übereinstimmt (jawohl: auch Brücken haben Obertöne!). Ist dies der Fall, dann wird die schwingende Brücke immer mehr Energie aus den Fußtritten der Soldaten aufnehmen und kann, zumindest im Prinzip, so stark in Schwingung geraten, dass sie einstürzt. Läuft dagegen jeder Soldat, wie er will (also mit einer anderen Frequenz und auch phasenverschoben), dann bekommt die Brücke zwar die gleiche Menge an Fußtritten ab, es kommt aber nicht zur Resonanz.

Dass Fußgänger auf einer Brücke für unangenehme bis gefährliche Resonanzen sorgen können, wurde vor einiger Zeit in London an einer neu gebauten Fußgängerbrücke über die Themse deutlich. Noch am Tage der Eröffnung musste die Brücke wieder geschlossen werden, da die Besucher auf ihr aufgrund der auftretenden Schwankungen nur wie betrunken laufen konnten. Wie aufwendige Untersuchungen zeigten, waren es tatsächlich die Tritte der Fußgänger, die die Brücke zum Schwanken brachten, so dass man eine Reihe baulicher Veränderungen vornehmen musste.

Nimmt ein System so lange Energie auf, bis es durch die aufgenommene Energie zerstört wird, so spricht man von einer *Resonanzkatastrophe*. Stößt beispielsweise der Wind immer wieder auf eine Brücke und ist diese Brücke bautechnisch zum Schwingen in der Lage, kann sie immer mehr einzelne Windstöße aufnehmen und schließlich einstürzen. Hängebrücken sind hierfür besonders anfällig.

Für das verbreitete Bekanntwerden des Phänomens der Resonanzkatastrophe sorgten nicht zuletzt auch die Sängerin Ella Fitzgerald und der Tonbandhersteller Memorex. In einem Werbespot singt die Sängerin einen hohen Ton und bringt hierdurch ein Weinglas zum Zerspringen. Dies geschieht, weil der gesungene Ton der Eigenfrequenz des Glases entspricht, dieses also zum Schwingen und damit zur Aufnahme von Energie anregt. Dies geschieht so lange, bis die Amplitude der Schwingung das Glas zerstört. Dem Werbespot zufolge sind die Bandkassetten so gut, dass die Gläser nicht nur bei Anwesenheit der Sängerin, sondern bereits beim Abspielen von Bandaufnahmen zerbersten. Es sei angemerkt, dass die Grundschwingungen von Gläsern nach nicht-repräsentativen Messungen des Autors in einem Frequenzbereich von 600 (großes Rotweinglas) bis 1700 (kleines Sherryglas) liegen, also auch von Bandkassetten mit schlechtem Frequenzgang gut reproduziert werden dürften.

Resonanz bei Flugzeugen und Geigen

Der Klang einer Geige oder einer Flöte wird bekanntermaßen ganz wesentlich durch das Material, aus dem sie gebaut sind, geprägt. Nicht nur Instrumentenbauer wissen jedoch, dass Schwingungen etwas über den Körper, der schwingt, aussagen. Auch Materialwissenschaftler bedienen sich der Schwingungen, Resonanzen und Obertöne, um etwas über die Eigenschaften von Körpern und Gegenständen auszusagen.

Werden beispielsweise zwei Bauteile miteinander verklebt, so ändern sich während des Aushärtens der Verklebung die Resonanzeigenschaften des Bauteils. Man kann daher ausgehend vom Verlauf der Resonanz über die Zeit etwas über die Klebung aussagen (vgl. Abb. 2-15).

Weiterhin entwickelten Wissenschaftler am Institut für Kunststoffprüfung und Kunststoffkunde (IKP) der Universität Stuttgart ein System zur Kontrolle von Flugzeugen, das berührungsfrei mittels Schall und Resonanz feststellen kann, ob Materialfehler beispielsweise an den Tragflächen oder anderswo durch Abnutzung oder Materialermüdung bestehen (vgl. Krohn et al. 1999, Stößel et al. 2000).

Doch zurück zur Musik! Der Sachverhalt der Resonanz ist letztlich der Grund, aus dem so viele Instrumente so umständlich (bis gar nicht) zu transportieren sind: Neben der Tonerzeugung bedarf ein Instrument der Verstärkung durch Resonanz. Daher weisen beispielsweise Saiteninstrumente unterschiedlich geformte Resonanzkästen auf, die den Klang lauter machen und ihn zugleich formen, d.h. verschiedene Frequenzanteile unterschiedlich stark hervorheben oder auch dämpfen.

Der Vorläufer aller Saiteninstrumente war wahrscheinlich der zur Jagd dienende Bogen, dessen Saite einen, wenn auch kaum vernehmbaren, Ton erzeugt. Nimmt man das eine Ende einer gespannten Saite in den Mund, dient dieser als Resonanzkörper und der Ton wird lauter. Spannt man die Saite über einen ausgehölten Kürbis, den man in den Bogen hineinklemmt, wird der Ton deutlich lauter. Kürbisse spielen daher in der Musik aller Kulturen eine wichtige Rolle.

Drückt man auf einem Klavier eine Taste ganz langsam herunter, so dass nur der Dämpfer sie freigibt, nicht aber der Hammer sie anschlägt, und schlägt man dann den Ton eine Oktave tiefer an, lässt diese Taste aber sogleich wieder los, so klingt

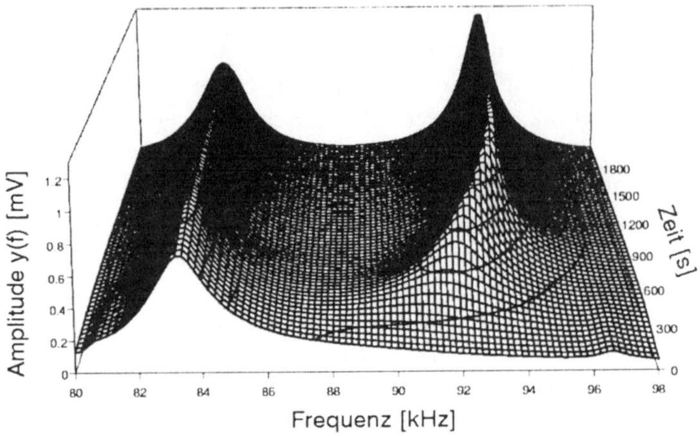

Abb. 2-15 Veränderung des Eigenfrequenzspektrums eines Bauteils während des Aushärtens einer Verklebung. Nach oben ist die Stärke der Schwingung, nach rechts die Frequenz und nach hinten die Zeit aufgetragen. Zu Beginn des Aushärtens (im Bild vorn) besitzt der Gegenstand eine Resonanzfrequenz von etwa 83 kHz. Im Laufe des Aushärtens kommt eine zweite Resonanzfrequenz von etwa 93 kHz hinzu, die anzeigt, dass jetzt noch etwas anderes mitschwingt. „Die neu entstehende Resonanz bildet sich offenbar stetig, ihre Höhe als Funktion der Zeit charakterisiert den Klebungsablauf. Leitet man aus diesem Ablauf geeignete Kennwerte ab, so ergibt sich sogar eine Korrelation mit der späteren Endfestigkeit der Klebung" (Busse 2000, S. 218). Für die freundliche Überlassung der Abbildung möchte ich Prof. Dr. Gerd Busse, IKP der Universität Stuttgart, herzlich danken.

die Saite der noch immer heruntergedrückten Taste leise nach. Sie wurde durch den ersten Oberton der angeschlagenen tiefen Saite durch Resonanz zum Schwingen gebracht. Entsprechend erhält man am Klavier durch Hinuntertreten des rechten Pedals – alle Dämpfer werden hierdurch von den Saiten abgehoben – das Nachklingen nicht nur der gespielten, sondern auch der nicht gespielten Saiten, die nur durch passive Resonanz mitklingen.

Manche Instrumente, wie beispielsweise die norwegische Hardangerfidel (vgl. Kapitel 1) und die schwedische Tastengeige, haben diesen Effekt dauerhaft eingebaut. Die Tastenfidel (schwedisch *Nykelharpa*, siehe Abb. 2-16) ist ein hierzulande unbekanntes Instrument. Sie besitzt zwölf chromatisch gestimmte Resonanzsaiten, also eine Saite für jeden Halbton der Tonleiter. Damit ist sichergestellt, dass jeder gespielte Ton eine Resonanz hervorruft, was eine Art Nachhall erzeugt und dem Instrument einen besonders weichen Klang verleiht. Man kann sich unschwer ausmalen, dass – im Gegensatz zu den großen Konzertsälen mit architektonisch bedingtem Nachhall (vgl. Kapitel 16) – in den akustisch trockenen kleinen Hütten des Nordens (große Säle waren bei der Kälte nicht zu beheizen) zur Winterszeit dieser Effekt bei Hausmusik besonders deutlich und angenehm auffiel. Dies mag der Grund dafür sein, dass sowohl in Norwegen als auch in Schweden das jeweilige landestypische Instrument Resonanzsaiten enthält. Tastenfideln gab es früher auch hierzulande, sie starben jedoch aus, d.h. konnten sich sowohl in der klassischen

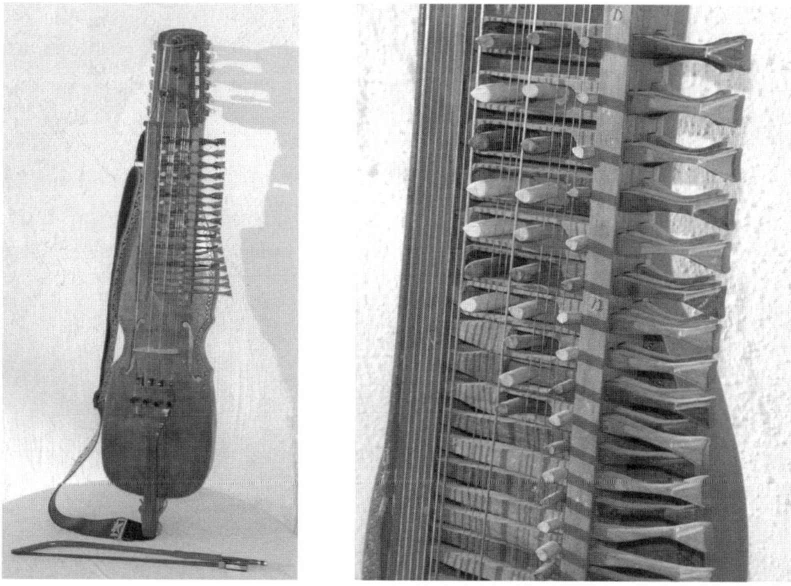

Abb. 2-16 Die Tastenfidel oder Tastengeige (links) wurde früher auch in Mitteleuropa gespielt, heute ist sie jedoch nur noch in Schweden als Volksinstrument (Nykelharpa) lebendig. Die hölzernen, mit Tasten an die Saiten zu bringenden Stege gehen nur auf drei Saiten. Eine vierte Saite kann ebenfalls gespielt werden. Die übrigen zwölf Saiten sind Resonanzsaiten (rechts). Gegenwärtig wird die Zahl der (allesamt als Einzelstücke oft im Selbstbau hergestellten) Tastengeigen in Schweden auf circa 20.000 geschätzt (abgebildet ist eine von Nils Landfeldt, Uppsala, Schweden, gebaute Tastenfidel).

Musik als auch in der Volksmusik nicht behaupten. Sie überdauerten die Zeit gleichsam nur in der „musik-ökologischen Nische" der kleinen Kammern des rauen Nordens.

Fazit: Schall erzeugen, hören und sichtbar machen

Unter Schall versteht man sich kugelförmig in Luft oder anderen Medien ausbreitende Druckschwankungen (Longitudinalwellen). Sind diese Druckschwankungen regelmäßig, vernehmen wir einen Ton, sind sie unregelmäßig, dann klingt es wie Rauschen.

Viele Gegenstände schwingen und erzeugen dadurch Töne. Musikinstrumente wie Geige oder Klavier sind Spezialfälle solcher Gegenstände, bei denen Lautstärke, Klang bzw. Tonumfang optimiert wurden. Weil Gegenstände nicht nur auf eine Weise, sondern oft auf verschiedene Arten schwingen können, entstehen unterschiedliche Töne. Blase ich leicht in eine Muschel, entsteht ein tiefer Ton, blase ich fester, entsteht ein hoher Ton, weil die Luftsäule in der Muschel auf verschiedene Weise schwingen kann. Dies trifft genauso für jede Saite zu. Manche Musikinstrumente erzeugen nur einen Ton, dessen Klangfarbe moduliert wird, und wieder andere Musikinstrumente erzeugen gar keine Töne, sondern Geräusche. Der Klang eines Instruments wird nicht nur von den erzeugten Obertönen, sondern auch vom zeitlichen Verlauf des Grundtons und der Obertöne bestimmt. Man charakterisiert diesen Verlauf mit so genannten Hüllkurven.

Für Musikinstrumente ist das Phänomen der Resonanz sehr wichtig, d.h. die Energieaufnahme eines schwingenden Systems. Erst durch Resonanz erreichen die meisten Instrumente ihre Lautstärke, was man gut daran erkennen kann, dass auch die teuersten Geigensaiten ganz schlecht klingen, wenn man sie auf ein Brett statt auf eine Geige spannt und spielt.

Postscript: Chaos und Kartoffelchips

Wir hatten bislang im Wesentlichen Sinusschwingungen und deren Zusammensetzung betrachtet, um Schallereignisse zu beschreiben. Eine gänzlich andere Weise, die Komplexität von Schall bzw. einer diesen beschreibenden Funktion zu charakterisieren, stammt aus der Chaosforschung und wurde beispielsweise zum Verständnis der Klänge von Becken bereits mit Erfolg eingesetzt (vgl. Rossing 2000, S. 94ff).

Eine Linie besitzt nur eine Dimension (Länge), während jede Fläche zweidimensional ist (Länge und Breite). Es scheint zunächst unsinnig, von etwas zu reden, das eine Dimension von 2,6 hat. Genau dies tut jedoch die Chaosforschung, in der gezeigt werden konnte, dass es Sinn macht, von gebrochenzahligen Dimensionen zu sprechen (für eine schöne Einführung vgl. Gleick 1988). Vereinfacht gesprochen kann man sich vorstellen, dass eine Linie umso mehr Fläche ausfüllt, je komplizierter sie verläuft.

Wissenschaftler der Hebrew Universität in Rehovot, Israel (Nussinovitch und Mitarbeiter) haben sich diese Art der Betrachtung von Linien zunutze gemacht, als es um die Analyse der Geräusche ging, die Kartoffelchips von sich geben, wenn sie gegessen werden. Wie jeder weiß, sind Kartoffelchips, wie viele andere Nahrungsmittel auch, nicht nur wegen ihres Geschmacks, sondern auch wegen der von ihnen beim Verzehr hervorgerufenen Tast- und Geräuschsensationen so beliebt. (Wer dies nicht glaubt, der probiere einmal nass gewordene Chips oder erinnere sich an seinen Ekel, als er zum ersten Mal von Astronautenmahlzeiten wie Roastbeef mit Kartoffeln und Rotkraut in der Tube gehört hat: Geschmack ist beim Essen wirklich nicht alles!) Zur Bewertung dieser für die Beliebtheit von Chips so wichtigen Eigenschaft wurden daher bislang Prüfer herangezogen, die sich in mühevoller Kleinarbeit durch Berge von Chips hindurchessen mussten, um den Grad von deren „Crunchiness" (auf deutsch nur schlecht mit „Knackigkeit" zu übersetzen) festzustellen. Die wenigen Traumjobs dieser Art sind nun durch die Entwicklung eines Crunchmeters gefährdet. Dieses besteht aus einer Kammer mit Mikrophonen, in der die Chips zusammengepresst werden. Der aufgenommene Schall wird dann mittels fraktaler Geometrie auf seine Dimension hin analysiert. Je krachender der Chip, desto komplexer die Kurve, die der Schall beschreibt. Ein guter, so richtig crunchiger Kartoffelchip bringt es nach den Messungen der Wissenschaftler, die mittlerweile mit einer Müsli-Firma zusammenarbeiten, auf fraktale Dimensionen um 1,4 (Watzman 2000).

3 Vom Ohr zum Gehirn

Stellen Sie sich vor, Sie stehen an einem See, auf dem Boote fahren, wo Kinder ins Wasser springen und schwimmen. Stellen Sie sich nun weiter vor, Sie graben am Sandstrand zwei kleine Kanäle vom Seeufer ein paar Schritte landeinwärts, jeder eine Hand breit, so dass das Wasser vom Ufer in die Kanäle fließen kann. Stellen Sie sich jetzt noch zwei Nussschalen vor, die Sie mittels eines Streichholzes und kleiner weißer Papierschnipsel in zwei Segelboote verwandelt haben und die Sie am landeinwärtigen Ende der Kanäle zu Wasser bringen (vgl. Abb. 3-1).

Die vom See ans Ufer gelangenden Wellen werden nun durch die Kanäle zu den Schiffchen geleitet, die dadurch – je nachdem, was sich gerade auf dem See abspielt – auf und ab schaukeln. Wenn Sie sich jetzt noch vorstellen, dass Sie spaßeshalber einmal versuchen würden, aus dem Schaukeln der Schiffchen auf die Aktivitäten auf dem See zurückzuschließen, dann beginnt es Ihnen zu dämmern, was unsere Ohren zusammen mit der nachgeschalteten akustischen Informationsverarbeitung eigentlich leisten.

Der Vergleich hinkt allerdings in einer Hinsicht: Die an unsere Ohren gelangenden Wellen haben nur eine sehr kleine Auslenkung, weswegen unsere Ohren ungeheuer empfindlich sein müssen, um überhaupt etwas zu vernehmen. Dies lässt sich berechnen: Physikalisch stellt ein Schallereignis eine Form von Energietransport dar. Wenn nun ein Pfeifton irgendwo in der Landschaft entsteht, dann breitet er sich aus; seine Energie „verdünnt" sich gewissermaßen mit der Entfernung, indem sie sich auf der Oberfläche einer immer größeren Kugel verteilt. Da die Kugelober-

Abb. 3-1 Gedankenexperiment (angeregt durch Bregman 1990, S. 5f) zur Funktion des Gehörs. Das Problem der akustischen Informationsverarbeitung lässt sich als Rückschluss von der Bewegung der Segel beider Schiffchen auf die Aktivitäten auf dem See verdeutlichen.

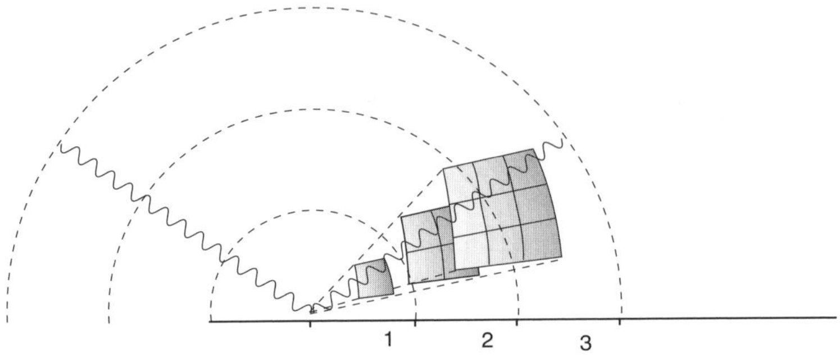

Abb. 3-2 Quadratischer Zusammenhang zwischen Entfernung und Energie. Der Ton breitet sich von einem Punkt in alle Richtungen gleichmäßig aus. In einem Meter Entfernung verteilt sich die Energie dann auf einen bestimmten Ausschnitt der Kugeloberfläche um den Ton herum. In zwei Metern Entfernung ist diese Oberfläche viermal so groß, in drei Metern Entfernung neunmal.

fläche mit dem Quadrat der Entfernung von der Schallquelle zunimmt, nimmt die Energie pro Fläche quadratisch ab. In zwei Metern Abstand von einer Schallquelle ist also die Energie, die auf unser Trommelfell trifft, nicht zwei-, sondern viermal geringer als in einem Meter Abstand (vgl. Abb. 3-2), in einem Abstand von zehn Metern bereits einhundertmal. Aus diesem einfachen Sachverhalt folgt, dass unsere Ohren sehr empfindlich sein müssen, wenn sie auch noch weiter entfernt liegende Schallquellen orten und erkennen sollen. Genau dies ist auch der Fall.

Das Ohr könnte übrigens gar nicht besser sein: Es ist so empfindlich, dass es dann, wenn es noch ein kleines bisschen empfindlicher wäre, die Wärmebewegung der Luftteilchen und damit ein dauerndes Rauschen (das niemandem nutzen würde) an das Gehirn weiterleiten würde. Gleichzeitig kann es auch einen lauten Knall wahrnehmen. Es deckt dabei einen unglaublichen Bereich von eintreffender Energie ab, die von der Hörschwelle bis zur Schmerzgrenze um zwölf (!) Zehnerpotenzen variieren kann.

Mit der Empfindlichkeit des Gehörs hat man sich bereits vor mehr als 100 Jahren mit physikalischen Methoden beschäftigt. So schrieb der Psychologe Carl Stumpf:

> „Boltzmann und Töpler haben nach der Entfernung, in welcher ein Pfeifton von 181 Schwingungen (fis) noch zu hören war, die Schwingungsweite eines Luftteilchens für den eben hörbaren Ton auf 0,0004 Millimeter (etwa 1/10 von der Wellenlänge des grünen Lichtes) und die mechanische Arbeit, welche dabei an das Ohr abgegeben wird, auf etwa 1/3 Billionen Kilogrammmeter berechnet. Diese erstaunliche Gehörsfeinheit wurde noch dazu, wie die Forscher ausdrücklich hervorheben, unter nicht völlig günstigen Umständen beobachtet" (Stumpf 1883/1965, S. 384f).

In einer Anmerkung fügt er hinzu, dass die mittlere Auslenkung des Trommelfells beim Hören eines Tons mit weniger als einem tausendstel Millimeter berechnet wurde.

Die akustische Landschaft

Wir haben uns so daran gewöhnt, dass wir aus dem Gewirr der an unsere Ohren dringenden Schallwellen einzelne Töne und Geräusche in unterschiedlicher Richtung und Entfernung wahrnehmen, dass es einer Analogie wie der gerade geschilderten bedarf, um uns überhaupt erst einmal vor Augen zu führen, welche unglaublich komplizierte und zugleich wunderbare Leistung unser Gehörsinn darstellt. Wir baden beständig in einem Ozean aus Luft, der Schallwellen von den verschiedensten Quellen an unsere Ohren leitet.

Delphine und Dirigenten

Delphine baden in Ozeanen voller Salzwasser und haben ein überaus feines Gehör. Wasser leitet den Schall besser als Luft und erlaubt es den Tieren, wie man seit etwa 50 Jahren durch Beobachtungen und experimentelle Untersuchungen weiß, aus dem Schall, der an ihre Ohren dringt, den Raum um sie herum bis in Einzelheiten dreidimensional zu rekonstruieren. Da Wasser für Licht nicht besonders gut, für Schall jedoch sehr gut durchlässig ist, ist dies sehr sinnvoll (vgl. Au 1990). Es bedarf hierzu allerdings nicht nur guter Ohren, sondern vor allem einer sehr genauen Nachverarbeitung der eingehenden akustischen Information. Möglicherweise ist dies ein Grund dafür, dass Delphine und mit ihnen verwandte Meeressäuger über die größten Gehirne verfügen, die es überhaupt gibt (vgl. Abb. 3-3).

Weiterhin besitzen Delphine wie Fledermäuse die Fähigkeit zur Echolotung. Sie stoßen sehr kurze Klicks aus, deren Lautstärke und Frequenzspektrum sie den Umgebungsbedingungen anpassen können, um sich optimal zu orientieren (Moore 1988, Moore u. Pawloski 1990). Die Verarbeitung dieser Echolot-Signale ist recht verschieden vom normalen passiven Hören, weswegen manche Autoren zwei unterschiedliche Analysesysteme postulieren (Dubrovskiy 1990).

Ähnlich wie Delphine aus Schallwahrnehmung die Landschaft um sich herum rekonstruieren, erlernen erblindete Menschen im Laufe der Zeit, das Gehör, ihren einzigen verbleibenden Fernsinn, zu verwenden, um sich ein inneres Bild der Umgebung zu machen. Im Gegensatz zu normalsichtigen Menschen haben blinde Menschen gelernt, sich durch das Hören zu orientieren. Man kann sich dies leicht vorstellen, denn die meisten Menschen können beim Betreten eines Raums in völliger Dunkelheit durch die Echos ihrer Schritte etwas über dessen Größe aussagen

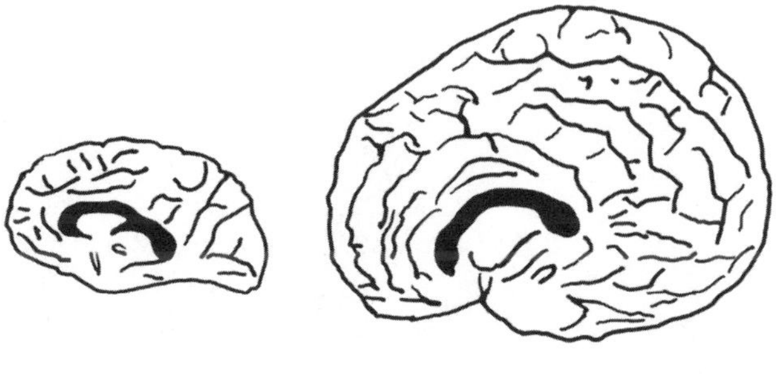

Abb. 3-3 Medianschnitt durch das Gehirn eines Menschen (links) und eines Killerwals (rechts), dargestellt im gleichen Maßstab.

(Garage, Saal, Kathedrale). Blinde Menschen besitzen sogar so etwas wie eine Echolotung – manche von ihnen stoßen bewusst Laute aus, um anhand der reflektierten Echos Objekte bzw. Hindernisse zu erkennen (Rice 1966). Dies setzt selbstverständlich ein sehr genaues bzw. trainiertes Gehör voraus.

Röder und Mitarbeiter (1999) untersuchten dies experimentell, indem sie blinden und sehenden Versuchspersonen über jeweils drei Lautsprecher vor und neben den Personen akustische Stimuli vorspielten (siehe Abb. 3-4). Bei jeder Präsentation sollte sich die Versuchsperson auf den jeweils mittleren Lautsprecher entweder direkt vor oder direkt rechts neben sich konzentrieren. Das Lenken der Aufmerksamkeit nach vorn oder nach der Seite führt zu einer verbesserten Wahrnehmung der jeweils von diesen Orten kommenden Stimuli. Dies ließ sich durch die Messung ereigniskorrelierter Potenziale (EKP) untermauern (vgl. auch Kapitel 6). Ganz offensichtlich hat das Training der räumlichen Orientierung im Rahmen ganz normaler Alltagserfahrungen bei den Erblindeten zu einer Verbesserung der neuronalen akustischen Informationsverarbeitung geführt.

Eine von Münte und Mitarbeitern (2001) publizierte Untersuchung an Dirigenten, Pianisten und Nichtmusikern zeigte, dass Dirigenten in ähnlicher Weise wie Blinde über eine gesteigerte räumliche Hörwahrnehmung verfügen. Dies leuchtet unmittelbar ein: Ein guter Dirigent muss in der Lage sein, den zweiten Mann in der dritten Geigenstimme hinten links, der gerade falsch spielt, zu identifizieren, um ihm Korrekturen zu signalisieren (oder ihn vielleicht zur Ruhe zu ermahnen). Diese äußerst schwierige Aufgabe bedarf also eines genauen räumlichen Hörens.

Mit der bereits beschriebenen experimentellen Anordnung zur Untersuchung von Blinden wurden sieben Dirigenten im mittleren Alter von 45 Jahren und einer Berufspraxis von im Mittel 19 Jahren, sieben Pianisten (im Mittel 43 Jahre alt und 16 Jahre Berufserfahrung) und sieben Nichtmusiker in einem mittleren Alter von 43 Jahren getestet. Sie mussten auf bestimmte Töne an einem bestimmten Ort achten, während ereigniskorrelierte Potenziale aufgezeichnet wurden, deren Auswertung einen deutlichen Aufmerksamkeitseffekt zeigte: Kam ein Ton aus dem Lautsprecher, auf den die Aufmerksamkeit gerichtet war, zeigte sich etwa 60 Millisekunden später eine deutliche Negativierung des Potenzials gegenüber fehlender Aufmerksamkeit.

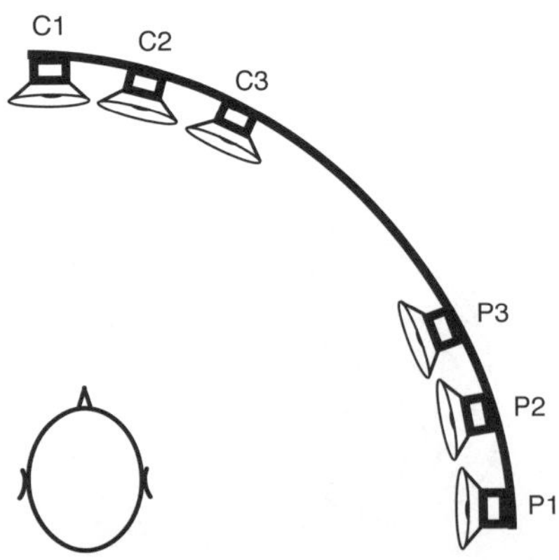

Abb. 3-4 Versuchsaufbau von Röder und Mitarbeitern (1999) sowie von Münte et al. (2001). Die Versuchspersonen hörten Töne aus drei zentralen Lautsprechern an den Positionen C1, C2 und C3 sowie aus drei peripheren Lautsprechern P1, P2 und P3. Die schematische Zeichnung ist nicht winkeltreu, denn der Winkel zwischen den Lautsprechern war kleiner.

Dieser Aufmerksamkeitseffekt ließ sich durch Differenzbildung der EKP-Signale besonders schön demonstrieren: Man bildet hierzu die Differenz zwischen den EKP-Signalen, die unter Hinwendung der Aufmerksamkeit in die entsprechende Richtung des kommenden Tons generiert wurden, und EKP-Signalen, bei denen die Aufmerksamkeit nicht in die Richtung des kommenden Tons gelenkt wurde.

Auf diese Weise fand man, dass bei der Lokalisation der Töne direkt vor den Versuchspersonen die Aufmerksamkeit zu einer differenzierten Reaktion auf Töne von den drei Lautsprechern führte, kurz, Dirigenten, Pianisten und Nichtmusiker können bei Hinwendung der Aufmerksamkeit zu Schallereignissen direkt vor sich unterschiedliche Schallquellen gut voneinander trennen. Beachtet man nun die entsprechenden Ergebnisse für die seitlich stehenden Lautsprecher, so zeigt sich ein anderes Bild: nur die Dirigenten waren in der Lage, durch Hinwendung ihrer Aufmerksamkeit zur Seite zwischen Tönen aus den drei Lautsprechern zu unterscheiden. Dies zeigte sich sowohl an ihren Reaktionen als auch an ihren EKP-Kurven (siehe Abb. 3-5).

Aus der räumlichen Verteilung der EKP-Signale über den gesamten Kopf (man spricht von der Skalptopographie) ließ sich weiterhin ableiten, dass die Dirigenten die Aufgabe im Wesentlichen in der gleichen Hirnregion lösen wie Pianisten und Nichtmusiker. Ganz offensichtlich jedoch ist es ihnen möglich, aufgrund ihrer jahrelangen Erfahrung akustische Signale feiner zu lokalisieren, was sich in differentiellen Reaktionen und Gehirnpotenzialen auswirkt.

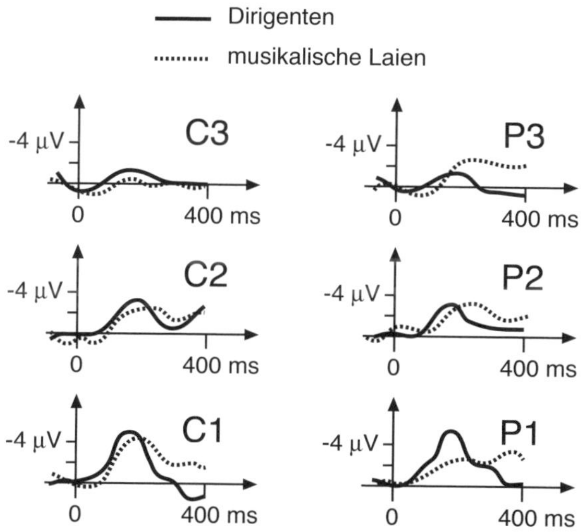

Abb. 3-5 Ergebnisse von Münte und Mitarbeitern (2001). Dargestellt sind die ereigniskorrelierten Potenziale, die durch Töne aus den Lautsprechern der angegebenen Positionen (zentral: C1, C2, C3; an der Seite: P1, P2, P3) hervorgerufen werden. Die Reaktionen auf die unterschiedlich positionierten zentralen Töne sind bei Dirigenten und musikalischen Laien abgestuft, d. h. dass die Versuchspersonen die Richtungen unterscheiden und diese Fähigkeit sich in den an der Kopfoberfläche abgeleiteten elektrischen Signalen niederschlägt. Bei den seitlich positionierten Lautsprechern zeigt sich eine solche abgestufte Antwort nur bei den Dirigenten.

Akustische Analyse

Nicht nur Delphine, Erblindete und Dirigenten orientieren sich mittels des Gehörs. Jeder Mensch tut dies. Die Ohrmuscheln sind komplizierte Trichter (siehe unten), die den Schall sammeln und über den äußeren Gehörgang zum Trommelfell leiten (siehe Abb. 3-6). Dieses wird durch die Schallwellen zum Schwingen angeregt, ebenso wie die Schiffchen am Ende der beiden Kanäle in Abbildung 3-1. Die Informationsverarbeitung im Gehirn benutzt dann nichts weiter als die Bewegungen des Trommelfells, um auf die Quellen der Schallwellen zurückzuschließen. Ebenso wie Sie sich vorstellen können, aus den Bewegungen der Nussschalen darauf zu schließen, dass links ein kleines Boot recht nahe und rechts hinten ein größeres Boot in einiger Entfernung auf dem See schwimmt. – Keine leichte Aufgabe!

Es ist beispielsweise ein großer Unterschied, ob Sie eine Schwingung des Trommelfells mit vergleichsweise geringer Auslenkung als leises nahes oder als lautes entferntes Geräusch interpretieren. Solcherlei Schlüsse rasch und korrekt auszuführen, war für unsere Vorfahren überlebenswichtig (Aus welcher Richtung kommt der Löwe und wie weit ist er entfernt?) und ist es für uns noch heute (Woher kommt der Lastwagen? Welchen Abstand habe ich zu ihm?). Wer taub ist, findet sich in unserer Welt nicht nur schwer zurecht, sondern ist gelegentlich durchaus gefährdet. Wie das Sehen erschließt uns unser Gehör die Welt, nur eben auf andere Weise: Lichtstrahlen durchdringen Objekte nicht und werden von Oberflächen reflektiert. Sie zeigen uns daher nicht ihre Quelle, sondern die Oberfläche an, von der sie in unsere Augen reflektiert werden. Je nach der Beschaffenheit dieser Oberfläche sehen wir diese in einer bestimmten Farbe und Textur.

Schallwellen hingegen laufen auch um Hindernisse herum, und obgleich wir hören können, ob wir uns in einem Raum mit harten oder mit weichen Wänden befinden, sagen uns Schallwellen im Allgemeinen nichts über die Oberfläche, von der reflektiert sie an unser Ohr gelangen, als vielmehr etwas über die Schall*quelle*, von der das akustische Ereignis seinen Ausgang nahm: Von einem Auto, das nachts um den Häuserblock gefahren kommt, sehen wir zunächst nur den Reflex des Scheinwerferlichts auf der Straße, wir hören jedoch das Auto selbst! Sehen und Hören vermitteln uns also unterschiedliche Aspekte der Welt um uns, weswegen sich diese Sinne ergänzen, nicht aber gegenseitig ersetzen können.

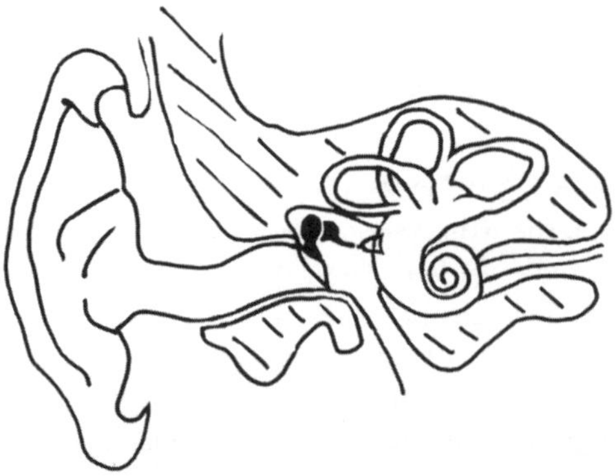

Abb. 3-6 Äußeres Ohr mit Ohrmuschel, Gehörgang und Trommelfell, Mittelohr mit den drei Gehörknöchelchen Hammer, Amboss und Steigbügel sowie Innenohr mit den Bogengängen und der Schnecke, von der der Hörnerv wegführt.

Das Ohr, von außen nach innen

Wer sich über abstehende Ohren beklagt, sich aufs Ohr legt oder jemandem damit droht, ihm die Ohren langzuziehen, der meint jeweils nicht das gesamte, aus äußerem Ohr, Mittelohr und Innenohr bestehende Hörorgan, sondern im Grunde nur einen kleinen Teil des so genannten äußeren Ohrs, nämlich die Ohrmuschel. Das Ohr insgesamt ist jedoch ein sehr kompliziertes Organ, das Schallwellen leitet, verstärkt und in elektrische Impulse umsetzt. Es bedient sich dabei einer ganzen Reihe cleverer physikalischer Tricks, um diese Aufgabe mit großer Effizienz und Präzision zu erfüllen.

Äußeres Ohr: mehr als Trichter und Orgelpfeife

Zusammen mit dem etwa 2,5 cm langen Gehörgang bildet die Ohrmuschel das äußere Ohr. In der Ohrmuschel wird der eintreffende Schall konzentriert, was bei einer ganzen Reihe von Tieren wesentlich besser funktioniert als bei uns Menschen. Nicht wenige Tiere können ihre Ohrmuscheln wie Antennen bewegen und so die Ortung von Schallquellen optimieren.

Die Form der Ohrmuschel bewirkt, dass der von vorn kommende Schall anders klingt als der von hinten. Dies liegt daran, dass hohe Frequenzen weniger gut „um die Ecke“ laufen (also stärker gedämpft werden) als tiefe. Kommen hohe Frequenzen von hinten, treten sie mit verringerter Amplitude in den Gehörgang ein, was bedeutet, dass sich die Verhältnisse der Amplituden im Frequenzspektrum ändern. Dadurch können wir bereits mit einem Ohr räumlich hören, nämlich differentiell im Sinne des „Vor“, „Neben“ und „Hinter uns“.

Die Struktur der Ohrmuschel bewirkt, dass der eingehende Schall auf zwei Wegen in den Gehörgang gelangen kann, einem direkten und einem indirekten (vgl. Abb. 3-7). Der indirekte Weg ist um etwa sechs Zentimeter länger als der direkte, und er ist für verschiedene Frequenzen unterschiedlich „gangbar“. Auch hieraus resultiert die Tatsache, dass wir bereits mit nur einem Ohr räumlich hören können. Das räumliche Hören geht nicht allein auf das Konto der Ohrmuschel und ist daher weiter unten nochmals Thema.

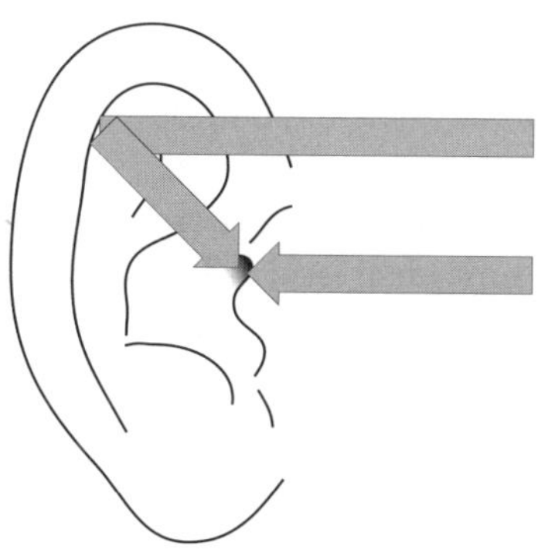

Abb. 3-7 Ohrmuschel von der Seite betrachtet mit direktem und indirektem Schallweg zum Gehörgang.

Der äußere Gehörgang scheint zunächst nichts weiter zu sein als eine Röhre, die den Schall zum Trommelfell weiterleitet und dessen Tendenz zur Verschmutzung Mütter zur Verzweiflung, Kinder zum Weinen und Kinderärzte zum Arbeiten bringt. In Wahrheit ist der äußere Gehörgang ein Resonanzrohr, das ähnlich wie eine Orgelpfeife funktioniert und eingehende Schwingungen innerhalb des Frequenzbandes von 2000 bis 5500 Hz um fünf bis mehr als zehn Dezibel verstärkt. Da dieses Frequenzband für das Verständnis von Sprache besonders wichtig ist, lässt sich vermuten, dass die Proportionen des Gehörgangs im Prozess der Evolution optimiert wurden.

Mittelohr: mechanischer Verstärker und Dämpfer

Die von der Ohrmuschel aufgenommenen und vom Gehörgang weitergeleiteten und teilweise verstärkten Druckschwankungen der Luft gelangen an das Trommelfell – die Grenze zwischen äußerem Ohr und Mittelohr – und versetzen dieses in Schwingungen. Im Mittelohr befinden sich die drei Gehörknöchelchen – Hammer, Amboss und Steigbügel –, die die Schwingungen vom Trommelfell auf das ovale Fenster des Innenohrs übertragen.

Warum dieser Aufwand? Warum werden die Schwingungen vom Trommelfell nicht direkt an das Innenohr weitergegeben? – Stellen Sie sich vor, Sie befinden sich an einem heißen Sommertag in einem überfüllten Freibad und nicht nur die Hitze, sondern auch der Lärm ist unerträglich. Abhilfe ist jedoch ganz leicht: Sie tauchen ganz einfach unter. Das kühlt nicht nur ab, sondern beseitigt auch den Lärm im Nu. Jedem, der schon einmal kopfüber aus dem Lärm in die Ruhe gesprungen ist, wird dies aufgefallen sein. Woran liegt es?

Ähnlich wie sich Licht an der Grenzfläche zwischen Luft und Wasser spiegelt, wird auch der Schall zum allergrößten Teil von der Wasseroberfläche reflektiert, dringt also nicht ins Wasser ein. Die Wasseroberfläche stellt einen Übergangswiderstand für Schallwellen dar, dessen Stärke (Impedanz) sich messen lässt.

Nicht anders liegen die Verhältnisse, wenn der Schall aus der Luft der Umgebung an die Flüssigkeit im Innenohr weitergegeben wird, denn die Übertragung von Druckschwankungen in elektrische Impulse geschieht in einem flüssigen Medium. Schall wird jedoch beim Übergang von Luft in Wasser an der Grenzfläche reflektiert, so dass nur etwa ein Tausendstel der Energie von der Luft in das Wasser übergeht. Aus genau diesem Grund bedarf es der Kette der drei Knöchelchen des Mittelohrs, das auf insgesamt dreifache Weise dafür sorgt, dass genügend Schalldruck am Innenohr ankommt. Zum einen ist das Trommelfell nicht gerade, sondern konisch geformt, was den Schall besser fokussiert. Zum anderen stellen die drei Gehörknöchelchen einen Hebel dar: Relativ große kraftarme Schwingungen am Trommelfell werden in vergleichsweise kleinere Schwingungen größerer Kraft umgewandelt. Außerdem ist das Trommelfell deutlich größer als das ovale Fenster, auf dem der Steigbügel sitzt, so dass die Verkleinerung der schwingenden Fläche mit einer Verstärkung der Kraft einher- geht. Mit anderen Worten: Gäbe es die Gehörknöchelchen nicht, so würde alles sehr viel leiser gehört werden.

Genau dies ist bei bestimmten Formen der Schwerhörigkeit der Fall, wenn zum Beispiel aufgrund einer Mittelohrentzündung Teile der Gehörknöchelchen zerstört wurden. Bei einer anderen Form der Schwerhörigkeit kommt es aufgrund von Verhärtungen im umgebenden Gewebe (man spricht von Otosklerose) zu einer Verminderung der Beweglichkeit der Gehörknöchelchen und damit der Fähigkeit zur Weiterleitung des Schalls. Der bekannteste hieran erkrankte Patient war Ludwig van Beethoven. Da Schall jedoch auch, allerdings wesentlich leiser, über den Knochen geleitet werden kann, konnte Beethoven sein Klavierspiel hören, indem er ein Ende eines Holzbretts auf den Resonanzkörper seines Klaviers legte, das andere Ende des Holzbretts zwischen die Zähne nahm und darauf biss (Beyer 1999). Der Schall wurde auf diese Weise vom Klavier über das Brett zum Oberkiefer und von dort zum Innenohr geleitet.

Neben der Funktion als mechanischer Verstärker – die Gehörknöchelchenkette bildet gewissermaßen eine Untersetzung, so dass auch geringer Schalldruck noch viel im Innenohr bewegen kann – hat das Mittelohr eine zweite sehr wichtige Funktion: Es schützt das Innenohr vor allzu großen Schwingungen, die es beschädigen könnten. Das Mittelohr wirkt damit ähnlich wie die Pupille des Auges, deren Durchmesser sich bei starkem Lichteinfall verkleinert, so dass weniger Licht auf die Netzhaut fällt. Gesteuert wird dies durch einen Reflex, der die Intensität des Lichts auf der Netzhaut misst und bei starkem Lichteinfall für eine Kontraktion des *musculus sphincter pupillae* (des Pupillen-Verkleinerungsmuskels) sorgt. Zwei Muskeln, einer am Hammer (*musculus tensor tympani*) und einer am Steigbügel (*musculus stapedius*), haben die gleiche Funktion am Ohr: Wird lauter Schall (über 80 dB) wahrgenommen (oder vor selbsterzeugten Geräuschen durch Kauen oder Sprechen), spannen sich diese Muskeln an und sorgen so für eine Verringerung der Weiterleitung der Schwingungen. Diese kann bis zu 30 dB betragen, d.h. die beiden Muskeln können die Energie vom Trommelfell um den Faktor Tausend dämpfen. Damit dies effektiv geschehen kann, müssen die Muskeln sehr rasch wirken, was auch der Fall ist: Der ihre Anspannung auslösende Reflex hat eine Verzögerung von nur einer Hundertstelsekunde. Dennoch kann beispielsweise ein Pistolenschuss direkt am Ohr ein Knalltrauma verursachen, das heißt sehr rasch für eine zu starke Auslenkung des Trommelfells und der Gehörknöchelchen sorgen, so dass der Reflex zu spät greift und das Innenohr geschädigt wird (Warren 1999). Erwähnenswert erscheint hier noch, dass manche Menschen diese Muskeln willentlich anspannen können und damit gewissermaßen über einen Lautstärkeregler für ihre Ohren verfügen, der auch bei leisen Tönen (und nicht nur automatisch bei lauten) funktioniert.

Innenohr: vom Schall zum Impuls

Das Innenohr besteht aus dem Hörorgan, das wegen seiner Form Schnecke (lat.: *cochlea*) genannt wird, und dem Gleichgewichtsorgan (den Bogengängen). Beide liegen tief in Höhlungen der knöchernen Schädelbasis, die man wegen ihrer komplizierten Form auch als Labyrinth bezeichnet (vgl. Abb. 3-6).

Die Schnecke hat etwa zweieinhalb Windungen und einen komplizierten inneren Aufbau aus verschiedenen, durch Membranen voneinander getrennten flüssigkeitsgefüllten Kanälen, der letztlich dazu dient, Schwingungen in Nervenimpulse zu verwandeln. Dies vermitteln etwa 3500 innere Haarzellen, die entlang der Schnecke auf

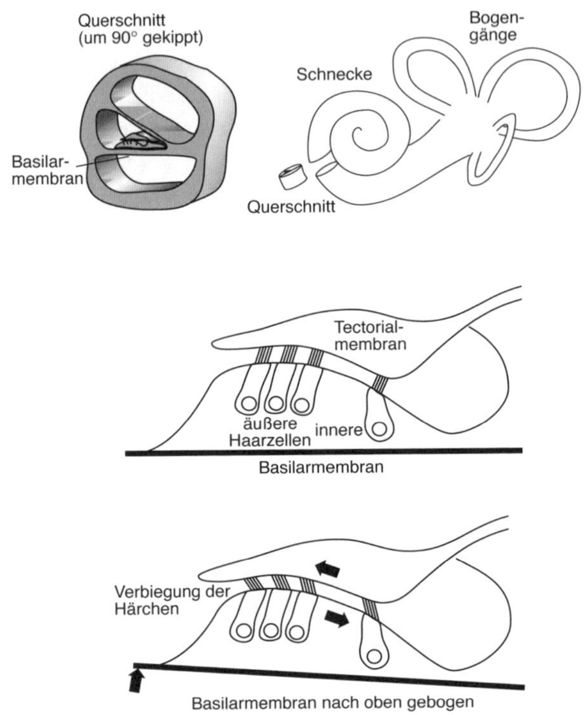

Abb. 3-8 Querschnitt durch die Schnecke und Vergrößerung des auf der Basilarmembran gelegenen kortischen Organs. Dort befinden sich eine Reihe innerer und drei Reihen äußerer Haarzellen, deren feine Fortsätze (wirkliche Haare sind viel dicker!) in eine gallertartige Masse hineinragen, die sich beim Anheben der Basilarmembran durch Schall relativ gegen die Haarzellen verschiebt. Hierdurch werden die feinen Fortsätze der Haarzellen verbogen, was wiederum zur Öffnung von Kanälen für elektrisch geladene Teilchen (Ionen) führt. Dadurch ändern sich die Ladungsverhältnisse zwischen Zellinnerem und der Umgebungsflüssigkeit, was letztlich die sensorischen Nervenfasern aus dem Spiralganglion, der ersten Station der Hörbahn, erregt. Auf diese Weise wird aus Schall (Mechanik) ein Nervenimpuls (Elektrik).

der Basilarmembran in einer besonderen Struktur, dem kortischen Organ, angeordnet sind (Abb. 3-8). Schallwellen treten am ovalen Fenster in einen der drei Kanäle, die *Scala vestibuli*, ein und verschieben die darin enthaltene Flüssigkeit zum runden Fenster. Diese Verschiebung löst eine Wanderwelle entlang der Basilarmembran von deren Anfang (*Basis*) am ovalen Fenster zum Ende (*Apex*) der Schnecke hin aus. Diese Wanderwelle bildet die Grundlage der gesamten Schallanalyse im auditorischen System, denn das Bewegungsmuster auf der Basilarmembran hängt von den Frequenzen, Amplituden und Phasen der Schallschwingungen ab. Die Basilarmembran ist an der Basis schmal und sehr steif und wird zum Apex hin immer breiter und elastischer. Die Schwingungsfähigkeit der Membran wird daher nahe der Basis hauptsächlich durch die Steifheit, in Apexnähe hauptsächlich durch die Trägheit begrenzt. In allen Systemen mit derartigen mechanischen Eigenschaften schwingt immer der steife Teil zeitlich vor dem elastischen, und dies ist der Grund, warum

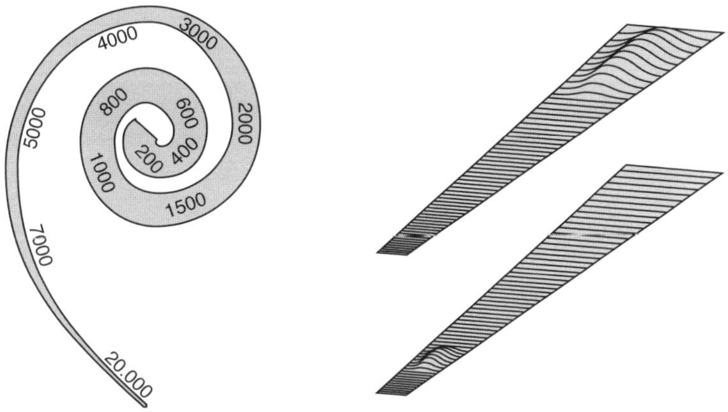

Abb. 3-9 Schematische Darstellung der Schnecke (links). Die Zahlen bezeichnen die Frequenzen, durch die die Haarzellen an den jeweiligen Orten maximal angeregt werden. Rechts ist die Schnecke abgerollt dargestellt, um die Auslenkung der Basilarmembran bei einem tiefen Ton (oben) und bei einem hohen Ton (unten) schematisch zu zeigen. Wenn zwei sehr ähnliche Sinustöne die Basilarmembran auslenken, ist leicht vorstellbar, dass sie aufgrund ihrer mechanischen Eigenschaften nur eine „Beule" formt und daher auch nur einen Ton weiter meldet.

sich die Wanderwelle in die Schnecke hinein, von der Basis weg zum Apex (und nicht umgekehrt) fortpflanzt. Weil die Basilarmembran immer elastischer wird, nimmt die Amplitude einer ausgelösten Welle mit der Entfernung zu, und weil die Membran immer breiter wird, nimmt die Fortpflanzungsgeschwindigkeit ab, bis sie an einem ganz bestimmten Ort, dem Resonanzpunkt, stehenbleibt. Dieser Ort ist frequenzabhängig: Weil Trägheit hohe Frequenzen stärker beeinträchtigt als niedrige, liegt er für hohe Frequenzen näher zur Basis, für niedrige näher zum Apex. *Unterschiedliche Frequenzen wandern also unterschiedlich weit in der Schnecke entlang:* Sehr hohe Frequenzen stimulieren die am Beginn der Schnecke liegenden Haarzellen, tiefere Frequenzen wandern etwas weiter und ganz tiefe wandern bis ins Innere der zweieinhalb Windungen. Die Schnecke führt also eine *Spektralanalyse* des Schalls durch, sie zerlegt den eintreffenden Schall in seine Frequenzen und ordnet jeder Frequenz einen Ort zu (vgl. Abb. 3-9). Diese Aufspaltung in Frequenzen durchzieht das gesamte Hörsystem: Fast jedes Zentrum der Hörbahn besitzt eine solche Frequenzanordnung (vgl. King et al. 2001), und man spricht dabei von *Frequenzkarten.*

Aus den mechanischen Eigenschaften der Basilarmembran folgt, dass unser Gehör nicht beliebig genau ist. Der gerade noch wahrnehmbare Unterschied (man spricht auch von *just noticeable difference, jnd*) der Höhe zweier Sinustöne (in Abhängigkeit von deren Lautstärke) lässt sich messen, z. B. dadurch, dass man Versuchspersonen einen Ton beurteilen lässt, dessen Höhe zwischen zwei Werten schwankt, die sich einstellen lassen. Die Frequenzwerte, bei der eine Versuchsperson in 75 % aller Durchgänge noch zwei Töne unterscheiden kann (man nähert sich der Schwelle in vielen Durchgängen von oben und unten), legen den gerade noch wahrnehmbaren Unterschied (die jnd) fest. In Tabelle 3-1 sind einige dieser Werte in Cent (vgl. Kapitel 4) angegeben.

Tab. 3-1 Abhängigkeit des gerade noch wahrnehmbaren Tonhöhenunterschieds in Cent zwischen Tönen unterschiedlicher Lautstärke (in dB) und Höhe (in Hz; nach Pierce 1992, S. 142). Je lauter und je höher zwei unterschiedlich hohe Töne sind, desto besser kann man den Unterschied hören (im Bereich bis 2000 Hz). Im Bereich von 125 Hz beispielsweise können zwei leise Töne (jeweils 20 dB) einen halben Ton (d. h. 50 Cent) auseinander liegen und dennoch nicht als verschieden gehört werden, denn die jnd liegt hier bei 52 Cent.

Frequenz (Hz)	**Lautheit**		
	20 dB	**40 dB**	**60dB**
125	52	43	47
250	22	18	17
500	12	9	6
1000	7	6	6
2000	4	3	3

Obwohl die Mechanismen für das Umsetzen von Druckschwankungen (also Schall) in Nervenimpulse bis heute nicht völlig geklärt sind, hat man doch wenigstens das Prinzip verstanden. Die Härchen (*Stereozilien*) der Haarzellen ragen in eine gallertartige Masse hinein und werden verbogen, wenn sich die Basilarmembran bewegt. An den Spitzen der Haarzellen befinden sich Kanäle für elektrisch geladene Teilchen (Ionen), die im Ruhezustand halb geöffnet sind und die sich in Abhängigkeit vom Verbiegen der Haare in die eine oder andere Richtung weiter öffnen oder ganz schließen, also mehr oder weniger Ionen in die Zelle einströmen lassen als im Ruhezustand. Die Zahl der Ionen folgt dem gleichen Zeitverlauf wie die Schwingungen der Membran. Da sich die Ionenkonzentration im Innern von der außerhalb der Haarzelle unterscheidet, existiert eine elektrische Spannung über der Zellmembran, die sich zeitlich mit der Ionenkonzentration in der Haarzelle verändert – so wird der Zeitverlauf der Auslenkung der Basilarmembran schließlich in einen anderen Zeitverlauf, nämlich den der Spannung über der Membran, umgewandelt.

Hieraus werden elektrische Impulse (Aktionspotenziale) generiert, die über den Hörnerven zu den nächsten Stationen der Hörbahn laufen. Das Feuern dieser Aktionspotenziale übernehmen nicht die Haarzellen selbst, sondern Neuronen im Spiralganglion, deren einlaufende Fasern die Haarzellen kontaktieren, während die auslaufenden Fasern zur der nächsten Station, dem *Nucleus cochlearis*, zeigen. Die Haarzellen schütten, je nach Membranpotenzial, eine bestimmte Menge eines chemischen Botenstoffes (Neurotransmitter) aus, der an der Kontaktfläche der abgreifenden Faser wieder in elektrische Spannung umgewandelt wird. Ist diese hinreichend groß, feuert die Zelle ein Aktionspotenzial.

Das Öffnen und Schließen eines mechanosensitiven Ionenkanals reicht aus, um aus einer Verbiegung einen elektrischen Impuls zu generieren (vgl. Abb. 3-8). Dies geschieht sehr rasch innerhalb von etwa 10 Mikrosekunden (µs). Das Hören unterscheidet sich damit vom Sehen oder Riechen durch seine um zwei bis drei Zehnerpotenzen größere Schnelligkeit (d. h. zeitliche Auflösungsfähigkeit; vgl. Purves et al. 2001).

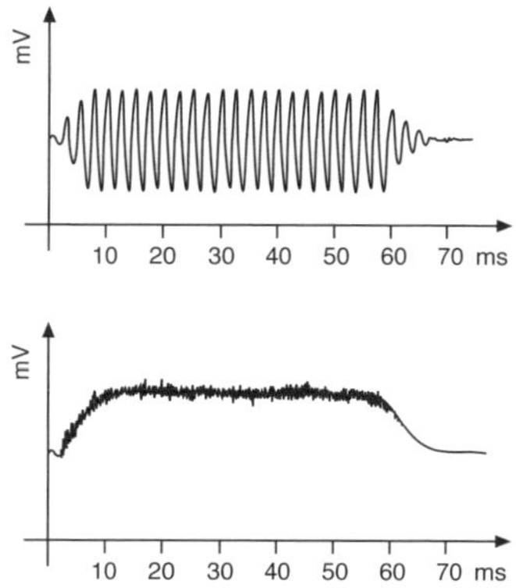

Abb. 3-10 Rezeptorpotenzial zweier Haarzellen. Die obere reagiert auf einen Sinuston von 300 Hz und überträgt dessen einzelne Schwingungen. Die untere reagiert auf einen Ton der zehnfachen Frequenz (3000 Hz) und überträgt praktisch nur noch dessen Anwesenheit, nicht aber einzelne Schwingungen.

Keineswegs alle Komponenten dieser Überführung mechanischer Bewegung in neuronale Aktivität sind bis in jede Einzelheit aufgeklärt. So ist die genaue Struktur, also die Reihenfolge der Aminosäuren, aus denen der Ionenkanal aufgebaut ist, noch unbekannt (Ashmore u. Mammano 2001; Fettiplace et al. 2001).

Ab etwa 3000 Hz kann eine einzelne Haarzelle nur noch die An- und Abwesenheit einer Schwingung, jedoch nicht mehr deren detaillierten Verlauf weiterleiten (Palmer u. Russell 1986; vgl. Abb. 3-10).

Das Ohr: Mikrophon und Lautsprecher

In der Schnecke gibt es nicht nur die 3.500 *inneren* Haarzellen, sondern auch etwa 12.000 *äußere*. Diese Zellen werden nur von ca. 5 % der aufsteigenden (*afferenten*) Fasern des Spiralganglions innerviert und erhalten den Hauptteil ihres Eingangs von den absteigenden (*efferenten*) Fasern, also aus dem Gehirn. Äußere Haarzellen sind *elektromotil*: Werden sie aktiviert, können sie sich ähnlich einer Muskelfaser zusammenziehen oder strecken. Streckt oder verkürzt sich eine äußere Haarzelle, so bewirkt dies eine Schwingung, die sich aus der Cochlea zum Trommelfell zurückbewegt und von dort nach außen, in den Gehörgang, abgegeben wird. Das Ohr ist also nicht nur eine Art Mikrophon, sondern auch eine Art Lautsprecher! Man kann diese Töne durch sensible Mikrophone hörbar machen und bei manchen Menschen kann man sie mit bloßem Ohr hören (vgl. die Übersicht bei Probst et al. 1991). Diese Töne – *otoakustische Emissionen* – hielt man früher für krankhaft und betrachtete sie als eine mögliche Ursache für (tatsächlich auch durch andere Personen hörbare) Ohrgeräusche.

Man findet etwa bei der Hälfte aller Menschen in einem Ohr oder in beiden Ohren mittels Mikrophonen Töne, so dass man heute allgemein annimmt, dass es zur normalen Funktion des Ohrs gehört, nicht nur Mikrophon zu sein, sondern zugleich auch Lautsprecher. Man vermutet, dass Elektromotilität dazu dient, die Steifheit der Basilarmembran zu steuern. Der Sinn dieser Funktion besteht einerseits in einer Dämpfung bestimmter Frequenzen zum Schutz der inneren Haarzellen, andererseits tragen die äußeren Haarzellen auch zu einer Schärfung des Hörens und möglicherweise auch zu dessen Fokussierung auf bestimmte Aspekte des Gehörten bei. Nur wenn äußere Haarzellen funktionsfähig sind, entstehen die scharfe Frequenzabstimmung und die hohe Sensitivität der inneren Haarzellen, die sich durch die (passiven) mechanischen Eigenschaften der Membran allein nicht erklären lassen. Hören ist also bereits auf der Stufe des Innenohrs ein äußerst aktiver Vorgang.

Wie Studien an den Haarzellen des Froschs und der Schildkröte ergaben, erzeugen auch die inneren Haarzellen mechanische Deformationen, die letztlich dazu dienen, das Signal besser vom Grundrauschen zu trennen. Das Ohr funktioniert hierdurch, wie bereits erwähnt, an der Grenze dessen, was überhaupt möglich ist. Wäre es noch empfindlicher, hätten wir keinen Gewinn davon, denn dann würden lediglich zusätzlich die immer vorhandenen Schwingungen der Luftmoleküle gehört.

Räumlich hören

Schall liefert uns Informationen über unsere Umgebung. Hierzu ist es notwendig, dass wir ihn nicht nur erkennen, sondern ihn auch im Raum lokalisieren, also Entfernung und Raumwinkel rekonstruieren. Wie zu Beginn des Kapitels bereits dargestellt, können erblindete Menschen und Dirigenten besonders gut räumlich hören. Die Genauigkeit der Schallortung hängt also unter anderem auch davon ab, welche Erfahrungen wir mit Schall und Schallquellen gemacht haben und wie gut wir in dieser Hinsicht trainiert sind.

Auf den ersten Blick liefert die Lautstärke (Intensität) eines ankommenden Schalls wichtige Hinweise auf die Entfernung des dazugehörigen Schallereignisses. Man kann die absolute Intensität allerdings nur dann zur Entfernungsbestimmung verwenden, wenn der Schall vorher erkannt wurde, weil man nur dann weiß, wie laut die Schallquelle ungefähr einzuschätzen ist: Wir wissen beispielsweise, wie laut Hundegebell in etwa ist, und können daher recht gut einschätzen, wie weit ein Hund entfernt ist, wenn wir ihn bellen hören. Bei unbekanntem oder künstlich produziertem Schall (ein Sinuston oder beispielsweise weißes Rauschen) gelingt dies nicht.

Angemerkt sei, dass die Bekanntheit der Lautstärke eines Schallereignisses und die damit verbundene Möglichkeit der Abschätzung von seiner Entfernung große praktische Konsequenzen haben kann: Nahezu geräuschlose Elektroautos wären unter dem Gesichtspunkt der Lärmreduktion sicherlich ein wesentlicher Beitrag zur Verminderung der akustischen Umweltverschmutzung durch den Straßenverkehr. Weniger Lärm durch den Wegfall des Motorengeräuschs hat jedoch zumindest für eine Übergangszeit den Nachteil, dass wir die Entfernung falsch einschätzen werden: Weil die Autos so leise fahren, werden wir sie für weiter entfernt halten, als sie tatsächlich sind, und Unfälle besonders mit Fußgängern werden zunehmen.

Film und Theater, Donner und gefährliche dicke Luft

Die Bedeutung der Lokalisation von Schall wurde vor etwa 70 Jahren mit dem Aufkommen des Tonfilmes unmittelbar praktisch bedeutsam. Es stellte sich heraus, dass Bild und Ton beim Film gut übereinstimmen müssen, um den Zuschauer nicht zu verwirren und ihm das gute Verständnis der Sprache zu erleichtern. So hat sich gezeigt, dass die Übereinstimmung von visuellem und akustischem Eindruck für das

Verständnis wichtiger ist als die Klarheit des akustischen Eindrucks für sich allein genommen: Unterhalten sich beispielsweise zwei Schauspieler in einer Kirche in einiger Distanz vom Zuschauer, so ist das Verständnis besser, wenn der Zuschauer den hallenden Eindruck der Kirche auch tatsächlich hört (wenn er sie schon sieht), als wenn er die Stimmen der beiden Schauspieler mit einem Mikrophon ganz nah aufgenommen und ohne Echoeffekte hört. Diese Variante der Tonaufzeichnung ist zwar für sich allein verständlicher, sie passt jedoch nicht zum Seheindruck, so dass sie zusammen mit der entsprechenden Filmsequenz die Verständlichkeit vermindert und nicht verbessert (Maxfield 1930, 1931). Es kommt also ganz wesentlich darauf an, dass die Wahrnehmungen von Augen und Ohren zusammenpassen (vgl. hierzu auch Kapitel 16).

Dies ist auch im Bereich des Theaters wichtig. Auf der Bühne sich unterhaltende Schauspieler haben gelernt, ihre Stimme auf eine Weise zu verändern, dass sie einerseits sehr laut ist, aber andererseits die klangliche Qualität, die eine normale Unterhaltung hat, beibehält. Schauspieler lernen also, zu schreien (was die Lautstärke anbetrifft), ohne dass es nach Geschrei klingt (Talley 1937). Sie müssen dies beherrschen, um den Gesamteindruck des Stücks nicht dadurch zu stören, dass ihre Sprache beständig nur daraufhin optimiert wird, dass sie auch in der letzten Reihe gehört wird. Es geht vielmehr um den richtigen Gesamteindruck von Sehen und Hören. Ist alles richtig aufeinander abgestimmt, ist die Verständlichkeit am besten. In diesem Sinne wirken auch Aufmerksamkeitsmechanismen, die dafür sorgen, dass wir Sprache dort hören, wo sich ein Mund bewegt (was von Bauchrednern ausgenutzt wird; vgl. Driver 1996).

Neben der absoluten Lautstärke verwenden wir auch das Verhältnis der direkten zu den reflektierten Schallwellen (Echo; vgl. hierzu Kapitel 16) und das Frequenzspektrum zum Abschätzen der Entfernung: Bekanntermaßen breiten sich hohe Frequenzen in Luft nicht so gut aus wie tiefe. So hat man gezeigt, dass bei normalen atmosphärischen Bedingungen ein Ton der Frequenz von 8000 Hz alle 30 Meter um etwa 3 dB stärker abgedämpft wird als ein Ton von 1000 Hz. Luft stellt also einen Tiefpassfilter dar, einen Filter für Schall, der tiefe Töne besser passieren lässt als hohe. Dies kann man ganz leicht daran erkennen, wie sich der Donner bei einem Gewitter in Abhängigkeit von dessen Entfernung anhört. Wie jeder weiß, verursacht ein nahe einschlagender Blitz ein lautes, helles, krachendes Geräusch, wohingegen ein entfernteres Gewitter sich eher wie ein dumpfes Rumpeln anhört.

Der Tiefpassfilter-Effekt der Luft ist abhängig von der Luftfeuchtigkeit. Feuchte Luft dämpft hohe Frequenzen stärker als trockene, weswegen sich Geräusche in feuchter Luft eher gedämpft anhören. Dies ist wahrscheinlich ein Grund dafür, dass wir feuchte Luft auch als *dicke Luft* bezeichnen. Dabei können wir uns leicht im Hinblick auf die physikalischen Parameter täuschen, die solch dicker Luft zugrunde liegen: So dämpft sie zwar Schall stärker als trockene Luft, ihr spezifisches Gewicht ist jedoch aufgrund des vergleichsweise geringen spezifischen Gewichts von Wasserdampf geringer als das spezifische Gewicht trockener Luft. Daher ist u. a. der von Tragflächen in feuchter Luft erzeugte Auftrieb geringer als in trockener Luft. Mit anderen Worten: feuchte („dicke“) Luft trägt schlechter als trockene („dünne“) Luft. Es ist nicht auszuschließen, dass Fehleinschätzungen durch unzulässige Schlussfolgerungen über die Eigenschaften der Luft aufgrund ihrer akustischen Eigenschaften schon zu Abstürzen im Bereich der Luftfahrt geführt haben.

Schallschatten und Hi-Fi, Knetgummi und Schmalz im Ohr

Neben den Strategien zur Bestimmung der Entfernung hat unser Hörsystem auch Strategien zur Bestimmung des Raumwinkels parat. Unser im Mittel etwa 17 Zentimeter breiter Kopf wirft einen so genannten Schallschatten: Kommt der Schall von rechts, dann hört ihn das rechte Ohr lauter als das linke. Dieser Effekt ist frequenzabhängig, wie jeder Hi-Fi-Fan weiß, der den Basslautsprecher (Subwoofer) unter die Couch stellt, die Lautsprecher für Mitten und Höhen jedoch in Ohrenhöhe links und rechts vom Hörer positioniert, um einen guten Stereoeffekt zu bekommen. Für tiefe Frequenzen stellt der Kopf kein Hindernis dar, sie erreichen beide Ohren mit gleicher Amplitude und beide Ohren erfassen sie entsprechend gleich laut (Abb. 3-11). Hohe Töne hingegen werden gedämpft und erscheinen auf der dem Schall abgewandten Seite mit verringerter Amplitude – genauso, wie ein Gegenstand im Schatten dunkler ist.

Wie oben angedeutet, bewirkt die Form der Ohrmuschel (vgl. Abb. 3-7), dass Töne in Abhängigkeit von ihrer Richtung unterschiedlich laut gehört werden. Dies ist in Abbildung 3-11 rechts dargestellt: Ein Ton von 200 Hz wird gleich laut gehört, egal woher er kommt. Ein Ton von 6000 Hz hingegen wird deutlich unterschiedlich laut gehört, wenn er von rechts vorn oder rechts hinten kommt. Unser Hörsystem kann zur Richtungsbestimmung also nicht nur den Schallschatten des Kopfes verwenden (und braucht dazu zwei Ohren), sondern auch diesen Effekt *einer* Ohrmuschel.

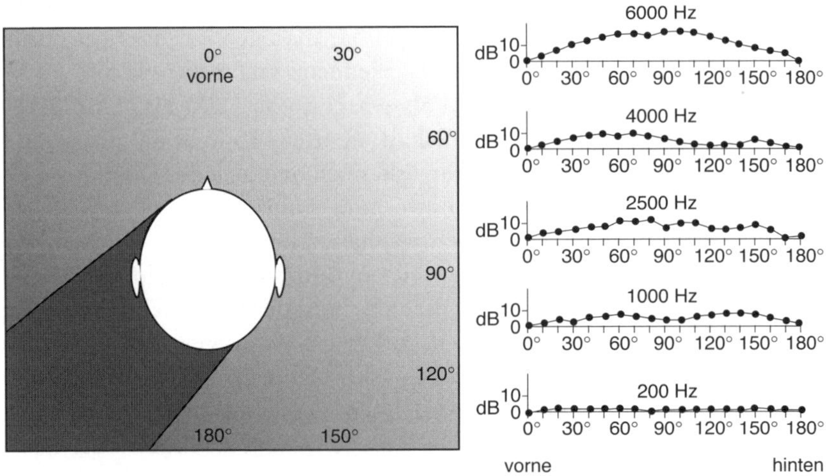

Abb. 3-11 Schallschatten (links) eines von 45° rechts vorne kommenden hohen Tons (schematisch) und Unterschied der Lautstärke (zwischen rechtem und linkem Ohr) von Tönen unterschiedlicher Höhe (Frequenz) in Abhängigkeit von ihrer Richtung (rechts; nach Warren 1999, S. 30/32). Wie man sieht, ist dieser Unterschied bei 200 Hz praktisch nicht vorhanden, beträgt aber bei 6000 Hz nahezu 20 dB, wenn der Ton aus Richtung 90° kommt, also genau von der Seite.

Dass die Ohrmuscheln uns beim räumlichen Orientieren helfen, wurde experimentell dadurch nachgewiesen, dass man Mikrophone in künstlich nachgebildeten Ohren platzierte, dann damit verschiedene Schallquellen an verschiedenen Orten im Raum aufnahm und diese Aufnahmen Versuchspersonen über Kopfhörer vorspielte. Zum Vergleich dienten Aufnahmen mit dem gleichen Mikrophon, aber ohne Ohrmuschel. Die Versuchspersonen waren nur dann in der Lage, die Schallquellen zu lokalisieren, wenn das Mikrophon bei der Aufnahme in einer Ohrmuschel saß.

Um herauszufinden, ob diese Fähigkeit an die individuelle Ohrmuschel der jeweiligen Person geknüpft ist oder an die allgemeine Form, hat man diese Experimente mit Abdrücken individueller Ohrmuscheln durchgeführt und die so gewonnenen Aufnahmen dann den entsprechenden Versuchspersonen, aber auch jeweils anderen Versuchspersonen vorgespielt. In beiden Fällen waren die Probanden in der Lage, die Schallquelle zu lokalisieren. Die Wissenschaft hat damit festgestellt, dass wir mit den Ohren (den Ohrmuscheln) eines anderen Menschen ebenso gut räumlich hören könnten wie mit unseren eigenen.

Gärtner und Gärtner (1973) konnten weiterhin nachweisen, dass es keinen speziellen Teil der Ohrmuschel gibt, der ganz besonders zur Fähigkeit der Lokalisation beiträgt. Sie verstopften verschiedene Anteile (Gräben) der Ohrmuschel mit Knetgummi und blockierten so den von diesen Stellen normalerweise in den Gehörgang geleiteten Schall. Es zeigte sich hierbei, dass die Fähigkeit zur Lokalisierung von Schallquellen im Raum mit der Gesamtmenge des Knetgummis in der Ohrmuschel abnahm, dass es jedoch keine spezielle, besonders empfindliche Stelle gab, deren Zukleistern mit Knetgummi diese Fähigkeit besonders stark beeinträchtigt hätte.

Für die Fähigkeit des räumlichen Hörens spielen auch Anpassungs- bzw. Rekalibrierungsvorgänge eine Rolle, die zum Teil sehr rasch ablaufen, teilweise jedoch auch eine gewisse Zeit benötigen. Experimente mit *Kunstkopftechnik* ergaben Folgendes: Wird mit dem oben beschriebenen Versuchsaufbau per Kopfhörer das Betreten eines Raumes, in dem sich verschiedene Schallquellen befinden, vorgespielt, so hören die Versuchspersonen die Schallquellen zunächst *im Kopf* lokalisiert. Wie im Zeitalter des Walkman jeder weiß, ist dies beim normalen Hören per Kopfhörer immer der Fall. Ist man jedoch mit den Schallquellen und dem Raum erst einmal akustisch vertraut, wozu es bei bekannten Schallquellen (beispielsweise Hundegebell, Ticken einer Uhr etc.) nur weniger Sekunden bedarf, so beginnt man, diese Schallquellen im Raum zu lokalisieren. Hierbei hilft ganz offensichtlich die Bekanntheit der Geräusche einerseits und das anhand der bekannten Geräusche von unserem Hörsystem sehr rasch rekonstruierte räumliche Umfeld andererseits. Unter Verwendung akustischer Signale berechnet unser Gehirn also die Eigenschaften des Raumes, in dem wir uns befinden, kalibriert damit gewissermaßen das Gehör und speichert die akustischen Raumeigenschaften ab, um sie zur Orientierung zu benutzen. Wird später den Versuchspersonen über Kopfhörer das Betreten eines anderen Raumes mit anderen akustischen Eigenschaften simuliert, so sind die Probanden in der Lage, innerhalb kürzester Frist ihr Gehör auf die neue akustische Umgebung einzustellen (Plenge 1974).

Ist der akustische Eingang über ein Ohr längerfristig gestört, kommt es zu einem Umlernen, das heißt zu längerfristigen Veränderungen bei der Lokalisierung von

Schallquellen. Vor über 100 Jahren wurde bereits berichtet, dass das Entfernen eines den Gehörkanal verstopfenden Pfropfens aus Ohrenschmalz zu vorübergehender räumlicher Desorientierung führte. Diese konnte Tage bis Wochen andauern und wurde auch bei Patienten beschrieben, deren Schallleitungsschwerhörigkeit im Bereich des Mittelohrs operativ gebessert oder beseitigt wurde (Bezold 1890; Bergman 1957).

Sprache auf Partys

Das räumliche Lokalisieren einer Schallquelle hilft uns auch beim Verstehen von Sprache, wie man beispielsweise durch den Vergleich verrauschter Sprachaufnahmen in Mono und Stereo nachweisen konnte. Haben wir den Ort einer Schallquelle erst einmal im Raum lokalisiert, so können wir diese Ortsinformation nutzen, um das Signal von anderen Signalen oder Störgeräuschen zu trennen. Der bekannte so genannte Cocktail-Party-Effekt – man kann einer von mehreren gleichzeitigen Konversationen mühelos folgen – geht teilweise auf das Konto des räumlichen Lokalisierens beim Hören. Wir können unsere selektive räumliche Aufmerksamkeit auf den Ort, von dem die Stimme kommt, einstellen und auf diese Weise der Stimme besser zuhören.

Es sei angemerkt, dass die räumliche Lokalisation nicht die einzige Ursache des Cocktail-Party-Effekts ist. Wir können unsere Aufmerksamkeit auch an bestimmte klangliche Charakteristika der Stimme richten, der wir folgen wollen. Zudem können wir das, was gesagt wird, verwenden, um aus dem Kontext kurze Abschnitte von zu leisem Stimmsignal zu ergänzen.

Masking und MP3

Wir wissen, dass leise Töne durch laute übertönt (maskiert) werden können. Systematische Untersuchungen ergaben weiterhin, dass tiefe Töne hohe maskieren können, jedoch nicht umgekehrt. Dies wird verständlich, wenn man sich vergegenwärtigt, dass ein tiefer Ton sehr weit entlang der Basilarmembran bis ins Innere der Schnecke entlang wandert, bis er die Membran bewegt, ein hoher Ton sie jedoch gleich am Anfang auslenkt (vgl. Abb. 3-9). Ein tiefer Ton kann daher mit der Wahrnehmung eines höheren Tons interferieren, was letztlich in einer Erhöhung der Hörschwelle für diesen Ton zum Ausdruck kommt.

Die Auslenkung der Basilarmembran durch einen Ton in einem bestimmten *Bereich* macht zudem verständlich, warum ein lauter Ton einer bestimmten Frequenz dazu führt, dass ein leiser Ton einer ähnlichen (d. h. etwas höheren oder niedrigeren) Frequenz nicht gehört wird. Zur Maskierung eines Tons durch einen anderen liegen experimentelle Untersuchungen vor (vgl. Abb. 3-12). Sie zeigen die Bedeutung der Maskierung für die Musik sehr deutlich: Unser Hörsystem ist zum Hören vieler Töne gar nicht in der Lage, wenn zugleich andere, lautere Töne klingen. Es sei hier erwähnt, dass ein Ton auch durch Rauschen maskiert werden kann. Dies wird manchmal ausgenutzt, um beispielsweise in Großraumbüros Privatheit herzustellen. Man stellt kleine Lautsprecher auf, über die Rauschen (oder unaufdringliche Musik) erklingt, und bewirkt, dass man durch das Telefonat des Nachbarn nicht gestört wird.

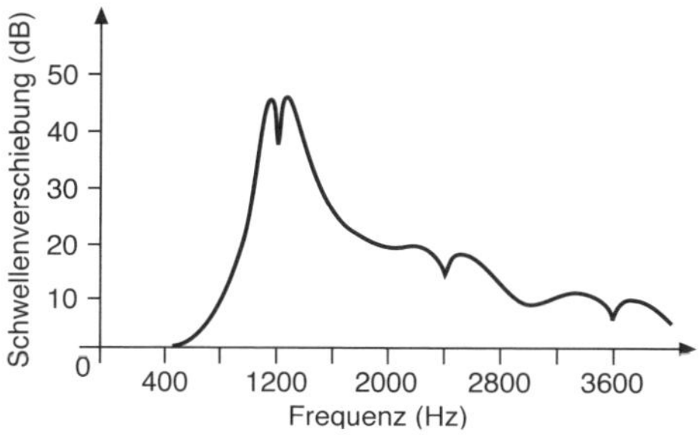

Abb. 3-12 Maskierung von Tönen durch einen 60 dB lauten Ton von 1200 Hz (nach Pierce 1992, S. 132). Die Kurve zeigt an, um wie viel lauter (in dB) ein Ton sein muss, um dennoch gehört zu werden (d. h. über der Hörschwelle zu liegen), wenn zugleich ein Ton von 1200 Hz der Lautstärke 60 dB gehört wird. Man sieht, dass beispielsweise ein Ton von 1300 Hz um etwa 45 dB und ein Ton von 2000 Hz um etwa um 20 dB lauter klingen muss, um gehört zu werden.

Die Tatsache der Maskierung hat in den vergangenen Jahren technische Bedeutung für die Aufnahme und Wiedergabe von Musik erlangt. Wie in Kapitel 2 bereits beschrieben, stellt eine CD eine beträchtliche Informationsmenge dar. Vieles von dem, was auf der CD als Schall kodiert ist, kann unser Hörsystem jedoch gar nicht wahrnehmen, denn leise Töne werden ja durch laute maskiert. Will man also Musik sparsamer und damit effizienter aufzeichnen und – zum Beispiel über das Internet – transportieren, könnte man ganz einfach bereits beim Kodieren alles weglassen, was unser Hörsystem ohnehin nicht hört. Genau dies geschieht u. a. bei der Kodierung von Musik nach dem so genannten MP3-Standard. Ein Computer analysiert das Schallsignal daraufhin, welche Frequenzen zu welchen Zeitpunkten vorkommen. Er wurde mit Informationen wie der in Abbildung 3-12 gezeigten Kurve für die hörbaren Frequenzen und Intensitäten gefüttert und kann daher diejenigen Frequenzen ermitteln, die wir aufgrund der Maskierung sowieso nicht hören. Diese Frequenzen schneidet er dann gewissermaßen aus der Musik heraus und kodiert sie erst gar nicht mit vielen Zahlen, sondern wirft sie weg. Der Effekt ist erstaunlich: Die zur Übertragung von Musik in prinzipiell gleich gut hörbarer Qualität erforderliche Informationsmenge sinkt um etwa eine Größenordnung.

Exaktes Timing mit der Phase

Ein Ton ist nicht nur durch die Anzahl der Schwingungen pro Sekunde (Frequenz) und die Stärke des Ausschlages der Schwingungen (Amplitude) charakterisiert, sondern auch durch die Phase, die Lage des Momentanwertes innerhalb einer Periode einer Schwingung (siehe Abb. 3-13).

Helmholtz hat ausgehend von der richtigen Überlegung, dass die Form der Überlagerung zweier Sinusschwingungen je nach Phase unterschiedlich aussieht, Versuche dazu unternommen, wie sich solche Überlagerungen in Abhängigkeit von der Phasenverschiebung anhören. Sein Ergebnis war, dass wir es einem komplexen, aus überlagerten Sinustönen bestehenden Ton nicht anhören, wie sich die Phasen der Komponenten zueinander verhalten (siehe Abb. 3-13). Wir hören die Phase nicht

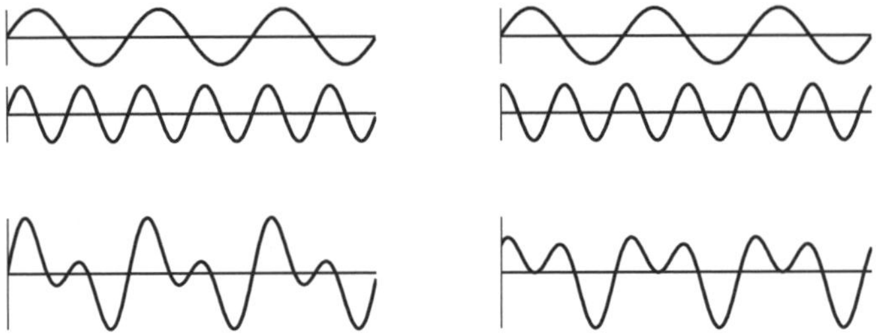

Abb. 3-13 Ein Unterschied, den wir nicht hören: Links ist ein (Sinus-)Ton mit seiner ersten Oberschwingung überlagert, rechts ebenso, jedoch phasenverschoben. Das Summensignal sieht sehr unterschiedlich aus, hört sich jedoch identisch an.

als Änderung des Klangs – die Wahrnehmung von Klängen ist also allein auf die beteiligten Frequenzen zurückzuführen. Dennoch extrahiert unser Gehör Information zur Phase der Schwingungen aus dem Schall und benutzt sie.

Stellen Sie sich vor, Sie hören eine Stimmgabel, die ein A von 440 Hz vorgibt. Versucht man, 440 Schwingungen bei einer Schallgeschwindigkeit von etwa 340 m/s in einer Sekunde unterzubringen, ergibt sich, dass eine Schwingung die Länge 330/440 m, also 77 cm haben muss. Wenn Sie nun die Augen schließen, können Sie die Position der Stimmgabel im Raum recht gut ausmachen, denn wenn sich die Stimmgabel genau vor Ihnen befindet, erreichen die Wellenberge und -täler des Schalls beide Ohren zugleich. Befindet sich die Stimmgabel jedoch 2° weiter rechts vor Ihnen, erreicht der Schall das rechte Ohr früher als das linke. Da die Stimmgabel einen kontinuierlichen Ton aussendet, können Sie diesen Unterschied in der Zeit des Erreichens Ihres Ohrs nur dadurch hören, dass Ihr Hörsystem Information über die Phase des Tons extrahiert und weiterleitet. Im beschriebenen Fall der 2° rechts liegenden Stimmgabel wird sich die Lautstärke des Tons an beiden Ohren praktisch nicht unterscheiden, wohl aber werden die Wellenberge und Wellentäler der Schallwellen nicht mehr genau gleichzeitig auf beide Ohren treffen, sondern phasenverschoben: in unserem Beispiel rechts etwas früher als links.

Hierbei handelt es sich wie schon gesagt um sehr genaue zeitliche Informationen. Betrachtet man die einzelnen Impulse in einer Faser des Hörnervs (vgl. Abb. 3-14), so löst ein Ton einzelne Salven von Impulsen aus, die mit der Phase des gehörten Tons synchron sind (man spricht auch von *phase locking*). Diese Information wird benutzt, um einen Ton räumlich zu orten.

Nervenzellen sind jedoch relativ langsam. Dies wird besonders bei der Kodierung der Phase deutlich: Soll jedem Wellenberg eines Tons ein Impuls zugeordnet werden, so müsste ein Neuron, das einen Ton von 10.000 Hz weiterleitet, zehntausendmal in der Sekunde einen Impuls aussenden. Nervenzellen sind jedoch längst nicht so schnell und bringen es auf maximal etwa 300 Impulse pro Sekunde. Um noch schnellere Signale zu übermitteln, bedienen sie sich eines Tricks: Ein einzelnes Neuron kodiert nur jeden zweiten (oder jeden dritten) Wellenberg, so dass mehrere Nervenfasern zusammengenommen die rasche Information doch weiterleiten können. Auch mit diesem Trick (bekannt als *Volley-Theorie*) jedoch sind der Kodierung der Phase Grenzen gesetzt, wie aus Abbildung 3-14 hervorgeht.

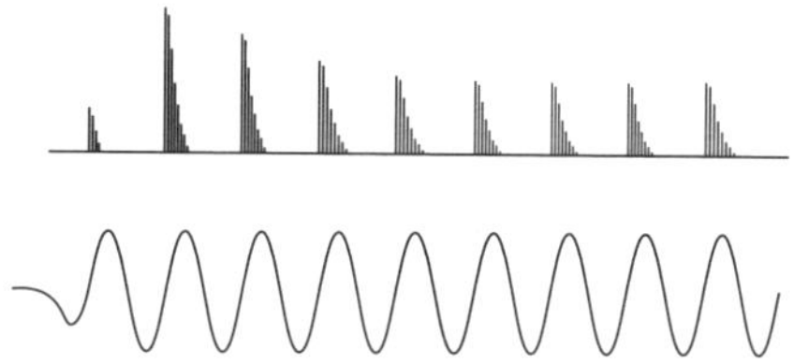

Abb. 3-14 Phasensynchrone Impulssalven einer Hörnervenfaser.

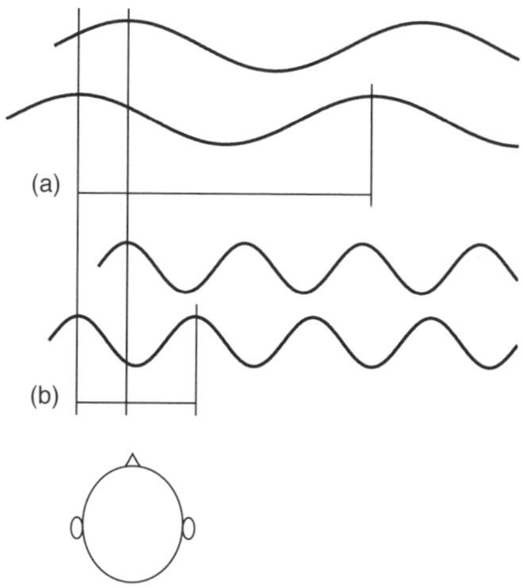

Abb. 3-15 Grenzen der Raumwinkelbestimmung aus Laufzeitunterschieden. Bei niedrigen Frequenzen ist eine Schwingung (a) deutlich länger, als der Kopf breit (b) ist. Daher können wir Laufzeitunterschiede zwischen den Gipfeln der Schwingungen gut zur Ortung verwenden. Nähert sich die Länge der Schwingung der Breite des Kopfes (oder wird sie gar kleiner, was ab 2000 Hz der Fall ist), sind Laufzeitunterschiede nicht mehr eindeutig zuzuordnen und können daher nicht mehr zur Ortung verwendet werden.

Allerdings ist eine solche Genauigkeit für die Bestimmung des Raumwinkels auch gar nicht notwendig, denn die Rekonstruktion des Winkels aus der Phase ist bereits aus rein physikalischen Gründen ab einer Frequenz von ungefähr 2000 Hz nicht mehr möglich: Um den Raumwinkel einer Schallquelle rekonstruieren zu können, muss unser Hörsystem wissen, welche der beiden an unsere Ohren gelangenden Wellen der anderen vorauseilt. Beim ersten Auftreffen der Wellen ist das noch klar. Später, wenn das Hörsystem lediglich zeitliche Ausschnitte beider Wellen verarbeitet (vgl. Abb. 3-15), wird es alle Laufzeitunterschiede auswerten, die sinnvoll sind. Sinnvoll sind Laufzeitunterschiede, die kleiner sind als der Quotient aus Kopfdurchmesser und Schallgeschwindigkeit, bei einem Kopfdurchmesser von 17 Zentimetern also 0,5 Millisekunden. Dies ist der maximale Laufzeitunterschied zwischen dem linken und rechten Ohr, der dann auftritt, wenn sich die Schallquelle entweder genau rechts oder links der Blickrichtung befindet. Die Strategie, *alle* Laufzeitdifferenzen unter diesem Maximalwert auszuwerten, funktioniert jedoch nur bei Frequenzen, deren Periodenlänge deutlich größer als eine halbe Millisekunde ist, also bei Frequenzen deutlich kleiner als 2000 Hz (siehe Abb. 3-15).

Umgekehrt ist bei niedrigen Frequenzen (beispielsweise 500 Hz) mit dem Schallschatten wenig anzufangen, wie oben beschrieben. Aus diesen Gründen wurde bereits im Jahre 1907 von Lord Rayleigh die so genannte *Duplex-Theorie* der Schallortung vorgeschlagen, die besagt, dass wir sowohl den Schallschatten als auch die Phase zur akustischen Lokalisation verwenden.

Misst man den kleinsten Winkel zwischen zwei Schallquellen, den wir gerade noch mit den Ohren erkennen können, so zeigt sich, dass wir diesen Winkel auf weniger als zwei Grad genau bestimmen können, wenn der Schall von vorn kommt. Erreicht er uns hingegen von der Seite, kann der Winkel bei mehr als sechs Grad liegen. Wie oben anhand der Beispiele von Blinden und Dirigenten diskutiert, ist die räumliche Unterscheidungsfähigkeit von Schallquellen trainierbar.

Angemerkt sei noch, dass unser Richtungshören bei Frequenzen zwischen etwa 1500 und 2000 Hz am schlechtesten ist, denn weder die Phase noch der Schallschatten liefern in diesem Bereich brauchbare Informationen (Warren 1999). Man kann auch experimentell die Phase gegen die Lautstärke ausspielen, also per Kopfhörer den Schall beispielsweise rechts früher, aber leiser darbieten als links. Schröger (1996) konnte zeigen, dass wir im Hörkortex wahrscheinlich Neuronen für beide Parameter besitzen, dass also beide Informationsquellen getrennt benutzt werden. Die subjektiv erlebten Eindrücke bei solchen Experimenten sind verwirrend und widersprüchlich.

Die Hörbahn ist keine Bahn

Man bezeichnet die Zellen und Fasern, über die Impulse vom Innenohr zur Großhirnrinde geleitet werden, als Hörbahn. Die Bezeichnung könnte nicht irreführender sein, suggeriert sie doch, dass hier nichts weiter geschieht als die Weiterleitung von Impulsen – analog zur Autobahn, auf der Fahrzeuge ihrer Bestimmung zugeführt werden. Dass dem nicht so ist und dass die vom Innenohr kommenden Daten nicht nur weitergeleitet, sondern vor allem *verarbeitet* werden, bezeugen erstens der komplizierte Schaltplan der Hörbahn (siehe Abb. 3-16) und zweitens die schiere Zahl der beteiligten Nervenzellen: Die 3500 inneren Haarzellen in jedem Innenohr stimulieren die etwa 30.000 Fasern jedes der beiden Hörnerven. Der *Nucleus cochlearis* hat 90.000 Neuronen, der Olivenkern 34.000, der *Lemniscus lateralis* 38.000, der *Colliculus inferior* 400.000 und der mediale Kniehöcker 500.000! Auf eine Sinneszelle im Innenohr kommen damit etwa 10 Fasern im Hörnerv und etwa 100 Zellen in der letzten Station vor der Gehirnrinde. Dort sind allein im primären Hörzentrum (der ersten Station der kortikalen Verarbeitung des Gehörten) etwa 100 Millionen Nervenzellen mit der weiteren Informationsverarbeitung beschäftigt (Worden 1971).

Die Faserverbindungen in der Hörbahn verlaufen keineswegs nur streng hierarchisch und in eine Richtung. Ein Kern der Hörbahn erhält seine Eingänge nicht nur von dem unmittelbar vorgeschalteten, sondern auch – parallel – von allen anderen davor. Außerdem gibt es, wie auch beim Sehen (vgl. Spitzer 2002), „rückwärts" verlaufende Fasern, die Informationen vom Gehirn bis zum Innenohr zurückmelden. Wie oben beschrieben, werden hierdurch unter anderem die äußeren Haarzellen erregt und das Hören bereits auf der Stufe der Umwandlung von Mechanik in Elektrik auf bestimmte Aspekte des Gehörten fokussiert.

Neuronale Informationsverarbeitung

Ist mechanischer Schall erst einmal in elektrische Impulse umgewandelt, können diese Impulse auf verschiedenste Weise verarbeitet werden. Diese Impulse – man nennt sie auch Aktionspotenziale – haben überall die gleiche Form und werden von Nervenfasern – den Axonen – zu anderen Nervenzellen geleitet. An diesen wird ein Impuls auf chemischem Weg von der Nervenfaser auf das nächste Neuron übertragen (Abb. 3-16). Diese Übertragung geschieht an einer Synapse und kann mehr oder weniger stark sein. Von der Synapsenstärke hängt es also ab, ob ein Impuls

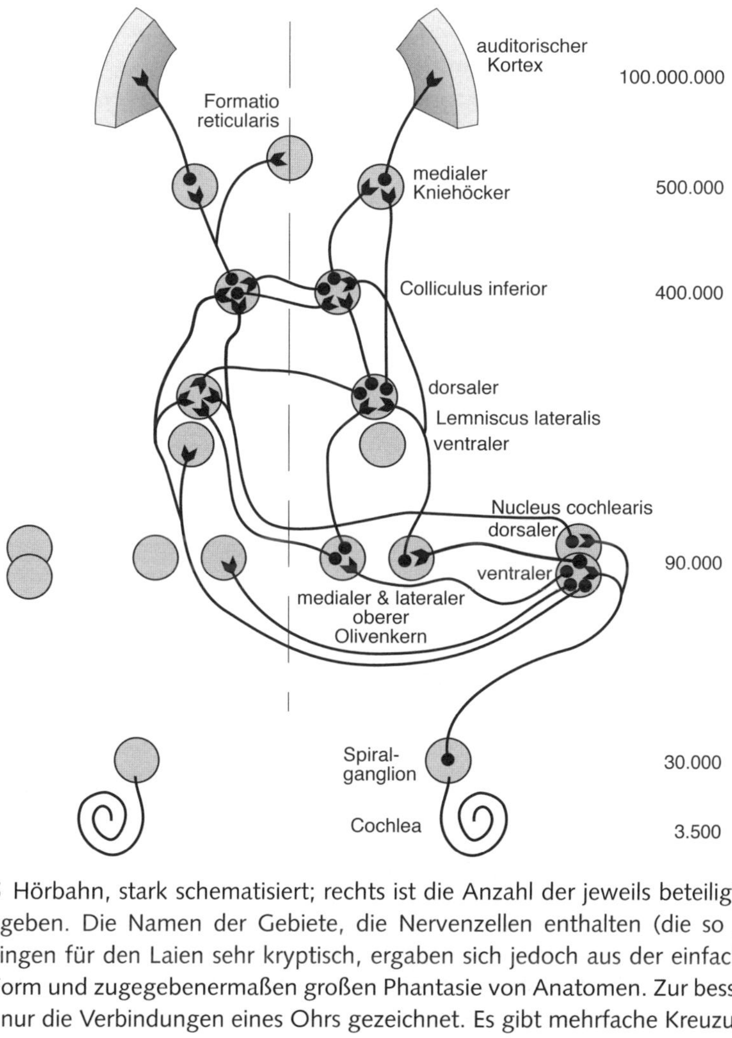

Abb. 3-16 Hörbahn, stark schematisiert; rechts ist die Anzahl der jeweils beteiligten Neuronen angegeben. Die Namen der Gebiete, die Nervenzellen enthalten (die so genannten Kerne), klingen für den Laien sehr kryptisch, ergaben sich jedoch aus der einfachen anatomischen Form und zugegebenermaßen großen Phantasie von Anatomen. Zur besseren Übersicht sind nur die Verbindungen eines Ohrs gezeichnet. Es gibt mehrfache Kreuzungen.

einen großen oder einen kleinen Effekt auf die Erregung des nachfolgenden Neurons hat. Dieses empfängt auf bis zu 10.000 Fasern Impulse, summiert sie auf, vergleicht das Resultat mit einer Schwelle und sendet selbst einen Impuls aus (man sagt, das Neuron *feuert*), wenn die eingehende Erregung größer ist als die Schwelle (für eine genaue Darstellung dieses Sachverhalts vgl. Spitzer 1996).

Mathematisch lässt sich das eingehende Signal durch eine Zahl beschreiben. Im einfachsten Fall betrachtet man die Verhältnisse statisch und stellt lediglich fest, ob ein Signal einläuft oder nicht. Das einlaufende Signal wird auch als *Input* bezeichnet, der damit im einfachsten Fall den Wert 1 oder 0 haben kann. Die Stärke der synaptischen Übertragung kann man ebenfalls als Zahlenwert betrachten. Je nach Stärke und Art der Verbindung liegt dieser Wert zwischen –1 und 1. Kommt ein Impuls zu einer Synapse, dann wird dort sein Wert (1 oder 0) mit der Stärke der Synapse multipliziert, das heißt, der Input wird durch die Synapsenverbindungsstärke gewichtet, weshalb man auch vom *Synapsengewicht* spricht. Wenn man Neuronen auf diese Weise betrachtet, lässt sich mit ihnen rechnen. Damit ist gemeint, dass man mathematisch beschreiben kann, wie sich Ansammlungen von Neuronen – man spricht wegen der Verbindungen auch von *neuronalen Netzwerken* – beim Eintreffen eines bestimmten Inputs verhalten.

Neuronale Netzwerke sind informationsverarbeitende Systeme, die aus einer großen Zahl einfacher Schalteinheiten, den Neuronen, zusammengesetzt sind. In neuronalen Netzen wird Information durch Aktivierung und Hemmung solcher Neuronen verarbeitet (vgl. Abb. 3-17). Abstrahiert man von biologischen Gegebenheiten wie Form, mikroskopischer Struktur, Zellphysiologie und Neurochemie, so lässt sich ein Neuron als Informationsverarbeitungselement verstehen. In dieser informationstheoretischen Hinsicht besteht die Funktion eines Neurons in Vektor- bzw. Matrizenrechnung.

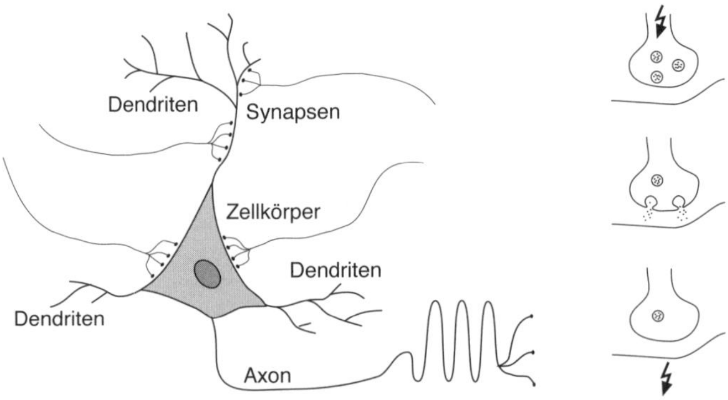

Abb. 3-17 Schematische Darstellung eines Neurons (links), das an seinen vielen baumartigen Fortsätzen, den Dendriten, Impulse von anderen Neuronen erhält, diese verarbeitet und über sein Axon (nur eines pro Neuron) entweder dann selbst einen Impuls aussendet oder nicht (aus Spitzer 1996). Die Übertragung findet an Synapsen (rechts) dadurch statt, dass beim Eintreffen des Impulses (oben) kleine Bläschen in der Synapse, die einen Überträgerstoff (Neurotransmitter) enthalten, mit der Wand der Synapse verschmelzen (Mitte), wodurch der Neurotransmitter freigesetzt wird und seinerseits die nachfolgende Zelle erregt (rechts unten).

Aus Zeit wird Raum: Beispiele akustischer Informationsverarbeitung

Die stetige Zunahme der Neuronenzahl beim Aufstieg in der Hörbahn lässt sich unter anderem dadurch erklären, dass bestimmte zeitliche Eigenschaften des Schalls auf den genauen Ort bestimmter Neuronen abgebildet werden. Ein Neuron feuert also genau dann, wenn seine bevorzugte Schalleigenschaft eingetroffen ist. Wie gleich gezeigt wird, ist dies tatsächlich bei der Schallortung auf Zeitdifferenzen *zwischen* den an beiden Ohren einlaufenden Schallwellen der Fall. Es könnte auch *innerhalb* einer einzelnen Schallwelle gelten. Immerhin ist deren zeitliche Analyse letztlich wichtig für den zweiten und bisher nicht behandelten Aspekt des Hörens: die *Schallerkennung*.

Betrachten wir als Beispiel die Art, wie unser Hörsystem aus dem zeitlichen Unterschied zwischen dem an das rechte und an das linke Ohr kommenden Schall den Ort der Schallquelle errechnet. Im *medialen oberen Olivenkern* (vgl. Abb. 3-16) sitzen Neuronen, die ihren Input sowohl vom rechten als auch vom linken Ohr erhalten. Nach einem bereits vor mehr als 50 Jahren entwickelten und bis heute diskutierten Modell (Jeffres 1948, Shamma 2001) geht man davon aus, dass die Neuronen dieses Kerns als Gleichzeitigkeits- (oder Koinzidenz-) Detektoren arbeiten, also nur dann erregt werden, wenn sie vom rechten und linken Ohr *zugleich* einen Impuls erhalten.

Nach dem Modell sind im medialen oberen Olivenkern die Neuronen so angeordnet, dass sich ein unterschiedlich langer Weg von rechts bzw. von links her ergibt, wie Abbildung 3-18 zeigt. Kommt eine Schallwelle von rechts vorn, erreicht sie das rechte Ohr zuerst, und die dort entstehenden Aktionspotenziale werden früher an die wie ein Gatter (*array*) angeordneten Neuronen weitergegeben. Die gleiche Schallwelle erreicht das linke Ohr später, so dass die Aktionspotenziale dort etwas später entstehen. Betrachtet man einmal nur einen Impuls, so läuft er rechts früher los als links, kommt daher auch weiter als der von links kommende. Beide treffen sich dann nicht in der Mitte des Gatters, sondern weiter links. Das Neuron, das genau an dieser Stelle des Gatters sitzt, wird erregt (denn wie gesagt braucht es zwei gleichzeitige Impulse, um erregt zu werden). Damit wird letztlich erreicht, dass die Ortsinformation aus der (akustischen) Landschaft, die beide Ohren ja nur in Form eines Zeitunterschieds erreichte, wieder zu einer Ortsinformation (im Neuronengatter) geworden ist. Dieses Modell ist für die Eule derzeit wesentlich besser nachgewiesen als für Säugetiere (vgl. McAlpine et al. 2001).

Im *lateralen oberen Olivenkern* wird ebenfalls Ortsinformation gewonnen, jedoch nicht aus einem Zeitunterschied, sondern aus dem Lautstärkeunterschied. Dies geschieht durch gegenseitige Hemmung der Signale vom rechten und linken Ohr, wobei das jeweils stärkere das schwächere aktiv unterdrückt und somit dafür sorgt, dass Impulse von *seiner* Seite deutlicher weitergeleitet werden.

Weiter aufwärts, im *lateralen Lemniscus*, werden andere zeitliche Schalleigenschaften verarbeitet. Hier gibt es beispielsweise Zellen, die nur dann feuern, wenn ein Ton beginnt, egal wie hoch oder wie laut er ist. Andere zeigen die Dauer eines Tons an. Der Output dieses Systems gelangt zusammen mit den Signalen aus den Olivenkernen und mit Fasern, die direkt von der Cochlea kommen, in die unteren beiden Hügel der Vierhügelplatte (*Colliculus inferior*) und weiter in die oberen beiden Hügel, den *Colliculus superior*. In beiden Kernen entstehen aus all diesen Infor-

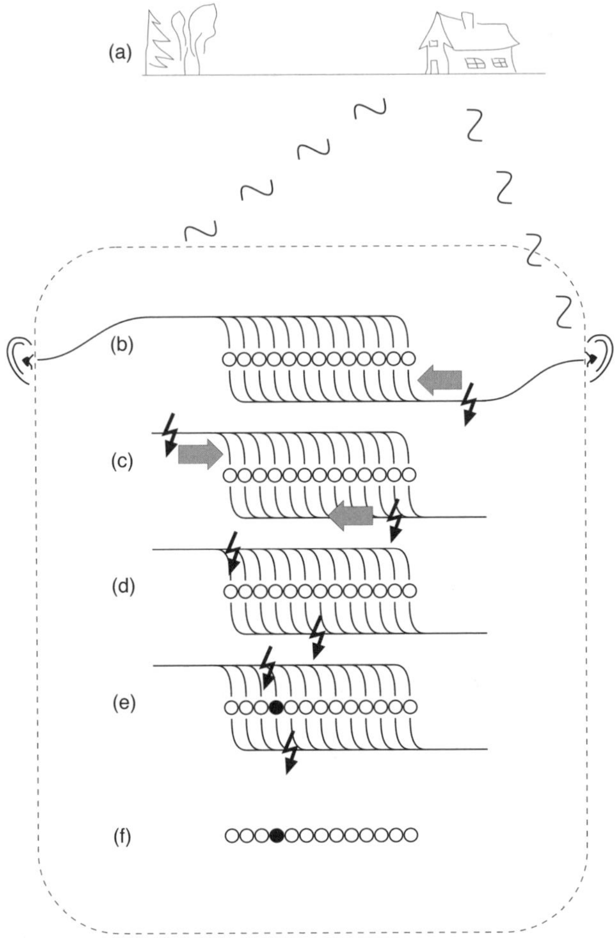

Abb. 3-18 Räumliche Lokalisation mit Hilfe der Phase eines akustischen Signals (nach Jeffres 1948). (a) Nehmen wir an, aus dem Haus in der Ferne rechts vor uns dringt Musik an unsere Ohren. Der Schall erreicht dabei das rechte Ohr etwas früher als das linke. Bei einer Schallgeschwindigkeit von 340 m/s (entsprechend 340 mm/ms; also 34 Zentimeter je Millisekunde) liegt dieser Zeitunterschied deutlich unterhalb einer Millisekunde. Er kann jedoch durch die spezielle Anordnung der Neuronen in eine Ortsinformation umkodiert werden. Dies geschieht durch das hier schematisch dargestellte Verzögerungsgatter (array of delay lines). (b) Ein Aktionspotenzial läuft von rechts früher los als ein zweites, das erst dann startet, wenn die Schallwelle auch das linke Ohr erreicht hat (c). Beide laufen sich im Verzögerungsgatter entgegen (d), erregen aber ein Neuron des Gatters nur dort, wo sie zugleich ankommen (e). Auf diese Weise wird die Ortsinformation wiedergewonnen (f).

mationen *akustische Landkarten*. Im Homolog des Colliculus superior bei der Schleiereule zum Beispiel haben Knudsen und Konishi (1978) sehr klare und detaillierte Karten sowohl der horizontalen als auch der vertikalen Raumwinkel gefunden.

Auf der nächsten Station der Hörbahn, dem *medialen Kniehöcker*, finden sich bereits Neuronen, die auf bestimmte Frequenzkombinationen feuern oder auch auf ganz bestimmte zeitliche Abfolgen. Der Grad der Analyse wird also immer komplexer, was sich ja auch schon in der immer größeren Zahl von Neuronen äußert. Die Schallanalyse begann mit 3500 Neuronen in der Cochlea und erreicht im letzten Abschnitt der Hörbahn vor der Gehirnrinde bereits eine halbe Million Neuronen. Dieser Komplexität entspricht das, was am Schall für uns Menschen am interessantesten ist: Sprache und – das sei hier klar und deutlich ergänzt – Musik. Beides enthält die kompliziertesten, rasch wechselnden zeitlichen Muster, Frequenzfolgen, Modulationen etc. Die Hörbahn ist also ganz offensichtlich nicht zu vergleichen mit der Autobahn. Sie ist vielmehr bereits an wesentlichen Prozessen der Informationsverarbeitung beteiligt, die wir zum Verstehen von Sprache und Musik benötigen.

Zwei Kodes im Kortex

Stellen Sie sich vor, Sie stehen an einer Ampel und neben Ihnen steht ein Motorrad mit laufendem Motor im Standgas. An Ihre Ohren dringen dann die akustischen Manifestationen der meist etwas unregelmäßig erfolgenden Explosionen eines Benzin-Gasgemischs im Motor, einzelne Druckwellen, für deren subjektives Erleben sich der Ausdruck „Geknatter" weitgehend durchgesetzt hat. Schaltet die Ampel auf Grün (oder vielleicht auch schon bei Hellgelb), ändert sich dies plötzlich: Der Fahrer gibt Gas, die Anzahl der Explosionen pro Sekunde steigt und wird regelmäßig. Damit ändert sich auch unser Höreindruck. Statt einzelner Explosionen hören wir jetzt einen durchgehenden Ton mit einer bestimmten, steigenden Tonhöhe, und das Motorrad saust davon. Wie kommt es, dass wir die gleichen Explosionen je nach ihrer Häufigkeit in der Zeit einmal als einzelne Ereignisse und ein andermal als Ton hören?

Eine Studie von Lu et al. (2001) zur Art der Kodierung akustischer Informationen im auditorischen Kortex brachte jüngst etwas Licht in dieses Dunkel. Zunächst einmal ist es wichtig, sich zu vergegenwärtigen, dass wir beim Verstehen von Sprache oft eher in der Situation des Hörens von Geknatter sind als in der Situation des Hörens zusammenhängender Töne. Shannon und Mitarbeiter (1995) konnten zeigen, dass für das Verstehen von Sprache weniger die Töne der Stimme, sondern deren Modulation verantwortlich ist. Selbst wenn man nämlich die Töne durch Rauschen ersetzt und nur noch die Einhüllende dieses Rauschens verändert, kann man Sprache noch erstaunlich gut verstehen. Um dies zu gewährleisten, müssen Neuronen im Hörkortex vor allem auf Veränderungen reagieren, nicht jedoch auf einzelne Schwingungen in dem Sinne, dass sie jeden Wellenberg einer Schwingung abbilden.

Lu und Mitarbeiter konnten zwei unterschiedliche Populationen von Neuronen im Hörkortex von Affen nachweisen (vgl. Abb. 3-19). Die eine Art von Neuronen feuert bei langsamen Klicks getreu mit diesen Klicks (synchronisiert), gibt jedoch bei rascheren Klicks sozusagen auf und feuert nur noch bei Beginn und Ende des Stimulus. Die zweite Art macht es anders und feuert prinzipiell nicht synchronisiert mit den Klicks: Langsame Klicks sind ihnen zudem langweilig, bei raschen Klicks jedoch feuern sie heftig, wenn auch nicht synchronisiert. Der Wechsel zwischen langsam und schnell, der für die unterschiedliche Aktivierung der beiden Neuronengruppen sorgt, findet etwa bei einer Signalfrequenz von 30 Hz statt, also etwa beim Übergang des Hörens einzelner Ereignisse zum Hören eines Tons. Weil beide

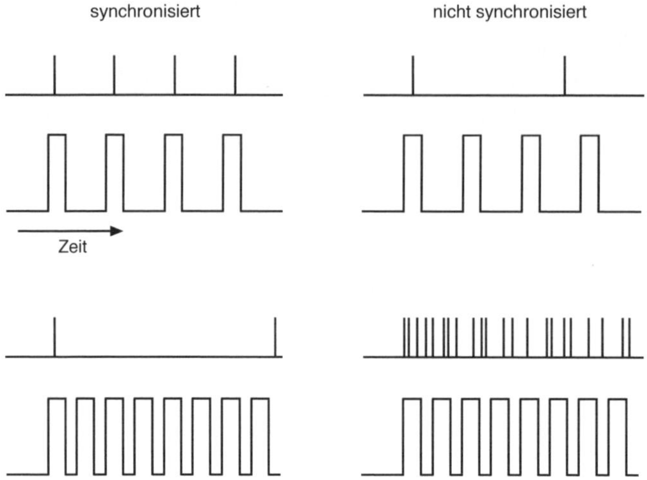

Abb. 3-19 Schematische Darstellung (nach Moore et al. 2001) der neuronalen Antwort (senkrechte Striche) synchronisierter (links) und nicht synchronisierter Neuronen (rechts) auf niederfrequente (oben) und höherfrequente (unten) Klicks (rechteckförmige Druckschwankungen).

Arten von Neuronen in unserem Hörkortex vorkommen, hören wir sowohl einzelne Schallereignisse als auch kontinuierliche Töne.

Fazit: Aus Schall wird Information

Das Hörsystem ist ein überaus genaues und empfindliches Organ zur Registrierung von Luftdruckschwankungen. Seine Aufgabe besteht darin, aus diesen Schwankungen – mehr hat es nicht zur Verfügung – auf das, was sich in der Welt tatsächlich abspielt, zu schließen. Je besser dies gelingt, desto besser sind die Überlebenschancen des Organismus.

Das Gehör ist von allen Sinnen derjenige, der die Zeit am feinsten auflöst. Kurze zeitliche Gegebenheiten hören wir besser, als wir sie sehen. Das Gehör ist auch maximal sensibel, d. h., es könnte gar nicht sensibler sein, sonst würden wir das Rauschen der Moleküle aufgrund der Wärmebewegung hören, was uns nichts nützen würde, denn dieses Rauschen ist immer da.

Das äußere Ohr überträgt den Schall zum Trommelfell, von wo er über die drei Gehörknöchelchen des Mittelohrs – einer Art Untersetzungsgetriebe – zum ovalen Fenster weitergeleitet wird. Dort, an der Grenze vom Mittelohr zum Innenohr, findet der Übergang von Luft in Wasser statt. In der Schnecke des Innenohrs werden Luftdruckschwankungen in Impulse umgewandelt. Diese Umwandlung ist nicht in allen Einzelheiten geklärt, erfolgt aber in jedem Fall über die Verbiegung feiner Härchen an den inneren Haarzellen.

Als Hörbahn werden Fasern und Ansammlungen von Nervenzellen, so genannte Kerne, bezeichnet, über welche die in der Schnecke generierten Impulse die Gehirnrinde erreichen. In der Hörbahn findet bereits komplexe Informationsverarbeitung statt, wie beispielsweise die Analyse des Ortes einer Schallquelle aus den Unterschieden von Zeit und Intensität des Schalls am rechten und linken Ohr. Was im Kortex ankommt, ist somit bereits vorverarbeitete akustische Information.

Postscript für Fortgeschrittene: Schallerkennung im Netz

Die Struktur des Colliculus inferior und die Antworteigenschaften seiner Neuronen deuten darauf hin, dass dieser Kern weniger eine Rolle bei der Schallortung als vielmehr bei der Schall*erkennung* spielt. Dies wird durch die folgenden Beobachtungen nahegelegt: Neuronen, die sich in einer Ebene im Colliculus inferior befinden, sind auf gleiche Frequenzen abgestimmt (man spricht von Isofrequenzebenen), Neuronen auf benachbarten Ebenen auf etwas höhere bzw. niedere Frequenzen. Solche Frequenzkarten sind insofern nichts Besonderes, als fast jedes Verarbeitungszentrum in der Hörbahn die Frequenzaufspaltung aus der Cochlea beibehält. Dort verlief sie entlang einer Achse (eindimensional, entlang der Cochlea). Dies wirft die Frage auf, warum der Colliculus inferior für jede Frequenz eine ganze Ebene verwendet. Es ist unwahrscheinlich, dass alle Neuronen in dieser Ebene das Gleiche, also lediglich Frequenz kodieren. Vielmehr kann man annehmen, dass entlang der beiden Dimensionen einer Ebene weitere Eigenschaften des Schalls analysiert werden. Mit anderen Worten: Im dreidimensionalen Gebilde des Colliculus inferior würden in einer Richtung die Frequenz und in den beiden anderen dazu senkrechten Richtungen zwei andere zeitliche Eigenschaften des Schalls kodiert.

Trotz einer Fülle von Daten ist über die Funktion der Neuronen im Colliculus inferior wenig bekannt. In solchen Fällen ist es sinnvoll, den Prinzipien der Funktion durch Modelle dessen, was geschieht, nachzugehen. Wie oben angedeutet, kann man mit Neuronen im Rahmen von Netzwerkmodellen rechnen, und die Ergebnisse solcher Rechnungen können Hinweise auf Funktionsprinzipien geben (vgl. Spitzer 1996). Geht man davon aus, dass das Hörsystem den gleichen Verarbeitungsprinzipien folgt wie das Sehsystem (immerhin bestehen beide aus den gleichen Verarbeitungseinheiten, vgl. auch Tian u. Rauschecker 1994, Shamma 2001), dann ergibt sich Folgendes: Das Sehsystem bildet einen *Ort* der Umwelt auf einen festen Ort der Netzhaut ab, wohingegen das Hörsystem eine bestimmte *Frequenz* auf einen bestimmten Ort der Cochlea abbildet. Den Ortskarten des Sehsystems entsprechen daher die Frequenzkarten im Hörsystem. Man weiß vom Sehsystem, dass es in kleinen Bereichen der übertragenen und zu verarbeitenden Bilder nach wichtigen, informationstragenden Bildbestandteilen wie Ecken und Kanten „forscht". Die Orientierung dieser Kanten (von oben nach unten, von links nach rechts etc.) wiederum wird von Neuronen kodiert, die in einem Gebiet der Sehrinde mit jeweils gleicher Ortsabstimmung liegen. Man hat die Entstehung dieser Karten aus dem Input von der Netzhaut gut verstanden und im Modell nachgebildet. Es liegt daher nahe, das gleiche Modell mit Input aus der Cochlea, also den spezifischen Auslenkungsmustern der Basilarmembran, zu füttern, um herauszufinden, wie Schall kodiert sein könnte (Herrnberger u. Kempf 2001). Werden die Muster über einem lokalen Gebiet der Basilarmembran so auf die entsprechende Isofrequenzebene sortiert, dass ähnliche Muster auf benachbarte Neuronen abgebildet werden, so ergibt sich eine Anordnung wie in Abbildung 3-20.

Jedes Neuron des Colliculus inferior feuert damit nach diesem Modell bei einem ganz bestimmten Auslenkungsmuster der Basilarmembran besonders stark, und der Ort des Neurons kodiert die zu diesem Muster gehörige Schallsituation aus Frequenz, Lautstärke (Amplitude) und Phase. Die Anordnung der Auslenkungsmuster in Abbildung 3-20 links stellt also nichts anderes dar als zwei grundlegende Karten, nämlich eine Amplituden- und eine Phasenkarte (siehe Abb. 3-20 rechts).

Das hat Konsequenzen, die in Abbildung 3-21 gezeigt sind: Ein Schallereignis löst auf der Ebene des Colliculus inferior eine ganz spezifische Bahn neuronaler Aktivität aus, und diese liefert nachfolgenden Verarbeitungsebenen die Grundlage für die Auswertung zeitlicher Beziehungen zwischen einzelnen Schwingungen eines Schallereignisses, also dem, was ein Schallereignis von einem anderen unterscheidet.

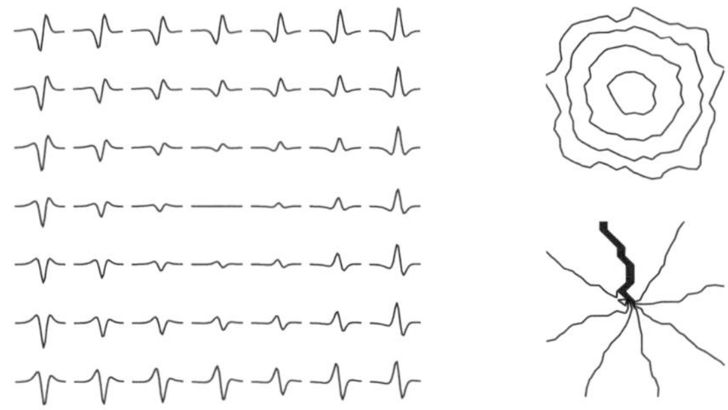

Abb. 3-20 Bevorzugte Eingänge für Neuronen auf einer Modell-Isofrequenzebene. Links ist für ein Feld aus 7 × 7 Modellneuronen gezeigt, bei welchem räumlichen Auslenkungsmuster der Basilarmembran die Neuronen maximal feuern. Jedes Muster lässt sich eindeutig auf eine bestimmte Amplitude und eine bestimmte Phase zurückführen. Verbindet man Neuronen gleicher bevorzugter Amplitude durch eine Linie, so erhält man eine konzentrische Karte (rechts oben), in der die Amplituden von innen nach außen ansteigen. Verbindet man Neuronen mit gleicher bevorzugter Phase, findet man eine Karte in Form eines Windrädchens (rechts unten). Genau in dieser Anordnung von Windrädchen (die in der Literatur unter Pinwheels bekannt sind) sind im visuellen System die Orientierungen von Kanten repräsentiert (nach Herrnberger u. Kempf 2001).

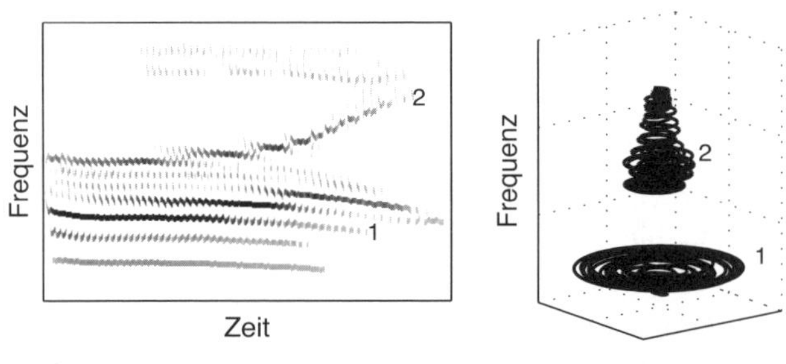

Abb. 3-21 Konsequenzen des Modells am Beispiel des Phonems /oy/. Das Spektrogramm (links) zeigt die Frequenzzusammensetzung über der Zeit (dunkler bei stärkerer Amplitude). Zu jedem Zeitpunkt dominieren unterschiedliche Frequenzen, die jedoch kontinuierlich ineinander übergehen und so die einzelnen Formanten (vgl. Kapitel 10) bilden. Die beiden markierten Formanten lösen die rechts dargestellten Bahnen neuronaler Aktivität aus: Ändert sich in einer Formante die Frequenz, so verschiebt sich die Aktivität entlang der Frequenzachse nach oben oder unten auf eine andere Isofrequenzebene. Steigt oder sinkt die Amplitude, verlagert sich die Aktivität zum Rand oder zum Zentrum der Ebene (innen leise, außen laut). Die sich kontinuierlich ändernde Phase (bei konstanter Frequenz Produkt aus Frequenz und Zeit) bewirkt die Drehung, d. h. eine Schwingung bewirkt die Aktivierung eines Kreises von Neuronen (nach Herrnberger u. Kempf 2001).

4 Melodie und Harmonie

Melodie und Harmonie, d. h. nacheinander und zugleich gespielte Töne, sind für uns so selbstverständlich, dass es sehr schwer vorstellbar ist, wie die Dinge auch anders sein könnten. Dennoch wird gerne behauptet, dass es auch ganz andere Musik mit ganz anderen Tönen und Harmonien geben könne als die, die wir gewohnt sind und die man gewöhnlich als die abendländisch-westliche Musik bezeichnet. Wie bei den vielen Sprachen, von denen ja auch keine besonders oder besser ist als die andere, so sei es auch mit der Musik. Mit anderen Worten, die Musik, wie wir sie kennen, wird als rein kulturelles Produkt aufgefasst. Gemäß dieser Auffassung stehen die unterschiedlichen Musiken (Tonsysteme, Harmonieauffassungen etc.) nebeneinander, wie etwa auch die verschiedenen Sprachen, die Weisen der Bekleidung oder der Zubereitung der Speisen.

Es wurde jedoch auch bereits die Auffassung diskutiert, dass unser Ton- und Harmoniesystem auf physikalische und mathematisch beschreibbare Gesetzmäßigkeiten zurückgeht und gerade deswegen nicht beliebig ist. Gemäß dieser Ansicht ist die abendländisch-westliche Musik das Produkt einer zwangsläufigen Entwicklung, die anderswo nicht so weit fortgeschritten ist. Entsprechend kann man ja auch von der abendländisch-westlichen Naturwissenschaft sagen, dass sie „weiter" bzw. „besser" ist als andere Versuche der Interpretation der Welt.

Diese beiden Ansichten sind keineswegs unwidersprochen, aber nehmen wir für einen Moment einmal an, sie wären halbwegs plausibel und für die meisten Leser nachvollziehbar. Musik ist demzufolge entweder zu sehen wie eine Sprache oder wie Naturwissenschaft: (1) Sprachen stehen nebeneinander, keine ist irgendwie herausgehoben, sie sind Produkt und Teil der Kultur. (2) Naturverstehen (und -erklären) ist ebenfalls Produkt und Teil der Kultur, es gibt jedoch gute und schlechte, richtige oder falsche, der Welt und den Dingen gemäße und nicht gemäße Weisen dieses Naturverständnisses, und die Naturwissenschaft ist eindeutig gegenüber anderen Zugangsweisen hervorgehoben.

Wie steht es nun vor dem Hintergrund dieser Sichtweisen mit der Musik? Ist sie wie die Wörter für die Dinge in den einzelnen Sprachen beliebig („Fenster" ist nicht wahrer als „fenêtre" oder „window") oder ist sie richtig wie etwa das Fallgesetz $s = t^2 g/2$ oder gar die binomische Formel $(a + b)^2 = a^2 + 2ab + b^2$? Es geht hier wohlgemerkt nicht um einzelne Musikstücke, denn wer würde schon behaupten, die *Mondscheinsonate* oder *Rock around the clock* seien richtiger oder wahrer als andere Musikstücke? Nein, es geht darum, ob unser Musik*system*, die Töne und Harmonien (von Rhythmen ist später noch die Rede), in irgendeiner Weise ausgezeichnet ist.

Die Antwort auf diese Frage ist letztlich der Gegenstand dieses Kapitels. Sie ist deutlich komplizierter, als es zunächst erscheint (jeder, der eine der oben genannten Extrempositionen vertritt, macht es sich im Grunde zu leicht) und wird – das sei hier schon vorweggenommen – nicht ganz vollständig ausfallen. Der Weg zu einer Antwort ist, wenn auch manchmal steinig, mit vielen interessanten Einsichten aus Musik, Mathematik, Physik und Physiologie gesäumt.

Intervalle

Wenn zwei Töne gleichzeitig erklingen, so kann sich das ganz unterschiedlich anhören. Manche passen zusammen und manche nicht. Ist dies nur eine Frage des (angenommenerweise beliebigen) guten Geschmacks und abhängig von der jeweiligen Kultur? Dafür scheint zunächst zu sprechen, dass sich die Auffassungen zu manchen Abständen im Laufe der Zeit geändert haben. So wurde die Terz vom mittelalterlichen Hörer nicht in der Weise wie heute als konsonant empfunden. Andererseits singen Männer und Frauen – aufgrund der unterschiedlichen Anatomie des Kehlkopfes – im Abstand einer Oktave, *oft ohne überhaupt zu bemerken, dass ein anderer Ton gesungen wird.*

Oktave und Quinte

Wenn ich mit meinen Kindern singe, geschieht das Gleiche: Sie stimmen ein und singen alle eine Oktave höher (die beiden Mädchen sowieso und die drei Jungs sind noch vor dem Stimmbruch). Wer als Mann mit Kindern (oder als Kind oder Frau mit Männern) singt, wird dasselbe erleben. Und in anderen Kulturen, das hat die vergleichende Musikwissenschaft herausgefunden, ist es nicht anders. Das Intervall der Oktave und unser Erleben desselben scheint – unabhängig von jeder Kultur – naturgegeben zu sein. Zwei Töne, die im Abstand einer Oktave erklingen, hören sich kaum unterschiedlich an. Auf jeden Fall passen sie auf eine Art zusammen, wie man dies von Tönen in anderen Abständen nicht unbedingt behaupten kann. – Warum?

Nahezu alle schwingenden Körper oder Systeme können nicht nur auf eine Weise schwingen. Wir hatten in Kapitel 2 beispielsweise die verschiedenen Möglichkeiten betrachtet, die eine Saite hat, wenn sie schwingt. Nicht anders steht es um Holzblöcke, Metallstäbe oder andere schwingende Gegenstände, einmal ganz zu schweigen von den Luftsäulen in Blasinstrumenten oder der Luftsäule beim Gesang. *Weil* es sich bei der Oktave um den ersten Oberton in dem Schall, der von jedem harmonisch schwingenden Körper produziert wird, handelt, sind wir so an sie gewöhnt. Selbst wenn es keine Musik in den Medien gäbe und wir uns einige tausend Jahre zurück versetzen, die Oktave ist schon da, wann immer ein Körper halbwegs ordentlich (sprich: mit harmonischen Oberschwingungen) schwingt. Dass wir eine Oktave entweder gar nicht hören oder sie zumindest nicht als unangenehm erleben, liegt also weder am guten Geschmack des Einzelnen noch an irgendeiner Musikkultur. Die Oktave kommt ganz eindeutig in der Natur vor.

Es ist daher kein Zufall, sondern durchaus sinnvoll, wenn man Tönen im Oktavabstand den gleichen Namen gibt. Dies wiederum ist nicht in jedem kulturell bedingten Musiksystem der Fall. Die Griechen der Antike beispielsweise benannten die Töne im Bereich zweier Oktaven jeweils anders und andere Kulturen haben für jeden Ton einen eigenen Namen. Dass dies die Sache recht unübersichtlich macht, kann sich jeder vorstellen.

Wir hatten in Kapitel 2 bereits gesehen: Ein harmonisch schwingender Körper kann nicht nur mit der doppelten, sondern auch mit der dreifachen Grundfrequenz schwingen. Dieser Fall ist deshalb so interessant, weil der hierbei entstehende Ton ganz eindeutig ein *anderer* ist als der Grundton. Nehmen wir einen Grundton mit der Frequenz f = 110 Hz (A2) an, dann hat die Oktave die doppelte Frequenz (2f) von 220 Hz (A3) und der nächste Oberton darüber eine Frequenz von 330 Hz (3f). Dieser Ton, ein E4, hat zum A3 darunter den Abstand einer Quinte (vgl. Abb. 4-1). Auch in diesem Fall gilt jedoch das Gleiche wie für die Oktave: Wir hören den neuen Ton zugleich mit den beiden anderen, wann immer wir die Schwingungen eines harmonisch schwingenden Körpers wahrnehmen. Auch die Quinte ist also Bestandteil eines harmonisch schwingenden Tons. Interessanterweise gibt es Kulturen, in denen die Menschen im Oktav- oder im Quintabstand singen, ohne zu bemerken, dass sie einen anderen Ton singen (vgl. Kolinski 1967).

Nach der Oktave (2f) und der Quinte über der Oktave (3f; für die Quinte ergibt sich dadurch das Verhältnis $3f/2f = 3/2$) kommt als nächster Oberton die doppelte Oktave (4f), die zur Quinte den Abstand einer Quarte hat ($4f/3f = 4/3$). Man kann statt vom Grundton und von Obertönen auch von Teiltönen sprechen. Dies hat den Vorteil, dass die Verhältnisse der Frequenzen mit den Nummern der Teiltöne übereinstimmen (vgl. Abb. 4-3). So ist beispielsweise der zweite Oberton, die Quinte, der dritte Teilton mit der Frequenz 3f.

Melodie und Tonleiter

Wer nur a capella singt, braucht keine Tonleiter. Die im Orient zum Teil bis heute zu vernehmenden Gesänge bezeugen dies deutlich: Es gibt bei ihnen keine festen Töne, sondern eher als Bewegungen der Stimme nach oben oder (vor allem) nach unten zu beschreibende Verlautbarungen der Stimme (Lachmann 1929). Die menschliche Stimme kann *stufenlos* Frequenzen von etwa 55 Hz (tiefer männlicher Bass) bis etwa 1600 Hz (hoher weiblicher Sopran) hervorbringen (siehe Abb. 10-5). Die Unterscheidung einzelner Tonstufen und die Zusammenfassung dieser Tonstufen zu einer Tonleiter ist dem Singen nicht eigen und für das Singen auch nicht notwendig. Kurz: Beim Gesang kann es Melodie ohne Tonleiter geben.

Bei Instrumenten liegen die Dinge meist anders (wir sehen hier einmal von Saiteninstrumenten ohne Bünde, der Zugposaune und anderen Instrumenten ab, die wie die Stimme ebenfalls stufenlos Töne produzieren können). Die schwingende Saite einer Harfe oder die Luftsäule im Bambusrohr einer Panflöte schwingen mit einer bestimmten Frequenz und bringen daher einen bestimmten Ton hervor. Verkürzt man die Saite oder das Rohr, ergibt sich ein anderer Ton. Wenn man nun eine Harfe oder Panflöte (vgl. Abb. 4-2) bauen möchte, also ein Instrument, das mittels verschieden langer Saiten oder Röhren verschiedene Töne hervorbringt und damit interessante Ausdrucksmöglichkeiten bietet, so fragt man sich zwangsläufig beim Konstruieren der Harfe oder beim Absägen der Bambus- oder Schilfrohre, wo genau man sägen soll.

Noch einmal: dasjenige Instrument, das jeder Mensch immer dabei hat, seine Stimme, gibt hier keine Hinweise. Kann man also die Saiten einer Harfe spannen oder die Schilfrohre absägen, wie man will? – Bei oberflächlicher Betrachtung scheint die Antwort einfach: Natürlich kann jeder sägen, wo und so lange er will (und in anderen Kulturen kann es daher andere Töne und Tonabstände geben)! Das

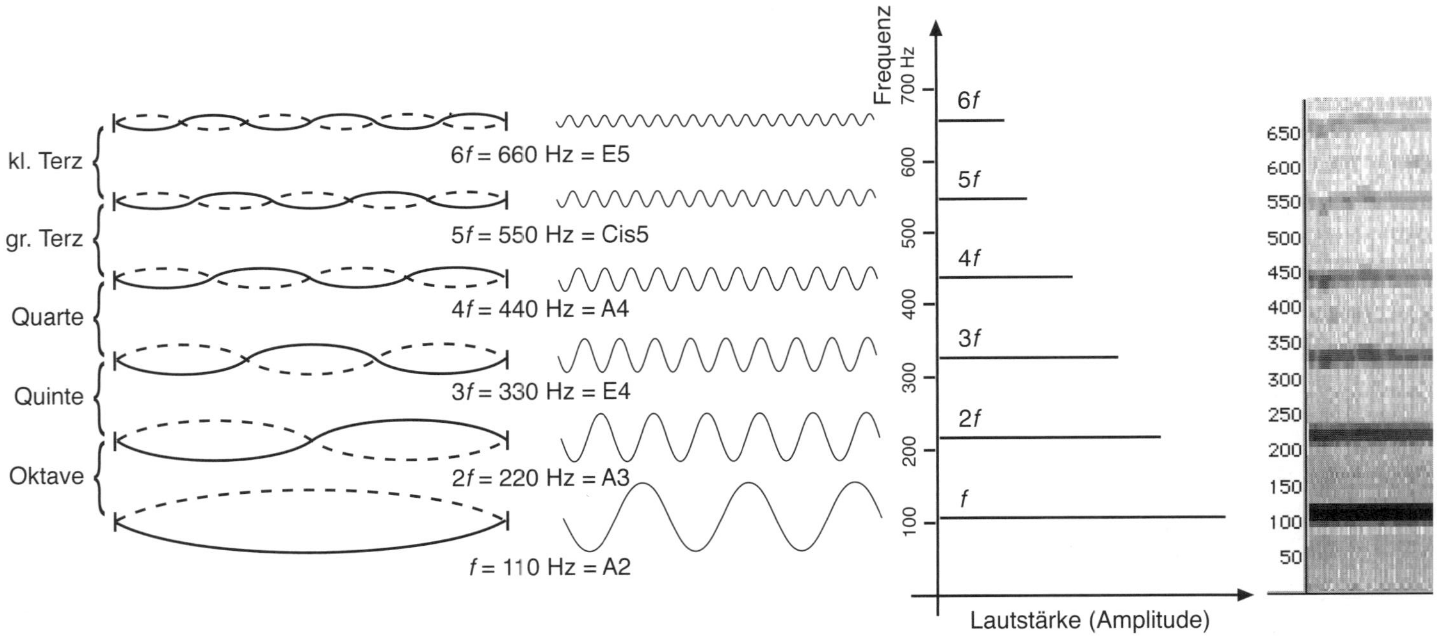

Abb. 4-1 Links sind die ersten sechs Möglichkeiten der Schwingung einer Saite dargestellt (wie schon in Abb. 2-7), die mit einer Grundschwingung (dem ersten Teilton) von 110 Hz schwingt. Sie schwingt dann auch mit 220 Hz, dem ersten Oberton (d. h. dem zweiten Teilton), nur nicht so stark, ebenso mit 330 Hz usw. Rechts neben der schwingenden Saite sind diese Schwingungen gezeichnet. Rechts hiervon ist in einem Diagramm nur noch die Frequenz der Teiltöne und deren (nach oben kleiner werdende) Amplitude zu sehen. Ganz rechts ist eine zum Schema passende reale Messung dargestellt. Man sieht das Spektrogramm des Tons A2 mit seinen ersten 5 Obertönen. Die Amplitude ist hier als Grauwert dargestellt (je dunkler, desto lauter der Teilton).

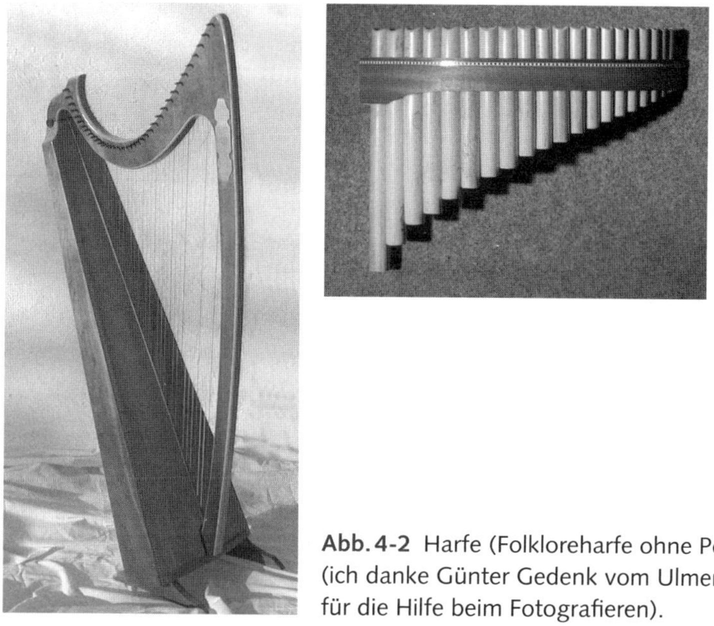

Abb. 4-2 Harfe (Folkloreharfe ohne Pedale) und Panflöte (ich danke Günter Gedenk vom Ulmer Musikhaus Reisser für die Hilfe beim Fotografieren).

Ergebnis wird sich jedoch sehr unterschiedlich anhören, mal besser und mal schlechter. Dies liegt daran, dass sowohl schwingende Saiten als auch schwingende Luftsäulen in Röhren ganz gesetzmäßige Oberschwingungen bereits enthalten. Damit enthalten die von ihnen hervorgebrachten Töne bereits *ganz bestimmte* Obertöne. Und weil wir uns an diese schon lange gewöhnt haben – seit der Geburt hören wir täglich die schwingende Luftsäule unserer eigenen Stimme –, lag es nahe, sie beim Einteilen von Tonstufen heranzuziehen. Man bestimmt also einzelne feste Töne nicht einfach willkürlich, sondern anhand der natürlich vorhandenen Obertöne in harmonischen Schwingungen.

Wenn man hierbei ganz sparsam vorgeht, genügen schon die ersten beiden Obertöne, um jeden Ton einer Tonleiter festzulegen. Dies geht wie folgt (vgl. Abb. 4-3): Man beginnt mit irgendeinem Ton, nehmen wir an, er habe die Frequenz f. Nun geht man eine Oktave nach oben und erhält einen Ton der Frequenz $2f$. Wie schon gesagt, klingt dieser Ton dem ersten sehr ähnlich und passt gut zu ihm. Der Grund ist einfach: Der Ton mit der Grundfrequenz $2f$ hat die weiteren Teiltöne $4f$, $6f$, $8f$ usw., d. h. die gleichen wie der erste Ton. Beide Töne – der Ton f und der Ton $2f$ – sind allerdings weit voneinander entfernt, d. h., man muss noch weitere Töne dazwischen festlegen. Hier hilft der nächste Oberton (Frequenz $3f$) weiter. Man halbiert dessen Frequenz und erhält einen Ton (Frequenz $3/2f$) zwischen den beiden schon vorhandenen Tönen.

Die drei Sprossen der so entstandenen Tonleiter sind zwar sehr wichtig, für die Praxis des Melodiespiels allerdings immer noch viel zu weit voneinander entfernt. Wir brauchen also noch mehr Töne. Dies lässt sich leicht bewerkstelligen, denn wir können ausgehend vom neuen Ton wieder den Schritt 3/2 – eine Quinte – nach oben gehen und erhalten auf diese Weise wieder einen neuen Ton.

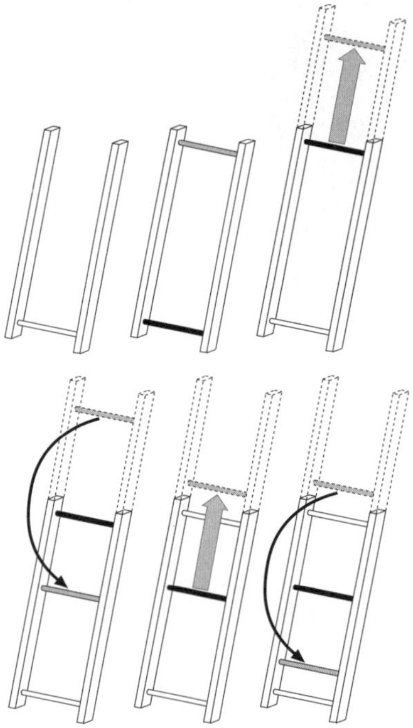

Abb. 4-3 Methode zur Konstruktion einer Tonleiter. Unterste und oberste Stufe der Leiter – Grundton und erster Oberton – sind festgelegt: Sie liegen im Oktavabstand voneinander entfernt. Eine weitere Stufe erhält man dadurch, dass man den zweiten Oberton vom Grundton aus hinzunimmt. Da er außerhalb der Leiter liegt, muss man ihn eine Oktave tiefer nehmen, seine Frequenz also halbieren.

Das Komma und Kopfweh des Pythagoras

Der in Kapitel 1 schon erwähnte Grieche Pythagoras hatte nun die Idee, diesen Vorgang zu wiederholen, um auf diese Weise weitere Töne zu generieren. Dies geschieht prinzipiell auf genau die gleiche Weise dadurch, dass man den neuen Ton immer durch Quintabstand festlegt und – falls erforderlich – seine Frequenz halbiert, so dass sie wieder zwischen die beiden Ausgangssprossen fällt. So erhält man immer neue Töne und füllt die Leiter mit immer neuen Sprossen (vgl. Abb. 4-4).

Man sollte nun meinen, dass man dann, wenn alle Sprossen der Leiter vorhanden sind, wieder genau bei der obersten Sprosse anlangt. Dies ist jedoch nicht der Fall, wie Abbildung 4-5 verdeutlichen soll: Man landet im Vergleich zur obersten Sprosse dummerweise ein Stück zu hoch.

Es ist im Grunde ganz einfach, zu berechnen, wie groß dieses Stück zu hoch genau ist: In mathematischer Hinsicht ist die Bildung eines Intervalls das Gleiche wie das Multiplizieren. Die Oktave zum Kammerton A von 440 Hz hat 880 Hz und die Oktave zu 880 Hz hat wiederum die doppelte Frequenz, also 1760 Hz. Um zu wissen, welche Frequenz ein Ton hat, der zwei Oktaven höher ist als 440 Hz, muss man also 440 mit 2×2, also 2^2 multiplizieren. Die Frequenz des Tons der darauf folgenden Oktave ist entsprechend 440×2^3.

Während die Oktave zu einem Ton der Frequenz f die Frequenz $2f$ hat, so hat die Quinte zu f, wie bereits gesehen, die Frequenz $1{,}5f$. Ein Ton, der zwei Quinten über dem Ton der Frequenz von 440 Hz liegt, hat somit die Frequenz $440 \times 1{,}5^2$ Hz = $440 \times 2{,}25$ Hz = 990 Hz.

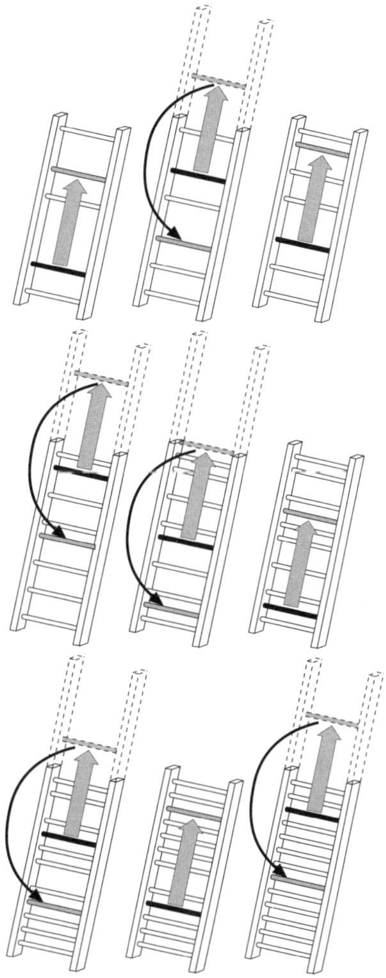

Abb. 4-4 Konstruktion der Tonleiter im Einzelnen. Die Frequenzen der neuen Töne erhält man durch Multiplikation der Frequenz des jeweils zuvor neu hinzugekommenen Tons mit 3/2. Liegt der Ton dann außerhalb der Leiter, wird seine Frequenz halbiert.

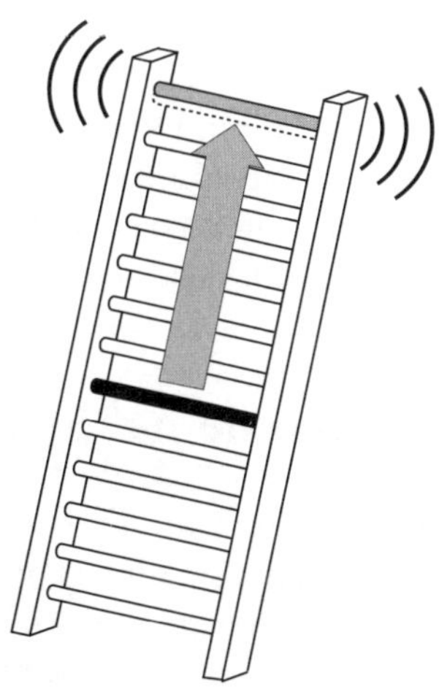

Abb. 4-5 Geht man von der letzten neuen Sprosse der Leiter zur bereits vorhandenen oberen Sprosse, so zeigt sich, dass man nicht genau dort ankommt, wo man eigentlich gerne ankommen würde, nämlich an der gestrichelten Linie.

Um alle zwölf Halbtöne der Tonleiter zu erhalten, gingen wir zwölf Mal um eine Quinte nach oben. Mathematisch bedeutet dies, dass die Frequenz des Tons der untersten Sprosse zwölf Mal mit 1,5 multipliziert werden musste. Da $1{,}5^{12} = 129{,}746338$, ist dies der Wert, mit dem die Frequenz der untersten Sprosse multipliziert wurde. Zugleich gingen wir aber sieben Mal um eine Oktave nach unten, d. h., dass wir das Resultat sieben Mal durch 2 dividiert haben. $2^7 = 128$, also nicht ganz genau identisch mit $1{,}5^{12}$. Der Unterschied der beiden Zahlen beträgt 1,36433 %. Man nennt ihn das *pythagoräische Komma*.

Um nicht nur das Komma, sondern auch das Kopfweh des Pythagoras zu verstehen, muss man sich nur kurz überlegen, was es bedeutet, dass die Abfolge der Quinten und die Abfolge der Oktaven in der genannten Weise nicht zusammenpassen. Zunächst heißt dies für die Musik, dass man auf die genannte Weise keine vollkommen zufriedenstellende Tonleiter konstruieren kann. Da aber Oktave und Quinte den ersten und zweiten Oberton jeder harmonischen Schwingung darstellen und daher sehr wichtige gut zusammen klingende Intervalle sind, entsteht ein Problem: Konstruiert man eine Tonleiter auf andere Weise, erhält man Töne (Sprossen der Leiter), die schlecht zusammen klingen (da ihre Obertöne nicht zusammenpassen; siehe unten).

Für den Zahlentheoretiker Pythagoras lag hier ein Problem vor, das in seiner Tiefgründigkeit kaum zu überbieten war: Zum einen hatte er ja gerade gefunden, dass die rein klingenden Intervalle Oktave und Quinte mit den einfachen Zahlenverhältnissen (1 zu 2 bzw. 2 zu 3) einer schwingenden Saite in direktem Zusammenhang standen. Musik war also Mathematik und umgekehrt (vgl. Kapitel 1). Nun aber hatten diese einfachen Zahlen, die Zwei und die Drei, eine Eigenschaft, die dem harmonischen Musizieren zuwiderlief: Zwei ist gerade und eine gerade Zahl mit einer geraden Zahl multipliziert ergibt wieder eine gerade Zahl. Die Drei ist ungerade, und die Multiplikation ungerader Zahlen ist auch immer ungerade. Da nun die Oktave der Multiplikation mit 2 und die Quinte der Multiplikation mit 1,5 = 3/2 entspricht, ist es prinzipiell ausgeschlossen, dass die Ergebnisse irgendwann einmal identisch sind: Die Oktave liefert immer gerade Zahlen, die Quinte immer ungerade (und deren Division durch 2 immer eine gebrochene Zahl).

Es steckt also bereits in der *Natur der Zahlen*, dass sich aus Oktave und Quinte keine Tonleiter basteln lässt. Von diesen Zahlen aber war der Mathematiker Pythagoras doch gerade so begeistert, denn sie waren es ja, die ihrerseits in den reinen Intervallen steckten! Irgendetwas stimmte nicht; das Ganze ging irgendwie nicht richtig auf (und klang entsprechend!). Man kann nur Vermutungen darüber anstellen, wie diese Einsichten auf Pythagoras selbst gewirkt haben. Als mit Psychosomatik vertrauter Psychiater sei mir jedoch die Spekulation erlaubt, dass der genannte Sachverhalt dem berühmten Griechen einiges Kopfweh bereitet haben dürfte.

Harmonie hat Seltenheitswert

Harmonie, d. h. *gleichzeitig* klingende *unterschiedliche* Töne, die nicht im Oktavabstand liegen, gibt es im Wesentlichen nur in der abendländischen Musik, weswegen das Problem der „richtigen" Tonleiter auch nur hier auftrat. Bei Einstimmigkeit ist es im Grunde egal, mit welchen Tonabständen man musiziert, denn die Töne müssen ja nicht zusammenklingen. Man kann die Geschichte der abendländischen Musik von Pythagoras bis in die Gegenwart als ein dauerndes Sich-Herumschlagen mit dem Problem auffassen, mit welchen Tönen (d. h. mit der Frage nach dem Ort der Sprossen der Tonleiter) man harmonisches Zusammenspiel am besten erreicht.

Zunächst einmal kann man durchaus eine Tonleiter nach der von Pythagoras vorgeschlagenen Art konstruieren. Damit die Oktaven genau zueinander passen – man sagt: damit sie *rein* klingen –, kann man manche Quinten etwas kleiner machen (d. h. den Tonabstand so wählen, dass sich der neue Ton durch Multiplikation des alten mit einer Zahl ergibt, die geringfügig unter 1,5 liegt). Diese Quinten klingen dann zwar entsprechend (es klingt irgendwie falsch bis unangenehm bis scheußlich), aber zumindest hat man die meisten Töne so gestimmt, dass sie zueinander passen.

Welche Quinten aber sollte man auf diese Weise degradieren? – Zunächst sei noch einmal betont, dass sich dieses Problem nur dann stellt, wenn man mehrstimmig musiziert. Jede bloße Melodie lebt zwar auch von Tonbeziehungen, es kommt jedoch nicht zu Reibungen durch Zusammenklang.

Das Problem der richtigen Stimmung, man spricht auch von der *Temperatur*, stellte sich vor allen Dingen den Orgelbauern. Bei den meisten anderen Instrumenten kann der Musiker ja – auch dann, wenn die Tonabstände baulich festgelegt sind – durch Verändern des Blasens, Streichens oder Zupfens meistens die Tonfrequenz in gewissem Rahmen beeinflussen und so für halbwegs ordentliche Harmonie sorgen. Bei der Orgel jedoch liegen die Töne fest, ganz fest, leider. Alte Orgeln (gebaut und gestimmt bis zur Mitte des 19. Jahrhunderts) haben daher immer einen so genannten *Wolf* (oder mehrere), d. h. es gibt bestimmte Intervalle, die schlechter klingen als andere.

Mittelalter und Mehrstimmigkeit: Temperaturprobleme in Kirchen

Die ersten tausend Jahre nach Christi wurde im Wesentlichen und insbesondere in den Kirchen einstimmig musiziert. Papst Gregor I. (590–604) sammelte und systematisierte die damaligen Kirchengesänge zu einer einheitlichen Form, dem *Gregorianischen Choral*. Diese Kirchengesänge waren einstimmig und ohne Instrumentenbegleitung. Im 9. Jahrhundert taucht dann die Orgel und erste Mehrstimmigkeit auf. Mehrstimmigkeit wurde daher auch Organum genannt, denn ihre Voraussetzung war, dass die Töne der einzelnen Stimmen genau gesungen wurden, eben wie die Töne der Orgelpfeifen.

Einen Höhepunkt erreichte die mittelalterliche Mehrstimmigkeit mit der Sängerschule an der gerade in Bau befindlichen Kathedrale Notre Dame in Paris (1163 bis ca. 1250). Etwa um diese Zeit taucht in der weltlichen Musik die Drehleier und mit ihr ebenfalls eine einfache Form von Mehrstimmigkeit auf.

Aufgrund der pythagoräischen Stimmung der Töne der Tonleiter klang in dieser frühen Mehrstimmigkeit die Terz dissonant. Dies hatte folgenden Grund: Der fünfte Teilton, eine Terz zum vierten Teilton (doppelte Oktave), hat es in sich (Thomas Kammer, persönliche Mitteilung). $5f$ zu $4f$ ergibt eine *reine* große Terz, und zwei Töne, deren Frequenzen dieses Verhältnis (5/4) aufweisen, werden als konsonant erlebt (siehe unten). Nach der pythagoräischen Konstruktion ergibt sich jedoch ein anderes Verhältnis. Zur dritten Sprosse der Leiter ging man 4 Quinten nach oben, multiplizierte also den Grundton (unterste Sprosse) mit $(3/2)^4 = 81/16$. Man musste aber auch zwei Oktaven nach unten gehen, also den Ton zwei Mal halbieren $[81/16 \times (1/2)^2 = 81/64]$. Dieser Ton verhält sich zu der zuvor beschriebenen reinen Terz (5/4 = 80/64) wie 81/64 zu 80/64 (= 81/64×64/80) = 81/80. Die Terz in der Tonleiter von Pythagoras ist also 1/80 (das sind 1,25 %) zu hoch. Ist das musikalisch von Bedeutung?

Betrachten wir als Beispiel die reine große Terz vom A2 (110 Hz) zu Cis3 (137,5 Hz). Diese beiden Töne verschmelzen schön, weil der fünfte Teilton von A2 (Cis5 = 550 Hz) identisch ist mit dem vierten Teilton von Cis3 (Cis5; siehe hierzu auch Abb. 4-9). Die pythagoräische große Terz zum A2 hingegen ist (110Hz×81/64) 139,21875 Hz. Der vierte Teilton einer mit dieser Grundfrequenz schwingenden Saite hat somit die Frequenz von 556,875Hz, liegt also um fast 7 Hz über dem fünften Teilton von A2. Diese beiden Obertöne wimmern (schweben; siehe unten) daher mit einer Frequenz von knapp 7 Hz miteinander. Aus Gründen, die mit unserem Gehör zusammenhängen und weiter unten genauer diskutiert werden, erleben wir solches Wimmern als schauerlich, unrein bzw. dissonant.

Trotz dieses Problems hielt man lange an der pythagoräischen Stimmung auch in Orgeln fest, weil sie nur mit dem Intervall der Quinte und Oktave als Konstruktionsprinzipien auskommt. Die Relationen 3:2:1 spiegelten den christlichen Gedanken der Dreifaltigkeit wider, der keine weiteren Verhältnisse zuließ, schon gar nicht das Verhältnis der reinen großen Terz 5:4. Bis ins 16. Jahrhundert gab es Musiktheoretiker, die die reine Terz nicht haben wollten. Die Musiker allerdings waren längst viel weiter: Für die Orgel wurde aus reinen Terzen und entsprechend angepassten (d.h. verkleinerten) Quinten die so genannte *mitteltönige Stimmung* erdacht, welche beim Ausgangspunkt C die gängigen Tonarten in ihrem Klang bevorzugt, benachbarte Tonarten benachteiligt und einige praktisch unbenutzbar macht (Kelletat 1982).

Die mitteltönige Stimmung war der Ausgangspunkt für einen jahrhundertelang dauernden Wettbewerb um die beste Temperatur, der von Orgelbauern und Mathematikern ausgetragen wurde. Welche Stimmung aber auch immer verwendet wurde, unterschiedliche Tonarten klangen verschieden, denn es gab ja ganz offensichtlich verschieden große Schritte zwischen zwei Tönen. Dies nutzten die Komponisten als Mittel des Ausdrucks.

Ein prominentes Beispiel für diesen kreativen Umgang mit nicht ganz optimalem Tonmaterial (Motto: *it's not a bug, it's a feature*) stellt die Matthäuspassion von Johann Sebastian Bach dar (Kelletat 1981). Das die Kreuzigung Jesu reflektierende *Alt-Rezitativ* Nr. 59 (die Solistin singt: „Ach Golgatha, unselges Golgatha!") wird begleitet von einer Quinte (Gis bis Es), die auf den mitteltönig gestimmten Orgeln der damaligen Zeit besonders unschön, weil stark verstimmt, klang (Wolfsquinte, als As-Dur mit Gis im Bass). Eine andere Quinte hätte schöner geklungen, aber Bach wollte ja ganz offensichtlich nicht Schönheit zum Ausdruck bringen.

Auch sein großes Schulwerk für Tasteninstrumente, das *Wohltemperierte Clavier*, lebt von dieser Unterschiedlichkeit der verschiedenen Tonarten. Neu ist, dass in jeder Tonart komponiert werden kann. Leider ist nicht direkt überliefert, welche Temperatur Bach in seinen Cembali bevorzugte. Seit einem entsprechenden Artikel im *Grove's Dictionary of Music* vom Ende des 19. Jahrhunderts ist es ein in der Literatur immer wieder abgeschriebener Irrtum (vgl. Kelletat 1982, S. 9), dass die *wohltemperierte*

Stimmung bei Bach für *gleichschwebende* Temperatur (siehe Abb. 4-7) steht (vgl. auch Gann 1997; Jorgensen 1991). Dies ist sehr wahrscheinlich nicht der Fall, wie die statistische Analyse der Noten des wohltemperierten Klaviers von Barnes (1979) nahelegt. Barnes zählte die Häufigkeit der verschiedenen großen Terzen im Gesamtwerk und stellte dabei fest, dass einige vermieden und andere bevorzugt werden. Das gefundene Häufigkeitsprofil passt also nicht zur Annahme, dass Bach auf Instrumenten spielte, die gleichschwebend gestimmt waren. Es passt am besten zu einer Temperatur, die Andreas Werkmeister beschrieben hat und die nicht gleichschwebend ist.

Halbe Töne ...

Unabhängig davon, wie bestimmte Intervalle klingen, kann man versuchen, sie mathematisch exakt zu beschreiben. Wir hatten bereits gesehen, dass diese Mathematik der Musik dadurch etwas komplizierter wird, dass sich Tonabstände aus *Multiplikationen* ergeben. Will man daher das Problem der richtigen Tonabstände einer zwölfstufigen Tonleiter dadurch lösen, dass man alle Sprossen zwischen den beiden durch den Oktavabstand festgelegten Enden der Leiter *gleich weit* macht, so bedeutet dies mathematisch Folgendes: Man muss einen Tonabstand definieren, der zwölf Mal auf einen Ton der Frequenz *f* angewandt zu einem Ton der doppelten Frequenz (2*f*) führt. Dieser Abstand entspricht also einer Zahl, die ich zwölf Mal mit sich selbst multiplizieren muss, um 2 zu erhalten, also der zwölften Wurzel aus 2. Sie hat den Wert 1,059463 und legt fest, wie groß ein *Halbtonschritt* ist.

Diese leider sehr krumme Zahl ist von enormer praktischer Bedeutung. Stellen Sie sich beispielsweise vor, Sie möchten eine Panflöte bauen und die Schilfrohre richtig abschneiden (vgl. Abb. 4-6). Sie beginnen mit einem Rohr der Länge x für

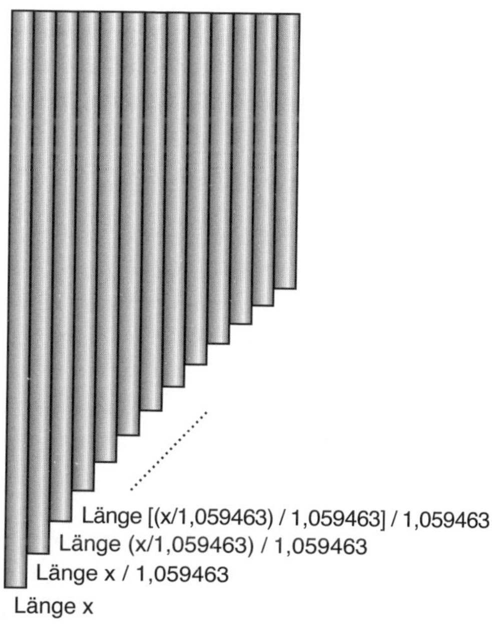

Abb. 4-6 Für den Bau einer Panflöte notwendige Mathematik. Wir starten mit einem Rohr der Länge x. Das nächste Rohr muss dann die Länge x geteilt durch 1,059463 haben. Die Länge des nächsten Rohrs ergibt sich entsprechend dadurch, dass man die Länge des zweiten erneut durch 1,059463 teilt. Insgesamt teilen wir bei einer Panflöte, die alle Halbtöne umfasst, die Länge x zwölf Mal durch 1,059463. Damit gelangen wir beim 13. Rohr zu einer Rohrlänge von x geteilt durch $(1{,}059463)^{12}$, also von x/2, was die Oktave ergibt.

den tiefsten Ton. Wie lang muss das nächste Rohr sein? – Da die Frequenz zunimmt, wenn die Länge des Rohrs abnimmt, und die halbe Rohrlänge einen Ton erzeugt, der eine Oktave höher liegt, muss bei einer chromatischen Panflöte das nächste Bambusrohr so lang sein, dass sein Ton die Frequenz 1,059463 mal der Frequenz des ersten Tons hat. Dies wird dadurch erreicht, dass man die Rohrlänge auf x geteilt durch 1,059463 festlegt.

In einer aus solchen Halbtonschritten bestehenden Tonleiter haben alle Töne den gleichen Abstand. Damit sind die meisten Intervalle nicht ganz genau (rein) getroffen, d.h. entsprechen nicht den durch einfache Brüche festgelegten Zahlenverhältnissen. Der Unterschied ist jedoch gering, weswegen es beim Zusammenklang von Tönen zwar zu dem oben bereits beschriebenen Gewimmer kommt, dieses sich jedoch in Grenzen hält. Man bezeichnet dieses Wimmern zweier zusammen klingender Töne als *Schwebung* (siehe Abb. 4-7). Da alle Töne gleichen Abstand haben, wimmert ein bestimmtes Intervall immer gleich, egal auf welchem Ton es aufbaut. Man spricht daher auch von einer gleichschwebenden Stimmung bzw. Temperatur. Wichtig ist bei ihr, dass es keine bestimmten schlecht klingenden Tonschritte gibt, denn man hat ja den Fehler, der sich aus der Einteilung in zwölf Schritte mittels der Quintenmethode ergab, auf alle Schritte gleichmäßig verteilt. Die gleichschwebende Temperatur wurde schon im 16. Jahrhundert von Lautenbauern beschrieben, war aber bezüglich ihrer Realisierung ohne elektronisches Stimmgerät nicht praktikabel (New Grove Dictionary of Music 1980, temperaments).

Wie oben bereits erwähnt, findet man bis heute diesen Sachverhalt in der Literatur oft nicht ganz korrekt wiedergegeben. So wird manchmal behauptet, Bach habe im *Wohltemperierten Clavier* ein Stück für jede Tonart geschrieben, um zu zeigen, dass diese gleich klingen. Das Gegenteil ist jedoch ganz offensichtlich der Fall, wie oben am Beispiel der *Matthäuspassion* gezeigt. Kelletat (1982) weist nach, dass auch die Komponisten der Wiener Klassik Tonarten aufgrund ihrer verschiedenen Klangcharakteristika auswählten. Dies ist nur bei ungleich schwebender Stimmung möglich. In Lehrbüchern für Klavierbauer findet man erst seit 1917 (!) eine Methode zur gleichschwebenden Stimmung beschrieben (Jorgensen 1991).

... und ganz kleine Tonschritte

Ein gleichschwebend temperierter Halbton hat mit dem Dollar und dem Euro eines gemeinsam: Er wird in 100 Cent geteilt. Dieses Maß wurde eingeführt, um die Probleme der rechten Stimmung besser beschreiben zu können. Wenn ein Halbtonschritt dadurch definiert ist, dass man eine Zahl zwölf Mal mit sich multiplizieren muss, um 2 zu erhalten (zwölfte Wurzel aus 2), so muss der hundertste Teil eines Halbtonschritts entsprechend definiert sein: Ein Cent ist daher die 1200ste Wurzel aus 2 = 1,00057779. Multipliziert man diese Zahl 1200 Mal mit sich selbst, so ergibt sich 2. Multipliziert man sie hundert Mal mit sich selbst, erhält man 1,059463, also einen Halbtonschritt.

Unter Verwendung des Cent kann man sehr genau angeben, welche Fehler Stimmungen (oder auch Musikinstrumente) aufweisen. Interessant ist dies vor allem dann, wenn man sich überlegt, dass durch die gleichschwebend temperierte Stimmung mit festgelegtem Halbton ja viele Intervalle nicht ganz genau den reinen Zahlenverhältnissen entsprechen. So weicht die Quinte von C nach G oder von D nach A gegenüber der reinen Quinte (d.h. Frequenz des C mal 1,5 bzw. Frequenz des D mal 1,5) um jeweils 2 Cent nach unten ab. Dieser Fehler ist recht klein (ein fünfzigstel Halbton) und wird daher praktisch nicht wahrgenommen. Hingegen trägt jede große Terz bei gleichschwebender Stimmung einen Fehler von 15 Cent (ein siebentel Halbton) mit sich herum. Dies ist noch nicht so viel wie das pythagoräische Komma, das 22 Cent entspricht (mehr als ein fünftel Halbton) und dem Hörer durchaus eine Gänsehaut (oder vielleicht sogar Kopfweh) bereiten kann.

Warum aber klingen Töne überhaupt schön oder nicht so schön zusammen? Was ist der Grund von Konsonanz und Dissonanz? Neben der Mathematik und der Physik der Töne ist zur Klärung dieser Frage auch die Physiologie des Hörens wichtig.

Schwebung und kritische Bandbreite

Wenn zwei Töne gleichzeitig klingen, hört man keineswegs immer zwei Töne. Die Gründe hierfür liegen vor allem in unseren Ohren und dem nachgeschalteten neuronalen akustischen Analysesystem. Wir haben gerade gesehen: Liegen zwei Sinustöne im weiten Abstand von genau einer Oktave, hat unser Gehirn guten Grund zur Annahme, es handele sich um nur einen Ton mitsamt seiner Oberschwingung.

Auch dann, wenn zwei Töne ganz nahe beieinander liegen, haben wir Probleme mit der tonalen Zweisamkeit, denn unsere Ohren haben, wie auch unsere Augen, nur ein begrenztes Auflösungsvermögen. Wir sehen nicht unbegrenzt scharf, sondern irgendwann verschwimmen die Bildpunkte bei zunehmender Feinheit. In der gleichen Weise hören wir nicht unbegrenzt scharf. Wenn sich zwei Töne immer ähnlicher werden, dann verschwimmen sie irgendwann zu einem einzigen Ton.

Die Bierglas-Methode

Das Stimmen einer elektronischen Bassgitarre – man spricht vom E-Bass – ist heute dank elektronischer Stimmgeräte kein Problem mehr. Das ist praktisch, denn das Stimmen eines E-Basses in einem lauten Club, einer Disco oder auf einer hektischen Bühne ist nicht ganz leicht. Obgleich ich kein E-Bassist bin, hatte ich zu meiner Studentenzeit, in der ich mich finanziell als Tingel-Tangel-Musiker durchschlug, bei Ausfällen des Bassisten Gelegenheit, diese Mühe zu erleben.

Auf dem Bassverstärker stand zufällig ein leeres Bierglas. Als ich mich nun an das Stimmen der Saiten machte, bemerkte ich, dass das Glas zuweilen in an- und abschwellende Schwingungen versetzt wurde. Zu hören war dabei ein Rattern des vibrierenden Glases auf dem Verstärker, das im Hinblick auf seine Lautstärke pulsierte, wenn die Saiten leicht verstimmt waren. Je näher zwei Töne, desto langsamer pulsierte das Rattern, und wenn die beiden Töne gleich waren, die beiden Saiten also stimmten, war das Rattern verschwunden oder manchmal auch andauernd vorhanden. Auf jeden Fall war das Pulsieren vorbei. Dieses Pulsieren war hörbar (eben das Rattern oder Klirren des Glases auf dem Verstärker) und sogar sichtbar! War noch ein Rest Bier im Glas, konnte man auf der Oberfläche der Flüssigkeit deutliche kleine Wellen sehen!

Schwebende Töne

Betrachten wir der Einfachheit halber zwei reine Sinustöne. Wenn ihre Frequenzen nahe beieinander liegen und sie gleichzeitig klingen und sich überlagern, sieht diese Überlagerung aus, wie in Abbildung 4-7 dargestellt: Es resultiert *ein* Ton, dessen Tonhöhe dem Mittelwert der Frequenzen der beiden überlagerten Töne entspricht und dessen Lautstärke pulsiert. Dieses Pulsieren nennt man auch *Schwebung*, und die Anzahl der Pulse pro Sekunde bezeichnet man als Schwebungsfrequenz. Diese entspricht genau dem Unterschied der Frequenzen der beiden Töne. Wenn also beispielsweise eine Saite mit 439 Hz schwingt und eine zweite mit 441 Hz, so hört man *einen* Ton von 440 Hz, der *zweimal* in jeder Sekunde laut (bzw. leise) wird.

Eine Schwebung ist zunächst ein mathematisch beschreibbarer physikalischer Sachverhalt, bei dem es darum geht, was geschieht, wenn sich zwei Druckschwankungen ähnlicher Frequenz überlagern, d. h. addieren. Unser Gehör kann dann beide Schwankungen nicht mehr auseinanderhalten und hört einen pulsierenden Ton. Wir können auf diese Weise hören, dass zwei Töne sich um 0,25 Hz unterscheiden, weil unser Rhythmusempfinden Zeiträume von etwa vier Sekunden überbrücken kann.

Schwebende Töne sind keineswegs (weil Ausdruck von Verstimmung) immer unerwünscht. Im Gegenteil! Ein Ton wird durch eine mehr oder weniger stark ausgeprägte Schwebung oft erst interessant und lebendig. Die Orgelbauer des späten 19. Jahrhunderts verstimmten absichtlich die Orgelpfeifen des Registers der *Vox humana* ein klein wenig, so dass der Ton zusammenklingender Register Schwebungen enthält, die ihn lebendiger werden lassen (und wieder war ein *Bug* zum *Feature* geworden!).

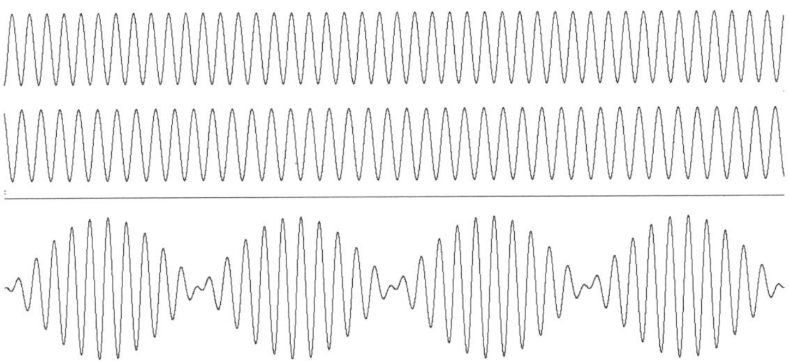

Abb. 4-7 Schwebung, d. h. Überlagerung zweier reiner Töne ähnlicher Frequenz. Nehmen wir an, die Breite der abgebildeten Schwingung betrage eine Sekunde. Der obere Ton hat dann eine Frequenz von 44 Hz, der mittlere eine von 40 Hz. Addiert man beide Schwingungen (unten), so erhält man einen neuen Ton von 42 Hz, der viermal in der Sekunde laut und leise wird (Schwebungsfrequenz von 4 Hz).

Eine gleichschwebend gestimmte Orgel klingt eher langweilig. Dies gilt ganz besonders für elektronische Orgeln, wie sie seit den 1930er Jahren z. B. von der Firma Hammond gebaut wurden. Um den Klang dieser Orgeln lebendiger zu machen, erfand der zunächst in der Firma Hammond und später selbständig arbeitende Ingenieur Donald Leslie den nach ihm benannten Rotationslautsprecher. Bei diesem handelt es sich um eine Art Zwei-Wege-Box (d. h. je ein Lautsprecher ist für die Abstrahlung hoher und tiefer Frequenzen zuständig), bei der sich der Hochtöner dreht und eine Trommel über dem stationären Tieftöner ebenfalls (meist in entgegengesetzter Richtung). In physikalischer Hinsicht bewirkt die Rotation der Lautsprecher eine komplexe Veränderung vor allem der Phase und der Lautstärke des Tons (durch den Dopplereffekt kommt es auch zu geringen Schwankungen der Frequenz). Drehen sich die Lautsprecher langsam (weniger als ein Mal pro Sekunde), so erklingt statt eines geraden Tons („a-a-a-a-a-a") ein in sich langsam quirlender, lebendiger Ton („u-a-u-a-u-a"). Drehen sich die Lautsprecher schnell (mehr als zehn Mal pro Sekunde), so hört man ein sehr lebendiges Vibrato. In beiden Fällen wird eine sehr deutliche Verräumlichung des Orgeltons erreicht.

Im Vergleich zur Orgel mit einem feststehenden Lautsprecher klingt eine Orgel mit Rotationslautsprecher so viel lebendiger, voller und räumlicher, dass kaum ein Keyboarder (wie man die Virtuosen der elektronischen Tasten heute nennt) auf den Rotationslautsprecher – immerhin eine große, schwere und teure Kiste – verzichten möchte. Der Wechsel von langsamer Rotation bei eher unbetonten Moll-Akkorden zur schnellen Rotation bei eher hervorgehobenen Dur-Akkorden (Ausnahmen bestätigen hier selbstverständlich auch in der Pop-Musik die Regel) gehört zu den Standards der Unterhaltungsmusik.

Wie wir oben bei der Diskussion des unvermeidbaren Klicks beim Einschalten eines Sinustons ohne Einschwingphase bemerkt haben, wurde aus dem akustischen Fehler sehr bald ein musikalisches Stilmittel. Nicht anders erging es dem Rotationslautsprecher, der aufgrund seiner Masse beim Wechsel von langsam nach schnell ein bis zwei Sekunden zum Beschleunigen braucht. Dieses Anlaufen – hörbar als Übergang von einem lebendigen, aber ruhigen Ton zu einem quicklebendigen Vibrato – kann bei geschickter Verwendung auf subtile Weise für Spannung und Drive in einer Orgelbegleitung sorgen, die ansonsten durchaus sehr einfach sein und aus lediglich ein paar gehaltenen Akkorden bestehen kann. So musste es kommen, dass beim Ersatz der großen, schweren und teuren Kiste durch ein kleines, leichtes und deutlich billigeres Kästchen, das durch digitalen Soundprozessor den Effekt des Rotationslautsprechers nachahmt, auch dieses Anlaufen beim Wechsel der Geschwindigkeit nachgeahmt wird.

Helmholtz, Schwebung und Harmonie

Der Arzt und Naturforscher Hermann von Helmholtz (1821–1894) war einer der ganz großen Wissenschaftler des 19. Jahrhunderts (vgl. Abb. 4-8). Auf Helmholtz geht eine ganze Reihe von Erkenntnissen zur Wahrnehmung und zum Nervensystem zurück. Dachte sein Lehrer Johannes Müller beispielsweise noch, die Geschwindigkeit von Impulsen in Nervenfasern sei unendlich oder zumindest so schnell wie das Licht, so bestimmte Helmholtz kurze Zeit später die Nervenleit-

Abb. 4-8 Hermann von Helmholtz

geschwindigkeit mit maximal etwa 100 Metern pro Sekunde (entsprechend 360 km/h).

Auf Helmholtz geht die Überlegung zurück, dass unser Wahrnehmungsapparat beständig unbewusste Schlüsse ausführt, um aus den spärlichen, deformierten und unzuverlässigen Daten, die die Sinnesorgane an das Gehirn liefern, die objektive Realität zu rekonstruieren. Die Wahrnehmung funktioniert dabei ähnlich wie ein Wissenschaftler, der aus gemessenen Daten Hypothesen über die Welt generiert, die insgesamt am plausibelsten und wahrscheinlichsten sind und zu den Daten einerseits und zu dem, was man bisher an Erfahrungen hat andererseits am besten passen. Sein Buch über *Die Lehre von den Tonempfindungen* (erstmals erschienen 1862) gehört bis heute zum Besten, was man über Psychologie und Akustik lesen kann.

Helmholtz vertrat die Ansicht, dass sich Konsonanz und Dissonanz allein aus den Sachverhalten der Schwebung und der Obertöne wie folgt ergeben: Ein natürlicher Ton besteht, wie bereits gesehen, aus der Grundfrequenz und den Obertönen. Klingen zwei derartige Töne gleichzeitig, so kommt es zu Überlagerungen nicht nur der Grundfrequenzen, sondern auch der Obertöne. Wir haben bereits gesehen, dass die Obertöne zweier Töne im Oktavabstand identisch sind. Daher passen solche Töne gut zusammen. Wie man leicht sehen kann, sind die Obertöne zweier Töne im Quintabstand *fast* alle dieselben (vgl. Abb. 4-9). Kein Wunder also, dass auch dieses Intervall sich nicht schlecht anhört. Nicht mehr ganz so viele Obertöne haben die beiden Töne einer großen Terz gemeinsam. Ganz anders verhält es sich bei der großen Septime. Hier sind nahezu alle Obertöne verschieden, weswegen dieses Intervall dissonant klingt.

Konsonant klingen nach dieser Auffassung zwei Töne dann miteinander, wenn sie viele gleiche Obertöne aufweisen. Sind die Obertöne dagegen verschieden und *liegen eng beieinander*, dann kommt es zwischen ihnen zu Schwebungen. Dies hören wir als Gewimmer und es gefällt uns nicht.

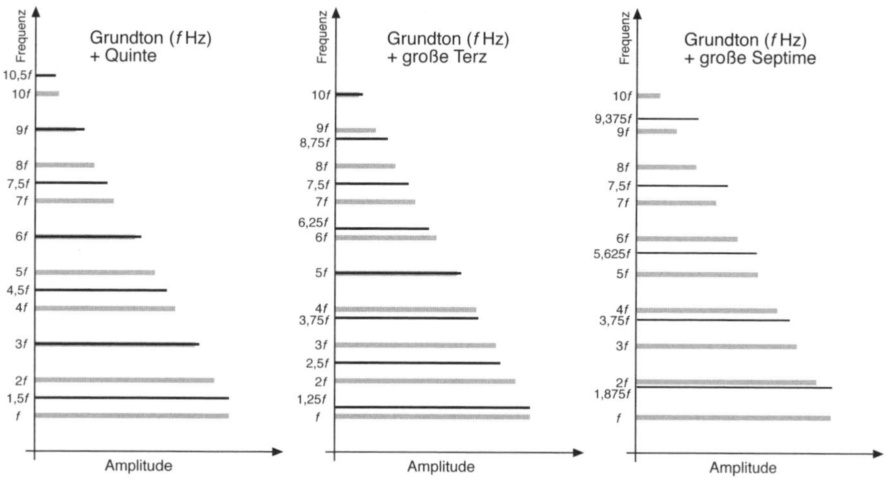

Abb. 4-9 Schematische Darstellung der Obertöne zweier Töne im Quintabstand (3 : 2), im Terzabstand (5 : 4) und im Abstand einer großen Septime (15:8). Auf der y-Achse sind die Frequenzen und auf der x-Achse die Amplituden der ersten 10 Teiltöne des Grundtons (grau) sowie die in diesen Frequenzrahmen passenden ersten Teiltöne des Intervalltons (schwarz) aufgetragen. Der Zusammenklang all dieser Teiltöne ergibt den natürlichen Klang des Intervalls. Die Teiltöne zweier Töne im Quintabstand (links) sind entweder dieselben oder liegen weit voneinander entfernt, wohingegen die Teiltöne bei einer großen Septime verschieden sind und nahe beieinander liegen. Bei einer großen Terz (Mitte) sind noch einige Teiltöne identisch und nur wenige liegen nahe beieinander.

Aus diesen Überlegungen folgt u. a., dass zwei Sinustöne (also nur die Grundtöne ohne Obertöne) – *ganz egal welcher Frequenz* – halbwegs ordentlich (also nicht dissonant!) zusammen klingen sollten, solange ihre Frequenzen nicht zu nahe beieinanderliegen. Für Abstände größer als eine kleine Terz ist genau dies auch der Fall! Man muss die nötigen Experimente allerdings mit nicht musikalisch vorgebildeten Versuchspersonen durchführen (Pierce 1992). Fragt man Musiker, so erkennen diese natürlich das Intervall zwischen den beiden Sinustönen und antworten gemäß ihrem Wissen um konsonante oder dissonante Intervalle (Motto: diese beiden Sinustöne haben den Abstand einer Septime, also klingt es dissonant). Musikalisch nicht vorgebildete Versuchspersonen hingegen können diese Kategorisierung der Intervalle nicht durchführen; sie hören einfach nur zwei Töne, die gar nicht schlecht zusammen klingen, ganz gleich wie auch immer ihr Abstand ist (solange er größer ist als etwa eine kleine Terz).

Wir wissen heute, dass die Überlegungen von Helmholtz zwar in die richtige Richtung gingen, jedoch für sich genommen noch nicht ausreichen, um Konsonanz und Dissonanz zu erklären. Ganz grundsätzlich muss man vor allem einwenden, dass eine Schwebung ja gar nicht schlecht klingt, sich also Dissonanz allein auf Schwebung nicht zurückführen lässt.

Die kritische Bandbreite

Nehmen wir an, wir hätten zwei Sinustöne. Den einen halten wir bei 250 Hz fest; den anderen variieren wir zwischen 250 und 500 Hz, also vom gleichen Ton bis zur Oktave. Man wird zuerst nur einen Ton hören, dann einen Ton mit Schwebung. Das Pulsieren dieser Schwebung nimmt mit zunehmendem Tonabstand zu, bis man kein Pulsieren mehr hört, sondern lediglich eine gewisse unangenehme *Rauheit* des Tons. Wird der Abstand der Töne noch weiter vergrößert, so hört man schließlich zwei Töne (vgl. Abb. 4-10). Als *kritische Bandbreite* um eine Tonfrequenz bezeichnet man den umgebenden Frequenzbereich, innerhalb dessen ein zweiter Ton liegen muss, so dass man entweder einen schwebenden oder einen rauen Ton hört (nicht aber zwei Töne).

Die kritische Bandbreite ist abhängig von der Höhe der beiden Töne. Sie ist bei tiefen Tönen vergleichsweise breiter, bei Tönen ab etwa 1000 Hz nimmt sie linear mit deren Frequenz zu. Daher klingen zwei Basstöne im Abstand von z. B. einer Terz (eigentlich ein konsonantes Intervall) nicht gut. Entsprechend liegen bei Klaviermusik die Töne der linken Hand weiter auseinander als die der rechten. Die kritische Bandbreite ist für das Verständnis einer Reihe von Phänomenen im Bereich des Hörens von Tönen wichtig, denn sie beeinflusst auch, wie laut wir einen Ton, der zusammen mit einem anderen erklingt, hören bzw. ob wir ihn überhaupt hören. Ihre Ursache liegt in der *begrenzten Auflösungsfähigkeit des Hörsystems für unterschiedliche Frequenzen* begründet. Zwei reine Sinustöne unterschiedlicher Frequenz führen normalerweise zur Aktivierung verschiedener Bereiche der Basilarmembran und damit unterschiedlicher Fasern im Hörnerv. Töne innerhalb der kritischen Bandbreite dagegen werden durch die gleichen Nervenfasern ins Gehirn weitergeleitet. Man hört daher auch nur einen Ton.

Da die kritische Bandbreite des menschlichen Gehörs für Frequenzen oberhalb von etwa 500 Hz ungefähr eine kleine Terz beträgt (für tiefere Töne ist sie größer; vgl. Abb. 4-11), folgt für die Obertöne harmonischer Schwingungen (wie sie von den meisten Instrumenten hervorgebracht werden), dass sie ab dem 6. Oberton innerhalb der kritischen Bandbreite liegen. Daraus wiederum folgt, dass sie – auch mit viel Übung – nicht als einzelne Töne gehört werden können, sondern lediglich als mehr oder weniger starke Rauheit des Tons empfunden werden. Die Obertöne

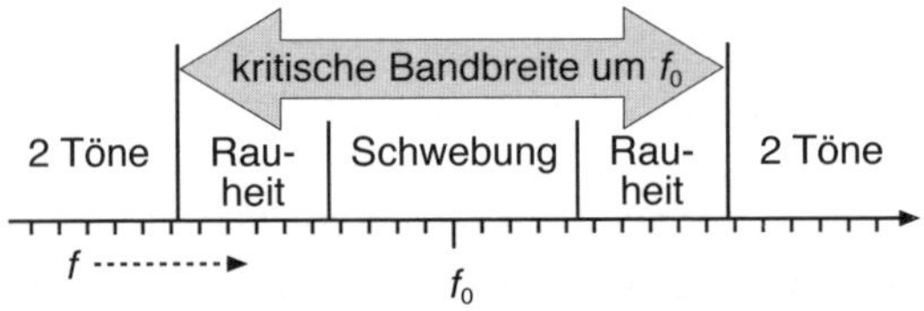

Abb. 4-10 Experiment zur kritischen Bandbreite (nach Pierce 1992). Auf der x-Achse ist die Frequenz eines variablen reinen Sinustones aufgetragen, der um einen Ton fest eingestellter Frequenz f_0 variiert. Liegen die Töne weit auseinander, so kann man jeden von ihnen heraushören, d. h. man hört *zwei* Töne. Liegen die Töne sehr nahe beieinander, so hört man *einen* schwebenden Ton. Dazwischen hört man ebenfalls *einen* unangenehmen rauen Ton.

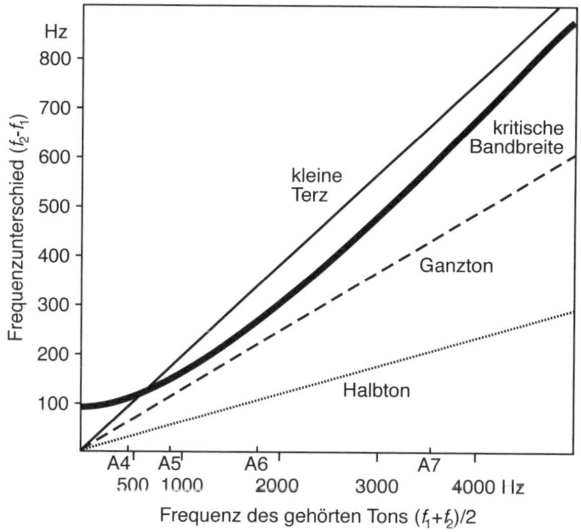

Abb. 4-11 Die Größe der kritischen Bandbreite ist abhängig von der Frequenz des Tons, um den herum sie liegt. Dieser Zusammenhang ist hier dargestellt (nach Pierce 1992, S. 81). Auf der x-Achse ist die Frequenz aufgetragen, auf der y-Achse ein Frequenzunterschied. Je höher die Frequenz eines Tons, desto größer muss der Frequenzunterschied zu einem anderen Ton sein, damit sich z. B. der Unterschied eines Halbtons (gepunktete Linie) oder eines Ganztones (gestrichelte Linie) ergibt. Die durchgezogene Gerade entspricht dem Intervall der kleinen Terz. Die dick gezogene Kurve zeigt die zu einer bestimmten Frequenz gehörende kritische Bandbreite an. Oberhalb von etwa 1000 Hz verläuft diese Kurve nahezu linear, weiter unten jedoch ist sie flacher. Dies bedeutet, dass im Bass-Bereich auch zwei Töne innerhalb der kritischen Bandbreite liegen können (und daher nicht gut zusammenklingen), deren Abstand eigentlich ein konsonantes Intervall ausmacht. Man kann weiterhin ablesen, dass ab etwa A4 die kritische Bandbreite kleiner ist als die kleine Terz, dass also Sinustöne mit mehr Abstand als einer kleinen Terz von unserem Hörsystem getrennt werden können und keine (unangenehme) Empfindung von Rauheit hervorrufen.

oberhalb des Dur-Dreiklangs (d. h. oberhalb des dritten, vierten und fünften Obertons) werden daher oft bei den Analysen von Klängen nicht mehr einzeln betrachtet (unser Gehör tut dies ja auch nicht!), sondern zum Grad der Rauheit eines Tones zusammengefasst (wie es unser Gehör eben auch macht).

Die Töne unserer Tonleiter: Bausteine für Melodien

Halten wir fest: Wenn eine Saite oder eine Luftsäule schwingt, dann entstehen Töne mit Oberschwingungen, deren Frequenzen ganzzahlige Vielfache der Grundschwingung sind. Klingen zwei Töne zusammen, so erleben wir dies als konsonant oder dissonant in Abhängigkeit davon, wie viele der Teiltöne (Grund- und Oberschwingung) identisch sind (kling gut) bzw. eng beieinander (innerhalb der kritischen Bandbreite) liegen (klingt schlecht). Versucht man nun, den Raum zwischen den

Tönen einer Oktave so aufzuteilen, dass sich Töne ergeben, die einigermaßen gut zusammenklingen, so kommt man – nach der Methode von Pythagoras – auf zwölf Töne.

Wie kommt man nun zu unserer ganz normalen, *Fuchs-du-hast-die-Gans-gestohlen*-bewährten (so genannten diatonischen) Tonleiter mit sieben Tönen und den Abständen Ganzton-Ganzton-Halbton-Ganzton-Ganzton-Ganzton-Halbton? – Ganz offensichtlich sind die Töne der Dur-Tonleiter eine Teilmenge der in Tabelle 4-1 beschriebenen chromatischen Tonleiter.

Bei näherer Betrachtung zeigt sich nun, dass die Töne C-D-E-F-G-A-H-C mit den genannten Abständen miteinander vor allem konsonant klingende Intervalle bilden. Greift man nämlich alle möglichen Kombinationen der genannten Töne von C bis H heraus (vgl. Tabelle 4-2), so erhält man zwei kleine Sekunden (bzw. große Septimen), fünf große Sekunden (bzw. kleine Septimen), vier kleine Terzen (bzw. große Sexten), drei große Terzen (kleine Sexten), sechs Quarten (bzw. Quinten) und einen Tritonus. Von den 21 Intervallen sind damit acht dissonant und dreizehn konsonant. Würde man andere Töne auswählen, also eine andere Teilmenge aus den Tönen der chromatischen Tonleiter zur Konstruktion einer Tonleiter verwenden, dann ergäbe sich ein ungünstigeres Verhältnis konsonanter zu dissonanten Intervallen. Die Abstände der Töne der Dur-Tonleiter ergeben sich damit ebenso wie die Intervalle selber aus den Überlegungen zu Konsonanz und Dissonanz, die wiederum in Physiologie und Physik verwurzelt sind. Angemerkt sei noch, dass auch die harmonische und melodische Moll-Tonleiter, die Japanische Ritsu-Leiter, die

Tab. 4-1 Töne der chromatischen Tonleiter.

Ton	Frequenz in gleichschwebender Stimmung	Intervall mit C4	Frequenzverhältnis mit C4	entspricht annähernd dem Verhältnis der folgenden natürlichen Zahlen
C4	262	Prime	1,0000	1:1 = 1
Cis4/Des4	278	kl. Sekunde	1,0595	16:15 = 1,0667
D4	294	gr. Sekunde	1,1225	9:8 = 1,125
Dis4/Es4	312	kl. Terz	1,1892	6:5 = 1,2
E4	330	gr. Terz	1,2599	5:4 = 1,25
F4	350	Quarte	1,3348	4:3 = 1,3334
Fis4/Ges4	371	Tritonus	1,4142	45:32 = 1,4063
G4	393	Quinte	1,4983	3:2 = 1,5
Gis4/As4	416	kl. Sexte	1,5874	8:5 = 1,6
A4	440	gr. Sexte	1,6818	5:3 = 1,6667
Ais4/B4	467	kl. Septime	1,7818	16:9 = 1,7778
H4	495	gr. Septime	1,8877	15:8 = 1,875
C5	524	Oktave	2,0000	2:1 = 2

Tab. 4-2 Die 21 möglichen Kombinationen der Töne der C-Dur-Tonleiter, von denen 13 konsonant (fett gedruckt) und acht dissonant sind. Angegeben ist jeweils das kleinere durch die beiden Töne mögliche Intervall, also die kleine Sekunde (kl S), große Sekunde (gr S), kleine Terz (kl T), große Terz (gr T), Quarte (Q) und Tritonus (TRI).

	H	*A*	*G*	*F*	*E*	*D*
C	kl S	**kl T**	**Q**	**Q**	**gr T**	gr S
D	**kl T**	**Q**	**Q**	**kl T**	gr S	–
E	**Q**	**Q**	**kl T**	kl S	–	
F	TRI	**gr T**	gr S	–		
G	**gr T**	gr S	–			
A	gr S	–				

pentatonische Leiter (aus nur fünf Tönen) sowie die Blues-Tonleiter ebenfalls ein günstiges Verhältnis bildbarer konsonanter und dissonanter Intervalle aufweisen (vgl. Huron 1994; Krumhansl 2000, S. 166), woraus ersichtlich ist, dass sich diese Gesetzmäßigkeiten an verschiedensten Orten und zu unterschiedlichen Zeiten gleichsam Gehör verschafften. Wie unten noch gezeigt wird, bestätigen gerade scheinbare Ausnahmen dieser Zusammenhänge, wie die zunächst sehr eigenartigen Tonleitern indonesischer Gamelan-Orchester (hier gibt es sogar Oktaven, die keine sind) die hier diskutierten regelhaften Zusammenhänge zwischen Teiltönen und Tonabständen.

Harmonie

Die Überlegungen zur Schwebung und zur kritischen Bandbreite erlauben eine Präzisierung dessen, was Harmonie ist. Erklingen zwei natürliche Töne zusammen, dann überlagern sich die Frequenzen der Grund- und Oberschwingungen, also aller Teiltöne. Je nach Abstand der Grundtöne wird dabei ein mehr oder weniger großer Teil der Obertöne mit jeweils einem Oberton des anderen Grundtons innerhalb der kritischen Bandbreite liegen. Liegen die Obertöne ganz nahe beieinander, entsteht eine Schwebung (die sich nicht weiter schrecklich anhört). Liegen die Obertöne außerhalb des Bereichs der Schwebung, aber innerhalb der kritischen Bandbreite, so rufen sie die Empfindung von Rauheit hervor und tragen so zum Erleben einer Dissonanz bei. Bei je mehr Obertönen dies der Fall ist, desto dissonanter klingen die beiden natürlichen Töne zusammen.

Sollten diese Überlegungen stimmen, so müsste man das Ausmaß der Dissonanz zweier natürlicher Töne nicht nur hören, sondern auch *berechnen* können. Man bräuchte ja nur die Anzahl der jeweils außerhalb des Schwebungsabstandes, jedoch innerhalb der kritischen Bandbreite liegenden Obertöne bestimmen. Dies gelingt tatsächlich, wie Abbildung 4-12 verdeutlicht. Man hat hier praktisch eine ähnliche Betrachtung angestellt wie in Abbildung 4-9, nur eben nicht nur für drei Intervalle (zu einem Grundton), sondern für alle Tonabstände zu einem Grundton, von der Prime bis zur Oktave, in ganz kleinen Schritten, so dass sich das Ergebnis als Kurve darstellen lässt.

Es soll hier allerdings nicht der Eindruck erweckt werden, sämtliche ästhetischen Urteile ließen sich auf die Physiologie des Ohrs zurückführen. Dies ist ganz eindeutig nicht der Fall, wie die vielen kulturellen musikalischen Besonderheiten klar zeigen. Für den einen ist ein Sept-Akkord Ausdruck unerträglicher Spannung und Dissonanz, während der gleiche Akkord für den anderen eher den Ruhepunkt in einer Folge noch „schrägerer“ Zusammenklänge darstellt. Helmholtz (1913, S. 396) hat dies sehr klar zum Ausdruck gebracht:

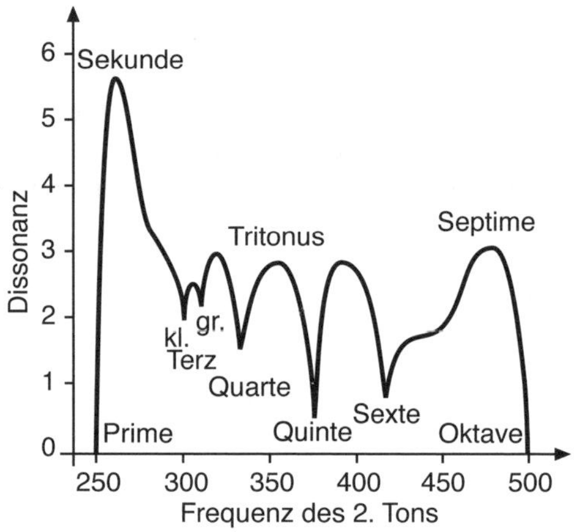

Abb. 4-12 Berechnetes Ausmaß der Dissonanz zweier Töne einschließlich ihrer ersten fünf Obertöne. (Zur praktischen Durchführung solcher Berechnungen ist es notwendig, die – zumindest prinzipiell sehr große – Anzahl der Obertöne auf ein vernünftiges Maß zu begrenzen.) Einem konstanten Ton der Grundfrequenz von 250 Hz wurde rechnerisch ein zweiter Ton überlagert, dessen Grundfrequenz von 250 Hz bis 500 Hz variierte. Unter Heranziehung der kritischen Bandbreite bei der jeweiligen Frequenz der Obertöne (also der Information aus Abb. 4-11) wurde für jede Grundfrequenz des zweiten Tons die Anzahl der Obertöne bestimmt, die zusammen rau klingen, da sie innerhalb der kritischen Bandbreite (aber außerhalb des Bereichs der Schwebung) liegen. Liegen die Töne geringgradig auseinander (Sekunde), klingen sie nicht gut zusammen. Sind sie identisch (Prime), hat die Dissonanz den Wert Null. Haben die Grundschwingungen den Abstand einer kleinen Terz, großen Terz, Quarte, Quinte oder Sexte, so zeigt der Kurvenverlauf der berechneten Dissonanz jeweils ein Minimum. Liegen die Töne eine Oktave auseinander, kommen alle Frequenzen wieder zur Deckung, d. h. der Grad der Dissonanz ist wieder Null (nach Pierce 1992, S. 82).

„Ob ein Zusammenklang mehr oder weniger rauh ist als ein anderer, hängt nur von der anatomischen Struktur des Ohres, nicht von psychologischen Motiven ab. Wieviel Rauhigkeit aber der Hörer als Mittel musikalischen Ausdrucks zu ertragen geneigt ist, hängt von Geschmack und Gewöhnung ab [...]. Daraus folgt [...], daß das System der Tonleitern, der Tonarten und deren Harmoniegewebe nicht bloß auf unveränderlichen Naturgesetzen beruht, sondern dass es zum Teil auch die Konsequenz ästhetischer Prinzipien ist, die mit fortschreitender Entwicklung der Menschheit einem Wechsel unterworfen gewesen sind und ferner noch sein werden."

Andererseits kommt man erstaunlich weit, wenn man Physik und Physiologie heranzieht, um seine Gedanken über Musik zu ordnen! Betrachten wir zwei Beispiele: Wenn zwei Instrumente ein Intervall zusammen spielen, so klingt dies je nach Intervall konsonant oder dissonant. Setzen wir einmal gleichschwebende Temperatur voraus, so ergibt sich, dass das Ausmaß der Konsonanz oder Dissonanz nicht nur vom Intervall (Terz konsonant, Septime dissonant) abhängt, sondern auch vom Instrument (und sogar von der Intonation des Instruments). Flötentöne haben wesentlich weniger Obertöne als z.B. Oboentöne (vgl. Abb. 4-13), weswegen eine Septime von Flöten geblasen weniger dissonant klingen sollte, als wenn sie von Oboen intoniert wird.

Betrachten wir als zweites Beispiel die Entwicklung der Musikinstrumente in der Orchestermusik insgesamt. Damit immer mehr Leute in immer größere Konzertsäle gehen konnten, mussten die Instrumente immer lauter spielen. Dies wurde im Laufe der vergangen drei Jahrhunderte durch eine Vielzahl technischer Kniffe auch erreicht (vgl. die Ausführungen zum Klavier in Kapitel 2 und zur Geige in Kapitel 11), die u.a. auch zur Folge hatten, dass die Grundtöne lauter und die Obertöne vergleichsweise leiser wurden. Dies wiederum hat für die gleichschwebende Stimmung zur Folge, dass nicht ganz zusammen passende Obertöne weniger ins Gewicht fallen. Je obertonärmer ein Ton, desto konsonanter kann er klingen, d.h. desto besser verträgt er sich mit anderen Tönen. Andererseits sorgen die Obertöne gerade für Brillanz und für die besondere Klangfarbe eines jeden Instruments. Vor diesem Hintergrund ist klar, dass sich manche Instrumente besser zum Zusammenspiel in einem Orchester eignen als andere und dass dies nicht unbedingt dieselben sind wie Soloinstrumente. Es wird vielleicht auch klar, warum Glenn Miller mit seinem *Sweet Swing Sound* aus einer Klarinette über vier Saxophonen (New Groves

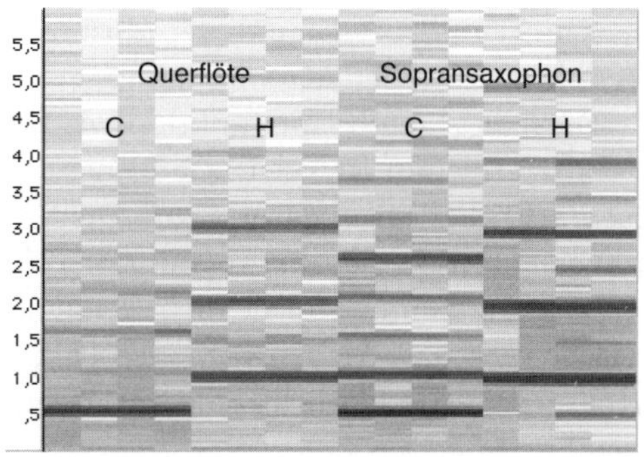

Abb. 4-13 Spektrogramm zweier Töne im Abstand einer großen Septime (C-H), gespielt von einer Querflöte (links) und einem Sopransaxophon (rechts). Es ist deutlich erkennbar, dass bei gleichem Grundton das Saxophon wesentlich mehr Obertöne erzeugt, was das zusammen gespielte Intervall vergleichsweise dissonanter macht.

1980; Miller, Glenn) so viel Erfolg hatte, fehlt doch der Klarinette praktisch völlig der erste Oberton (siehe Abb. 11-8), so dass sie sich weniger als andere Instrumente an den Saxophonen reibt.

Harmonie in der Spannung von Zahl und Ohr

Schall hat bestimmte physikalische Eigenschaften, die sich mathematisch beschreiben lassen. Unser Ohr analysiert Schall auf eine ganz bestimmte Weise und mit einer begrenzten Genauigkeit. Unser akustisches Verarbeitungssystem hat sich den Klängen, die es aus der Natur zu verarbeiten hat, angepasst. – Aus diesen Prämissen folgt im Grunde genommen schon alles Übrige: Die konsonant gehörte Oktave und die anderen konsonanten Intervalle ergeben sich hieraus ebenso wie die Aufteilung der Oktave in zwölf Halbtöne, um das analysierende Ohr einigermaßen zufriedenzustellen und zugleich Harmonie, d. h. den Zusammenklang mehrerer unterschiedlicher Töne, zu erlauben. Die Entwicklung der gleichschwebenden Stimmung aus prinzipiellen Überlegungen zu den Obertönen eines beliebigen natürlichen Tons heraus, dann jedoch von diesen weg und hin zu einer Definition des Halbtones, mit dem sich die natürlicherweise vorkommenden Intervalle *so einigermaßen* nachbauen lassen, ist erstaunlich. Ebenso erstaunlich ist, dass die Musik mit der entwickelten wohltemperierten Stimmung gleichsam neue Grundelemente erhielt und dennoch weiterhin funktionierte.

Heutzutage hören wir in aller Art von synthetischer Musik im Wesentlichen nur noch gleichschwebend temperierte Töne. Wer jedoch auf Instrumenten mit natürlicher Tonerzeugung spielt oder im Chor singt, verwendet eine ungleichschwebende Temperatur oder intoniert rein. – So rein er eben kann! Er lebt gewissermaßen die Spannung, die in den Zahlenverhältnissen der Intervalle steckt, aus, indem er sie bei ihrer praktischen Umsetzung in Musik an die Schwächen seines Ohrs anpasst.

Um die Problematik der wohltemperierten Stimmung schätzen zu lernen, muss man sich nur einmal vergegenwärtigen, was eine entsprechende Entwicklung anderswo bedeuten würde: Man stelle sich vor, Mathematiker hätten auf Inkonsistenzen unseres Zahlensystems dahingehend reagiert, dass sie die Eins neu definierten: Eins ist nicht mehr gleich 1, sondern gleich 0,998. Entsprechend hätten dann alle Zahlen einen etwas anderen Wert. Man könnte jedoch weiterhin mit ihnen rechnen und es käme auch einigermaßen das Gleiche heraus. Dennoch stimmte es nun meistens nicht ganz. – Genau diesen Zustand haben wir letztlich heute in der Musik mit der gleichschwebenden Stimmung.

Dass dies überhaupt funktioniert, liegt daran, dass unser Ohr in bestimmten Grenzen tolerant ist, oder, wie Briner 1992 (S. 657) treffend formuliert: „Das Ohr ist glücklicherweise sehr gefügig. Die Struktur einer Beethoven-Sonate bleibt sogar auf einem (nicht zu sehr) verstimmten Klavier erkennbar.“ Wir hören uns die Intervalle selbst dann, wenn sie nicht genau getroffen sind, gewissermaßen zurecht. Wie machen wir das? Haben wir einen Hang zum Hören mathematischer Verhältnisse, eine Art akustischer Brille, die nur ordentliche Verhältnisse hindurchlässt? – Ja und nein!

Töne mit harmonischen Obertönen, produziert durch ein sehr vielseitiges und zugleich sehr schön klingendes Instrument – unsere eigene Stimme (vgl. Kapitel 11) – hören wir dauernd. Wie in Kapitel 7 näher ausgeführt, bewirkt dies, dass unsere Gehirnrinde erfahrungsabhängige neuronale Repräsentationen dieser Töne bzw. Tonverhältnisse bildet. Wenn aber ein reines G und ein reines E bei jedem C, das wir singen, mitklingt, dann wird dies u. a. dazu führen, dass genau dieser Zusammenhang (C-E-G) gespeichert wird, denn was zugleich aktiv ist, wird (nach einem ganz einfachen Prinzip der Hirnfunktion) miteinander verbunden. Dadurch aber wird beim Hören eines C nicht nur die zentralnervöse Repräsentation von C, sondern auch die von G und E aktiviert (denn Zusammenhänge im Input bewirken Zusammenhänge der Repräsentationen im Gehirn). Diese Art der assoziativen Aktivierung wurde für Töne und Akkorde experimentell nachgewiesen (Tekman u. Bharucha 1992). Allein durch das Hören harmonischer Teiltöne einzelner Töne kommt es also zur Bildung einer Wahrnehmungsstruktur für unterschiedliche Töne, die ihrerseits unsere Hörgewohnheiten beeinflusst. Wenn wir einen Dur-Dreiklang hören, dann kann er verstimmt sein, und wir hören ihn dennoch, denn unser Gehirn aktiviert beim Hören von C automatisch E und G mit, es kann gar nicht anders. Wenn dann der Input auch nur einigermaßen passt, hören wir uns den Dur-Dreiklang zurecht, auch wenn er eher schräg intoniert wird (wie beispielsweise auf einem verstimmten Klavier). Dass dies keineswegs der einzige Effekt unseres Gedächtnisses auf die Wahrnehmung von Musik ist, wird uns im Kapitel 5 beschäftigen.

Jenseits unserer zwölf Töne

Betrachtet man das Material, aus dem Musik entsteht, Töne, erst einmal so, dann verwundert es nicht, dass es immer wieder Versuche gab, den irgendwie nicht ganz befriedigenden Zustand zu verbessern. Welche Möglichkeiten hat man?

Leitern mit mehr Sprossen

Man kann versuchen, die Oktave in mehr als zwölf Untereinheiten aufzuteilen. Wie wir gesehen hatten, liegt das Problem der wohltemperierten Stimmung darin, dass die konsonanten Intervalle wie Quinte und Terz nicht ganz den natürlichen Zahlenverhältnissen der Obertöne entsprechen. Dennoch ist die Abweichung bei zwölf Unterteilungen der Oktave nicht schlecht. Bestimmt man nun den Mittelwert dieser Abweichung für andere Unterteilungsschritte der Oktave, so ergeben sich in der Tat für Tonleitern mit weniger als zwölf Halbtonschritten sehr hohe Werte, also große Abweichungen zwischen reinen Intervallen und den durch die Tonleitern ermöglichten Intervallen. So kann man beispielsweise ausrechnen, dass bei einer Aufteilung der Oktave in zehn Tonschritte die durchschnittliche Abweichung der Intervalle Quinte und Terz vom reinen Intervall 22,1 Cent beträgt, bei zwölf Tonstufen hingegen ist diese durchschnittliche Abweichung nur noch 7,8 Cent.

Teilt man nun die Oktave in mehr als zwölf Tonschritte auf und betrachtet die durchschnittliche Abweichung der mit den dann entstehenden Tönen gebildeten

Intervalle Quinte und Terz von den natürlichen Intervallen (d.h. schaut man, wie gut sich mit den neuen Tönen reine Intervalle produzieren lassen), so ergibt sich Folgendes (Briner 1992): Bei der Aufteilung der Oktave in 19 Tonschritte lassen sich die Intervalle geringfügig besser annähern als mit den bekannten 12 Tönen (die mittlere Abweichung beträgt 7,3 statt 7,8 Cent). Die erste wirkliche deutliche Qualitätssteigerung gegenüber zwölf Halbtönen erfolgt bei einer Aufteilung in 31 Töne (die durchschnittliche Abweichung beträgt nur noch 3 Cent) und noch besser wird es erst bei einer Aufteilung der Oktave in 53 Tonschritte (durchschnittliche Abweichung 0,7 Cent) oder 118 Tonschritte (durchschnittliche Abweichung 0,2 Cent).

Man könnte sich also auch dafür entscheiden, zwischen den beiden Tönen einer Oktave 53 Tonstufen einzuführen. Man stelle sich aber einmal den Aufwand vor, den dies für manche Instrumente bedeutete: 54 Tasten von einem C zum nächsten auf dem Klavier (ergibt einen Konzertflügel mit etwa 400 Tasten), 54 Klappen oder Klappenkombinationen für die Töne von C bis C auf dem Saxophon oder der Querflöte! Im Prinzip wären solche Instrumente zwar herstellbar, das Spiel auf ihnen wäre jedoch wenig praktikabel. Betrachten wir einmal eine einfache Blockflöte: Für deren Konstruktion sind nicht nur klangliche Gesichtspunkte von Belang, sondern beispielsweise auch die Tatsache, dass wir zehn Finger an den Händen haben! Prinzipiell jedoch wäre Musik mit solchen Tönen machbar, und mittels der technischen Möglichkeiten heutiger Computer auch realisierbar.

Nebenbei sei noch bemerkt, dass eine Berechnung wie die oben vorgestellte auch ergibt, dass weder die Aufteilung der Oktave in Dritteltöne noch in Vierteltöne musikalisch gute Resultate bringt. Auch muss man sich vor Augen führen, dass es eine prinzipielle Obergrenze der Anzahl von Tönen innerhalb einer Oktave dadurch gibt, dass unser Ohr nur eine begrenzte Menge von Tönen klar unterscheiden kann.

Wie oben (Kapitel 3) bereits ausgeführt, liegt dieser gerade noch feststellbare Unterschied bei etwa 0,37 % (entsprechend sechs Cent). Man kann somit leicht überschlagsmäßig berechnen, dass die Größe eines Tonschrittes bei einer 118-stufigen Tonleiter etwa 1/10 Halbton, also zehn Cent, beträgt. Man befindet sich mit einer solchen Tonleiter also bereits in der Nähe des Unterscheidungsvermögens des menschlichen Ohrs. Noch mehr Töne als 118 verschiedene machen daher wirklich keinen Sinn.

Neue Töne für neue Tonleitern

Eine andere Möglichkeit der Erzeugung völlig neuer Töne und Tonstufen besteht darin, auf elektronischem Wege einem Sinuston andere als die natürlichen Ober töne hinzuzufügen. Dies erlaubt dann auch neue Kombinationen von Sinustönen, bei denen die unnatürlich hinzugemischten Obertöne sich entweder innerhalb oder außerhalb der kritischen Bandbreite befinden, was die Konsonanz oder Dissonanz der elektronisch erzeugten Töne bestimmt. Man hat beispiels- weise folgendes Experiment gemacht: Man nehme eine neue Oktave, die nicht mehr dem Frequenzverhältnis 1:2, sondern 1:2,1 entspricht. Man unterteile diese Oktave in 12 Halbtöne und bastle jeden einzelnen Ton so, dass die Obertöne entsprechend gestreckt sind, d.h. beispielsweise, dass sich der erste Oberton zum Grundton ebenfalls im Verhältnis 2,1 : 1 befindet. Man erhält also neue Töne und eine neue Tonleiter.

Spielt man nun ein bekanntes Musikstück mit den neuen Tönen und der neuen Tonleiter, so klingt es ein wenig eigenartig, aber dennoch prinzipiell hörbar. Verwendet man jedoch die neuen Töne mit dem alten Tonabstand, klingt es ebenso scheußlich wie bei der Verwendung der alten Töne mit dem neuen Abstand (Pierce 1992). Töne und Tonleitern aus dem akustischen Labor, die ganz anders sind als das, was unsere Ohren normalerweise hören, können also durchaus neue Möglichkeiten eröffnen. Man denke nur daran, dass bei „gestreckten" Obertönen und Tonleitern die Anzahl der innerhalb der kritischen Bandbreite liegenden Obertöne abnimmt, die Musik also insgesamt konsonanter wird. Es könnte also auch alles ganz anders sein, aber nur mit erheblichem Aufwand und mit künstlichen Tönen. Sobald man Töne auf natürliche Weise erzeugt, also sobald man beispielsweise singt, befindet man sich im Rahmen der physikalischen Gesetzmäßigkeiten harmonischer Schwingungen. Die Experimente aus dem Labor haben gezeigt, dass dieser Rahmen kein Gefängnis ist. Wir können aus ihm hinaus, aber nur um festzustellen, wie sehr verwurzelt wir in ihm zuhause sind.

Experimente wie das dargestellte zeigen eines sehr deutlich: Verwendet man neue, künstlich hergestellte Töne und Tonleitern, so sind mit diesen Tönen gespielte Melodien viel eher als solche (wieder) zu erkennen als Harmonien. *Hänschen klein* bleibt mit den neuen Tönen gespielt als *Hänschen klein* identifizierbar. Eine authentischer Schluss jedoch wie beispielsweise vom G7-Akkord (G-H-D-F) nach C-Dur (C-E-G-C) hört sich bei veränderten Tönen und Tonleitern nicht mehr nach einem Ende an, oder wie Pierce es formuliert: „Melodie ist robuster als Harmonie" (Pierce 1992, S. 98).

Dies mag der Grund dafür sein, dass es in allen Kulturen Melodien gibt, nur in der abendländisch-westlichen Kultur hingegen Harmonie, denn diese ist viel anfälliger gegenüber falschen Tönen (gemeint ist: harmonisch ungünstig temperiertes Tonmaterial). In jedem Fall sei jedoch noch einmal festgehalten, dass es einen Zusammenhang zwischen den Obertönen der verwendeten Töne einer Tonleiter und den Intervallen der Leiter gibt.

Virtuelle Töne

In manchen Fällen hören wir Töne, die gar nicht da sind. So bastelt sich unser Gehör einen *virtuellen Grundton* aus den verfügbaren Obertönen zurecht (Rossing 1990). Betrachten wir ein Beispiel: Nehmen wir an, wir hören Sinustöne der Frequenzen 820, 1020 und 1220 Hz. Das Gehör interpretiert dieses Gemisch aus Frequenzen nicht als drei verschiedene (Sinus-)töne, sondern als einen Ton, wobei es als Grundton 204 Hz annimmt, denn hierzu passen die tatsächlich vorhandenen Frequenzen einigermaßen als vierter, fünfter und sechster Oberton (816, 1020 und 1224 Hz). Wir hören also einen Ton von 204 Hz, obwohl unser Trommelfell gar nicht mit dieser Frequenz schwingt. Wir machen uns den Grundton als beste „Erklärung" dessen, was am Trommelfell geschieht.

Unser Gehör ist also (wie unsere anderen Sinne auch; vgl. Spitzer 2002) ein eher sparsamer „Hypothesengenerator", wenn es an die Interpretation nicht ganz ein-

Abb. 4-14 Auch unser Sehsinn ist sparsam bei der Interpretation zu verarbeitender Daten. Eigentlich sind hier nur drei schwarze kleine Kreise mit jeweils einem ausgeschnittenen „Kuchenstück" sowie ein paar kurze sich jeweils an einer Seite treffenden Linien dargestellt. Wir sehen jedoch etwas anderes, nämlich drei schwarze Kreise, ein Dreieck aus dünnen Strichen sowie ein weißes Dreieck, das obendrauf liegt. Dieses weiße Dreieck liefert die sparsamste Erklärung des Seheindrucks insgesamt, nach dem Motto: Was da vor mir liegt, ist kein Zufall. Nur ein so obenauf liegendes weißes Dreieck kann die Ursache dieses Seheindrucks sein. Nicht anders macht es der Hörsinn, wenn er Obertöne ohne Grundton hört: Er macht sich einen Grundton, so dass dieser am besten zu den Obertönen passt und das ganze Tongemisch dann nicht mehr als *zufälliges* Gemisch, sondern als Ton eines harmonisch schwingenden Körpers erscheint.

deutiger Stimuli geht. Ebenso wie wir den optischen Täuschungen unterliegen, die uns die Anwesenheit von Gegenständen (in Abbildung 4-14 eines obenauf liegenden weißen Dreiecks) vorgaukeln, die gar nicht da sind (weil sie meistens richtig liegen und eben nur im Fall der Täuschungen falsch), unterliegen wir auch diesen akustischen Täuschungen.

Hören wir eine Glocke, so geht es uns genauso: Glocken produzieren eine Reihe von Teiltönen, die jedoch nicht in ganzzahligen Verhältnissen zueinander stehen. Was wir hören, ist der Grundton, der zu drei Teiltönen passt, die in einem Verhältnis von 2 : 3 : 4 stehen bzw. etwa diesem Verhältnis entsprechen. Läutet eine Glocke, so können beispielsweise die Frequenzen 795 Hz, 1207 Hz und 1598 Hz an unser Ohr dringen und den Eindruck eines Grundtons von 400 Hz vermitteln, den wir dann tatsächlich als Ton der Glocke hören. Unser Gehör hörte sich also die drei Obertöne zurecht und macht die Frequenzen 800, 1200 und 1600 Hz daraus, um sie als Obertöne des Grundtons zu deuten. Die Glocke wird zudem noch weitere tiefere Teiltöne produzieren (nicht unbedingt und schon gar nicht genau 400 Hz, die wir als tiefes Brummen der Glocke vernehmen).

Ausnahmen bestätigen die Regel

Gegen die These von der Bedingtheit der Töne und Tonleitern durch schwingende leblose und hörende lebendige Körper, durch Physik und Physiologie, scheint die Tatsache zu sprechen, dass es Kulturen gibt, die ganz andere Tonleitern haben und ganz offensichtlich auf ganz andere Weise musizieren. Könnte also vielleicht doch in der Musik alles ganz anders sein? – Ja und nein!

Geographisch und musikalisch von der westlichen Kultur am weitesten entfernt sind die indonesischen Gamelan-Orchester. Hier werden auf eigenartigen Musikinstrumenten – vor allem Gongs, Becken, Metallstäbe und Xylophone – noch eigenartigere Töne und Tonleitern hervorgebracht, wobei das Ganze dennoch eindeutig Musik darstellt. Die verwendeten Töne und Intervalle fallen bei nahezu jedem Orchester etwas anders aus und entsprechen nicht den uns bekannten Intervallen. Es gibt sogar Oktaven, die keine sind, d. h. es werden Töne in Abständen zusammen gespielt, die knapp neben dem Verhältnis von eins zu zwei liegen. Aus den oben dargestellten Gründen findet man die Oktave ansonsten praktisch überall, denn sie entspricht dem Verhältnis des ersten und zweiten Teiltons jeder natürlichen Schwingung. Haben die Ureinwohner Indonesiens also einfach nur noch nicht begriffen, wie man richtig musiziert? Sollten wir ihnen nicht mit einer ordentlichen diatonischen Leiter auf die Sprünge helfen?

Nein! Die Musik Indonesiens ist viel weniger zufällig, als man zunächst annehmen könnte (vgl. Sethares 1998, insbesondere Kapitel 8). Der Schlüssel zum Verständnis der sehr eigenartigen Töne liegt in den verwendeten Instrumenten. Es handelt sich hierbei überwiegend um Metallplatten, deren Schwingungsmöglichkeiten seit einigen Jahrzehnten gut untersucht sind. Man stelle sich eine kreisrunde Metallplatte vor. Sie kann auf zwei ganz verschiedene Arten schwingen: Zum einen kann sich ihr Rand an gegenüber liegenden Stellen nach unten und an den hiervon um 90 Grad gedreht liegenden Stellen nach oben bewegen. Zum zweiten kann sich aber auch ein innerer Teil nach oben und ein äußerer nach unten bewegen. Streut man Sand auf die Platte und bringt sie zum Schwingen, so hopsen die Sandkörner so lange auf der Platte herum, bis sie dort zu liegen kommen, wo die Platte nicht schwingt, auch wenn sie schwingt. Es gibt ruhende Knoten, auf denen der Sand liegen bleiben kann. Man sieht daher auf der schwingenden Metallplatte Linien aus Sand, die den Knotenlinien (man nennt sie Moden) der jeweiligen Schwingung entsprechen. Bei einer (eindimensionalen) Saite waren diese Knoten Punkte, bei der (zweidimensionalen) Platte sind die Knoten Linien. In Abbildung 4-15 sind dies die Linien, die hellgraue und dunkelgraue Flächen (d. h. Bereiche der Platte, die jeweils gegenläufig schwingen) gegeneinander abgrenzen.

Ebenso wie eine Saite nicht nur hin und her mit der Frequenz f, sondern auch zugleich auf der einen Seite hin und auf der anderen her schwingen kann (was die Schwingung der Frequenz $2f$ ergibt) sowie noch weitere Möglichkeiten der Schwingung hat (und dadurch die Teiltöne $3f$, $4f$, $5f$, $6f$ etc. erzeugt; vgl. Abb. 2-7, 4-1 und 4-15), liegen die Dinge auch bei der Metallplatte. Ihre Schwingungsmöglichkeiten sind allerdings wie bereits angedeutet, komplizierter. Daraus ergibt sich, dass eine Platte mit der Grundfrequenz f auch mit der Frequenz $1{,}7f$ schwingen kann. Der erste zusätzlich zur Grundfrequenz erzeugte Teilton hat daher diese Frequenz. Der nächste Teilton hat die Frequenz $2{,}29f$, der nächste $3{,}99f$. Danach folgen, wie in Abbildung 4-16 dargestellt, die Frequenzen $6{,}79f$, $7{,}51f$, $10{,}3f$, $11{,}7f$, $16{,}1f$ und $21{,}1f$ (vgl. Fletcher u. Rossing 1998, Rossing 1990, Shen 1988).

Für zusammenklingende Metallplatten gilt prinzipiell das Gleiche wie für zusammenklingende Saiten oder Luftsäulen: Wenn Obertöne zusammenfallen oder weit auseinander liegen, klingt es konsonant, wenn sie innerhalb der kritischen Bandbreite liegen, klingt es dissonant (vgl. Abb. 4-9). Wer daher vor allem mit Gongs,

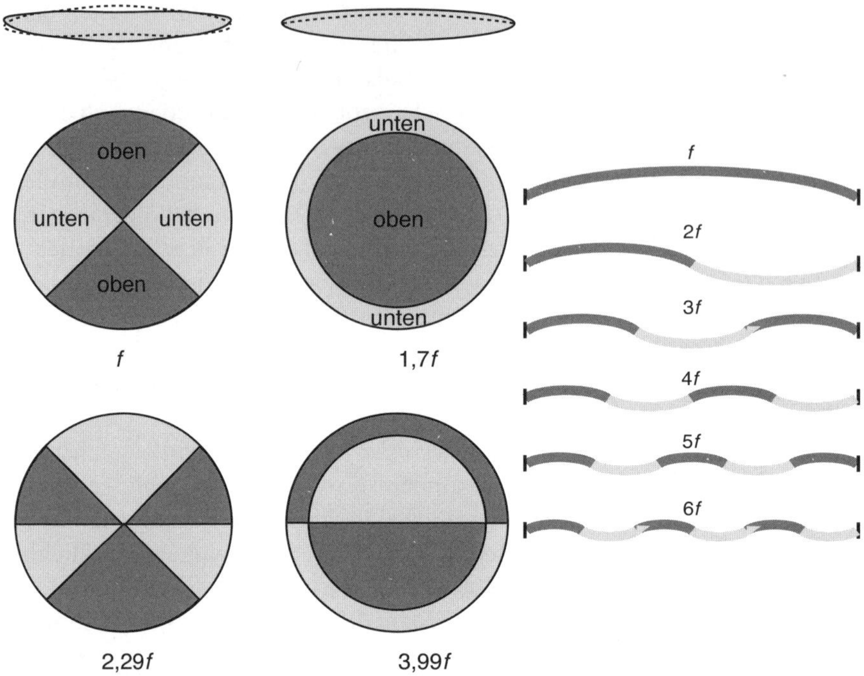

Abb. 4-15 Möglichkeiten der Schwingung einer Saite (rechts, wie in Abb. 2-7) und einer Metallplatte, die prinzipiell auf zwei Weisen schwingen kann: Entweder schwingen unterschiedliche Abschnitte des Randes gegeneinander oder es schwingen Rand und Mitte gegeneinander. So wie die Saite die dargestellten Schwingungen zugleich ausführt, die schnelleren jedoch mit kleinerer Auslenkung, vollführt auch die Metallplatte die dargestellten Schwingungen gleichzeitig. Die Teiltöne einer Saite mit der Grundschwingung *f* sind daher (mit abnehmender Lautstärke) *f*, 2*f*, 3*f*, 4*f*, 5*f*, 6*f*, etc., die einer Metallplatte hingegen *f*, 1,7*f*, 2,29*f*, 3,99*f* etc.

Glocken, Stäben etc. – letztlich also mit verbogenen Metallplatten – musiziert, der wird andere Tonschritte verwenden müssen, damit die Obertöne zusammenpassen. Genau dies ist in den Gamelan-Orchestern Indonesiens der Fall. Die aus anderen Teiltönen zusammengesetzten Töne der Instrumente erfordern somit geradezu eine andere Tonleiter. Da die Form der Metallplatten die Möglichkeiten zum Schwingen beeinflusst (die Frequenzen einzelner Teiltöne werden hierdurch nicht nur lauter oder leiser, sondern auch höher oder tiefer) und Instrumente von Hand hergestellt werden, wundert zudem nicht, dass es in unterschiedlichen Orchestern unterschiedliche Tonleitern geben kann. Im Gegenteil: Dies sollte so sein, gerade wenn die dargestellten Prinzipien von Melodie und Harmonie gelten.

Die vermeintliche Ausnahme der Gamelan-Orchester mit ihren eigenartigen Instrumenten und noch seltsameren Tonleitern bestätigt somit gerade die Prinzipien, die auch unserer westlichen Musik zugrunde liegen. Wir beschränken uns mit unseren Instrumenten weitgehend auf eindimensionale schwingende Körper (Saiten und Luftsäulen), was den Instrumentenbau vereinheitlicht (die für die Teiltöne ver-

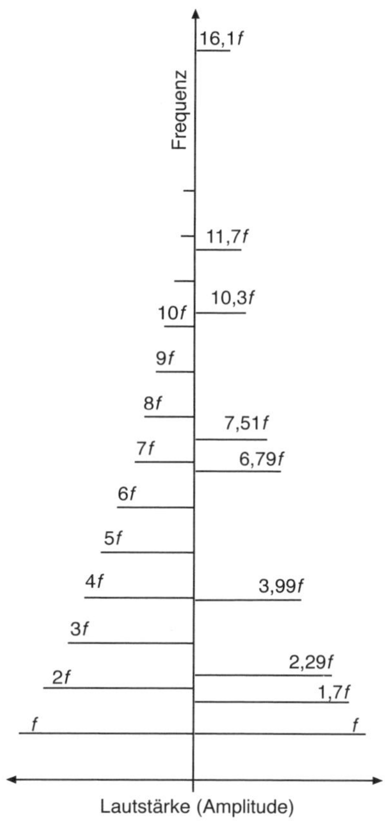

Abb. 4-16 Teiltöne einer harmonisch schwingenden Saite oder Luftsäule (nach links aufgetragen) sowie einer Metallplatte (nach rechts aufgetragen).

antwortlichen Knoten und damit die Frequenz der Obertöne sind praktisch unabhängig von der Bauweise) und vor allem gut zu unserer Stimme (ebenfalls ein Luftsäuleninstrument) passt. Durch die von klein auf gemachten Erfahrungen mit den sich hieraus ergebenden Tönen (vgl. hierzu auch die Kapitel 5 bis 7) sind wir zudem auch wahrscheinlich „verdorben" für die Töne und Klänge der Gamelan-Musik, ebenso wie man für die Laute anderer Sprachen taub (sprich: unempfänglich) wird, wenn man in einer bestimmten Sprachgemeinschaft aufwächst.

Fazit: Musik – Kultur gewordene Natur

Melodie und Harmonie sind weder vollkommen naturgegeben noch vollkommen beliebig. Sie sind in mathematisch beschreibbaren physikalischen Gesetzmäßigkeiten einerseits und biologischen Tatbeständen unseres Hörsinns andererseits begründet, erhielten ihren letzten Feinschliff allerdings im Rahmen des menschlichen Bestrebens nach Perfektion, Flexibilität und Praktikabilität. Die Wurzeln von Melodie und Harmonie liegen somit in der Neurobiologie des Gehörs des Menschen, die sich wiederum in Anpassung an physikalische Gesetzmäßigkeiten der Schallausbreitung entwickelte. Die Tonsysteme und die auf ihnen basierenden Harmoniesysteme sind kulturelle Ausgestaltungen in diesem (recht begrenzten) biologischen Rahmen. Wie eine bestimmte Person einen Zusammenklang von Tönen erlebt, ist nicht zuletzt auch abhängig von ihrer Vorerfahrung im Bereich der Musik einer bestimmten Kultur.

Melodie und Harmonie haben ihre Wurzeln in den von schwingenden Gegenständen in der Welt hervorgerufenen Schallereignissen (Physik) und unserem Sinnesorgan für diese Ereignisse (Physiologie). Auf diesem Fundament aufbauend hat die abendländische Kultur Grundelemente – die zwölf Halbtöne und die damit erzeugbaren konsonanten und dissonanten Intervalle – geschaffen, mit denen es möglich ist, unserem Ohr Eindrücke zu vermitteln, die unser Gemüt berühren. Es liegt an der Natur der Zahlen, dass sich diese zwölf Halbtöne nicht so stimmen lassen, dass natürliche Töne immer gleich gut zusammenpassen. Unser Ohr ist jedoch flexibel und daher geht Musik dann doch. Gewiss, es könnte auch alles ganz anders sein in der Musik, aber nur mit ganz anderen Instrumenten (die zur Stimme nicht so gut passen) oder mit ganz erheblichem technischen Aufwand (einschließlich computerisierter Umwandlung des Obertongehalts der Stimme).

Wer ohne Strom, aber mit seiner Stimme und seinen Händen instrumental mehrstimmig musiziert, der hat sich im Grunde schon für das bestehende System entschieden; wer immer nur allein in der Badewanne singt, braucht es nicht, verwendet es aber wahrscheinlich trotzdem.

5 Zeitstruktur und Gedächtnis

Gäbe es kein Gedächtnis, so gäbe es auch keine Musik. Musik ist eine Struktur in der Zeit. Musik fängt nur dann an, überhaupt zu existieren, wenn Vergangenes und Gegenwärtiges in Beziehung gesetzt werden, und dazu bedarf es der Funktion des Gedächtnisses. Betrachten wir als Beispiel einen ganz einfachen Ton: Er ist überhaupt nur dann ein Ton, wenn wir einzelne Augenblicke zusammenfassend er- bzw. begreifen und dadurch den Ton *als Ton* überhaupt erst erleben. Hätten wir diese Fähigkeit zur *Synthese über die Zeit hinweg* nicht, so könnten wir keine Töne hören. Der Philosoph und Phänomenologe Edmund Husserl hat auf diesen Zusammenhang in seinen *Untersuchungen zum inneren Zeitbewußtsein und zur passiven Synthese* immer wieder hingewiesen (vgl. z.B. Husserl 1966, S. 29ff). Bei einer Melodie wird noch deutlicher, dass wir die Töne – wie man heute gerne sagt – „online" halten müssen, um sie zueinander in Beziehung zu setzen und dadurch die Melodie als Melodie überhaupt zu hören. Beim Hören eines ganzen Musikstücks wird schließlich die Beteiligung unseres Wissens über das Stück und über musikalische Prinzipien allgemein sehr deutlich.

Musik hängt also mit Gedächtnis irgendwie zusammen. Aber wie genau? Ein einfacher Ton entsteht nur da, wo Momentanwerte von Schwingungen zu einer Einheit zusammengefasst werden. Eine Melodie gibt es nur, wenn mehrere Töne zusammen über die Zeit betrachtet werden, und das Erleben von Musik setzt zudem das Wiedererinnern bereits gehörter Strukturen voraus. Welche Gedächtnisprozesse spielen beim Hören von Musik eine Rolle? Wie kann man sie untersuchen? – In diesem Kapitel über Zeit und Gedächtnis werden Fragen wie diese geklärt. Hierzu ist es zunächst sinnvoll, sich kurz mit der Art, wie man Musik in der Zeit visuell darstellen und untersuchen kann, zu beschäftigen.

Benutzt man die in Kapitel 2 bereits beschriebenen graphischen Hilfsmittel zur Darstellung des Schalls, so fällt auf, wie wenig das, was man dann sieht (also das, was an unser Ohr dringt), mit dem zu tun hat, was wir tatsächlich hören. Allgemein formuliert liegen die Dinge so, dass *Schall kontinuierlich* an unser Ohr dringt, wir aber *einzelne Ereignisse hören*. Das Gehör leistet hier Ähnliches wie das Sehen: Auf unserer Netzhaut befinden sich *rasch wechselnde Farb- bzw. Lichtflecken*, was wir jedoch aus diesem visuellen Input herausdestillieren, sind einzelne *Objekte* und *Ereignisse*. Diese werden von unserem Sehsystem aktiv produziert, und hierbei sind bestimmte Funktionsprinzipien am Werk. Nicht anders ist es beim Hören.

Wir bringen die über den Hörnerven eingehenden Impulse mit bereits gespeicherten Informationen zusammen, und dieser aktive Prozess ist letztlich das, was man Hören nennt. Gerade im Hinblick auf das Erleben von Musik ist dies besonders wichtig, weswegen es sich lohnt, den beteiligten Gedächtnisprozessen und ihren Leistungen genauer nachzugehen.

Gedächtnisprozesse: ein Crash-Kurs

Gedächtnisprozesse lassen sich nach verschiedenen Gesichtspunkten unterscheiden: In *zeitlicher Hinsicht* geht es darum, wie lange ein bestimmter Inhalt im Gedächtnis bleibt. Man spricht vom Ultrakurzzeit-, Kurzzeit- und Langzeitgedächtnis und meint damit den Sachverhalt, dass ein Inhalt für Bruchteile von Sekunden, Sekunden oder Jahre im Gedächtnis verbleibt. Im Hinblick auf die Inhalte kann man das episodische Gedächtnis vom semantischen und prozeduralen Gedächtnis unterscheiden, womit gemeint ist, dass man sich einerseits einzelne Ereignisse merken kann, d.h. einen Inhalt, der ein einziges Mal verarbeitet wurde (*episodisches* Gedächtnis), andererseits jedoch auch ganz allgemeines Wissen (z.B. die Bedeutungen der Wörter der Muttersprache) erworben hat (*semantisches* Gedächtnis) und zudem viele Dinge kann, d.h. Fähigkeiten wie beispielsweise das Fahrradfahren erlernt hat (*prozedurales* Gedächtnis).

Aus *informationstheoretischer Sicht* liegen die Gedächtnisinhalte in unterschiedlicher Form (d.h. verschiedenen Kodes) gespeichert vor; man könnte auch sagen, sie sind auf verschiedene Weise und mehr oder weniger komprimiert abgespeichert. In *neurobiologischer Hinsicht* kann man schließlich biochemische Prozesse und Gehirnstrukturen unterscheiden, die die genannten Gedächtnistypen bewerkstelligen. Kurz, redet man über „das Gedächtnis“, so ist das etwa so, wie wenn man über „den Straßenverkehr“ redet: Es gibt viele unterschiedliche Gesichtspunkte, Bereiche, Ebenen der Untersuchung und Betrachtung etc., und man muss schon jeweils genau sagen, worum es im Einzelnen geht. Interessanterweise kennt sich jeder im Verkehr aus und die meisten haben ihre Kenntnisse sogar bescheinigterweise erworben. Im Hinblick auf das doch so viel näher liegende Gedächtnis hingegen besitzen wir weder einen Führerschein noch haben die meisten Menschen irgendeine Idee, worum es sich handelt und wie es funktioniert. Daher zunächst der folgende kleine Crash-Kurs.

Der für die Musik wichtigste Gesichtspunkt des Gedächtnisses ist die Zeit. Deshalb sollen hier die oben erwähnten drei zeitlichen Gedächtnistypen noch näher beleuchtet werden:

1) Das Ultrakurzzeitgedächtnis ist ein sehr kurz dauerndes Gedächtnis, das man begrifflich gerne noch in das Sinnesorgan hineinverlegen würde, weil es mit einer vorbewussten Vorverarbeitung der Signale in Zusammenhang steht. Beim Sehen spricht man vom visuellen Pufferspeicher und sprach früher vom so genannten ikonischen Gedächtnis, das ähnlich funktioniert wie Nachbilder, aber eine Stufe „über“ den Nachbildern, die ja bereits auf der Netzhaut entstehen, angesiedelt ist. Im akustischen Bereich spricht man vom *Echogedächtnis*, also davon, dass es uns möglich ist, ein Geräusch oder einen Ton für eine gewisse Zeit – eben wie ein Echo – im Gedächtnis zu haben. Die Information liegt in diesem Gedächtnis noch recht roh vor, d.h. ein Ton „klingt noch nach“, so dass wir beispielsweise noch einmal „hinhören“ können, um anzugeben, ob der Ton von einer Posaune oder Trompete gespielt wurde, im Vibrato oder nicht, etwas zu hoch oder genau richtig etc. Das Echogedächtnis enthält also noch den ganzen Wahrnehmungseindruck, aber nur für eine sehr kurze Zeit (meist nur im Bereich von wenigen hundert Millisekunden). Es enthält damit viel Information, diese ist jedoch flüchtig und verfällt, wenn sie nicht weiterverarbeitet wird.

2) Etwas länger, nämlich einige Sekunden, können Inhalte im *Kurzzeitgedächtnis* bleiben, wobei man in jüngerer Zeit häufig auch vom Arbeitsgedächtnis spricht. Man meint damit die Gedächtnisprozesse, die es uns ermöglichen, einige wenige Informationen für den unmittelbaren Gebrauch direkt im Gedächtnis zu behalten. Das Standardbeispiel für das Arbeitsgedächtnis ist die Telefonnummer, die wir nachschlagen, im Gedächtnis behalten, wählen und dann auch schon wieder vergessen haben. Die Kapazität des Arbeitsgedächtnisses beträgt beim Menschen etwa 7 ± 2 Inhalte.

Es sei an dieser Stelle angemerkt, dass hierbei keineswegs klar definiert ist, was man unter einem „Inhalt“ zu verstehen hat. Betrachten wir das Beispiel von Zahlen: Normalerweise kann sich eine Versuchsperson eine siebenstellige Telefonnummer so gerade eben merken. Eine 14-stellige Zahl hingegen kann nicht mehr unmittelbar im Gedächtnis behalten werden. Es gibt jedoch ganz einfache Tricks, wie dies doch geschehen kann. Man braucht sich nur nicht jede einzelne Ziffer zu merken, sondern kann beispielsweise zwei Ziffern zu einer Zahl zusammenfassen. Plötzlich ist eine solche zweistellige Zahl *ein* Inhalt und es können sieben solcher Inhalte gemerkt werden. Dies ergibt dann 14 Ziffern. Bei diesen Vorgängen spricht man von „Chunking“ und „Clustering“, d. h. vom Zusammenfassen mehrerer Einzelinhalte zu einem Inhalt, von denen dann wieder eine ganz bestimmte Menge in das Kurzzeitgedächtnis bzw. Arbeitsgedächtnis hineinpasst. Durch geschicktes Chunking und Clustering lässt sich also die Kapazität des Kurzzeit- oder Arbeitsgedächtnisses deutlich erhöhen, was vor allem Gedächtniskünstler sehr gut ausnützen können.

3) Vom Ultrakurzzeit- bzw. Echogedächtnis und Kurzzeit- bzw. Arbeitsgedächtnis ist das *Langzeitgedächtnis* unterschieden, also das, was der Mann auf der Straße meint, wenn er vom Gedächtnis spricht: Man kann sich etwas merken und später wieder darauf zurückgreifen. Im Langzeitgedächtnis haben wir Ereignisse und Fähigkeiten, unsere Sprache und unser Wissen über die Welt, aber auch unsere emotionalen Reaktionen auf verschiedene Aspekte der Welt gespeichert.

Man darf sich die drei genannten Gedächtnistypen nicht als drei unterschiedliche Schubladen vorstellen, die irgendwo im Gehirn existieren und in die ein Inhalt für ganz kurze, kurze oder lange Zeit hineingelegt wird. Vielmehr entsprechen die drei Arten des Gedächtnisses drei Informationsverarbeitungsstufen, bei denen es sich, vereinfacht gesprochen, um die Folgenden handelt:

1) Erreicht ein äußerer Reiz ein Sinnesorgan und wird von diesem weitergegeben, so wird er unmittelbar verarbeitet. Dies besteht nicht nur in der Weiterleitung und Analyse des Reizes in immer höheren Gehirnzentren, sondern vor allem in einer Wechselwirkung des Reizes mit bereits gespeicherten Informationen auf dem Weg. Diese Wechselwirkung wiederum braucht eine gewisse Zeit, während der Reiz in verschiedener Gestalt (d. h. auf verschiedene Weise kodiert) in den Verarbeitungsprozess eingeht. Dem entspricht das Echogedächtnis.

2) Sollen wir mit dem Reiz unmittelbar etwas anstellen, d. h. soll beispielsweise ein Ton dazu dienen, eine Melodie aufzubauen, so müssen wir den Reiz bzw. dasjenige, was die Verarbeitung aus dem Reiz für uns gemacht hat, kurzfristig im Gedächtnis behalten. Hierzu dient das Arbeitsgedächtnis, das im Gegensatz zum passiven Echogedächtnis aktiv Gedächtnisinhalte online hält und so für die Weiterverarbeitung zur Verfügung stellt.

3) Wann immer Neuronen Informationen verarbeiten, laufen diese Informationen über *Verbindungen* zwischen den Neuronen. Diese Verbindungen sind plastisch, d. h. in ihrer Stärke variierbar. Das einfachste Gesetz der Änderung der Verbindungsstärke besagt, dass die Verbindung zwischen zwei Nervenzellen, die gleichzeitig aktiv sind, zunimmt. Wann immer Informationen im Gehirn verarbeitet werden und hierbei zwei Nervenzellen zugleich aktiv sind, ändern sich also die Stärken der Verbindungen zwischen diesen Nervenzellen. Unser Langzeitgedächtnis ist im Grunde nichts weiter als der langfristige Niederschlag all dieser Veränderungen. Es hat daher keinen Sinn zu fragen, wo das Langzeitgedächtnis im Kopf sitzt. Es sitzt überall, sofern überall Nervenzellen sitzen, die Informationsverarbeitung leisten. Ein bestimmter Inhalt kann daher auch mehr oder weniger gut bzw. fest im Langzeitgedächtnis sitzen, je nachdem, wie robust er in den Verbindungsstärken von Nervenzellen verankert ist.

Noch einmal: den drei unterschiedlichen Gedächtnistypen, die ja von vornherein nur zeitlich als sehr kurz, kurz und lang charakterisiert wurden, entsprechen drei unterschiedliche Prozesse, nämlich die Aufnahme und Verarbeitung eingehender Reize, deren Bereithalten für unmittelbar zu erledigende weitere Aufgaben sowie der Niederschlag der Informationsverarbeitung in der sich langfristig ändernden Stärke der Verbindung zwischen Nervenzellen.

Je nach den Inhalten des Langzeitgedächtnisses kann man (unabhängig von zeitlichen Gesichtspunkten) verschiedene Gedächtnissysteme unterscheiden: Im *episodischen Gedächtnis* haben wir *einzelne* Daten unserer jeweils besonderen Lebenserfahrung gespeichert. Wir können uns an die Einschulung, die Hochzeit, den ersten Urlaub am Meer oder den 21. Geburtstag erinnern. Im *semantischen Gedächtnis* haben wir *allgemeines Weltwissen* gespeichert. Wir wissen, was ein Baum, ein Tisch, eine Tomate oder ein Computer ist. Im *prozeduralen Gedächtnis* sind *erlernte Fähigkeiten* gespeichert, beispielsweise Fahrradfahren oder einen Schraubenzieher verwenden. Schließlich gibt es noch das *Sinnengedächtnis*, in dem wir *Strukturen des Wahrgenommenen* gespeichert haben. Wir besuchen einen Freund, fahren nach Jahren wieder einmal die gleiche Straße entlang und haben plötzlich das Gefühl, nun abbiegen zu müssen. Uns fällt die Tankstelle oder der Kirchturm wieder ein, aber eben nur dann, wenn wir die Dinge wieder sehen. Auch Geräusche, Gerüche oder Berührungsempfindungen können solche Bekanntheitserlebnisse mit sich bringen. Die früheren Erfahrungen haben (wie später noch genauer diskutiert wird; vgl. Kapitel 7) Spuren hinterlassen (man spricht ja von Gedächtnisspuren) und bewirken, dass wir bei erneuten Wahrnehmungen des Gleichen die Dinge rascher erkennen, uns sogleich viel besser auskennen und zurechtfinden. Die früheren Erfahrungen bahnen (engl.: *to prime*) sozusagen neue Wahrnehmungserlebnisse, weswegen man diese Gedächtnisprozesse auch als *Priming* bezeichnet.

Erwähnt sei hier, dass unterschiedliche Teile des Gehirns auf diese unterschiedlichen Prozesse spezialisiert sind. Sie können daher unterschiedlich ausgeprägt sein und beispielsweise auch einzeln erkranken (vgl. Kapitel 7). Alle genannten Prozesse spielen in der Musik eine Rolle, denn es geht um Wissen und Können, um Einzelnes und Allgemeines, um die Vorstrukturierung von Wahrnehmungsprozessen auf allen Ebenen der Verarbeitung.

Wenn es Musik im Grunde überhaupt nur gibt, weil es Gedächtnisleistungen gibt, so sollte es möglich sein, viel über Musik zu erfahren, indem man das Gedächtnis näher studiert (und den Gedächtnispsychologen sei gesagt: das Umgekehrte gilt ebenfalls!). Im Folgenden geht es um die zeitliche Struktur von Musik (wie auch in Kapitel 8), und es wird daher das Gedächtnis vor allem unter zeitlichen Gesichtspunkten betrachtet.

Echogedächtnis und Ereignisbildung

Bedenken wir noch einmal das Bild vom Anfang des dritten Kapitels (vgl. Abb. 3-1): Es gelangen dauernd Wellen ans Ufer, manche aufgrund des ungeordneten (Rauschen des) Windes, manche aber auch, weil bestimmte Dinge am, auf und im See geschehen. Nicht anders ist es mit unserer akustischen Umwelt: Wir befinden uns in einem dauernd irgendwie wabernden Luftmeer; es ist kontinuierlich etwas los. Was an unser Ohr gelangt und von unserem Ohr in Impulse umgesetzt wird, ist zunächst einmal ein kontinuierlicher Strom von Luftdruckschwankungen.

Was wir jedoch wahrnehmen, sind *einzelne Ereignisse*: Wir hören den Gesang des Vogels vor dem Hintergrund des murmelnden Bächleins, dessen Rauschen sich wiederum gegen das andersartige Rauschen des Waldes abhebt. Dann plötzlich knackt ein Ast, dann raschelt es im Gebüsch und dann röhrt ein Hirsch. In zwei Bereichen ist die Fähigkeit zur Bildung einzelner Ereignisse aus einem kontinuierlichen Strom zugleich besonders offensichtlich und bedeutsam: in Musik und Sprache. Betrachtet man beides rein physikalisch, so fällt es außerordentlich schwer, auf dieser Ebene irgendeine Struktur auszumachen.

Betrachten wir hierzu Abbildung 5-1a. Der gesprochene Text *Alle meine Entchen schwimmen auf dem See* ist hier physikalisch, oben als Wellenform und unten als Spektrogramm, abgebildet. Sehr wenig bis gar nichts an diesen Abbildungen sagt etwas über die richtige Trennung der ans Ohr gelangenden schwingenden Luft in einzelne Ereignisse aus. Wenn wir also Laute (Phoneme) bzw. Wörter hören, dann geschieht dies, weil wir den Strom in Einzelereignisse zerlegt haben. Noch deutlicher ist dies beim Singen (Abb. 5-1b). Auch wenn Sprache mit anderen Klängen vermischt wahrgenommen wird, können wir sie sinnvoll zerlegen. Abbildung 5-1c entspricht Abbildung 5-1a, der gleiche Text ist jedoch vor dem Hintergrund mehrerer gleichzeitiger anderer Gespräche gesprochen. Obwohl die Physik nun anders aussieht, versteht man – dies muss mir der Leser glauben – in beiden Fällen den Satz praktisch genauso gut. Abbildung 5-1d schließlich zeigt das Lied gesungen in einer lauten Diskothek, und wieder muss mir der Leser glauben, dass man die Melodie erkennen kann.

Ganz offensichtlich können wir den kontinuierlichen Strom dessen, was an unser Ohr dringt, in einzelne Ereignisse umwandeln, indem wir bestimmtes Material zusammenfassen und anders trennen. Wie machen wir das?

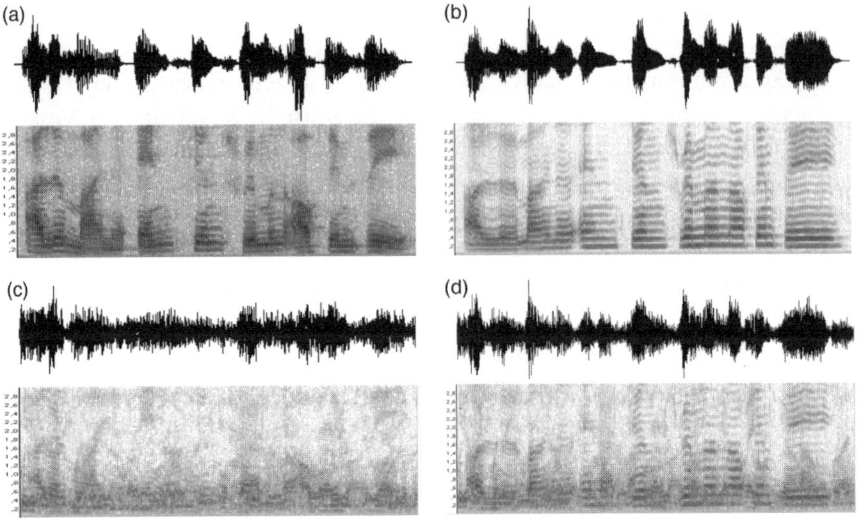

Abb. 5-1 *Alle meine Entchen schwimmen auf dem See*, jeweils als Wellenform und darunter als Spektrogramm. Oben links (a) ist der Text nur gesprochen, oben rechts (b) hingegen gesungen (man sieht im Spektrogramm gerade eben die ansteigende Grundfrequenz, d. h. unterste dunkle Bande). Unten links (c) ist wiederum nur der gesprochene Text, jedoch bei gleichzeitigen Hintergrundgesprächen dargestellt. Unten rechts (d) schließlich sieht man wieder das Lied wie in (b) oben, jedoch gesungen in einer Diskothek.

Optimale Merkmale

Unser Gehör ist Produkt der Evolution (vgl. auch Kapitel 3 und 14). Damit wir uns in der Umgebung zurechtfinden, ist es von Vorteil, wenn uns unsere Sinne so viel wie möglich über diese Umgebung mitteilen. Wenn wir nun den Strom des Schalls analysieren, der irgendwoher aus der Umgebung kommt, so macht eine Analyse Sinn, die diese Umgebung bestmöglich rekonstruiert.

Betrachten wir hierzu ein Beispiel aus Kapitel 4: Wenn Schwingungen verschiedener Frequenzen an unser Ohr dringen, die zugleich beginnen und zugleich aufhören und deren Verhältnis dem einfacher Zahlen entspricht (z. B. 200, 400, 600 und 800 Hz), so macht die Annahme Sinn, dass diese Schwingungen von einem einzigen schwingenden Gegenstand hervorgerufen werden (beispielsweise von einer Saite). An unserem Trommelfell gibt es nur Ausschläge, und unser Innenohr meldet nur das Vorhandensein bzw. die Stärke unterschiedlicher Frequenzen über verschiedene Nervenfasern. Unser Gehör jedoch verbindet, was ganz offensichtlich zusammengehört, und trennt, was nicht zusammengehört. Es rekonstruiert damit die Umgebung.

Dies geschieht zunächst dadurch, dass das Innenohr neben der (räumlich kodierten) Frequenzzusammensetzung auch *zeitliche* Eigenschaften des akustischen Informationsstroms überträgt (siehe Kapitel 3). Gleichzeitigkeit von Anfang und Ende eines Schallereignisses ist eines der Prinzipien, die unser Gehörsinn zur Rekonstruktion der Schallsituation verwendet. Ein anderes ist das gleichzeitige Lauter- und Leiserwerden mehrerer Schallereignisse oder das nahtlose Gleiten der Tonhöhe nach oben oder unten. Die akustische Verarbeitung geschieht jeweils so, dass eine Gruppe von Neuronen nicht mehr auf einzelne Frequenzen anspricht, sondern auf beispielsweise alle Frequenzen, die gerade absteigen, oder alle, die gerade lauter werden. Solche Neuronengruppen kann man auch als Eigenschaftsextraktoren (*feature extractors*) bezeichnen, denn sie tun genau das: Sie sprechen auf eine allgemeine Eigenschaft des akustischen Inputs an, die weder am Trommelfell noch im Innenohr vorliegt, die jedoch einem physikalischen Prozess in der Welt entspricht (z.B. dem immer heftigeren oder immer rascheren Schwingen eines Gegenstandes).

Die akustische Analyse bedient sich also offensichtlich statistischer Regelmäßigkeiten von Inputeigenschaften, um die Welt draußen zu rekonstruieren. Wie wir gleich noch sehen werden, läuft dieser Prozess im Hinblick auf mehrere Eigenschaften und auf unterschiedlichen Ebenen der Komplexität gleichzeitig ab. Ebenso wie wir im Bereich des Sehens Farben, Formen, Muster, Umrisse und Bewegungen zu Objekten vereinigen und *diese* sehen (und nicht etwa *erst* Farben, Muster etc. und *dann* Objekte), so nehmen wir akustische Ereignisse *direkt* wahr, obgleich sie Ergebnis akustischer Analyse sind. Ebenso wie die visuelle Analyse sowohl physiologisch als auch psychologisch determiniert ist (ich sehe die Farbe Rot vor allem aufgrund der Physiologie des Sehapparats; ich sehe die karminrote Rose aufgrund meiner Vorerfahrungen mit Farben und Blumen), ist auch akustische Analyse physiologisch und psychologisch determiniert: Ich höre einen Ton (aufgrund der Physiologie des Hörens) und höre eine Geige *Hänschen klein* spielen (aufgrund meiner Erfahrungen mit Instrumenten und Liedern).

Praktisch kann es im Einzelfall schwer sein, anzugeben, worauf sich die Analyse mehr stützt: die allgemeine Physiologie oder die jeweils speziellen Erfahrungen. Nehmen wir ein Beispiel: Die meisten Menschen bringen ein schnelles Musikstück eher mit Freude und ein langsames eher mit Trauer in Verbindung. Man kann nun argumentieren, dass sie dies tun, weil sie Trauermärsche (langsam) und fröhliche Lieder (schnell) kennen, also über entsprechende Lernerfahrungen verfügen, die (bei anderem kulturellen Hintergrund) auch anders sein könnten. Man kann aber auch argumentieren, dass Menschen bei Freude erregt sind, vielleicht auch etwas zappelig, und in jedem Fall ihr Puls beschleunigt sein wird. Bei Trauer sind Menschen eher gehemmt, und vielleicht fällt ihnen sogar das Atmen schwer, in jedem Fall sind sie zu raschem Hüpfen nicht aufgelegt. Der menschliche Körper bringt also Freude mit Schnelligkeit und Trauer mit Langsamkeit in Verbindung, auch ohne jede Musikerfahrung. Die Musikerfahrung wird jedoch die bereits körperlich begründeten Erfahrungen präzisierend formen, verstärken oder zumindest modifizieren.

Mit guter Musik ist es daher ähnlich wie mit gutem Essen: Es geht gerade aus dem Zusammenspiel von Physiologie, Sinnlichkeit, Erleben, Vorerfahrungen und kulturellem Hintergrund hervor.

Bindung und Trennung

Ein Teil der Prinzipien von Bindung und Trennung beim Hören, also der Zuordnung einzelner Frequenzen aus dem kompletten an unsere Ohren dringenden Schallspektrum zu einem Objekt, wird durch die zeitlichen Eigenschaften des akustischen Ultrakurzzeitgedächtnisses (Echogedächtnis) bestimmt. Bestimmte Frequenzen erscheinen und vergehen oder ändern sich gemeinsam (z. B. in Lautstärke oder Lokalisation im Raum) und werden daher zu einem Ereignis zusammengebunden und von anderen Frequenzen abgetrennt. So kann ich gleichzeitig die leiser werdende Geige und die lauter werdende Flöte getrennt hören, auch wenn sie den gleichen Ton spielen und daher manche Frequenzen im Prinzip nur einmal vom Hörnerven gemeldet werden. Das Frequenzspektrum dieser Instrumente ist unterschiedlich (vgl. Kapitel 11), so dass unser Hörsystem die lauter werdenden Anteile und die leiser werdenden Anteile richtig zuordnen und unterscheiden kann. Ich kann ja auch ein grünes Quadrat und ein rotes Dreieck sehen, obgleich die niedrigen Verarbeitungszentren nur „rot" und „grün" bzw. „dreieckig" und „viereckig" melden. Dies geht selbst dann, wenn ich über keine Ortsinformation verfüge (Blaser et al. 2000).

Wie genau diese Bindung vor sich geht, ist bis heute nicht völlig geklärt. Woher weiß ich, um bei den gerade genannten Beispielen zu bleiben, dass das Quadrat grün und das Dreieck rot ist (und nicht umgekehrt) bzw. dass die Geige leiser und die Flöte lauter wird? Nach einer einflussreichen Theorie geschieht dies dadurch, dass die Neuronen, die bestimmte Aspekte des Objektes bzw. Ereignisses kodieren, dies nicht nur dadurch tun, dass sie Impulse aussenden, sondern vor allem dadurch, dass sie *gleichzeitig* (oder *zeitlich korreliert*) Impulse aussenden. Die Verbindung von Eigenschaften wird diesen Überlegungen zufolge also nicht notwendig durch ein weiteres Neuron, das alle Eigenschaften eines Objektes erkennt, sondern durch zeitliche Aspekte der Kodierung in einer Vielzahl von Neuronen hergestellt, die jeweils einzelne Eigenschaften erkennen.

Wir trennen auch Ereignisse, wenn die Physik der Welt draußen es nahelegt. Betrachten wir hierzu ein Beispiel (vgl. Abb. 5-2): Wenn wir für einige Zeit einen Ton in gleichbleibender Lautstärke hören, der dann plötzlich für kurze Zeit lauter und dann wieder leiser wird, dann hören wir *nicht einen* Ton (dessen Lautstärke sich sprunghaft verändert), sondern vielmehr den ursprünglichen Ton in weiterhin

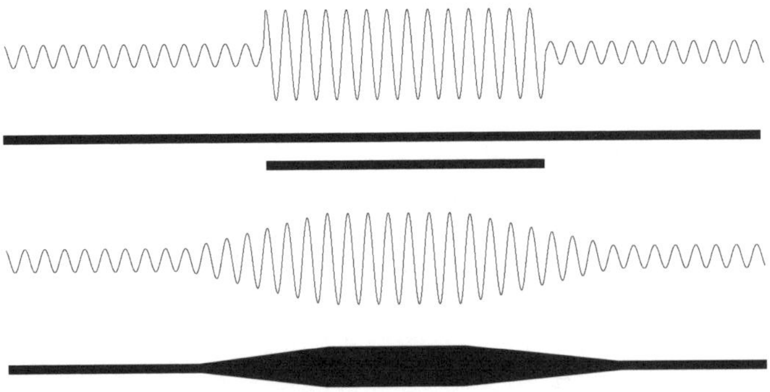

Abb. 5-2 Schematische Darstellung dessen, was an unser Ohr dringt (oben) und was wir hören, jeweils darunter. Nimmt die Amplitude eines Tons sprunghaft zu und wieder ab, so hören wir einen zweiten Ton. Nimmt die Amplitude kontinuierlich zu und wieder ab, hören wir einen Ton, dessen Lautstärke zu- und wieder abnimmt.

gleichbleibender Lautstärke und einen zweiten zusätzlichen Ton, der sozusagen für die Zunahme der Lautstärke verantwortlich gemacht wird. Nimmt der Ton hingegen in seiner Lautstärke nicht abrupt, sondern langsam zu und dann wieder ab, so hören wir genau dies, d.h. wir hören *einen* Ton (vgl. Bregman 1990; 1993). Das zugrunde liegende Prinzip ist wieder ganz einfach: Die Natur macht keine Sprünge, wenn also ein Ton plötzlich lauter und dann wieder plötzlich leiser wird, dann handelt es sich am ehesten um einen zweiten Ton. Eine Variation dieses Experiments besteht darin, dass man über Kopfhörer rechts die gleichen Töne wie eben beschrieben darbietet und links jeweils den leisen unveränderten Ton. Man hört dann im ersten Fall (sprunghafte Zu- und Abnahme der Lautstärke) zunächst einen Ton in der Mitte und dann einen zusätzlichen Ton ganz rechts, im zweiten Fall hingegen wandert der Ton von der Mitte etwas nach rechts und dann wieder zurück. Wer nehmen also *einen* Ton an *einem* Ort wahr.

Wenn man nun nur die mittlere Phase dieses Experiments betrachtet, so trifft in beiden Fällen ein Ton über Kopfhörer an die Ohren, rechts etwas lauter als links. Dennoch macht unser Gehör je nach Kontext etwas anderes daraus: einen oder zwei Töne, wobei der eine Ton in der Mitte rechts, die beiden Töne hingegen genau in der Mitte bzw. ganz rechts außen lokalisiert werden. *Wo* ein Ton gehört wird, hängt also auch davon ab, *wie viele* Töne unser Gehör aus dem Input macht. Die einfachen Gesetze aus der Psychophysik, die in Kapitel 4 diskutiert wurden, müssen also dahingehend erweitert werden, dass es zusätzlich noch komplexere Prozesse der Schallanalyse gibt. Diese laufen zu einem großen Teil automatisch ab, sind jedoch teilweise auch durch willentliches Hinlenken der Aufmerksamkeit beeinflussbar (siehe unten).

Unser Gehör bewerkstelligt auch das Umgekehrte, also das Produzieren eines Tons aus völlig unterschiedlichen Schallereignissen, wie Abbildung 5-3 verdeutlichen soll. Wenn ein Ton plötzlich aufhört und durch lautes weißes Rauschen ersetzt wird, dann hören wir dennoch den Ton weiter und zusätzlich das Rauschen. Wir produzieren also in dem in Abbildung 5-3 dargestellten Fall nicht drei Ton- und zwei Rauschereignisse, sondern ein Tonereignis und zwei (dieses überlagernde) Rauschereignisse. Die Dinge verhalten sich so wie in Abbildung 4-14 bereits für das Sehen dargestellt. Auch dort war die einfachste Hypothese nicht die, dass drei kleine Kreise mit kleinen Ausschnitten vorliegen, sondern die, dass drei kleine Kreise teilweise durch ein weißes Dreieck verdeckt sind. Wir komplettierten also die visuelle Szene sinnvoll, und nicht anders komplettieren wir eine akustische Szene sinnvoll. Die Bedeutung von „sinnvoll" ist dabei jeweils die, dass unser Gehör beim Produzieren des Höreindrucks Annahmen über die Realität schwingender Gegenstände zugrunde legt.

Abb. 5-3 Obwohl er nicht da ist, hören wir einen kontinuierlichen Ton, der durch Rauschen überlagert wird.

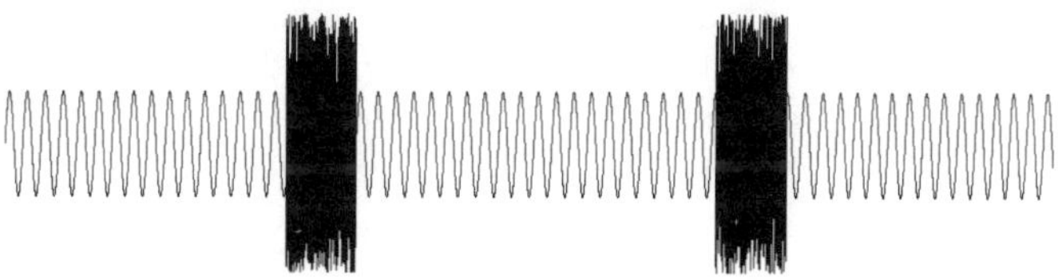

Man kann diese Experimente noch weiter treiben. Präsentiert man beispielsweise statt eines Tons Rauschen einer bestimmten Bandbreite (z. B. Rauschen, das nicht alle Frequenzen, sondern nur die Frequenzen zwischen 0 und 1000 Hz enthält) und wechselt dies mit kurzen Abschnitten von Rauschen der Bandbreite 2000 Hz (Frequenzen zwischen 0 und 2000 Hz) ab, so hören wir ein *durchgehendes* Rauschen der Bandbreite 0–1000 Hz und zusätzliche Abschnitte eines Rauschens, das höher klingt, nämlich genau wie ein Rauschen der Bandbreite 1000 Hz zwischen 1000 und 2000 Hz. Unser Gehör benutzt also die tiefen Frequenzen des zwischengeschalteten 0–2000 Hz Rauschens, um das 0–1000 Hz Rauschen zu komplettieren, und hat zur Individuierung des neu hinzukommenden Tons gleichsam nur noch die Frequenzen zwischen 1000 und 2000 Hz zur Verfügung. Wie Abbildung 5-4 zeigt, machen es unsere Augen nicht anders.

Wie bereits gesagt, verfährt unser Gehör nach dem Prinzip, dass es keine plötzlichen Sprünge in der Natur gibt. Sofern es einen Sprung vernimmt, wird ein neues Ereignis produziert. Wie sprunghaft aber muss ein solcher Sprung sein? Dies hat man gemessen und Werte von 40 bis 640 Millisekunden ermittelt. Je schneller der Sprung, desto größer die Wahrscheinlichkeit, dass wir ein neues Ereignis hören. Ob dies dann aber tatsächlich der Fall ist, hängt von weiteren Bedingungen ab, so dass sich eine recht große Varianz dessen ergibt, was mit einem Lautstärkesprung akustisch gemeint ist (vgl. Bregman 1993, S. 18ff).

Die hier beschriebenen einfachen Ereignisbildungsprozesse laufen automatisch ab. Manche dieser Prozesse sind erfahrungsabhängig, andere hingegen sind relativ unabhängig von Vorerfahrungen des jeweiligen Organismus und können daher beispielsweise auch bereits von Säuglingen geleistet werden, wovon im nächsten Kapitel (vgl. Kapitel 6) noch die Rede sein wird.

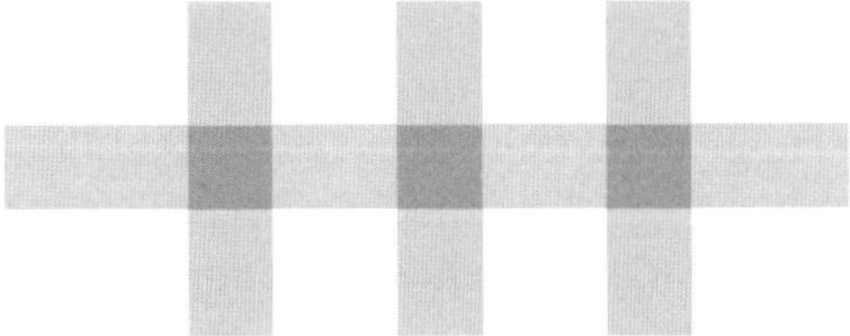

Abb. 5-4 Visuelle Analogie zum Hören von Rauschen und zusätzlichem Rauschen. Wir sehen einen waagrechten hellgrauen Steifen der von drei senkrechten, durchsichtigen hellgrauen Streifen überlagert ist (oder drei senkrechte hellgraue Streifen, überlagert von einem durchsichtigen waagrechten hellgrauen Streifen). Wir sehen nicht hellgraue Rechtecke, die sich mit dunkleren Quadraten abwechseln! Wir verwenden die Annahme der Kontinuität und der möglichst einfachen Anordnung möglichst weniger Objekte. Wir sehen daher nicht einfach nur 13 Flächen, sondern vier Objekte, und wir tun dies, indem wir Annahmen darüber, wie es aussieht, wenn durchsichtige Objekte andere überlagern, in den Seheindruck hineinstecken. Diese Annahmen werden automatisch getätigt, sie werden also von unserem Sehsystem für uns gemacht.

Wiederholung, Habituierung und Hintergrund

Jede zentralnervöse Verarbeitung von Informationen geschieht mittels synaptischer Übertragung. Diese Übertragung ihrerseits kann zur Veränderung der Stärke der beteiligten Synapsen führen. Anders ausgedrückt: Wird ein Ereignis verarbeitet, dann schlägt es sich auch mehr oder weniger im Gedächtnis nieder. Dies geschieht zunächst automatisch und hat durchaus bedeutsame Konsequenzen für unser Hören: Wenn der Kühlschrank anläuft, hören wir ein Summen. Nach einer Weile hören wir es nicht mehr. Dies hat seinen Sinn darin, dass es ja gerade auf die *Änderungen* in der Wahrnehmung ankommt: Wer das Knacksen des Ästchens im Rauschen des Waldes herausgehört hat, der wurde *nicht* zum Abendessen des herannahenden Löwen!

Es ist ganz offensichtlich sinnvoll, wiederholten Wahrnehmungsereignissen weniger Verarbeitungskapazität zu widmen als neuen. Unsere Wahrnehmung verhält sich daher entsprechend und weist das Phänomen der *Habituierung* auf. Dieses wurde erstmals im Rahmen von Tierexperimenten und später auch auf der Ebene von Nervenzellen beschrieben. Wird eine Zelle mit immer dem gleichen Stimulus wiederholt gereizt, so nimmt ihr Output auf den gleichen Reiz mit der Zeit ab. Was unser Erleben des Reizes anbelangt, so hat die Habituierung den Effekt, dass ein Reiz in den Hintergrund tritt. Man erinnere sich an den Kühlschrank: Unmittelbar nach dem Einschalten ist sein Summen im akustischen Vordergrund, einige Zeit später ist es in den Hintergrund getreten.

Auf den Bereich der Musik übertragen bedeutet dies, dass der Komponist die *Begleitung* einer Melodie so komponiert, dass sich vieles wiederholt und sie dadurch für unsere Wahrnehmung in den Hintergrund tritt. Die Melodie hingegen sollte abwechslungsreich sein, so dass sie im Vordergrund bleibt. Ist Musik dagegen von vornherein als Hintergrund konzipiert, dann sollte sie relativ einförmig sein, um sich nicht in den Vordergrund zu drängen. Dies ist bei der so genannten *Fahrstuhl- oder Tapetenmusik* der Fall: Wie einer Tapete begegnen wir ihr überall, also z. B. auch im Fahrstuhl, sie wird aber meist gar nicht wahrgenommen, sondern stellt eine Art akustischen Hintergrund dar, vor dem sich dann beispielsweise Gespräche abspielen können, die sich aus einiger Entfernung nicht so gut belauschen lassen. Diese Hintergrundmusik schafft also Privatheit, zuweilen aber auch Vertrautheit bzw. eine bestimmte emotionale Atmosphäre und wird daher meist ganz bewusst eingesetzt (vgl. Kapitel 16).

Gruppierung

Das Herausschneiden von Ereignissen aus einem kontinuierlichen Strom und in der Musik das Verbinden von einzelnen Schwingungsabschnitten zu Tönen stellen die unterste Stufe musikbezogener akustischer Informationsverarbeitung dar. Der nächste wesentliche Schritt wird in der Wahrnehmungspsychologie mit Gruppierung bezeichnet. Um zu verstehen, was damit gemeint ist, werfen wir einen kurzen Blick auf Abbildung 5-5.

Abb. 5-5 Wir sehen links (a) eine ungeordnete Wolke von Punkten, in der Mitte (b) drei Gruppen von Punkten und rechts (c) zwei aufsteigende Punktreihen.

Ganz offensichtlich behandelt unsere Wahrnehmung ganz einfache Punkte unterschiedlich, je nachdem, ob sie in einer bestimmten Ordnung vorliegen. Diese Ordnung kann beispielsweise durch Lücken vorgegeben sein (wie in Abbildung 5-5b) oder durch bestimmte Regelmäßigkeiten der Orientierung (wie in Abbildung 5-5c). Gruppierung funktioniert hier wiederum automatisch, d. h. wir können uns gegen die Vorschläge unseres Wahrnehmungsapparats, bestimmte Muster aufgrund des *Prinzips der Nähe* zusammenzufassen bzw. zu trennen, gar nicht wehren, au chwen nesv iell eichtma nchma lbess erw äre.

Ein zweites Prinzip der Gruppierung ist das der *Kontinuität*. Es kommt in Abbildung 5-5c zum Tragen, wenn wir eine Richtung bzw. eine Aufwärtsbewegung sehen, wo doch eigentlich nur Punkte vorliegen. Man kann den Effekt der Prinzipien dadurch untersuchen, dass man sie gegeneinander ausspielt. Wie ein Vergleich der Abbildungen 5-5b und 5-5c zeigt, ist die Nähe offenbar stärker als die Kontinuität: Wir sehen in der Mitte nicht zweimal vier aufsteigende Punkte! Der Grund ist der glei chew ieeb enge zeigt.

Ein drittes Gruppierungsprinzip ist das der *Ähnlichkeit* (vgl. Abb. 5-3a und b), das wiederum mit den anderen Prinzipien kollidieren kann. In Abbildung 5-6b sehen wir mit etwas gutem Willen zwei aufsteigende Punktreihen, obwohl die Punkte so angeordnet sind wie in Abbildung 5-5b; umgekehrt sehen wir in Abbildung 5-6a die Dinge eher so gruppiert wie in Abbildung 5-5b.

Was dem Sehen recht ist, das ist dem Hören billig! Nach den gestaltpsychologischen Prinzipien von Nähe, Ähnlichkeit und Kontinuität (Koffka 1935) werden auch in der akustischen Sinnesmodalität einzelne Ereignisse zu kleinen Gruppen von jeweils bis zu etwa fünf Ereignissen zusammengefasst. Diese Herstellung von Ordnung geschieht wie beim Sehen automatisch und bewirkt die Entstehung von gehörten Gestalten. Dies wird in Abbildung 5-7 verdeutlicht, die zwar wie die beiden vorhergehenden Abbildungen das Prinzip *graphisch* zeigt, aber ganz offensichtlich das Gehörte meint (es sind also beim *Betrachten* der musikalischen Ordnung die gleichen Prinzipien am Werk wie beim Hören, was für das Notenlesen nicht unwichtig ist).

Auch zu den in Abbildung 5-6 dargestellten Prinzipien der visuellen Wahrnehmung gibt es akustische Entsprechungen. Man interpretiere die Punkte in Abbildung 5-6a als Noten und spiele die weißen Punkte/Noten mit einem anderen Instrument als die schwarzen und – voilà – die Gruppierung fällt entsprechend nach dem Prinzip der Ähnlichkeit aus. In Abbildung 5-6b interpretiere man die kleinen Punkte als leise Töne und die größeren als laute Töne und wiederum werden wir zwei aufsteigende Tonreihen nach dem Prinzip der Ähnlichkeit hören.

Gruppierungsmechanismen sind beim Sehen kritisch von den räumlichen Verhältnissen abhängig. Nähe ist eine bestimmte Nähe, Ähnlichkeit ist jeweils eine

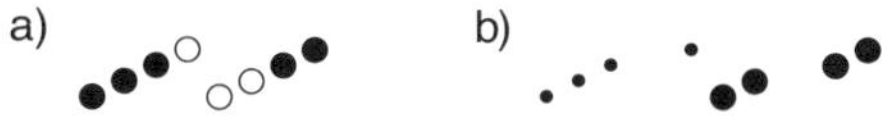

Abb. 5-6 Das Prinzip der Ähnlichkeit sorgt dafür, dass wir links (a) drei Gruppen von Punkten und rechts (b) zwei aufsteigende Punktreihen sehen.

Abb. 5-7 Man hört was man sieht, in Analogie zur Abbildung 5-5b und c.

bestimmte, Größe auch. Nicht anders ist es beim Hören. Hier sind die Gruppierungsprozesse zeitkritisch. Hören wir beispielsweise zwei Töne abwechselnd, jeweils langsam, also z. B. einen in der Sekunde, dann hören wir *eine* Sequenz abwechselnder Töne. Steigert man jedoch die Geschwindigkeit, so schlägt die Wahrnehmung irgendwann um und wir hören *zwei* Reihen von Tönen. Dieser Umschlag erfolgt eher, wenn die Töne weiter auseinander liegen, was man sich wiederum leicht anhand der visuellen Analogie verdeutlichen kann (vgl. Abb. 5-8). Gruppierungsprinzipien können also auch einander zuwiderlaufen. Welches in solchen Fällen siegt, hängt von den jeweiligen Randbedingungen und der Anzahl der für oder gegen eine bestimmte Wahrnehmungshypothese votierenden Prinzipien ab. Man stellt sich ihr Zusammenwirken (wie auch das Zusammenwirken von Neuronen) heute tatsächlich wie eine Art demokratischen Prozess vor. Manches spricht für dieses, anderes für jenes, und letztlich wird abgestimmt und die Mehrheit gewinnt (vgl. Bregman 1990, S. 165–171, 218, 235).

Manche Prinzipien sind hierbei stärker als andere, gewinnen also eher, d. h. haben eine größere Auswirkung auf Gruppierungsprozesse. Die Erforschung dieser Tatsachen ist gegenwärtig keineswegs abgeschlossen, sondern noch immer in vollem Gang. Bereits jetzt zeigt sich aber, wie Komponisten wie beispielsweise Bach es fertigbrachten, eine Geige so klingen zu lassen, als spiele sie im Duett mit sich selbst (vgl. McAdams u. Bigand 1993). Er wusste intuitiv um die Prinzipien des Hörens und nutzte sie für seine Kompositionen in kreativer Weise.

Soll also beispielsweise ein Instrument zwei Stimmen spielen, dann müssen die Noten kürzer sein, wenn sich die Stimmen annähern und dürfen umgekehrt etwas länger sein, wenn die Stimmen auseinanderlaufen.

Nur weil es die Prozesse der Gruppierung gibt, gibt es Melodie und Rhythmus. Umgekehrt kann sich Gruppierung auf Melodie oder auf Rhythmus oder auf beides beziehen. Was jeweils geschieht, ist die Ordnung des akustischen Inputs. Die Prinzipien dieser Ordnung sind dadurch geprägt, dass sie die Welt – so wie sie ist – aus den spärlichen Daten unserer Sinnesorgane rekonstruieren. Noch einmal: Auf der Netzhaut unseres Auges befinden sich nur Farbflecken, wir *sehen* aber Gegenstände in der Welt um uns herum. In der Schnecke des Ohres sind nur Frequenzen, wir *hören* aber Töne mit Obertönen, vernehmen Gegenstände und Lebewesen, hören die Welt um uns herum, ganz ähnlich wie wir sie auch sehen. Unser Sehen rekonst-

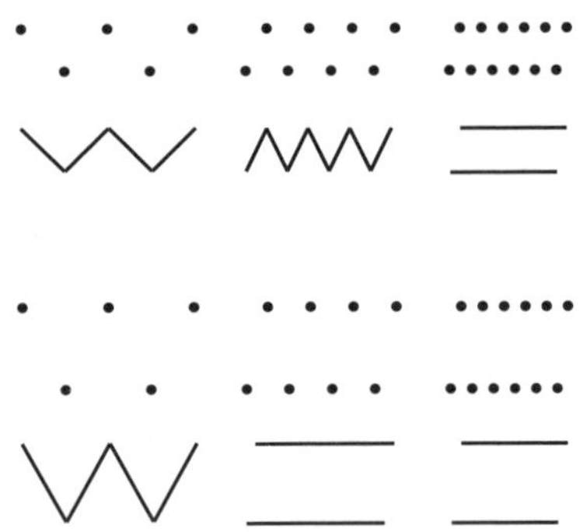

Abb. 5-8 Gruppierung durch Nähe in der Zeit und im Frequenzraum. Wechseln langsame hohe und tiefe Töne (hier durch Punkte repräsentiert) ab, so hören wir *eine* Folge; wechseln die gleichen Töne rascher, schlägt die Wahrnehmung um und wir hören *zwei* Folgen (vgl. auch Riess-Jones u. Yee 1993). Der Effekt hängt von der Geschwindigkeit und vom Abstand der Töne ab, wie der Vergleich der oberen mit der unteren Reihe zeigt. Die jeweils in der Mitte dargestellte Punktfolge (Tonfolge) wird bei geringerem (Frequenz-) Abstand (oben) als eine Folge, bei größerem (Frequenz-) Abstand als zwei Folgen gesehen bzw. gehört.

ruiert Objekte aus Licht, weil dieses Licht von Objekten ausgeht. So auch unser Hören: Schwingungen, die von einem schwingenden Gegenstand stammen, werden als *ein* Klang (oder *ein* Ton) rekonstruiert.

Die Umsetzung der genannten Prinzipien durch neuronale Informationsverarbeitungssysteme ist Gegenstand der Forschung. Man hat früher versucht, einfache, automatisch ablaufende Prozesse von gelernten Prozessen zu unterscheiden. Dies macht in erster Näherung auch Sinn: Die eben genannten Prinzipien laufen in uns allen mehr oder weniger in der genannten Weise ab; ob wir aber die Sätze einer Sinfonie „verstehen", d. h. sie in den Zusammenhang des gesamten Werks richtig einordnen können, hängt von dem ab, was wir durch Hören und/oder Unterweisung gelernt haben. Kurz: Was jemand hört (bzw. zu hören in der Lage ist), hängt ganz wesentlich von dem ab, was er zuvor bereits gehört hat.

Man sollte sich gegenwärtig davor hüten, einerseits „automatisch" mit „angeboren", „biologisch" oder „niedrigstufig" und andererseits „gelernt" mit „kontrolliert", „psychologisch" oder „hochstufig" gleichzusetzen. Betrachten wir ein extremes Beispiel: Dass wir mit dem auditorischen Kortex hören, ist aufgrund seiner initialen Verdrahtung angeboren. Leitet man aber im Tierversuch visuellen Input zum auditorischen Kortex um und schaltet zugleich den akustischen Input aus, so entsteht am Ort der Hörrinde visueller Kortex (!), den man klar an seiner spezifischen Struktur erkennen kann (Sharma et al. 2000). Es ist also auch bei solch scheinbar eindeutig biologisch bzw. genetisch determinierten Sachverhalten das Zusammenspiel mit der Umwelt (sprich: die Verarbeitung entsprechender Signale), die für die interne Strukturierung des Systems sorgt.

Die Feuerwehr und was wir daraus machen

Die eilige Feuerwehr kommt mit Tatü-tata. – Wirklich? Hören Sie doch bitte beim nächsten Mal genau hin: Was wir Tatü-tata nennen, ist eigentlich eine Kontinuität zweier Töne, die an- und wieder abschwellen (so rasch fährt die Feuerwehr an uns vorbei). Was wir jedoch hören, sind rhythmische Gruppen. Dies lässt sich am besten dadurch zeigen, dass man jemanden bittet, das Martinshorn der Feuerwehr einmal nachzumachen (zu singen). Man erhält dann das bereits erwähnte Tatü-tata. Betrachten wir einmal genau, was wir dem Lärm der Feuerwehr damit alles antun (vgl. Abb. 5-9): Wir bilden Ereignisse aus dem kontinuierlichen Strom der beiden wechselnden Sirenentöne, und wir gruppieren und rhythmisieren diese Ereignisse, was so weit geht, dass wir jeden vierten Ton völlig ändern.

Es ist, als sagte unser Gehirn zu sich selbst: Ich will diese Sequenz rhythmisieren, habe aber nur zwei Töne als innere Repräsentation zur Verfügung, die sich abwechseln. Um diesem Wechsel ganz klar einen Rhythmus aufzudrücken, mache ich aus der Sequenz /a ü a ü a ü a ü/ die Sequenz /a ü a a – a ü a a/, füge also nach vier Tönen eine Pause ein und ändere den vierten Ton völlig um, so dass klar ist, dass die vier zusammengehören.

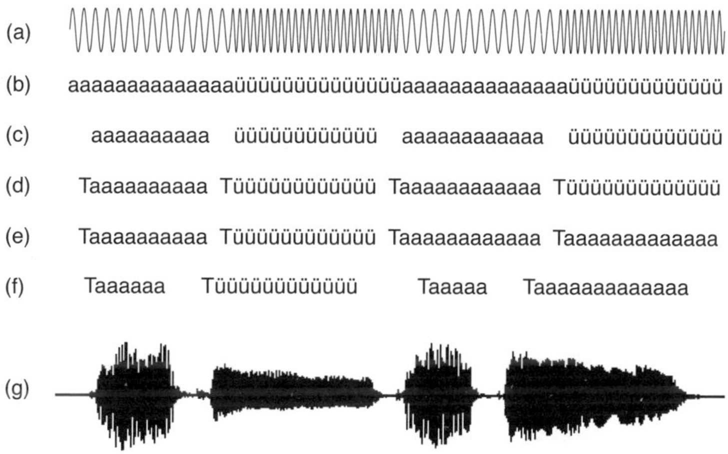

Abb. 5-9 Ereignisbildung, Gruppierung und Rhythmisierung am Beispiel des Martinshorns der Feuerwehr. Dessen Klang ist oben (a) schematisch dargestellt und müsste eigentlich, wenn wir ihn schon durch die Vokale /a/ und /ü/ wiedergeben wollen, wie in (b) als kontinuierliche Folge wiedergegeben werden. Tatsächlich jedoch (c) führen wir Pausen ein, was wir beim Sprechen oder Singen durch (d) Stopkonsonanten bewirken (weswegen das T hier zur graphischen Darstellung verwendet wird). Die so gebildeten Einzelereignisse werden rhythmisiert und gruppiert. Dies geschieht dadurch, dass wir vier Töne zu einer Gruppe zusammenfassen, was u. a. bewirkt, dass wir den vierten Ton komplett ändern: (f) Aus ü wird a. Zugleich werden (e) der erste und dritte Ton im Vergleich zum zweiten und vierten kürzer und nach dem vierten machen wir eine längere Pause (beim Hören und Singen). Was wir gestalthaft hören (g), singen wir auch, wenn wir das Martinshorn nachmachen.

So macht das Hören aus dem Sirenenton das, was man in der Musik ein *Motiv* nennt (siehe unten). Es segmentiert den Strom des Input und fasst die Produkte der Segmentierung zu Gruppen zusammen. Wie man leicht sieht, ist hören also weit mehr als das Abbilden von Schall. Es ist eine überaus aktive Leistung. Der Vollständigkeit halber sei erwähnt, dass praktisch jeder, der ein Martinshorn nachsingt, aus dem meist dissonanten Abstand der beiden Töne (zwischen ihnen liegt meist keine ganz genaue Quarte) eine konsonante Quarte macht.

Das einfache Beispiel der Feuerwehr wurde mit Absicht herausgegriffen. Wohl kaum jemand wird beim Hören des Martinshorns an Musik denken. Wenn aber bereits bei solch einfachem gehörten Material so deutliche Leistungen der Strukturbildung in der Wahrnehmung erfolgen, so ist dies bei richtiger Musik sicherlich noch viel ausgeprägter.

Kurzzeitgedächtnis: Motiv und Phrase

Die kleinsten durch Gruppierung entstehenden Einheiten werden in der Musik oft als Motive bezeichnet. Ein Motiv ist eine kleine Gruppe von drei bis fünf Ereignissen (sprich: eine kurze Tonsequenz aus wenigen Tönen, also beispielsweise das eben diskutierte Tatü-tata) und bildet den kleinsten musikalisch erkennbaren Bestandteil eines Stücks. Um den Sachverhalt durch eine Analogie zu klären: Was der Sprache das Wort, ist der Musik das Motiv.

Motive können ihrerseits zu größeren Gruppen zusammengefügt werden. Die hieraus entstehenden Einheiten nennt man Phrasen. Dieser Begriff ist nicht umsonst der Sprachwissenschaft entlehnt, wo er soviel wie „einfacher Satz" meint. Die meisten Sätze in diesem Buch bestehen aus mehreren Phrasen, enthalten Haupt- und Nebensätze, verschachtelt oder gereiht. Ein Satz kann aber auch nur aus einer Phrase bestehen. Es gibt sogar Einwortsätze. Basta! So wie man aus Buchstaben Wörter, aus Wörtern Sätze und aus Sätzen Geschichten machen kann, entstehen aus der Sequenz von Tönen (dem Produkt von Bindung und Abgrenzung) Motive und aus Motiven Phrasen. Wörter tragen Bedeutungen, sie sind aus wenigen ganz allgemeinen, selbst noch nichts bedeutenden Buchstaben zusammengesetzt. Aus ihnen wiederum entstehen größere Strukturen, die Satzteile. So wie am Ende eines Nebensatzes eine bestimmte Bedeutungseinheit abgeschlossen ist, ist am Ende einer Phrase eine bestimmte wiedererkennbare Einheit begrenzt, was dadurch erfolgt, dass z.B. Melodie und Rhythmus (und vielleicht auch Klangfarbe) gleichsinnige Gruppierungsprozesse auslösen (so dass deren Ordnungsprodukte deutlicher hervortreten).

Eine Phrase ist also länger als eine einzelne kleine Gruppe, sie ist jedoch gerade noch klein genug (und letztlich dadurch bestimmt), dass sie im Kurzzeitgedächtnis Platz hat. Man kann sie also als Ganzes unmittelbar vor Augen (bzw. vor dem Ohr) haben. Es ist wahrscheinlich kein Zufall, dass die Länge von Phrasen im sprachlichen und musikalischen Bereich recht gut zur Physiologie des Menschen passt: Was man mit einem Atemzug sagen oder singen kann, sollte sich auch zusammenhängend überblicken lassen. Bei durchschnittlich acht bis zwölf Atemzügen pro Minute ergeben sich Phrasenlängen von im Mittel drei bis fünf und manchmal von bis zu etwa acht Sekunden. Manche musikalischen Phrasen sind zwar länger, überschreiten jedoch selten das Doppelte der genannten Länge. Zur Bestimmtheit der Phrase durch die Physiologie des Atmens passt auch die Tatsache, dass Phrasen oft durch eine Beschleunigung am Anfang und eine Verzögerung am Ende markiert sind und dass Hörer eine solche zeitliche Struktur anderen denkbaren Möglichkeiten gegenüber vorziehen (Friberg et al. 1987).

Ebenso wie ein zu langer Satzteil, so etwa ab vier bis sechs Zeilen, um nicht gleich mit Sätzen Kantischen Ausmaßes, die bekanntermaßen über mehrere Seiten der *Kritik der reinen Vernunft* oder auch der *Kritik der Praktischen Vernunft*, zweier seiner wesentlichen Werke, gehen und vielleicht über das Arbeitsgedächtnis dieses Philosophen etwas aussagen, nicht mehr verständlich ist, ist auch eine zu lange Phrase nicht mehr musikalisch verständlich, d.h. nachvollziehbar in dem Sinne, dass man sie als Ganzes sozusagen im Ohr hat und als Einheit hört.

Phrasen sagen also etwas aus über die Grenzen unseres Kurzzeitgedächtnisses. Wir können diese Grenzen nur überschreiten, indem wir höherstufige Gruppierungen mit den oben bereits erwähnten Prozeduren des Chunking bzw. Clustering bilden. Wenn wir uns die Ziffernfolge 191 419 181 9391 945 merken sollten, haben wir zunächst keine Chance. Wenn wir jedoch umgruppieren (1914 1918 1939 1945) und uns vier Jahre des letzten Jahrhunderts merken sollten, ist es schon einfacher; am einfachsten ist es, wenn wir auf bereits gespeichertes Wissen (vom Anfang und Ende der beiden Weltkriege) zurückgreifen. Plötzlich kann jeder die Ziffernfolge auswendig hersagen! Je mehr wir also schon wissen, desto besser klappt es in aller Regel mit dem Aufnehmen von Informationen.

Auch in der Musik: Komponisten bauen Stücke so zusammen, dass wir anhand der Wiederholungen schon während des Zuhörens auf bestimmte Strukturen aufmerksam werden. Wir lernen also beim Hören und benutzen das Gelernte sogleich zur besseren Strukturierung dessen, was noch kommt. Der Sachverhalt der weiter oben bereits erwähnten Bahnung (*Priming*) spielt hierbei eine große Rolle. Wir hören etwas und hören es beim zweiten Mal schon deutlicher, beim nächsten Mal dann klar gegenüber anderem abgegrenzt. So wird eine Tonfolge zu einem Thema, das dann transformiert wird oder plötzlich in Moll statt zuvor in Dur erscheint oder von einem anderen Instrument aufgegriffen wird.

Im Bereich der Sprache (wir hören ein Wort mit einer bestimmten Bedeutung, die dann nachfolgende Prozesse beeinflusst) ist dieser Sachverhalt sehr genau untersucht, nicht zuletzt in einer Reihe eigener Studien (Spitzer 1993; 1997). Immer wieder zeigt sich, dass eine vorgegebene Bedeutung das Erkennen ähnlicher Bedeutungen erleichtert. Dies ist auch bei der Wahrnehmung von Musik der Fall. Erschwert man diese beispielsweise dadurch, dass man die Töne einer Melodie in ständigem Wechsel um eine Oktave tiefer oder höher oder die Töne zweier Melodien abwechselnd spielt (vgl. Abb. 5-10), so werden die Melodien oft nicht erkannt. Gibt man jedoch deren Titel vor, fällt das Heraushören der Melodie deutlich leichter.

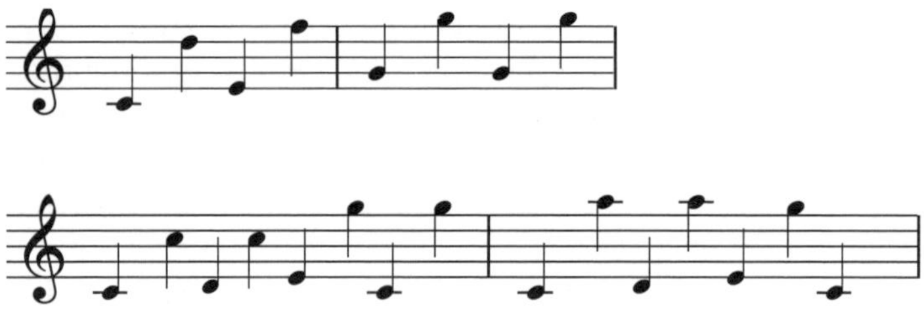

Abb. 5-10 Oktavierte Melodie von *Fuchs, du hast die Gans gestohlen* (oben) und zwei versetzt durcheinander gewürfelte Melodien (*Frère Jacques* und *Twinkle, twinkle little star*, was etwa dem deutschen *Morgen kommt der Weihnachtsmann* entspricht; unten), die man allerdings durch den Oktavabstand noch einigermaßen erkennen kann; vgl. Crowder 1993, S. 127.

Langzeitgedächtnis: Erfahrung und Kultur

Wer könnte nicht die Melodien aus seiner Jugend noch auswendig, nebst Texten, und hat entsprechende Erinnerungen an die Zeit? Dies ist trivial, wurde aber dennoch in Studien überprüft und gefunden (McElhinney u. Annett 1996). Man fand aber auch, dass über die gesamte Lebensspanne hinweg nicht sehr viele Details erinnert werden (Schulkind et al. 1999). Wir alle haben jedoch nicht nur unzählige Melodien, Rhythmen (vgl. Boltz 1998; Schulkind 1999) und musikalische Einzelereignisse in unserem Langzeitgedächtnis gespeichert, sondern auch allgemeine musikalische *Prinzipien*. Von einigen war bereits die Rede, insbesondere von Tonleitern und Tonabständen, die wir in ganz allgemeiner Form durch unzähliges Hören abgespeichert haben und die einen Teil unserer musikalischen Erwartung an neues Material darstellen: Wir hören sofort, wenn jemand Töne falsch intoniert, d.h. beispielsweise zu hoch oder zu tief singt. Hierzu bemühen wir unsere ganz allgemeine Vorerfahrung mit Tönen.

Wir hören aber ebenfalls sofort, wenn jemand bei einer bestimmten Melodie einen Ton durch einen anderen ersetzt. In diesem Fall bemühen wir unsere Vorerfahrung mit der bestimmten Melodie, also eine wesentlich spezifischere Information. Wir haben auch das westlich-abendländische Tonsystem gespeichert und nutzen es beim Hören von Musik dauernd, um das Gehörte zu strukturieren (was bei atonaler Musik nicht geht; vgl. Dibben 1994). Wir bemerken zudem, dass ein bestimmtes Stück nach Jazz oder nach den 60er Jahren klingt, ohne dabei immer genau angeben zu können, woran wir dies bemerken.

In unserem Langzeitgedächtnis haben wir u. a. Episoden und allgemeines Wissen gespeichert. Wir können uns an ein ganz besonderes Lied erinnern, aber auch an die Musik einer Zeit. Das allgemeine Wissen besteht in Kategorien und so genannten Schemata, worunter man ganze Kontexte mit entsprechenden Wahrnehmungs- und Verhaltensabläufen versteht. Wenn wir beispielsweise in ein Restaurant gehen, so kennen wir die Abläufe (Bestellen, Warten, Speisen, Bezahlen etc.), wir müssen keineswegs jedes Mal nachdenken, was jetzt zu tun ist. Solche gelernten Schemata spielen natürlich auch in der Musik eine große Rolle. Wer eine Sonate oder eine

Sinfonie hört, der erwartet eine bestimmte Folge musikalischer Abläufe. Es ist nun die Kunst des Komponisten, diese Erwartungen sowohl zu befriedigen als auch zu durchbrechen, denn sonst würde es uns beim Zuhören ja langweilig.

Nicht nur in der klassischen Musik spielen Schemata (als Sonatenform oder als Ablauf einer Messe) eine wichtige Rolle. Sie sind vielmehr für *jede* Musik wichtig. Auch im freiesten Free-Jazz gibt es Konventionen, Rock ist in dieser Hinsicht fester als Klassik (daher der Name!), Hardrock erst recht, von Heavy Metal ganz zu schweigen. Schemata sind ein Hintergrundwissen, das unsere Aufmerksamkeit leitet und uns ermöglicht, Neues vom Gewohnten zu unterscheiden. Sie spielen beim Behalten und Erinnern eine große Rolle: Wenn eine Abfolge genau unseren Erwartungen entspricht, werden wir sie wahrscheinlich nicht behalten (sie macht keinen „bleibenden Eindruck“), wenn sie völlig neu ist, sind wir vor allem verwirrt und behalten ebenfalls eher wenig. So auch in der Musik: Wer zum ersten Mal im Leben eine Sinfonie oder eine Jazz-Improvisation hört, der wird nicht sehr viel davon mitnehmen außer einen Gesamteindruck. Bei häufigerem Hören werden wir genauer, erkennen Dinge wieder und erinnern dadurch besser. Noch einmal: Schemata spielen in der Musik eine sehr große Rolle, weil unser Gedächtnis so funktioniert, wie es funktioniert.

Betrachten wir ein Beispiel: Wahrscheinlich haben sich die meisten Menschen, die so einfach nebenbei Schlager hören, noch nie klargemacht, dass diese Musik immer wieder nach dem gleichen Schema abläuft (vgl. Abb. 5-11): Acht Takte Strophe, dann das Gleiche mit leicht verändertem Ende nochmals für acht Takte und dann ein Refrain mit immer dem gleichen Text, natürlich wieder über 16 Takte; dann das Ganze noch einmal, und dann (wenn es wirklich mal interessant werden soll) eine Art Zwischenmodulation (*bridge* genannt) mit etwas anderer Melodie und Harmoniefolge, aber dann gleich wieder (damit es nicht zu kompliziert wird, gewissermaßen zur Beruhigung des Hörers) der Refrain mit seinen vertrauten 16 Takten. Wir schalten das Radio ein und finden uns sofort zurecht, können auch einen unbekannten Schlager spätestens beim zweiten Refrain mitpfeifen, erinnern uns daher später vielleicht an ihn, er gefällt uns und wir kaufen die Platte oder CD. War das Stück fast genauso wie ein anderes, langweilt es uns. Ist es ganz anders, gefällt es uns nicht. Vielleicht wurde *Yesterday* von den Beatles ein Welthit, weil dieses Lied einerseits den Regeln des Schlagers gehorcht, sie andererseits jedoch gleich zweifach durchbricht: Die Strophe hat nur sieben Takte und einen Refrain gibt es gar nicht, dafür aber eine (allerdings zweimal wiederholte) Zwischenmodulation.

So wie eine größere Anzahl von Schemata eine Kultur ausmachen (wir wissen nicht nur, wie man essen geht, sondern auch, wie man sich begrüßt, eine Bespre-

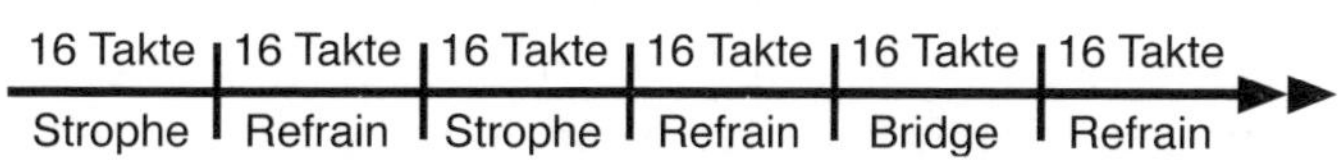

Abb. 5-11 Schema des Aufbaus eines Schlagers bzw. Pop-Songs. Manche weichen etwas von dem Schema ab, besitzen drei Strophen, eine kleine Einleitung, keine Bridge oder gleich zwei davon. Wer seine musikalische Radio-Alltagskost jedoch einmal auf diese Regeln hin untersucht, der wird erstaunt sein, wie allgemein sie zutreffen.

chung durchführt, wie man arbeitet oder schläft, sich vor Gericht streitet oder sich verlobt oder heiratet etc.), so machen auch eine ganze Reihe von Schemata eine Musikkultur aus. Wir wissen, wie ein Orchester oder eine Band aufgebaut ist, wie ein Trauermarsch klingt und was man bei Geburtstagen singt. Eine ganze Industrie sorgt dafür, dass wir beständig in dieser Kultur baden, ohne es so richtig zu bemerken. Sicher, wir haben gewisse Wahlmöglichkeiten; wir können unser Radio- (oder Fernseh-)programm selbst auswählen und uns diese oder jene CD kaufen. Dennoch sind wir alle auch einer Art allgemeiner Musikkultur recht wehrlos ausgesetzt, sobald wir uns in die Öffentlichkeit, in Hotels und Kneipen, in Kaufhäuser und Supermärkte, in Toiletten und Fahrstühle begeben. Man muss schon sehr zurückgezogen leben, um von Musikkultur nicht umgeben zu sein. Gewiss, auch Opernhäuser und Konzertsäle tragen diese Musikkultur. Rein quantitativ dürfte ihr Beitrag allerdings – verglichen mit Fahrstühlen oder Autos (ohne Radio heute undenk- und unverkaufbar!) – eher gering sein. In den Kapiteln über das Musizieren-Lernen und das gemeinsame Musizieren (vgl. die Kapitel 12 und 13) werden diese Gesichtspunkte nochmals Thema sein.

Metaphern

Schemata sind Strukturen in unserem Langzeitgedächtnis, die uns beim Zurechtfinden in der Welt helfen. Manchmal jedoch kommt es vor, dass wir Erfahrungen machen, für die wir noch keine Strukturen haben, weil sie so anders sind als all das, was wir schon kennen. In diesen Fällen kann es hilfreich sein, eine ganze Struktur, ein Schema oder gleich mehrere auf einen neuen, ganz anderen Sachverhalt anzuwenden. Mein Lieblingsbeispiel hierfür ist der Automechaniker, der sich zum ersten Mal verliebt (Lakoff 1983, zit. in Emanatian 1995). Die Sache kommt nicht richtig in Gang, trottet zunächst stotternd und unrund, später dann vielleicht läuft es heiß oder gar überhitzt etc. Eine Liebschaft ist sicherlich etwas anderes als ein Motor, aber die Vorerfahrung mit dem Motor liefert eine Struktur zum Zurechtfinden in der gänzlich neuen Situation, die immer noch besser ist als gar keine Struktur! Gewiss, mit der Zeit wird der Mechaniker beziehungsspezifische Erfahrungen machen und seine Motormetaphorik wird (so hoffen wir für ihn) einer subtileren Betrachtungs- und Zugangsweise weichen. Aber zunächst jedenfalls war bereits vorhandene Erfahrung wichtig für das Strukturieren von Neuem und Unbekanntem.

Wann immer wir uns so verhalten wie der gerade karikierte Automechaniker, wenden wir Metaphern an. Eine Metapher ist letztlich ein Verhältnis zweier Strukturen. Wir sagen, dass eine Metapher gut „passt", und meinen damit strukturelle Entsprechungen zwischen Sachverhalten. Bereits vorhandene allgemeine Strukturen werden verwendet, um neue Sachverhalte zu begreifen. Man kann annehmen, dass Kinder bestimmte Sachverhalte und Strukturen sehr bald lernen und zur Strukturierung anderer, neuer Erfahrungen verwenden. Solche im Laufe der kindlichen Entwicklung recht früh erworbenen Strukturen beziehen sich u.a. auf die körperliche Welt um uns (Physik) und unseren eigenen Körper (Physiologie). Beides ist uns sozusagen in die Wiege gelegt. Betrachten wir Beispiele, die für die Musik wichtig sind.

Wie strukturieren wir Musik beim Hören; wie also geschieht das Gruppieren auf höherer Ebene? Neben dem Wechsel des Rhythmus und der Klangfarbe (was die Streicher spielten, spielen auf einmal die Bläser) sowie längeren Pausen sind bestimmte Aspekte des Melodieverlaufs charakteristisch, beispielsweise für Endungen: Die Melodie wird langsamer und verläuft abwärts. Sie bekommt dadurch etwas Schweres, obwohl Töne ja eigentlich gar kein Gewicht haben. Dennoch hören wir dies so. Warum?

Schwere Gegenstände schwingen langsamer als leichte. Ganz gleich, ob es sich um einen Ast, einen hohlen Baum oder eine Glocke handelt, das Schwingen im Wind und damit jegliches rhythmische hierdurch produzierte Geräusch ist langsamer, je schwerer der betreffende Gegenstand ist. Auch wenn der Gegenstand in sich schwingt, die Glocke oder der Ast oder der hohle Baum also ein Geräusch oder einen Ton von sich geben, wird dieser umso tiefer sein, je größer (und das heißt auch: je schwerer) der Gegenstand ist. Kleine Glöckchen bimmeln, große Glocken läuten – unsere Sprache versucht also zumindest so gut es geht, die klanglichen Verhältnisse onomatopoetisch nachzuempfinden. In jedem Fall erscheint die Metapher der Schwere gut in physikalischen Prinzipien gegründet. Kein Wunder also, wenn Melodien gegen Ende nach einer Art Höhenflug sich wieder dem Boden nähern und so eben genau dieses Ende signalisieren.

Aber es kommt noch ein weiteres, wahrscheinlich ebenso wichtiges Prinzip hinzu, das nicht in der Physik, sondern in der Physiologie begründet ist. Wenn wir sprechen, geht uns gegen Ende des Satzes die Luft aus. Der Druck des aus den Lungen kommenden Luftstroms nimmt ab und daher auch die Frequenz der Stimmbänder. Beim Singen eines langen Tons gleichbleibender Höhe müssen wir durch Tricks dieser Tatsache entgegenwirken (vgl. Kapitel 10), beim Sprechen jedoch können wir uns sozusagen gehen lassen und die letzten Wörter im Satz mit immer tieferer Stimme aushauchen. Es ist daher nicht verwunderlich, dass der Tonfall am Ende von Aussagesätzen bergab geht, wie Bollinger (1989, S. 39) in 269 Sprachen nachweisen konnte. Es ist daher auch kein Wunder, dass man eine Folge von Dreiklängen mit bestimmtem Abschluss eine *Kadenz* nennt, denn die lateinische Wurzel dieses Fremdworts (*cadere*) heißt zu Deutsch fallen.

Wir verstehen eine Melodie also, weil wir die Natur um uns kennen und unseren Körper ebenso. Keineswegs ist damit behauptet, dass das Erleben von Musik auf Physik und Physiologie reduziert werden kann! Im Gegenteil – wir spüren ja sehr viel mehr als nur Körperliches. Dennoch entspringt unsere Art des Erlebens von Musik nicht dem luftleeren Raum und ist daher auch nicht völlig beliebig. Wir sahen dies bereits beim Hören von Tönen und Intervallen: Gegeben die Physik schwingender Körper und die Physiologie des Ohres, und es ergibt sich ein recht enger Spielraum für kulturelle Ausformungen von Musik. Nun ist es beim Erleben von Musik nicht viel anders: Auch hier sind wir bestimmt von Physik und Physiologie. Diese Bestimmung ist indirekter (metaphorisch), aber deswegen keineswegs geringer.

Nicht nur leicht und schwer bzw. hoch und tief haben in der Musik eine – wie jetzt geklärt metaphorische – Bedeutung. Auch so etwas wie Bewegung, Spannung, Ziel und ein Höhepunkt sind Momente an der Musik, deren Bedeutung letztlich eine metaphorische ist, die von der Natur und unserem Verständnis derselben (einschließlich unserer selbst) abgeleitet sind. Betrachten wir hierzu noch kurz das Beispiel von Bewegung (vgl. auch Gjerdingen 1994). In der Musik erscheint ein Abschnitt dann als bewegt, wenn sich in ihm etwas tut, verändert. Gänzlich eintönig rhythmische Musik erscheint nicht bewegt, sondern statisch, obwohl rhythmische Klänge auf bewegte Strukturen, die der Klangerzeugung dienen, verweisen können. Die Wiederholung des Gleichen jedoch ist für unsere Ohren keine Bewegung, sie geht nirgends hin. Es geht also bei der Wahrnehmung von Bewegung um etwas Höherstufiges, um Entsprechungen (eben Metaphern) in der Welt des Körpers und der Körper. Körper gehen von hier nach da, entfernen sich, kommen näher, steigen auf oder fallen, das Ganze geht rasch oder langsam vonstatten – und Entsprechendes hören wir, wenn wir bewegte Musik hören.

Fazit: Das Gedächtnis macht Musik

Es gibt Musik im Grunde überhaupt nur, weil es Gedächtnisleistungen gibt. Daher kann man viel über Musik erfahren, indem man das Gedächtnis in seinen unterschiedlichen Ausformungen näher studiert, und umgekehrt (vgl. Bigand 1993).

Gedächtnisprozesse lassen sich nach zeitlichen, kapazitiven bzw. informationstheoretischen und inhaltlichen sowie neuerdings auch nach neurobiologischen Gesichtspunkten einteilen. Das Echogedächtnis hat normalerweise eine Zeitdauer von einigen hundert Millisekunden bis zu maximal einer Sekunde, kann jedoch unter Umständen auch länger dauern. In ihm ist der Klang noch so vorhanden, wie er unmittelbar erlebt wurde. Prozesse der Trennung und Bindung operieren auf der Ebene des Echogedächtnisses und segmentieren den kontinuierlichen Strom des akustischen Inputs in voneinander abgegrenzte Ganzheiten, wie Geräusche und vor allem Töne.

Das Kurzzeitgedächtnis hat eine Zeitdauer von etwa drei bis fünf Sekunden und kann durch inneres Wiederholen verlängert werden. Seine Kapazität ist mit nur fünf bis sieben Inhalten gering, lässt sich jedoch durch Zusammenfassung von Einzelheiten zu größeren einzelnen Inhalten steigern. Durch die Gruppierung von Tönen nach bestimmten aus der Gestaltpsychologie bekannten und in evolutionärer Hinsicht äußerst sinnvollen Prinzipien entstehen auf der Ebene des Kurzzeitgedächtnisses Motive (einfache kleine Gruppen von drei bis fünf Tönen) und Phrasen (Gruppen von Motiven). Diesen entsprechen im Bereich der Sprache Wörter und Satzteile, die in der Linguistik ebenfalls Phrasen genannt werden. So wie wir beim Sprechen Satzteile durch die Sprachmelodie und durch Pausen zwischen ihnen anzeigen, werden auch in der Musik Phrasen durch den Verlauf der Melodie und beispielsweise durch Pausen gegeneinander abgegrenzt.

Das Langzeitgedächtnis hat eine Dauer von Tagen, Wochen, Monaten oder Jahren, je nachdem, ob die Information wieder gebraucht wird oder ob sie in den immer neuen Verarbeitungsprozeduren gleichsam untergeht. Im Langzeitgedächtnis ist sowohl bedeutsames Einzelnes (Episoden) als auch Allgemeines (Kategorien, Schemata, Strukturen) abgespeichert. Es ermöglicht uns überhaupt erst vernünftiges Hören, denn hierbei kommt es immer zu einer Wechselwirkung zwischen dem neuen Input und den bereits bekannten gespeicherten Erfahrungen. Besonders wichtig für den Umgang mit Musik erscheint Metaphorik, die durch Rückgriff auf konkrete körperliche (d.h. physikalische und physiologische) Strukturen vieles an der Musik verständlich macht.

Postscript: der Mozart-Effekt

Im Jahr 1993 sorgte eine Studie zu Musik, Intelligenz und Gedächtnis weltweit für Aufsehen, deren Ergebnis unter dem Namen *Mozart-Effekt* bekannt wurde. Rauscher und Mitarbeiter ließen 36 College-Studenten für zehn Minuten Mozarts Sonate für zwei Klaviere in D-Dur (K. 448) oder ein Entspannungstonband oder gar nichts hören und testeten dann deren räumliche Intelligenz mit einer standardisierten Aufgabe (Rauscher et al. 1993). Hatten die Studenten Mozart gehört, waren ihre Leistungen um 8 Punkte (eine halbe Standardabweichung) besser als unter den anderen Bedingungen. Das Ergebnis was statistisch signifikant (vgl. jedoch McLachlan 1993) und sorgte in den USA dafür, dass am Tag nach seiner Publikation die Schallplattenumsätze für Mozart in die Höhe schnellten. Öffentliche Schulen ließen Mozart als Hintergrundmusik im Klassenzimmer laufen und berichteten von besseren Leistungen der Kinder, und es folgte eine Flut wissenschaftlicher Arbeiten hierzu. Mittlerweile gibt es mehrere Bücher, in denen Mozart für persönliches Wohlbefinden, Genialität und Gesundheit als Allheilmittel angepriesen wird. Die Vermarktung des Sachverhalts geht so weit, dass sogar der Name Mozart-Effekt patentiert ist (Campbell 1997). Was aber ist von der Sache – einmal mit Abstand vom üblichen amerikanischen Geschäftsrummel (die Wissenschaftler arbeiteten in Kalifornien) – zu halten? Macht uns Musik schlauer?

Wann immer in der Wissenschaft etwas Neues, Unerwartetes festgestellt oder entdeckt wird, machen sich Kollegen daran, die Dinge zu überprüfen. Dies ist das Schöne an Wissenschaft: Es gibt überall und für alles und jedes eine Gemeinschaft von Menschen, die nach allgemein akzeptierten Standards Experimente planen, Daten sammeln und auswerten und so für einen ständigen Fortschritt unseres Wissens über die Welt – einschließlich unserer selbst – sorgen. Es machten sich also andere auf, um den Mozart-Effekt zu replizieren. Die Ergebnisse waren gemischt bis negativ. Zwar konnten Rauscher und Mitarbeiter (1995) mit einer anderen Aufgabe an 69 Studenten nochmals den positiven Effekt von Mozart auf die Leistung einer räumlichen Verarbeitungs- und Gedächtnisaufgabe zeigen, andere Untersucher jedoch fanden den Effekt entweder gar nicht oder nur in geringer Ausprägung (Zusammenfassung bei McCutcheon 2000).

Rauscher und Shaw (1998) analysierten daraufhin die Studien mit negativem Ergebnis und kamen zu dem Schluss, dass in diesen entweder langweilige Musik verwendet wurde oder ein Test, der nicht wirklich räumliches Vorstellungsvermögen betraf. Zudem kamen methodische Unterschiede bei der Durchführung der Untersuchung als Fehlerquellen in Betracht. Die Autoren legten eine weitere Studie an 34 Kindern im Vorschulalter vor (Rauscher et al. 1997), die für ein halbes Jahr Klavierunterricht bekamen und danach nicht nur kleine Stücke von Mozart und Beethoven spielen konnten, sondern auch in raum-zeitlichen Aufgaben besser abschnitten als eine Kontrollgruppe von 20 Kindern gleichen Alters, die Computertraining erhielten, sowie eine weitere Kontrollgruppe von 24 Kindern, die auf andere Weise die Zeit verbrachten. In die gleiche Richtung weist eine Untersuchung an 96 Kindern im Alter von 5 bis 7 Jahren, die entweder normalen Musik- und Kunstunterricht hatten oder speziellen Unterricht, der auf den systematischen Aufbau von Fertigkeiten besonderen Wert legt. Es zeigte sich ein positiver Effekt dieses Trainings nicht nur auf die geübten Fähigkeiten, sondern auch auf andere Fähigkeiten wie Mathematik und das Gesamtverhalten der Kinder (Gardiner et al. 1996). Gibt es also doch einen Mozart-Effekt, wenigstens bei kleinen Kindern?

Sagen wir es klar und deutlich: Nach den vorliegenden Daten gibt es keinen Mozart-Effekt, d. h. keine besondere Wirkung bestimmter Musikstücke auf die Intelligenz. Es wäre jedoch schade, wenn der amerikanische Rummel (wieder einmal mehr) nichts weiter bewirkte als die gute alte europäische (und insbesondere deutsche) Skepsis gegenüber ungewöhnlichen Gedanken. Denn eines ist auch klar, bereits nach den wenigen vorangegangenen Kapiteln: Musik ist eine besondere komplexe menschliche Fähigkeit, die an unser Gehirn höchste Ansprüche stellt. Bedenkt man nun zusätzlich, dass Musik sehr früh wahrgenommen wird (hierum geht es im folgenden Kapitel) und Gedächtnisleistungen auf unterschiedlichen Ebenen voraussetzt und dass sich das Gehirn des Säuglings noch über Jahre nach der Geburt erfahrungsabhängig entwickelt, so tritt die Bedeutung von Musik für die kindliche Entwicklung wieder in den Vordergrund. Die oben erwähnten Autoren drücken dies wie folgt aus:

> „Nach unserer Auffassung zeigen unsere Daten, dass Schüler dann, wenn sie entdecken, dass die Teilnahme an künstlerischen Aktivitäten Spaß macht, dazu motiviert sind, die Fähigkeiten zu erwerben, auf die wir besonderen Wert legten. Dies hatte zwei Konsequenzen: Zum einen wurde den Schülern bewusst, dass sie in der Lage waren, solche herausfordernden, aber zugleich belohnenden Fähigkeiten zu lernen. Dies kann zu einer Verbesserung der gesamten Einstellung gegenüber dem Lernen und der Schule führen. Zum zweiten bewirkt das Erlernen künstlerischer Fähigkeiten, dass die geistigen Fähigkeiten gleichsam gestreckt werden und diese Flexibilität auf andere Bereiche übergreift: Die Tatsache des besseren Lernens von Mathematik beispielsweise könnte auf das Erlernen geistiger Fähigkeiten wie beispielsweise von Ordnungsprinzipien und anderer Elemente mathematischen Denkens in diesem Alter zurückzuführen sein" (Gardiner et al. 1996, S. 284, Übersetzung durch den Autor).

Man kann das ganze vorliegende Buch als ein Plädoyer für das Musizieren und insbesondere das Musizieren mit Kindern lesen. Es geht jedoch hierbei um viel mehr als um die passive „Berieselung" von Kleinkindern, Schulkindern oder Studenten mit irgendeiner vermeintlich auf magische Weise den IQ verbessernden Musik. Es geht um Freude und emotionalen Gleichklang, um Rhythmus und Gemeinsamkeit, um Singen und Spielen. Dass solche aktive Beschäftigung mit Musik allen Kindern von der Geburt bis ins Greisenalter gut tut, wussten Platon und Friedrich Schiller, Pythagoras und Rudolf Steiner, Johann Heinrich Pestalozzi und Maria Montessori ebenso wie Sie und ich.

Teil II Musik erleben

Jeder Mensch erlebt Musik anders. Mancher wird durch Musik nur wenig berührt, wohingegen andere den größten Teil ihres bewussten Lebens der Musik widmen. Neben dieser Dimension des *stark/schwach* gibt es auch die Dimension des *angenehm/unangenehm*: Der eine empfindet als Lärm, was dem anderen höchstes Vergnügen bereitet. Die dritte Dimension, die zum Trio der grundlegenden semantischen Dimensionen gehört, die bei der Einschätzung von vielerlei Sachverhalten immer wieder zum Vorschein treten, ist die des *aktiv/passiv*, und auch sie charakterisiert das Verhältnis der Menschen zur Musik grundlegend: Der eine wird nur berieselt, während der andere Musik sogar beim Zuhören im Grunde permanent selbst (mit)macht.

War in den vergangenen Kapiteln viel von Allgemeinem die Rede, von Physik und Physiologie, so geht es beim Erleben von Musik um Lernen, Erfahrungen, Reaktionsbereitschaften und Emotionen, also um *psychologische* Gesichtspunkte, die den Einzelnen und seine Lebensgeschichte betreffen. Dies alles ist keinesfalls losgelöst von den zugrunde liegenden neurobiologischen Mechanismen zu betrachten – beim Hören eines Tons oder einer Melodie greifen immer die allgemeinen neuronalen Mechanismen von Ohr und Gehirn und die Lerngeschichte der konkreten Person ineinander. Auch diese subjektive Seite des Erlebens lässt sich wissenschaftlich untersuchen, wie gerade in jüngerer Zeit publizierte Studien zeigen.

6 Musik vor und nach der Geburt

Musik wirkt auf uns in vielfältiger Weise, und wir wirken zurück auf die erlebte Musik. Die Kausalität geht also durchaus in beide Richtungen, vom Subjekt zum Objekt und umgekehrt. Wir erleben Musik nicht nur auf individuelle Weise, unser Erleben von Musik macht uns auch zu dem Individuum, das wir sind. Dies wird besonders deutlich bei der entwicklungspsychologischen und entwicklungsbiologischen Betrachtung von Musik. In diesem Kapitel des zweiten Teils, der das Erleben von Musik behandelt, geht es daher zunächst um das Erleben von Musik vor und nach der Geburt.

Vorgeburtliches Erleben

Erleben beginnt nicht mit der Geburt, sondern lange davor. Wie lange genau ist unklar und seit Jahrtausenden Gegenstand heftiger Diskussion. Dass aber das Kind im Mutterleib bereits erste Erlebnisse hat, Erfahrungen macht und dass diese Erfahrungen gespeichert werden und später Auswirkungen haben, ist mittlerweile einwandfrei nachgewiesen.

Überlegungen zu psychologischen Einflüssen auf das noch ungeborene Kind im Mutterleib sind keineswegs neu. Hepper (1992) beginnt seine Übersicht mit Ausführungen zu den antiken Griechen, Indern und Hebräern, die allesamt dem Kind im Mutterleib ab einem bestimmten Zeitpunkt psychologische Fähigkeiten und daher auch die Möglichkeit von Wahrnehmung und Erinnerung an das Wahrgenommene zusprachen. Vom indischen Arzt und Gelehrten Susruta (6. Jh. v. Chr.) wird gesagt, er habe dem zwölf Wochen alten Fötus bereits das aktive Suchen nach Empfindungen, dem fünf Monate alten Fötus das Erwachen des Geistes und dem sechs Monate alten Fötus bereits einen Intellekt zugesprochen. Empedokles (ca. 480 v. Chr.) hat die Abhängigkeit der kindlichen Entwicklung im Mutterleib von den Erlebnissen der Mutter ebenso beschrieben wie der indische Gelehrte Caraka bereits etwa 500 Jahre zuvor. Vor mehr als tausend Jahren wurden in China eine Art Pränatalkliniken eingerichtet, in denen eine gute beruhigende Atmosphäre für die Mutter und damit Optimalbedingungen für die kindliche Entwicklung hergestellt werden sollten.

Noch bis vor etwa zweihundert Jahren gab man werdenden Müttern den Rat, sich nicht zu versehen, also keine unschönen Dinge oder Menschen zu betrachten, weil sich dies ungünstig auf die kindliche Entwicklung auswirke. „Alles Unsinn“ war dann natürlich die Lehrmeinung der aufkommenden naturwissenschaftlichen Medizin, deren verfeinertes Methodenarsenal allerdings gerade in den letzten Jahren wieder das Gegenteil nachwies. Gewiss, nicht jeder Hase, der die Schwangere durch sein Gehoppel erschreckt, bewirkt die Ausbildung einer Hasenscharte beim noch ungeborenen Kind (so weit trieben es mittelalterliche Blüten der Lehre des Versehens), aber ein schweres seelisches Trauma der Mutter im ersten Schwangerschaftsdrittel kann in der Tat zu Missbildungen beim Kind führen, und ein Erdbeben im ersten Schwangerschaftsdrittel kann die Schwangerschaft verkürzen, mit all den damit verbundenen Risiken (vgl. Spitzer 2001).

Der Tastsinn ist im Mutterleib vorhanden und führt zur Verarbeitung von Berührungsreizen mit zumindest reflexhaften motorischen Antworten und im Gehirn wahrscheinlich auch zur Ausbildung von Landkarten der Körperoberfläche (Farah 1998). Setzt man Kinder im Mutterleib bestimmten Gerüchen aus, so können sie sich nach der Geburt daran erinnern, wie eine Studie zu den Effekten von Anisöl nachweisen konnte (vgl. Schaal et al. 2000 sowie die zusammenfassende Darstellung in Spitzer 2001b).

Im Hinblick auf den Gehörsinn des Kindes im Mutterleib schrieb vor über 100 Jahren Julius Uffelmann (1890) im Kapitel „Das centrale Nervensystem des Kindes und das Seelenleben desselben“ im *Handbuch für Hygiene*, dass das Neugeborene wegen einer Schwellung der Mittelohrschleimhaut praktisch taub sei und erst ab etwa der sechsten Woche auf Geräusche reagiere. Diese These erwies sich jedoch in den kommenden Jahrzehnten als unhaltbar, wurden doch gegenteilige Beobachtungen in der Literatur publiziert: 1925 beschreibt Peiper Kindsbewegungen nach Betätigen einer Autohupe in unmittelbarer Nähe der liegenden Schwangeren in einem ruhigen Raum. Er konstatiert zunächst:

> „Über das Sinnesleben des Menschen vor der Geburt wissen wir bisher so gut wie nichts“, zitiert W. Preyer (1885), dem zufolge „das Kind vor seiner Geburt mit einer die Gewissheit streifenden Wahrscheinlichkeit keinerlei Sinnesempfindungen“ habe, und fügt resigniert hinzu: „Natürlich lassen sich nicht alle Sinnesgebiete des ungeborenen Kindes von außen reizen. Der Geschmacks-, Geruchs- und Lichtsinn scheiden deshalb ohne weiteres aus“ (Peiper 1925, S. 236).

Peiper hätte offenbar nicht im Traume auch nur geahnt, dass ein dreiviertel Jahrhundert später zu allen genannten Sinnesmodalitäten Studien bei noch ungeborenen Kindern vorliegen würden (vgl. die Zusammenfassungen bei Spitzer 2001 *Lernen im Mutterleib*). Peiper (1925, S. 241) kommt aufgrund seiner Experimente jedoch zu dem Schluss, dass „starke Schallreize [...] beim Kinde schon vor der Geburt deutlich nachweisbare Bewegungen hervorrufen“ können und hatte damit eindeutig die These von der Taubheit des Ungeborenen widerlegt.

Zwei Jahre nach Peiper berichteten Forbes und Forbes (1927) über vermehrte Kindsbewegungen im Theater beim Einsetzen von Applaus: „Each time the applause came the mother was troubled by great activity on the part of the fetus ...“ (Forbes u. Forbes 1927, S. 355). Wieder einige Jahre danach beschrieben Sonntag und Wallace (1935) eine deutliche Zunahme der Kindsbewegungen ab der 31. Schwangerschaftswoche im Rahmen von 214 Experimenten an sieben Schwangeren, in denen sie eine Türklingel als Schallquelle verwandten. Hier sei angemerkt, dass Mütter und Hebammen, unabhängig vom bedruckten Papier akademischer Kreise, schon lange wussten, dass das Kind im Mutterleib auf Geräusche von außen reagiert. Mittlerweile weiß man auch, dass sehr frühes Hören keineswegs nur beim Menschen, sondern auch bei Vögeln vorkommt, wie Untersuchungen an Küken von Hühnern und Enten zeigten (Gottlieb 1966).

Lärm im Mutterleib

Systematische Untersuchungen der Klangwelt, denen ein Fötus ausgesetzt ist, waren erst durch die technischen Fortschritte der Tonaufzeichnung in den vergangenen Jahrzehnten möglich. Man führte Mikrophone und später Unterwassermikrophone, so genannte Hydrophone, in die Scheide schwangerer und nicht schwangerer Frauen ein, stellte Messungen in der Gebärmutter bei trächtigen Schafen an und versuchte, sowohl die spontanen Geräusche als auch die von außen nach innen fortgeleiteten Geräusche zu charakterisieren.

In der Gebärmutter ist es akustisch keineswegs langweilig, gibt es doch eine ganze Reihe schallerzeugender Ereignisse, die das intrauterine Hintergrundrauschen ausmachen: Neben dem pulsierenden Geräusch des strömenden Bluts, das sowohl in der Plazenta entsteht als auch von den größeren Blutgefäßen der Mutter zum Uterus fortgeleitet wird, sind das Atemgeräusch sowie Darmgeräusche der Mutter zu vernehmen. Auch Körperbewegungen der Mutter verursachen für das werdende Kind wahrnehmbare Geräusche. Die mütterliche Geräuschkulisse sinkt nie unter 28 dB und kann bis auf 84 dB, etwa bei lautem Singen der Mutter, ansteigen (Brezinka et al. 1997; vgl. hierzu auch Tabelle 6-1).

Eine wichtige intrauterine Schallquelle ist die mütterliche Stimme, die sowohl von außen über die Luft und die Bauchdecken als auch intern vor allem über die Knochen der Wirbelsäule und des Beckenrings zur Gebärmutter fortgeleitet wird. Diese Knochenleitung ist sehr effektiv, zumal das Becken der Mutter wie ein großer Lautsprecher wirkt, inmitten dessen sich Gebärmutter und Kind befinden.

Insgesamt ist das Frequenzspektrum dieser Geräusche eher im unteren Bereich zwischen 50 und 700 Hz angesiedelt (Lecanuet 1996). Besonders die Strömungsgeräusche erwiesen sich bei wiederholten Messungen als deutlich abhängig vom Ort der Aufnahme: Das Geräusch des strömenden Bluts in der Plazenta kann sehr laut erscheinen, wenn sich das Mikrophon nahe an der Plazenta befindet. Ist es weiter entfernt und eher in der Nähe des kindlichen Kopfes, so fiel das Geräusch der Plazenta vergleichsweise gering aus (Gagnon et al. 1992).

Sehr laute Schallimpulse machen nicht nur die werdende Mutter, sondern auch bereits das Kind im Bauch schwerhörig, und werden gerade nach den jüngsten Terrorakten als Waffen in Flugzeugen erprobt, die mit 140 dB den Gegner kampfunfähig machen, aber das Flugzeug ganz lassen (Sample 2001).

Pierson und Mitarbeiter (1994; vgl. auch Pierson 1996) banden ein trächtiges Schaf im Abstand von etwa fünf Metern neben einer Kanone mit 10,5 Zentimeter Rohrquerschnitt, die zehnmal hintereinander abgefeuert wurde, fest und bestimmten die akustisch durch das Feuern der Kanone (entsprechend 160–166 dB) evozierten Potenziale beim Föten und bei einem ebenfalls festgebundenen Kontrolltier. Beim Kontrolltier wirkte sich das Knalltrauma in einer Verschlechterung des Hörvermögens um 50 dB aus (Straßenlärm wird unter diesen Umständen so leise gehört wie zuvor Flüstern, das wiederum überhaupt nicht mehr gehört wird). Dem Föten im Mutterleib boten der mütterliche Wollmantel sowie die Gewebeschichten um ihn herum immerhin einigen Schutz, so dass es nur zu einem Hörverlust von 15 dB kam. Untersucht man das Cortische Organ (die Schnecke) histologisch (d.h. feingeweblich unter dem Mikroskop), so findet man aber nach intensiver Beschallung Schäden.

Tab. 6-1 Die Lautstärke eines Geräuschs (gemessen in dB Dezibel) ist die subjektiv erlebte Seite der Intensität des Schalls, die in Watt/m^2 angegeben wird. Damit sich der Leser die gelegentlich vorkommenden Lautstärkeangaben vorstellen kann, gibt die Tabelle eine Übersicht zu Lautstärkeangaben in dB mit Beispielgeräuschen (nach Niemtzow 1993; Pierce 1992; Pierson et al. 1994; Rossing 1990). Geräusche bis etwa 65 dB haben nur psychische Effekte (sie können einen beispielsweise beim konzentrierten Arbeiten oder Einschlafen stören), bis 90 dB kann es zusätzlich zu vegetativen Wirkungen kommen (z. B. Herzklopfen oder Schweißausbrüche) und ab 90 dB Dauerlärm sind gehörschädigende Effekte möglich.

Lautstärke in dB	Beispiel
0–5	Hörschwelle
10–15	leises Flüstern in einem Meter Entfernung
20	Flüstern
30	Hintergrundgeräusch in einem leeren Zimmer, einer leeren Kirche, auf dem Lande
40	Hintergrundgeräusch in einer leeren Stadtwohnung
50	Hintergrundgeräusch in einem kleinen Büro oder Ladengeschäft; Stimme des Dozenten im Seminar
60	Hintergrundgeräusch in einem Großraumbüro oder Kaufhaus
65	Hintergrundgeräusch auf Bahnhof, Flughafen, Lautstärke bei einer normalen Unterhaltung
70	Straßenlärm
80	Straßenlärm bei viel Verkehr
90	schwerer Lastwagen in 15 Meter Entfernung
100	lautes Rufen in 1,5 Meter Entfernung
110	laute Baustelle
120	Düsenflugzeug beim Start in 60 Meter Entfernung
130	Schmerzgrenze; Rufen direkt ins Ohr
140	Düsenflugzeug in sieben Meter Entfernung; lautestes Rufen direkt ins Ohr; Waffe gegen Terroristen
160	Schuss aus einer 105-Millimeter-Kanone in fünf Meter Entfernung

Kinder von Frauen, die während der Schwangerschaft Lärm von 90 dB und mehr ausgesetzt waren, wiesen ein niedrigeres Geburtsgewicht auf, wie eine Studie von Hartikainen und Mitarbeitern (1994) an 111 lärmexponierten schwangeren Frauen und einer Kontrollgruppe von 181 schwangeren Frauen zeigen konnte. Starker Lärm wurde sogar mit Fehl- und Totgeburten in Verbindung gebracht (Seidel 1993). Fluglärm kann Frühgeburten verursachen (Ando u. Hattori 1973, Edmonds et al. 1981, Rehm u. Jansen 1978). Eine erst kürzlich publizierte Studie zu den Auswirkungen des Erdbebens in San Francisco von 1984 auf 40 damalige Schwangerschaften in der betroffenen Region passt in dieses Bild. Man konnte nachweisen, dass das

Erleben des Erdbebens im ersten Schwangerschaftsdrittel zu einer signifikanten Verkürzung der Schwangerschaft um zwei Wochen geführt hatte (Glynn et al. 2001).

Die *Mutterschutzbestimmungen* der meisten Länder verbieten nicht ohne Grund Lärmarbeitsplätze für schwangere Frauen. Werdende Mütter dürfen nicht bei Dauerlärm von 80 dB bzw. bei impulsartigen Lärmschwankungen von 40 dB arbeiten. Nicht verbieten kann man den werdenden Müttern den Besuch von Diskotheken, und auch das Arbeiten in den Bereichen Gastgewerbe und Unterhaltungsmusik lässt sich nur schwer überwachen. Brezinka und Mitarbeiter bemerken hierzu treffend das folgende:

> „Eine Schwangere wird kaum am Flughafen Düsenjets und Hubschrauber in ihre Parkposition einweisen. Sie kann aber als Kellnerin in einer Disco, als Musikerin in einer Kapelle der ‚modernen Volksmusik' beruflich einer dem Flughafenlärm vergleichbar intensiven, stundenlangen Schallexplosion ausgesetzt sein. Da gerade im Gastgewerbe und in der Live-Unterhaltungsmusik viele Tätigkeiten ohne reguläres Arbeitsverhältnis und damit außerhalb der Kontrolle der Aufsichtsbehörden verrichtet werden, ist hier eine mögliche Gefährdung junger Schwangerer zu vermuten. Wer bei Pop- und Punkkonzerten gesehen hat, wie Stehplätze unmittelbar vor den Großlautsprechern bei den Fans am begehrtesten sind, wer am Zebrastreifen an einem GTI vorbeigeht, der mit seiner Stereoanlage auch bei geschlossenen Fenstern einen ganzen Straßenzug beschallen kann, wird die Lärm-Gefährdung von Mutter und Kind überhaupt mehr im Freizeitbereich lokalisieren als im Berufsleben" (Brezinka et al. 1997, S. 127).

Letzten Endes ist eine Mutter immer selbst für sich und ihr werdendes Kind – auch für dessen kindgerechte Beschallung – verantwortlich.

Opa soll singen

Neben internem Schall können auch Geräusche von außen in die Gebärmutter vordringen. Es werden jedoch höherfrequente Anteile des Schalls sehr stark herausgefiltert (Bauchdecken und Gebärmutter wirken für Frequenzen zwischen 125 und 2000 Hz als Tiefpassfilter, der höherfrequente Schallenergie mit etwa sechs dB pro Oktave wegfiltert), so dass sich beispielsweise Sprechen im Uterus eher so anhört, als würde man jemandem hinter einer dicken Wand zuhören: Man nimmt die Sprachmelodie und die dadurch angezeigten Affekte eher wahr als die geäußerten Wörter im Einzelnen (Gerhardt u. Abrams 1996). Man könnte die Verhältnisse im Mutterleib auch dadurch charakterisieren, dass alles so klingt wie bei einer schlecht eingestellten Stereoanlage mit voll aufgedrehten Bässen.

Da Männer eine Oktave tiefer sprechen und singen als Frauen, dringt ihre Stimme somit besser in die Gebärmutter vor als Frauenstimmen. Daraus folgt (zusammen mit den im Folgenden diskutierten Tatsachen) unmittelbar, dass man sich zur Gesangsbeschallung seines werdenden Kindes keinen weiblichen Sopran, sondern einen männlichen Bass aussuchen sollte, kurz: den werdenden Vater. Aufgrund der bereits erwähnten zusätzlichen Knochenleitung des Schalls bei der Mutter (die auch für höhere Frequenzen gilt) sei diese allerdings ebenfalls zu vorgeburtlichen Gesängen ermuntert, denn ihr Schall kommt am besten beim werdenden Kind an! Die großen Beckenschaufeln sind wie oben erwähnt fast wie ein Lautsprecher und mittendrin liegt die Gebärmutter. Die Frage, ob bei gelegentlicher Heiserkeit der Eltern entweder Oma oder Opa gesanglich einspringen sollen, ist aus wissenschaftlicher Sicht jedoch vom Tisch!

Das gleiche gilt für Unterhaltungen mit dem Ungeborenen. Griffith und Mitarbeiter (1994) machten Tonaufnahmen gesprochener Sprache mittels eines in der Gebärmutter eines Schafs platzierten Mikrophons. Sie bestimmten dann den Grad der Verständlichkeit einzelner Sprachlaute und fanden, dass dieser bei einer männlichen Stimme bei 55 % und bei einer weiblichen Stimme bei 34 % lag. Untersuchungen an Frauen während der Geburt zeigten, dass die mütterliche Stimme in der Gebärmutter kaum leiser, sondern möglicherweise sogar lauter zu vernehmen ist als außerhalb (Benzaquen et al. 1990; Querleu et al. 1988, 1989; Richards 1992).

Die Entwicklung des Gehörs

Die Tatsache, dass Schall in der Gebärmutter vorkommt, heißt noch nicht, dass es dort auch Ohren gibt, die ihn vernehmen. Das Hörsystem befindet sich nahezu während der gesamten Schwangerschaft in Entwicklung. Auch wenn es noch nicht vollständig entwickelt ist, liefert es ganz offensichtlich schon akustische Reize zur Weiterverarbeitung an das Gehirn. Aber greifen wir den Fakten nicht vor, sondern gehen wieder der Reihe nach von außen nach innen vor.

Die äußere Ohrmuschel ist für das Hören im Mutterleib unbedeutend, denn ihre Richtwirkung entfaltet sie nur in Luft. Die Gehörknöchelchen des menschlichen Mittelohrs entwickeln sich bereits ab der achten, das Trommelfell ab der elften Schwangerschaftswoche. Abgeschlossen ist die Entwicklung des Mittelohrs jedoch erst im achten Monat. Die Schnecke des Innenohrs beginnt ihre Entwicklung etwa in der fünften Woche mit einem kleinen Bläschen, das sich in der sechsten Woche zu winden beginnt und in der 20. Woche die endgültige Form erreicht. Das Cortische Organ, in dem die Umsetzung von Schall in Nervenimpulse erfolgt, nimmt seine Arbeit frühestens ab der 20. Woche auf. Seine Aktivität führt zur Bildung von Synapsen in weiterleitenden Nervenbahnen, so dass man etwa ab der 28. Schwangerschaftswoche von einer bestehenden Verdrahtung des Innenohrs mit dem Gehirn ausgehen kann.

Ab diesem Entwicklungszeitpunkt geht das Ohr gewissermaßen online, wenn auch zunächst mit geringer Sensitivität und sehr beschränkter Bandbreite. Wie Tierversuche ergaben, wird es zunächst nur durch sehr laute Geräusche (etwa 100 dB) erregt; zudem ist seine Funktion auf einen kleinen mittleren Frequenzbereich von ungefähr 1000 bis 2000 Hz beschränkt. Das gesunde sich entwickelnde Gehirn ist Voraussetzung für Reaktionen des Kindes im Mutterleib auf Schall, wie Untersuchungen an anenzephalen Föten (d.h. Föten, bei denen das Gehirn nicht entwickelt ist) zeigten: Diese reagierten zu keinem Zeitpunkt auf akustische Stimulation (Brezinka et al. 1997).

Reaktionen und EEG im Bauch

Mütter wissen, dass das werdende Kind im Mutterleib auf laute äußere Geräusche reagiert, und gespürte Kindsbewegungen vor der Geburt galten seit Jahrtausenden als ein gutes Zeichen (vgl. B. Spitzer 1999). Eine Sirene, ein lauter Knall oder eine schlagende Tür können sowohl Bewegungen des Kindes auslösen als auch gerade stattfindende Bewegungen stoppen oder sogar zu längerfristigen Veränderungen der kindlichen motorischen Aktivität führen, es also gleichsam aufmuntern oder beruhigen (Fleischer 1955). Auch der kindliche Herzschlag reagiert mit einer Beschleunigung oder einer veränderten Variabilität auf akustische Reize (Tanaka u. Arayama 1969). Diese wurden experimentell per Lautsprecher zu verschiedenen Zeitpunkten der Schwangerschaft dargeboten, so dass man einigermaßen gesicherte Daten dazu hat, ab wann das werdende Kind akustische Reize spätestens wahrnimmt. Im sechsten Monat findet man bei manchen und ab dem siebten Schwangerschaftsmonat bei allen Föten Reaktionen auf äußere Reize. Je lauter die Reize, desto ausgeprägter fallen die Reaktionen aus, die möglicherweise zu Anfang gar nicht über das Ohr, sondern über den bereits früher entwickelten Tastsinn vermittelt sind. Auf Geräusche (Breitbandrauschen) wird dabei etwas stärker reagiert als auf reine (Sinus-) Töne, was wenig verwundert, kommen diese doch in der Natur kaum vor (Tanaka u. Arayama 1969).

Das Elektroenzephalogramm (EEG) liefert Aufschlüsse über die elektrische Aktivität des Gehirns. Natürlich ist diese Methode sehr ungenau, denn in jeder Hälfte der Großhirnrinde befinden sich etwa zehn Milliarden elektrisch aktive Nervenzellen. Deren Aktivität mit 20, 64 oder auch mit 128 Elektroden abzuleiten, entspricht also etwa der Situation, die man hat, wenn man ein Mikrophon über ein Fußballstadion hängt, um Informationen über das, was dort vorgeht, zu erhalten. Man wird wahrscheinlich mitbekommen, wenn ein Tor fällt, Kommentare oder Gespräche einzelner Zuschauer hingegen werden im Gesamtlärm untergehen.

Bereits Hans Berger, der Entdecker des Elektroenzephalogramms, versprach sich durch die Analyse der elektrischen Potenziale an der Oberfläche der Kopfhaut Einblicke in psychologische Prozesse. Jedoch erst Jahrzehnte später erfüllte sich diese Hoffnung zumindest teilweise durch die Einführung der Methode der ereigniskorrelierten Potenziale, die bereits in Kapitel 3 bei den Delphinen und Dirigenten kurz erwähnt wurde. Stellen Sie sich zum Verständnis der Methode noch einmal das oben erwähnte Fußballstadion mit dem Mikrophon darüber vor. Wenn nun eine kleine Gruppe von Fußballfans immer auf Kommando des Toningenieurs die genau gleiche Melodie singt, geht sie im Lärm des Stadions unter. Wenn aber der Toningenieur zehn solcher Tonaufnahmen gleichzeitig abspielt, lässt sich der Gesang vernehmen: Die Unordnung des Rauschens wird durch die Addition nicht größer, die Regelhaftigkeit des Gesangs hingegen wird zehnfach addiert. Das Signal tritt also aus dem Hintergrundrauschen durch die Addition deutlicher hervor.

Auf ähnliche Weise kann man das EEG-Signal weiterverarbeiten. Einzelne Ereignisse produzieren an der Kopfhaut Potenzialänderungen von wenigen Millionstel Volt (µV), wohingegen die gesamte elektrische Aktivität an der Kopfhaut etwa 50 µV beträgt. Um ein ereignisbedingtes elektrisches *Signal* vor diesem *Hintergrundrauschen* sichtbar machen zu können, wird die elektrische Aktivität, die während der Verarbeitung mehrerer solcher Signale stattfindet, gemittelt, so dass sich das Rauschen in einzelnen Ableitungen aufhebt und nur das mit dem Ereignis korrelierte Signal verbleibt. Praktisch heißt dies Folgendes: Leitet man das EEG ab, so sieht man der Kurve nicht an, ob die Versuchsperson gerade einen Ton gehört hat oder

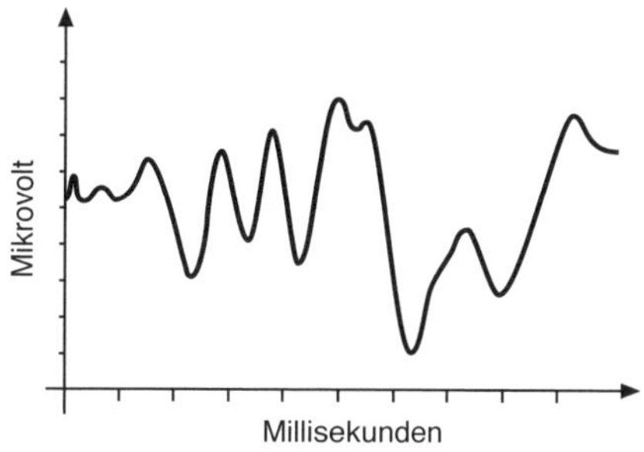

Abb. 6-1 Leicht idealisierte AEP-Kurve des gesunden erwachsenen Menschen (nach Regan 1989, S. 264). Da die Verarbeitung und Weiterleitung akustischer Signale im Bereich des Hirnstamms erfolgt, sind Kurven wie diese in der medizinischen Diagnostik wichtig, denn ihre Veränderung zeigt Störungen in den entsprechenden Bereichen des Gehirns an.

nicht. Bildet man aber den Mittelwert von EEG-Kurven immer dann, wenn gerade ein Ton vorgespielt wird, so hebt sich das durch den Ton bewirkte Potenzial immer besser von dem Hintergrundrauschen ab, je mehr Kurven man addiert. In der Praxis lässt man nicht selten hundert oder mehr Töne hören, um daraus dann die Potenzial-Zeit-Kurve zu errechnen. Diese weist bei Tönen oder Klicks eine Reihe von positiven und negativen Spitzen auf, deren Höhe und Latenz vermessen werden können (vgl. Regan 1989). Beim Erwachsenen sieht die Kurve der akustisch evozierten Potenziale (AEP) aus wie in Abbildung 6-1 dargestellt. Den Zacken entsprechen Verarbeitungsstationen der Signale bei deren Weiterleitung vom Innenohr zur Gehirnrinde.

Akustisch evozierte Potenziale wurden an Föten von Meerschweinchen und Schafen abgeleitet und bestätigen im Wesentlichen die Ergebnisse der oben beschriebenen Verhaltensstudien: In der 24. Schwangerschaftswoche sind AEP noch nicht sicher nachweisbar, sechs Wochen später werden sie jedoch regelmäßig und zuverlässig gefunden. Man findet weiterhin eine Reifung der Kurve, die Zacken werden deutlicher und folgen dem dargebotenen Klick rascher. Die Verarbeitung akustischer Signale beim werdenden Kind und auch in den Wochen nach der Geburt nimmt somit an Genauigkeit und Schnelligkeit zu (vgl. Pasman et al. 1991; Regan 1989, S. 267).

Neuigkeit und Gewohnheit

Wer die guten Reflexe Neugeborener kennt, den werden die geschilderten Befunde kaum verwundern, denn man kann auch sie als Ausdruck eines Schreckreflexes erklären, zumal die verwendeten Reize meist recht laut waren. Die Studien sagen damit etwas darüber aus, ob und ab welchem Zeitpunkt ein sich entwickelndes Kind überhaupt etwas hört und auf das Gehörte reagiert. Man könnte die oben beschriebenen Studien also auch so zusammenfassen: Die Wissenschaft hat festgestellt, dass es möglich ist, ein Kind im Bauch zu erschrecken. Natürlich wüsste man gerne mehr. Was *erlebt* das Kind? Kann es bekannte Geräusche von neuen Geräuschen *unterscheiden* oder sogar unterschiedliche Wörter differenzieren? Kann es sich an Wörter oder gar an Lieder *erinnern*? Und schließlich: Kann es sich an im Mutterleib gehörte Musik *nach der Geburt* erinnern?

Diese Fragen sind einfach zu stellen und auf den ersten Blick nicht zu beantworten: Sie drehen sich um Prozesse der Verarbeitung komplexer akustischer Reize, um das *Erleben*, und wir können schließlich die kleinen Versuchspersonen weder vor noch nach der Geburt nach ihren Eindrücken fragen. Dennoch haben clevere Experimentatoren Techniken ersonnen, mit denen es möglich wurde, die genannten Fragen tatsächlich mit einiger Sicherheit zu beantworten.

Eine der wichtigsten Prozeduren hierbei ist das so genannte Gewohnheitsexperiment (man spricht auch vom *Habituierungs-* oder *Dishabituierungsparadigma*). Das Phänomen der Habituierung (vgl. auch das vorangegangene Kapitel) wurde erstmals eingehend im Rahmen von Tierexperimenten zur Orientierungsreaktion von Sokolov (1963) beschrieben. Wird ein Tier mit einem neuen Reiz konfrontiert, so werden nicht nur Herzschlag und Atmung beschleunigt und der Kopf bzw. der ganze Körper in Richtung Reiz gedreht, sondern es kommt auch zu einer kurzfristigen Steigerung von Hören und Sehen. Diese Reaktion ist immer gleich, egal welcher neue Stimulus gewählt wird. Interessanterweise hat sie eine weitere Eigenschaft: Sie nimmt gegenüber dem gleichen Stimulus bei wiederholter Darbietung ab.

Man kann den Spieß daher auch umdrehen und die Stärke der Orientierungsreaktion verwenden, um die Gleichheit zweier Stimuli zu untersuchen. Wenn man beispielsweise wissen will, ob Hunde in der Lage sind, Dreiecke von Vierecken zu unterscheiden, so braucht man den Tieren nur wiederholt Dreiecke zu zeigen und die Orientierungsreaktion zu messen. Zeigt man dann ein Viereck und die Orientierungsreaktion wird stärker, haben die Tiere den Unterschied offensichtlich bemerkt.

Dieser aus der tierexperimentellen Forschung gut untersuchte Ansatz wurde etwa ab den 70er Jahren auch auf die Säuglings- und Kleinkindforschung übertragen. Da man, wie oben beschrieben, sowohl den Puls als auch Kindsbewegungen im Mutterleib registrieren kann, lag es nahe, das Habituierungsparadigma auch zur Untersuchung frühkindlichen Erlebens einzusetzen. Interessanterweise findet sich der Grundgedanke bereits wesentlich früher. Der oben zitierte Berliner Privatdozent Albrecht Peiper hatte das Phänomen der Habituation bereits bei seinen Experimenten zur intrauterinen Schallwahrnehmung mit der Autohupe aus dem Jahr 1925 beobachtet und beschrieben:

> „Wird der Reiz einige Male hintereinander wiederholt, so verschwindet rasch jede Reaktion. [...] Der erfolgreiche Reizversuch hinterläßt also beim [...] ungeborenen Kinde eine Spur, die das Zustandekommen einer neuen Reaktion hemmt. [...] Das Auftreten von Spuren beweist aber, dass schon das ungeborene Kind eine gewisse Merkfähigkeit einfachster Art besitzt“ (Peiper 1925, S. 239f).

Ganz offensichtlich gerieten diese Beobachtungen für Jahrzehnte in Vergessenheit, denn ihre Bedeutung für die Möglichkeiten experimenteller Untersuchungen an noch ungeborenen Kindern wurde nicht gesehen.

Habituationsstudien haben eine große Fülle von Daten über die Fähigkeiten ungeborener Kinder zu verschiedenen Zeiten der Schwangerschaft zutage gefördert. So hat man beispielsweise alle 3,5 Sekunden die Lautfolge „ba-bi-ba“ über Lautsprecher Kindern im Mutterleib vorgespielt, worauf sie zunächst mit Veränderungen von Puls und Bewegungen reagierten. Diese Reaktion nahm jedoch bei wiederholter Präsentation ab. Drehte man dann nach 16 Darbietungen die Silben um, spielte den Kindern also „bi-ba-bi" vor, so kam es erneut zu ähnlichen Reaktionen. Ganz offensichtlich konnten die Kinder im Mutterleib also zwei unterschiedliche Lautfolgen unterscheiden (vgl. Lecanuet et al. 1987). Es wurde weiterhin mit ähnlicher Untersuchungstechnik nachgewiesen, dass geburtsreife Kinder Männer- und Frauenstimmen unterscheiden können (vgl. Lecanuet et al. 1993).

Musik in der Gebärmutter

Man erzählt, dass Agnes von Aquitanien, die Mutter Heinrichs des IV. (1050–1106), während ihrer Schwangerschaft jeden Morgen eine Frau zu sich kommen ließ, die in ihrer Nähe Musik machen musste (Lecanuet 1996). Man ging damals davon aus, dass Musik vom Föten gehört wird und bei ihm positive Wirkungen auf den späteren Charakter im Sinne der Verhinderung schlechter Stimmung bewirkt. Glaubt man den Historikern, so hat es funktioniert, denn Heinrich der IV. soll zeitlebens guter Laune gewesen sein. Es gibt sogar Musiker, die behaupten, sie hätten bestimmte Stücke nie üben müssen, weil ihre Mutter sie schon spielte, als sie mit ihnen schwanger war (Brezinka et al. 1997).

Vor gut 100 Jahren räumte die aufstrebende „wissenschaftliche" Medizin mit solcherlei vermeintlichem Unsinn auf, war man doch damals wie oben beschrieben der Auffassung, dass das Kind im Mutterleib überhaupt nicht hören könne. Anekdotische Berichte zum Hören und Erinnern von Musik gab und gibt es jedoch vielerlei: Ein Musiklehrer erzählt, dass er während jeder der drei Schwangerschaften seiner Frau zur Prüfungsvorbereitung jeweils ein bestimmtes Klavierstück häufig üben musste und dass diese Stücke jetzt die Lieblingsmelodien derjenigen Kinder seien, die zur Zeit der Übung im Mutterleib heranwuchsen. Manche Mütter berichten auch davon, während der Schwangerschaft ganz bewusst Mozart oder Beethoven gehört zu haben, um dem Kind einen guten Start in die Welt der Musik (und natürlich bitte nicht in die des Hard Rock) zu ermöglichen. Was ist von diesen Berichten zu halten? Gewiss, dass der Fötus im Mutterleib auf Druck oder laute Geräusche reagieren kann, ahnen sogar Väter, denen der noch ungeborene Sprössling durch Gebärmutter und Bauchdecke hindurch gelegentlich einen Tritt versetzt. Aber werden Erfahrungen vom noch ungeborenen Kind auch gespeichert, mit anderen Worten, lernen Menschen auch schon im Mutterleib? Hören sie überhaupt schon im Mutterleib?

Töne und Musik vor der Geburt

Die Frage, ob sich Babys im Mutterleib unterschiedliche Töne merken können und wie lange dieses Gedächtnis anhält, wurde von van Heteren und Mitarbeitern (2000) mit Hilfe einer Habituierungsstudie untersucht. 25 noch ungeborene Säuglinge wurden etwa zum Zeitpunkt des errechneten Geburtstermins insgesamt dreimal untersucht. Über einen speziellen Lautsprecher wurde über den Beinen des Fötus alle 30 Sekunden für jeweils eine Sekunde ein Ton vorgespielt. Mittels Ultraschall wurde der Fötus beobachtet, so dass sich Bewegungen auf den Tonreiz direkt erkennen ließen. Bewegte sich der Fötus innerhalb von einer Sekunde nach dem Stimulus, so wurde dies als positive Antwort gewertet. Kam es zu keiner Bewegung nach vier hintereinander gegebenen Tonreizen, wurde dies als Hinweis auf eine Habituierung auf den Tonreiz gewertet. Die Habituierungsrate wurde definiert als die Anzahl der Tonstimuli, die gegeben werden mussten, bevor der Fötus nicht mehr reagierte. Auch der Herzschlag des Fötus wurde während eines Zeitraums von zehn Minuten vor der Untersuchung bis zehn Minuten nach der Untersuchung mittels Kardiotokographie gemessen. Die von 17 Föten auswertbaren Daten zeigten klar, dass im Vergleich mit der ersten Untersuchung zehn Minuten später und auch 24 Stunden später eine raschere Habituation erfolgte. Die Autoren leiten aus ihren Ergebnissen ab, dass Föten ein Kurzzeitgedächtnis haben, das mindestens zehn Minuten anhält, und zudem ein Langzeitgedächtnis, das mindestens einen Tag anhält. Damit konnte nachgewiesen werden, dass Föten Töne lernen können.

Feijoo (1981, zit. nach Lecanuet 1996) berichtet von einem bislang nicht replizierten Experiment, das die Möglichkeit der klassischen Konditionierung beim Ungeborenen mit Musik demonstrieren sollte. Es wurde schwangeren Müttern im sechsten, siebten und achten Monat mehrmals in der Woche das Fagott-Thema des Musikstücks *Peter und der Wolf* von Sergej Prokofiev vorgespielt und ihnen beigebracht, sich dabei in tiefe Entspannung zu versetzen. Von solchen Zuständen mütterlicher Entspannung ist bekannt, dass sie es dem Föten erleichtern, sich zu bewegen, und daher auch Kindsbewegungen herbeiführen können. Als man dann in der 37. Woche das Thema wieder vorspielte, reagierten die Föten unmittelbar mit Bewegungen, wohingegen Föten ohne entsprechende Vorerfahrungen erst nach sechs bis zehn Minuten Musik (und der wahrscheinlich dadurch bedingten Entspannung der Mutter) mit Bewegungen reagierten. Man konnte weiterhin durch Rückwärtsabspielen der Musik und die Beobachtung, dass dies keine Bewegungen hervorrief, nachweisen, dass die Föten offenbar die bestimmte Musik mit der Möglichkeit zu Bewegungen und damit auch mit deren Ausführung in Verbindung gebracht hatten.

Ein später von DeCasper und Mitarbeitern (1994) durchgeführtes Experiment weist in die gleiche Richtung. Die Autoren spielten Föten von der 34. bis 37. Schwangerschaftswoche zweimal täglich immer die gleiche Geschichte mittels Tonband vor. In der 37. Woche führte das Vorspielen dieser Geschichte dann zu einem verminderten Pulsschlag, nicht jedoch das Vorspielen einer anderen, von der gleichen Sprecherin gesprochenen unbekannten Geschichte. Wieder scheint es so, als könne sich der Fötus gewissermaßen eine bestimmte Sprach*melodie* merken und sie von einer anderen unterscheiden.

Auswirkungen nach der Geburt

Kommen wir zurück zur Kernfrage: Gibt es über die oben beschriebenen Anekdoten hinaus wissenschaftliche Hinweise darauf, dass während der Schwangerschaft in der Gebärmutter gehörte Musik Auswirkungen hat, die sich nach der Geburt nachweisen lassen? Zunächst kann man die Frage ganz allgemein aufgrund der oben dargestellten Überlegungen zur Entwicklung des Hörsystems beantworten: Stimulation hat positive Effekte auf die Entwicklung sensorischer Verarbeitungssysteme; sie bewirkt, dass die richtigen neuronalen Verbindungen in ausreichendem

Maße geknüpft werden. Allein aus diesem Grunde ist es wahrscheinlich nicht verkehrt, mit werdendem Kind im Bauch zu singen und zu sprechen.

Wie aber steht es um die Behauptungen spezifischer Effekte bestimmter Geräusche oder gar Musikstücke und deren Behalten nach der Geburt? Zunächst ist die akustische Umgebung des Kindes im Mutterleib dem Säugling auch noch nach der Geburt im Gedächtnis. Hierfür sprechen eine ganze Reihe von Studien.

Im Hinblick auf den mütterlichen Herzschlag konnte gezeigt werden, dass Neugeborene weniger schreien, weniger Gewicht verlieren und im allgemeinen ruhiger sind, wenn ihnen ein Band mit dem mütterlichen Herzschlag (Puls 72/min.) vorgespielt wird (Murooka et al. 1976). Der mütterliche Herzschlag wirkt also beruhigend auf das Kind. Dabei ist es nicht nur der Rhythmus selbst, sondern ganz offensichtlich die spezielle Charakteristik des Herzschlages. In einer japanischen Studie, bei der fünf Tage alten Neugeborenen entweder ein Tonband mit Aufnahmen der mütterlichen Herztöne oder ein Tonband mit einer in gleicher Frequenz geschlagenen japanischen Trommel vorgespielt wurde, trat bei den Kindern, denen die mütterlichen Geräusche vorgespielt wurden, eine raschere Beruhigung ein als bei jenen Kindern, denen die Trommel vorgespielt wurde (Kurihara et al. 1996).

Neben dem mütterlichen Herzschlag ist die mütterliche Stimme eine der Hauptbestandteile der intrauterinen Geräuschkulisse. Man hat daher auch die Effekte der mütterlichen Stimme auf den Säugling nach der Geburt untersucht. Man tat dies beispielsweise mit folgender Versuchstechnik: Säuglinge saugen bekanntermaßen gerne, was sich durch Videobeobachtung objektiv als Saugverhalten (Saugepisoden mit Ruhepausen dazwischen) feststellen lässt. Man kann nun zunächst für einen bestimmten Säugling dessen durchschnittliche Saughäufigkeit nachweisen und dann folgende experimentelle Variation einführen: Wenn der Säugling früher als im Durchschnitt wieder mit dem Saugen beginnt, kann man ihm die mütterliche Stimme vorspielen, beginnt er später als es seinem Durchschnitt entspricht, spielt man eine fremde Stimme vor. Dies macht man mit einer ganzen Gruppe von Säuglingen, bei einer zweiten Gruppe geht man genau umgekehrt vor: Saugen sie früher als im Durchschnitt, hören sie eine andere Frauenstimme, wohingegen sie die Mutter hören, wenn sie später als im Durchschnitt saugen. Das Ergebnis war eindeutig: Die Säuglinge stellten ihr Saugverhalten so ein, dass sie die Stimme ihrer Mutter öfters hörten, egal, ob sie hierzu öfter oder seltener saugen mussten (DeCasper u. Fifer 1980). Die Autoren heben die Bedeutung dieser Bevorzugung der mütterlichen Stimme für die Mutter-Kind-Bindung besonders hervor.

Man konnte hiermit also nachweisen, dass Neugeborene die Stimme ihrer Mutter anderen Stimmen vorziehen (vgl. auch Hepper et al. 1993; Mehler et al. 1978). Mehler und Mitarbeiter untersuchten insgesamt 52 Säuglinge im Alter von vier bis sechs Wochen, wobei die Daten von zwölf Babys nicht auswertbar waren, weil sie entweder während des Experiments einschliefen oder überhaupt nicht zu saugen begannen. Es konnte mit gleicher Methodik sogar gezeigt werden, dass Neugeborene auf Texte, die von der Mutter während der Schwangerschaft laut gelesen wurden, im Vergleich zu unbekannten Texten bevorzugt reagieren (De Casper u. Spence 1986). Man interpretiert diesen Effekt dahingehend, dass das Neugeborene den Klang der mütterlichen Stimme ganz offensichtlich erkennt, wobei eher unwahrscheinlich ist, dass dieser Klang bereits direkt mit der Mutter in Verbindung gebracht wird. Dies geschieht erst zu einem späteren Zeitpunkt der kindlichen Entwicklung (Hepper 1992).

Es konnte sogar gezeigt werden, dass Neugeborene die mütterliche Stimme vorziehen, wenn sie durch elektronische Filterung so verändert wird, dass sie klingt wie im Mutterleib (Fifer u. Moon 1989). Man muss allerdings davon ausgehen, dass der Säugling sehr bald nach der Geburt umlernt und sich an die Stimme der Mutter gewöhnt, wie sie durch die Luft an seine Ohren dringt. Die vielleicht witzigste Untersuchung zu diesem Thema kommt aus den USA. Hepper (1988) teilte werdende Mütter danach ein, ob sie täglich eine bestimmte Fernsehsendung mit immer der gleichen Erkennungsmelodie betrachteten (n = 7) oder nicht (n = 8). Für eine Mutter stellt das gemütliche Sich-Zurücklehnen im Fernsehsessel eine Zunahme der Entspannung dar, was für das Kind im Mutterleib bedeutet, dass es sich besser bewegen kann. Entsprechend lernten die noch ungeborenen Kinder bei den fernsehschauenden Müttern, dass die sehr charakteristische Titelmelodie der Seifenoper „Neighbours" damit verbunden war, dass sie sich besser bewegen konnten. Entsprechend konnte Hepper zeigen, dass das Vorspielen der Titelmelodie der Sendung bei den Neugeborenen der fernsehschauenden Mütter einen beruhigenden Effekt hat, wohingegen dies bei Säuglingen, deren Mütter die Fernsehserie nicht geschaut hatten, nicht der Fall war. Das Kind im Mutterleib hatte also durch das tägliche Hören der Titelmelodie nicht nur diese zu erkennen gelernt, sondern auch gelernt, dass diese Melodie mit Entspannung verbunden war.

Musik und Gehör nach der Geburt

Man muss davon ausgehen, dass es zur Entwicklung eines voll funktionsfähigen Hörsinns akustischer Stimulation bedarf. Bei Tieren, die den Hörsinn erst nach der Geburt entwickeln, wurden nach Aufzucht in reizarmer Umgebung Entwicklungsdefizite nachgewiesen. Es ist also ähnlich wie beim Sehen: Wenn die Augen und die nachgeschaltete visuelle Informationsverarbeitung nicht bis zum etwa fünften Lebensjahr das Sehen gelernt haben, so lernen sie es nie mehr und bleiben praktisch blind, denn die richtige Verdrahtung hat nicht stattgefunden und kann nach einer so genannten kritischen Periode nicht mehr stattfinden. Beim Hörsystem des Menschen ist diese Entwicklung früher abgeschlossen als beim Sehen, das im Mutterleib kaum Stimulation erhält. Man kann daher weiter annehmen, dass frühe akustische Erfahrungen, einschließlich Musik, für die Entwicklung des kindlichen Gehörs förderlich sind. In der entsprechenden Literatur wird, ähnlich wie beim visuellen System, von einer kritischen Periode gesprochen (Moore 1985; Ruben u. Rapin 1980).

Man muss weiterhin annehmen, dass es bei der Geburt zu einer deutlichen Abnahme der Hörschwelle, d. h. zu einer Verbesserung des Hörens kommt. Studien an Meerschweinchen haben gezeigt, dass die Hörschwelle bei der Geburt um etwa 20 dB absinkt (Sohmer et al. 1994). Dennoch hört das Neugeborene alles leiser als der Erwachsene, und erst mit etwa zwei Jahren können Kinder so gut hören wie Erwachsene (Schneider u. Trehub 1985).

Die Eltern wissen um das schon recht gut ausgebildete Hörvermögen des Säuglings, denn man konnte nachweisen, dass sich deren Stimmen beim Sprechen mit dem Neugeborenen systematisch verändern (vgl. die Studien der Arbeitsgruppen um Fernald und Papousek): Die Tonhöhe nimmt zu und die Variationsbreite (Modulation) der Stimme ebenfalls. Zugleich sind jedoch die Strukturen der Sprachmelodie (der „Singsang der Sprache“) sehr einfach und immer die gleichen. Dies war in allen untersuchten Kulturen bei Frauen und fast in gleichem Maße auch bei Männern der Fall, wenn es auch Unterschiede gab: Vergleicht man die Höhe der Grundfrequenz der Sprechstimme beim Sprechen mit Erwachsenen im Vergleich zum Sprechen mit Kindern direkt, so zeigt sich, dass bei Engländerinnen und Deutschen die Stimme längst nicht so stark beim Sprechen mit Kindern in die Höhe geht wie beispielsweise bei Amerikanerinnen. Vielleicht liegt es daran, dass ich selbst ein deutscher Mann bin (Subgruppe mit dem geringsten Effekt einer Steigerung der Stimme um durchschnittlich gerade einmal 8 Hz), aber das Gequietsche von Amerikanerinnen (Gruppe mit dem größten Effekt von 102 Hz) beim Anblick von Kindern ist mir aus vielfacher eigener Erfahrung heftig in nicht gerade positiver Erinnerung (vgl. Abb. 6-2).

Man konnte in einer Studie an 48 Säuglingen im Alter von vier Monaten nachweisen, dass Säuglinge diese veränderte Sprache gegenüber normalem Sprechen tatsächlich bevorzugen (Fernald 1985). Wahrscheinlich hilft eine solche veränderte Sprache den Säuglingen bei der Aufrechterhaltung der Aufmerksamkeit, vielleicht wird auch Wichtiges besser von Unwichtigem getrennt, und möglicherweise hat die höhere Stimme auch einen positiven affektiven Beiklang für das kleine Kind (vgl. Fernald 1991, S. 60).

Auch im Hinblick auf das Singen gibt es Untersuchungen zum Verhalten bei Eltern und Kindern. So passen die Eltern das, was sie dem Kind vorsingen, an die Lernsituation des Kindes an: Man singt immer wieder das Gleiche und die Melodien sind einfach, wobei man beim Vorsingen von Wiegenliedern in Anwesenheit von Kleinkindern erneut höher und mit mehr Betonung singt, als wenn man das Lied alleine

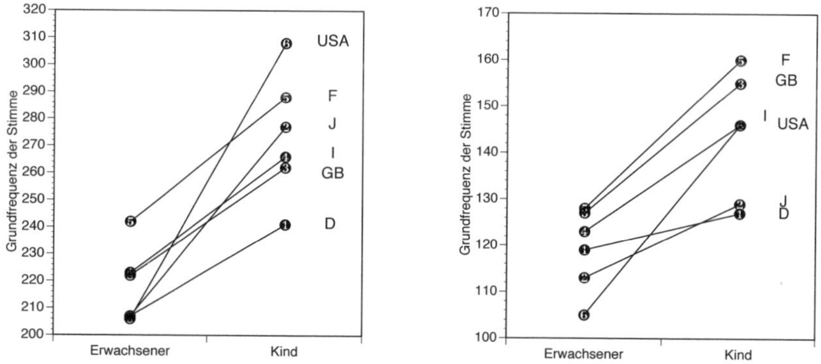

Abb. 6-2 Vergleich der Grundfrequenz des Sprechens von Frauen (links) und Männern (rechts) zu anderen Erwachsenen (jeweils links in der Graphik) und zu Kindern (jeweils rechts in der Graphik) in verschiedenen Sprachgemeinschaften (Deutschland, Frankreich, Großbritannien, Italien, Japan, USA). Wie man sieht, wird überall von Frauen wie auch von Männern zu Kindern mit einer höheren Grundfrequenz gesprochen (Daten aus Fernald et al. 1989, S. 499).

singt (vgl. den Abschnitt über Wiegenlieder in Kapitel 15). Im Alter von drei Monaten beginnt das Kind, die Sprachmelodie seiner jeweiligen Muttersprache nachzuahmen, und im Alter von acht Monaten ließ sich in einer Studie von Boysson-Bardies und Mitarbeitern (1986) am Singsang der Babys bereits die Muttersprache – Chinesisch, Arabisch oder Französisch – erkennen. Zugleich lernt das Kind bekanntermaßen die Laute (Phoneme) der Muttersprache, was auch bedeutet, dass es bereits mit einem halben Jahr stärker auf diese reagiert als auf Sprachlaute, die in der Muttersprache nicht vorkommen (Zusammenfassung in Spitzer 1996, S. 232–233).

Trehub und Trainor (1993) berichten über eine Reihe von Experimenten zu den musikalischen Fähigkeiten von Säuglingen, die mit der in Abbildung 6-3 dargestellten Anordnung durchgeführt wurden. Untersucht wurden Kinder im Alter von sechs bis elf Monaten, wobei das Alter durch praktische Gesichtspunkte bestimmt wurde: Bei jüngeren Säuglingen ist die Motorik noch nicht ausgereift genug, um zuverlässige Kopfwendungen zu garantieren, und ältere Säuglinge beginnen zu laufen und können dann nicht mehr für die Zeit des Experiments (10 bis 20 Minuten) still auf dem Schoß der Mutter sitzen.

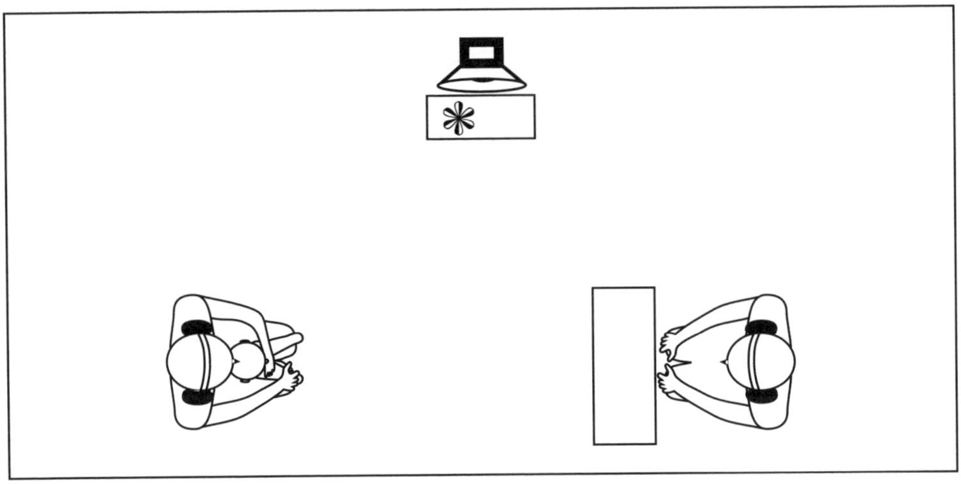

Abb. 6-3 Versuchsaufbau in der Säuglingsforschung (nach Trehub 1990). Die Mutter hat den Säugling auf dem Schoß (links) und sitzt der Versuchsleiterin (rechts) gegenüber, die die Aufmerksamkeit des Säuglings durch das Spiel mit Handpuppen auf sich zieht. Beide tragen Kopfhörer, über die Rauschen eingespielt wird, so dass sie die über den Lautsprecher (oben) kommenden akustischen Reize nicht hören können. Eine Standard-Tonfolge wird wiederholt über den Lautsprecher (45° zur Linken von Mutter und Kind) abgespielt, und die Versuchsleiterin gibt per Knopfdruck das Zeichen für einen Test-Durchgang, wenn der Säugling geradeaus schaut. Dann wird die Tonfolge durch eine Testfolge ersetzt, und die Versuchsleiterin beobachtet die Reaktion des Säuglings. Insbesondere vermerkt sie durch Tastendruck, wenn der Säugling sich nach links wendet. Sofern sich der Säugling innerhalb von vier Sekunden nach einem Test-Durchgang um 45° oder mehr nach links wendet, erscheint eines von vier beleuchteten und bewegten Spielzeugen in der Nähe des Lautsprechers (in der Zeichnung durch das Sternchen symbolisiert). Links-Wendungen des Säuglings zu anderen Zeiten werden nicht verstärkt.

Man beginnt das Experiment mit einem Test-Stimulus, der sich sehr deutlich von einer Standard-Tonfolge, die dauernd wiederholt wird, unterscheidet. Man führt das eigentliche Experiment nur dann durch, wenn sich das Kind vier Mal hintereinander diesem Test-Stimulus zuwendet, also ganz offensichtlich auf Veränderungen der Standard-Tonfolge reagieren konnte.

Es können dann unterschiedliche kleine Änderungen der Standard-Tonfolge eingespielt werden, und es wird jeweils beobachtet, ob der Säugling reagiert. Man kann damit feststellen, was ein Säugling an musikalischen Geschehnissen wahrnehmen kann und was nicht. Betrachten wir einige Beispiele. Die im letzten Kapitel beschriebenen Mechanismen der Gruppierung von Ereignissen könnten angeboren sein oder erlernt. Insbesondere könnte der Spracherwerb dazu führen, dass wir als Hörer lernen, den an unser Ohr dringenden Strom von Druckschwankungen in einzelne Gruppen zu zerlegen. Bekanntermaßen hören wir Pausen zwischen den Wörtern gesprochener Sprache, nicht nur dann, wenn sie tatsächlich vorhanden sind, sondern auch, wenn sie nicht vorhanden sind. Wir benutzen also unser sprachliches Wissen, um den akustischen Input in Gruppen zu gliedern. Es ist daher von Interesse, ob Säuglinge solche Gruppierungsleistungen auch vollbringen können.

Um dies herauszufinden, spielte man Säuglingen als Standard-Tonfolge sechs Töne vor, von denen jeweils die ersten und letzten drei identisch waren, sich jedoch voneinander in Tonhöhe und Klangfarbe unterschieden. Man könnte diese vorgespielte Standard-Tonfolge also graphisch etwa durch XXXOOO darstellen. Um festzustellen, ob Säuglinge in der Lage sind, diese Folge zu gruppieren, also nicht nur die einzelnen Ereignisse X und O wahrnehmen, sondern die Reizfolgen XXX und OOO *als Gruppen*, führte man zwei Test-Stimuli ein, von denen der erste eine Pause zwischen dem dritten und vierten einzelnen Ton der Sequenz enthielt (XXX – OOO), wohingegen beim zweiten Test-Stimulus die Pause zwischen dem vierten und fünften Einzelton lag (XXXO – OO). Sofern also der Säugling in seiner Wahrnehmung gruppiert, sollte die Pause beim ersten Test-Stimulus nicht gehört werden (denn sie wird im Wahrnehmungsprozess durch den Gruppierungsvorgang ohnehin erzeugt), der zweite Test-Stimulus hingegen sollte (wegen der Pause) auffallen. Dies war tatsächlich der Fall.

In einem anderen Experiment wurde untersucht, inwieweit Säuglinge allgemeine rhythmische Strukturen bereits wahrnehmen. (Es sei angemerkt, dass es hier nicht um das bewusste Wahrnehmen geht, sondern um die sich im Verhalten zeigende Fähigkeit zur Unterscheidung komplexer Strukturen im Wahrgenommenen.) Man spielte ihnen als Standard-Tonfolge den Rhythmus X – XX (Ton – Pause – Ton – Ton) in unterschiedlichen Tonhöhen vor und verwendete als Test-Stimulus die Folge XX – X, wieder in verschiedenen Tonhöhen. Die Säuglinge reagierten differentiell auf die beiden Rhythmen (unabhängig von der Tonhöhe), hatten also offensichtlich die allgemeine rhythmische Struktur durch deren wiederholte Darbietung gelernt. Man variierte anschließend an diese Lernphase zusätzlich das Tempo der Tonfolgen und konnte dadurch zusätzlich zeigen, dass Säuglinge den Rhythmus auch unabhängig vom Tempo wahrnehmen. Das Experiment wurde auch mit Rhythmen aus vier Tönen (X – XXX versus XXX – X) durchgeführt und hatte ein ähnliches Ergebnis (vgl. Abb. 6-4).

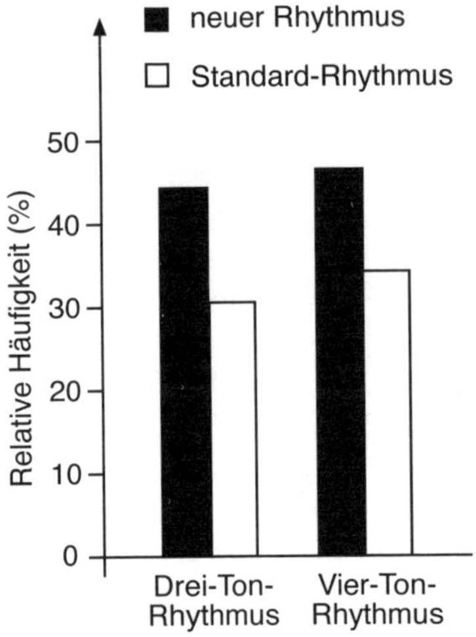

Abb. 6-4 Ergebnis der Studie zur Erkennung von Rhythmen (Trehub u. Thorpe 1989). Die relative Häufigkeit von Kopfdrehungen zum Lautsprecher war bei dem jeweils neuen Rhythmus größer.

Man konnte mit ähnlichen Experimenten zeigen, dass sich Säuglinge auch bei Pausen in gesprochener Sprache unterschiedlich verhalten, je nachdem, ob diese Pausen zwischen Sätzen und Satzteilen auftraten (also dort, wo sie „hingehören" bzw. von Gruppierungsmechanismen der Wahrnehmung auch gesetzt werden) oder innerhalb derselben (Zusammenfassung bei Trehub u. Trainor 1993). Hieraus könnte man schließen, dass diese Mechanismen spezifisch für den Menschen sind. Dies ist jedoch nicht der Fall, denn ein Tempo-unabhängiges Erkennen von Rhythmen ließ sich auch bei Staren und Tauben nachweisen (Hulse et al. 1984; Fetterman 1987).

Den Prozess des Gruppierens von Wahrnehmungsereignissen findet man also nicht nur beim erwachsenen Menschen und Säugling, sondern auch bei Tieren. Dies ist ein deutliches Indiz dafür, dass diese Prozesse zwar auch für den hochstufigen Prozess der Sprachentwicklung genutzt werden, jedoch sicherlich nicht auf ihm beruhen bzw. von ihm getriggert werden.

Eine Fähigkeit, die man bei erwachsenen Menschen und bei Tieren nachgewiesen hat, auch beim Säugling nachzuweisen, ist daher von geringerem theoretischen Gewicht als ein anderer Fall, bei dem es um eine Fähigkeit geht, die Erwachsene problemlos beherrschen, die jedoch im Tierreich nicht vorkommt. Eine solche Fähigkeit ist das Erkennen von Melodien. Zwar erkennen und lernen auch Singvögel Melodien, sie sind jedoch, wie man in Habituierungsstudien herausfand, nicht in der Lage, diese zu transponieren bzw. als gleich zu erkennen, wenn sie transponiert sind. Vögel haben also gleichsam ein „absolutes Gehör" (vgl. Kapitel 9), sie erkennen einzelne Töne und Frequenzen, nicht aber gestalthafte Melodien.

Das gestalthafte Erkennen von Melodien des Erwachsenen hat zwei Komponenten, die Gesamtgestalt (*Kontur*) der Melodie und die Tonverhältnisse (*Intervalle*) im Einzelnen (vgl. Dowling 1978). Hören wir eine bekannte Melodie in einer anderen Tonart, so können wir einen falschen Ton sofort erkennen, auch wenn wir diesen Ton in dieser genauen Höhe (Frequenz) noch nie innerhalb des transponier-

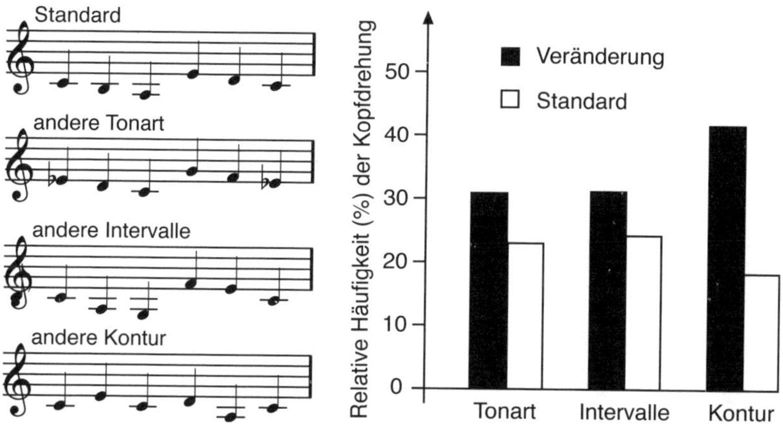

Abb. 6-5 Eine der im Experiment zur Melodiewahrnehmung verwendeten Standard-Melodien sowie Beispiele der Veränderungen von Tonart, Intervallen und Kontur (links) und Ergebnisse des Experiments (rechts). Die relative Häufigkeit der Kopfwendung der Säuglinge war bei Veränderungen der Kontur signifikant größer. Säuglinge nehmen Melodien somit vor allem über deren globale Form wahr (nach Trehub et al. 1984).

ten Liedes gehört haben. Wir erkennen die Tonverhältnisse und wissen sofort, wenn ein Verhältnis nicht stimmt (ein falscher Ton erklingt). Etwas anders ist es bei unbekannten Melodien. Wenn wir eine völlig neue Melodie hören, so merken wir uns zunächst gleichsam nur deren grobe Umrisse, also deren Kontur (es geht auf und ab, gibt Höhen und Tiefen etc.), nicht jedoch jedes einzelne Intervall.

Es stellt sich damit die Frage, wie Säuglinge Melodien erkennen: Nehmen sie die Gesamtgestalt wahr (Kontur), einzelne Tonverhältnisse (Intervalle) oder erkennen sie (wie Singvögel) einzelne Töne an ihrer absoluten Tonhöhe? Wie man in entsprechenden Studien zu kurzen Melodien zeigen konnte (vgl. Abb. 6-5), erkennen Säuglinge Melodien auf die gleiche Weise wie Erwachsene, d. h. vor allem an der Kontur und weniger an den einzelnen Intervallen oder absoluten Frequenzen.

Um herauszufinden, ob Dur-Dreiklänge bereits für Säuglinge eine besondere Stellung besitzen (wie dies bei Erwachsenen der Fall ist, auch wenn sie sich für völlig unmusikalisch halten; vgl. Krumhansl 1990), wurden Dur-Dreiklänge der Form 1-3-5-3-1 in verschiedenen Tonarten als Standard vorgespielt (also C-E-G-E-C--A-Cis-E-Cis-A--B-D-F-D-B etc.). Gelegentlich folgte dann ein Dreiklang aus zwei großen Terzen (also z. B. C-E-Gis-E-C), und es wurden wiederum die Kopfbewegungen der Säuglinge zum Lautsprecher registriert (vgl. Abb. 6-6). Wie sich zeigte, fallen die (auch für uns Erwachsene ungewohnten) Dreiklänge aus zwei großen Terzen auch den Säuglingen auf. War das Experiment umgekehrt aufgebaut, d. h. bildeten die ungewohnten Dreiklänge den Standard und waren die Dur-Dreiklänge in diesem Hintergrund gleichsam eingestreut, dann gab es keine Hinwendungen eigens zu Dur-Dreiklängen. Daraus lässt sich klar ableiten, dass Säuglinge im Alter von etwa einem dreiviertel Jahr die besondere Stellung des Dur-Dreiklangs wahrnehmen können.

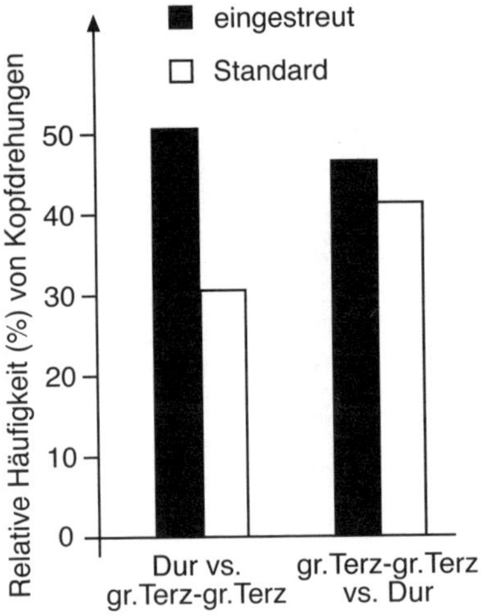

Abb. 6-6 Säuglinge nehmen Dur-Dreiklänge als besonders wahr. Werden Dreiklänge mit übermäßiger Quinte (also zwei großen Terzen) gelegentlich zwischen Dur-Dreiklängen eingespielt, drehen sich die Säuglinge signifikant häufiger zu diesen um. Dienen umgekehrt die Dreiklänge aus den zwei großen Terzen als Standard und sind die Dur-Dreiklänge nur gelegentlich eingestreut, wird ihnen keine besondere Aufmerksamkeit geschenkt (nach Trehub u. Trainor 1993).

Menschen in diesem zarten Alter können sogar noch mehr. Die eben beschriebene Aufgabe wurde dahingehend variiert, dass man die Dur-Akkorde wechselnder Tonarten entweder an der Nachbarschaft im Quintenzirkel orientierte oder gerade nicht. Es wurden also in der Standard-Bedingung (Hintergrund) entweder G-Dur, dann C-Dur, dann F-Dur etc. im Bereich von B-Dur bis D- Dur gespielt (wobei aufeinander folgende Dreiklänge immer im Quintenzirkel benachbart waren) oder Dur-Dreiklänge, die im Quintenzirkel weiten Abstand hatten (C-Dur, E-Dur und Gis-Dur). In der große Terz-große Terz-Bedingung wurden ebenfalls Töne aus den genannten, im Quintenzirkel verwandten oder nicht verwandten Tonarten verwendet. Wie sich zeigte (vgl. Abb. 6-7), hatte die Verwandtschaft im Quintenzirkel einen Einfluss auf das Unterscheidungsvermögen zwischen Dur und große Terz-große Terz. Die Säuglinge reagierten damit ganz offensichtlich nicht nur auf die einzelnen Dreiklänge, sondern auch auf deren Kontext. Mit anderen Worten, sie waren empfindlich für das, was man Tonalität nennt, also für Bezüge zwischen den Tonarten des Quintenzirkels.

Es wurde nicht nur mit sechs bis elf Monate alten Säuglingen musikalisch experimentiert, sondern sogar mit noch jüngeren „Versuchspersonen". Im Alter von zwei Monaten, so haben Habituierungsstudien ergeben, beginnen Säuglinge bereits damit, einfache Melodien und Rhythmen zu unterscheiden, d. h. bemerken zum Beispiel Veränderungen des Rhythmus eines Sechstonmotivs (siehe oben) oder der Kontur einer einfachen Melodie (Trehub 1985). Selbst die Wahrnehmung von Konsonanz und Dissonanz ist sehr früh entwickelt, wie das folgende Experiment zeigt.

Zentner und Kagan (1996, 1998) spielten insgesamt 32 vier Monate alten Säuglingen (je 16 männlich bzw. weiblich) je zwei konsonante und dissonante Versionen kurzer Musikstücke vor. Diese Stücke hatten eine Dauer von 35 Sekunden und bestanden aus zwei Stimmen, die mittels Synthesizer produziert wurden. Im Fall der Konsonanz wurde eine Zweistimmigkeit mit parallelen Terzen verwendet, zur Konstruktion der Dissonanz hingegen wurde die zweite Stimme im Intervall einer kleinen Sekunde geführt. Die Säuglinge wurden so vor den Lautsprecher gesetzt, dass ihr Kopf im Winkel von 45° zu diesem gerichtet war, sie sich also der Musik mit

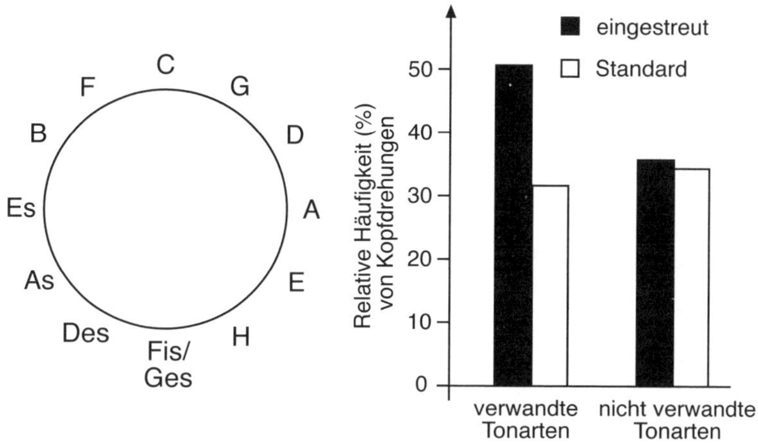

Abb. 6-7 Säuglinge registrieren auch Tonalität (rechts). Sollen Dur-Dreiklänge von Dreiklängen, die aus zwei großen Terzen bestehen, unterschieden werden, gelingt dies, wenn die aufeinander folgenden Dreiklänge im Quintenzirkel (links) beieinander stehen (also tonal verwandt sind; nach Trehub u. Trainor 1993).

dem Kopf noch zuwenden konnten. Die Reihenfolge der vier Melodien war für jedes Kind zufällig und unterschiedlich, und Kopf- bzw. Blickbewegungen während des Vorspielens der Musik wurden mit Video aufgezeichnet. Die gesamte experimentelle Anordnung war damit ähnlich der oben bereits dargestellten (vgl. Abb. 6-3) mit dem zusätzlichen Einsatz des Videos als objektives Beobachtungsverfahren. Ausgewertet wurde die Länge des Blicks in Sekunden auf die Seite des spielenden Lautsprechers sowie die motorische Aktivität der Säuglinge.

Man fand, dass die Säuglinge deutlich länger zur Musik schauten, wenn sie konsonant war. Zudem zeigte sich, dass die Säuglinge bei konsonanter Musik weniger motorische Aktivität zeigten, also ruhiger waren, als bei dissonanter Musik (vgl. Abb. 6-8). Die Länge der Hinwendung des Blicks durch einen Säugling wird im Wesentlichen durch zwei Faktoren bestimmt, nämlich der Bevorzugung und der Abweichung: Man schaut länger hin, wenn etwas erstens schön oder angenehm ist oder zweitens neu. Da die Musikstücke mit den dissonanten Intervallen eher nicht zu den Vorerfahrungen der Säuglinge zählen dürften, muss man annehmen, dass der Blick in diesem Experiment vor allem durch die Bevorzugung der konsonanten Musik geleitet wurde. (Wäre er vor allem von Neuigkeit beeinflusst gewesen, hätte man eine Hinwendung zur dissonanten Musik erwartet.) Kindliche Bewegungen signalisieren Wachheit, und diese wiederum kann ängstlich-unangenehm oder angenehm sein. Da die dissonante Musik mehr Wachheit verursachte, kann man annehmen, dass es sich bei der registrierten Erregung nicht um Freude und angenehme Aufregung, sondern um eine unangenehme Wachheit gehandelt hat. Da sich in entsprechenden Fragebögen an die Mütter kein Zusammenhang zwischen der Menge von durch den Säugling gehörter Musik einerseits und den gemessenen Effekten andererseits zeigte, halten die Autoren den Schluss für naheliegend, dass die Bevorzugung konsonanter Musik möglicherweise angeboren ist.

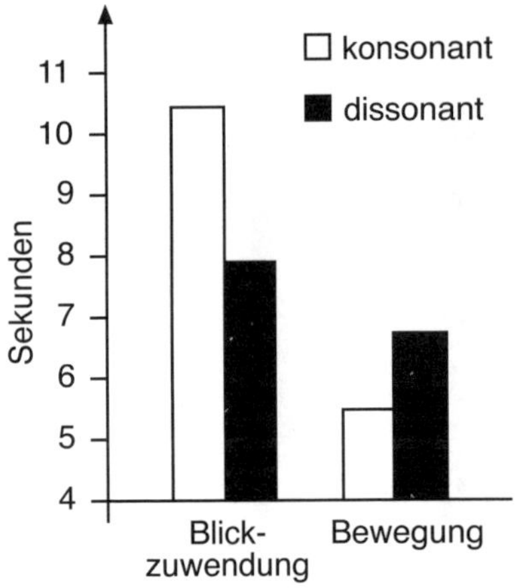

Abb. 6-8 Mittlere Zeitdauer der Hinwendung des Blicks zum Lautsprecher (links) sowie mittlere Dauer von Bewegungen (rechts) während des Hörens konsonanter (weiße Balken) und dissonanter (schwarze Balken) Musik (Daten aus Zentner u. Kagan 1996, S. 29).

Diese Studie wurde von Trainor und Heinmüller (1999) repliziert. Sie zeigt deutlich, dass Kinder im Säuglingsalter bereits konsonante Musik bevorzugen. Gewiss kann dies Ausdruck bereits (vielleicht schon im Mutterleib) abgelaufener Lernprozesse sein. Bemerkenswert ist aber dennoch die Tatsache, dass Dissonanz und Konsonanz derartig früh unterschieden werden.

Nicht ganz geklärt ist, in welchem Lebensmonat genau Intervalle gehört und komplexere musikalische Strukturen erfasst werden können. Möglicherweise liegt dies jedoch auch daran, dass es hier – je nachdem, ob die Säuglinge (womöglich schon vor der Geburt) viel oder wenig Kontakt mit Musik hatten – größere interindividuelle Unterschiede gibt. Konsonante Intervalle werden von dissonanten Intervallen gleicher durchschnittlicher Größe bereits von wenige Monate alten Säuglingen unterschieden (Schellenberg u. Trainor 1996; Schellenberg u. Trehub 1996). In einer Studie an sieben Monate alten Säuglingen, die zwei Sätze aus einer Sonate von Mozart für zwei Wochen hörten, konnte nachgewiesen werden, dass diese Musik nach zwei weiteren Wochen (während der sie nicht mehr gehört wurde) noch erinnert und gegenüber unbekannter ähnlicher Musik bevorzugt wurde. Ähnlich wie bei Wörtern, die ebenfalls bereits in diesem Alter über zwei Wochen behalten werden können (Jusczyk u. Hohne 1997), verhält es sich daher offensichtlich mit Musik (Saffran et al. 2000).

Fest steht weiterhin, dass mit etwa zehn Monaten auch eine Präferenz für das kulturell vorherrschende Tonsystem ausgebildet wird, denn die Säuglinge reagieren ab diesem Zeitpunkt, wie oben diskutiert und durch weitere Studien belegt wurde, unterschiedlich auf Abweichungen von Dur-Dreiklängen und anderen tonalen Klängen bzw. Klängen, die nicht auf dem westlichen Tonsystem beruhen.

Ein letztes Experiment soll zeigen, dass Säuglinge unter bestimmten Bedingungen sogar besser sein können als junge Erwachsene und dass sich gerade hieran die Einflüsse der Kultur (in diesem Falle unserer westlichen Musikkultur) besonders deutlich zeigen (vgl. Trainor u. Trehub 1992). Spielt man jungen Erwachsenen eine unbekannte Melodie vor und spielt man später eine geringfügig veränderte Melodie vor, so wird die Veränderung wesentlich besser bemerkt, wenn der „falsche" Ton nicht zur Tonart gehört, in der die Melodie steht (vgl. Abb. 6-9). Gehört er dagegen

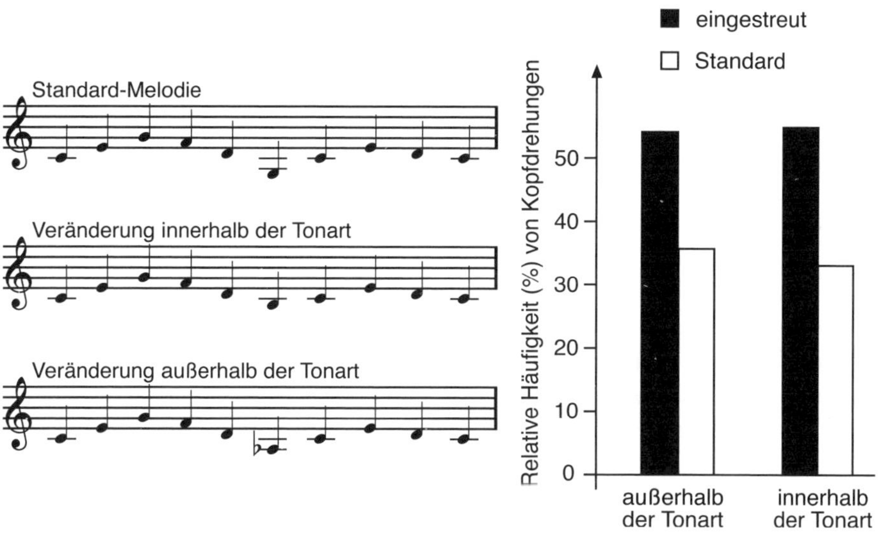

Abb. 6-9 Die im Experiment verwendete Standard-Melodie, bestehend aus zehn Tönen (links oben), die Melodie mit der Veränderung eines Tons innerhalb der Tonart um vier Halbtonschritte (Mitte links) sowie die Melodie mit der Veränderung eines Tons nach außerhalb der Tonart um nur einen Halbtonschritt (links unten). Rechts ist die relative Häufigkeit von Kopfdrehungen von Säuglingen in diesem Habituierungsexperiment dargestellt. Man sieht, dass sie die Abweichungen bemerken und – im Gegensatz zu Erwachsenen – etwa gleich behandeln (Daten nach Trainor u. Trehub 1992).

zur Tonart, passt er also zu den übrigen Tönen des Melodie-Kontexts, wird nicht bemerkt, dass er überhaupt verändert ist. Dies ist insofern interessant, als die Veränderung innerhalb der Tonart vier Halbtöne betrug, außerhalb der Tonart jedoch nur einen Halbton. Das Ausmaß der Abweichung spielt somit bei Hörern, die die westliche Musikkultur durch vielfaches Hören internalisiert haben, keine Rolle; Tonalität dagegen ist wichtig.

Nun wurden entsprechende Melodien auch im Habituierungsexperiment an Säuglingen untersucht, wobei sich zeigte, dass diese beide Veränderung der Melodie etwa gleich gut bemerkten, also zwischen einem anderen Ton innerhalb der Tonart und einem anderen Ton außerhalb der Tonart keinen Unterschied machten. Dieses Ergebnis repliziert nicht nur die bereits oben angeführten Studien zur Fähigkeit von Säuglingen, Tonabweichungen zu erkennen, sondern zeigt auch, dass die Unterscheidungsleistungen der Säuglinge noch deutlich weniger durch die Musikkultur geprägt sind, als dies bei den Erwachsenen der Fall ist. Möglicherweise sind es vor allem in der Melodie implizite harmonische Strukturen (erst die Tonika, dann der Dominantseptakkord), die der Erwachsene gleichsam mithört, der Säugling jedoch nicht.

Krumhansl und Jusczyk (1990) konnten schließlich zeigen, dass im Alter von etwa einem Jahr sogar schon ganze Musikabschnitte unterschieden werden können. Sie prüften die Länge der Zuwendung zu einem Ausschnitt aus einem Stück von Mozart in der ursprünglichen Fassung und in einer ungeordneten Fassung, bei der die Reihenfolge der Takte vertauscht worden war. Hierbei zeigte sich, dass die Kinder den wirklichen Mozart gegenüber dem ungeordneten signifikant bevorzugten.

Wer mit seinen Kindern regelmäßig und viel singt, der weiß, dass Kinder bereits mit drei oder vier Jahren über ein ansehnliches Repertoire von Liedern verfügen können und sehr schnell neue Lieder lernen. Es macht ihnen ebenso Spaß wie das Lernen neuer Wörter, das bei Kindern in diesem Alter mit einer Geschwindigkeit von einem neu gelernten Wort alle 90 Minuten erfolgt. Das Gefühl für ein *tonales Zentrum*, also dafür, wie sich Töne zueinander verhalten, entwickelt sich jedoch erst mit fünf oder sechs Jahren. Davor springen singende Kinder nicht selten mehrfach zwischen verschiedenen Tonarten hin und her (meist während durch Einatmen bedingter Singpausen), halten sich also nicht an eine einmal begonnene Tonart, sondern wechseln dreimal oder noch häufiger während eines Liedes die Tonart, wie Ramsey (1983) in einer Studie an Drei- bis Fünfjährigen fand.

Auch im Hinblick auf Begleitakkorde haben es Kinder zunächst schwer. Sie erkennen auch im Schulalter zuweilen nicht, dass die Begleitung nicht passt oder gar die ganze Tonart daneben liegt. Ob allerdings Michel (zit. in Bruhn 1993, S. 286) Recht damit hat, „dass Kindern bis zum Beginn des neunten Lebensjahres die Harmonisierung einer Melodie gleichgültig ist", da die „Regelhaftigkeit der Harmonien [...] noch nicht Bestandteil der repräsentierten Melodien" ist, wage ich aus meiner Erinnerung zu bezweifeln. Richtig erscheint mir jedoch in jedem Fall die Schlussfolgerung, dass man mit Kindern systematisch das Singen mit Begleitung üben sollte – nicht zuletzt, weil es Spaß macht!

Fazit: der musikalische Säugling

Musik wird schon im Mutterleib erlebt. Die noch vor 100 Jahren von der Wissenschaft vertretene Meinung, der Mensch sei im Mutterleib taub, ist falsch (wie werdende Mütter und Hebammen schon immer wussten). Im Gegenteil: Menschen hören spätestens ab der 28. Lebenswoche, sie tasten, schmecken und riechen, und sie behalten sich diese Sinneseindrücke auch in bestimmtem Ausmaß. Das aber bedeutet, dass Menschen bereits im Mutterleib lernen.

Durch eine ganze Reihe empirischer Untersuchungen mittels Mikrophonen oder gar Hydrophonen (Unterwassermikrophonen) im Uterus von Tieren und Menschen konnte die Schallumgebung des Ungeborenen recht gut charakterisiert werden. Die Bauchdecken lassen tiefe Frequenzen besser durch als hohe, weswegen tiefere Stimmen von Männern besser gehört werden. Die Stimme der Mutter allerdings wird per Knochenleitung an die Gebärmutter transportiert. Die Beckenschaufeln kann man sich als recht große Lautsprecher vorstellen, die dem werdenden Kind die Stimme der Mutter in Stereo vermitteln.

Nachgewiesen ist ebenfalls, dass sich das Kind bereits vor der Geburt Dinge merken kann, zwar nicht explizit, aber doch in Form einer Änderung impliziter Reaktionsweisen, die sich auch noch nach der Geburt nachweisen lassen.

Der Säugling ist bereits mit wenigen Monaten ausgesprochen musikalisch. Er erkennt Gruppen, Rhythmen, kann Dur-Dreiklänge von anderen Dreiklängen unterscheiden, erkennt die Kontur einer Melodie und hat sogar schon rudimentär den Quintenzirkel auf der Pfanne! Dies wahrscheinlich deshalb, weil er Quinten (nach der Oktave) in den Obertönen der harmonischen Schwingungen hört und damit Verbindungen von Frequenzen (bzw. Frequenzverhältnissen) internalisiert. Harmonische Beziehungen zwischen Akkorden, die in unserer westlichen Musikkultur eine wichtige Rolle spielen, werden erst später durch kulturelle Vermittlung erworben. Sie sind in den reinen Intervallen zwar angelegt, jedoch noch nicht gleichsam ausformuliert.

Das Sprechen mit Säuglingen und der Singsang beim Singen mit Säuglingen sind auf dessen Bedürfnisse (d.h. dessen Fähigkeiten und Grenzen) im Hinblick auf akustische Informationsverarbeitung zugeschnitten. Mit etwa einem Jahr vollziehen sich wesentliche kognitive Veränderungen, die vor allem für die Sprachentwicklung von Bedeutung sind, jedoch auch für die musikalische Entwicklung des Menschen wichtig sein dürften. Ebenso wie einige Sprachlaute leichter gelernt werden können als andere (Übersicht bei Spitzer 2001c), weil sie dem kindlichen Sprachproduktionsapparat besser entgegenkommen als andere, ist denkbar, dass bestimmte musikalische Formen für Kinder leichter zu lernen sind als andere. Man denke nur an absteigende Melodieformen in Wiegenliedern, die gut zum abnehmenden Druck der Atemluft aus der Lunge passen und sich daher als natürliche Frequenzabfolge beim Ausatmen ergeben.

Die Beziehungen zwischen Sprachentwicklung und musikalischer Entwicklung sind ebenso noch Gegenstand der Forschung wie die Beziehungen zwischen Musik und Sprache ganz allgemein. Sie werden auch in weiteren Kapiteln immer wieder thematisiert werden (vgl. die Kapitel 7 und 14). Für beide Forschungsgebiete sind die Ergebnisse der empirischen Säuglingsforschung außerordentlich aufschlussreich. Für den Kontext dieses Buchs genügt es jedoch festzuhalten, dass jeder Mensch – die Studien wurden ja alle mit ganz normalen „Durchschnittssäuglingen" durchgeführt – Musikalität beherbergt. Man konnte beispielsweise sogar zeigen, dass sich geistig behinderte Kinder in ihren musikalischen Vorlieben nicht von nicht behinderten Kindern unterscheiden (Koh u. Koh 1966), was ebenfalls für die Allgemeinheit von Musikalität spricht. Nur wegen dieser ganz allgemeinen Befähigung aller Menschen zur Musik ist diese, wie schon mehrfach betont, überall. Die besonderen Talente der „Stars" kann es nur geben, wenn es ein Publikum gibt, das diese Talente würdigen kann und hierzu über entsprechende „Antennen" verfügt (Blacking 1973).

7 Platz für Töne

Meine älteste Tochter wurde im Oktober 1985 geboren. Im Frühjahr 1987 saß Ulla bei einer Fahrradtour hinter mir auf dem Kindersitz. Sie war also etwa eineinhalb Jahre alt und konnte zu diesem Zeitpunkt noch nicht sprechen. Sie war allerdings seit ihrer Geburt (und schon zuvor) in vielfältiger Weise Musik ausgesetzt und konnte daher schon singen. Mir ist noch heute sehr lebhaft im Gedächtnis, wie wir durch einen Wald fuhren, in dem man viel Vogelgezwitscher hörte. Ulla war vergnügt, summte vor sich hin und plötzlich erkannte ich in ihrem Singsang eine Melodie: Ulla sang zweifellos *Alle Vögel sind schon da*! Ein anderes Mal war sie mit beim Einkaufen auf dem Marktplatz, sah Birnen und begann spontan zu singen *Spannenlanger Hansel, nudeldicke Dirn, geh'n wir in den Garten, schütteln wir die Birn*. Sie hatte offensichtlich Bedeutungen und Abbildungen in Liederbüchern mit Liedern assoziiert. Sie kommentierte ihre Umwelt auf musikalische Weise, denn eine Bemerkung machen konnte sie ja noch nicht.

Wenn Musik auf uns wirkt, dann hinterlassen diese Wirkungen ihre Spuren in unserem Gehirn. Um diese Spuren – man spricht nicht umsonst von Gedächtnisspuren – geht es in diesem Kapitel. Wir hatten uns mit ihnen bereits in Kapitel 5 beschäftigt, jedoch waren die Betrachtungen noch allgemein und auf Wahrnehmungsprozesse beschränkt. In diesem Kapitel geht es hingegen um eine Vertiefung der Einsichten über Musik und die neuronalen Prozesse, die für das Erleben von Musik bedeutsam sind.

Umgekehrt könnte es sein, dass der Aufbau unseres Gehirns sich auch irgendwie in der Art, wie Musik verarbeitet wird, niederschlägt. Wir sahen dies im Prinzip bereits in den vergangenen Kapiteln: Das Gehör und die Informationsleitungen samt ihren Schaltstellen bis zur Großhirnrinde haben einen bestimmten Aufbau (Kapitel 3); das Innenohr legt Harmonien zumindest teilweise fest (Kapitel 4); das gestalthafte Hören von Melodie und Rhythmus ist Ergebnis verschiedener Gedächtnisprozesse (Kapitel 5), und die Reifung und Entwicklung des Gehirns bewirken, dass bestimmte Fähigkeiten zu bestimmten Zeiten erworben werden können (Kapitel 6). In diesem Kapitel wird diese Argumentationskette fortgesetzt, und es geht um allgemeine Prinzipien der Gehirnfunktion und deren Konsequenzen für die Musik.

Repräsentationen

Für einen Organismus, der in einer regelhaften Umgebung lebt, stellt es einen entscheidenden Überlebensvorteil dar, ein inneres Abbild dieser Umgebung zur Verfügung zu haben, um unter Hinzuziehung dieses Abbildes besser auf Reize aus der Umgebung reagieren zu können. Ein solches inneres Abbild bestimmter äußerer, durch Reize vermittelter Charakteristika und Strukturen nennt man ganz allgemein eine Repräsentation.

Rein subjektiv weiß jeder, was damit gemeint ist: Ich kann die Augen schließen und mir die Sonne, den Mond, eine Landschaft oder eine bestimmte Person vorstellen. Diese Vorstellung enthält bestimmte Informationen über den Sachverhalt, die ich erst abrufen kann, sofern ich die Vorstellung mir tatsächlich vor mein geistiges Auge geführt habe. Ein einfaches Beispiel hierfür ist die Zahl der Fenster im Wohnzimmer des Lesers: Selbst wenn Sie jetzt gerade nicht in Ihrem Wohnzimmer sitzen, können Sie sich Ihr Wohnzimmer vorstellen, in ihm (in der Vorstellung) herumlaufen und die Fenster zählen. Nach wenigen Augenblicken wissen Sie so die Zahl der Fenster in Ihrem Wohnzimmer und können sie auf Anfrage angeben. Wir wissen somit intuitiv, was eine Vorstellung ist, eine innere Repräsentation (lat. *re* = wieder, *presentare* = vergegenwärtigen) von etwas draußen in unserem Geist.

Vorgestellte Musik

Ebenso wie wir uns Bilder vorstellen können, können wir uns Schall, Töne, Melodien und ganze Musikstücke vorstellen. Untersuchungen des visuellen Vorstellungsvermögens haben gezeigt, dass sich Vorstellen letztlich der gleichen Hirnmaschinerie bedient wie das visuelle Wahrnehmen und dass die den Vorstellungen zu Grunde liegenden internen Repräsentationen zumindest teilweise die Eigenschaften tatsächlicher Bilder haben (vgl. hierzu die ausführliche Darstellung in Spitzer 2002). So wurde beispielsweise gezeigt, dass es länger dauert, zwei Punkte auf einem vorgestellten Bild innerlich wahrzunehmen, wenn sie weiter auseinander liegen. Auch wurde gezeigt, dass die Zeit, die man braucht, um ein Bild im Geiste zu drehen, mit größerem Drehwinkel zunimmt. Innere, geistige Bilder haben also zumindest teilweise ganz ähnliche Eigenschaften wie wahrgenommene Bilder.

Im Hinblick auf das akustische Vorstellungsvermögen wurden deutlich weniger wissenschaftliche Untersuchungen durchgeführt als mit visuell vorgestellten Bildern. Diese Studien sprechen jedoch eindeutig ebenfalls für eine analoge interne Repräsentation von Schall und Musik. Farah und Smith (1983) ließen ihre Versuchspersonen sich hohe oder tiefe Töne vorstellen, während sie auf akustische Signale reagieren mussten. Es zeigte sich, dass man einen Ton besser wahrnimmt (d.h. das Tonsignal rascher entdeckt), wenn man sich den gleichen Ton bereits vorstellt. Daraus leiteten die Autoren ab, dass die Frequenz des vorgestellten Tons durch die Vorstellung dieses Tons bereits voraktiviert ist und ein eingehendes Signal entsprechender Frequenz daher rascher erkannt wird.

In einem anderen Experiment mussten sich Versuchspersonen einen Akkord vorstellen und hörten dann einen weiteren Akkord, bei dem sie so rasch wie möglich entscheiden mussten, ob es sich um den gleichen oder um einen anderen Akkord handelt (Hubbard u. Stoeckig 1988). Der vorgespielte Akkord war entweder identisch mit dem vorgestellten oder verschieden und musikalisch verwandt bzw. verschieden und nicht musikalisch verwandt mit dem vorgestellten Akkord. Führt man eine solche Aufgabe mit zwei tatsächlich gespielten Akkorden durch, so werden identische Akkorde am schnellsten, völlig verschiedene Akkorde am zweitschnellsten und musikalisch verwandte, aber verschiedene Akkorde am langsamsten erkannt. Genau dies war auch der Fall, wenn der erste Akkord nur vorgestellt war. Wieder schließen die Autoren auf die Ähnlichkeit musikalischer Wahrnehmungen und musikalischer Vorstellungen.

Die kanadische Psychologin Andrea Halpern (1988) führte eine ganze Reihe von Experimenten durch, die ebenfalls in die gleiche Richtung weisen. Sie ließ beispielsweise musikalisch untrainierte Versuchspersonen sich die Töne bekannter Lieder, die mit bestimmten Wörtern im Text korrespondierten, vorstellen und im Hinblick auf ihre Höhe vergleichen. Sie ging dabei wie folgt vor: Zunächst wurden die Versuchspersonen einzeln befragt, ob sie bestimmte Lieder (beispielsweise *Jingle Bells*) kennen. Danach führten sie zunächst eine Wahrnehmungsaufgabe durch, dann die Vorstellungsaufgabe. In zwei Übungsdurchgängen hörten die Versuchspersonen zunächst über Kopfhörer das Lied *Jingle Bells* und sahen den Text gleichzeitig auf einem Computerbildschirm. Zwei Wörter im Text waren mit Großbuchstaben geschrieben und die Versuchspersonen hatten die Anweisung, durch Tastendruck anzugeben, ob die Tonhöhe des beim zweiten groß geschriebenen Worte gesungenen Tons höher oder tiefer war als beim ersten. Sie sahen also beispielsweise *dashing to the SNOW in a one horse open SLEIGH* und mussten beurteilen, welcher der beiden Töne, der bei *snow* oder der bei *sleigh*, höher war.

Die Vorstellungsaufgabe bestand im Prinzip in der gleichen Prozedur, aber das Lied wurde nicht vorgespielt, sondern nur der Text gezeigt. Die Probanden mussten sich also das Lied vorstellen und mit Hilfe dieser Vorstellung entscheiden, welcher von zwei vorgestellten Tönen höher war. Die Reaktionszeiten in dieser Aufgabe nahmen mit dem tatsächlichen Abstand beider Töne im Lied systematisch zu. Sie waren auch dann länger, wenn das erste Vergleichswort von einem späteren Teil des Liedes und nicht aus dessen Anfang stammte. Diese Ergebnisse legen nahe, dass die Versuchspersonen ein vorgestelltes Lied innerlich etwa wie ein Tonband abspielen lassen und dass die für musikalisches Vorstellungsvermögen verwendeten internen Repräsentanzen zumindest teilweise analoge, zeitliche Charakteristika aufweisen.

Halten wir fest: Man kann Vorstellungen, Bilder und Melodien, experimentell untersuchen. In solchen Experimenten kann man der Natur dieser inneren Repräsentationen nachgehen. Wenn man dies tut, dann zeigt sich, dass Vorstellungen mit Wahrnehmungen recht viel gemeinsam haben.

Neuronale Repräsentation

Auch in neurobiologischer Hinsicht wird seit längerer Zeit von Repräsentation gesprochen. Damit sind keineswegs subjektiv erlebte innere Bilder und Töne gemeint, sondern zunächst etwas ganz anderes. *Ein Neuron kann für irgendetwas stehen*, etwa so, wie ein Wort für etwas (seine Bedeutung) stehen kann. Bei einem Neuron handelt es sich um einen speziellen Typ einer lebenden Zelle, die auf Erregung und Erregbarkeit spezialisiert ist. Im Grunde genommen ist jede Zelle erregbar, Neuronen verfügen jedoch über ganz bestimmte Eigenschaften, die sie für die Produktion von Erregungen und deren Weiterleitung besonders geeignet machen. Trifft Licht auf einen Rezeptor in der Netzhaut des Auges, wird eine innere Haarzelle in der Schnecke verbogen oder reagiert ein Stoff mit bestimmten Rezeptoren in der Nasenschleimhaut, wird jeweils ein physikalisches Ereignis in ein physiologisches Ereignis umgewandelt: Aus Energie oder der Veränderung von Energie in der Zeit wird in den Sinneszellen Erregung.

Diese Erregung wird überall in prinzipiell der gleichen Form weitergeleitet, nämlich als Nervenimpuls (Aktionspotenzial), der mit Geschwindigkeiten von bis zu 100 Metern pro Sekunde entlang der Nervenfasern in Richtung Gehirn fortgeleitet wird. Jeder Impuls, der ins Gehirn gelangt, ist gleich, d. h. er unterscheidet sich nicht von den Milliarden anderen Impulsen, die ebenfalls in das Gehirn eingehen. In unserem Gehirn gibt es – wenn man von außen hineinschaut – keine Farben und Töne, keinen Geruch und keinen Geschmack, keine Wärme und keine Kälte, sondern nur Impulse. (Natürlich: Wir selbst erleben dieses Spiel der Impulse ganz anders und es wäre Unfug, zu sagen, dass es *eigentlich nur* Impulse gibt, denn jeder Mensch *ist* zunächst einmal einer, der erlebt.) Lange war unklar, wie unser Gehirn überhaupt zwischen Farben und Tönen, Gerüchen und Schmerzen unterscheiden kann. Bis heute ist dieses Problem nicht völlig gelöst, zumal es auch Menschen gibt, die Töne riechen oder Farben hören können, d. h. Menschen mit der Fähigkeit zur so genannten *Synästhesie* (vgl. Kapitel 9).

Die Gesamtheit dieser Impulse, die in das Gehirn eingehen, kann man in der Sprache der Informatik als dessen *Input* bezeichnen. Insgesamt erreichen unser Gehirn zwei bis drei Millionen Nervenfasern, und über jede Faser kommen bis zu 300 Impulse pro Sekunde. Damit kann man die Größenordnung der Informationsmenge, die unser Gehirn erreicht, abschätzen. Dem Vorhandensein oder Nicht-Vorhandensein eines jeden Impulses entspricht die Informationsmenge von einem Bit. Damit verarbeitet unser Gehirn ca. 600–900 Millionen Bit je Sekunde. Acht Bit entsprechen einem Byte und Millionen wird durch Mega abgekürzt. Die Informationsmenge, die unser Gehirn verarbeitet, beträgt daher etwa 100 Megabyte pro Sekunde. Diese ungeheure Menge an Information wird vom Gehirn verarbeitet und in adäquate Handlungen umgesetzt. Was heißt das?

Wenn wir die Hand auf die heiße Herdplatte legen, ziehen wir sie rasch zurück. Kommt ein Löwe von links, rennen wir ganz schnell nach rechts. Hängt vor uns ein roter Apfel am Baum, so greifen wir nach ihm. Der Input wird von unserem Gehirn also offensichtlich dazu benutzt, einen Output zu generieren, der jeweils passt. Wer beim Apfel rennt oder beim Löwen greift, macht Fehler.

Nervensysteme sind dafür da, eingehende Impulse (den Input) in ausgehende Impulse (den Output) rasch und effektiv umzusetzen (erinnern Sie sich an die „optimalen Merkmale“ in Kapitel 5). Betrachten wir hierzu ein einfaches Beispiel (vgl. Spitzer 1996): Eine Zecke hat weder Augen noch Ohren. Sie hängt an einem Ast. Ihr Nervensystem ist sehr einfach und kann lediglich einen bestimmten Geruch (den von Buttersäure) und Wärme signalisieren. Das genügt ihr aber auch, um in ihrer Umwelt erfolgreich zu sein: Sobald ein größeres Säugetier sich unter dem Ästchen befindet, bemerkt die Zecke zwei Eigenschaften, Wärme und Buttersäure (im Schweiß aller Säugetiere vorhanden). Dieser Input bewirkt einen Output: Die Zecke lässt sich fallen und landet mit etwas Glück auf dem Säuger, der für sie eine unerschöpfliche Nahrungsquelle darstellt.

Im Nervensystem der Zecke sind also nur wenige Aspekte der komplexen Umwelt repräsentiert: Ihre Umwelt besteht aus Wärme und Buttersäure, sonst nichts. Sie kann und muss nicht lernen, wie auf einen bestimmten Input zu reagieren ist. Sie kann nur eines, sich fallen lassen oder nicht; ihr Verhaltensrepertoire (d. h. das, was ein Organismus alles kann) ist sehr beschränkt. Uns Menschen erscheint dies ein sehr kleiner Ausschnitt an Erleben und Verhalten, aber auch wir nehmen nicht die ganze Natur um uns herum wahr, sondern nur einen kleinen Ausschnitt aller uns umgebenden elektromagnetischen Felder (nämlich Wärme und das sichtbare Licht), nur einen Ausschnitt aller mechanischen Schwingungen (bis 20.000 Hz), nur einen Teil aller Stoffe (viele haben für uns keinen Geruch) und für elektrische Felder sind wir – im Gegensatz zu manchen Fischen – völlig empfindungslos. Uns geht es also besser als der Zecke, aber nur graduell, nicht prinzipiell: Zellen in unseren Sinnesorganen setzen bestimmte physikalische Gegebenheiten in Impulse um, diese Impulse werden von unserem Nervensystem verarbeitet. Dies wiederum bedeutet nichts anderes, als dass unser Nervensystem den Strom eingehender Impulse (Input) in einen Strom ausgehender Impulse (Output) umwandelt, der jeweils angemessen ist, d. h. zu situationsgerechtem Verhalten führt (und die Muskeln entsprechend steuert).

Die Repräsentation von Tönen im menschlichen Gehirn ist viel komplizierter als die von Wärme oder Buttersäure bei der Zecke (vgl. Abb. 7-1). Auf der Ebene einzelner Neuronen des Hörkortex lassen sich beispielsweise zwar solche finden, die bei einem Ton einer bestimmten Frequenz anfangen zu feuern und aufhören, wenn der Ton aufhört. Dies ist aber nur eine Möglichkeit der „Antwort" kortikaler Neuronen. Andere feuern dauernd mit einer bestimmten Rate und hören damit auf, wenn der Ton kommt. Wieder andere feuern nur dann, wenn sich gerade etwas ändert. Wie diese Kodes dann miteinander im Einzelnen verrechnet werden, um zu einer einheitlichen Wahrnehmung zu führen, ist noch nicht völlig geklärt.

Noch bis vor etwa zwei Jahrzehnten lag es daher im Bereich der Spekulation, wie das Gehirn mit Tönen und Musik umgeht. Dies hat sich geändert. Man kann heute aus der Kenntnis des Aufbaus und der Funktion der Großhirnrinde, des größten

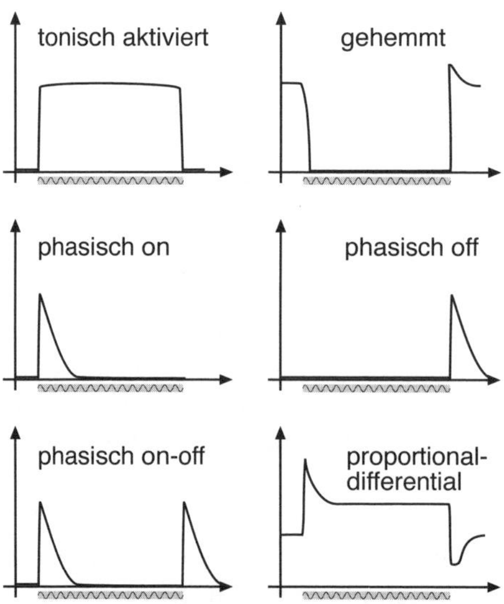

Abb. 7-1 Stark schematisiert dargestellte neuronale Antworten (Aktionspotenziale pro Zeiteinheit) auf Töne. Neuronen können mit dem Ton für dessen Dauer aktiv werden, was man *tonische* Aktivierung nennt (nicht von Ton, sondern von *Tonus* = Spannung). Sie können gehemmt werden, oder nur auf Unterschiede *phasisch* (d. h. rasch wechselnd) reagieren. Im Hörnerven sind die akustischen Signale, wie oft in der Sensorik, gemischt kodiert, d. h. es gibt eine tonische (dem Ton *proportionale*) und eine phasische (auf *Differenzen* reagierende) Komponente im Signal (nach Luce 1993, S. 90).

Teils des Gehirns, einige Prinzipien ableiten, die zumindest Hinweise geben, wie höhere geistige Leistungen, einschließlich der Musik, vollbracht werden. Eines dieser Prinzipien ist das der Neuroplastizität.

Neuroplastizität

Früher nahm man an, dass sich das Gehirn des Menschen ab etwa dem Zeitpunkt der Geburt kaum noch verändert. Gewiss, der Kopf und sein Inhalt, im Wesentlichen das Gehirn, wachsen noch auf etwa die doppelte Größe heran. Die Nervenzellen selbst jedoch sind ab einem Zeitpunkt kurz nach der Geburt bereits praktisch in voller Zahl vorhanden. Bis vor etwa 20 Jahren ging man daher davon aus, dass es sich beim Gehirn um ein relativ statisches Organ handelt.

Man wusste jedoch zu diesem Zeitpunkt ebenso wenig, wie das Gehirn eigentlich funktioniert. Hieran hat sich gerade im vergangenen Jahrzehnt, das nicht umsonst das *Jahrzehnt des Gehirns* genannt wird, einiges geändert.

Es gehört zu den spannendsten Ergebnissen der Neurowissenschaft der vergangenen beiden Jahrzehnte, dass sich die Sicht des Gehirns als statisches, kaum veränderliches Organ völlig verändert hat. Das Gehirn ist nicht statisch, sondern vielmehr äußerst plastisch, d. h. es passt sich den Bedingungen und Gegebenheiten der Umgebung zeitlebens an. Es ist, wie wir heute wissen, die Lebenserfahrung eines jeden Menschen, die sein Gehirn zu etwas Einzigartigem macht (für eine ausführliche Darstellung dieses Sachverhalts und der beteiligten Prozesse, siehe Spitzer 1996). Wer beispielsweise Blindenschrift lernt, der bewirkt, dass ein ganz kleiner Teil seiner Großhirnrinde (derjenige nämlich, auf dem sich die Nervenzellen befinden, die durch Impulse vom rechten Zeigefinger erregt werden) sehr häufig gebraucht wird. Entsprechend nimmt die Zahl der Nervenzellen, die für den rechten Zeigefinger zuständig sind, messbar zu (vgl. Pascual-Leone et al. 1993). Weitere Beispiele, die sich auf das Erlernen von Musikinstrumenten beziehen, werden im Kapitel 12 diskutiert. Es sei hier auch an die in Kapitel 3 erwähnten Dirigenten mit erlernter hochauflösender Raumwahrnehmung erinnert.

Man bezeichnet die Anpassungsvorgänge im Zentralnervensystem an die Lebenserfahrung eines Organismus als Neuroplastizität. Es gibt sie auf unterschiedlichen Ebenen (siehe Tabelle 7-1). Am längsten bekannt ist die Ebene der Verbindungen (Synapsen) zwischen Nervenzellen. Ein Impuls erreicht ein Neuron ausgehend von einem anderen Neuron über eine Synapse, und es ist die Stärke dieser Verbindung, die sich bei Lernvorgängen ändert. Neurobiologisch betrachtet besteht Lernen in der *Veränderung der Stärke der Verbindungen zwischen Nervenzellen.*

Betrachten wir als Beispiel die so genannte klassische Konditionierung. Ein Hund bekommt Futter, bei dessen Anblick ihm das Wasser im Munde zusammenläuft. Dies ist ein normaler Vorgang, der reflexhaft abläuft, d. h. ähnlich automatisch wie beispielsweise der Ausschlag des Beins nach vorn, wenn mit dem Reflexhammer auf die Sehne unterhalb der Kniescheibe geschlagen wird. Im Gegensatz zu diesem sehr einfachen Kniesehnenreflex ist der Reflex des Speichelflusses beim Anblick von Futter jedoch kompliziert und durch Lernen beeinflussbar. Läutet beispielsweise immer dann, wenn der Hund Futter sieht, eine Glocke, dann wird dem Tier irgendwann

Tab. 7-1 Ebenen der Neuroplastizität. Der molekularbiologisch beschreibbare Prozess der Langzeitpotenzierung an Synapsen findet innerhalb von Sekunden statt und kann Stunden überdauern. Er dient auch zur Markierung von Synapsen, an denen dann strukturelle Veränderungen stattfinden, die einer zusätzlichen und länger dauernden Verbesserung der neuronalen Verbindung dienen. Das Wachstum von Neuronen geschieht in Zeiträumen von Tagen, die nicht zuletzt für die Wanderung der neu entstandenen Zellen von der „Produktionsstätte" an ihren „Einsatzort" benötigt werden. Kortikale Karten ändern sich langsam innerhalb von Wochen, wobei besonders ausgeprägte Ausweitungen oder Verschiebungen von Repräsentationen (im Bereich eines Zentimeters und mehr) Jahre benötigen können (vgl. Spitzer 1996).

Ebene	Prozess	Größenordnung	Zeitraum
Synapse	Langzeit-potenzierung	Nanometer bis Mikrometer	Sekunden bis Stunden
Neuron	Wachstum	Mikrometer	Tage bis Wochen
Kortikale Karte	Veränderung von Repräsentationen	Millimeter bis Zentimeter	Monate bis Jahre

bereits der Mund wässrig, wenn nur die Glocke läutet – ganz ohne Futter. Man nennt diesen Reflex dann einen klassisch konditionierten bedingten Reflex. Ganz offensichtlich wurde durch die immer wieder erfolgte gleichzeitige Wahrnehmung von Glocke und Futter eine Kopplung des neuen Input „Glocke" mit dem Output „Speichelfluss" hergestellt. Es wurde, mit anderen Worten, etwas Neues, die Glocke, mit dem Speichelfluss assoziiert.

Wie Untersuchungen an einem sehr einfachen Tier, der Meeresschnecke *Aplysia*, zeigen konnten, geht das Erlernen eines solchen bedingten Reflexes mit der Veränderung der Übertragungsstärke synaptischer Verbindungen einher (vgl. Kandel et al. 1996). Auf den Hund übertragen bedeutet dies: Die Verbindung „Glocke – Speichelfluss" wird gelernt, indem Verbindungen zwischen dem Input „Glocke" und dem Output „Speichelfluss" neu geknüpft werden. Die Veränderung von Synapsenstärken war damit als Grundlage des Lernens nachgewiesen, wofür im Herbst 2000 der Psychiater Eric Kandel den Nobelpreis für Medizin bekam.

Weitere Experimente konnten zeigen, dass die Verbindung zwischen zwei Neuronen immer dann an Stärke zunimmt, wenn sie gleichzeitig aktiv sind. Dies wurde bereits vor über einhundert Jahren von dem amerikanischen Psychologen William James postuliert, vor etwa 50 Jahren von dem kanadischen Neurophysiologen Donald Hebb genauer formuliert und im Jahr 1973 erstmals direkt nachgewiesen. Der biochemische Vorgang an Rezeptoren für Neurotransmitter (siehe Kapitel 3) ist unter dem Namen *Langzeitpotenzierung* bekannt und in sehr vielen Details intensiv erforscht. Diese Forschungsanstrengungen lohnen sich, denn sie sind auf nichts weniger gerichtet als auf die molekularen Grundlagen jeglichen Lernens und Gedächtnisses.

Aber nicht nur die Verbindungen zwischen Nervenzellen ändern sich. Wie man 1997 nachweisen konnte, wachsen im *Hippocampus*, einer für das Lernen neuer Episoden wichtigen Hirnstruktur, dann neue Nervenzellen, wenn sich der betreffende Organismus in einer interessanten Umgebung befindet (Kempermann et al. 1997). Bereits ein Jahr später konnte man die Neubildung von Nervenzellen auch im Gehirn des Menschen nachweisen (Eriksson et al. 1998), und wieder ein Jahr später wurde die Rolle dieser Vorgänge bei Lernprozessen vorsichtig diskutiert (Gold et al. 1999; vgl. auch Unger und Spitzer 2000). Im nachfolgenden Jahr wurde dann bei Singvögeln erstmals nachgewiesen, dass nach Zerstörung des „Sing-Areals" nachwachsende Neuronen auch bestimmte Funktionen (das Singen eines Liedes) wieder ausführen können (Scharff et al. 2000, Zusammenfassung in Spitzer 2001) und noch ein Jahr später wurde erstmals gezeigt, dass auch ganz normale Lernvorgänge nur dann ablaufen können, wenn Neuronen in bestimmten Hirnstrukturen nachwachsen (Shors et al. 2001; Zusammenfassung in Spitzer 2001).

Neben der Veränderbarkeit von Verbindungen zwischen Neuronen und dem Nachwachsen von Neuronen selbst kann man Neuroplastizität auch noch auf einer weiteren Ebene, nämlich der ganzer Bereiche der Großhirnrinde, beschreiben (siehe Abb. 7-2). Der Kortex besitzt eine ganz bestimmte innere Struktur und Funktionsweise, weswegen er gar nicht anders kann, als Repräsentationen von ihn erreichenden Eingangssignalen zu bilden. Damit ist gemeint, dass die Großhirnrinde Neuronen enthält, die immer dann aktiviert werden, wenn ein ganz bestimmter Input von den Sinnesorganen gemeldet wird.

Betrachten wir zur Verdeutlichung ein Beispiel: Wenn Sie Ihren rechten Zeigefinger mit einer Bleistiftspitze berühren, dann werden Rezeptoren an der Oberfläche der Haut angesprochen, die Impulse über das Rückenmark an die Großhirnrinde, den Kortex, senden. Der von der Haut kommende Reiz wird dabei zunächst über nur wenige Fasern weitergeleitet, die sich jedoch im Kortex bis zu 10.000-fach verzweigen und dadurch mit sehr vielen Nervenzellen Kontakt haben. Im Kortex selbst sind wiederum nicht alle Zellen, zu denen eine Verbindung von dem kleinen Fleck auf der Fingerspitze besteht, auch auf diesen Flecken spezialisiert, sondern nur eine

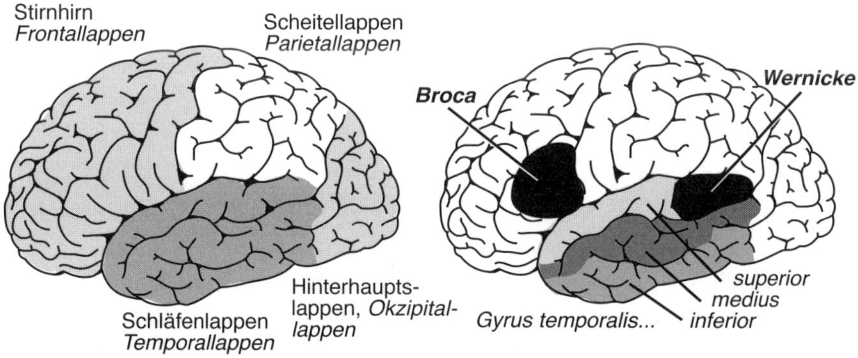

Abb. 7-2 Das menschliche Gehirn von links betrachtet, mit Einteilung in vier Bereiche, die auch Lappen genannt werden. So spricht man beispielsweise vom linken Frontallappen oder vom rechten Okzipitallappen. Weitere gebräuchliche Bezeichnungen (Stirnhirn etc.) sowie die Lage des motorischen (Broca) und sensorischen (Wernicke) Sprachzentrums sind angegeben.

Teilmenge. Die Stärke der Verbindungen vom Finger zu den Zellen dieser kleinen Teilmenge ist hoch, d.h. diese Zellen der Gehirnrinde werden durch den spitzen Bleistift aktiviert. Die Stärke der Verbindungen vom Finger zu den umgebenden Zellen ist gering oder gar nicht nachweisbar. Warum gibt es dann aber diese Verbindungen, die man wegen ihrer scheinbaren Funktionslosigkeit auch *stille Verbindungen (silent connections)* nennt?

Diese stillen, d.h. schwachen oder gar nicht funktionierenden Verbindungen können aktiviert werden, wenn beispielsweise viel Input vom Zeigefinger genau analysiert werden muss. In diesem Fall sorgt der Input zusammen mit der Plastizität des Kortex dafür, dass diese stillen Verbindungen aktiv werden und dadurch mehr Nervenzellen durch den (häufigen und wichtigen) Input aktiviert werden. Dadurch aber ändern sich die Verbindungen, sie werden stärker, wodurch sich wiederum die Repräsentationen im Kortex ändern.

Aufgrund der Art, wie Neuronen im Kortex miteinander verschaltet sind, kommt es dazu, dass die dort eingehenden Signale nach Häufigkeit und Ähnlichkeit repräsentiert sind, d.h. nach Art einer Landkarte. Lernt ein Mensch beispielsweise die Blindenschrift (Braille), so vergrößert sich dadurch, dass der rechte Zeigefinger beim Lesen Millionen von kleinen Erhebungen ertasten muss, das kortikale Areal, das für die Fingerkuppe seines rechten Zeigefingers zuständig ist (Pascual-Leone u. Torres 1993). Wer das Gitarren- oder das Geigenspiel erlernt, verändert ebenfalls das für die Finger der linken Hand (die besonders genau greifen müssen) zuständige kortikale Areal (Elbert et al. 1995; vgl. auch Kap. 12). Es wird um 1,5 bis zu 3,5 cm länger (vgl. Abb. 7-3), letzteres allerdings nur dann, wenn vom frühen Kindesalter an viel geübt wird.

Nach Amputation einer Hand wird infolge fehlender Eingangssignale von der Hand das kortikale Areal, das für die Hand zuständig ist, kleiner (vgl. die Übersicht bei Spitzer et al. 1995). Die nicht vorhandene Hand – man nennt sie daher Phantomhand – wird entsprechend als schrumpfend erlebt und schließlich nur noch so groß wie eine Briefmarke empfunden. Wird eine fremde Hand transplantiert (was in Einzelfällen seit einigen Jahren erfolgt), so konnte man zeigen, dass sich im Verlauf von vier Monaten die Bereiche im sensorischen Kortex wieder vergrößern (Giraux et al. 2001).

Stille Verbindungen

Warum ändern sich bei der zurückverpflanzten Hand die kortikalen Repräsentationen innerhalb weniger Monate, wenn es beim Erlernen des Geigenspiels Jahre oder Jahrzehnte braucht, um entsprechende Veränderungen hervorzurufen? Für die Beantwortung dieser Frage ist wahrscheinlich der Begriff der stillen Verbindungen von besonderer Bedeutung, weswegen es sich lohnt, ihn genauer zu betrachten. Wir hatten in Kapitel 3 gesehen, wie aus Zeitunterschieden an den beiden Ohren der Ort der Schallquelle berechnet wird. Dies geschieht in so genannten *delay lines*, in denen Nervenimpulse von zwei Seiten gegeneinander laufen und sich irgendwo treffen (vgl. Abb. 3-18). Dieses System ist bei den Eulen am besten ausgeprägt und daher auch am genauesten untersucht. Es ist zwar bereits nach dem Schlüpfen vorhanden, muss aber noch gewissermaßen kalibriert werden. Damit ist gemeint, dass den einzelnen Neuronen der Neuronenkette noch der Ort in der Welt zugewiesen werden muss, für den sie stehen. Dies geschieht dadurch, dass visueller Input mit der akustischen Raumverarbeitung verglichen wird, wodurch den Neuronen im lateralen Olivenkern gewissermaßen beigebracht wird, wofür sie stehen: Jedes Neuron erhält vom Auge die horizontale Abweichung von der Mittellinie antrainiert, die dem Grad der von ihm gemeldeten Verzögerung zwischen beiden Ohren entspricht. Nach einigen Wochen ist dieser Trainingsvorgang abgeschlossen und die Eule kann allein mit den Ohren sehr gut Richtungen orten.

Man fand dies heraus, indem man frisch geschlüpften Eulen eine Prismenbrille aufsetzte, die die Welt um 15 Grad nach rechts oder nach links verschob (Knudsen 1998). Sie gewöhnten sich daran (wie auch wir Menschen uns an so etwas gewöhnen können; vgl. Spitzer 2002). Die Eulen trainierten damit jedoch auch ihr Hörsystem um 15 Grad verschoben. Ließ man die Tiere versuchsweise im Alter von einigen Wochen nachts jagen, so lagen sie bei den Versuchen, die Schallquelle zu orten, jeweils entsprechend der Verschiebung durch das Prisma um etwa 15 Grad daneben. Das Sehen hatte dem Hören diese Verschiebung beigebracht. Dies gelang jedoch nur bei Jungtieren. Setzte man einer erwachsenen Eule ein Prisma auf, so wurde das Hören nicht neu kalibriert. Jungtiere konnten allerdings auch umlernen: Setzte man ihnen das Prisma nach etwa vier Wochen wieder ab, so kam es nicht nur für das Sehen, sondern auch für das Hören zu einer neuen Kalibrierung: Die Tiere sahen die Welt richtig und nach einer Weile hörten sie sie auch richtig, d. h. sie hatten die Neuronen ihrer delay lines neu kalibriert. Der Kalibrierungsvorgang, bei dem bestimmte synaptische Verbindungen geknüpft werden, kann also nur in der Kindheit erfolgen. Mit einer Ausnahme: Wurde den Eulen, die als Kind eine Verschiebung beispielsweise um 15 Grad nach rechts gelernt hatten und die sich nach dem Entfernen des Prismas wieder umgestellt hatten, im Erwachsenenalter das Prisma erneut aufgesetzt, so konnten sie sich wieder umorientieren. *Ganz offensichtlich waren die im Kindesalter geknüpften Verbindungen, die jedoch im Erwachsenenalter keine Funktion mehr hatten, noch vorhanden.* Diese stillen Verbindungen wurden dann ganz offensichtlich reaktiviert und bildeten so die Grundlage des erneuten Lernens, das bei nicht entsprechend vortrainierten erwachsenen Eulen nicht möglich war.

Diese Experimente passen sehr gut zu entsprechenden naturalistischen Beobachtungen: Wer als Kind in einem anderen Sprachraum aufgewachsen, jedoch relativ früh umgezogen ist, der kann als Erwachsener die zunächst erworbene und dann oft wieder völlig vergessene Sprache sehr rasch und vor allem auch akzentfrei lernen. Der Mechanismus ist wahrscheinlich der gleiche wie eben beschrieben: Es werden in früher Kindheit geknüpfte, aber nicht mehr benutzte stille Verbindungen reaktiviert. Man braucht nicht viel Phantasie, um sich die Bedeutung dieses Sachverhaltes klar zu machen: Es wäre schön, könnten wir darauf achten, dass unsere Kinder bereits früh mit vielen interessanten Dingen Kontakt haben. *Was Hänschen nicht lernt, lernt Hans nimmermehr.* In neurobiologischer Hinsicht ist diese Volksweisheit längst eingeholt und auf vielfache Weise bestätigt!

Nach dem heutigen Kenntnisstand kann der Kortex aufgrund seiner Struktur und Funktionsweise gar nicht anders, als Landkarten des ihn erreichenden Inputs zu bilden (vgl. Spitzer 1996, 2002). Da der größte Teil der Großhirnrinde gleich aufgebaut ist (man nennt ihn auch *Neokortex* oder *Isokortex*, weil er einerseits entwicklungsgeschichtlich neu und andererseits überall gleich ist), muss man annehmen, dass praktisch überall plastische Landkarten im Kortex vorhanden sind (Nauta 1986). Sie unterscheiden sich lediglich durch das, was in ihnen gespeichert ist. Damit sind sie auch für den Bereich der Musik von enormer praktischer Relevanz.

Das menschliche Gehirn passt sich den von ihm verarbeiteten Informationen beständig an. Bezogen auf Musik heißt dies, dass jede Form von gehörter und gemachter Musik zu Veränderungen im Zentralnervensystem führt, die entweder bereits jetzt nachweisbar sind (siehe unten) oder in nicht allzu ferner Zukunft messbar sein werden. Da Neuroplastizität „von der Wiege bis zur Bahre" vorliegt – wenn auch an Stärke abnimmt (vgl. Spitzer 1996, 1999) –, sagt dieser Sachverhalt auch, dass Musik letztlich nur durch das Hören und Machen von Musik in die Köpfe der Menschen gelangt.

Wie aber weiß man um all dies? – Gewiss, Synapsen und Nervenzellen kann man im Labor studieren. Wer jedoch wissen möchte, wo welche Landkarte sitzt bzw. wo Musik im Kopf genau verarbeitet wird, der muss in den Kopf hineinschauen. Wie aber geht man hier vor, ohne den Kopf zu öffnen?

Methoden: Hineinschauen mit und ohne Öffnen

Bereits vor mehr als hundert Jahren wurden Beobachtungen gemacht, die Gehirntätigkeit und geistige Tätigkeit in einen direkten Zusammenhang brachten. Man wusste ja bereits, dass der Geist im Kopf sitzt, denn man kannte die Auswirkungen von offenen Kopfverletzungen, Schusswunden sowie Durchblutungsstörungen bei Patienten, deren Gehirne man nach dem Tod untersuchen konnte. Auch begann man damit, einzelne geistige Leistungen mit bestimmten Bereichen des Gehirns in Verbindung zu bringen. So beschrieb der Franzose Paul Broca im Jahr 1865 das heute nach ihm benannte motorische Sprachzentrum im linken Frontalhirn bei einem Patienten, der nach einem Schlaganfall seine Sprache verloren hatte. Kurze Zeit später berichtete der deutsche Psychiater Carl Wernicke (1874) über das heute nach ihm benannte sensorische Sprachzentrum, das ebenfalls linksseitig sitzt (vgl. Abb. 7-2). Wenige Jahre später wurde aus Untersuchungen an Soldaten mit Schussverletzungen des Hinterhaupts auf die Lage des Sehzentrums im Okzipitallappen geschlossen.

Die Beschreibung von Defiziten bei Menschen, deren Gehirne man nach dem Tod untersuchte, brachte zwar wichtige erste Erkenntnisse, war aber im Hinblick auf Aussagen darüber, wie das lebendige Gehirn tatsächlich funktioniert, sehr begrenzt. Fortschritte wurden erst erzielt, als es im Rahmen von Operationen am Gehirn möglich wurde, das Gehirn direkt elektrisch zu stimulieren. Das Gehirn ist schmerzunempfindlich. Der Neurochirurg kann daher beim wachen Patienten unter örtlicher Betäubung den Kopf eröffnen, das Gehirn mit einem feinen Draht elektrisch reizen und den Patienten nach seinen Erlebnissen fragen. Dies geschieht nicht aus Neugierde, sondern um anhand der Reaktionen des Patienten genau festzulegen, wo beispielsweise ein bestimmter Schnitt gemacht werden kann, ohne allzu großen Schaden anzurichten (d. h. ohne wesentliche Gehirnfunktionen zu beeinträchtigen). So aufschlussreich diese Methode ist, kann sie für wissenschaftliche

Untersuchungen mit ganz bestimmten Fragen praktisch kaum eingesetzt werden, denn die Eröffnung des Kopfes ist risikoreich und kommt beispielsweise zur Untersuchung gesunder Versuchspersonen unter keinen Umständen in Frage.

Strom in das Gehirn

Man fand bei der Reizung mancher Patienten während einer Operation am Schläfenlappen musikalisches Erleben. Betrachten wir beispielsweise die Schilderung des folgenden Falles:

> „Bei der Patientin N.C. kam es bei Stimulation des Punkts Nummer 23 auf der ersten Temporalwindung jedes Mal zu musikalischem Empfinden, und das Orchester spielte immer so lange wie die Stimulation andauerte. Um die Reaktion der Patientin zu überprüfen, wandte der Operateur die Elektrode für einige Sekunden an, zog sie dann zurück und sagte: ‚Jetzt haben Sie aber nichts gespürt, oder?' woraufhin sie antwortete: ‚Doch, ich habe versucht, das Lied zu erkennen.' Als sie dann gefragt wurde, ob sie den Reiz gerne wieder ausprobieren würde, antwortete sie ‚ja'. Der Reiz wurde appliziert und am Stimulationsort belassen. Nach einiger Zeit begann sie zu summen und summte eine Melodie recht klar. Dann sagte sie: ‚Es ist der Kriegsmarsch der Priester.' Sie sagte, sie habe den Halleluja-Chor zuhause auf einer Grammophonplatte und dass diese Musik auf der Rückseite sei. Sie hatte die Melodie scheinbar in normalem Tempo gesummt. Die Elektrode aktivierte also ganz offensichtlich eine neuronale Gedächtnisspur, die sie nicht willentlich aktivieren konnte. Sie konnte sie jedoch erkennen" (Penfield u. Perot 1963, S. 680–681; Übersetzung durch den Autor).

Beobachtungen wie diese hatten die Autoren zu der damals sehr stark diskutierten Hypothese veranlasst, dass das Gehirn sämtliche Erlebnisse speichert und wir nur nicht bei allen in der Lage sind, uns daran zu erinnern, wie Penfield beispielsweise in der Arbeit *The permanent record of the stream of consciousness* (Penfield 1954) klar zum Ausdruck brachte. In den 60er und 70er Jahren wurde diese Hypothese allerdings zunehmend kritisiert und wird gegenwärtig nicht mehr ernsthaft erwogen. Was bleibt, ist der eindeutige Nachweis, dass das Erleben von Musik wie auch das Erleben anderer Sinnesmodalitäten durch direkte Reizung bestimmter Regionen des Gehirns produziert werden kann. Allerdings geschieht dies nicht in allen Fällen, sondern ist eher die Ausnahme. In der großen Studie von Penfield und Perot wurden insgesamt 248 Patienten auf der rechten und 272 auf der linken Seite operiert. Von den insgesamt 520 Patienten kam es bei 40 Patienten zu Halluzinationen während der elektrischen Stimulation der Gehirnrinde, also nur bei einem kleinen Teil. Statistische Aussagen über die Häufigkeit bestimmter Erlebnisse bei Stimulation bestimmter Regionen oder auch nur des rechten gegenüber des linken Temporallappens waren den Autoren nicht möglich (vgl. Penfield u. Perot 1963, S. 670).

Strom aus dem Gehirn

Bereits in vorangegangenen Kapiteln (vgl. Kapitel 3 und 6) wurde die Methode des EEG und das daraus abgeleitete Verfahren der ereigniskorrelierten Potenziale (EKP) zur Untersuchung des Gehirns kurz vorgestellt. Diese Methoden erlauben Rückschlüsse auf die Gehirnfunktion, sind zeitlich sehr genau (bis auf eine Millisekunde), sagen aber nur sehr grob etwas über den genauen Ort, an dem ein bestimmter Prozess im Gehirn stattfindet.

Seit einigen Jahren ist es möglich, dem Gehirn bei der Arbeit zuzuschauen, ohne den Kopf auch nur zu berühren. Man verwendet hierzu vor allem zwei physikalische Sachverhalte – Antimaterie und Magnetfelder – und auf ihnen basierende Methoden der Herstellung von Bildern. Auf diesen Bildern lassen sich nicht nur Gehirnstrukturen, sondern auch Funktionen sichtbar machen. Man spricht daher von funktioneller Bildgebung.

Aus Antimaterie werden Bilder

Antimaterie ist uns vor allem als der Stoff bekannt, aus dem Science Fiction gemacht ist. Aus der Physik ist bekannt, dass es Teilchen gibt, die den bekannten Bauteilen von Atomen, den Elementarteilchen Elektron (kleine Masse, negative Ladung) und Proton (große Masse, positive Ladung) genau entsprechen bis auf die Tatsache, dass sie umgekehrt geladen sind: Das Antiproton ist negativ geladen, hat aber die gleiche Masse wie das Proton; das Positron ist leicht wie das Elektron, aber positiv geladen. Treffen Materie und Antimaterie zusammen, werden die Teilchen komplett in Energie umgewandelt, d.h. sie zerstrahlen vollständig in Form von Energie (Photonen bzw. Gammastrahlen).

Noch phantastischer als alle zukünftigen Weltraumabenteuer, in denen Antimaterie eine Rolle spielt, ist der seit einigen Jahren erfolgende Einsatz von Antimaterie, um dem lebendigen Geist bei der Arbeit – und damit auch z.B. bei der Beschäftigung mit Musik – zuzuschauen. Dies geschieht bei der Positronenemissionstomographie (PET). In einem Teilchenbeschleuniger (Zyklotron) werden radioaktive Atome (Isotope) produziert und beispielsweise an eine Zuckerart chemisch gebunden, die von Nervenzellen aufgenommen, aber nicht verarbeitet (und daher auch nicht wieder ausgeschieden) werden kann. Zellen, die besonders stark aktiv sind, nehmen vermehrt Zucker auf und damit auch vermehrt den radioaktiven Stoff. Bei dessen Zerfall werden Positronen freigesetzt, die nach der Kollision mit einem Elektron der Umgebung ihrerseits die Freisetzung von Energie in Form zweier Photonen in genau entgegengesetzte Richtungen bewirken. Diese Gammastrahlung (d.h. die beiden Photonen) wird von sehr empfindlichen um den Kopf angeordneten Detektoren (Photomultipliern) registriert, und aus diesen Daten wird per Computer ein Bild der Strahlungsquelle berechnet. Aus der Tatsache, dass zur Bildgebung mit PET ein Teilchenbeschleuniger benötigt wird, ergeben sich u.a. der hohe technische Aufwand und Preis der Methode. Die verwendeten Isotope (beispielsweise 15-Sauerstoff oder 18-Fluor) haben Halbwertszeiten von Minuten bis Stunden, die Belastung der untersuchten Personen mit Radioaktivität ist insgesamt gering (wer als Pilot oder Stewardess ständig über den Pol fliegt, ist einer höheren Strahlenbelastung ausgesetzt).

Da Aufnahme bzw. Verbrauch von Sauerstoff und Glukose von der Aktivität der Neuronen abhängt, kann im Positronenemissionstomographen die neuronale Aktivität über deren Stoffwechsel sichtbar gemacht werden. Die Substanzen werden in eine Vene injiziert, während sich die Versuchsperson entweder in einem Ruhezustand befindet oder eine bestimmte geistige Tätigkeit ausführt. Aus dem

Unterschied beider Bilder, von dem man wiederum ein Bild machen kann, ergeben sich Informationen darüber, wo genau eine bestimmte Leistung im Gehirn stattfindet.

Magnetfelder: Blut als Kontrastmittel

Befinden sich chemische Elemente wie beispielsweise Wasserstoff in einem starken Magnetfeld, so richten sich die Atomkerne, die als winzige sich drehende Magnete aufgefasst werden können, nach diesem äußeren Magnetfeld aus. Diese Ausrichtung wird dann durch ein zweites, sich rasch änderndes Magnetfeld gestört, wobei die Atomkerne durch Resonanz mit diesem zweiten schwingenden Magnetfeld Energie aufnehmen. Wird das zweite Magnetfeld wieder abgeschaltet, geben die Atome diese Energie in Form von Radiowellen wieder ab. Aus dieser Energieabgabe sowie aus deren zeitlichem Verlauf lässt sich berechnen, wie viele Wasserstoffkerne an einer bestimmten Stelle vorhanden sind.

Da jedes Körpergewebe mehr oder weniger Wasser enthält, und Wasser bekanntermaßen aus zwei Wasserstoffatomen und einem Sauerstoffatom zusammengesetzt ist, können Unterschiede im Wassergehalt (und damit unterschiedliche Gewebetypen wie Nervenzellen und Nervenfasern) mittels bildverarbeitender schneller Computer sichtbar gemacht werden. Mit der Magnetresonanztomographie (MRT) kann man auf diese Weise sehr genaue Schnittbilder des Gehirns herstellen. Da die Erzeugung von MRT-Bildern mit keinerlei Strahlenbelastung verbunden ist, können mit hoher Auflösung sehr viele „Schnitte" angefertigt werden, was die exakte Lokalisation anatomischer Strukturen beim lebenden Menschen erlaubt. Die Methode ist für den Menschen vollkommen ungefährlich, was durch eine Anekdote illustriert sei: Während meiner zweiten Gastprofessur an der Harvard Universität im Herbst 1994 hatte ich u.a. Kontakt zur MRT-Arbeitsgruppe am Massachusetts General Hospital aufgenommen und gemeinsam mit Mitarbeitern dieser Gruppe Untersuchungen durchgeführt. So hatte ich mich wieder einmal für einen Samstagmorgen mit einem Mitarbeiter um acht Uhr früh am Scanner zur Durchführung eines Experiments verabredet. Der Mitarbeiter tauchte jedoch nicht auf, und ich wartete im Kontrollraum vergeblich. Gegen halb neun erschien er, jedoch nicht durch die Eingangstür. Vielmehr kam er verschlafen aus dem Messraum und hatte im Scanner, also in der Aufnahmeröhre, geschlafen. Auf meine Verwunderung hin antwortete er, dass es letzte Nacht spät geworden sei und er schon öfters im Scanner genächtigt habe: Die Liege sei weich und man falle garantiert nicht aus dem Bett. Es sei hier noch erwähnt, dass die Methode der MRT aufgrund ihrer Ungefährlichkeit auch für Kinder und Säuglinge zugelassen ist, was nicht heißt, dass man unachtsam sein darf. Vor einigen Jahren verstarb ein Kind in einem Magnetresonanztomographen während einer medizinisch notwendigen diagnostischen Untersuchung, nachdem jemand mit einer Sauerstoffflasche dem Scanner zu nahe gekommen war, die Flasche vom starken Magneten angezogen in den Scanner hineinflog und das Kind mit tödlichem Ausgang am Kopf verletzte.

Mit der MRT lassen sich auch Funktionsbilder herstellen. Bereits in den 30er Jahren entdeckte der Chemiker und Doppelnobelpreisträger Linus Pauling, dass sauerstoffreiches Blut geringfügig andere magnetische Eigenschaften besitzt als sauerstoffarmes Blut. Zum Zeitpunkt der Entdeckung war dies nichts weiter als eine unbedeutende Kuriosität; wie aber oft in der Wissenschaft sind die Wege zur Erkenntnis kurvenreich und verschlungen. Als man erst einmal mittels Magnetfeldern und sehr genauer Messvorrichtungen (nur etwa eines von einer Million Wasserstoffatomen richtet sich wirklich nach dem äußeren Magnetfeld aus) Bilder vom Gehirn machen konnte, ging man der Idee nach, Blut als Kontrastmittel zu verwenden, um Areale im Hinblick auf den Sauerstoffreichtum des durchfließenden Bluts zu unterscheiden. Man wusste zu diesem Zeitpunkt – gegen Ende der 80er und Anfang der 90er Jahre – bereits aus Untersuchungen mittels PET, dass das Blutgefäßsystem des Gehirns auf neuronale Aktivierung (und damit auf den Verbrauch von Sauerstoff) mit einer Weitstellung der Blutgefäße und dadurch mit einer Vermehrung des sauerstoffreichen Bluts in aktiven Gebieten reagiert. Machte man nun Bilder in Ruhe und während einer bestimmten geistigen Leistung, so konnte man wiederum durch Vergleich der Bilder die aktiven Areale des Gehirns sichtbar machen. Es ist sicherlich nicht übertrieben, wenn behauptet wird, dass diese Methode der *funktionellen Magnetresonanztomographie* (fMRT) zu den wichtigsten Fortschritten auf dem Gebiet der Hirnforschung im vergangenen Jahrzehnt zählt.

Karten im Kortex

Wir hatten gesehen: Das Zentralnervensystem (ZNS) bildet und enthält neuronale Repräsentationen von Aspekten der Außenwelt. Der Kortex als mit Abstand größter Teil des ZNS ist der wesentliche Ort dieser Repräsentationen. Seit den systematischen Reizversuchen von Otto Förster (1929) und später insbesondere von dem bereits erwähnten Wilder Penfield (Förster u. Penfield 1930; Penfield 1938; Penfield u. Rasmussen 1950; Penfield u. Perot 1963; Schott 1993) ist bekannt, dass diese Repräsentationen Kartenstruktur aufweisen können.

Durch die sehr anschauliche Aufbereitung seiner Ergebnisse in Form eines über den Kortex abgebildeten verzerrt dargestellten Menschen (Homunculus) erreichten die Zeichnungen landkartenförmiger Repräsentationen der Körperoberfläche im somatosensorischen und motorischen Kortex weltweite Bekanntheit (vgl. Abb. 7-3) und fehlen heute in keinem Lehrbuch der Neurowissenschaft.

Neben der in Abbildung 7-3 dargestellten Karte der Repräsentationen der Körperoberfläche gibt es beim Menschen mehr als ein Dutzend Landkarten der Netzhaut des Auges (so genannte *retinotope* Karten), die für die Verarbeitung verschiedener Aspekte des Gesehenen (Farben, Bewegungen, Formen, Muster etc.) zuständig sind (vgl. Spitzer 2002). Man kann aufgrund der homogenen Struktur des Neokortex davon ausgehen, dass auch diejenigen Areale, für die noch keine Kartenstruktur nachgewiesen werden konnte, eine solche aufweisen. Dividiert man die Größe des gesamten Neokortex durch die durchschnittliche Größe der bekannten kortikalen Karten, so ergibt sich, dass der Neokortex aus etwa 700 solcher Landkarten bestehen muss, auf denen die verschiedensten Aspekte der Außenwelt in verschiedenster Form und Abstraktheit repräsentiert sind.

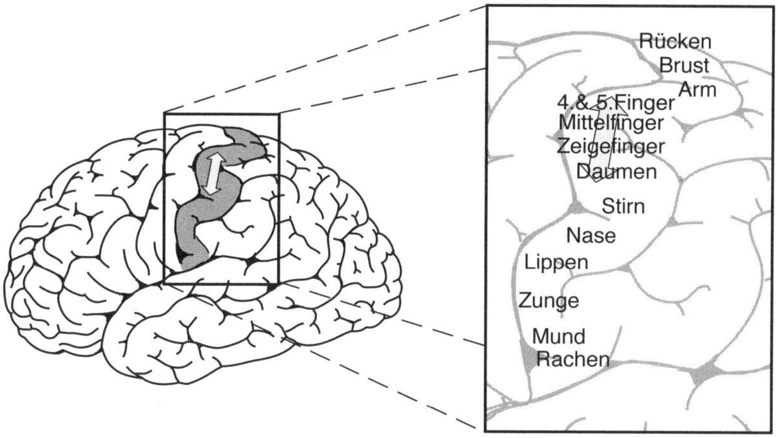

Abb. 7-3 Karte der Körperoberfläche (so genannte somatotope Karte) auf der Postzentralwindung des linken Kortex (links grau hervorgehoben). Die im Gehirn repräsentierten Bereiche der Körperoberfläche sind nicht nur tatsächlich auf einer Fläche – der entsprechenden Karte – sinnvoll angeordnet; es besteht sogar ein Zusammenhang zwischen der Bedeutung des repräsentierten Gebiets und dem Platz auf der Karte. Wir tasten sehr genau mit den Fingern sowie mit den Lippen und der Zunge. Entsprechend ist auf der Karte der Körperoberfläche vergleichsweise sehr viel Platz für Hände, Lippen und Zunge. Der hellgraue Pfeil bezieht sich auf die oben beschriebene Studie von Elbert und Mitarbeitern und zeigt schematisch die Lage (allerdings auf der anderen Seite des Gehirns) der Vergrößerung der neuronalen Repräsentationen der Finger der Hand an.

Tonkarten

Die Zellen und Fasern der Hörbahn verarbeiten die vom Innenohr kommende Information und leiten sie an die Großhirnrinde weiter (siehe Kapitel 3). Dort gelangt die Information zunächst in die primäre Hörrinde (auch primärer auditorischer Kortex, A1, genannt). Eine Reihe von Studien bei Tieren und Menschen hat gezeigt, dass der primäre auditorische Kortex (wie auch andere Kerne der Hörbahn) eine Tonlandkarte darstellt (Merzenich et al. 1973, 1976). Damit ist gemeint, dass verschieden hohe Töne Nervenzellen an unterschiedlichen Orten dieses Stückchens der Gehirnrinde erregen, und dass eine Ordnung besteht, die ähnlich der anderer Karten ist (vgl. Abb. 7-4).

Der primäre Hörkortex ist eine Tonlandkarte (tonotope Karte), d. h. es sprechen kleine Gruppen von Nervenzellen auf einzelne Frequenzen an, und diese kleinen Gruppen von Nervenzellen sind systematisch angeordnet: Hohe Töne liegen beieinander, daneben mittlere und daneben wiederum tiefe (vgl. Abb. 7-4).

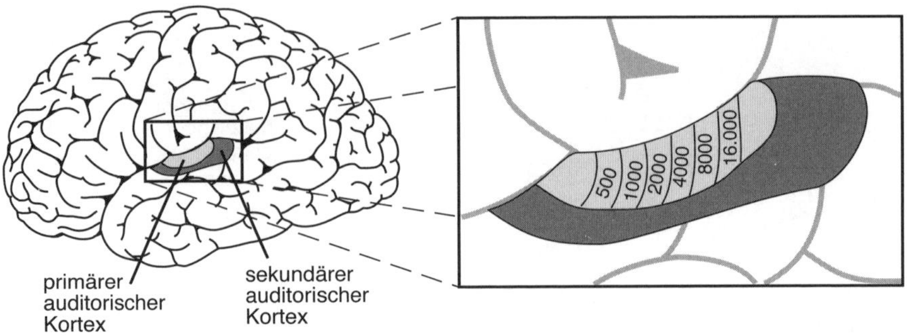

Abb. 7-4 Das menschliche Gehirn, wie in Abbildung 7-2 von links betrachtet. Im Bereich des Temporallappens kann man grob drei übereinander liegende Wülste, Windungen (Gyrus temporalis superior, medius, inferior genannt) unterscheiden. Primäres Hörzentrum (hellgrau) und sekundäres Hörzentrum (dunkelgrau) liegen im oberen Temporallappen. Wie die vergrößerte Darstellung rechts zeigt, sind die Frequenzen (Angaben in Hz) in der primären Hörrinde landkartenförmig repräsentiert.

Fledermäuse können Unmögliches

Beim Menschen sind die Töne relativ gleichmäßig auf der Landkarte verteilt. Nicht jedoch beispielsweise bei der Fledermaus (siehe Spitzer 1996, S. 118–121). Diese findet ihre Beute, kleine Insekten, nachts während des Flugs dadurch, dass sie für Menschen unhörbare Laute, Ultraschall mit Frequenzen um 60.000 Hz, kreischt (so würde es klingen, könnte man es hören), und die von den Insektenkörpern zurückgeworfenen Echos ihrer Schreie akustisch analysiert.

Wie Untersuchungen gezeigt haben, muss die Fledermaus hierzu Zeitunterschiede verarbeiten, die im Bereich weniger Milliardstel Sekunden liegen. Man konnte mittlerweile experimentell nachweisen, dass Fledermäuse noch auf einen Unterschied von 10 Nanosekunden (das ist der hundertste Teil einer Millionstel Sekunde) reagieren können. Dies ist umso erstaunlicher, als verglichen damit die Tätigkeit von Nervenzellen um einige Zehnerpotenzen zu langsam ist, und man sich daher fragen muss, wie das Gehirn der Fledermaus es überhaupt schaffen kann, mit solch langsamen Neuronen so schnelle Zeiten zu verarbeiten (und das auch noch online bzw. in real time, sonst würden Fledermäuse verhungern). Es ist, als wollte man versuchen, beim Einhundertmeterlauf die Zeit mit einer Sonnenuhr zu stoppen.

Eigentlich durfte die Fledermaus gar nicht können, was sie jedoch im Experiment nachgewiesenermaßen konnte. Damit war klar, dass die Untersuchung der Schallwahrnehmung bei der Fledermaus nicht nur das Wissen über Fledermäuse, sondern das Wissen über die Funktion und Leistung von Nervenzellen *ganz allgemein* bereichern würde, und genau aus diesem Grund ist es wichtig, das Gehör dieser Tiere ausführlich zu studieren. Man fand bisher eine ganze Menge Tricks, die die Natur anwendet, um mit – wie die Amerikaner sagen – *lousy Hardware*, den langsamen Nervenzellen, schnell und präzise Informationen zu verarbeiten. Der schnellen zeitlichen Verarbeitung ist man allerdings noch nicht auf die Spur gekommen.

In jedem Fall ist die Verarbeitung von Tönen mit Frequenzen im Bereich um die zur Echolot-Navigation ausgestoßenen Schreie für die Fledermaus sehr wichtig. Etwa die Hälfte der Fläche ihrer Frequenzlandkarte ist daher diesen hohen Tönen gewidmet, denn diese müssen besonders genau verarbeitet werden. Was es beim Menschen für die Sinnesmodalitäten des Sehens und Tastens gibt – bestimmte Bereiche bekommen aufgrund ihrer Bedeutung mehr Platz auf den Landkarten im Gehirn –, existiert bei der Fledermaus in der Modalität des Hörens. Bei Primaten hingegen gibt es, wie oben bereits erwähnt, in der Frequenzlandkarte der primären Hörrinde keine natürlicherweise hervorgehobenen Frequenzen mit besonders viel Platz. Durch entsprechendes Training mit Tönen nur einer bestimmten Frequenz hat man unter bestimmten Voraussetzungen jedoch im Tierversuch gezeigt, dass dies veränderbar ist und mehr Platz auf der Frequenzkarte für einen bestimmten Ton bereitgestellt werden kann (Kilgard u. Merzenich 1998).

Musiker: mehr Platz für Töne im Kopf

Musiker zeichnen sich dadurch aus, dass sie mehr Musik machen und hören als Nichtmusiker. Zudem wird Musik von Musikern *tiefer* verarbeitet. Damit ist Folgendes gemeint: Je besser man sich in einem bestimmten Sachgebiet auskennt, umso genauer verarbeitet man eine dieses Sachgebiet betreffende Information. Der Laie spaziert durch einen Wald und sieht grüne Bäume; der Maler läuft durch den gleichen Wald und sieht Schattierungen von Grün und Braun, in den unterschiedlichsten Tönen und Lichteinfällen, Brechungen und Reflexen etc.; der Botaniker sieht Baumarten, Farne, Kräuter und Moose. Fachleute zeichnen sich somit dadurch aus, dass sie eingehende Informationen mit sehr vielen bereits vorhandenen Informationen *verknüpfen*. Dies geschieht während des Wahrnehmens automatisch: Ebenso wenig wie der Maler *erst* grüne Bäume sieht und sie dann genauer farblich analysiert, sieht der Botaniker erst grüne Pflanzen und ordnet sie dann genau ein. Vielmehr wirkt bereits vorhandenes Wissen immer unmittelbar auf die Erfahrung von Neuem. Fragt man den Maler und den Botaniker hinterher, was sie im Wald gesehen haben, werden sie entsprechend ihres Wissens antworten und viel mehr Details behalten haben als Laien.

Experimentelle Untersuchungen konnten dies in mehrfacher Hinsicht nachweisen. Man zeigte beispielsweise Versuchspersonen zwei Listen mit Wörtern, die beide etwa wie folgt aussahen: SPATZ, stein, blume, SAND, stuhl etc. Die Aufgabe der Versuchspersonen bestand darin, die Wörter der einen Liste danach zu beurteilen, ob sie groß oder klein geschrieben waren und die der zweiten Liste danach, ob sie belebte oder unbelebte Dinge bezeichnen. Man sorgte zudem dafür, dass die Listen ansonsten gleich aufgebaut waren und mischte Aufgabe und Liste, so dass ein Effekt bestimmter Wörter ausgeschlossen war. Nach der Beurteilung wartete man eine Weile ab, wonach die Versuchspersonen die Wörter erinnern mussten. Es zeigte sich, dass die Erinnerung von der Verarbeitung abhing: Um anzugeben, ob ein Wort groß oder klein geschrieben ist, muss ich nicht weiter über das Wort und dessen Bedeutung nachdenken, ich verarbeite es nur oberflächlich. Soll ich mich hingegen im Hinblick auf die Belebtheit äußern, so muss ich das Wort tiefer verarbeiten, mir seine Bedeutung klarmachen etc. Die gleiche Person merkt sich also einen Inhalt umso besser, je tiefer sie ihn verarbeitet (dies ist, nebenbei bemerkt, der Witz von Eselsbrücken beim Lernen).

Schachspieler können sich die Stellung der Figuren auf einem Schachbrett viel besser merken als Laien, aber nur dann, wenn die Figuren den Regeln des Schachs entsprechend aufgestellt sind. Dann nämlich kann der Schachspieler sein Wissen zur Strukturierung des Wahrgenommenen verwenden und dieses viel tiefer verarbeiten (Simon u. Chase 1973). Stellt man die Schachfiguren irgendwie zufällig auf das Brett, so geht es dem Schachspieler wie einem Maler oder Botaniker in einem Wald, in dem man alle Äste und Blätter abgeschnitten, neu lackiert und dann zufällig irgendwo anders wieder angeklebt hat: Beide wären vor allem recht verwirrt und könnten ihre Erfahrung beim Betrachten nicht verwenden.

Die viele Zeit, die ein Musiker mit dem Hören und Produzieren von Musik verbringt, sowie die damit verbundene tiefere Verarbeitung von Musik allgemein sollte sich im Gehirn von Musikern niederschlagen. Dies konnte tatsächlich in den letzten Jahren nachgewiesen werden.

Die Arbeitsgruppe um Pantev untersuchte mit der Methode der Magnetenzephalographie (MEG) die kortikale Repräsentation von Tönen bei 20 Musikern und 13 Kontrollpersonen (Pantev et al. 1998). Den Versuchspersonen wurden sowohl vier Klaviertöne (C4, C5, C6 und C7, entsprechend 262, 523, 1046 und 2093 Hz) als auch vier reine Töne (Sinusschwingungen) ähnlicher Grundfrequenz (250, 500, 1000 und 2000 Hz) und gleicher Lautstärke vorgespielt, während man mittels 37 Kanälen das MEG ableitete. Die abgeleiteten Signale ließen sich auf eine Quelle zurückführen, dessen Stärke sich bei Musikern und Nichtmusikern unterschied: Die Klaviertöne im Vergleich zu den Sinustönen führten bei den Musikern zu einer im Mittel 25 % (21 % bis 28 %) höheren Aktivierung des Hörkortex. Dieser Unterschied war bei den Nichtmusikern nicht vorhanden. Aus diesen Befunden kann man ableiten, dass die Ausbildung der Musiker dazu führt, dass sich der für das Hören von Tönen zuständige Teil der Großhirnrinde vergrößert. Dass sich diese Vergrößerung auf das Hören von natürlichen Tönen (wie beispielsweise Klaviertöne) beschränkt, verwundert nicht, kommen doch Sinusschwingungen in der Natur praktisch nicht vor. Es wird also die kortikale Repräsentation für das größer, was tatsächlich im Verlauf der Ausbildung sehr oft gehört wird: natürliche obertonreiche Töne.

Man untersuchte zudem den Zusammenhang zwischen der Vergrößerung des Raumangebots für Töne im Gehirn mit dem Alter am Beginn der musischen Ausbildung. Hierbei zeigte sich bei den Musikern eine signifikante Korrelation ($r = -0{,}426$), d.h. je jünger die Versuchspersonen damit begannen, ein Instrument zu lernen, umso größer wurde das Gebiet in deren Gehirn, das Töne verarbeitet. Bei der Untergruppe von neun Musikern mit absolutem Gehör war dieser Zusammenhang besonders deutlich ausgeprägt ($r = -0{,}621$). Es zeigte sich zudem, dass die Zunahme der Größe des kortikalen Areals für Töne bei den Musikern zu sehen war, die vor dem neunten Lebensjahr mit der Ausbildung begonnen hatten (siehe Abb. 7-5). Weniger wichtig war die Dauer der Ausbildung, die in der Gesamtgruppe bei 18 ± 5 Jahren lag.

In dieser Untersuchung konnte kein Zusammenhang zwischen dem gelernten und gespielten Instrument und der Vergrößerung der kortikalen Repräsentation von Tönen gefunden werden. Man hatte zwar neun Pianisten und elf Bläser bzw.

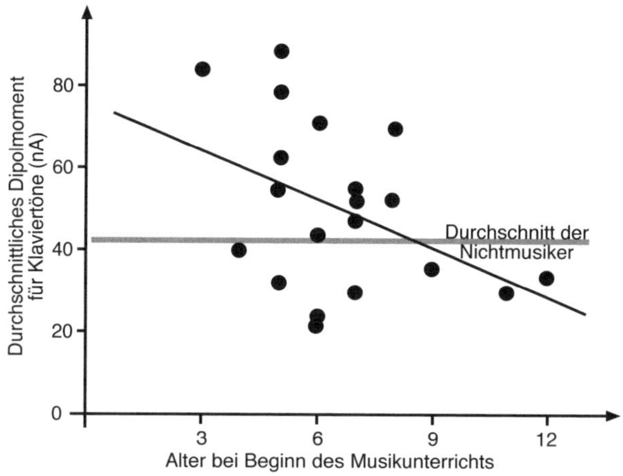

Abb. 7-5 Zusammenhang zwischen dem Alter beim Beginn des Erlernens eines Instruments und der Stärke der Repräsentation von Tönen im Gehirn (Daten aus Pantev et al. 1998, S. 812). Aus den Daten der Kontrollgruppe der Nichtmusiker wurde der Mittelwert gebildet, der als graue waagerechte Linie eingezeichnet ist. Diese Linie gibt also die Durchschnittsgröße der Repräsentation von Tönen bei Nichtmusikern an. Die Punkte zeigen die Daten der Musiker in Abhängigkeit vom Alter bei Beginn des Unterrichts am Instrument dargestellt. Wie man deutlich sieht, haben Musiker, die früh begonnen hatten, mehr Platz für Töne im Kopf. Der Zusammenhang ist ein statistischer und wird durch die abfallende Regressionsgerade angezeigt. Diese schneidet die waagerechte Linie (Mittelwert der Nichtmusiker) in einem Punkt, der etwa (auf der x-Achse) das neunte Lebensjahr anzeigt.

Streicher untersucht. Von diesen elf hatten jedoch acht eine Ausbildung am Klavier als Zweitinstrument durchlaufen. Daher ließ sich nicht feststellen, ob es die Beschäftigung mit Tönen überhaupt oder die Beschäftigung mit Klaviertönen war, die bei den Streichern und Bläsern zu einer Vergrößerung des Gehirnareals für (Klavier-) Töne geführt hatte.

Eine weitere Untersuchung aus der gleichen Arbeitsgruppe (Pantev et al. 2001) konnte hier weitere Klarheit bringen. Mit gleicher Methodik (MEG) wurde bei acht Geigenspielern und neun Trompetern die Stärke der kortikalen Repräsentation von Geigen- und Trompetentönen gemessen. Die Musiker hatten ihr Instrument im Mittel über 15,1 (± 3,3) Jahre (Geiger) bzw. 15,3 (± 3,2) Jahre (Trompeter) gelernt und spielten in den 5 Jahren vor der Untersuchung ihr Instrument 24,9 (± 13,1; Geiger) bzw. 18,4 (± 8,0; Trompeter) Stunden in der Woche.

Fast alle der untersuchten Bläser und Streicher hatten auch Erfahrung im Klavierspiel (im Mittel Bläser 4,4 Jahre, Streicher 5,5 Jahre), keiner der Geiger spielte jedoch Trompete und keiner der Trompeter Geige. Es wurden die Töne B4 und F4 (entsprechend 465 und 353 Hz) verwendet sowie zusätzlich als Kontrollton ein reiner Sinuston von 400 Hz, und es wurde darauf geachtet, dass die Lautstärke der Geigen- und Trompetentöne sich nicht unterschied.

Wie in Abbildung 7-6 dargestellt, zeigte sich in dieser Studie ein instrumentenspezifischer Effekt: Geiger haben „mehr Platz" für Geigentöne verglichen mit Trompe-

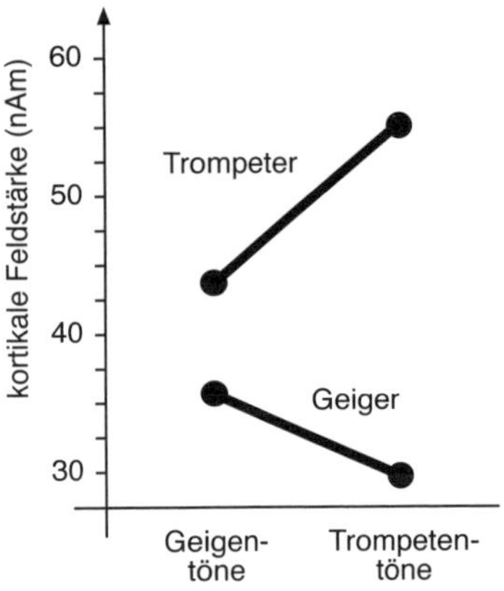

Abb. 7-6 Platz für Geigen- und Trompetentöne bei Geigern und Trompetern (Daten aus Pantev et al. 2001). Dargestellt ist die gemessene und über beide Hirnhälften gemittelte kortikal verursachte Feldstärke des magnetischen Feldes, das durch die Aktivität von Neuronen entsteht. Geiger haben eine höhere Feldstärke bei Geigentönen, Trompeter bei Trompetentönen. Die Absoluthöhe der Aktivierung ist weniger entscheidend, könnte jedoch damit zusammenhängen, dass die von den Trompetern über Jahre gehörten Trompetentöne deutlich lauter sind als die von den Geigern gehörten Geigentöne.

tentönen, wohingegen Trompeter „mehr Platz" für Trompetentöne verglichen mit Geigentönen aufweisen. Musiker aus beiden Gruppen haben jedoch mehr Platz für Instrumententöne (auch des anderen Instruments) im Vergleich zu Sinustönen.

Ein Platz für die Stimme

Was den Fledermäusen die Orientierungsfrequenz, ist dem Menschen die menschliche Stimme: Keine andere Schallquelle verlangt eine derartig genaue Analyse wie die Stimme des Menschen. Das Gezwitscher des Vogels, das Brüllen des Löwen oder auch das Knacken eines Ästchens bei dessen Heranschleichen würden allesamt gehört, auch wenn die akustische Analyse etwas langsamer wäre. Der Unterschied zwischen verschiedenen Stopkonsonanten der Sprache jedoch – also beispielsweise zwischen /g/ und /k/, /d/ und /t/ oder /b/ und /p/ – beträgt nur etwa 20 Millisekunden! Sprache ist immer ein Gemisch aus vielen unterschiedlichen Frequenzen, weswegen die Spezialisierung bei der Sprachanalyse nicht im Bereich der Frequenzlandkarte zu suchen ist. Vielmehr ist bei der Sprachverarbeitung die Analyse rascher Veränderungen in der Zeit von größter Bedeutung. Untersucht man solche Veränderungen in der Zeit, dann ergibt sich ein erstaunliches Resultat: Sprachlaute können wesentlich schneller voneinander getrennt wahrgenommen werden als andere Laute (Warren et al. 1969). Spielt man Versuchspersonen einen hohen Ton, ein Rauschen, dann einen tiefen Ton und dann ein Brummen für jeweils 200 Millisekunden vor, so können sie die Reihenfolge der vier Geräusche nicht genau angeben. Man muss dazu deren Dauer auf etwa 700 Millisekunden verlängern. Sprachlaute hingegen benötigen für ihre richtige Erkennung (wozu auch ihre Reihenfolge gehört) deutlich weniger Zeit. Auch Noten in schnellen Stücken können wesentlich weniger Zeit beanspruchen und dennoch gut gehört werden.

Die in Yale arbeitende Psychologin Paula Tallal fand durch geschicktes Experimentieren heraus, dass bei vielen Kindern mit Leseschwäche eine Störung im Bereich der akustischen Signalverarbeitung vorliegt. Die Kinder haben, einfach formuliert, eine etwas langsame kortikale akustische Signalverarbeitung. Diese wird oft nicht bemerkt, denn die Kinder hören ansonsten völlig normal. Die langsamere

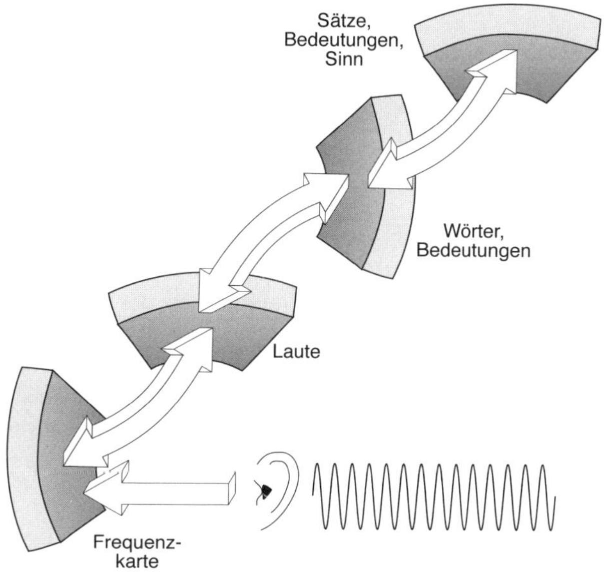

Abb. 7-7 Sprachverarbeitung im menschlichen Gehirn (schematisch, nach Spitzer 1996). Die vom Ohr kommenden Signale treffen zunächst auf die Frequenzlandkarte, danach werden sie lautlich analysiert, worauf wiederum die Analyse der Bedeutung folgt. Aufgrund der vielfältigen Aspekte der Welt ist es wahrscheinlich, dass Bedeutungen in einer größeren Zahl unterschiedlicher Karten (im Temporal- und vor allem auch im Frontalhirn) repräsentiert sind.

akustische Verarbeitung macht den Kindern jedoch bei Sprachlauten Schwierigkeiten, und sie hören keinen Unterschied zwischen manchen Konsonanten. Daher erhalten diejenigen kortikalen Areale, die beim weiteren Sprachverstehen auf den korrekt vorverarbeiteten Input angewiesen sind (vgl. Abb. 7-7), unscharfe, schlechte oder doppeldeutige Signale. Die mangelnde phonologische Vorverarbeitung bewirkt damit langfristig zunächst eine verzögerte Sprachentwicklung und später die Ausbildung einer Leseschwäche.

Man kann sich leicht vorstellen, wozu dies führt, wenn das Problem unerkannt bleibt: Da das Kind ja „nicht taub ist", wird ihm nicht selten böser Wille oder Nachlässigkeit unterstellt werden (mit all den Konsequenzen, die ich hier nicht ausmalen möchte), wo doch eigentlich nichts weiter als ein Fehler auf einer frühen Stufe der Verarbeitung von Sprachsignalen vorliegt. „Früh", weil es hier nicht um höhere geistige Leistungen beim Verstehen geht, sondern schlicht um die Analyse von rasch aufeinanderfolgenden zeitlichen Inputmustern. Im alltäglichen Leben macht sich eine solche Störung mit Ausnahme der Sprache kaum bemerkbar. Sprachverstehen erfordert also eine sehr feine Analyse rasch aufeinanderfolgender akustischer Signale (vgl. hierzu auch Kapitel 12).

Eine Untersuchung von Belin und Mitarbeitern (2000) konnte nachweisen, dass es im temporalen Kortex Bereiche gibt, die spezifisch beim Hören der menschlichen Stimme aktiviert werden. Die Autoren spielten acht Versuchspersonen Sprachlaute (von verschiedenen Sprechern gesprochen) bzw. nicht-sprachliche stimmliche Laute wie Lachen oder Seufzen vor und verglichen die hierdurch hervorgerufene Aktivierung mit der beim Hören von nichtstimmlichen natürlichen oder mechanischen Geräuschen entstehenden Aktivierung. Es zeigte sich hierbei, dass es im Temporalhirn beidseits, jedoch rechts stärker ausgeprägt als links, Bereiche gibt, die speziell für die menschliche Stimme zuständig zu sein scheinen (vgl. Abb. 7-8).

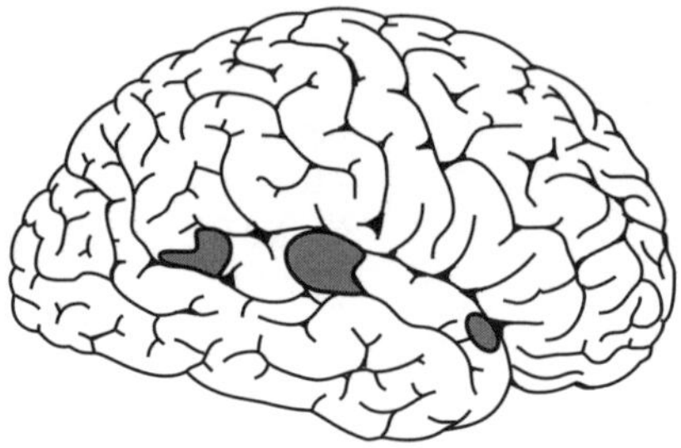

Abb. 7-8 Kortikale Areale zur Verarbeitung der menschlichen Stimme (schematisch nach Daten von Belin et al. 2000, S. 309). Dargestellt ist die menschliche Großhirnrinde wie in Abbildung 7-2, jedoch von rechts betrachtet. Die von Belin et al. speziell für die Verarbeitung der menschlichen Stimme gefundenen Areale sind dunkelgrau markiert. Sie liegen im unteren Bereich der oberen Temporalwindung (gyrus temporalis superior). Auf der linken Seite liegen entsprechende Areale mit Ausnahme des kleinen am Temporalpol gelegenen Areals, das sich nur rechts findet.

Diese Ergebnisse passen zu elektrophysiologischen Befunden eines 320 ms nach Stimulusbeginn auftretenden Potenzials, das auf menschliche Stimmen reagiert und ebenfalls für deren besondere zentralnervöse Verarbeitung spricht (Levi et al. 2001) sowie zu älteren Beobachtungen an Hirngeschädigten, die ebenfalls ein stimmenspezifisches Areal (oder mehrere) eher rechtshemisphärisch lokalisiert nahelegten (Ellis 1989; Van Lancker u. Canter 1982).

Ginge es beim Hören der menschlichen Stimme nur um die Sprache, so würde man erwarten, dass die stimmspezifischen Bereiche des Gehirns vor allem links lokalisiert sind. Dies ist jedoch nicht der Fall. Der Befund, dass die Stimme im linken und – sogar etwas stärker – im rechten Temporalhirn repräsentiert ist, zeigt somit an, dass die Stimme ganz offensichtlich nicht nur für Sprache, sondern auch für andere Weisen der Kommunikation wichtig ist. Wenn jemand spricht, dann hören wir nicht nur, was er sagt, sondern vor allem auch, *wie* er es sagt. Die Aspekte der Sprache, die dieses Wie vermitteln, bezeichnen wir mit Sprach*melodie* und Sprach*rhythmus* – also mit Begriffen aus der Musik.

Amusie: wenn die Musik nicht mehr spielt

Es kann vorkommen, dass bei Erkrankungen des Gehirns wie beispielsweise einem Schlaganfall die Fähigkeit, Musik wahrzunehmen und/oder zu produzieren, verloren geht. Vor über hundert Jahren hat Knoblauch (1890) solche Zustände erstmals als Amusie bezeichnet. Seither werden solche Zustände immer wieder beschrieben, nicht zuletzt um hieraus abzuleiten, wo im Gehirn bestimmte musikbezogene Fähigkeiten lokalisiert sind. Wir sagten es oben bereits: Bis vor einigen Jahren bestand die einzige Methode, Strukturen des Gehirns mit bestimmten Funktionen in Verbindung zu bringen, in Untersuchungen von Funktionsausfällen. Amusien waren damit für das neurobiologische Musikverständnis das, was die Aphasien für die Neurobiologie der Sprache waren. Die Patienten mit Amusie oder Aphasie sind weder stumm noch taub, haben aber bestimmte sprachliche bzw. musikbezogene Fähigkeiten verloren. Wegen der Gemeinsamkeiten und wegen der Unterschiede von Musik und Sprache lohnt es sich, vor der Betrachtung der Amusien zunächst einmal die wesentlich besser untersuchten Aphasien kennen zu lernen. Nicht nur beim Singen sind beide Systeme aktiv, überlappen sich also zu einem gewissen Grad. Wie die Sprache auch besitzt Musik Regeln, eine Art Grammatik, besteht in komplexen zeitlichen Mustern, hat Melodie und Rhythmus, und wird ganzheitlich wahrgenommen (wir hören nicht Frequenzen und machen dann Wörter oder Melodien daraus; wir hören Wörter und Melodien!). Sprache und Musik sind also einerseits eng verwandte Fähigkeiten. Andererseits ist Musik nicht referentiell, d. h. bezieht sich nicht auf Sachverhalte in der Welt, sondern ist gleichsam sich selbst genug und spricht aus sich und für sich. Und der Fall eines Patienten, dem die gesamte linke Gehirnhälfte operativ entfernt werden musste und der danach praktisch nicht mehr sprechen, aber durchaus noch gut singen konnte, zeigt, dass Musik und Sprache nicht identisch im Gehirn repräsentiert sind.

Crash-Kurs: Aphasie

Aphasiker sind Menschen, die aufgrund einer Gehirnschädigung (am häufigsten sind Durchblutungsstörungen bei Gefäßverschlüssen, gefolgt von Einblutungen geplatzter missgebildeter Blutgefäße und Hirntumoren) plötzlich nicht mehr sprechen können (motorische Aphasie) oder Sprache nicht mehr verstehen können (sensorische Aphasie) und dann nur noch schwer verständlich reden (bis hin zu einer Sprache, die man aufgrund ihrer Unverständlichkeit als Wortsalat bezeichnet). Die genaue Beschreibung dieser Störungen und die Entdeckung, dass sie meist mit der Schädigung bestimmter Gehirnzentren (die man bis heute nach ihren Erstbeschreibern nennt) einhergehen (vgl. Abb. 7-2), gehört zu den wichtigen Erkenntnissen der Neurobiologie. Dabei haben Aphasiker ein normales Gehör bzw. eine ungestörte Beweglichkeit von Zunge, Mund und Lippen. Die Störung betrifft also die sprachbezogene Informationsverarbeitung und nicht die Peripherie von Input oder Output. Neben dem motorischen (Broca) und sensorischen (Wernicke) Sprachzentrum wurden mittlerweile eine ganze Reihe weiterer für die Sprachverarbeitung wichtige kortikale Areale entdeckt. Auch wurde die alleinige Verarbeitung von Sprache in der linken Hirnhälfte widerlegt, denn bestimmte Aspekte der Sprache werden entweder auch rechts oder sogar vornehmlich rechts verarbeitet.

Diese Auffassung lässt sich recht gut mit den derzeit diskutierten Überlegungen zur Spezialisierung beider Hirnhälften in Verbindung bringen: Danach sind die früher so plakativ und in der Laienpresse verbreiteten Auffassungen zur Spezialisierung der Gehirnhälften – links männlich, rechts weiblich, links fröhlich, rechts traurig, links sprachlich, rechts bildhaft etc. – allesamt zu stark vereinfacht. Vielmehr muss man davon ausgehen, dass sich die beiden Hirnhälften im Grad der Feinheit der Informationsverarbeitung unterscheiden: Die rechte Hirnhälfte arbeitet eher rasch und grob (und daher eher ganzheitlich und vielleicht auch synthetisch) wohingegen die linke Gehirnhälfte eher fein und genau arbeitet (und daher vielleicht eher analytisch).

Die Unterscheidung einer eher analytischen, seriellen und propositionalen linken Hemisphäre gegenüber einer eher synthetischen, parallelen, holistischen rechten Hemisphäre geht auf den Engländer John Hughlings Jackson (Taylor 1958) zurück und wurde mit einer Reihe unterschiedlicher Beobachtungen bestätigt. Musik schien jedoch eine Ausnahme darzustellen, denn Melodien sind eindeutig seriell, sollten also links verarbeitet werden, was jedoch nicht der Fall ist. Dies war Jackson bereits 1866 aufgefallen, der als einer der ersten die Bedeutung der rechten Gehirnhälfte für die Wahrnehmung und Produktion von Musik (im Gegensatz zur damals gerade bekannt gewordenen Bedeutung der linken Gehirnhälfte für die Sprache) hervorhob. Die ersten Berichte über eine Trennung der Repräsentation von Sprache und Musik im Gehirn sind allerdings noch älter. So berichten Springer und Deutsch den folgenden Fall aus dem Jahr 1745:

> „... er litt an einer schweren Krankheit, die in einer Lähmung der gesamten rechten Körperseite und einem kompletten Verlust der Sprache resultierte. Er kann jedoch so manche Hymne, die er vor seiner Erkrankung gelernt hatte, klar und deutlich singen wie jede gesunde Person [...] Dennoch ist dieser Mann stark beeinträchtigt, unfähig auch nur ein einziges Wort außer ‚ja' zu sagen, und muss mit seiner Hand zur Verständigung gestikulieren" (Dalin 1745, zit. nach Springer u. Deutsch 1981, S. 15, Übersetzung durch den Autor).

Zusammen mit den oben angeführten Studien zur Aphasie bei Schäden im Bereich der linken Gehirnhälfte weist dieser Fallbericht auf eine besondere Beteiligung der rechten Hirnhälfte für Musik hin. Entsprechende Beobachtungen wurden in sehr vielen klinischen und experimentellen Studien unter Verwendung unterschiedlicher Methoden immer wieder bestätigt (Hugdahl et al. 1999; Samson u. Zatorre 1992; Zatorre 1985). Es scheint also zunächst, als könne man die Musik in die rechte Hirnhälfte lokalisieren, etwa analog zur Lokalisation der Sprache in die linke Gehirnhälfte.

Links oder rechts? Das halbe Gehirn kurz abschalten

So unglaublich es zunächst klingen mag: Eine Möglichkeit zu untersuchen, ob ein bestimmter Prozess eher links oder eher rechts im Gehirn lokalisiert ist, besteht darin, eine der beiden Gehirnhälften kurz, d.h. für einige Minuten, abzuschalten und während dieser Zeit Tests im Hinblick auf die interessierende Funktion auszuführen. Das Verfahren ist als so genannter WADA-Test bekannt und besteht in der Injektion eines kurz wirksamen Schlafmittels in die linke bzw. in die rechte Halsschlagader. Als Schlafmittel verwendet wird ein Barbitursäureabkömmling. So ist es beispielsweise vor operativen Eingriffen am Gehirn wichtig zu wissen, auf welcher Seite die sprachlichen Fähigkeiten des Patienten lokalisiert sind. Bei Rechtshändern ist dies zwar meistens links der Fall, ganz sicher sein kann man sich jedoch nicht. Vor der Operation wird daher der WADA-Test durchgeführt, bei dem der Patient Gegenstände benennen muss, während ihm die rechte oder die linke Gehirnhälfte (und dadurch auch entsprechend die Muskeln der jeweils gegenüberliegenden Körperseite) für wenige Minuten auf die genannte Weise kurz lahm gelegt wird. So lässt sich ohne jeden Zweifel feststellen, auf welcher Seite die sprachlichen Fähigkeiten des Patienten vornehmlich lokalisiert sind.

Dieses Verfahren wurde auch zur Untersuchung der Lateralisierung musikbezogener Fähigkeiten eingesetzt. Bogen und Gordon (1971) berichteten bereits vor drei Jahrzehnten über eine systematische Studie zum Singen während des WADA-Testes. Die Patienten wurden aufgefordert, einfache Melodien zu singen oder zu summen, und es wurde jeweils die rechte oder linke Hirnhälfte pharmakologisch abgeschaltet. Es zeigte sich hierbei sehr klar, dass bei Ausschaltung der linken Hemisphäre die Patienten noch Melodien singen konnten, jedoch ihre Sprache verloren hatten. Das Umgekehrte war bei Ausschaltung der rechten Hemisphäre der Fall, die Patienten konnten noch Dinge benennen, also sprechen, waren jedoch nicht mehr fähig, einfache Melodien zu singen (vgl. auch Gordon u. Bellamy 1991; Plenger et al. 1996).

Der Fall Maurice Ravel

Neben der Taubheit Beethovens gehört die Amusie von Maurice Ravel (1875–1937) zu den bekanntesten musikbezogenen Erkrankungen berühmter Komponisten (vgl. Sergent 1993). Seine Krankheits- und Leidensgeschichte illustriert eindrucksvoll, dass Musik keine einheitliche Fähigkeit ist, zentralnervös sehr stark verteilt repräsentiert ist und vor allem mehr ist als die Summe einzelner Fähigkeiten.

Während seiner letzten vier Lebensjahre konnte Ravel nicht mehr komponieren, obgleich er noch Projekte wie beispielsweise eine Oper des Titels Jungfrau von Orleans (*Jeanne d'Arc*) in Planung hatte. Er erkrankte im Laufe des Jahres 1933, wobei die ersten Symptome einer *Agraphie* (d.h. einer Störung des Schreibens) von seinen Schülern in seinen handschriftlichen Kompositionen bemerkt wurden. Auch in seinen Briefen aus dieser Zeit finden sich Rechtschreibfehler, die in früheren Briefen nicht zu finden sind. Die Symptome schritten rasch fort, so dass Ravel bereits Ende 1933 nicht mehr lesen und sogar seinen Namen nicht mehr schreiben konnte. Auch seine sprachlichen Fähigkeiten litten, waren jedoch in deutlich geringerem Maße beeinträchtigt. Vor allem mit Namen hatte er zunehmende Schwierigkeiten, konnte sich aber bis zu seinem Tod verständlich machen und Sprache verstehen. Im Herbst des Jahres 1933 realisierte er seine Erkrankung: Während er noch im September von seiner oben genannten Oper sprach, gestand er im November einem Freund:

> „Ich werde meine Jeanne d'Arc niemals schreiben; diese Oper ist hier in meinem Kopf; ich höre sie, aber ich werde sie niemals schreiben. Es ist vorbei; ich kann meine Musik nicht mehr schreiben" (Ravel, zit. nach Sergent 1993, S. 170).

Obgleich er somit schwer beeinträchtigt war, konnte Ravel bis zu seinem Tode Musik wahrnehmen und schätzen; wohnte er Aufführungen eigener Stücke bei, so bemerkte er jeden Fehler, sein Gedächtnis für Musik war also intakt. Er vermochte zwar Tonleitern auf dem Klavier zu spielen, nicht jedoch Stücke vom Blatt. Auch seine eigenen Stücke konnte er nicht mehr spielen, weder vom Blatt noch aus dem Gedächtnis. Sagte man ihm den Namen eines Tons, so konnte er ihn aufschreiben, schrieb er jedoch eine eigene Komposition auf, dann ging dies nur langsam und mit vielen Fehlern. Ravel konnte also durchaus Klavier spielen, Musik hören, sich Musik vorstellen und Noten schreiben. Was ihm aufgrund eines fortschreitenden Ab-

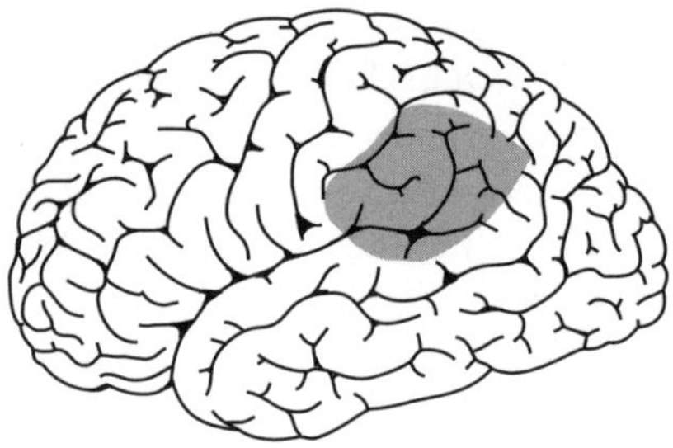

Abb. 7-9 Seitenansicht eines Gehirns von links, in das die vermutlich bei Maurice Ravel vorhandene Gehirnschädigung grau eingezeichnet ist (nach Sergent 1993, S. 169). Die Areale überlappen mit den beim vom Blatt spielen aktivierten Bereichen des Gehirns (siehe Kapitel 11, Abb. 11-9).

bauprozesses im Bereich des linken oberen Temporalhirns und des angrenzenden Parietalhirns (vgl. Abb. 7-9) nicht mehr möglich war, war die *Integration* dieser Einzelleistungen, d.h. das Aufschreiben des Gehörten oder Vorgestellten oder das Spielen des Gelesenen.

Erfahrung ist alles

Wie der Fall des Komponisten Ravel mit schweren Beeinträchtigungen seiner musikbezogenen Fähigkeiten nach einer Schädigung der *linken* Gehirnhälfte eindrucksvoll zeigt, entspricht die einfache Einteilung der Gehirns in „Sprache links, Musik rechts" nicht der Wirklichkeit. Vielmehr ergaben die Untersuchungen gerade der letzten zehn Jahre ein deutlich komplexeres Bild (siehe hierzu auch Kapitel 11). Auf Bever und Chiarello (1974) gehen Experimente zurück, die diese einfache Sicht nachhaltig verändert haben: Zwei Gruppen von musikalischen Laien (n = 14) und Experten (n = 22) mussten einfache Melodien erkennen, die entweder dem rechten oder linken Ohr (entsprechend vorwiegend der jeweils kontralateralen Hirnhälfte) vorgespielt wurden. Hierbei zeigte sich ein Verarbeitungsvorteil der linken Hemisphäre bei den Experten und ein Vorteil der rechten Hemisphäre bei den Laien. Dies deuten die Autoren dahingehend, dass Laien Musik eher ganzheitlich und gestalthaft, Experten hingegen analytisch hören. Es ist also die Erfahrung mit Musik, die darüber entscheidet, welche Hirnhälfte Musik stärker verarbeitet. Möglicherweise bezieht sich diese Vorbildung nicht nur auf musikalische Sachverhalte allgemein, sondern auch auf bestimmte Aspekte von Musik (Messerli et al. 1995; Peretz u. Babaï 1992) oder auf Verarbeitungsstrategien (Gordon 1975).

Der Befund der Erfahrungsabhängigkeit der Lateralisierung von Musik wurde später mit funktionellen Studien bestätigt. Mittels transkranieller Dopplersonographie, einer Methode, die aktivitätsabhängige Veränderungen im Blutfluss mit hoher zeitlicher und geringer räumlicher Auflösung darstellen kann, wurde gezeigt, dass das Musikhören bei Musikern eher analytisch und linkshemisphärisch erfolgt, bei musikalischen Laien hingegen eher emotional, ganzheitlich und rechtshemisphärisch (Marinoni et al. 2000; Vollmer-Haase et al. 1998). Die gleiche Methode lieferte auch Hinweise für eine stärkere Beteiligung der rechten Hirnhälfte bei der Verarbeitung von Melodien (Vollmer-Haase et al. 1998).

Ebenso wenig jedoch wie es *das* Sprachzentrum im Gehirn gibt (sondern vielmehr eine Reihe kortikaler Areale, durch deren Zusammenarbeit das komplexe Phänomen Sprache produziert und verstanden wird), gibt es das Musikzentrum. Bekanntermaßen war es jedoch möglich, die Dominanz der linken Hirnhälfte für die Sprachverarbeitung klar aufzuzeigen, und so konnte es nicht ausbleiben, dass man auch für Musik eine entsprechende Dominanz auffinden wollte. Da die linke Hirnhälfte für Sprache ja schon vergeben war, lag die Vermutung nahe, Musik würde vornehmlich in der rechten Hirnhälfte verarbeitet.

Amusien sind insgesamt bei Patienten mit Schädigung der rechten Hemisphäre häufiger als bei Patienten mit Schädigung der linken Hemisphäre. Hieraus zu folgern, dass Musik ganz allgemein in der rechten Hirnhälfte verarbeitet wird, wäre jedoch zu stark vereinfacht. Man fand vielmehr den oben bereits erwähnten Befund, dass die Auswirkung einer Gehirnschädigung auf die musikalischen Fähigkeiten auch von der Vorbildung der betreffenden Person abhängt: Bei musikalisch ungebildeten Menschen wird Musik eher in der rechten Hemisphäre verarbeitet, so dass bei deren Ausfall es zu Defiziten im Bereich der Musikwahrnehmung oder Musikproduktion kommt. Bei Musikern hingegen scheint die linke Hemisphäre für einen großen Teil des musikalischen Spezialwissens und Spezialkönnens verantwortlich zu sein, so dass Störungen im Bereich der linken Hirnhälfte bei Musikern zu Störungen von Musikwahrnehmung und Musikproduktion führen. Interessanterweise kann die musikalische Ausbildung auch dazu führen, dass beispielsweise die Namen von Instrumenten bei einer Aphasie ebenso wie die Musik ausgespart bleiben, worüber Tzortzis et al. (2000) berichten. Es ist zu vermuten, dass in diesem Fall die Instrumente auch rechtshemisphärisch (also im Bereich der Musik oder in dessen Nähe) repräsentiert waren und daher die Erkrankung der linken Hemisphäre zwar eine Aphasie verursachte, die Namen der Musikinstrumente jedoch verschont blieben.

Ein wesentlicher Grund dafür, dass man für Musik nicht in der Weise wie für Sprache ein bei den meisten Menschen ähnliches Netzwerk von Gehirnrepräsentationen gefunden hat, liegt wahrscheinlich in der vergleichsweise sehr unterschiedlichen musikalischen Lerngeschichte der Menschen (vgl. Altenmüller 2000). Bei musikalisch nicht vorgebildeten Personen ist Musik wahrscheinlich in sehr unterschiedlicher Weise zentralnervös repräsentiert. Ganz anders liegen die Dinge bei der Sprache: Wir alle haben unsere Muttersprache in einem bestimmten Lebensabschnitt bis zur praktisch fehlerfreien Beherrschung gelernt. Daraus folgt keineswegs, dass unser Gehirn auf die Sprache Deutsch (oder in den USA auf Englisch) spezialisiert ist. Es folgt lediglich, dass wir im Gehirn Areale haben, die sprachbezogenen Input verarbeiten und sich dadurch auf eine bestimmte Sprache immer besser spezialisieren.

Im Gegensatz zur relativ einheitlichen sprachlichen Entwicklung ist unsere musikalische Bildung weitaus weniger standardisiert und erfolgt in unserer Kultur bei jedem Menschen irgendwie und auf jeden Fall auf sehr unterschiedliche Weise. Mit dem einen singt die Mutter viel, der andere hört erst ab dem Schulalter Radio, der nächste spielt mit drei schon Geige. Von daher ist es wenig verwunderlich, dass musikbezogene Leistungen in den verschiedensten Winkeln des Gehirns repräsentiert sein können und entsprechend sich kein klares Muster musikalischer Defizite bei definierten Hirnausfällen findet.

Für diese Auffassung der sehr starken Erfahrungsabhängigkeit musikalischer Repräsentationen spricht eine experimentelle Untersuchung, die von Altenmüller und Mitarbeitern (vgl. Altenmüller 2000) durchgeführt wurde. Schüler wurden über einen Zeitraum von sechs Wochen trainiert, musikalische Phrasen als geschlossen oder als offen zu beurteilen, was anhand bestimmter musikalischer Regeln eindeutig möglich ist. Vor Beginn der Unterrichtszeitraums wurde ein EEG während des Bearbeitens solcher Aufgaben abgeleitet und danach wurden die Schüler in drei Trainingsgruppen aufgeteilt: Gruppe A erhielt sprachlich betonten Unterricht, Gruppe B eher musikalisch-praktisch betonten Unterricht und Gruppe C erhielt keinen Unterricht. Nach sechs Wochen Training mussten die Schüler die Aufgabe erneut lösen, während ein EEG abgeleitet wurde. Die gemessenen Hirnaktivierungsbilder während des Hörens und Beurteilens von Melodien zeigten in der sprachtrainierten Gruppe eine größere linkshemisphärische Aktivierung, wohingegen in der musikalisch trainierten Gruppe eine stärkere rechtshemisphärische Aktivierung gemessen wurde. In der Kontrollgruppe kam es zu keiner Änderung des Musters. Altenmüller folgert hieraus:

> „Offenbar bestimmte die Art und Weise des Lernens die Hirnaktivierung während der Hörleistung. Mit anderen Worten: Hirnaktivierung während des Musikhörens spiegelt auch die individuelle Lernbiographie wider" (Altenmüller 2000, S. 98).

Zu guter Letzt sollte man die Tatsache, dass die gleiche Musik von verschiedenen Menschen emotional sehr unterschiedlich bewertet werden kann, nicht außer Acht lassen. Sie führt, zusammen mit der Tatsache, dass unterschiedliche Emotionen zentralnervös unterschiedlich repräsentiert sind, bei der gleichen Musik zu unterschiedlichen Aktivierungsmustern bei verschiedenen Hörern. Man hat daher gesagt, das Einzige, was sich an allgemeinen Aussagen zur Lokalisation von Musik bei Musikern sagen lasse, sei, dass es keine allgemeinen Aussagen gibt (Gordon 1996).

Lassen sich bei dieser großen Variabilität (vgl. z.B. die Ergebnisse von Kester et al. 1991) überhaupt allgemeine Aussagen über die Lokalisation von Musik im Gehirn machen? – Ja und nein.

Musikmodule: doppelte Dissoziationen

Sehr genaue Untersuchungen an einzelnen Patienten mit klar definierten Läsionen in bestimmten Bereichen des Gehirns ergaben Hinweise dafür, dass Musik nicht einheitlich und zusammen mit Sprache lokalisiert ist, sondern dass es Module gibt, die sich räumlich trennen lassen. Die Logik der Argumentation ist die des Auffindens einer so genannten doppelten Dissoziation. Hiermit ist Folgendes gemeint: Wenn man bei einem Patienten den Ausfall einer Funktion findet beim zugleich festgestellten Erhalt einer anderen Funktion, dann kann man argumentieren, dass diese beiden Funktionen nicht durch genau die gleiche Struktur im Gehirn ausgeführt werden. Wenn also die Musik plötzlich nicht mehr erlebt werden kann, Sprache aber noch verstanden wird, so sind beide Funktionen zentralnervös nicht genau gleich lokalisiert. Es besteht in einem solchen Fall vielmehr eine (einfache) Dissoziation von Musik und Sprache.

Es kann bei dieser Datenlage aber noch nicht behauptet werden, dass Musik und Sprache völlig getrennt verarbeitet werden. Es könnte ja auch sein, dass Musik von einem Teil der Sprachverarbeitung sozusagen miterledigt wird oder dass Musik eine besondere Sprachfähigkeit darstellt. In diesem Fall würde der Ausfall eines Teils des Sprachareals oder eine Schädigung des gesamten Areals mit nachfolgender Verschlechterung seiner Funktion auch zum Ausfall der Musik führen. Eine einfache Dissoziation sagt also noch nichts über die wirklich getrennte Repräsentation zweier Funktionen im Gehirn.

Findet man aber nebst einem Patienten, bei dem die Sprache erhalten und die Musik ausgefallen ist, auch einen Patienten, bei dem der Ausfall umgekehrt liegt (die Musik ist erhalten aber die Sprache ist weg), dann liegt eine doppelte Dissoziation vor, und das Argument der möglichen Überlappung ist nicht mehr anwendbar. Daher ist die Suche nach doppelten Dissoziationen für den Neuropsychologen, was dem Mineralogen die Goldsuche ist.

Die Fähigkeit zum Erkennen und Produzieren von Musik wird allerdings leider wesentlich seltener untersucht als die Fähigkeit zum Sprechen. Dies ist bei der Bedeutung der Sprache für die Lebenspraxis auch nicht weiter verwunderlich, hat aber zu einer Schieflage der Daten geführt. Man könnte nämlich meinen, dass Ausfälle im Bereich musischer Fähigkeiten nach Gehirnschäden selten sind. Dies ist jedoch nicht der Fall. Wann immer man genauer nachgeschaut hat und die Patienten überhaupt nach Defiziten im Bereich der Musik befragt bzw. sie daraufhin untersucht hat, ergaben sich Häufigkeiten für Amusien in der gleichen Größenordnung wie für Aphasien. So fanden Oepen und Mitarbeiter (1989) bei 34 Patienten mit computertomographisch nachgewiesener umschriebener Hirnläsion eine Aphasie in 16 (52 %) und eine Amusie in 25 (73,5 %) Fällen. Entsprechende Zahlen berichtet Peretz (2000), die bei 29 (72,5 %) von 40 Patienten mit einseitig lokalisierten Hirnschäden Hinweise auf eine Amusie fand, sowie Schuppert et al. (2000), die bei 69 % ihrer Patienten mit Gehirnschäden Ausfälle im Bereich der Wahrnehmung von Musik fanden. Amusien sind also häufig. Musik und Sprache sind zentralnervös zwar ähnlich, aber keineswegs völlig identisch repräsentiert. Man kann dies auch daran zeigen, dass manche Patienten Lieder erinnern, nicht aber Texte, und umgekehrt. Allerdings ist es auch so, dass Aphasiker beim Singen eines Liedes zuweilen den Text zumindest teilweise mit hervorbringen können.

In ihrer schönen Übersicht zum Thema zeigt Isabelle Peretz weiterhin, dass nicht nur eine doppelte Dissoziation für Sprache und Musik, sondern sogar eine Dreifachdissoziation für Sprache, Musik und natürliche Umweltgeräusche existiert (vgl. Peretz 2000, S. 523ff). Das bedeutet, dass es einzelne Module im Bereich der akustischen Informationsverarbeitung gibt, die auf bestimmte Aspekte des Gehörten spezialisiert sind (ähnlich wie es beim Sehen ja auch Areale für Gesichter oder Wörter gibt). Auch in magnetoenzephalographischen (MEG) Untersuchungen von Tervaniemi et al. (1999) konnte dies gezeigt werden. Die gleiche Arbeitsgruppe konnte ferner mittels PET zeigen, dass es nur dann zu einer lateralisierten Aktivierung durch Phoneme (links) und Akkorde (rechts) kommt, wenn die Aufgabenstellung einen automatisierten Vergleich und damit Gedächtnisprozesse erfordert. Werden nur immer die gleichen Stimuli vorgespielt, bleibt die Lateralisierung aus (Tervaniemi et al. 2000).

Innerhalb der Fähigkeit zum Erkennen und Produzieren von Musik wurde zudem eine doppelte Dissoziation für Melodie und Rhythmus gefunden. Es gibt Patienten, die Rhythmen erkennen, aber keine Melodien mehr und umgekehrt. So beschrieben Peretz und Mitarbeiter (1994) zwei Patienten, die zwar die Melodie von *Happy Birthday* nicht mehr erkennen, verschiedene Rhythmen aber durchaus unterscheiden konnten. Melodie ist dabei eher rechtshemisphärisch, Rhythmus hingegen eher linkshemisphärisch lokalisiert. Wenn beim Musizieren daher Melodie und Rhythmus im Hinblick auf die beteiligten Hände klar getrennt sind, sollte man erwarten, dass die linke Hand für die Melodie, die rechte hingegen für den Rhythmus zuständig ist. Wie in Abbildung 7-10 dargestellt, ist dies beim Trommel und Einhandflöte zugleich spielenden Musikanten in der südfranzösischen Provence auch tatsächlich der Fall.

Abb. 7-10 Links: Titelbild auf dem Schutzumschlag des Buchs von Guis et al. (1993) zum südfranzösischen Musizieren mit Einhandflöte (Galoubet) und großer Trommel (Tambourin). Entsprechend den Erkenntnissen der Neuropsychologie zur Repräsentation verschiedener Aspekte von Musik dürfte es kein Zufall sein, dass die Flöte mit der linken Hand (die von der für Melodie eher zuständigen rechten Hirnhälfte kontrolliert wird), die Trommel hingegen von der rechten Hand (gesteuert von der für Rhythmus eher zuständigen linken Hirnhälfte) gespielt wird. Rechts: Provenzalische Einhandflöte (aus Nîmes) aus der Sammlung des Autors. Sie enthält neben den zwei Löchern vorn noch ein weiteres Loch auf der Rückseite, womit sich durch geschickte Griffkombinationen und Überblasen des Instruments alle Töne der diatonischen Leiter erzeugen lassen.

Man kann sogar noch weiter gehen: Gesunden Versuchspersonen fällt es leichter, Rhythmen mit der rechten Hand zu klopfen, wohingegen sie eher mit der linken Hand (oder dem linken Fuß) den Takt mitmachen (Ibbotson u. Morton 1981). Entsprechend haben Studien an Patienten mit lateralisierten Hirnschäden gezeigt, dass beim Vorliegen einer Schädigung der rechten Gehirnhälfte eher Schwierigkeiten bestanden, den Takt mitzuklopfen, Rhythmen aber noch geklopft werden konnten. Bei Patienten mit Schäden im Bereich der linken Hirnhälfte war dies umgekehrt. Es gibt also Hinweise auf eine doppelte Dissoziation von Metrum (Takt) einerseits und rhythmischer Gruppierung andererseits (Peretz 2000, S. 532), die vielleicht auch manche widersprüchlichen Befunde im Hinblick auf die Seitenlokalisation von Rhythmik erklären (vgl. Fries u. Swihart 1990; Penhune et al. 1999).

Auch im Bereich des Melodischen kann man noch weiter differenzieren: Durch geschickt gewählte experimentelle Prozeduren kann man dafür sorgen, dass Melodien eher gestalthaft anhand ihrer Kontur oder durch die ins Einzelne gehende Analyse ihrer Intervalle erkannt werden. Man konnte an gesunden Probanden zeigen, dass die erstgenannte Fähigkeit eher rechtshemisphärisch, die zweitgenannte eher linkshemisphärisch lokalisiert ist, und dass wir Melodien normalerweise eher gestalthaft erkennen. Nur wenn dies aus irgendwelchen Gründen nicht möglich ist, wechseln wir sozusagen auf den Verarbeitungsmodus der Feinanalyse von Intervallen. Catherine Liégeois-Chauvel und Mitarbeiter (1998) konnten in einer Studie an 65 Patienten mit einseitiger chirurgischer Temporalhirnentfernung (im Rahmen der Behandlung von Tumoren oder therapieresistenter schwerer Anfallsleiden) nachweisen, dass bei Patienten ohne rechtes Temporalhirn die Wahrnehmung von Melodie sowohl im Hinblick auf die Kontur als auch im Hinblick auf Intervalle beeinträchtigt ist, wohingegen Patienten nach linksseitiger Entfernung des Temporalhirns nur beim Intervallhören beeinträchtigt waren. Bei einseitig lokalisierten Ausfällen findet man demnach ebenfalls Hinweise darauf, dass entweder das gestalthafte oder das analytische Melodiehören eher betroffen sein kann. Die Studie zeigte weiterhin eine klare Dissoziation zwischen Melodie und Metrum (vgl. Abb. 7-11), die nicht an eine Seite, sondern an bestimmte Teile des Temporalhirns (unabhängig von der Seite) geknüpft ist.

Weitere Untersuchungen legen die Existenz einer räumlich trennbaren Repräsentation für Tonalität (also für die komplizierten Abhängigkeitsverhältnisse von Tönen innerhalb einer Tonleiter oder eines Tonsystems) nahe. Patienten mit Läsionen des Gehirns, bei denen diese Fähigkeit beeinträchtigt ist, können Töne durchaus hören, sie aber nicht mehr im Zusammenhang beispielsweise einer Kadenz hören bzw. verstehend einordnen. Man darf dies allerdings keineswegs als Hinweis für die biologische Verankerung der Kadenz der westlichen Musik sehen. Vielmehr sagen diese Ergebnisse nur, dass es abstrakte Beziehungen zwischen Tönen gibt, die anders repräsentiert sind als die Töne selber (ähnlich wie die Grammatik anders repräsentiert ist als die Bedeutung der Wörter).

Peretz und Mitarbeiter (2000) schildern den Fall der Patientin I. R., die aufgrund beidseitiger Läsionen des auditorischen Kortex nicht mehr in der Lage war, konsonante von dissonanten Versionen kurzer Musikstücke zu unterscheiden. Da sie jedoch in der Lage war, die in der Musik ausgedrückten Emotionen (Dur – fröhlich versus Moll – traurig) wie gehörgesunde Menschen zu erkennen, vermuteten die Autoren, dass Konsonanz und Dissonanz vor deren emotionaler Bewertung (und

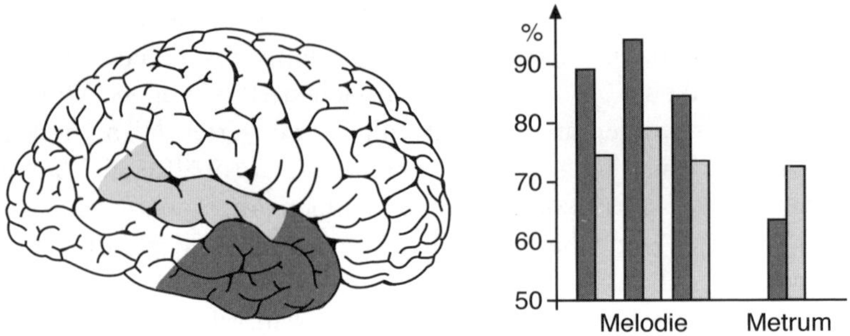

Abb. 7-11 Melodie und Metrum (Takt) liegen in unterschiedlichen Regionen des Temporalhirns, nämlich oben hinten und unten vorne. Dargestellt sind die operativ entfernten Bereiche des superioren posterioren (hellgrau) und des anterioren Temporalhirns (dunkelgrau), unabhängig von der Seite, zur besseren Übersicht projiziert auf die rechte Gehirnhälfte, sowie die Leistungen der beiden Patientengruppen in verschiedenen musikpsychologischen Tests (nach Liégeois-Chauvel et al. 1998). Die Aufgaben im Hinblick auf die Melodie betrafen deren Kontur (links), eine falsche Einzelnote (Mitte) und ein falsches Intervall (rechts). Ganz rechts ist die Leistung (jeweils in Prozent korrekter Antworten bzw. Reaktionen) in einem Test zum Erkennen des Metrums (Takt) dargestellt. Takt und Melodie sind nach diesen Befunden im Temporalhirn klar dissoziiert.

unabhängig davon) erkannt werden. Auch die in Kapitel 15 diskutierte Untersuchung zu Emotionen in der Musik von Blood und Mitarbeitern (1999) gab Hinweise auf eine getrennten Bearbeitung von Konsonanz und Dissonanz einerseits sowie der emotionalen Bewertung der Musik andererseits.

Auch die MEG-Studie von Beisteiner und Mitarbeitern (1999) zeigte, dass Konsonanz im Temporalhirn, und zwar rechts stärker als links, verarbeitet wird, wobei sich dieser Unterschied nur bei harmonsich trainierten Hörern zeigt.

Das Gedächtnis für musikalische Inhalte (Melodien, größere Stücke etc.) kann ferner selektiv beeinträchtigt sein, und ebenso gibt es erste Hinweise für spezifische Verarbeitungsmechanismen emotionaler Aspekte von Musik (siehe unten). Das musikalische Vorstellungsvermögen wurde mit den oben bereits angesprochenen Verfahren ebenfalls neuropsychologisch untersucht. Zatorre und Halpern (1993) untersuchten 28 Patienten, bei denen auf einer Seite (jeweils 14) der Temporallappen zur Behandlung einer anderweitig nicht beherrschbaren Epilepsie entfernt wurde, mit dem oben bereits beschriebenen Experiment zur Vorstellung von Musik (*Jingle Bells*).

In diesem Experiment schnitten Patienten, bei denen der linke Temporallappen entfernt wurde, genauso gut ab, wie Kontrollpersonen, wohingegen die Patienten, bei denen der rechte Temporallappen entfernt worden war, signifikant ihre Fehler machten und länger brauchten. Aus der Tatsache, dass diese Patienten sowohl in der Wahrnehmungs- als auch in der Vorstellungsaufgabe jeweils deutlich schlechter waren als die Vergleichsgruppe oder die Patienten nach der Entfernung des linken Temporallappens, wissen die Autoren, dass sowohl musikalische Wahrnehmung als auch musikalische Vorstellung für Melodien im rechten Temporalhirn zumindest vornehmlich lokalisiert sind.

Zu viel Musik: Ohrwürmer, Halluzinationen und Anfälle

Ähnlich wie es im Bereich der Sprachpathologie nicht nur Ausfälle, sondern auch ein Zuviel in Form sich aufdrängender gehörter fremder Stimmen (akustische Halluzinationen) oder nicht unterdrückbarer eigener Gedanken (Zwangsgedanken) gibt, sind auch für den Bereich der Musik nicht nur Ausfälle (Amusien) beschrieben. In der psychiatrischen Literatur zum Zwang beispielsweise ist nicht selten von einem Sachverhalt aus dem Bereich des Musikerlebens die Rede, der einerseits dem Zwang ähnelt, jedoch andererseits auch bei Gesunden vorkommt und nicht als krankhaft gilt: der so genannte *Ohrwurm*. Jeder kennt das Phänomen: Man hat eine bestimmte Melodie „im Ohr", d.h. im musikalischen Arbeitsgedächtnis (wie wir seit Kapitel 5 genauer wissen), und sie lässt uns nicht los, sondern stört uns, aber wir können dennoch nichts an ihrer Präsenz ändern. Zwangsgedanken haben die gleichen Qualitäten: Wer sie erlebt, weiß um ihre Unsinnigkeit, kann sie aber dennoch nicht unterdrücken.

Aus der Arbeitsgruppe um den Psychiater Dan Stein werden zwei Fälle von zwanghaft auftretenden Melodien berichtet, bei denen durch funktionelle Bildgebung eine Minderdurchblutung des Temporalhirns gefunden wurde (Zungu-Dirwayi et al. 1999; vgl. auch Terao u. Ikemura 2000). Dies scheint zunächst einer einfachen Erklärung zu widersprechen, der zufolge die *vermehrte* Aktivierung eines Areals im Temporalhirn zu spontan auftretenden Musikerlebnissen führt. Dies muss jedoch keineswegs der Fall sein. Die Minderdurchblutung könnte auch eine Fehlfunktion anzeigen, die über mehrere Zwischenschritte die Fähigkeit zur Kontrolle über spontane Aktivierungen im Temporalhirn reduziert und auf diese Weise die Ohrwürmer verursacht.

Akustische Halluzinationen, die Musik zum Inhalt haben, sind insgesamt eher selten, kommen jedoch vor allem bei Hirnschädigungen im Bereich des (eher rechten) Temporalhirns vor (Berrios 1990). Bereits oben wurden sie als Resultat der elektrischen Stimulation des Gehirns im Bereich des Temporallappens beschrieben. Vor etwa einem halben Jahrhundert beschrieben Rozanski und Rosen (1952) einen Fall, bei dem es nach Mittelohrtaubheit durch Otosklerose zu Halluzinationen von Musik gekommen war. Ein gutes Jahrzehnt später berichteten Hécaen und Ropert (1963) über neun weitere solche Fälle von Musik-Halluzinationen bei Erkrankungen des Gehörs. Die Halluzinationen haben in der Regel einen bestimmten Verlauf, beginnen als Ohrgeräusch (Tinnitus), das dann rhythmisch und schließlich zu Musik wird. Der Verlauf ist nicht unähnlich dem von optischen Halluzinationen bei Augenleiden (vgl. Spitzer 1988, S. 42ff).

„Musikalische Halluzinationen" („musical hallucinations", wie sie nicht ganz korrekt im englischen Sprachraum genannt werden) sind bei Frauen häufiger und kommen vor allem im höheren Alter vor. Ihre Ursachen reichen von beginnender (peripherer) Taubheit, über zentralnervöse Erkrankungen wie Schlaganfälle, Tumoren oder Anfallsleiden im Bereich der rechten Hirnhälfte (vor allem Temporallappenepilepsie) bis zu psychiatrischen Erkrankungen wie Demenz, Depression und Schizophrenie. Auch wurden sie als extrem seltene Nebenwirkung von Acetylsalicylsäure (Aspirin®) beschrieben (Allen et al. 1985).

Insgesamt sind Halluzinationen von Musik allerdings selten (Erkwoh et al. 1992; Fishman 1991; Gilchrist u. Kalucy 1983; Hammeke et al. 1983; Jonas 1986;

Lennox 1988; Miller u. Crosby 1978; Raghuram et al. 1980; Ross et al. 1975; Spitzer 1988). Nach neueren Studien scheinen sie mit einer vermehrten Aktivität rechts temporal gelegener auditorischer assoziativer Bereiche der Gehirnrinde einherzugehen (Kasai et al. 1999).

Eine meiner Patientinnen, die im Alter von 35 Jahren wegen einer Hirnblutung operiert worden war, beschrieb ihre danach aufgetretenen akustischen Halluzinationen wie folgt:

> „Zwei Tage nach der Operation bin ich zu mir gekommen; da habe ich Musik gehört und mich gefragt, wo denn hier ein Radio steht. Ich hörte die Musik nur auf dem linken Ohr, immer in der gleichen Lautstärke und immer die gleichen Lieder von morgens bis abends und auch nachts, wenn ich zufällig aufgewacht bin" (Spitzer 1988, S. 480).

Damals kommentierte ich die Erlebnisschilderung der Patientin wie folgt:

> „Die Patientin hörte insgesamt sechs Musikstücke in unterschiedlicher Reihenfolge, von denen ihr fünf gut bekannt waren, eines jedoch hatte sie noch nie vorher gehört. Die Musik habe ihr weder besonders gut noch besonders schlecht gefallen; als einzige affektive Begleitreaktion trat bei der Patientin eine gewisse Angst, der Zustand könne so bleiben, sowie eine Unsicherheit über ihren geistigen Zustand auf" (Spitzer 1988, S. 480).

Einen Fall ähnlicher Erlebnisse berichten auch Schiffter und Straschill (1977). Bei der ebenfalls 35-jährigen Patientin mit einem linksseitigen Herd nach einer Blutung im parieto-temporo-okzipitalen Bereich kam es ...

> „... nur von kurzen Pausen und vom Schlaf unterbrochen zum Auftreten von klanghaften, klar identifizierbaren musikalischen Halluzinationen, die ausschließlich von rechts, also kontralateral zum Herd, wahrgenommen werden. Es handelt sich um in endloser Wiederholung erscheinende, jeweils das Musikstück charakterisierende Melodiezeilen von Volksliedern, Schlagern, Chören, Sinfoniekonzerten usw., die jeweils stundenlang hörbar werden und sich nacheinander ablösen [...] Bewusstsein und Handlungsfähigkeit blieben ungestört" (Schiffter & Straschill 1977, S. 321).

Diese Beobachtungen stimmen mit denen von Ross (1978) überein, der nach Diskussion von zwölf Fällen musikbezogene Halluzinationen für nicht ganz so selten wie zumeist angenommen hält und den Patienten eine nur geringe Beeinträchtigung hierdurch bescheinigt:

> „Praktisch alle dieser Patienten gaben an, dass sie sich vollständig an die Halluzinationen gewöhnt hätten ohne auf pharmakologische, psychiatrische oder andere Formen der Behandlung zurückzugreifen" (Ross 1978, S. 1716, Übersetzung durch den Autor).

Im Gegensatz zu den gehörten „Stimmen“, die für schizophrene Patienten typisch sind, sind musikalische Halluzinationen bei diesen Patienten nicht typisch. Auffallend ist jedoch die nicht selten rhythmische Akzentuierung akustischer Sprachhalluzinationen bei schizophrenen Patienten. Einer meiner Patienten beispielsweise beschrieb seine Erlebnisse der Beeinträchtigung und Verfolgung in Gedichtform wie folgt (vgl. Spitzer 1988, S. 70):

> „Man raunt sich zu in Bus und Tram:
> Den kann ma' aber gar nid ham'! [...]
> Rattattatam – taram – tam – tam!

So raunt's in S-Bahn, Bus und Tram ...
Man schaut die Type ganz schäl an
In U-Bahn, Bus und Straßenbahn. [...]
Die Leute schauen voll Verdruss
In U-Bahn, S-Bahn, Tram und Bus [...]
Der macht noch alle Leut' ganz krank:
Von Oma, Opa bis zum Punk."

Die rhythmische Komponente des Erlebens tritt hier sehr deutlich hervor.

Auch bei depressiven Patienten wurden Musik-Halluzinationen, die sich unter der Behandlung der Depression mit den depressiven Symptomen zurückbildeten, beschrieben (Tanriverdi et al. 2001).

Musikogene Epilepsie: bei Musik Anfall

Beim Phänomen der so genannten musikogenen Epilepsie kommt es ausgelöst durch bestimmte Musikstücke zum Auftreten eines Krampfanfalls. Den Patienten wird Musik also gewissenmaßen zu viel – ein sehr eigenartiges extrem seltenes Phänomen mit einer geschätzten Häufigkeit von einem Fall auf zehn Millionen Menschen. Das Phänomen findet sich in über 400 Jahre alten Schriften, in den Werken Shakespeares, und wurde 1884 auf einem Treffen von Psychiatern in St. Petersburg diskutiert sowie 1913 von Bechterew anhand zweier Fälle demonstriert (Critchley 1977). Es wurde im Jahr 1921 von Rosenhaim erstmals systematisch als *Reflex-Epilepsie* beschrieben, jedoch sogleich als unwichtig abgetan:

„... und so wurde die Reflex-Epilepsie in das Land der Schatten verbannt; möge diese Abhandlung mit dazu beitragen, ihr endgültig das Grab zu schaufeln", zitiert Critchley (1977, S. 344) die Schlussworte der entsprechenden Arbeit seines deutschen Kollegen.

Critchley sah die Dinge jedoch anders und beschrieb zehn weitere Patienten mit Anfallsleiden, die jeweils durch Musik ausgelöst wurden. Eine seiner Patientinnen beispielsweise konnte klar angeben, dass nur klassische Musik ihre Anfälle auslöste, obgleich sie sich aus dieser Musik nichts mache und sich auch nicht auskenne. Um dies zu überprüfen, gingen Critchley und seine Kollegen experimentell vor. Der Leser vergegenwärtige sich diese Prozedur ausgeführt im Jahr 1931 anhand des folgenden Zitats:

„Die Patientin wurde stationär aufgenommen und mit ihrer ausdrücklichen Erlaubnis dem Unbill musikalischen Einflusses ausgesetzt. Mein damaliger Assistent (nun Professor Denny-Brown) brachte seinen Plattenspieler und einige Schallplatten mit Tanzmusik wurden ausprobiert. Die Patientin versicherte uns, dass keine von diesen geeignet sei, mit Wahrscheinlichkeit einen Anfall zu provozieren. Zuletzt holte Denny-Brown seine ernsthafteste Platte hervor, Tschaikowskys *Valse des Fleurs*, gespielt vom Orchester der Berliner Staatsoper. Nach bereits nur wenigen Takten wurde die Patientin unruhig und langsam entwickelte sie einen Anfall mit generalisierten konvulsiven Bewegungen, Schaum an den Lippen und Zyanose [...]. Die Patientin berichtete mir später, dies sei die Sorte Musik, die bei ihr immer einen Anfall auslöse" (Critchley 1977, S. 344f, Übersetzung durch den Autor).

In seiner detaillierten Analyse des Sachverhalts streicht Scott (1977) die Bedeutung des Temporalhirns bei der Entstehung der musikogenen Epilepsie heraus (vgl. auch

Wieser et al. 1997), stellt Beziehungen zu „musikalischen Halluzinationen" her und differenziert das klinische Bild in eher emotionale, perzeptive und kognitive Erlebnisweisen bei musikbedingten Anfällen.

Module in funktionellen Bildern

Die oben im Abschnitt über Methoden der Hirnforschung beschriebenen modernen Verfahren der funktionellen Bildgebung des Gehirns erlauben es seit einigen Jahren, die Aktivität von Gehirnarealen, die an musikbezogenen Leistungen beteiligt sind, direkt abzubilden. Man kann damit die bislang vor allem auf indirekte Weise durch Ausfälle und Störungen charakterisierten Musikmodule direkt abbilden und genauer untersuchen. Die Forschungen sind diesbezüglich erst am Anfang, zeigen jedoch bereits gegenwärtig sehr interessante Einsichten und bestätigen zudem älteres Wissen.

Eine ganze Reihe solcher Untersuchungen konnte mittels funktionellem Neuroimaging die mit neuropsychologischen und experimentellen Methoden gewonnenen Ergebnisse zur Verarbeitung von Musik im Gehirn untermauern.

Platel und Mitarbeiter (1997) beispielsweise gingen den strukturellen Komponenten (d.h. den Gehirnmodulen) der Wahrnehmung von Musik in einer PET-Studie an sechs rechtshändigen nicht musikalisch vorbelasteten („without musical talent") jungen Versuchspersonen nach. Diese hörten im Scanner 30 kurze Musikabschnitte, bestehend aus jeweils fünf bis zehn Noten und von weniger als 2,5 Sekunden Länge. Zwischen diesen kurzen Musikausschnitten lag jeweils eine Pause von 1,5 Sekunden. Um die Frage nach der Lokalisation einzelner musikbezogener Wahrnehmungsleistungen zu beantworten, waren die Musikstücke auf ganz bestimmte Weise zusammengesetzt. 15 der 30 kurzen Ausschnitte wiesen eine – wie die Autoren es nennen – „semantische Verankerung" auf, d.h. waren dazu geeignet, die Versuchsperson an eine ganz bestimmte bekannte Melodie zu erinnern (beispielsweise Mozarts *Kleine Nachtmusik*, der *Donauwalzer* von Johann Strauß oder ein Militärmarsch). Diese Melodien wurden dabei ganz bewusst nicht mit der originalen Orchestrierung, dem originalen Tempo bzw. in der originalen Tonart gespielt, so dass die Bekanntheit allein durch die Melodie bzw. den bestimmten Rhythmus hervorgerufen wurde. Man wählte die Musikstücke zudem so aus, dass die Versuchspersonen, allesamt Franzosen, den Text nicht kennen konnten und deswegen auch nicht in der Lage waren, ihn zu verbalisieren, d.h. innerlich den Text mitzusingen. Jeweils 15 Musikstücke enthielten ferner eine Veränderung in der Klangfarbe des spielenden Instrumentes, 15 enthielten eine Veränderung der Tonhöhe und bei weiteren 15 wurde eine rhythmische Unregelmäßigkeit eingebaut.

Die Versuchspersonen hatten während verschiedener PET-Scans jeweils eine von vier Aufgaben: Sie sollten entweder darauf achten, (1) ob sie ein bestimmtes Musikstück erkannten oder nicht, oder (2) ob die Klangfarbe während der kurzen Sequenz wechselte, (3) ob sich die Tonhöhe der Noten änderte, oder (4) ob der Rhythmus irregulär oder regulär war. Sie mussten diese Entscheidung jeweils direkt nach dem Hören einer Sequenz fällen und durch das Drücken zweier Tasten anzeigen. Auf diese Weise war es möglich, die Auswirkungen der Aufmerksamkeit auf vier unterschiedliche Aspekte der Musik (Tonhöhe, Klangfarbe, Rhythmus und Bekanntheit) zu untersuchen.

Die wesentlichen Ergebnisse dieser Studie bestanden darin, dass die Bekanntheit eines Musikstückes zu einer Aktivierung des linken inferioren orbito-frontalen Kortex sowie des vorderen superioren Temporallappens führt. Während die Beteiligung des oberen linken Temporalhirns an akustischer Informationsverarbeitung bereits mehrfach erwähnt wurde, scheint Bekanntheit mit Bedeutung und damit auch mit Sprache (und damit mit der linken Gehirnhälfte) in Verbindung zu stehen.

Die Aufgabe, die dargebotenen Musikstücke im Hinblick auf ihre *Klangfarbe* (timbre) zu beurteilen, führte zu einer Aktivierung des rechten superioren und mittleren Frontalhirns und war die einzige Aufgabe mit einer deutlich rechtslokalisierten Aktivierung. Dies passt zu den Ergebnissen einer früheren Untersuchung von Samson und Zatorre (1994) an insgesamt 30 Patienten nach Temporallappenentfernung (jeweils 15 rechts bzw. links). Auch hier war die Unterscheidung von Klangfarben vor allem nach Entfernung des rechten Temporalhirns beeinträchtigt.

Wurde die Aufmerksamkeit hingegen auf die *Tonhöhe* gelenkt, waren vor allem linksseitige superior temporale und superior frontale Areale aktiviert. Im Gegensatz dazu wurde von Auzou et al. (1995) mittels elektrophysiologischer Messungen (EEG) ein rechtsseitiger Verarbeitungsvorteil nicht nur für Klangfarbe, sondern auch für Tonhöhen (pitch) gefunden. Dies zeigt an, dass die Untersuchungen zur Lokalisation einzelner Aspekte von Musik durchaus noch nicht abgeschlossen sind.

Das Lenken der Aufmerksamkeit auf den *Rhythmus* führte schließlich zu einer Aktivierung im Bereich der linken Insel (eines Bereichs der Gehirnrinde, die tief in einer Einfaltung liegt) und des linken inferioren Broca-Areals. Rhythmische Strukturen scheinen damit in Gehirnzentren verarbeitet zu werden, die auch für Sprachverarbeitung wesentlich sind, was insofern plausibel ist, als die Sprache ja ebenfalls ein komplexes zeitliches Muster darstellt. Nicht umsonst spricht man ja auch vom Rhythmus der Sprache, der ebenso wie der Rhythmus in der Musik eine sehr genaue zeitliche Informationsverarbeitung voraussetzt (wie oben im Abschnitt über die Stimme genauer dargestellt).

Hören, Musizieren, Verstehen und Erleben im neuronalen Netzwerk

Die bisherige Frage, wo genau im Kopf die Musik sitzt, beschränkte sich auf die Wahrnehmung, das Hören von Musik. Bedenkt man aber, dass Musik ja auch Rhythmus und Tanz meint (Kapitel 8), dass Musik auch das feine Spiel der Hände meint (Kapitel 11 und 12), die Stimme von Muskeln des Kehlkopfes und Mundes kontrolliert wird (Kapitel 10), so wird deutlich, dass Musizieren noch die zusätzliche Aktivität von Bereichen des Gehirns erfordert, die für *Motorik*, also die Planung und Ausführung von Bewegungen zuständig sind.

Damit nicht genug: Wir reagieren *emotional* auf Musik, wir *wollen* Musik hören, weil sie in unserem Gemüt wirkt (Kapitel 15). Wir verbinden mit ihr bestimmte Erinnerungen an Menschen, Erlebnisse, und Ereignisse (Kapitel 13, 15 und 16). Wir verfügen zudem über ganz allgemeines Wissen von und über Musik (Kapitel 1 bis 4). An Musik sind daher auch die unterschiedlichsten Gedächtnissysteme (Kapitel 5) beteiligt, die im Lauf der Entwicklung der Art *Homo sapiens* (Kapitel 14) sowie der Entwicklung des einzelnen Menschen (Kapitel 6) zu unterschiedlichen Zeiten in die Verarbeitung von Musik miteinbezogen wurden.

Es verwundert daher kaum, wenn musikbezogene Informationen in sehr vielen unterschiedlichen Arealen des Gehirns gespeichert sind (Abb. 7-12). Im Grunde

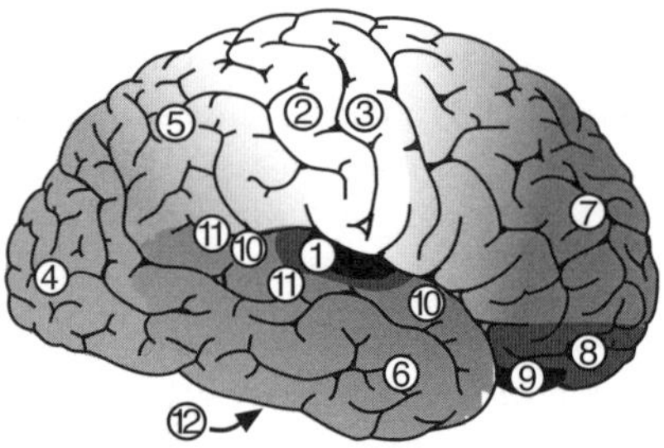

① akustische Analyse und Repräsentation
② Tastempfinden beim Musizieren
③ Motorik beim Musizieren, Singen,Tanzen
④ Noten lesen
⑤ Raum und Körpersprache beim Tanzen
⑥ Metrum (Takt)
⑦ Erwartungen, Pläne, allgemeines Wissen
⑧ Persönlichkeit, Vorlieben, Musikgeschmack
⑨ Emotionen
⑩ Stimme hören
⑪ Melodie hören
⑫ Assoziationen, Erfahrungen, Episoden

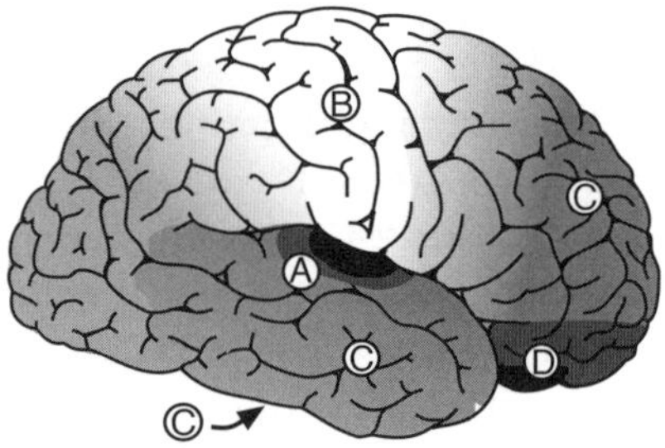

Ⓐ Hören
Ⓑ Musizieren, Tanzen
Ⓒ Verstehen
Ⓓ Erleben, Fühlen

Abb. 7-12 Das gesamte Gehirn macht Musik. In die Großhirnrinde (von rechts betrachtet) sind unterschiedliche musikbezogene Funktionen eingezeichnet (nach Tramo 2001, S. 55), oben etwas feiner, unten in ganz grober Übersicht. (A) Die Analyse und Repräsentation von akustischem Input geschieht in der primären und sekundären Hörrinde sowie den umgebenden Strukturen des vor allem rechten Temporallappens. In der Nähe sind auch Melodie, Harmonie, Dynamik, Klangfarbe, Stimme, Tonleitern, Intervalle, Tonalität und Takt repräsentiert. (B) Die komplizierten Bewegungen beim Musizieren und Tanzen, die entsprechenden Eindrücke des Tastempfindens, aber auch die Bewegungen beim Singen und beim Klopfen eines Rhythmus werden von motorischen und sensorischen Arealen geleistet. Nach vorne hin gehen die motorischen Areale über in solche, die für die Planung einerseits und das Verstehen von Musik andererseits zuständig sind. (C) In diesen frontalen Bereichen erkennen und programmieren wir Wiederholungen von Phrasen oder ganzen Stücken, haben allgemeines Wissen gespeichert und bemerken daher auch unerwartete musikalische Ereignisse (Tonartwechsel, Synkopen etc.). (D) Ebenfalls im Frontalhirn, jedoch weiter unten gelegen, sind Bereiche, die für den privaten Musikgeschmack, für Werte, aber auch für kulturelle Eigenarten und Stilrichtungen gleichsam zuständig sind. Diesen eng benachbart sind Bereiche des Gehirns, in denen emotionale Reaktionen und Ereignisse kodiert sind. Diese Bereiche sind mit tiefer im Gehirn liegenden weiteren emotions- verarbeitenden Strukturen (unter anderem dem so genannten „limbischen System") eng verbunden und sorgen daher auch für die körperlichen Begleiterscheinungen von Musik, von der Gänsehaut im Rücken bis zum Weinen oder der Ausschüttung von opiatähnlichen Stoffen, den Endorphinen, über weite Teile des Gehirns.

genommen liegt man nicht falsch mit der Behauptung, dass Musik vom ganzen Gehirn gemacht und verarbeitet wird, wie dies in einer Übersicht von Tramo (2001) sehr klar zum Ausdruck kommt.

Strukturbildung

Zu den faszinierendsten Ergebnissen der Hirnforschung während der vergangenen fünf bis zehn Jahre zählt die Entdeckung, dass das Gehirn auf spezifische und häufige Aufgaben, wie sie beim Musizieren vorkommen, nicht nur mit Änderungen der Funktion, sondern sogar mit strukturellen Änderungen reagiert (vgl. hierzu auch Kapitel 12). So wurde das absolute Gehör (vgl. Kapitel 9) von Schlaug und Mitarbeitern (1995a) mit der Größe einer bestimmten Windung, des *Planum temporale*, im linken Schläfenlappen in Verbindung gebracht (vgl. Abb. 9-3).

In einer weiteren Studie fand die gleiche Arbeitsgruppe einen vergrößerten vorderen Balken (*Corpus callosum*) bei Musikern im Vergleich zu Nichtmusikern (Schlaug et al. 1995b; siehe Abb. 7-13). Bei dieser Struktur handelt es sich um das dickste Faserbündel, das die beiden Hirnhälften miteinander verbindet (vgl. Abb. 3-3; dort ist der Balken beim Menschen und Killerwal jeweils schwarz etwa in der Mitte des Gehirns dargestellt). Sofern die Verbindungsfasern zwischen beiden Hirnhälften bei Musikern stärker ausgeprägt sind (gerade Pianisten müssen die Arbeit der Hände sehr genau aufeinander abstimmen), sollte bei Musikern auch tatsächlich eine funktionelle verbesserte Integration vorliegen. Nach einer mittels transkranieller Magnetstimulation (TMS) durchgeführten Studie (Ridding et al. 2000) ist die Hemmung einer Hirnhälfte durch die Stimulation der anderen bei Musikern deutlich geringer, was tatsächlich als Hinweis auf eine verbesserte Integration bei Musikern interpretiert wurde.

In dieses Bild passt, dass musikalisches Talent mit Linkshändigkeit (wie beispielsweise bei Johann Sebastian Bach, Paul McCartney und Jimi Hendrix) und Linkshändigkeit wiederum mit insgesamt geringerer Lateralisierung der Gehirnfunktionen in Verbindung gebracht wurde (Hassler u. Gupta 1993). Der Effekt ist allerdings nicht besonders stark und tritt nur bei der Untersuchung großer Gruppen deutlich hervor. Die größte diesbezügliche mit dem *Edinburgh Handedness Inventory* von Oldfield (1971) durchgeführte Studie (Aggleton et al. 1994) untersuchte drei Gruppen von Musikern (623 Instrumentalisten, 331 Komponisten und

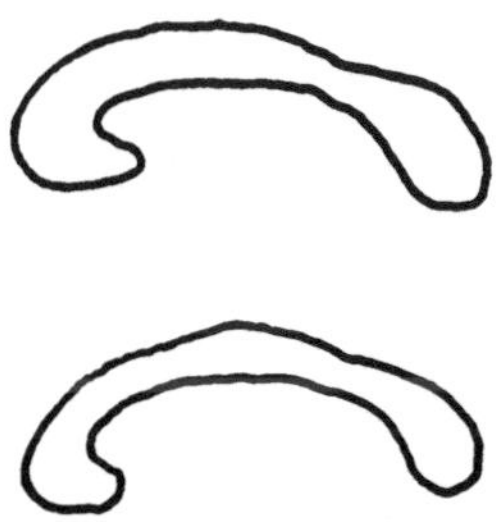

Abb. 7-13 *Corpus Callosum* eines Musikers (oben) und eines Nichtmusikers (unten). Im Gruppenvergleich erwies sich die vordere Hälfte (hier jeweils links) bei Musikern signifikant größer (d. h. dicker) als bei Nichtmusikern (nach Abb. 1 aus Schlaug et al. 1995b, S. 1051).

584 Chormitglieder) und verglich ihre Daten zur Händigkeit mit einer Kontrollgruppe von 6.097 Personen. Hierbei fand sich eine signifikante Häufung von Linkshändern über alle Gruppen der Musiker (keine Unterschiede zwischen den Gruppen) sowohl bei Männern (12,2 % gegenüber 8,5 %) als auch bei Frauen (11,8 % gegenüber 7,3 %).

Von Bedeutung ist, dass die von Schlaug und Mitarbeitern berichteten Unterschiede in der Größe des Corpus callosum im Wesentlichen auf diejenigen Musiker zurückgehen, die mit der Ausbildung an ihrem Instrument bereits vor dem siebten Lebensjahr begonnen hatten. Dies weist auf eine frühe wichtige kritische Periode in der Gehirnentwicklung im ersten Lebensjahrzehnt hin, während der eine hohe Plastizität vorliegt und nicht nur funktionelle, sondern auch strukturelle Anpassungen beim Menschen an die zu leistenden Anforderungen möglich sind.

Fazit: Repräsentation und Neuroplastizität

Das Gehirn ist unser flexibelstes Organ, das aus Zellen, den Neuronen, aufgebaut ist, die für die Informationsverarbeitung spezialisiert sind. Man weiß, dass die Verbindungen zwischen Nervenzellen erfahrungsabhängig beständig neu geknüpft werden, dass Nervenzellen sogar neu entstehen können und dass sich kortikale Karten beständig anhand der Erfahrungen, die von ihnen verarbeitet werden, umorganisieren. Man bezeichnet diesen Prozess als Neuroplastizität. Hierunter versteht man ganz allgemein neuronale Reorganisationsvorgänge, die in Abhängigkeit von den zu verarbeitenden Signalen sowie den internen Funktionszuständen vonstattengehen. Wie Forschungsergebnisse insbesondere der vergangenen ca. 15 Jahre eindrucksvoll nachweisen konnten, baut sich das Gehirn in Abhängigkeit vom zu verarbeitenden Input gleichsam ständig um, d. h. es werden neue neuronale Verbindungen geknüpft, um Eingangssignale besser verarbeiten zu können.

Die Frage nach der zentralnervösen Repräsentation von Musik (wo genau ist die Musik im Kopf?) hat im Laufe der Jahrzehnte interessante und zunehmend genauere Ergebnisse gebracht. Zunächst gab es Hinweise auf die Zuständigkeit der rechten Gehirnhälfte für Musik, gleichsam als Kontrast zur sprachbegabteren linken Gehirnhälfte. Amusien sind das musikbezogene Gegenstück zu den sprachbezogenen Aphasien – es fehlt die Musik bzw. die Sprache. Untersucht man hirngeschädigte Patienten genau, so findet man Amusien mit mindestens der gleichen Häufigkeit wie Aphasien. Sie sind häufiger bei Schäden im Bereich der rechten Hirnhälfte. Musik und Sprache überlappen sich jedoch teilweise, so dass diejenigen Fälle, in denen eine der beiden Funktionen eindeutig erhalten und die andere schwer gestört ist, seltener sind als Ausfälle beider Funktionen.

Das Ausmaß an Erfahrung, das ein Mensch mit Musik hat, wirkt sich auch aus auf die Art, wie er Musik im Kopf organisiert. Seit den 70er Jahren gibt es Hinweise für die Auffassung, dass Musik in Abhängigkeit von der Spezialisierung der Versuchsperson seitenspezifisch lokalisiert ist (vgl. z.B. Damasio u. Damasio 1977; Martin 1982): Musik wird von Laien eher ganzheitlich wahrgenommen, was einer eher rechtshemisphärischen Leistung entspricht, wohingegen das analytische Hören des Experten eher linkshemisphärisch zu lokalisieren ist.

Im Hinblick auf Melodie und Rhythmus ergibt sich ein ähnliches Bild wie bei Sprache und Musik. Melodie wurde eher links, Rhythmus eher rechts lokalisiert. Auch wurden Patienten beschrieben, die ein isoliertes Defizit im Hinblick auf Melodie oder Rhythmus aufwiesen, bei der Mehrzahl der Fälle von Amusie jedoch scheinen sowohl Melodie als auch Rhythmus betroffen zu sein (vgl. Schuppert et al. 2000). Auch elektrophysiologisch wurden Wechselwirkungen von Rhythmik und Melodie nachgewiesen (Nittono et al. 2000).

Es gibt im Gehirn kein Musikzentrum. Der Grund hierfür ist einfach zu nennen: Ohne jegliche bewusste Anstrengung kann fast jeder beim Hören von Musik die räumlich-zeitlichen Muster von an das Ohr dringender mechanischer Energie in Melodien, Harmonien und Rhythmen übersetzen. Er benutzt hierfür ein hohes Maß an gespeicherten Informationen über harmonisch schwingende Körper, Tonverhältnisse, Tonalität und wird zudem an frühere Erlebnisse erinnert sowie in eine bestimmte Stimmung versetzt. Macht jemand Musik, so ist – davon wird im nächsten Kapitel noch eingehend die Rede sein – oft sein ganzer Körper „dabei". Es wundert daher nicht, dass neueste Studien zur Repräsentation von Musik im Gehirn ergaben, dass praktisch *das gesamte Gehirn* zur Musik beiträgt.

8 Rhythmus und Tanz

Mit dem Rhythmus ist es ebenso wie mit der Musik: Man weiß, worum es sich handelt bis man gebeten wird, Rhythmus zu definieren. („Rhythmus" gehört nebenbei bemerkt zu den 500 am häufigsten falsch geschriebenen Wörtern. Hier liegen die Verhältnisse bei Musik glücklicherweise anders.) Es existieren mehr als 100 solcher Definitionen, von denen einige kurz genannt seien, um die Breite der Auffassungen zu zeigen (vgl. Spitznagel 2000, S. 14). Rhythmus ist nach Klages (1934) die „Wiederkehr des Ähnlichen in ähnlichen Abständen", nach Trier (1949) die „Ordnung im Verlauf gegliederter Gestalten, die darauf angelegt ist, durch regelmäßige Wiederkehr wesentlicher Züge ein Einschwingungsstreben zu erwecken und zu befriedigen". In der Musik geht es beim Rhythmus in jedem Fall um ein zeitliches Ordnungsprinzip, das durch Bezug zu einem festen Zeitmaß (Metrum, Takt) einerseits und durch Gruppierung, Gliederung und Abwechslung andererseits gekennzeichnet ist (vgl. Dahlhaus u. Eggebrecht 1998, IV, S. 42f).

Es wäre allerdings ein Fehler, beim Rhythmus nur an Musik zu denken. Beim Laufen bewegen wir die Beine rhythmisch und unsere Arme schwingen rhythmisch mit. Unser Herz schlägt rhythmisch und wir atmen rhythmisch. Bittet man Versuchspersonen, einfach so mit dem Finger auf die Tischplatte zu klopfen, so tun sie dies rhythmisch mit etwa einem Schlag alle 600 Millisekunden, wobei jede Person ihren eigenen Rhythmus hat, der bei Wiederholungsmessungen erstaunlich konstant ist. Bittet man Versuchspersonen, eine bekannte Melodie zu singen, von der es nur eine Version im Radio bzw. allgemein gegeben hat, so treffen die Versuchspersonen die Geschwindigkeit der Melodie mit erstaunlicher Präzision (Gura 2001).

Unser Körper produziert nicht nur eine Reihe von Rhythmen, er ist auch fähig, zu einem vorgegebenen Rhythmus mitzuschwingen: Wer hätte noch nicht beobachtet, dass der Fuß im Rhythmus einer bestimmten Musik plötzlich mitgeht? Man geht davon aus, dass ein äußerer Rhythmus uns deswegen so leicht bewegen kann, da er einen inneren, bereits vorhandenen Rhythmus lediglich zu synchronisieren braucht. Wir werden dann von der äußeren Schwingung gleichsam eingenommen und synchronisiert. Dies hat unter anderem die Möglichkeit zur Folge, dass eine ganze Gruppe rhythmisch aktiv sein kann. Gruppentänze sind daher eine sehr unmittelbare und körperliche Form von Gemeinschaft.

Bekannt ist die Tatsache, dass Arbeit, insbesondere Arbeit in einer Gruppe, oft rhythmisch vollzogen wird, meist begleitet von sehr rhythmischer Musik. Bereits 1927 bemerkt Singer in seiner Schrift über die *Heilwirkung der Musik* hierzu:

> „Es existiert eine Riesenliteratur von Liedern, die von bestimmten Arbeitsmenschen zur Erleichterung ihrer Tätigkeit gesungen werden, besonders dann, wenn die Arbeit eine mechanische, gleichmäßige ist. In allen Ländern kursieren solche teils primitiven, teils künstlerisch bemerkenswerten Gemeinschaftsgesänge (so zum Beispiel für die Weber, für die Spinnerinnen, die Balkenträger, die Stampfer, die Matrosen, Schiffsleute usw.); auch die ausländische Musik, besonders die russische, ist reich an derartigen Melodien. [...] Für die Erhöhung der Kraftleistung ist es wichtig, dass bestimmte Fassungen und Gruppierun-

gen der rhythmischen Bewegung erheblicher wirken als monotone, in gleichen Teilen ablaufende. Pausen und motivierter Wechsel im Takt kann wesentlich zur Erhöhung der Arbeitslust beitragen" (Singer 1927, S. 10).

Eigenfrequenz und Kindermaskenbälle

Als Schüler und Student schlug ich mich finanziell als Musiker durch. Das machte Spaß und brachte Geld, halbwegs genug, um davon zu leben. Am besten waren die Einnahmen um die Faschingszeit, in der man vom „schmutzigen Dunschtig" bis zum Faschingsdienstag, mitunter nur durch wenige Stunden Schlaf (an Vormittagen) unterbrochen, beständig Musik machte (für gewöhnlich, um ab Aschermittwoch für einige Tage wegen Erschöpfung, Heiserkeit, Erkältung oder Grippe das Bett zu hüten).

Am interessantesten waren die Kindermaskenbälle, recht eigenartige Veranstaltungen, meist von Vereinen organisiert, bei denen die Kleinen (von 0 bis ca. kurz vor der Pubertät) an einen Nachmittag der tollen Tage (vorzugsweise am Sonntag) Fasching/Fastnacht/Karneval etc. feiern dürfen. Für den Musiker ist dies, ganz im Gegensatz zur sonstigen Faschingsmusik, durchaus eine Herausforderung. Zum einen muss man im Hinblick auf die Wünsche des Publikums die volle Breite von *Fuchs, du hast die Gans gestohlen* bis zu den absolut allerneuesten Hits beherrschen, um auch nur einigermaßen akzeptiert zu werden. Zum zweiten macht man dann, wenn bei den Kleinen erst einmal Tanzlaune aufkommt, eine eigenartige Beobachtung: Die Kinder haben Mühe mit der Tanzerei. Dies nicht etwa deshalb, weil sie noch keinen Tanzkurs besucht hätten! Im Gegenteil: Die Erfahrung an den Abenden davor und danach lehrt oft nur zu deutlich, dass deren Effekt auf das Tanzverhalten des Publikums zur Fastnachtszeit eher zu vernachlässigen ist. Kinder bewegen sich gerne zu Musik, oft mit dem ganzen Körper (wie die Erwachsenen an Fasching oft auch), einfach hüpfend auf und ab, hopserlaufend, armeschwingend oder irgendwie anders, rhythmisch und zur Musik passend. – Und genau hier gab es dann sehr oft deutlich sichtbar ein Problem, das mir mit jedem Kindermaskenball (ich habe, vorsichtig geschätzt, einige Dutzend musikalisch bestritten) immer klarer wurde: Wenn ein erwachsener Mensch rhythmisch hüpft, dann macht er je nach Größe und Körpergewicht etwa 110 bis 135 Sprünge pro Minute. Hierfür ist Tanzmusik mit einem Beat von etwa 120 Schlägen je Minute geradezu konstruiert. Wenn demgegenüber ein sechjähriges Kind hüpft, dann bringt es leicht 160 bis 180 Sprünge je Minute zustande. Entsprechend ist die Tanzmusik der Erwachsenen für Kinder denkbar ungeeignet. Sie ist in physikalischer Hinsicht zu langsam. Erst wenn man eigens für die Kinder das Tempo beschleunigt oder ganz besonders schnelle Lieder spielt, gelingt ihnen die Synchronisation der Körperbewegung mit der Musik. Anders ausgedrückt, erst dann gelingt es ihnen, zur Musik zu tanzen (zu weiteren Entwicklungsaspekten, vgl. Bruhn 2000b; Tighe 1993; Trehub 1993 u. Zenatti 1993).

Beim Tanz geht es somit nicht nur um die Bewegung von Armen und Beinen, sondern auch des ganzen Körpers. Betrachten wir als Beispiel den Wiener Walzer (vgl. Gabrielsson 1999, S. 533). Sein Tempo ist 180 Schläge pro Minute, drei Schläge sind in einem Takt, man tanzt einen größeren Schritt (nebst zwei angedeuteten kleinen) pro Takt und damit letztlich einen Schritt pro Sekunde. Um das Ganze dynamischer und bewegter zu gestalten, werden die drei Viertelnoten eines jeden Taktes aber nicht gleich lang gespielt. Vielmehr ist die erste kürzer und die zweite dafür länger, so dass sich statt des Rhythmus „da – da – da" der Rhythmus „d'daaa – da" ergibt. Man fand weiterhin, dass es erhebliche Unterschiede des Grundtempos beim Wiener Walzer gibt (es gibt ja auch verschieden große und schwere Tänzer), dass verschiedene Teile unterschiedliche Tempi aufweisen können (für jeden etwas ...) und dass zuweilen die Melodie oder die Begleitung kurz vor jeweils dem anderen Part kommt (man führt Unschärfe ein – um es jedem recht zu machen?). In Abhängigkeit vom musikalischen Kontext variiert auch das Timing einzelner Noten beim Walzer, wovon in Kapitel 11 noch im Einzelnen die Rede sein wird.

Rhythmus muss nicht immer rasch und energetisierend sein wie beim Walzer. Der Rhythmus von ebenfalls meist im Dreivierteltakt stehenden Wiegenliedern (engl. *lullabies*) beruhigt vielmehr, ist angenehm und „lullt" Säuglinge und Kleinkinder weltweit in den Schlaf (ein schönes afrikanisches Beispiel ist *Loloye*, gesungen von Angélique Kidjo auf ihrer CD *Oremi*).

Halten wir fürs Erste fest: Rhythmische Bewegung im Bereich der Musik ist letztlich nur zu verstehen vor dem Hintergrund physikalischer Bewegung realer Körper. Der wichtigste Körper, der hier unser rhythmisches Erleben wesentlich beeinflusst, ist unser eigener Körper, dessen Bewegung (engl. *motion*) wiederum mit unserem Gefühlsleben (*Emotion*) eng verbunden ist. Der Körper kann sich entweder als ganzer bewegen oder in Teilen, vor allem Arme und Beine. Aus den physikalischen Eigenschaften des menschlichen Körpers, d.h. aus den Frequenzen der Eigenschwingungen von Gliedmaßen sowie der Eigenschwingung des Gesamtkörpers folgen damit die Randbedingungen für rhythmische Geschehnisse im Bereich der Musik. Unsere Form, unsere Größe und unser Gewicht sowie die Länge und das Gewicht der Arme und Beine bestimmen damit den Rhythmus von Musik wesentlich.

Subjektive Rhythmisierung

Wenn wir mit ganz einfachen wiederholten identischen akustischen Reizen konfrontiert werden, dann können wir nicht anders als sie rhythmisiert wahrzunehmen. Aus dem physikalischen Ereignis • • • • • • wird in unserer Wahrnehmung das Erlebnis von •• •• •• oder von ••• •••. Der erste Reiz wird stärker bzw. betonter wahrgenommen als der nächste oder als die nächsten beiden. Zwei oder drei Reize werden gruppiert, obwohl es rein physikalisch hierzu keinen Grund gibt. Alle Einzelereignisse waren ja gleich. Der Rhythmus stammt also von uns, vom Wahrnehmenden, er wird den wahrgenommenen Ereignissen gleichsam übergestülpt. Hierbei sind Prinzipien am Werke, die unter anderem von Gestaltpsychologen eingehend diskutiert wurden. Auch beim Rhythmus gibt es beispielsweise die Unterscheidung von Figur und Hintergrund, denn das Ereignis • • • • • • wird auch als •.. •.. erlebt, d.h. als Folge betonter und unbetonter, gruppierter Erlebnisse. Die zwischen den Gruppen erlebte Pause kann auch als Hintergrund aufgefasst werden, vor dem sich die Gruppen als Figur abheben.

Dieses bereits 1894 von Bolton als subjektive Rhythmisierung bezeichnete Phänomen tritt nicht immer auf, sondern nur dann, wenn die Einzelereignisse nicht zu lang und nicht zu kurz sind. Optimal sind etwa 400–600 Millisekunden, was in der Nähe der zeitlichen Kapazität des Echogedächtnisses liegt (vgl. Kapitel 5). Untersuchungen haben weiterhin gezeigt, dass es eine Art Jetzt-Zeit gibt, einen unmittelbar und als ganzen erlebten Moment von einigen Sekunden Dauer. Die genaue Länge dieser auch *psychische Gegenwart* genannten Dauer wird mit etwa drei Sekunden (Pöppel 1990), etwa 5 Sekunden (Clarke 1999) bzw. 2 bis 10 Sekunden (Fraisse 1987) angegeben. Wahrscheinlich ist diese Zeit variabel und hängt vom Inhalt ab, also von ihrer Füllung. Damit entspricht sie etwa dem in Kapitel 5 diskutierten Arbeitsgedächtnis. Was wir in einer solchen Zeitspanne hören, müssen wir nicht durch inneres Wiederholen zusammenbringen, sondern haben es als ein Ganzes vor Augen bzw. in den Ohren (Fraisse 1982, 1987). Rhythmisierung ist daher letztlich als eine Form des Chunking bzw. Clustering aufzufassen, die sehr automatisiert und effektiv abläuft.

Lässt man Versuchspersonen die Zeit von Teilen eines Musikstückes schätzen, so zeigen sich systematische Fehler, die wiederum auf die Organisation des Gedächtnisses hindeuten: Es ist, als würde die Musik rasch vom Anfang zur Mitte hinstreben, dann eher langsamer werden, um sich dann wieder rascher auf das Ende zuzubewegen (Clarke 1999). Diese Hörgewohnheit scheint recht allgemein zu sein, denn sie erwies sich unabhängig davon, ob den Versuchspersonen Mozart oder Stockhausen dargeboten wurde. Sie ist letztlich Ausdruck der bekannten Gedächtniseffekte von *Primacy* und *Recency*. Nehmen wir eine Reihe von Ereignissen wahr, so können wir uns diejenigen am Anfang und am Ende der Reihe besser merken als die in der Mitte.

Um einen Rhythmus zu identifizieren, muss man zunächst das Metrum (d. h. Zeitmaß) bereits identifiziert haben. Dies ist bei gleichförmigen Ereignissen nicht schwer, kann aber bei expressiv gespielten klassischen Stücken nicht ganz einfach sein. Wie in Kapitel 11 näher dargestellt, ist die Variation des Timing, d. h. der Länge des zugrunde liegenden Zeitmaßes, ein wesentliches Ausdrucksmerkmal. Wenn man nun drei Noten der Längen 600 ms – 400 ms – 1000 ms hört, so kann man dies ganz unterschiedlich interpretieren. Es kann sich um ein ohne jeden Ausdruck gespieltes Stück im 5/4 Takt handeln (mit den Längenverhältnissen 3 : 2 : 5) oder um ein Stück im Viervierteltakt mit expressiver Verlängerung der ersten Note (und den „eigentlichen" Längenverhältnissen 1 : 1 : 2) oder aber um ein Stück im Dreivierteltakt (2 : 1 : 3) mit expressiver Verlangsamung des jeweils zweiten und dritten Schlags (vgl. Clarke 1987, 1999). Die Notenwerte und die tatsächlichen physikalischen Ereignisse passen also nur bedingt zusammen.

Die Fähigkeit, selbst kleine zeitliche Differenzierungen zu hören, ist erstaunlich. Experimente zeigten, dass wir eine fünfzigstel Sekunde (20 Millisekunden) noch unterscheiden können, wenn wir nur auf zeitliche Gesichtspunkte achten. Bei einer mit Ausdruck gespielten Melodie fallen uns noch Unterschiede von 50 Millisekunden auf (Clarke 1999).

Untersuchungen zur Entwicklung rhythmischen Erlebens zeigten insgesamt ein differenziertes Bild. Zwei Monate alte Säuglinge können einfache Rhythmen unterscheiden, wie man mit dem in Kapitel 6 diskutierten Habituierungsparadigma herausfinden konnte (Demany et al. 1977). Mit sechs Monaten unterscheiden Säuglinge etwas komplexere rhythmische Muster und mit einem Jahr hüpfen und tanzen kleine Kinder, wann immer sie Musik hören, wie jeder weiß, der selber Kinder hat.

Man nimmt einen Rhythmus auch dann wahr, wenn ihm gar kein physikalisches Ereignis entspricht, wie dies beim Jazz nicht selten der Fall ist. Der Taktschlag, das Metrum, muss vom Hörer sozusagen gedacht werden, um dann die Synkopen als Abweichungen vom Metrum überhaupt wahrnehmen zu können (Bruhn 2000a). Es gibt jedoch eine erhebliche Variationsbreite der rhythmischen Fähigkeiten; manche Menschen sind sehr begabt bzw. empfänglich für rhythmische Strukturen, wohingegen andere durch Rhythmus wenig berührt werden (vgl. Vos u. Handel 1977).

Diese Variationsbreite zeigt sich auch beim Vergleich unterschiedlicher Musikkulturen. Bekanntermaßen sind komplexe rhythmische Strukturen eine wesentliche Komponente der afrikanischen Musik, deren ansteckende lebensfrohe Rhythmik gerade in jüngerer Zeit wieder mehr rezipiert wird, vertreten durch Interpreten wie Angélique Kidjo (man höre *Babalao* auf ihrer oben bereits erwähnten CD *Oremi*) oder Khatja Nin (mit subtiler Rhythmik und nachdenklichen Texten).

Interessanterweise enthalten viele zentralafrikanische Sprachen weder ein Wort für Musik noch Wörter für Melodie oder Rhythmus. Die Melodie wird vielmehr mit dem Text unmittelbar assoziiert, es gibt sie nicht unabhängig von diesem. In gleicher Weise gehört der Rhythmus direkt zum Tanz, er ist der Tanz. Dies ist durchaus konkreter gemeint als es zunächst scheinen mag: In afrikanischen Rhythmen fehlt oft die Eins bzw. der den Takt angebende Schlag. Man muss sich das Metrum denken, um den Rhythmus zu verstehen.

> „Afrikanische Musiker gehen davon aus, dass das Publikum die grundlegenden Schläge mental hinzufügt. Sie bauen dann ihre Rhythmen auf diesem mentalen Takt auf, oft unter Verwendung von Polyrhythmen sowie dem Zusammenspiel von zwei oder mehreren Zeitmaßen und Synkopen in der Melodie. [...] *Man muss zur afrikanischen Musik tanzen, körperlich oder im Geist, um sie richtig zu verstehen*" (Gregory 1997, S. 127, Übersetzung und Hervorhebung durch den Autor).

Bei Mitgliedern unseres Kulturkreises überwiegt demgegenüber ganz offensichtlich die melodische Repräsentation gegenüber der rhythmischen. Dies zeigte bereits vor über 40 Jahren eine Studie von White (1960), der bei bekannten rhythmischen Melodien entweder den Rhythmus oder die Melodie entfernte (also entweder die Tonhöhe oder die Tonlänge konstant hielt) und bei gesunden Versuchspersonen die Erkennensleistung bestimmte: Die Versuchspersonen erkannten das Musikstück nur an der Melodie ohne den Rhythmus in 88 % der Fälle, wurde die Melodie entfernt (immer der gleiche Ton gespielt) und der Rhythmus beibehalten, so betrug die Erkennensleistung nur 33 %. Zu ähnlichen Ergebnissen kamen später auch Hébert und Peretz (1997).

In Kopf und Körper

Am Phänomen des Rhythmus zeigt sich vielleicht am deutlichsten in der gesamten Musik, dass man den Hörer nicht als Input-Output-Wandler, der *rein informationstheoretisch* bereits vollständig beschrieben ist, verstehen kann. Der Hörer ist auch *körperlich*, und diese körperliche Dimension tritt beim Rhythmus deutlich in den

Vordergrund. Vor diesem Hintergrund schlug Todd (1995) ein Modell der Wahrnehmung von Rhythmus vor, das auf zwei Komponenten mit unterschiedlicher Zeitkonstante beruht: (1) Musik bewirkt eine Art Resonanz in einem Generator für rhythmische Bewegungen der Gliedmaßen. Ist der Rhythmus einer bestimmten Musik immer gleich (wie beim Jazz oder Pop) und liegt die Frequenz im Bereich der Schwingungsfrequenz von Fuß, Arm oder Hand, so regt diese Musik zum Mitschwingen an. Man kann gar nicht anders, als den Rhythmus mit dem Fuß mitklopfen. (2) Im Falle rhythmischer Ausdrucksbewegungen von klassischer Musik, die durch variables Tempo gekennzeichnet ist, liegen die Verhältnisse anders: Hier werden eher Bewegungen des ganzen Körpers nachgeahmt, der sich langsam in Bewegung setzt, ein Bewegungsmaximum erreicht und dann wieder langsam zur Ruhe kommt. Man kann sich hierzu die Bewegung eines Tänzers vorstellen, dessen ganzer Körper sich in Bewegung setzt und wieder verlangsamt. Die Zeitkonstante dieser Bewegungskomponente in Musik ist deutlich länger und beträgt eine bis mehrere Sekunden (eher der Zeit eines Atemzugs vergleichbar), wohingegen die Zeitkonstante für die Bewegung von Gliedmaßen unter einer Sekunde liegt.

Nicht nur der menschliche Körper, sondern physikalische Körper überhaupt beeinflussen die Wahrnehmung von Musik und Rhythmus. Man konnte zeigen, dass uns die Aufführung eines Musikstücks natürlicher erscheint, wenn die Bewegungskomponente (das Tempo) der eines natürlichen Objekts in einem Schwerefeld entspricht, es sich also im Hinblick auf die Zeit um eine „natürliche" Bewegung handelt (vgl. Clark 1999; Kronman u. Sundberg 1987; Repp 1992). Der Musiker muss allerdings hierzu nicht unbedingt mit dem Fuß wackeln: Die Genauigkeit der Einhaltung des Tempos ist nicht davon abhängig, ob ein Musiker den Fuß im Takt mitbewegt oder nicht (Rötter 2000); wahrscheinlich sind solche Mitbewegungen nur am Anfang bzw. beim Üben wichtig. Später (und beim Profi) spielt sich der Rhythmus im Kopf ab. Aber wo genau im Kopf?

Verteiltes Netzwerk für den Rhythmus

Im vorangehenden Kapitel wurden bereits die Amusien beschrieben. Es gibt auch Arrhythmien als deren Unterform, die also nur den Rhythmus, nicht aber Melodie betreffen. Altenmüller et al. (2000) diskutieren in einer Übersicht die Literatur hierüber, die vor etwa 80 Jahren ihren Beginn hatte, mit der Beschreibung eines Patienten, dessen Melodiewahrnehmung nach einer linkshirnigen Läsion verloren war, der jedoch noch Rhythmus wahrnehmen konnte. Aber auch der umgekehrte Fall – Ausfall der Rhythmuswahrnehmung und erhaltene Melodiewahrnehmung – wurde bei linkshirniger Schädigung beobachtet.

Es gab in der Folge immer wieder Versuche, den Zeitsinn bzw. das Erleben und Produzieren von Rhythmus auf ein Phänomen bzw. auf eine Hirnregion zu reduzieren, was jedoch bereits auf der Ebene des Phänomens scheiterte. Wenn wir kurze oder lange, gefüllte oder leere Zeiträume schätzen oder Rhythmen hervorbringen, dann tun wir jeweils etwas anderes (Rammsayer 2000). Auch spielt sich im Kopf jeweils etwas anderes ab. Für das Arbeitsgedächtnis und dessen Funktionen sind frontale und parietale Bereiche der Hirnrinde zuständig, wohingegen bestimmte rhythmische Abläufe von den Basalganglien und vom Kleinhirn gesteuert werden

(Müller 2000). Ein Rhythmuszentrum im Gehirn gibt es also ebenso wenig wie es ein Musikzentrum gibt.

Dennoch haben Studien aus den vergangenen Jahren einige Sachverhalte besser aufklären können. Jäncke und Mitarbeiter (2000) beispielsweise ließen Versuchspersonen alle 400 ms mit dem rechten Zeigefinger eine Taste drücken (finger-tapping task) und gaben den Rhythmus entweder visuell oder akustisch vor (visuelle und akustische *Synchronisation*: Bedingungen VS und AS) oder ließen die Versuchspersonen nach der Vorgabe den Rhythmus weiter mit dem Finger klopfen (visuelle und akustische *Continuation*: Bedingungen VC und AC). Diese Aufgaben wurden mehrfach wiederholt und zugleich funktionelle Bilder des Gehirns mittels fMRT aufgenommen.

Sowohl die Verhaltensdaten als auch die fMRT-Daten zur Gehirnaktivierung zeigten interessante Unterschiede zwischen der optischen und akustischen Sinnesmodalität des vorgegebenen Rhythmus. Im Hinblick auf das rhythmische Klopfen der Versuchspersonen ergab sich das eindeutig bessere Einhalten des Rhythmus, gemessen an der Variabilität des zeitlichen Abstandes zwischen den einzelnen Klopfbewegungen, bei akustischer Stimulation verglichen mit der visuellen Stimulation: Bei den akustischen Bedingungen (AS und AC) lag die Standardabweichung mit 6,5 ms deutlich unter der bei den visuellen Bedingungen (VS und VC) mit 38,8 ms. Offenbar fällt es leichter, einen Rhythmus mitzuklopfen, wenn er akustisch und nicht visuell vorgegeben wird.

Die Analyse der aktivierten Gehirnareale (vgl. Abb. 8-1) lieferte Hinweise darauf, warum dies so ist: Im Vergleich zum Sehen des Rhythmus (den visuellen Bedingungen VS und VC) waren beim *Hören* des Rhythmus (den akustischen Bedingungen AS und AC) motorische Areale der Gehirnrinde (der ventrale prämotorische Kortex, vPMC, beidseits sowie das linke supplementär motorische Areal, SMA, und der linke Thalamus) signifikant stärker aktiviert. Gehirnzentren, die der Verarbeitung visueller Wahrnehmungsreize dienen, waren demgegenüber bei visueller Stimulation stärker als bei akustischer Stimulation aktiviert. Akustische rhythmische Stimuli aktivieren Motorprogramme also stärker als visuelle rhythmische Stimuli. Salopp könnte man formulieren: Im Vergleich zum Betrachten rhythmischer Ereignisse geht Musik eher „in die Beine".

Interessant ist weiterhin, was geschieht, wenn man die Bedingungen, in denen die Stimuli nicht mehr vorhanden waren, genauer betrachtet. Vom visuellen System ist bekannt, dass auch das Vorstellen zur Aktivierung von Arealen des Gehirns führt, die für die visuelle Wahrnehmung verantwortlich sind (vgl. Spitzer 2002). Ob ich mir etwas optisch vorstelle oder ob ich es wirklich wahrnehme, es sind die gleichen Informationsverarbeitungszentren in meinem Gehirn aktiv. Entsprechend war das Ergebnis der Studie von Jäncke et al., aber es zeigte sich auch, dass beim Klopfen nach dem zuvor gesehenen Rhythmus (Bedingung VC) ein ganzes Netzwerk aus visuellen (LPi rechts, okzipitaler Kortex rechts), somatosensorischen (S1 links), motorischen (M1 links) und frontalen (linker dorsaler prämotorischer Kortex, dPMC) Arealen aktiv ist. Demgegenüber gab es keinerlei Unterschiede zwischen den Bedingungen AS und AC. Das Hören des Rhythmus und das nachfolgende Weiterklopfen, d. h. die akustische Wahrnehmung und die akustische Vorstellung, führten zur gleichen Aktivierung, die eher *motorische* Areale (und *nicht* Areale der

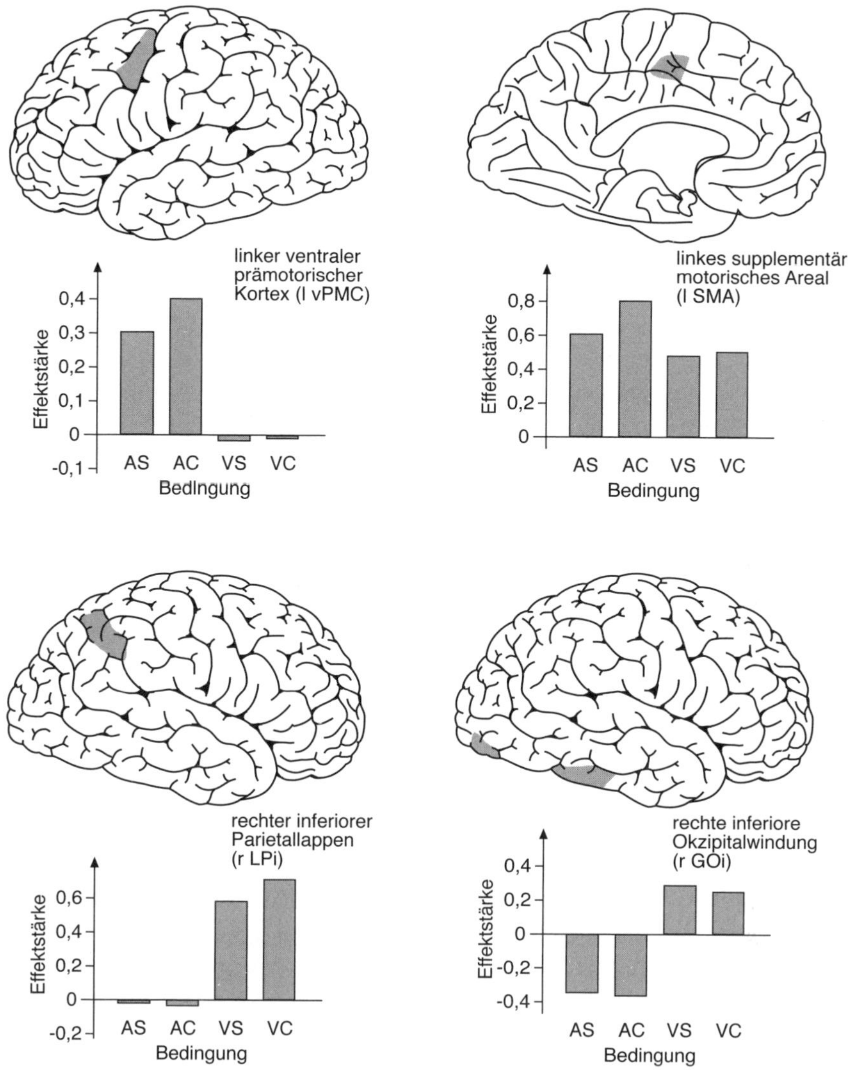

Abb. 8-1 Aktivierte Areale des Gehirns beim rhythmischen Klopfen mit dem rechten Zeigefinger zu akustischen (A) und visuellen (V) Stimuli, entweder synchron (S) oder nach der Stimulation noch kontinuierlich weiter (C). Unter den Gehirnansichten ist die Aktivierung in den jeweils grau markierten Arealen unter den vier Bedingungen dargestellt. Linksseitige prämotorische und supplementär motorische Areale werden durch akustische Stimuli stärker aktiviert als durch visuelle, wohingegen rechtsseitige inferior parietale und okzipitale Areale stärker durch visuelle Reize aktiviert werden. Rhythmische Stimuli sind also enger mit der Motorik verknüpft, wenn sie akustisch erfolgen.

akustischen *Wahrnehmung*) betraf. Dies könnte die höhere Genauigkeit des Klopfens nach akustischen im Vergleich zu optischen Rhythmen erklären: Ganz offensichtlich sind beim Fortsetzen eines zunächst visuell dargebotenen Rhythmus visuelle Vorstellungen der Stimuli involviert, deren Aktivierung ihrerseits den rhythmischen motorischen Output bewirkt. Ganz anders beim Weiterklopfen eines gehörten Rhythmus: Dieser ist primär im Gehirn schon viel stärker in rein motorischen Arealen repräsentiert, und es sind diese motorischen Repräsentationen allein (*ohne* diese erst antreibenden auditiven Repräsentationen), die ihn dann weitertreiben. Die Autoren fassen ihre Ergebnisse wie folgt zusammen:

> „Das wesentliche Ergebnis dieser Studie ist ein prinzipieller Unterschied im Hinblick auf die gemessene Leistung und die Gehirnaktivierung beim visuell oder akustisch getriggerten rhythmischen Fingerklopfen. [... Der akustische Kontrollmodus rhythmischen Klopfens] lässt sich am besten dadurch beschreiben, dass er durch einen internen Bewegungsrhythmus angetrieben wird, der dem externen Schrittmacher sehr gut angepasst ist. [... Im Gegensatz dazu ist der] visuelle Kontrollmodus zugleich zu dominant und zu schwierig, um zur Generierung eines internen Bewegungsrhythmus zu führen, was die Versuchspersonen dazu zwingt, sich auf externe Schrittmacher zu verlassen. Da die VS Bedingung [d. h. das Klopfen zu einem visuellen Stimulus] die Ausbildung eines internen Bewegungsrhythmus nicht unterstützt, beruht der ohne Stimulation weitergeführte Rhythmus dann auf einem ineffizienten und rechnerisch aufwendigen Kontrollmodus, der insbesondere die Aktivierung der jeweils linksseitigen Areale des caudalen PMC, M1 und S1 sowie bilateral des LPi verlangt" (Jänicke 2000, S. 65; Übersetzung durch den Autor).

Arrhythmien: links und/oder rechts

Altenmüller und Mitarbeiter (2000) gingen der Hypothese nach, dass Rhythmus und Metrum verschieden lateralisiert wahrgenommen werden, Metrum als ganzheitliches Phänomen eher von der rechten Hemisphäre, der Rhythmus als lokales, genaues Phänomen eher linkshemisphärisch. Mit Hilfe eines entsprechend konstruierten Tests fanden sie jedoch bei einer lateralisiert hirngeschädigten Patientengruppe keine Hinweise für diese Hypothese. Auch Untersuchungen an gesunden Probanden mittels der Magnetenzephalographie (MEG) zeigten vor allem große Unterschiede zwischen einzelnen Versuchspersonen, woraus die Autoren folgern, dass es eine erhebliche Variabilität im Hinblick auf die Verarbeitungsstrategien von Zeit und Rhythmus in der Musik gibt.

Die Untersuchungen zur Verarbeitung von Rhythmus deuten dennoch insgesamt eher auf eine linksseitige Repräsentation von Rhythmus hin. Hierfür sprechen vor allem die bereits im vorangegangenen Kapitel beschriebenen Studien zu Melodie und Rhythmus. Auch die linksseitige Lokalisation der Sprache, die die höchsten Anforderungen an die genaue zeitliche Analyse akustischer Inputmuster stellt, legt nahe, dass die Wahrnehmung komplexer Rhythmen eher links zu lokalisieren sein dürfte.

Tanz: Der Körper wird Musik

Die Körperlichkeit des Rhythmus zeigt sich nirgendwo so deutlich wie beim Tanz, den es mehr oder weniger ausgeformt überall und zu allen Zeiten gab. Tanz gehört in vielen Kulturen so unmittelbar zur Musik, dass beides gar nicht getrennt vorkommt und betrachtet wird. Man hat daher auch Grund zur Annahme, dass der

Tanz bereits zu vorgeschichtlicher Zeit eine wichtige Rolle im Leben der Menschen spielte. In den ersten Hochkulturen Ägyptens und Mesopotamiens ist Tanz bei kultischen und gesellschaftlichen Ereignissen durch entsprechende Bildzeugnisse gut belegt und Homer beschreibt vielerlei Tänze im Griechenland der Antike. Das Wort *Chor* kommt aus dem Griechischen und bedeutet eigentlich Gesang mit Reigentanz.

Die Römer waren dagegen eher tanzfaul, und dem Dichter und Staatsmann Markus Tullius Cicero wird der Ausspruch „ein Mann, der bei Sinnen ist, tanzt nicht" zugeschrieben. Bedeutend für die weitere (Nicht-)Entwicklung des Tanzes in Europa wurde dann die vorherrschende Religion, das Christentum. „Angesichts der Rolle von Tanz und Instrumentalmusik in heidnischen Kulturen verzichtete man im kirchlichen Bereich auf beides, um einen nur auf das Wort gestellten Gottesdienst zu schaffen"; getanzt wurde dennoch, selbst „Kleriker tanzten gern in Prozessionen" (Dahlhaus u. Eggebrecht 1998, IV, S. 226).

Im Italien des 16. Jahrhunderts wurde dann von adligen Kreisen der Gesellschaftstanz eingeführt bzw. erfunden. Man setze sich mit ihm vom Volkstanz ab. Der Adel tanzte paarweise und nach einer bestimmten Rangordnung, das einfache Volk erging sich in Kettenreigen ohne Paare. Höfische Tanzmusik hatte solchen Einfluss auf die Hörgewohnheiten der Menschen, dass die Tanzform des Menuetts Eingang in die entstehenden Konzertmusikformen der Sonate und Sinfonie hatte. Der französische Adel tanzte zunächst selber, führte aber seit Ludwig IV. professionelle Tänzer (mit Maske) ein, was die Entwicklung des Balletts als eigener Kunstform in Gang setzte.

Mit dem Niedergang des Adels in der französischen Revolution bekam der Volkstanz wieder Oberwasser, insbesondere der im 18. Jahrhundert immer beliebter werdende Walzer. Daneben gab es unter anderem die Polka und den Rheinländer als Paartänze, denen sich im 20. Jahrhundert Standardtänze wie Tango, Rumba, Cha-Cha-çha, Foxtrott, Samba und Rock'n'Roll zugesellten. Das Motiv der Annäherung und Paarung spielte beim Tanz eine unterschiedlich starke Rolle. „Sehr nett, aber in Frankreich machen wir dies horizontal" soll der französische Präsident G. Doumergue (1863–1937) gesagt haben als er zum ersten Mal einen Tango gesehen hatte; Elvis wurde „the pelvis" (das Becken) genannt, weil er es so aufreizend schwang, und manche Disco-Filme wurden wegen des wenig verschleierten sexuellen Aufforderungscharakters der in ihnen vorkommenden Tänze von manchen Menschen geschmäht.

In den Tanztempeln tanzt heute jedoch nicht selten jeder für sich, so dass das Moment des Sexuellen eher wieder in den Hintergrund zu treten scheint. Interessant ist, dass die oben erwähnten zwei Möglichkeiten körperhafter Bewegung entweder des ganzen Körpers oder der Gliedmaßen zwei Tanzgattungen zu entsprechen scheinen, nämlich einmal dem Tanzen in der Disco (Bewegung vor allem der Glieder) und dem Gesellschaftstanz (Bewegung vor allem des ganzen Körpers; vgl. Cutting et al. 1978). Im Tanz werden Emotionen durch Bewegungen des Körpers sowohl hervorgerufen als auch ausgedrückt. Im klassischen Ballett ist dieser Ausdruck zu einer Kunstform erhoben, die davon lebt, dass uns Bewegungen des Körpers auf eine ganz besondere Weise unmittelbar ansprechen. Wir „verstehen" Körpersprache zumindest zu einem gewissen Teil, die in bestimmten Kulturen ein sehr ausgefeiltes Vokabular enthalten kann. Im klassischen Tanz Indiens beispielsweise kennt man über 4000 Gesten und Bewegungen, mit denen der Tänzer dem Publikum ganz bestimmte Handlungen, Emotionen und Bedeutungen vermittelt. Dennoch sind die Ausdrucksmöglichkeiten beschränkt, denn komplexe Beziehungen lassen sich nur schwer in Körperbewegungen fassen. „Im Ballett gibt es keine Schwiegermutter" soll George Balanchine, einer der einflussreichsten Choreographen des letzten Jahrhunderts, auf den *Der Nussknacker* (1954) und *Don Quichotte* (1965) zurückgehen, gesagt haben (zit. nach Mackrell 1989, S. 938).

Nicht nur Kindern macht das Hopsen Spaß. Tanz ist vielmehr eine von vielen Menschen sehr geschätzte Ausdrucksform, sie gehört zum Menschsein wie die Musik selbst. In ihrer Übersicht zur Kunst des Tanzes beschreibt dies die britische Tanz-Kritikerin Judith Mackrell wie folgt sehr deutlich:

> „Die Menschen tanzen wegen des Vergnügens, ihren Körper und dessen Umgebung auf neue und besondere Weise zu erleben. Tanz beinhaltet oft extreme Bewegungen, z. B. das schnelle Strecken der Arme, das Zurückwerfen des Kopfes oder das Beugen und Verbiegen des Körpers. Darüber hinaus geht es mit bestimmten Anstrengungen oder stilisierten Bewegungen wie Tritten, Schwüngen, Sprüngen oder gemessenen Schritten einher. Die Bewegungen beim Tanz werden oft als räumliches oder zeitliches Muster organisiert, wobei Linien oder Kreise auf dem Boden ausgeführt werden; dabei wird einer bestimmten Schrittordnung gefolgt, die wiederum ein Muster regelhafter Betonungen ausdrückt" (Mackrell 1989, S. 936; Übersetzung durch den Autor).

Über die Wirkungen des Tanzes auf Geist und Gemüt gibt es viele Anekdoten, jedoch nur wenig gesichertes Wissen. Untersuchungen hierzu sind schwierig, schließen doch die meisten Methoden der Physiologie und vor allem der Neurobiologie größere Körperbewegungen, wie sie für den Tanz charakteristisch sind, aus. Aber auch an einfachen Messungen beispielsweise zum Wohlbefinden nach einer Stunde Tanz oder Tanztherapie fehlt es weitgehend. Es ist nicht viel anders als bei der Musiktherapie: Es fehlt sowohl an Geldgebern als auch an methodisch versierten Wissenschaftlern auf dem Gebiet. So sei im Hinblick auf die Wirkungen des Tanzes noch einmal die Kritikerin zitiert:

> „Die genannten Eigenschaften [des Tanzes] können einen körperlich-geistigen Zustand hervorrufen, der vom gewöhnlichen Alltagserleben sehr verschieden ist. Der Tanz verlangt sowohl ungewöhnliche Muster muskulärer Anspannung und Erschlaffung als auch ungewöhnlich intensiven bzw. anhaltenden Energieverbrauch. Der Tänzer wird sich der Schwerkraft besonders bewusst oder auch eines Zustandes des Gleichgewichts und Ungleichgewichts [von Kräften], was bei gewöhnlichen Aktivitäten nicht der Fall ist. Zugleich bringt der Tanz eine veränderte Wahrnehmung von Raum und Zeit beim Tanzenden hervor: Die Zeit wird durch rhythmische Ordnung und die Länge des Tanzes bestimmt und der Raum wird um die Pfade, auf denen sich der Körper durch den Raum bewegt, oder um die Gestalten, die der Körper beim Tanz hervorbringt, organisiert. Der Tanz kann für die Tänzer eine eigene Welt bilden, in der sie zu körperlichen Leistungen fähig werden, die im Hinblick auf Kraft, Fertigkeit und Ausdauer weit über das normale Maß ihrer Befähigungen hinausgehen" (Mackrell 1989, S. 936).

Gruppenarbeit

Von Brendan Maher, einem im Zweiten Weltkrieg schwer verwundeten Offizier der britischen Royal Navy, lernte ich während eines gemeinsamen Urlaubs auf einer kleinen Insel in Neu-Schottland nicht nur Seemannsgarn, ein paar Seemannsknoten, sondern auch Seemannslieder. Diese haben die frappierende Eigenschaft, dass man nach ein bis zwei Bier (oder war es Rum?) gar nicht anders kann, als mitzusingen und sich vor allem irgendwie auch im Rhythmus mitzubewegen. Der Grund hierfür wurde mir erst später (wieder nüchtern) klar: *Sea Shanties* sind Lieder, die von Seeleuten zur Arbeit gesungen wurden, um die Aktivität der Gruppe zu koordinieren. Auf einem Segelschiff geht es, prinzipiell zumindest, nicht viel anders zu als in einem Sinfonieorchester: Nur wenn jeder funktioniert wie der organische Teil eines größeren Ganzen, gelingt die gemeinschaftliche Aktivität. Matrosen können jedoch im Gegensatz zu Sinfonikern Musik und Rhythmus gezielt dafür einsetzen, genau diese Koordination zu erreichen. Das Lied *Blow the man down* (Abb. 8-2) wurde gesungen, während man gemeinsam rhythmisch an einem Seil zog, um beispielsweise ein Segel zu setzen.

In seiner Übersicht zu britischen Seemannsliedern zeigt Hugill (1961), dass diese praktisch immer mit Arbeiten auf See verbunden waren und die abergläubischen Seeleute die Lieder daher auch niemals an Land sangen (dies hat sich geändert). Shanties wurden weniger komponiert, sie evolvierten aus gruppierten Zurufen, die in Abhängigkeit von der zu leistenden Arbeit bereits den Rhythmus vorgaben und zudem wegen der erforderlichen Lautstärke auch einen singenden (und nicht nur gesprochenen) Ton erforderten.

Man kann sich nun leicht vorstellen, wie besonders geeignete Rufe elaboriert werden und daraus Melodien entstehen. Man füge etwas Seemannsgarn (wenig plausible, übertriebene Erfahrungen auf See in Form von Geschichten) hinzu und voilà: ein Shanty ist entstanden. Alles weitere besorgt dann die Evolution: Lieder, die gut zur Arbeit passen, einen besonders witzigen Text haben und sich rasch einprägen, überleben, d. h. sie bleiben trotz Alltagshektik in den Köpfen der Menschen hängen und werden tradiert. Was musikalisch, arbeitsmechanisch, mnemotechnisch und emotional nichts taugt, stirbt kulturell wieder aus, d. h. versinkt in Vergessenheit.

Abb. 8-2 Sea Shanty *Blow the man down*, das von Matrosen gesungen wurde, um die gemeinsame Arbeit wie beispielsweise das Ziehen an einem Seil zu koordinieren.

Wenn die Arbeit einen Koordinator erforderte, der Befehle oder Kommandos gibt, wurden Shanties abwechselnd von einem Vorsänger und einem Chor gesungen. Es gab aber auch ruhigere Lieder mit längeren Texten, die zu (ansonsten eher langweiligen) längeren Arbeiten gemeinsam gesungen wurden. Obwohl Arbeitslieder als Gruppenaktivitäten konzipiert sind, werden sie auch allein gesungen und haben selbst dann noch einen Effekt auf die Arbeit. Die Zeit wird strukturiert, und man bleibt wach. (Der Leser versuche es mit Singen bei nächtlichen Autofahrten, halte aber dennoch die nötigen Ruhepausen ein.)

Abgesehen von diesen Seemannsliedern ist Arbeitsmusik in der europäischen Kultur praktisch nicht mehr vorhanden. Anderswo ist dies ganz anders. In den meisten afrikanischen Gesellschaften beispielsweise begleitet rhythmische Musik die (rhythmische) Arbeit auf dem Feld sowie das Dreschen oder Mahlen des Getreides. Mitglieder des Stammes der *Frafra* in Ghana schneiden Gras begleitet von Musikern. Sie schwingen die Sense im Rhythmus und verrichten so ihre Arbeit schneller. Nicht anders auf Jamaica, wo Gruppengesänge während Gruppenarbeiten wie Graben, Sägen oder Dreschen stattfinden (Gregory 1997).

Applaus für Physiker

Wer kennt nicht das Phänomen: Spontaner Applaus geht langsam in rhythmisches Klatschen über, das die Akteure auf der Bühne zu weiteren Höchstleistungen anfeuern soll. Wie aus solchem tumulthaften Geklatsche eine synchronisierte rhythmische Gruppenaktivität wird (und umgekehrt), wurde von einem internationalen Team theoretischer Physiker einer genaueren Analyse unterzogen (Néda et al. 2000).

Zunächst gibt es auf Seiten des Zuschauers einen Zielkonflikt: Er will einerseits so laut wie möglich klatschen und andererseits durch gemeinsames Klatschen Lautstärkespitzen erzeugen, die er niemals allein zustande bringen würde. Da die Gesamtlautstärke des Applauses davon abhängt, wie viele Hände pro Zeiteinheit zusammen klatschen, sollte jeder so rasch wie möglich klatschen. Dies geschieht in der Regel auch, wenn der Applaus beginnt. Dann jedoch würde man gerne durch gemeinsames Klatschen noch stärkere Lautstärkespitzen erzeugen, was nur durch Synchronisation des Klatschens möglich ist (vgl. Abb. 8-3). Dies wiederum geht nur bei einer niedrigeren Klatschfrequenz, bei der alle zugleich klatschen. Messungen bei 50 Applaus-Manifestationen in unterschiedlichen Settings ergaben, dass die Klatschfrequenz des Einzelnen beim Übergang zur Synchronisation auf die Hälfte abfällt.

Nun erreicht man zwar die gewünschten Lautstärkespitzen, aber um den Preis, dass die durchschnittliche Gesamtlautstärke abnimmt, denn jeder klatscht ja nur halb so oft. Dies wird dem Publikum nach einigen Sekunden klar und einige klatschen wieder lauter, wodurch sich der synchronisierte Rhythmus aller Beteiligten wieder auflöst. Nun geht alles wieder von vorne los, d. h. es kommt erneut zu einer Synchronisation usw.

Messungen an 73 Schülern, die (jeder einzeln) gebeten wurden, einerseits so zu klatschen, wie sie dies spontan nach einer guten Vorstellung tun würden, und ande-

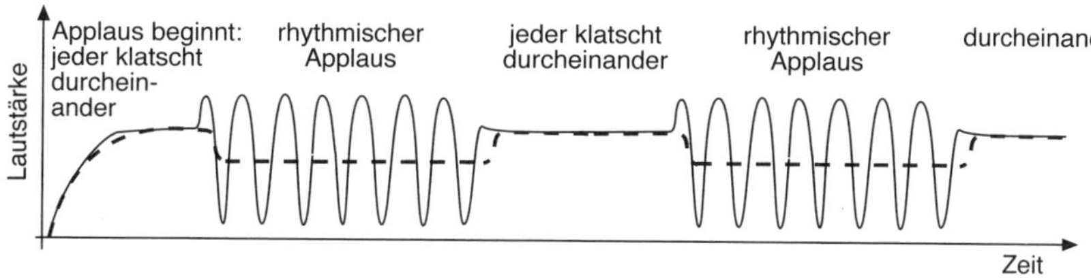

Abb. 8-3 Zeitverlauf der Lautstärke (dünne durchgezogene Linie) sowie des Mittelwerts (dicke gestrichelte Linie) des Applauses. Weitere Erklärungen im Text.

rerseits so, wie sie dies bei gemeinsamem Klatschen tun würden, bestätigten, dass die Klatschfrequenz im ersten Fall genau doppelt so hoch war. Es zeigte sich auch, dass die Variationsbreite der Klatschfrequenz beim spontanen Klatschen mehr als doppelt so groß war wie beim vermeintlich gemeinsamen Klatschen. Eine solche geringe Variation (bei gemeinsamem rhythmischen Klatschen) ist zur Synchronisierung ja auch erforderlich und zeigt, dass Personen ein genaues inneres Zeitbewusstsein des Timings beim Applaus besitzen.

Fazit: Der Körper schwingt

Im Hinblick auf neurobiologische Forschungsergebnisse ist die Datenlage für Rhythmus und vor allem für Tanz spärlich. Dies wundert kaum, wenn man die Methoden der Forschung in Betracht zieht: Man kann im Scanner liegend oder mit an den Kopf geklebten Drähten Musik hören, mit dem Tanzen klappt es unter diesen Bedingungen jedoch eher nicht. Dennoch wird in diesem Kapitel deutlich, wie stark Musik in Form von Rhythmus und Tanz körperlich bestimmt ist.

Musik wird nicht nur mit dem Kopf gemacht und erlebt, sondern auch mit dem Körper. Dies zeigt sich am besten am Rhythmus, der uns allen zwar nicht im Blut liegt, aber doch im Körper, genauer, in dessen motorischem System. Zwar haben selbst Musiker Schwierigkeiten zu sagen, was Rhythmus eigentlich sei (Zollna 1994, zit. nach Spitznagel 2000, S. 14); dies unterstreicht jedoch gerade die Unmittelbarkeit des Rhythmus.

Unser Körper produziert Rhythmen, wie den Pulsschlag, die Atmung oder das Schwingen der Beine und Arme beim Gehen. Auch sind wir bei der Wahrnehmung so auf Rhythmen eingestellt, dass wir diese wahrnehmen, selbst wenn sie gar nicht da sind. Ein gleichförmiger wiederholter Reiz wird rhythmisiert, wobei es sich um einen Gestaltwahrnehmungsprozess mit ganz bestimmten Randbedingungen handelt.

Es ist davon auszugehen, dass die Zeitkonstanten der an der Wahrnehmung von Rhythmus beteiligten Gedächtnisprozesse (Echogedächtnis, Arbeitsgedächtnis) nicht zufällig zu den Zeitkonstanten der genannten körperhaften Rhythmen passen. Vielmehr kann man vermuten, dass sich die zeitlichen Charakteristika der Gedächtnistypen aus den körperlichen Randbedingungen (also aus der Physik dessen, was auf der Output-Seite zu steuern ist) evolutionär ergaben. Die Physik unseres

Körpers bestimmte so die Physiologie seiner Steuerung, und beides wiederum die Physiologie der Wahrnehmung.

Dies zeigt sich nirgends deutlicher als beim Tanz, der Körper und Geist unmittelbar vereint. Der Tanz bahnte sich in den vergangenen zwei Jahrtausenden sozusagen ausgehend von den griechischen Tempeln über die tanzfaulen Römer und die tanzfeindlichen Christen seinen Weg über Volks- und Gesellschaftstänze bis hin in die heutigen Tanztempel und Tanzparaden, in denen der zivilisierte Mensch seiner Neigung zu rhythmischer Bewegung nachgeht. Es hat ganz offenbar ein ganz tief in seiner Natur verwurzeltes Bedürfnis hierzu. Kinder leben dieses Bedürfnis aus, Erwachsene scheuen sich oft. Der Zugang zum Tanz ist vielen verbaut und das Bedürfnis bricht bei vielen Menschen nur gelegentlich anlässlich von (meist nicht ganz alkoholfreien) Karnevalspolonaisen etc. durch. Es ist schade, dass es vielen Menschen im Bereich der westlich-zivilisierten Kulturen eher wenig gelingt, ihr Bedürfnis nach Bewegung mit und zu Musik in ihr Leben zu integrieren. So betrachtet haben Tanztherapeuten (die man in Afrika wahrscheinlich ebenso vergebens sucht wie Eisverkäufer in der Antarktis) gerade hierzulande ein weites Betätigungsfeld, das besser als bisher wissenschaftlich untersucht werden sollte.

Postscript: Tanzmusik, Siliziumchips und genetische Algorithmen

Jeder gute Leader einer guten Pop-Tanzband weiß, dass man in einer Disco nicht einfach ein Programm abspult, sondern das Publikum genau beobachten und in die Auswahl der Stücke sowie in die Art des Spielens einbeziehen muss. Das Besondere an Live-Musik ist ja gerade, dass sie mit dem Publikum interagieren kann: Man beginnt die Tanzrunde mit einem Stück, das nicht zu schnell ist, das jeder kennt und das irgendwie zum Tanzen anregt. Die richtige Auswahl ist sehr wichtig und entscheidet wesentlich darüber, ob die Band „ankommt" oder nicht. Dann steigert man die Tanzrunde durch mehr Tempo, was beim dritten oder vierten Stück zu einer Art Höhepunkt führt (zu meiner Zeit als Bandleader war das dann ein Rock'n'Roll), um danach mit einem etwas gemütlicheren Stück den Gang an die Bar (und damit auch den Umsatz) zu unterstützen.

Dieses für gute Tanzmusik wichtige interaktive Moment zwischen Tänzern und Musikern gibt es bei Musik von der Schallplatte nicht bzw. nur begrenzt im Hinblick auf die Auswahl. Um das offensichtliche Manko auszugleichen, haben Ingenieure der Computerfirma Hewlett-Packard ein System, den HPDJ, entwickelt, das mittels modernster Technik genau das tut, was eine gute Band (zusammen mit gutem Publikum) immer schon gemacht hat. Alle Tänzer bekommen ein Armband, das deren Ort in der Disco, deren Atmung und Pulsschlag sowie deren Bewegungen misst und die Daten mittels Bluetooth (eines neuen drahtlosen Übertragungsstandards) an einen Zentralcomputer der Disco weitergibt. Dort sind Musikstücke in Form frei kombinierbarer Daten zu Rhythmen, Bassläufen, Arpeggien, Akkorden und sogar Singstimmen gespeichert, die vom Computer neu verknüpft und abgespielt werden können. Er tut dies je nach der Rückkoppelung über die Messungen bei den Tänzern und anhand eines genetischen Algorithmus, der immer neue Kombinationen von Musikbestandteilen ausprobiert und nach den Reaktionen des Publikums bewertet.

> „Wenn die Musik so scheußlich klingt, dass die Leute nicht mitmachen können, werden sie wahrscheinlich zur Bar abwandern oder zumindest weniger enthusiastisch tanzen. [...] Daraufhin wird der HPDJ versuchen, die Musik zu verbessern, indem er mit unterschiedlichen Rhythmen und Bassläufen experimentiert oder das Tempo beschleunigt, um zu versuchen, mehr Leute auf die Tanzfläche zu bewegen. Wenn die Menge die Musik annimmt, bemerkt der HPDJ, dass mehr Leute auf dem Tanzboden sind und registriert, wie aktiv sie tanzen. Er wird dann das Tempo langsam steigern, um die Tänzer zu einer kurzen Ekstase zu bringen, und sie danach mit beruhigender Musik zum Chill-out zu bewegen" (Graham-Rowe 2001).

Man denkt sogar daran, die Musik online auf CD zu brennen, um sie den Tänzern nach dem Abend mitzugeben, denn schließlich waren sie ja an der Komposition beteiligt. Man sieht an diesem Beispiel sehr deutlich: Computer bringen echten Fortschritt, selbst im Bereich der Tanzmusik.

9 Absolutes und relatives Gehör

Für viele Menschen ist das *absolute Gehör* das klarste Zeichen vorhandener Musikalität. Gemeint ist damit die Fähigkeit, die Höhe eines Tons nicht nur relativ zu einem anderen Ton angeben zu können, sondern absolut: „Der Rasenmäher verrichtet seinen Dienst heute wieder in einem reinen Gis." Man bezeichnete das absolute Gehör früher zuweilen auch als *absolutes Tonbewusstsein* oder auch als *absolutes Tongefühl*, der Ausdruck absolutes Gehör hat sich jedoch seit Jahrzehnten durchgesetzt. Im angloamerikanischen Sprachraum spricht man von *perfect pitch* (also wörtlich von der vollendeten Tonhöhe). Die Fähigkeit zum absoluten Gehör korreliert *nicht* mit anderen musikalischen Fähigkeiten und kann beim Musizieren sogar stören (siehe unten).

In der ersten systematischen Untersuchung dieses Phänomens von Otto Abraham aus dem Jahr 1901, die bis heute eine der besten ist und deren Diskussion des Phänomens zudem viele spätere Überlegungen vorwegnahm, ist die folgende Definition gegeben:

> „Wir nennen also den mit absolutem Tonbewußtsein begabt, der imstande ist, z. B. den Ton f, der ihm auf dem Klavier vorgespielt wird, ohne Anblick der Tasten und ohne kurz vorher andere Töne benannt gehört zu haben, richtig als f zu bezeichnen, ebenso denjenigen, der auf eine Aufforderung, frei aus dem Gedächtnis ein f zu singen, dieses vermag" (Abraham 1901, S. 1).

Letzteres ist noch etwas schwieriger und war vor allem früher schwieriger objektiv zu messen. Man verwendete zum Testen übrigens meist Klaviere, vor allem deshalb, weil es sie überall gibt.

So selten die Fähigkeit zum absoluten Gehör einerseits ist, so häufig lassen sich andererseits Spuren dieser Fähigkeit in der Bevölkerung nachweisen. Hierzu kann man beispielsweise wie folgt vorgehen: Man bedient sich bekannter Musikstücke, die zwar häufig gehört werden, von denen man aber annehmen kann, dass sie nicht transponiert (d. h. in verschiedenen Tonarten) gehört wurden. Levitin (1994) bat beispielsweise 46 Versuchspersonen, von einem Stapel von 58 CDs mit Pop und Rockmusik diejenige auszusuchen, die einen der Versuchsperson besonders bekannten Titel enthielt. Die Versuchsperson wurde dann gebeten, das Lied zu singen, summen oder zu pfeifen. Hierbei zeigte sich, dass etwa die Hälfte der Versuchspersonen das entsprechende Lied in der korrekten Tonart (± einen Halbton) spontan produzierte. Bei einem Viertel der Versuchspersonen wurde die korrekte Tonart sogar mit einer noch größeren Genauigkeit (sie lagen maximal einen viertel Ton daneben) reproduziert. Dieses Ergebnis zeigt sehr deutlich, dass es auch vom Standard der Messung abhängt, welches Ergebnis man erhält (siehe unten).

Unter dem *relativen Gehör* (engl.: *relative pitch*) versteht man die – in den Augen vieler Menschen unspektakuläre – Fähigkeit, das Intervall zwischen zwei Tönen angeben zu können oder zu einem vorgegebenen Ton einen zweiten in einem bestimmten ebenfalls vorgegebenen Tonabstand zu singen. Diese Fähigkeit ist ganz eindeutig mit Musikalität verbunden, denn zumindest in der westlichen tonalen Musik ist es für das Musizieren von großer Bedeutung, Tonabstände richtig einschätzen zu können.

Im Folgenden geht es zunächst um die spektakulärere und seltenere Fähigkeit, das absolute Gehör, dessen Messung, genaue Charakterisierung und Entstehung, woran sich eine kurze entsprechende Diskussion des relativen Gehörs anschließt.

Absolutes Gehör bei Mozart, einem Papagei und im Test

Da einige berühmte Musiker das absolute Gehör besaßen, verwundert die Auffassung von dessen Bezug zur Musikalität nicht. Der bekannteste Absoluthörer ist wahrscheinlich Mozart, von dem eine Reihe diesbezüglicher Anekdoten berichtet sind. Besondere Bekanntheit erlangte eine Anekdote, die der Hofkomponist Schachtner vom siebenjährigen Mozart berichtete und die hier in der Version von Abraham, der sich auf die Mozart-Biographie von Jahn stützt, wiedergegeben sei:

> „Schachtner erzählt: ‚Sie wissen sich zu erinnern, daß ich eine sehr gute Geige habe, die weiland Wolfgangerl wegen ihrem sanften und vollen Ton immer Buttergeige nannte. Einmal [...] geigte er darauf und konnte meine Geige nicht genug loben; nach ein oder zwei Tagen kam ich wieder, ihn zu besuchen, und traf ihn, als er sich eben mit seiner eigenen Geige unterhielt, an; sogleich sprach er: »Was macht Ihre Buttergeige?« Geigte dann wieder in seiner Phantasie fort, endlich dachte er ein bißchen nach und sagte zu mir: »Herr Schachtner, ihre Geige ist um einen halben Viertelton tiefer gestimmt als meine da; wenn Sie sie doch so gestimmt ließen, wie sie war, als ich das letzte Mal darauf spielte.« Ich lachte darüber, aber Papa, der das außerordentliche Tönegefühl und Gedächtnis dieses Kindes kannte, bat mich, meine Geige zu holen und zu sehen, ob er recht hätte. Ich that's und richtig war's'" (Abraham 1901, S. 53).

Von Menschen mit absolutem Gehör wird berichtet, dass sie die Drehzahl ihres Motors beim Autofahren über dessen produzierte Tonhöhe bestimmen und nicht durch einen Blick auf den Drehzahlmesser. Wenn sie wissen wollen, wie schnell sie fahren, leiten sie ihre Geschwindigkeit von der Tonhöhe des durch die Reifen produzierten Fahrgeräuschs ab (vgl. Ward 1999). Selbst bei Tieren hat man das absolute Gehör festgestellt bzw. diesen antrainiert, wie Abraham (1901, S. 69) berichtet:

> „Ich hatte einen Papagei, dem ich Lieder stets in derselben Tonart vorpfiff; er war so gelehrig, die Melodien bald wieder nachpfeifen zu können, und zwar ebenfalls immer in derselben Tonart. So begann er den Anfang der C-moll-Symphonie stets richtig mit *g g g es*. Nur einmal fing er diese Töne zu hoch zu pfeifen an, mit *as*; brachte aber nur die drei *as* hervor und fing dann wieder von vorn an in der richtigen Tonhöhe *g*. Ob der Vogel hierbei mit Hilfe von Muskel-Empfindungen seiner dicken Zunge oder durch sonstige mittelbare Kriterien zu seiner Tonhöhen-Reproduktion gelangt, ist natürlich nicht zu ermitteln. – Auch ein Star, den ich mir kurz nach dem allzu frühen Tode des hoffnungsvollen Papageis anschaffte, gebraucht stets dieselbe Tonart für sein Lied, in der es ihm vorgepfiffen war."

Die erste empirische Untersuchung

Um den Sachverhalt des absoluten Gehörs erst einmal klar in den Blick nehmen zu können, verwendete Abraham bereits vor einem Jahrhundert die Fragebogenmethode. Wie genau er dem Phänomen damit auf den Leib rücken konnte, zeigen seine sehr detaillierten Fragen an die Kollegen mit absolutem Gehör, die daher im Folgenden wiedergegeben sein sollen (vgl. Abraham 1901, S. 3f):

„1) Seit wann sind Sie im Besitze des absoluten Tonbewußtseins?
2) Spielen Sie ein Instrument? Welches? Seit wann? Singen Sie? Seit wann?
3) Komponieren Sie? Phantasieren Sie auf dem Klavier (resp. anderem Instrument)? Macht es Ihnen Schwierigkeit, zu bekannten Melodien die richtigen Bässe zu finden?
4 a) Besteht Ihr absolutes Tonbewußtsein darin, daß Sie einen gehörten Ton richtig benennen?
b) Besteht Ihr absolutes Tonbewußtsein darin, daß Sie einen gewünschten Ton durch Singen oder Pfeifen richtig angeben können?
c) Können Sie beides?
5) Haben Sie irgend eine Vorstellung, auf welche Weise Sie zu dem richtigen Tonurteil gelangen?
a) Haben Sie sofort, sobald der Ton erklingt, seine Buchstaben-Bezeichnung, ohne erst mit einem Ton, den Sie in der Erinnerung haben, zu vergleichen?
b) Vergleichen Sie den gehörten Ton mit einem Ton Ihres Bewußtseins?
c) Singen Sie den gehörten Ton nach? Ist Ihnen das eine Erleichterung für die Beurteilung?
d) Können Sie sich einen gewünschten Ton denken, ohne ihn zu singen oder sonst zu hören? In welcher Klangfarbe denken Sie sich den Ton? Als Geigen-, Gesangton u. s. w.?
e) Vergleichen Sie den gehörten Ton mit dem tiefsten beziehungsweise höchsten Singeton, den Sie hervorbringen können, und beurteilen Sie danach den gehörten Ton?
f) Haben Sie sonst irgend eine Vorstellung von dem psychologischen Vorgang?
6 a) Ist es Ihnen leichter, die Tonart einer Melodie zu erkennen, als einen einzelnen Ton?
b) Ist es Ihnen leichter, die Tonart eines Akkordes zu erkennen, als einen einzelnen Ton?
7 a) Ist es Ihnen leichter, einen Ton nach dem Gedächtnis richtig zu singen, wenn Sie sein Notenbild vor sich sehen?
b) Ist es Ihnen leichter, einen Ton nach dem Gedächtnis richtig zu singen, wenn Sie sich dabei ein bekanntes Lied vorstellen, dessen Anfangston der gewünschte Ton ist?
8 a) Hat Ihr absolutes Tonbewußtsein in der Höhe und Tiefe eine Grenze? Welche?
b) Können Sie in irgend einer Oktave besser urteilen als in einer anderen? In welcher?
9) Muß ein Ton längere Zeit erklingen, damit Sie seine Höhe richtig beurteilen können? Empfinden Sie für hohe und tiefe Töne dabei einen Unterschied?
a) Muß ein Ton eine größere Stärke haben, damit Sie seine Höhe richtig beurteilen können, oder können Sie auch ganz schwache Töne richtig benennen?
10) Irren Sie sich zu Weilen im Tonurteil?
a) Um eine Oktave?
b) Um eine Quinte?
c) Um einen Halbton?
11 a) Haben Sie die Vorstellung, dass alle a z. B. etwas Gemeinsames, etwas Ähnliches haben, daß sie von allen b, c, u. s. w. unterscheidet?

b) Empfinden Sie diese Ähnlichkeit, vielleicht in geringerem Grade, auch zwischen a und e?

12) Merken Sie, daß ein Instrument einen Viertel- oder Achtelton tiefer oder höher steht als ein anderes? (Natürlich nach genügender Zeitdistanz, um Intervall-Vergleichung auszuschließen.)

13) Können Sie, wenn ein Lied vom Begleiter transponiert wird, dasselbe ohne Schwierigkeit singen, oder müssen Sie sich dasselbe erst ebenfalls im Geiste transponieren?

14) Macht in Ihrer Beurteilung die Klangfarbe der Instrumente einen Unterschied? Können Sie Geigen-, Klavier-, Gesang-, Orgel-, Glocken-, Gläser-, Blasinstrumenten-Töne gleich richtig beurteilen? Welche besser?

15) Haben Sie ein besonders gutes Melodie-Gedächtnis? Müssen Sie, wenn Sie sich eine Melodie im Geiste reproduzieren, sich dieselbe in der richtigen Tonart vorstellen, oder können Sie das auch in einer anderen Tonart?

16) Haben Sie Ihr absolutes Tonbewußtsein durch besonders darauf gerichtete Übung erlangt oder gebessert? Welcher Art war diese Übung?

a) Haben Ihre Eltern, Großeltern oder Geschwister ebenfalls ein absolutes Tonbewußtsein oder andere hervorragende musikalische Eigenschaften?

17) Haben Sie irgend welche Farbenempfindung oder Farbenvorstellungen beim Hören von Tönen oder Tonarten? Welche?

18) Wie nennen Sie Ihr absolutes Tonbewußtsein? (Absolutes Tonbewußtsein, absolutes Gehör, absolutes Tongedächtnis, Tonsinn, Tongefühl, wie sonst?)

19) Kennen Sie noch andere Personen, die ein absolutes Tonbewußtsein besitzen, und würden Sie mir freundlichst deren Namen und Adresse mitteilen?"

Wer auch immer zu späterer Zeit sich mit dem absoluten Gehör beschäftigt hat, hatte in der gründlichen Befragung Abrahams also bereits ein gutes Vorbild. Die gestellten Fragen spannen auch bereits sehr anschaulich den Problemhorizont auf, innerhalb dessen das absolute Gehör untersucht werden kann, wie im Folgenden deutlich werden soll.

Genau messen

Die Messung bzw. Testung des absoluten Gehörs ist keineswegs so einfach, wie es zunächst scheint. Eine Untersuchung von Rakowski und Morawska-Büngeler (1987) hat gezeigt, dass Personen ohne absolutes Gehör sich einen Referenzton bis zu fünf Minuten lang merken können. Dies bedeutet, dass während dieser Zeit jeder andere Ton mit dem Referenzton verglichen und damit identifiziert werden kann. Die Versuchspersonen benutzen also ihr relatives Gehör oder, wie man es früher auch nannte, den Intervall-Sinn, um die Aufgabe des Absoluthörens zu lösen. Um dies zu verhindern, verwickelte bereits im Jahre 1883 der Psychologe Carl Stumpf seine Versuchspersonen in Gespräche zwischen den Darbietungen einzelner Töne, um das absolute Gehör zu testen. Abraham (1901) verwendete ungewöhnliche Töne auf dem Klavier, andere Autoren ließen ihre Versuchspersonen zwischen den Tondarbietungen laut vorlesen oder boten ihnen akustische Geräusche oder mehrere unterschiedliche Töne hintereinander dar, um auf diese Weise die Spur eines möglicherweise im Gedächtnis behaltenen Tons zu verwischen:

> „Wenn man aber den Intervall-Sinn ganz ausschalten will, dann lasse man der Versuchsperson größere Pausen zwischen den einzelnen Tönen, fülle die Pausen durch Gespräch aus, oder moduliere in ungewohnter Weise auf dem Klavier, so daß die Versuchsperson mittels Intervall-Sinns nicht zu folgen vermag. Dann wird man erkennen, *dass das absolute Tonbewußtsein eine dauernde Fähigkeit* ist, welche nicht abhängt von den zuletzt gehörten Tönen" (Abraham 1901, S. 6, Hervorhebung im Original).

Vielleicht war man aber auch zu vorsichtig: eine im Jahr 1932 publizierte Untersuchung von Petran (zit. nach Ward 1999) zeigte, dass es wahrscheinlich eher selten ist, dass bei Untersuchungen zum absoluten Gehör solche relativen Tonabgleiche verwendet werden. Der Autor bat 16 Versuchspersonen, einen einzelnen Klavierton an 50 aufeinanderfolgenden Tagen jeweils morgens nach dem Aufwachen zu identifizieren. Am Ende des Experiments wurden dieselben 50 Töne in einer einzigen Sitzung hintereinander dargeboten und identifiziert. Interessanterweise fand sich bei beiden Prozeduren kein signifikanter Unterschied, was eindeutig darauf hinweist, dass im zweiten Fall der sukzessiven Tondarbietung die Möglichkeit zum gegenseitigen Referenzieren offensichtlich nicht genutzt wurde.

Dennoch lässt sich prinzipiell nur schwer ausschließen, dass eine Person einen Vergleich anstellt, wobei sie sich auf verschiedene Referenztöne stützen kann: So kann jemand den höchsten oder den tiefsten Ton, den er singen kann und der relativ konstant ist, dazu benutzen, die Höhe anderer Töne zu identifizieren. Am einfachsten haben es Menschen mit einer bestimmten Form des Ohrensausens (lat. *Tinnitus*), bei denen dieses Ohrgeräusch eine bestimmte Frequenz aufweist (zumeist ist es eher ein Rauschen, d.h. es besitzt keine bestimmte Tonhöhe). Der bereits erwähnte Carl Stumpf beispielsweise berichtet davon, dass er selbst unter einem Ohrgeräusch – „ein etwas hoch zu nehmendes fis3" (Stumpf 1901, S. 31) – leide und diesen Ton (der bei etwa 1500 Hz gelegen haben muss) sehr leicht dazu verwenden könne, die Höhe anderer Töne anzugeben. Auch sind manche Menschen dazu in der Lage, sich einen einzigen bestimmten Ton (z.B. das 440 Hz A4) klar vorzustellen bzw. zu summen, um mit Hilfe dieser Referenz dann andere Töne zu identifizieren.

Abraham diskutiert nicht nur diese mögliche scheinbare Form des absoluten Gehörs, die auf einem dauernd vorhandenen Referenzton basiert, sondern auch eine Art motorischen Referenzmechanismus, der im Singen eines Vergleichstons und der genauen Wahrnehmung des Kehlkopfes besteht. Abraham sprich vom absoluten Kehlkopfmuskel-Bewusstsein und erläutert diese Idee wie folgt:

> „Was nun das absolute *Kehlkopfmuskel-Bewußtsein* [...] anbetrifft, so ist dessen Existenz bisher unbewiesen, aber auch schwer zu eruieren. Wohl kann man sich vorstellen, daß ein Sänger nach langdauernder Übung imstande ist, die Muskeln seines Kehlkopfes so genau einzustellen, daß ein bestimmter beabsichtigter Ton entsteht, auch ohne daß er ein absolutes Tonbewußtsein besitzt. Faktisch aber habe ich keinen einzigen Sänger kennengelernt, der dazu fähig wäre, weder bei meiner verschiedentlich citierten Enquête, noch bei vielfachen anderen diesbezüglich angestellten Versuchen" (Abraham 1901, S. 50, Hervorhebung im Original).

Man kann recht froh darüber sein, dass seine Experimentierfreude im Hinblick auf diese These durch die von ihm kontaktierten HNO-Ärzte einen Dämpfer erhielt, denn ganz ungefährlich war seine Idee der direkten elektrischen Reizung der Stimmbandmuskulatur nicht:

> „Ich dachte daher folgenden Versuch anzustellen: Ich wollte meinen Kehlkopfmuskel (*musculus cricothyreoideus*), den Spanner der Stimmbänder, galvanisch oder faradisch reizen lassen und nun aus dem jeweiligen Spannungsgefühl des Kehlkopfes den Ton ermitteln, der bei einfacher Luftexspiration entstehen mußte. Leider aber sagten mir mehrere Kehlkopfärzte, die ich darum anging, daß man nicht imstande wäre, den Muskel isoliert zu reizen, obwohl er einen eigenen, nur ihn versorgenden Nerven, den *nervus laryngeus superior*, besitzt" (Abraham 1901, S. 51, Hervorhebungen im Original).

Den Umständen entsprechende Ergebnisse

Das absolute Gehör lässt sich auf verschiedene Weise untersuchen, wobei man grundsätzlich (1) Identifikation, (2) Produktion und (3) Gedächtnisaufgaben unterscheidet. Je nach verwendeter Messprozedur und Auswertestrategie sind die Ergebnisse durchaus verschieden.

Lässt man die Versuchspersonen einen vorgegebenen Ton benennen, so liegen Absoluthörer je nach Studie und Kriterium (siehe unten) in 70–100 % der Fälle richtig. Bittet man sie, einen bestimmten Ton auf einem Frequenzgenerator einzustellen, bringen es manche auf eine Genauigkeit von bis auf einen zehntel Halbton. Spielt man einen Ton vor und lässt ihn nach einer gewissen Zeit produzieren (d. h. singen oder auf einem Frequenzgenerator einstellen), so reicht das Gedächtnis von Nicht-Absoluthörern bis maximal etwa drei bis fünf Minuten. Dann ist der Ton vergessen. Absoluthörer hingegen können sich ihn (durch einfaches Merken seines Namens) über Tage oder Wochen merken und ihn dann hervorbringen (Takeuchi u. Hulse 1993).

Absoluthörer liegen nicht selten einen Halbton daneben, was unter anderem damit zusammenhängen kann, dass sie gleichsam auf einen anderen Ton als den Kammerton A mit 440 Hz „geeicht" sind. Wer also beispielsweise viel Barockmusik macht und sein A daher auf 415 Hz stimmt, der liegt beim Identifizieren oder Hervorbringen von Tönen systematisch zu hoch bzw. zu tief. Ein solcher Effekt kann auch bei älteren Menschen auftreten, allerdings aus einem anderen Grund: Die Steifigkeit der Basillarmembran ändert sich im Alter. Daher verschiebt sich die gesamte Tonwahrnehmung um einen bis zwei Halbtöne, was wir jedoch normalerweise nicht bemerken, weil die absolute Tonhöhe bei fast allen Menschen gar nicht wahrgenommen wird. Absoluthörer bemerken diese Änderung jedoch, und es sind Fälle von Menschen beschrieben, die hierüber klagten und sich beeinträchtigt fühlten.

Bekanntermaßen kann man Tönen mit Grundfrequenzen von mehr als etwa 4000 Hz keine rechte Tonhöhe mehr zuordnen, weswegen die Tastatur rechts auf dem Klavier beim fünfgestrichenen C (bzw. C8) mit 4186 Hz endet. Höhere Töne, obwohl bis 20.000 Hz für den jungen Menschen wahrnehmbar (und für Sie und mich vielleicht bis 13 oder 16 kHz) sind musikalisch bedeutungslos, haben keine eindeutige Höhe. Das absolute Gehör kann diese hohen Töne daher ebenso wenig einordnen.

Informative Oktaven und andere Probleme

Am meisten lernt man über das absolute Gehör – wie so oft – aus den Fehlern, die gelegentlich oder auch öfters von Absoluthörern gemacht werden. Ihr häufigster Fehler betrifft beispielsweise die richtige Oktave. Nicht wenigen Absoluthörern fällt es ebenso schwer wie den Nicht-Absoluthörern, einen Ton in die richtige Oktave einzuordnen. Sie hören also beispielsweise das Gis des Rasenmähers, wissen aber nicht unbedingt, um welches Gis auf dem Klavier es sich handelt. Dies ist insofern erstaunlich, als der Frequenzunterschied zwischen Gis und G oder A 6 %, der zwischen Gis und dem nächsten Gis darüber oder darunter 100 % beträgt. Dies legt zusammen mit einer Reihe weiterer in die gleiche Richtung weisender Untersuchungen nahe, dass das Hören der Tonklasse (z. B. ein Gis versus ein A) und das Hören der Oktave (das dreigestrichene versus das vier- gestrichene Gis) zwei völlig unterschiedliche Prozesse bzw. Fähigkeiten sind.

Eine andere Erklärung lautet wie folgt: Töne von Instrumenten wie beispielsweise dem Klavier, einer Flöte, Klarinette oder der menschlichen Stimme sind aus Teiltönen zusammengesetzt, d. h. die Oktave ist ja immer gleich mehrfach dabei. Fehler beim Einordnen in die richtige Oktave wären dann Folge des Obertonreichtums der Stimuli, die beim Testen des absoluten Gehörs verwendet werden. Wenn dem jedoch so wäre, dann sollten Absoluthörer beim Testen mit reinen Sinustönen keine Oktavfehler mehr machen. Dies ist jedoch der Fall. Vergleicht man die Anzahl der Oktavfehler beim Testen mit Klaviertönen und beim Testen mit Sinustönen, ergibt sich sogar das umgekehrte Bild: Bei Klaviertönen wird die Oktave sicherer identifiziert. An den Obertönen liegt es also bei Problemen mit der Oktave nicht.

Man könnte daher vermuten, dass Absoluthörer die Änderungen der Klangfarbe des Instruments bei unterschiedlicher Höhe des produzierten Tons zur Identifikation der Oktave verwenden. Daraus lässt sich ableiten, dass Absoluthörer, die mit dem Instrument, das zur Generierung der Teststimuli verwendet wird, vertraut sind, die Oktave besser einschätzen können als solche, die das Instrument nicht oder nicht gut kennen. Dazu passt der mit Klaviertönen als Stimuli erhobene experimentelle Befund, dass diejenigen Absoluthörer, die viele Oktavirrtümer machten, eher keine Pianisten waren.

Geigenspieler verfügen über eine ausgeprägtere Repräsentation (mehr Platz im Kopf) für Geigentöne, Trompeter hingegen für Trompetentöne (vgl. Kapitel 7). Man kann daher annehmen, dass die Überlegenheit von Klaviertönen als Stimuli in Tests des absoluten Gehörs bei Musikern unter anderem darauf zurückgeht, dass Musikunterricht häufig entweder direkt mit dem Klavier beginnt oder zumindest das Klavier in irgendeiner Form mit einbezieht. Klaviertöne, so lautet kurz zusammengefasst das Argument, sind im Durchschnitt bekannter als die Töne anderer Instrumente, und daher wird ihre Höhe auch von Absoluthörern am besten identifiziert.

Für diese Überlegungen sprechen weitere Beobachtungen bzw. experimentelle Befunde: Geigenspieler mit absolutem Gehör schneiden bei dessen Test am besten ab, wenn man Geigentöne als Stimuli verwendet. Demgegenüber berichtet bereits 1883 der Psychologe Carl Stumpf über einen Bassisten, dessen absolutes Gehör bei tiefen Tönen am genauesten war. Die Tatsache, dass die meisten Absoluthörer in der mittleren Tonlage am genauesten sind, lässt sich leicht so erklären, dass die Töne dieser Lage in der Musik am häufigsten vorkommen.

Ebenfalls in die gleiche Richtung eines Einflusses der Erfahrung mit Tönen auf die Ausprägung des absoluten Gehörs weist der Befund, dass beim Testen mit abgeleiteten Tönen (den schwarzen Tasten) mehr Fehler gemacht werden (und die Antworten langsamer erfolgen) als beim Testen mit den Tönen der C-Dur-Tonleiter (den weißen Tasten). Da der Klavierunterricht mit einfachen Melodien in einfachen Tonarten (*Fuchs, du hast die Gans gestohlen* in C-Dur) beginnt, ist das Gehörtraining mit diesen Tönen zeitlich intensiver als mit anderen Tönen. Daher verwundert nicht, dass diese Töne zentralnervös etwas besser repräsentiert sind, was wiederum zu der beobachteten Abhängigkeit des absoluten Gehörs von der Tonklasse beiträgt.

Schließlich fand man eine Abhängigkeit des absoluten Gehörs von der Genauigkeit der Stimmung des Tons. Liegt er etwas daneben, ist er schwieriger zu identifizieren, was sich am einfachsten wiederum mit der Erfahrungsabhängigkeit der Töne erklärt.

Kritische Periode oder warum nicht jeder ein Absoluthörer ist

Wie kommt es dazu, dass manche Menschen, etwa einer unter 5000, das absolute Gehör besitzen? Handelt es sich um eine angeborene Fähigkeit? Kann man das absolute Gehör erlernen? So eigenartig und besonders die Fähigkeit zum absoluten Gehör zunächst erscheint, verliert sie doch ihre Besonderheit beim Vergleich mit anderen Sinnen: Ebenso wenig wie wir eine Farbskala brauchen, um die Rose als rot zu identifizieren, brauchen wir eine Geruchsreferenz zur Identifikation ihres Dufts; und wie stark versalzen die Suppe ist, bestimmen wir auch nicht durch ihren Vergleich mit Lösungen verschiedener Salzkonzentrationen. So herum betrachtet lautet die Frage eher, warum *nicht* alle Menschen über das absolute Gehör verfügen.

Es war der bereits mehrfach erwähnte Abraham, der im Jahre 1901 in der ersten Monographie über das absolute Gehör die Frage nach der Entstehung des absoluten Gehörs in dieser Weise betrachtete: Wenn wir mit Kindern singen, so achten wir in aller Regel *nicht* auf die Tonart, in der gesungen wird, vielmehr werden wir *Hänschen klein* oder *Fuchs, du hast die Gans gestohlen* mit Kindern in den verschiedensten Tonarten singen. Was dann von den Kindern, deren Gehirne auf das Extrahieren von Regelmäßigkeiten spezialisiert sind, gelernt wird, kann nichts anderes sein als die relativen Positionen der Töne und nicht deren Absolutwerte. Diese sind ja ganz offensichtlich, gemäß der vielfältigen Erfahrung mit Musikstücken, verschiebbar. In Abrahams Worten lautet der Gedanke wie folgt:

> „*Betrachten wir einmal, wie eigentlich ein Kind seine musikalische Erziehung erhält.* In den ersten Lebensjahren geht die Anregung von der Mutter aus, in zweiter Linie kommen Vater und Geschwister. Die Mutter singt das Kind mit einem Wiegenlied in Schlaf; hat das Mittel einmal seine Wirkung gethan, dann wird es täglich wiederholt. Wenn nun die Mutter nicht zufällig ein absolutes Tonbewußtsein hat und nicht speziell darauf achtet, immer

dieselbe Tonart zu gebrauchen, dann singt sie das Lied einmal in *c-dur*, dann in *h-dur* etc., ganz nach ihrer jeweiligen Stimmlage; außer der Mutter singen auch der Vater und die Geschwister, die alle verschiedene Kehlköpfe haben, das Wiegenlied und gebrauchen gemäß der verschiedenen Stimmbänder-Länge wieder andere Tonarten. Auf diese Weise kann beim Kind ein Intervall-Sinn ausgebildet werden, kein absolutes Tonbewußtsein. Kommt das Kind in den Kindergarten oder die Schule, dann lernt es die ersten Lieder zwar nach Klavierbegleitung und Geigenstimmung. Hat ein Kind sich ein Lied aber kaum eingeprägt, so wird es zu Hause aufgefordert, das Gelernte vorzusingen, die Mutter intoniert, um es dem Kind leicht zu machen, den Anfang wieder in einer ganz willkürlich gewählten Tonart. Schließlich differieren auch die Klaviere und andere Instrumente so erheblich in der Stimmung (bis einen Ganzton und darüber), daß auch in späteren Lebensjahren Momente da sind, die eine Entwicklung des absoluten Tonbewußtseins hindern zu Gunsten des Intervall-Bewußtseins" (Abraham 1901, S. 62, Hervorhebungen im Original).

Abraham fasst den Gedanken wie folgt prägnant zusammen:

„*Es wird also eigentlich in der musikalischen Erziehung alles gethan, um die Entwicklung eines absoluten Tonbewußtseins zu hemmen, und so gut wie nichts, um es anzuerziehen*" (Abraham 1901, S. 62, Hervorhebung im Original).

Diese Überlegungen sind über hundert Jahre alt und im Grunde lerntheoretisch zugleich sehr modern! Sie werden durch eine Reihe von Untersuchungen aus der jüngeren Zeit gestützt. Wendrich (vgl. Kessen et al. 1979) beispielsweise veranlasste die Mütter von 23 Säuglingen im Alter von drei bis sechs Monaten, für zwei Wochen jeweils fünf Minuten täglich jede Lautäußerung ihres Kindes mit einem gesungenen (eingestrichenen F) F4 zu quittieren. Sie erhielten dazu eine Stimmpfeife. Nach diesem Trainingszeitraum brachten die Säuglinge den Ton mit einer vermehrten Häufigkeit hervor.

Ganz allgemein gilt folgender Sachverhalt: Da sich das Gehör für Intervalle erst später und das für ein tonales Zentrum erst noch deutlich später entwickelt (wie oben in Kapitel 6 dargestellt), muss man davon ausgehen, dass das Hören absoluter Tonhöhen früher erfolgen kann als das verallgemeinernde Hören relativer Tonunterschiede. Vom Standpunkt der Gehirnentwicklung ist es also durchaus plausibel, dass sich das absolute Gehör früher entwickelt als das relative.

Hierzu passen die Ergebnisse weiterer Untersuchungen. Die Daten zweier Lernexperimente mit acht Monate alten Säuglingen (Saffran u. Griepentrog 2001) legen nahe, dass der Säugling bei der Analyse akustischer Signale tatsächlich zunächst eher die absolute Tonhöhe ermittelt und nicht die relative Tonhöhe. Um zu überprüfen, wie Erwachsene dies handhaben, wurde der gleiche Test mit musikalisch untrainierten Erwachsenen durchgeführt, wobei sich zeigte, dass die Erwachsenen die Aufgabe mit ihrem relativen Gehör lösten. Die Autoren interpretieren ihre Daten ähnlich wie Abraham vor über 100 Jahren:

„Diese Ergebnisse legen einen Wechsel von einem zunächst vorhandenen Fokus der Verarbeitung auf der absoluten Tonhöhe zur schließlich vorhandenen Dominanz des relativen Gehörs nahe. Diese ist unserer Ansicht nach nützlicher für die Verarbeitung sowohl von Sprache als auch von Musik" (Saffran u. Griepentrog 2001, S. 74; Übersetzung durch den Autor).

Abb. 9-1 Zwei Gruppen von Kindern im Vorschulalter (schwarze Säulen) sowie im Alter von etwa 14 bis 15 Jahren (weiße Säulen) lernten über sechs Wochen, einen bestimmten Ton zu singen. Dies gelang den jüngeren Kindern besser, was dafür spricht, dass sie die absolute Tonhöhe bevorzugt verarbeiten (nach Crozier 1997, S. 115).

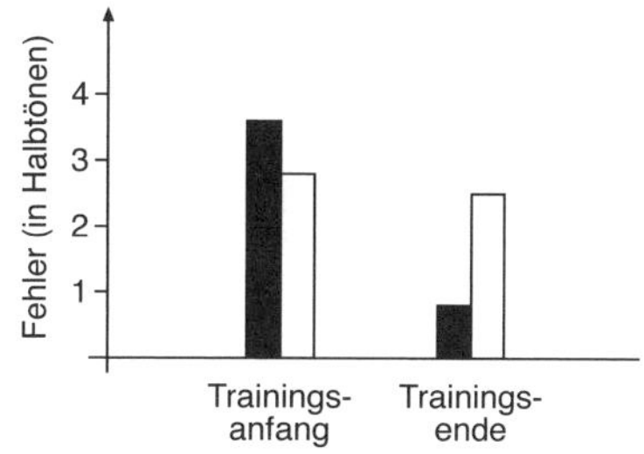

In die gleiche Richtung deutet auch eine Untersuchung von Crozier (1997) an jeweils zwölf Kindern aus dem Kindergarten und der neunten Klasse, die für sechs Wochen genau die gleiche Trainingsprozedur mitmachten, um das absolute Gehör zu lernen. Der Vergleich beider Gruppen zeigte eine deutliche Überlegenheit der jüngeren Kinder (vgl. Abb. 9-1).

Die These des frühen Erwerbs des absoluten Gehörs wird auch durch eine Untersuchung des Gestaltpsychologen Wellek (1938) gestützt, der 27 Musikprofessoren aus Wien, Prag, Dresden, Leipzig und Hamburg untersuchte und eine Korrelation von 0,8 zwischen dem Alter des Auftretens des absoluten Gehörs einerseits und der Güte des absoluten Gehörs in einer entsprechenden Testsitzung fand (vgl. Wellek 1938, S. 35): Je jünger die Versuchspersonen waren, als sie zum ersten Mal das absolute Gehör bei sich bemerkten, desto besser war diese Eigenschaft bei ihnen ausgeprägt. Gut 30 Jahre später wurde von Sergeant (1969) auf andere Weise ein Zusammenhang zwischen dem Beginn der musikalischen Ausbildung und dem absoluten Gehör festgestellt. Je früher jemand die Beschäftigung mit Musik beginnt, desto größer ist die Wahrscheinlichkeit, dass er das absolute Gehör besitzt. Hierzu passt auch der Befund, dass 95 % aller Menschen mit absolutem Gehör ihre musikalische Ausbildung vor dem siebten Lebensjahr begonnen haben (Nowak 1995).

Für die Rolle des Lernens bei der Entwicklung des absoluten Gehörs spricht auch die Tatsache, dass blinde Menschen bei entsprechender musikalischer Ausbildung zu einem höheren Prozentsatz über das absolute Gehör verfügen als sehende. Da blinde Menschen bekanntermaßen im Laufe ihrer Entwicklung lernen, sich die Welt über akustische Stimuli zu erschließen, liegt nahe, dass im Laufe dieser Lernprozesse auch die absoluten Tonhöhen entsprechend gelernt werden und damit die Fähigkeit zum absoluten Gehör ausgebildet wird (Welsch 1988).

Auch die Tatsache, dass einer Reihe von Studien zufolge das absolute Gehör besser bei den Tönen funktioniert, die den weißen Tasten auf dem Klavier entsprechen, als bei den Tönen, die mit den schwarzen Tasten korrespondieren, spricht dafür, dass das absolute Gehör erlernt ist: Die weißen Tasten werden insgesamt häufiger benutzt und haben im Rahmen der gängigen Notation einen klaren Platz im Notensystem, wohingegen die schwarzen Tasten mehrfach und komplizierter benannt werden, was einer komplexeren zentralnervösen bzw. kognitiven Repräsentation entspricht. Die den weißen Tasten auf dem Klavier entsprechenden Töne wurden daher von den meisten Menschen häufiger gehört und werden einfacher kategorisiert. Beide Effekte addieren sich möglicherweise und führen zu dem gerade beschriebenen Resultat, dass das absolute Gehör im Hinblick auf die weißen Tasten genauer ist (vgl. Ward 1999).

Mittlerweile wird vielfältig die Auffassung vertreten, dass auch Erwachsene bei entsprechendem Training das absolute Gehör erwerben können. Vor etwa 30 Jahren wurde der erste Fall beschrieben, in dem ein Erwachsener durch monatelanges intensives Training die Fähigkeit zum absoluten Gehör erlernte und sich nach dem Training in seinen diesbezüglichen Leistungen von Profimusikern nicht mehr unterschied (Brady 1970). Es werden sogar entsprechende Lernprogramme verkauft, es muss also ein Bedürfnis nach dem und daher einen Markt für das Erlernen des absoluten Gehörs geben. Bevor entsprechend motivierte Leser jedoch die entsprechende Ware bestellen, sei ihnen gesagt, dass die meisten Studien zum Erlernen des absoluten Gehörs negativ ausfielen, d. h. entweder nur einen geringen oder gar keinen Erfolg zeigten. Es gibt also durchaus Hinweise darauf, dass das absolute Gehör auch von Lernprozessen abhängt, es scheint jedoch so zu sein, dass diese Lernprozesse sehr früh in der Entwicklung erfolgen müssen, um das absolute Gehör stabil hervorzubringen.

Dies ist bei Lernprozessen keinesfalls ungewöhnlich. Man spricht von der *kritischen Periode* für einen Lernprozess, wenn dieser nur während eines bestimmten Zeitraums der Entwicklung eines Organismus erfolgen kann. Das vielleicht bekannteste Beispiel hierfür beim Menschen ist die Entwicklung des räumlichen Sehens, die nur während der ersten etwa fünf Lebensjahre unter dem Einfluss von Seheindrücken erfolgt. Sieht ein Kind in dieser Zeit nicht gut, so lernt es das räumliche Sehen nicht. Sieht es nur auf einem Auge nicht gut, muss man während dieser kritischen Periode immer wieder das gesunde Auge mit einem Pflaster abdecken, um auch den Eindrücken vom kranken Auge die Gelegenheit zu geben, die für das Sehen zuständigen Bereiche der Gehirnrinde zu erreichen und auf diese Weise für die richtigen neuronalen Verknüpfungen zu sorgen. Wird dies versäumt, wird das kranke Auge (dessen Sehfähigkeit vielleicht eigentlich 80 % betrug) funktionell blind und unbrauchbar. Kritische Perioden sind vor allem im Tierreich bekannt (dort kann man sie experimentell untersuchen), spielen aber beim Menschen wahrscheinlich auch eine sehr wichtige Rolle. So kann man vermuten, dass es auch eine kritische Periode für die Sprachentwicklung gibt, die – wie nicht nur der Fall des Kaspar Hauser zeigt – bis zur Pubertät erfolgt sein muss oder aber später nie mehr richtig erfolgt.

Halten wir fest: Die Daten zur Entwicklung des absoluten Gehörs sind sehr gut mit einer kritischen Periode für dessen Entwicklung vereinbar, die mit etwa dem sechsten Lebensjahr abgeschlossen ist. Danach ist das absolute Gehör nur noch unvollständig und mit großem Aufwand zu erlernen.

Selbst wenn das absolute Gehör in dieser kritischen Periode gelernt wurde, wird es in aller Regel wieder verlernt, weil die musikalische Erziehung auf das relative und gerade nicht auf das absolute Gehör Wert legt. Hierauf wurde von verschiedenen Autoren in einer nun etwa hundertjährigen Debatte immer wieder hingewiesen. Wir zitierten oben bereits den ersten (Abraham 1901) und lassen daher nun einen der letzten zu Worte kommen:

„Für die Mehrheit der Absoluthörer enthält die kritische Periode nicht genug Lernerfahrungen, damit das Verlernen danach überhaupt wirksam werden kann. Das Ergebnis ist, dass für die meisten von uns das Wahrnehmen und Entscheiden über Tonhöhen vom relativen Gehör dominiert ist. Wir haben das absolute Gehör gar nicht gelernt oder wieder verlernt" (Crozier 1997, S. 118).

Gelernt oder vererbt?

Trotz der vielen Hinweise für die Bedeutung früher Lernerfahrungen für die Entwicklung des absoluten Gehörs streitet man seit der Entdeckung dieses Phänomens über dessen Ursachen: Den diskutierten Überlegungen zu Lernvorgängen steht die Behauptung gegenüber, das absolute Gehör sei vererbt. So haben Profita und Bider (1988) die Hypothese vertreten, dass es sich beim absoluten Gehör um eine autosomal dominant vererbte Fähigkeit mit reduzierter Penetranz handele. Die Fähigkeit werde damit auf ähnliche Weise vererbt wie braune Augen, was sicherlich eine genetische Extremposition darstellt. Daneben wurde immer wieder auch die Meinung vertreten, dass zwar nicht das absolute Gehör, aber die Anlage hierzu vererbt sei. Mit anderen Worten, es müsse die Anlage vorhanden sein und dann noch zusätzlich die richtige Umgebung, besonders während der frühen Kindheit, hinzukommen, damit es zur Ausbildung des absoluten Gehörs kommt.

Wie oben bereits diskutiert, ging Abraham davon aus, dass die Veranlagung zum absoluten Gehör relativ weit verbreitet sei, dass die Fähigkeit jedoch durch mangelhaftes oder sogar ungünstiges Training (nämlich nur im Hinblick auf die relativen Verhältnisse von Tönen) verloren ginge. Welche Hinweise jedoch gibt es für die Vererbung der Anlage? – Mehrere Quellen kommen in Frage, insbesondere Untersuchungen zur Häufigkeit des absoluten Gehörs in verschiedenen Volksgruppen, bei den Verwandten von Absoluthörern und bei Zwillingen.

Der von Abraham verteilte Fragebogen für Absoluthörer enthielt zwar Items zu Angehörigen (vgl. Frage 16a), die Datenlage hierzu war jedoch lange Zeit wegen der Seltenheit des absoluten Gehörs schlecht, so dass es nur anekdotische einzelne Berichte gab. Dies hat sich mit der Veröffentlichung einer groß angelegten Befragung (und anschließenden Überprüfung durch Tests) von 612 Musikern geändert, von denen 15 % angaben, über ein absolutes Gehör zu verfügen (Baharloo et al. 1998). Dies war zunächst einmal ein – auch unter Berücksichtigung der vorselektierten Grundgesamtheit – ungewöhnliches Ergebnis, hatten doch frühere Studien an Musikern Häufigkeiten von einem bis zwei Prozent ergeben (Gregersen 1998). Anhand der größeren Anzahl von Absoluthörern ließen sich eine Reihe interessanter Vermutungen weiter erhärten. Zum einen bestätigte sich erneut der oben bereits mehrfach erwähnte Befund, dass praktisch alle Absoluthörer mit ihrer musikalischen Ausbildung vor dem sechsten Lebensjahr begonnen hatten. Zum Zweiten ließ sich aus den Angaben zu den Angehörigen berechnen, dass die Wahrscheinlichkeit des Geschwisters eines Absoluthörers, ebenfalls über diese Fähigkeit zu verfügen, gegenüber der Normalbevölkerung um das etwa Siebeneinhalbfache gesteigert ist. Zusammen mit anderen Studien, die eine 6- bis 20-fach erhöhte entsprechende Wahrscheinlichkeit gefunden hatten (vgl. Gregersen et al. 1999), ergibt sich hieraus

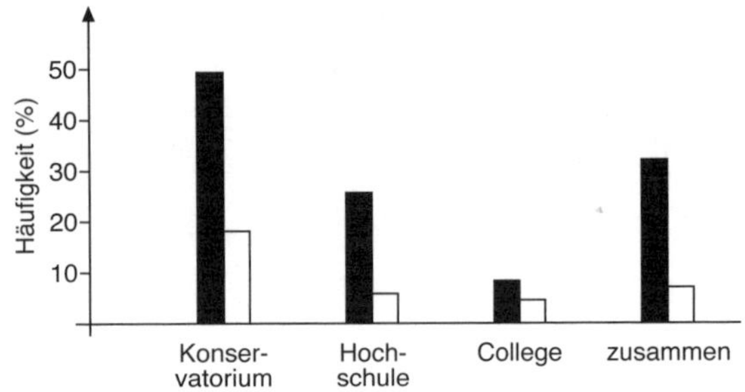

Abb. 9-2 Häufigkeit des absoluten Gehörs bei asiatischen (schwarze Balken) und nichtasiatischen Musikstudenten an verschiedenen Schultypen. Je besser die Schule (und wahrscheinlich auch der Schüler), desto häufiger ist das absolute Gehör (wobei die Natur des Zusammenhangs vielfältig sein kann). Auffallend ist der hoch signifikante ($p < 0.0001$) Unterschied zwischen den Studenten unterschiedlicher ethnischer Herkunft (nach Daten aus Gregersen et al. 1999).

ein sehr deutlicher Hinweis für eine erbliche Komponente des absoluten Gehörs. Hierzu passt auch der Befund, dass drei bekannte Paare eineiiger Zwillinge jeweils beide das absolute Gehör aufweisen (die Zwillinge sind für diese Eigenschaft konkordant), wohingegen bei einem diesbezüglich untersuchten zweieiigen Zwillingspaar nur einer der beiden die Fähigkeit hatte (Diskordanz; vgl. Gregersen 1998).

Gregersen et al. (1999) berichten über eine weitere eindrucksvolle Befragung von 2707 Musikstudenten verschiedener Musikschulen auf College-Niveau, Musikhochschulen und Konservatorien, die je nach Schule und vor allem Schultyp eine Häufigkeit des absoluten Gehörs von 0 bis 35 % ergab (vgl. Abb. 9-2).

Insbesondere zeigte sich eine Abhängigkeit des absoluten Gehörs von der ethnischen Zugehörigkeit: Die Fähigkeit war bei Asiaten hoch signifikant häufiger als bei Nicht-Asiaten. Dies lässt sich mit dem strengeren asiatischen Erziehungs- und Schulsystem, mit unterschiedlichen Methoden der Musikerziehung und des Erlernens von Instrumenten, aber auch mit genetischen Unterschieden erklären. Wirklich weiter kommt man hier nur durch zusätzliche Studien.

Wenn das absolute Gehör stört

Das Identifizieren der absoluten Tonhöhe eines bestimmten Tons mit Hilfe des relativen Gehörs braucht mehr Zeit als bei Menschen mit absolutem Gehör. Bei diesen finden ganz offensichtlich gar keine Vergleichsprozesse statt: Sie hören einen Ton und *wissen unmittelbar* dessen Tonhöhe.

Eine gute Bekannte von mir setzte sich beispielsweise vor etwa einem viertel Jahrhundert an mein Klavier, das ich als 16-Jähriger gebraucht von einer Mitschülerin für DM 200 erstanden hatte. Der nach dem Kauf hinzugezogene Klavierstimmer machte geltend, dass dieses Klavier aufgrund seines Alters nicht mehr in der normalen Tonhöhe gestimmt werden könnte, und stimmte es einen ganzen Ton tiefer. Die Bekannte mit absolutem Gehör setzte sich an das Klavier, begann zu spielen und war in höchstem Maße verwirrt. Sie war gewohnt, Akkorde nach dem

Gehör zu spielen, und verwendete hierzu ganz offensichtlich ihr absolutes Gehör. Dies war beim Spiel auf dem um einen Ton nach unten verstimmten Klavier extrem hinderlich, so dass sie permanent die falschen Akkorde griff. Hier ging es ganz offensichtlich nicht um einen Vergleich von Tönen, sondern darum, dass sie aufgrund ihrer Fähigkeit zum absoluten Gehör durch ein zu tief gestimmtes Klavier gleichsam die musikalische Orientierung verlor.

Dem Physiker Max Planck erging es offenbar ähnlich, denn er erzählt von sich, dass er in jungen Jahren ein absolutes Gehör besaß, das beim Klavierspiel stören konnte.

> „Als er einmal aufgefordert wurde, einen ihm sehr wohl im Gedächtnis bekannten Marsch auf einem fremden, etwas tiefer gestimmten Klavier zu spielen, mußte er nach den ersten Tönen abbrechen, weil er vollständig verwirrt wurde und nicht die Fertigkeit besaß, in der Eile die doppelte Transposition zu machen, einmal im Kopfe in eine tiefere Tonart und dann wieder auf den Tasten zurück in die frühere Tonart" (Abraham 1901, S. 79).

Solosänger mit absolutem Gehör, die ihre Fähigkeit verwenden, um korrekt vom Blatt zu singen, sind bei Auftritten zusammen mit Chören benachteiligt, wenn diese im Laufe der Aufführung in der Tonhöhe steigen oder fallen. Versäumt es der Solosänger, sich dem Chor anzupassen, resultiert ein dauernder Kampf um die richtige Tonhöhe und eher keine angenehme Musik.

Wo sitzt das absolute Gehör?

Seit ungefähr 20 Jahren macht man sich darüber Gedanken, wo im Gehirn die Fähigkeit zum absoluten Gehör lokalisiert ist. Bereits 1982 wurde hierzu von Klein und Mitarbeitern eine Studie publiziert, in der das ereigniskorrelierte Potenzial P300 untersucht wurde (vgl. Kapitel 7). Hierbei handelt es sich um eine 300 Millisekunden nach einem Stimulus auftretende elektrische Antwort des Gehirns, die dann erfolgt, wenn die Versuchsperson gebeten wird, einen häufigen und einen seltenen Stimulus voneinander zu unterscheiden und den seltenen zu zählen. Die Stimuli kann man optisch darbieten (beispielsweise 20 % Dreiecke und 80 % Vierecke; zu beachten und zu zählen sind die Dreiecke) oder auch akustisch (einen Ton von 1000 Hz in 80 % der Fälle und einen Ton von 1100 Hz in 20 %). Beim Vergleich der P300-Potenziale von Gruppen von Versuchspersonen jeweils ohne bzw. mit absolutem Gehör zeigte sich im Hinblick auf die durch visuelle Stimulation hervorgerufene P300-Welle kein Unterschied. Demgegenüber war die akustisch induzierte P300 bei Absoluthörern größer. Man kann hieraus ableiten, dass der Unterschied den Absoluthörern deutlicher präsent war.

Schlaug und Mitarbeiter (1995a) untersuchten die Größe des *Planum temporale*, einer Struktur im Schläfenlappen (vgl. auch Abb. 7-2), die für akustische Informationsverarbeitung zuständig ist, auf der rechten und linken Seite des Gehirns bei 30 Musikern (von denen elf das absolute Gehör besaßen) und 30 Nichtmusikern. Musiker mit absolutem Gehör wiesen eine deutliche Links-Rechts-Asymmetrie des Planum temporale auf (siehe Abb. 9-3). Hieraus schließen die Autoren, dass der linksseitige temporale Kortex im Bereich des Planum temporale zumindest bei Mu-

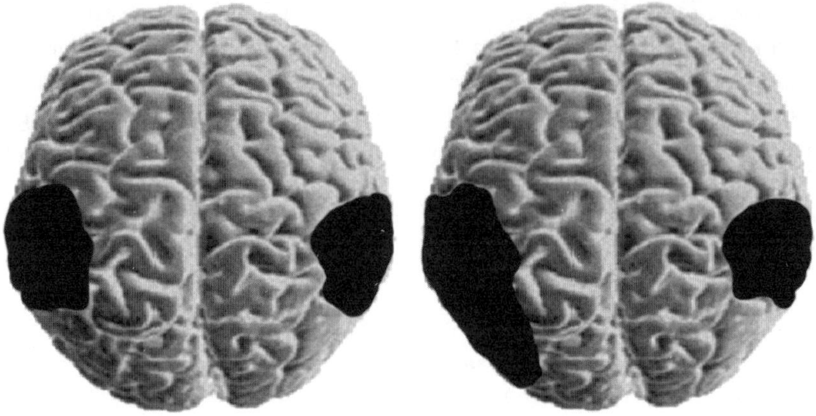

Abb. 9-3 Schematische Darstellung des Ergebnisses von Schlaug et al. (nach den Daten auf S. 700) am Beispiel eines Musikers mit absolutem Gehör (rechts) und eines Nichtmusikers ohne absolutes Gehör (links). Dargestellt ist das Gehirn von oben; jeweils schwarz gezeichnet ist die Projektion des rechten und linken Planum temporale auf die Gehirnoberfläche (die Struktur ist von außen kaum bzw. gar nicht sichtbar). Die Asymmetrie der Größe des Planum temporale beim Musiker mit absolutem Gehör ist deutlich erkennbar.

sikern deutlich stärker entwickelt ist und die Funktion des absoluten Gehörs unterstützt.

Dieses Ergebnis fügt sich gut in die bereits oben (vgl. Kapitel 7) diskutierten Befunde zur Lokalisation musikbezogener Informationsverarbeitungsprozesse im Gehirn ein. Wie wir gesehen hatten, ist bei Musikern vor allem der linke Temporallappen für die Musik bzw. deren genaue analytische Verarbeitung zuständig. So beschreibt beispielsweise bereits Kleist (1959, S. 32–43) den Fall eines Musikers, bei dem nach umschriebener Hirnschädigung im Bereich des linken Planum temporale eine Tontaubheit aufgetreten war.

Die Interpretation des Ergebnisses von Schlaug und Mitarbeitern ist dennoch schwierig, denn zum einen ist die Asymmetrie des Planum temporale bereits etwa zur 30. Schwangerschaftswoche (also noch vor der Geburt) entwickelt, so dass pränatale und wahrscheinlich erbliche Faktoren eine Rolle bei lateralisierten Größenunterschieden spielen könnten. Kurz: Es wird eben derjenige Musiker, der ein größeres linkes Planum temporale besitzt und daher Musik besser verarbeiten kann. (So wird ja auch derjenige Basketballspieler, der aufgrund seiner Genetik besonders groß ist.) Zum anderen weiß man jedoch, dass die Entwicklung des Gehirns nach der Geburt erheblichen erfahrungsabhängigen äußeren Einflüssen ausgesetzt ist (vgl. die vielen Beispiele in den Kapiteln 7 und 12). Die gefundene Asymmetrie könnte somit auch erfahrungs- bzw. lernbedingt sein.

Farben hören: Synästhesie

Von den einhundert befragten Absoluthörern Abrahams wiesen neun das Phänomen des Farbenhörens auf. Bei Wellek lag die Häufigkeit mit 11 von 37 deutlich höher (Wellek 1938, S. 295). Ganz allgemein spricht man heute von *Synästhesie* (wörtlich: Verbindung der Sinne), wenn verschiedene Sinnesmodalitäten verschwimmen und beispielsweise bestimmte Zahlen immer in einer bestimmten Farbe gesehen werden. Ein anderes Beispiel stellt eine Frau dar, die immer dann, wenn sie das Wort „Francis" hört, den Geschmack von Bohnen im Mund hat (vgl. Stein et al. 2001).

Synästhesie liegt immer dann vor, wenn tatsächliche Wahrnehmungen in einer Sinnesmodalität begleitet werden von zusätzlichen Wahrnehmungen in einer anderen Sinnesmodalität. Dabei ist die Verbindung zwar frei, aber nicht willkürlich: Wer die Zahl sieben blau erlebt, der tut dies auch nach einem Jahr in genau der gleichen Weise, wie durch entsprechende Experimente gefunden werden konnte. Das Phänomen ist insgesamt selten, der Komponist Sibelius soll ein Synästhetiker gewesen sei.

Die Ursache der Synästhesie ist nicht geklärt. Wer bestimmte Töne mit jeweils einer bestimmten Farbe verbindet und diese Farbe tatsächlich wahrnimmt, könnte zum einen an einem Entwicklungsdefizit leiden, welches darin besteht, dass die einheitliche frühkindliche Wahrnehmung mit zunehmendem Alter nicht differenziert wurde. Dem wird jedoch entgegengehalten, dass auch das Baby schon Sinneseindrücke modalitätsspezifisch verarbeitet und die Synästhesie gerade in einer später erworbenen Fähigkeit zur Verschmelzung liegt. Aufgrund der Datenlage sind diese Vermutungen gegenwärtig nicht scharf zu trennen und womöglich liegt die Wahrheit wie so oft irgendwo in der Mitte: Tierexperimentelle Befunde weisen darauf hin, dass es im Laufe der Embryonalentwicklung zu vielfältigen Nervenfaserverbindungen zwischen unterschiedlichen kortikalen Arealen kommt, woraus sich Verschmelzungen von Sinneseindrücken leicht ableiten ließen. Andererseits spricht die Seltenheit des Phänomens dafür, dass es durch „Verdrahtungen" kortikaler Areale zustande kommt, die bei den meisten Menschen nicht vorhanden sind. Weitere Untersuchungen, möglicherweise direkt zu Unterschieden in Faserverbindungen bei Synästhetikern und Normalprobanden, sollten diese Fragen in den nächsten Jahren klären helfen, zumal Methoden der Untersuchung jetzt zur Verfügung stehen (Spitzer 2001).

Vom relativen Gehör bis zur Tontaubheit

Die meisten Menschen besitzen ein relatives Gehör, d.h. die Fähigkeit, die Höhe eines Tons durch den Vergleich mit einem anderen Ton zu bestimmen. Die Ausprägung dieser Fähigkeit variiert mit der musikalischen Ausbildung: Die einen können nur Lieder richtig nachsingen (was ganz offensichtlich die Fähigkeit zum Hören und Produzieren von Tonabständen voraussetzt), wohingegen die anderen die Aufforderung, eine große Septime zu einem bestimmten Ton zu singen, korrekt befolgen können. „Singen Sie eine kleine Terz" ist für viele nicht möglich, wohl aber

„singen Sie den Anfang von *Kuck-Kuck ruft's aus dem Wald*". Entsprechend ist es vielen Menschen auch nicht möglich, Intervalle zu benennen, sie merken aber sofort, ob jemand das erwähnte Volkslied richtig oder falsch singt.

Man untersucht das relative Gehör (engl.: relative pitch; man nennt es oft auch musikalisches Gehör) daher objektiv seit den 40er Jahren des letzten Jahrhunderts mit dem so genannten *Distorted Tunes Test* (DTT; deutsch: Test der verstimmten Melodien). Dieser besteht aus einfachen, bekannten Melodien, die teilweise dadurch verändert wurden, dass ein Ton durch einen anderen, falschen Ton ersetzt wurde. Die Versuchsperson hat also lediglich die Aufgabe, die Melodien als richtig oder falsch einzustufen und ihre Reaktion beispielsweise durch Drücken von einer von zwei Tasten anzuzeigen. Die meisten Menschen können die falschen Melodien sofort erkennen.

Fünf bis zehn Prozent aller Menschen haben damit jedoch Schwierigkeiten. Sie können eine Melodie beim besten Willen nicht nachsingen und bemerken nicht einmal, wenn sie völlig falsch gesungen wird. Melodien sind für sie nahezu das Gleiche wie Farben für Blinde. Man sagt über diese Menschen oft nicht nur, dass sie tontaub (engl.: tone deaf) sind, sondern hält sie in der Regel auch für gänzlich unmusikalisch. Damit tut man ihnen jedoch Unrecht, denn wer tontaub ist, der braucht keineswegs auch über verminderte rhythmische Fähigkeiten zu verfügen. Was diesen Menschen fehlt, ist ganz offensichtlich der Sinn für *Zusammenhänge* von Tönen. Eine richtig sowie eine falsch gespielte Melodie sind für sie so verschieden wie für den Blinden ein Bild von Picasso und eines von Rembrandt.

Obwohl die Frage der musikalischen Begabung später eingehend diskutiert wird (vgl. Kapitel 12), sei bereits an dieser Stelle eine Studie an Zwillingen diskutiert, die für die Frage nach den Ursachen der individuellen Unterschiede bezüglich des musikalischen, relativen Gehörs von besonderer Bedeutung ist. Drayna und Mitarbeiter (2001) untersuchten 284 Zwillingspaare mit Hilfe einer Variante des oben beschriebenen Tests der verstimmten Melodien. Hierbei zeigte sich eine Korrelation der Testergebnisse bei den 136 eineiigen Zwillingspaaren von 0,67, wohingegen dieser Wert bei den zweieiigen Zwillingen nur bei 0,44 lag. Aus diesen Daten leiten die Autoren ein Modell des genetischen Anteils am relativen Gehör von 71 bis 80 % ab, was als insgesamt sehr hoch erscheint.

Selbst unter Musikern gibt es Unterschiede im relativen Gehör. Um dies zu untersuchen, kann man über Kopfhörer einen festen Ton von beispielsweise 500 Hz in einem Ohr einspielen und einen zweiten Ton, dessen Höhe die Versuchsperson mittels eines Drehknopfs frei einstellen kann, dem anderen Ohr darbieten (Hofmann et al. 1995). Diese Anordnung verhindert, dass Schwebungen auftreten, anhand derer sich zwei Töne sehr genau vergleichen lassen, ohne dass man deren verschiedene Höhe tatsächlich noch wahrnimmt (vgl. die Bierglas-Methode in Kapitel 4). Mit diesen Experimentalbedingungen (zur Bestimmung des so genannten binauralen Frequenzdiskriminationsvermögens) untersuchten Hofmann und Mitarbeiter (1997) insgesamt 60 Studenten bzw. Absolventen der Musikhochschule Carl Maria von Weber in Dresden: 27 Sänger, 13 Streicher, 6 Bläser, 10 Pianisten und 4 Rhythmiker. Die Gruppen unterschieden sich signifikant in diesem Test, wobei die Streicher am besten abschnitten, d. h. mit dem einzustellenden Ton den vorgegebenen festen Ton am besten trafen.

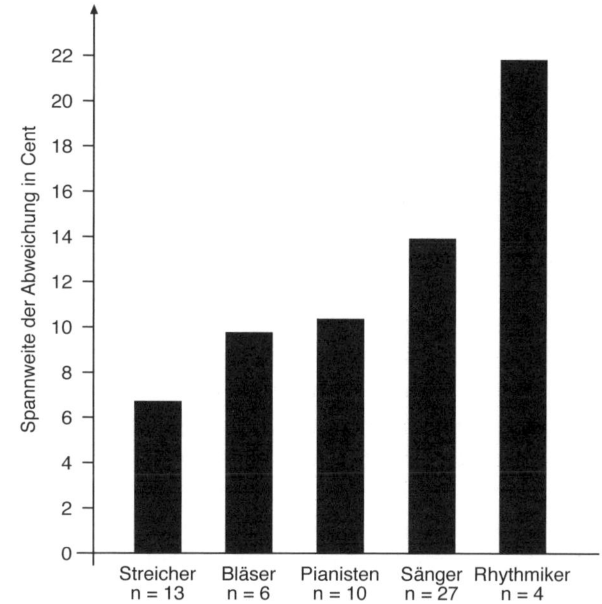

Abb. 9-4 Mittlere Spannweite (Unterschied zwischen kleinstem und größtem Messwert der Abweichung vom vorgegebenen Ton) für drei Messwiederholungen bei verschiedenen Musikern beim Test des binauralen Frequenzdiskriminationsvermögens in hundertstel Halbtönen (Cent) für die verschiedenen Gruppen von Musikern (über beide Ohren gemittelte Daten aus Hofmann et al. 1997).

Da bei der Bestimmung der Spannweite ganz einfach der kleinste und der größte Messwert voneinander subtrahiert werden, ist dies (im Gegensatz zur Standardabweichung) ein sehr sensibles Streuungsmaß: Jeder „Ausrutscher" zählt. Insofern ist es besonders bemerkenswert, dass die mittlere Spannweite bei den Streichern für den Referenzton von 500 Hz nur bei 6,65 Cent liegt, also deutlich unter einem zehntel Halbton. Etwas schlechter schneiden Bläser und Pianisten ab, bei Sängern ist die Abweichung schon mehr als doppelt so groß. Rhythmiker, für deren Tätigkeit Tonhöhen eine deutlich geringere Rolle spielen, bilden klar das Schlusslicht. Es sei noch darauf verwiesen, dass die Autoren Unterschiede im Alter und in der Ausbildung als Ursachen des Ergebnisses durch die entsprechende Homogenität der Gruppen weitgehend ausschließen konnten.

Das relative Gehör ist jedoch nicht nur abhängig vom Training, sondern hat vielmehr auch eine genetische Komponente, wie Untersuchungen gerade aus der jüngeren Zeit verdeutlichen.

Fazit: Das absolute Gehör ist relativ, das relative recht perfekt

Die Ausprägung des relativen Gehörs ist sehr unterschiedlich und zum einen genetisch veranlagt sowie trainingsabhängig: Wer sich viel mit Musik beschäftigt, der hört Unterschiede zwischen Tönen besser (und kann sie auch benennen) als jemand, der mit Musik wenig oder gar nichts zu tun hat. Da die meisten Menschen praktisch täglich Musik hören, also entsprechenden Ton-Erfahrungen ausgesetzt sind, besitzen die meisten Menschen auch ein mehr oder weniger ausgeprägtes relatives Gehör: Singt jemand *Hänschen klein* falsch, fällt er nahezu allen Mitmenschen unangenehm auf. Auch unter Musikern variiert die Fähigkeit des relativen Gehörs, wobei die systematischen Variationen mit dem Instrument die erlernte Komponente desselben betonen.

Die Fähigkeit des absoluten Gehörs ist seit über einhundert Jahren Gegenstand wissenschaftlicher Untersuchungen. In ihrer gründlichen Übersicht fassen Takeuchi und Hulse (1993) eine ganze Reihe von Studien zum absoluten Gehör dahingehend zusammen, dass die Genauigkeit der Absoluthörer je nach Studie im Mittel zwischen 70 und 100 % lag. So betrachtet ist *das absolute Gehör also weder ganz absolut noch völlig perfekt* wie sein Name suggeriert. Zudem hängen die Ergebnisse von der Mess- und Auswertemethode ab. Das absolute Gehör betrifft den Frequenzbereich bis etwa 4000 Hz und seine Genauigkeit hängt von der Klangfarbe, der genauen Frequenz und sogar der Höhe (Klasse) des Tons ab: Bei Tönen der schwarzen Tasten ist das absolute Gehör schlechter als bei den weißen, Klaviertöne werden besser erkannt als synthetische Töne, und verstimmte Töne werden nicht so gut erkannt wie genau gleichschwebend (mit A4 = 440 Hz) gestimmte Töne.

Die elektrophysiologischen und funktionell-bildgebenden Untersuchungen zum absoluten Gehör legen nahe, dass es sich hierbei um eine Veränderung der kortikalen Repräsentation von Tönen handelt.

Bereits vor einhundert Jahren ging man davon aus, dass die Veranlagung zum absoluten Gehör relativ weit verbreitet sei, dass die Fähigkeit jedoch durch mangelhaftes oder sogar ungünstiges Training (nämlich nur im Hinblick auf die relativen Verhältnisse von Tönen) verloren ginge. Hiermit korrespondierte die Auffassung, dass Kinder bei entsprechendem Training in der frühen Kindheit die Fähigkeit des absoluten Gehörs relativ leicht erwerben können bzw. diese Fähigkeit erst gar nicht vergessen. Jüngste Forschungsergebnisse konnten diese Auffassung weitgehend bestätigen.

Warum gibt es das absolute Gehör? Wenn es von Vorteil ist, einen Stimulus nicht nur im Vergleich zu anderen, sondern auch jeweils für sich allein genau beurteilen zu können, gibt es vielleicht noch andere ähnliche Fähigkeiten. Es gibt Berichte über sehr gute mathematische Begabungen bei Absoluthörern sowie über deren zuweilen phänomenales Gedächtnis. Vielleicht muss man aber auch im Bereich anderer Wahrnehmungen suchen. Wie groß ist also beispielsweise die Häufigkeit von Absoluthörern in der Verwandtschaft professioneller Weinkoster? – Wir wissen es nicht, sehen jedoch klar Forschungsbedarf! Aber warum sollte man sich mit so etwas Eigenartigem überhaupt beschäftigen? Gregersen (1988, S. 222) gibt in einem eingeladenen Editorial des *American Journal of Human Genetics* eine schöne und zugleich wichtige Antwort:

> „Letztlich besteht die wirkliche Bedeutung des absoluten Gehörs wahrscheinlich darin, dass es sich um einen ungewöhnlich klar abgegrenzten und quantifizierbaren Phänotypen handelt, der offensichtlich eine deutliche genetische Komponente aufweist. Dadurch eröffnet sich für uns ein Fenster, das den Blick auf die Beziehungen zwischen Vererbung, Gehirnentwicklung, Lernen in früher Kindheit und Denkprozessen erlaubt."

Teil III Musik machen

Menschen singen und musizieren, manchmal für sich allein, meist aber gemeinsam, einfach so oder in ganz unterschiedlichen Zusammenhängen und zu ganz unterschiedlichen Zwecken. Von den letzten etwa 300 Jahren abgesehen war Musik in aller Regel ein fester Bestandteil von Fest, Tanz, Arbeit oder Ritual (die ersten Berufsmusiker waren Priester). Konzerte sind also eine recht neue Erfindung.

Auch Sprache und Gesang waren früher stärker verbunden, und bis heute gehen beide im Grunde genommen nahtlos ineinander über, man denke nur an die vielen Arten der Sprechgesänge. Wir beginnen den Teil III über das aktive Produzieren von Musik mit dem ältesten, variantenreichsten und zugleich am häufigsten verwendeten Instrument überhaupt, der menschlichen Stimme. Sie gibt dem Titel dieses Buchs auch eine zweite sehr konkrete Bedeutung: Singen ist Musizieren, im Wesentlichen mit dem Kopf als Instrument.

10 Singen

Die menschliche Stimme ist sehr vielfältig. Sie bringt Sprache und Gesang, aber auch Lachen und Weinen, Flüstern, Ächzen und Stöhnen hervor. Wenn wir sprechen oder singen, muss vom Nervensystem und den die Stimme hervorbringenden Organen Lunge, Kehlkopf, Lippen, Zunge und Rachenraum ein unglaublich komplizierter koordinierter Aufwand getrieben werden. Sprache und Gesang sind feinmotorische Höchstleistungen eines Organs, das so selbstverständlich und meist unermüdlich funktioniert, dass wir es meist überhaupt nicht bemerken: unserer Stimme. Wir betrachten daher zunächst den Aufbau der Strukturen, die an der Stimme beteiligt sind (Anatomie), und danach beschäftigen wir uns damit, wie das Ganze funktioniert (Physiologie).

Die Stimme

Die menschliche Stimme besteht prinzipiell aus einem Energiespeicher, den Lungen, einem Erzeuger von Schwingungen, den Stimmbändern, und einem Resonanzhohlkörper, zusammengesetzt aus Kehlkopf, Rachen und Nasenhöhle (vgl. Abb. 10-1). Die Stimmbänder wurden zwar von dem französischen Arzt Antoine Ferrein (1693–1769) mit den Saiten einer Geige verglichen und daher so – Stimm*bänder* – benannt (Beyer 1999, S. 11), sie funktionieren jedoch im Grunde genommen eher wie eine Oboe oder jedes andere Doppelrohrblatt-Blasinstrument (müssten also eigentlich Stimm*blätter* heißen): Ihr Öffnen und Schließen bewirkt, dass ein kontinuierlicher Luftstrom aus der Lunge in Luftstöße zerhackt und dadurch lautlose gleichförmig bewegte Luft in rhythmisch bewegte Luft, also Schall, umgewandelt wird (zur Physik siehe unten). In medizinischen Lehrbüchern ist auch oft von den Stimm*lippen* die Rede, was die Form vielleicht etwas besser beschreibt, im Folgenden werden wir jedoch weiter ganz normal von Stimmbändern sprechen. Der Schlitz zwischen den Stimmbändern heißt *Glottis*. Die Glottis gibt es also eigentlich gar nicht als für sich existierende Struktur oder als einzelnes Organ. Sie verhält sich zu den Stimmbändern so wie die Mundöffnung zu den Lippen.

Diese Luftstöße allein sind noch nicht die Stimme. Es hängt vielmehr alles davon ab, was mit ihnen im Resonanzraum, also vor allem in der Mundhöhle und im Rachenraum, weiter geschieht. Betrachtete man nur die schwingenden Stimmbänder (bzw. würde man nur diesen zuhören können), so würde man zwischen denen des Herrn Pavarotti und denen des Mannes auf der Straße kaum einen Unterschied merken: In beiden Fällen wackeln zwei kleine Schleimhautfältchen hin und her und erzeugen hierdurch ein leises Summen. Dieses Summen erfolgt mit einer bestimmten Grundfrequenz und enthält zudem zahlreiche Oberschwingungen. Aus diesem Summen entstehen im Resonanzraum, dem *Vokaltrakt*, Töne bestimmter Klangfarbe. Zusammen mit im Mund- und Rachenraum vorgenommenen Unterbrechungen des Luftstroms gehört die zielgerichtete Verformung des Resonanzkörpers der

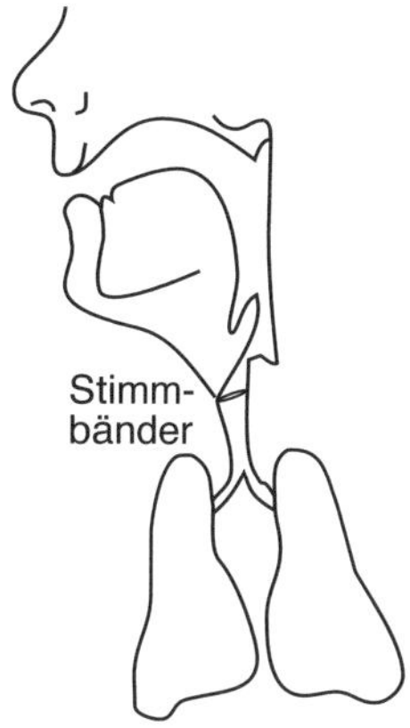

Abb. 10-1 Medianschnitt durch den menschlichen Kopf (schematisch, mit verkleinert dargestellten Lungenflügeln) zur Darstellung der Anatomie des stimmbildenden Apparats, der aus Lungen, Stimmbändern, Rachen, Mund- und Nasenhöhle besteht. Den die Stimme formenden Abschnitt von den Stimmbändern bis zu den Lippen bezeichnet man auch als Vokaltrakt (im deutschen Schrifttum auch als Ansatzrohr).

menschlichen Stimme zu den erstaunlichsten Leistungen, die wir Menschen vollbringen.

Die Entstehung des Schalls an den Stimmbändern nennt man Phonation, die Veränderung und Formung des Schalls durch Rachenraum, Mundhöhle, Zunge und Lippen (den Artikulationsorganen) heißt *Artikulation.* Beide Vorgänge spielen sich beim Singen und beim Sprechen immer ab (Einzelheiten hierzu weiter unten).

Die Länge des Vokaltraktes, d. h. die Länge der Strecke, die der Schall von den Stimmbändern bis zu den Lippen zurücklegt, beträgt bei Kindern je nach Alter zwischen 7 und 10 Zentimeter und liegt bei erwachsenen Männern zwischen 17 und 20 Zentimeter. Durch Hebung und Senkung des Kehlkopfes sowie durch Vorstülpen und Zurückziehen der Lippen oder auch durch weites Öffnen des Mundes kann die Länge des Vokaltraktes in geringen Grenzen variiert werden.

Sprechen

Im Vokaltrakt werden unterschiedliche Frequenzen mehr oder weniger gut weitergeleitet, abgedämpft oder verstärkt. Wie in Abbildung 10-2 schematisch verdeutlicht, stellt der Vokaltrakt einen Filter dar, der die von den Stimmbändern produzierten Schwingungen in unterschiedlichem Maß weiterleitet. Bestimmte Frequenzen werden besonders gut weitergeleitet. Man nennt sie Formanten, denn die geben dem Klang der Stimme seine Form, d. h. sorgen beispielsweise dafür, dass ein /a/ oder ein /i/ oder ein /u/ aus unserem Mund kommt. Anders gesagt: Der Vokaltrakt hat für bestimmte Frequenzen die größte Resonanz, und diese Maxima nennt man Formanten. Wo sie genau liegen (also bei welcher Frequenz maximale Resonanz vorkommt), hängt von Rachen, Zunge und Lippen ab. Natürlich kann sich auch die Stärke des Resonanzmaximums ändern. Wichtig für das Sprechen und Singen sind besonders die ersten vier Formanten.

Man stelle sich nur einmal vor: Beim Sprechen wird der Resonanzraum dauernd umgeformt; es wird eine Verbindung zur Nase hergestellt oder diese auch wieder unterbrochen; es wird der Luftstrom durch die Lippen durch die Zunge am vorde-

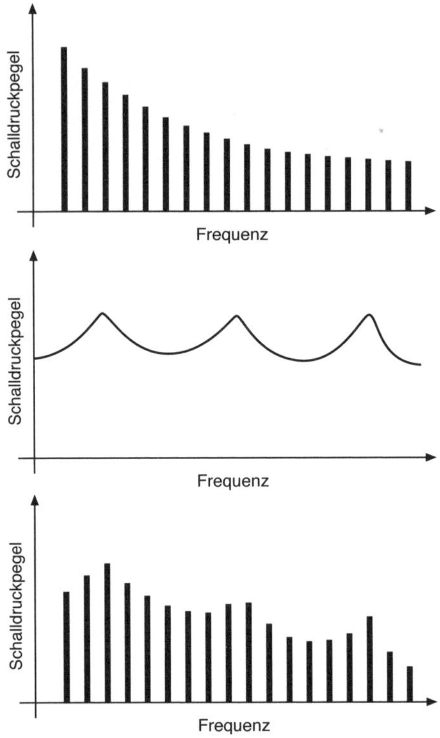

Abb. 10-2 Schematische Darstellung des Einflusses des Vokaltraktes auf die von den Stimmbändern generierten Tonfrequenzen. Oben ist das Frequenzspektrum der Stimmbänder aufgezeichnet, also das von den Stimmbändern produzierte tonliche Rohmaterial. Neben der Grundschwingung kommen mit immer kleinerer Amplitude harmonische Oberschwingungen vor. Der Vokaltrakt stellt einen Filter dar, durch den die Frequenzen unterschiedlich verstärkt oder abgedämpft werden. Die Charakteristik des Filters ist in der Mitte dargestellt. Frequenzen, die er besonders hervorhebt, werden auch *Formanten* genannt, denn sie geben der Stimme letztlich ihre Form. Durch Überlagerung (entspricht im Frequenzbereich mathematisch der Multiplikation) des Outputs der Stimmbänder mit der Filtercharakteristik des Vokaltrakts ergibt sich der Klang der Stimme, deren Frequenzspektrum unten dargestellt ist (nach Sundberg 1987, S. 20). Werden unterschiedliche Laute gesungen, ist der Filter jeweils anders (d. h. liegen die Berge und Täler jeweils anders), woraus ein anderes Obertonspektrum der Stimme resultiert.

ren harten Gaumen oder durch die Zunge am hinteren weichen Gaumen kurzfristig unterbrochen, wodurch die Verschlusslaute /b/ und /p/, /d/ und /t/ bzw. /g/ und /k/ entstehen. Daneben erzeugen wir Reibelaute (Frikative), indem wir eine kleine Öffnung, jeweils wieder im Bereich der Lippen, des harten oder des weichen Gaumens, bilden, wobei wir die Stimmbänder entweder mitschwingen lassen können oder nicht. So entstehen stimmhafte und stimmlose Laute wie /f/ und /v/, das stimmhafte oder stimmlose /s/, das /sch/ oder das /ch/. Wenn wir die Luft nur durch die Nase herauslassen, entsteht, je nachdem, wo wir den Luftstrom verschließen – am weichen Gaumen, harten Gaumen oder den Lippen –, ein Nasallaut wie /ng/, /n/ oder

/m/. Wenn wir den Mund einfach nur öffnen und die Stimmbänder vibrieren lassen, so hängt es ganz von der Stellung der Zunge und der Lippen ab, ob sich das Ganze wie ein /a/, /e/, /i/, /o/ oder /u/ anhört (vgl. Abb. 10-3). Dies alles geschieht in Bruchteilen von Sekunden unglaublich präzise und koordiniert. Wir machen es uns eben nur selten klar: Sprechen gehört zu den Höchstleistungen, die wir täglich vollbringen, ohne es zu merken.

Beim Sprechen verändert sich die Frequenz der Grundschwingung der Stimmbänder nur gering, so dass für normal gesprochene Sprache der Tonumfang von etwa einer Oktave völlig ausreicht (Sundberg 1988). Bekanntermaßen wird der emotionale Gehalt des Gesagten unter anderem durch die Höhe der Stimme transportiert. Bei anderen Sprachen kann die Höhe der Stimme aber auch andere Funktionen haben. Im Chinesischen wird beispielsweise die Bedeutung (und nicht die emotionale Tönung) durch die Tonhöhe der Stimme bestimmt.

Man unterscheidet nach Lautstärke und Frequenz die Sprechstimme von der Rufstimme und der Singstimme. Die beste Übersicht hierzu geben Diagramme, in denen auf der X-Achse die Frequenz und auf der Y-Achse die Lautstärke aufgetragen sind und in denen die Stimme als Feld abgebildet werden kann (vgl. Abb. 10-4).

Anatomie und Adamsapfel

Beim neugeborenen Säugling sind die Stimmbänder 3 Millimeter lang, bei der erwachsenen Frau 9 bis 13 Millimeter und beim erwachsenen Mann 15 bis 20 Millimeter. Je länger die Stimmbänder sind, desto tiefer kann die Stimme klingen. Die Sprechstimme lässt sich nach einer Untersuchung von 50 Frauen und 41 Männern (stimmgesunde Mitglieder eines Laienchors) wie folgt charakterisieren (vgl. Hacki 1999): Der tiefste Ton liegt bei Männern bei 55 bis 110 Hz (Mittelwert: 82 Hz), der höchste bei 155 bis 311 Hz (Mittelwert: 246 Hz), der Tonumfang wurde mit 14 bis 23 Halbtönen (Mittelwert: 19) bestimmt (vgl. Abb. 10-5). Der leiseste Ton liegt bei 46 bis 50 dB, der lauteste bei 93 bis 105 dB, was einer Dynamik von 45 bis 59 dB entspricht (Mittelwert: 52 dB). Wenn Männer rufen, liegt die Frequenz des höchsten Tons bei 220 bis 440 Hz (Mittelwert: 329 Hz), die Lautstärke beträgt 98 bis 113 dB (Mittelwert: 108,5 dB; vgl. Abb. 10-4).

Interessanterweise gibt es keinen Zusammenhang zwischen der Länge der Stimmbänder und der Körpergröße, wohl aber zwischen Stimmbandlänge und Halsumfang. Die Größe des Halses bestimmt insgesamt die Größe des Kehlkopfes (lat. *Larynx*), bei dem es sich um eine Struktur aus einer Reihe von Knorpeln handelt, die durch Gelenke, Bänder und Schleimhautfalten beweglich verbunden sind. Bei schlanken Männern kann man das vordere Ende des Schildknorpels von außen gut erkennen; es wird allgemein als *Adamsapfel* bezeichnet (siehe Abb. 10-6). An diesem Knorpel sind die von vorne nach hinten verlaufenden Stimmbänder vorne befestigt. Hinten münden das rechte und das linke Stimmband jeweils an einen kleinen, drehbar aufgehängten *Stellknorpel* (dem *Arytaenoidknorpel*).

Über den Stimmbändern liegen die so genannten *falschen Stimmbänder*, mit denen der gesamte Luftstrom, der aus der Lunge kommt, unterbrochen werden kann. Wir schließen die falschen Stimmbänder beispielsweise immer dann, wenn wir durch Füllen der Lungen und Anspannung der Bauchmuskeln Druck im Bauchraum

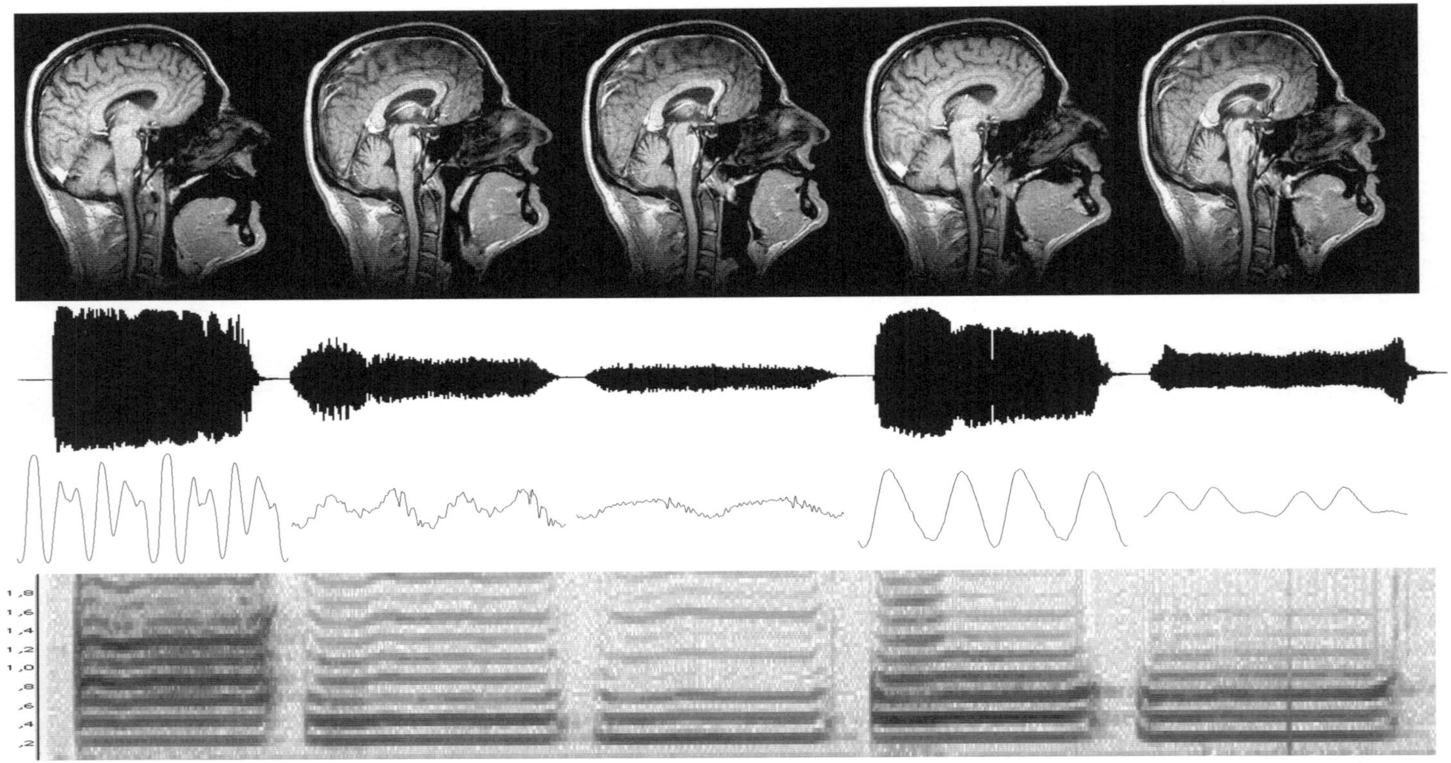

Abb. 10-3 Magnetresonanztomographisch erzeugte Medianschnitte durch den Kopf des Autors beim Singen der Vokale /a/, /e/, /i/, /o/ und /u/ zur Verdeutlichung der Stellung vor allem der Zunge beim Erklingen unterschiedlicher Vokale. Darunter ist die Wellenform der Vokale und darunter wiederum ein zeitlich genauerer Ausschnitt der jeweiligen Wellenform (jeweils zwei Grundschwingungen) dargestellt. Ganz unten im Spektrogramm werden die unterschiedlich starken Obertöne bei den verschiedenen Vokalen (dargestellt bis 2000Hz) sehr deutlich.

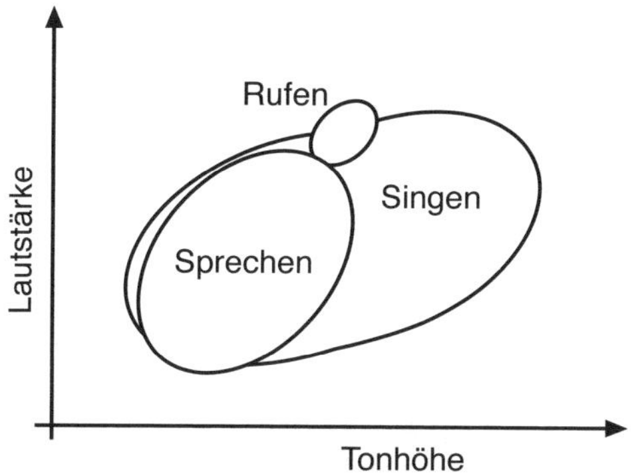

Abb. 10-4 Schematische Darstellung des Sprech-, Ruf-, und Singstimmfeldes, das durch die Achsen *Tonhöhe* und *Lautstärke* bestimmt ist. Die Verhältnisse sind bei Männern und Frauen etwa gleich, nur gegeneinander verschoben, weswegen nur eine allgemeine Darstellung ohne genaue Angaben auf den Achsen erfolgt. Wie man sieht, wird beim Sprechen nur etwa die tiefere Hälfte des Tonumfangs verwendet. Beim Rufen ist die Dynamik von Tonhöhe und Lautstärke nur gering (nach Hacki 1999).

ausüben wollen, zum Beispiel auf der Toilette oder beim Heben schwerer Lasten (siehe unten). Eine Reihe weiterer Knorpel, Hohlräume, Falten und Muskeln sorgen dafür, dass es sich beim Kehlkopf zusammen mit dem Rachenraum um ein sehr kompliziertes Gebilde handelt. Dies ist der Vokaltrakt, die gesamte Produktionsmaschinerie der menschlichen Stimme oberhalb der Stimmbänder. Der menschliche Vokaltrakt kann aufgrund seiner Kompliziertheit und der damit verbundenen Möglichkeit, viele Parameter seiner Form und Funktion zu verstellen, eine überaus große Fülle unterschiedlicher Laute hervorbringen. Im Gegensatz zu Tieren, deren Lautäußerungen in aller Regel im Hinblick auf die Variationsbreite eingeschränkt sind, ist das Repertoire möglicher unterschiedlicher Laute des Menschen sehr groß. Neben dem Gehirn gehört der Vokaltrakt damit zu den entwicklungsgeschichtlich neuesten Teilen des menschlichen Körpers. Auf der großen Zeitskala der Evolution ist die menschliche Stimme eine erst kürzlich hinzugekommene Errungenschaft.

Physiologie: Aus Luft wird Schall

Die Stellknorpel haben die wichtige Aufgabe, die Stimmbänder zu schließen oder zu öffnen. Bei geöffneten Stimmbändern kann die Luft ungehindert aus der Luftröhre in den Rachenraum strömen, wie dies beim normalen Atmen, bei der Produktion von stimmlosen Lauten oder beim Flüstern geschieht. Die Stimmbänder schwingen in diesen Fällen nicht. Sie tun dies nur dann, wenn die Stellknorpel den Spalt zwischen ihnen, die *Stimmritze*, verschließen. Bei zunehmendem Druck in der Lunge werden die Stimmbänder dann durch die Luft aus der Lunge aufgedrückt, was einen kurzen Luftstrom bewirkt, der jedoch seinerseits das Schließen der Stimmbänder wieder verursacht.

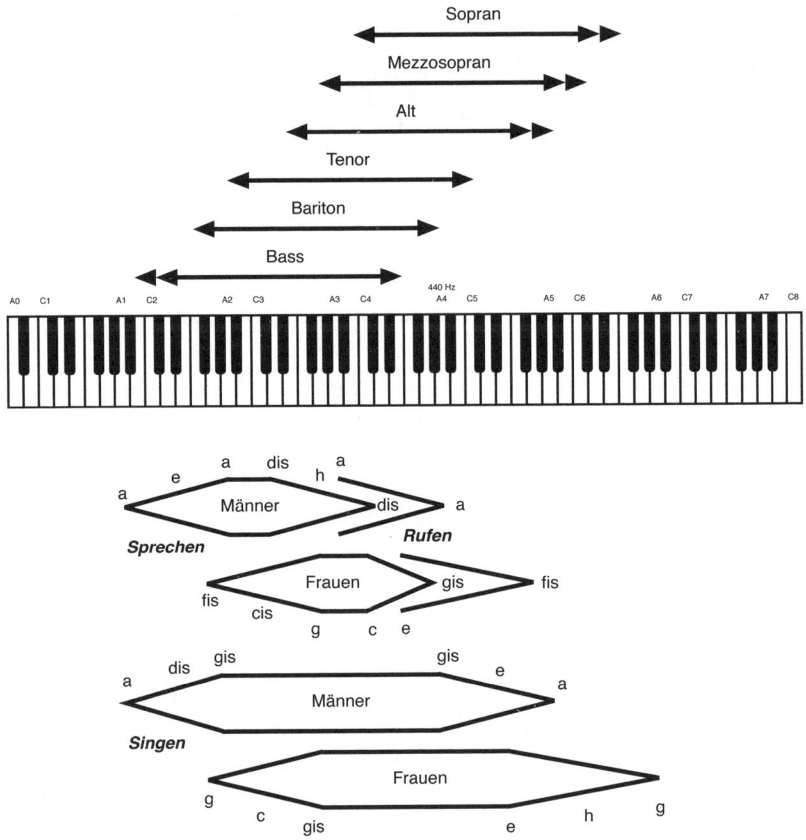

Abb. 10-5 Tonbereiche der menschlichen Stimme für die verschiedenen Stimmlagen (nach Michels 2001) sowie für das Sprechen, Rufen und Singen (nach Hacki 1999). Man sieht oben, dass Bass und Sopran, also tiefste und höchste menschliche Stimmlage, sich gerade berühren. Die Kleinbuchstaben (unten) bezeichnen jeweils die Tongrenzen bzw. die von Hacki angegebenen Mittelwerte der Tonhöhe der untersuchten Stichprobe. Man erkennt beispielsweise, dass mancher Mann höher singen kann als manche Frau rufen und dass der Tonumfang der menschlichen Stimme (von der tiefsten Männerstimme zur höchsten Frauenstimme) insgesamt knapp fünf Oktaven beträgt.

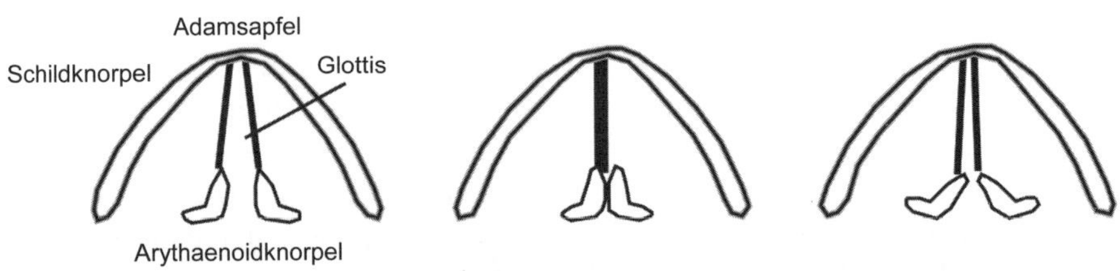

Abb. 10-6 Querschnitt durch den vorderen Halsbereich in Höhe der Stimmbänder (schematisch), links während der Phonation (d. h. beim Sprechen oder Singen), in der Mitte bei geschlossenen Stimmbändern und rechts beim Flüstern. Die Arythaenoidknorpel werden auch als Stellknorpel bezeichnet, denn ihre Bewegung (Verschiebung *und* Drehung) ist für die Phonation wesentlich.

Warum aber verschließen sich die Stimmbänder wieder? Warum bleiben sie nicht durch den Luftstrom aufgedrückt? Der Grund hierfür ist interessanterweise letztlich der gleiche, warum Flugzeuge fliegen. Wie der Schweizer Physiker Bernoulli bereits im 18. Jahrhundert darstellte, gilt für strömende Luft das Gesetz des umgekehrten Zusammenhangs von Geschwindigkeit und Druck: je größer die Geschwindigkeit, desto kleiner der Druck. Strömt Luft an den Stimmritzen vorbei, so bewirkt dies aus dem gleichen Grund einen Abfall des Drucks, was wiederum dazu führt, dass die Stimmbänder wieder zusammenfallen. Dadurch steigt erneut der Druck und es kommt zu einer erneuten Öffnung der Stimmritze. Der Nettoeffekt des Vorganges ist, wie schon gesagt, dass der kontinuierliche Luftstrom aus der Lunge in einen pulsierenden Luftstrom zerhackt wird. Diese Pulse sind nichts weiter als der hörbare Ton. Wenn wir den Ton A4 (entsprechend 440 Hz) singen, dann geschieht der Vorgang des Öffnens und Schließens der Stimmritze in jeder Sekunde 440 Mal.

Man bezeichnet diesen Prozess als *Phonation*. Das Ergebnis der Phonation ist keineswegs die Stimme, sondern lediglich deren Rohmaterial. Ebenso wenig wie eine schwingende Geigensaite, die auf einem einfachen Brett zwischen zwei Nägel gespannt ist, bereits einen Geigenton ausmacht, machen schwingende Stimmbänder den Ton der Stimme aus. Die Schwingungen der Stimmbänder werden vielmehr in den verschiedenen Hohlräumen darüber (Kehlkopf, Rachen, Mund, Nase, Kieferhöhlen) geformt. Wie oben bereits gesagt, bezeichnet man die Formung der von den Stimmbändern produzierten Schwingungen im Vokaltrakt als Artikulation. Abbildung 10-7 gibt eine Übersicht über die an der Produktion der menschlichen Stimme beteiligten Organe und deren Funktionen.

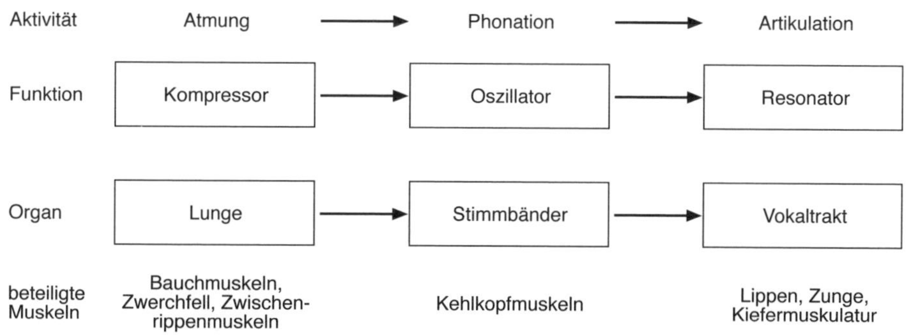

Abb. 10-7 Blockdiagramm zu den drei funktionellen Komponenten der Stimme. Den Aktivitäten der Atmung, Phonation und Artikulation entsprechen die Funktion der Kompression von Luft, der Herbeiführung einer Oszillation und der Resonanz der Schwingungen. Die beteiligten Organe sind Lunge, Stimmbänder (im Kehlkopf) und Vokaltrakt mit den jeweils kontrollierenden Muskeln. Wenn wir beispielsweise flüstern, spannen wir die Stimmbänder so stark an, dass der Luftstrom an ihnen wie bei im Mund- und Rachenraum gebildeten Zischlauten nur ein Rauschen (ungeordnete Oszillation) verursacht. Dieses Rauschen wird dann im Mund- und Rachenraum wie beim Sprechen geformt (Artikulation im Vokaltrakt), so dass eine verstehbare Sprache entsteht, ohne dass diese von einem Ton getragen wird.

Wir sprechen ein Wort

Sprechen wir beispielsweise das Wort „Tasse“ aus, so sind die Stimmbänder zunächst geöffnet und lassen Luft ohne Schwingung hindurch. Diese staut sich im Rachenraum, da die Zunge am harten Gaumen anliegt und den Ausstrom der Luft verhindert und zudem der weiche Gaumen an der Hinterwand des Rachens anliegt, so dass auch ein Luftausstrom durch die Nase nicht möglich ist. Löst sich dann die Zunge vom harten Gaumen, entsteht als erstes der stimmlose Laut /t/.

Dann schließen die Stellknorpel die Stimmbänder zusammen, so dass der aus der Lunge kommende Luftstrom diese in Schwingungen versetzt. Durch Öffnen des Mundes und Bewegen des etwa mittleren Teils der Zunge nach unten entsteht im Mund ein relativ großer Raum, der aus dem Rohmaterial der von den Stimmbändern kommenden Schwingungen ein /a/ formt. Dann geht die Zunge wieder in Richtung harten Gaumen, die Stellknorpel öffnen die Stimmritze und es wird ein Zischlaut ohne gleichzeitige Phonation (ein stimmloses s) produziert. Danach beginnen die Stimmbänder wieder durch entsprechende Verstellung der Stellknorpel zu schwingen, und durch Hebung des vorderen bis mittleren Teils der Zunge wird aus diesen Schwingungen im Mund der Vokal /e/ artikuliert. Dies alles geschieht innerhalb von etwa 360 Millisekunden, der Zeit, die wir brauchen, um das Wort Tasse auszusprechen. In Abbildung 10-8 ist das digitalisierte Sonogramm des vom

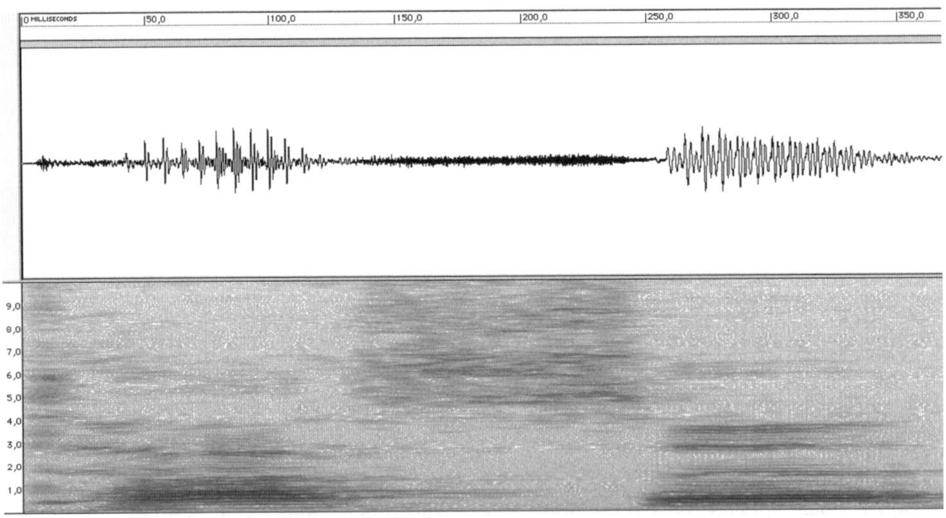

Abb. 10-8 Sonogramm (oben) und Spektrogramm (unten) des Wortes „Tasse“. Dargestellt ist der Gesamtverlauf innerhalb der 360 Millisekunden, die man braucht, um das Wort auszusprechen. Es ist deutlich zu sehen, dass während des Aussprechens von /a/ und /e/ eine Schwingung samt Oberschwingungen vorhanden ist, nicht jedoch während des Aussprechens des stimmlosen s, das durch ein hochfrequentes Rauschen charakterisiert ist. Man erkennt auch, dass beim /a/ die Frequenzen um 1000 Hz besonders laut sind (erster und zweiter Formant), wohingegen das /e/ durch einen tieferen ersten Formanten und einen höheren zweiten Formanten gekennzeichnet ist (vgl. auch Abb. 10-11).

Autor gesprochenen Wortes „Tasse“ mit einigen herausvergrößerten Passagen abgedruckt.

Um eine gewisse Ordnung in die vielen über das Singen vorliegenden Erkenntnisse zu bringen, werden im Folgenden zunächst das Atmen und dann die Phonation und die Artikulation beim Singen genauer betrachtet. Danach geht es um Untersuchungen zu speziellen Aspekten der Stimme bis hin zum Stimmbruch und zu Erkrankungen der Stimme.

Die Atmung: Stütze beim Singen

Die Lungen mit ihrer Funktion des Atmens stellen die für das Singen benötigte Energie in Form komprimierter Luft bereit. Zwerchfell, Zwischenrippen- und Bauchmuskeln wirken neben elastischen Kräften der Lunge aktiv an der Atmung mit. Normalerweise atmen wir etwa zwölfmal in der Minute ein und aus, wobei wir jeweils etwa einen halben Liter Luft bewegen. Beim Mann ist dies nur etwa ein Zehntel dessen, was an Luft nach maximalem Einatmen durch maximales Ausatmen bewegt werden kann (etwa fünf Liter; man nennt diese Luftmenge – tief einatmen, alles ausatmen – die *Vitalkapazität*). Auch nach maximaler Ausatmung befindet sich noch Luft in der Lunge, das sogenannte *Residualvolumen*, das etwa zwei Liter beträgt. Werden durch die Muskeln keine Kräfte auf die Lunge ausgeübt, befindet sie sich in einem Gleichgewichtszustand und ist etwa zu 40–45 % der Vitalkapazität gefüllt.

Beim normalen Atmen wird das Volumen im Brustraum durch die Anspannung des Zwerchfelles etwas vergrößert (aktives Einatmen) und durch Nachlassen der Zwerchfellspannung strömt sie beim Ausatmen wieder aus der Lunge (passives Ausatmen). Das Volumen pendelt also um einen halben Liter ausgehend vom Ruhewert der funktionellen Residualkapazität. Liegt diese bei 40 % Vitalkapazität, so pendelt das Luftvolumen in der Lunge beim spontanen Einatmen zwischen 40 und 45 % Vitalkapazität.

Beim normalen spontanen Sprechen pendelt das Luftvolumen etwa zwischen 15 und 55 %, d. h., es wird vor allem mehr Luft aus der Lunge herausgepresst, aber kaum vermehrt eingeatmet. Dies geschieht beim lauten bzw. sehr lauten Lesen, bei dem ein Bereich zwischen 70 und 10 % der Vitalkapazität bzw. 95 und 15 % der Vitalkapazität ausgenutzt werden (Sundberg 1987, S. 33).

Beim normalen Sprechen entspricht der Atemrhythmus etwa dem normalen Atmen, d. h. im Durchschnitt findet etwa alle fünf Sekunden ein Atemzug statt. Beim Singen kann es jedoch notwendig sein, eine Phrase kontinuierlich für zehn Sekunden oder länger durchzuhalten, wozu eine große Menge an Luft benötigt wird. Entsprechend hat man herausgefunden, dass die Vitalkapazität von Sängern etwa 20 % größer ist als die von Nichtsängern. Es findet bei Sängern allerdings keine Expansion des Lungenvolumens statt, sondern vielmehr eine Verkleinerung des Residualvolumens. Sänger schaffen es also, die Luft aus ihrer Lunge effektiver herauszupressen.

Sänger kontrollieren zudem den Luftstrom genauer als untrainierte Stimmbenutzer. Hierzu dient die Anspannung von Bauch- und Zwischenrippenmuskulatur, so dass ein gleichmäßiger Luftstrom gewährleistet ist. Dieser ist wiederum Voraussetzung dafür, dass trotz ständiger Änderung der an seiner Kontrolle beteiligten Variablen ein im Hinblick auf Lautstärke, Tonhöhe und Klangfarbe gleichmäßiger Ton gesungen werden kann. Man nennt diese Anspannung der Atemmuskulatur daher auch *Stütze*. Sie ist nicht nur für das Singen, sondern auch für das Spielen von Blasinstrumenten sehr wichtig. Thomasson und Sundberg (1999) konnten durch Messungen des Lungenvolumens sowie der Bewegungen von Brustkorb und Bauchwand bei zwei Sängerinnen und drei Sängern im Ganzkörperplethysmographen (einem Gerät zur Messung der Lungenfunktion) nachweisen, dass beim dreimaligen Singen der gleichen Passage sehr reproduzierbare Verläufe des Lungenvolumens resultieren. Die Gesangsprofis haben also ihre Atmung sehr genau im Griff. Wie sie diese Stütze im Einzelnen leisten, erwies sich aufgrund der Messungen der Muskelaktivität an Brust und Bauch als variabel. Es ist nach dieser Untersuchung nicht der Fall, dass jeder Sänger die Stütze vor allem mit den Bauchmuskeln vollzieht. Daraus leiten die Autoren ab, dass professionelles Singen nicht notwendig eine einheitliche Atemtechnik verlangt.

Luftdruck und Luftströmung

Wir brauchen die Stimmbänder nicht nur zum Singen. Wenn wir einen schweren Gegenstand tragen, so atmen wir zuvor ein und verschließen die falschen Stimmbänder. Die angespannten Muskeln des Brust- und Bauchraumes sorgen für einen erhöhten Druck im Brustraum und dieser trägt zur Stabilisierung des Körpers bei. Die dabei an der Glottis entstehenden Drucke können 150 cm Wassersäule oder mehr betragen, wie man sowohl durch Messungen des Drucks im Mund bei geschlossenen Lippen (der dann dem Luftdruck bei verschlossener Glottis in etwa entspricht) und sogar durch Messungen mittels einer in die Luftröhre von außen eingeführten Nadel bei wenigen heroischen Versuchspersonen gemessen hat. Auch zum Husten, Pressen (also auf der Toilette oder unter der Geburt) und Niesen brauchen wir die Stimmbänder, was Personen, denen aufgrund einer Krebserkrankung der Kehlkopf operativ entfernt werden musste, neben dem Verlust der Stimme stark beeinträchtigt. Überhaupt – dies sei hier am Rande erwähnt – sollten sich Raucher klarmachen, dass sie ein deutlich erhöhtes Risiko haben, an Kehlkopfkrebs zu erkranken. Man kann diese Krankheit zwar durch Entfernen des Kehlkopfes behandeln, danach resultiert jedoch bei den heute erreichten Überlebenszeiten von durchschnittlich 15 Jahren sehr oft eine schwere chronische Behinderung.

Beim Sprechen beträgt der Druck unterhalb der Stimmbänder etwa 6 cm Wassersäule und beim lauten Sprechen selten mehr als 15 cm Wassersäule. Zur Produktion eines lauten Tons auf der Oboe kann dieser Druck bis auf 65 cm Wassersäule ansteigen und beim lauten Singen liegt er im Bereich zwischen 20 und 30 cm Wassersäule, es werden jedoch Extremwerte bis zu 70 cm erreicht. Beim Singen einer Koloratur, d. h. einer raschen Folge von kurzen Tönen, wird der Luftdruck und damit der Luftstrom bis zu siebenmal in jeder Sekunde verstärkt und abgeschwächt, was vom Sänger eine außerordentliche Kontrolle seines Atemapparates abverlangt.

Beim raschen Einatmen beträgt der Luftfluss bis zu fünf Liter pro Sekunde. Beim normalen Atmen liegt er bei etwa 0,1 Liter pro Sekunde. Je nach Lautstärke durchströmt beim Singen 0,1 bis 0,6 Liter Luft pro Sekunde den Kehlkopf. Ausgebildete Sänger verstehen sich besonders gut darauf, mit relativ wenig Luft einen lauten Ton zu produzieren. In der Popmusik ist jedoch manchmal genau das Gegenteil der Fall: eine Stimme klingt besonders rauchig, rau oder auch gehaucht, wenn die Stimmbänder bei der Phonation nicht vollständig aneinanderliegen und deswegen viel Luft entweichen kann und gleichzeitig wenig Vibration stattfindet. Da hierzu die Muskulatur der Stimmbänder wenig angespannt sein muss, interpretieren wir eine solche hauchige Stimme gerne als Zeichen von Ruhe oder Entspannung, weswegen ein hauchiger Gesang einen entsprechenden Eindruck vermittelt.

Phonation: den Schall erzeugen

Das Produkt der Stimmbänder ist der so genannte *Primärschall* mit einer bestimmten Tonhöhe (Grundfrequenz), Lautstärke (Amplitude) und Klangfarbe (Frequenzspektrum). Es ist gar nicht so leicht, diesen Primärschall zu untersuchen, denn was aus dem Mund als Stimme kommt, ist ja in jedem Fall schon durch die Artikulation mitbeeinflusst. Um den Primärschall zu untersuchen, muss man sich technischer Kniffe bedienen. Einer besteht darin, eine bekannte Schallquelle an den Kehlkopf zu halten (z. B. einen Summtongenerator, wie ihn Menschen nach Kehlkopfamputation zum Sprechen verwenden) und den Effekt der Stellung der Artikulationsorgane auf den Klang dieser Schallquelle zu bestimmen. Stellt man also auf diese Weise erst einmal fest, was die Artikulation mit einer bekannten Schallquelle macht, kann man danach gewissermaßen aus dem bekannten aus dem Munde kommenden Schall auf das reine Produkt der Stimmbänder zurückschließen (man spricht auch von inverser Filterung). Eine andere Möglichkeit besteht darin, von unten mit einer sehr starken an den Hals gehaltenen Lampe Licht auf den Kehlkopf zu werfen und dann von oben mit einem Kehlkopfspiegel (Laryngoskop) das durch die Stimmritze fallende Licht aufzuzeichnen. Man erhält auf diese Weise optische *Glottogramme*, die Bewegungen der Stimmbänder genau anzeigen. Mittels solcher und noch komplizierterer Methoden hat man mittlerweile einiges Wissen über die Funktion der Stimmbänder zutage gefördert.

Die Tonhöhe

Die Frequenz der Stimmbandschwingungen wird durch die Spannung und die Dicke der Stimmbänder bestimmt. Bei einem tiefen Ton sind die Stimmbänder entspannt, dick und kurz, bei einem hohen Ton hingegen gespannt, dünn und lang. Wird ein tiefer Ton gesungen, klatschen die Stimmbänder richtiggehend aneinander, was eine auf ihnen entlanglaufende Schleimhautwelle verursacht, die sich durch ein Laryngoskop und spezielle Aufnahmetechniken beobachten lässt. Hierbei handelt es sich um eine Art Brandungswelle, die auf der Oberfläche der Stimmbänder bis zur Wand des Schildknorpels entlangläuft. Werden höhere Töne gesungen, gibt es keine solche Welle, denn die Stimmbänder sind zu stark angespannt, so dass sich auf ihnen keine Welle ausbreiten kann. Sie schwingen zudem zu schnell, um der Welle Zeit zur Ausbreitung zu ermöglichen. Beim Singen ganz hoher Töne schließlich verschließen die Stimmbänder den Kehlkopf gar nicht mehr vollständig, sondern vibrieren nur noch hin und her, ohne sich in der Mitte zu berühren.

Die Stimmbänder können sowohl passiv gedehnt als auch aktiv gestrafft bzw. versteift werden. Ihre Dehnung wird durch die an Knorpeln ansetzenden Kricothyroideusmuskeln bewirkt, die an den Stimmbändern ziehen können wie an einem Gummiband. Der *Musculus vocalis* hingegen verläuft in den Stimmbändern und bewirkt bei seiner Anspannung deren aktive Straffung.

Gesungen wird dann vor allem mit dem Kopf, d.h. mit der Steuerzentrale der komplizierten Bewegungsabläufe der beim Singen beteiligten Muskeln, dem Gehirn. Wenn wir einen Ton singen, dann beginnt der Muskel, der die Stimmbänder zusammenführt (der laterale Krikoarytaenoidmuskel) bereits etwa 500 bis 50 Millisekunden zuvor mit seiner Arbeit, während gleichzeitig die Aktivität in seinem Gegenspieler, dem Muskel, der die Stimmbänder voneinander entfernt (der posteriore Krikoarytaenoidmuskel), abnimmt. Etwa 50 bis 100 Millisekunden, nachdem die Stimmbänder mit der Bewegung aufeinander zu begonnen haben, steigt der Luftdruck in der Luftröhre unter ihnen.

Nun kommt für jeden Sänger die lange Erfahrung mit seinem Stimmorgan ins Spiel, denn er muss den Druck (durch die Zwerchfell- und Zwischenrippenmuskulatur; siehe unten) und die Spannung der Stimmbänder sowie der diese verstellenden Muskeln sehr fein – es geht hier um Bruchteile von Millimetern und um sehr kleine Unterschiede in der Spannung – einstellen, um genau den Ton zu treffen, den er tatsächlich singen will. All dies geschieht unbewusst, wurde aber von jedem von uns durch langes aber scheinbar müheloses Training in der frühen Kindheit gelernt. Gesangslehrer beziehen sich auf diese unbewussten aber dennoch von der willkürlichen Muskulatur vorgenommenen *präphonatorischen Einstellungen*, wenn sie davon sprechen, dass ein guter Sänger den „nächsten Ton voraushören" (vgl. Sundberg 1997, S. 84) können muss. Diese Einstellungen beziehen sich auf die inneren und äußeren Muskeln des Kehlkopfes, aber auch auf die Atemmuskulatur, die Muskulatur der Artikulationsorgane (Schlund, Zunge, Mund) und auf die Muskeln des Mittelohres (deren Aktivierung dessen Sensibilität herabsetzt; vgl. Kapitel 3).

Interessanterweise gilt dabei für den Kontrollmechanismus, dass er nicht linear über den gesamten Frequenzbereich der Stimme arbeitet, sondern in gewisser Weise zirkulär: Singt man immer höher, so wird an einem gewissen Punkt der gesamte Kontrollmechanismus zum Ausgangswert zurückgesetzt.

„Die Einstellungen für den Grundbereich des tieferen Registers können dann, ähnlich wie beim Schalten des Autogetriebes, für den Grundbereich des höheren Registers erneut in Anwendung gebracht werden" (Sundberg 1997, S. 79). Auch bei Singvögeln scheinen ähnliche Mechanismen am Werke zu sein, denn man konnte zeigen, dass auch diese einen tiefen Ton dadurch singen lernen können, dass sie ihre Stimme zuerst einem doppelt so hohen Ton annähern und dann gleichsam eine Oktave herunterschalten (vgl. Tchernichovski et al. 2001).

Geübte Sänger sind in der Lage, die Höhe des gesungenen Tons rascher zu steigern als ungeübte. Beim Singen absteigender Töne sind sie gleich schnell. Das Heben der Stimme lässt sich also offensichtlich üben, das Senken jedoch nicht. Dies liegt daran, dass es einen bestimmten Muskel gibt (der laterale Thyroarytaenoidmuskel), der lebenswichtig ist, da er beim Eindringen von Fremdkörpern den Kehlkopf verschließt und auf diese Weise die Lunge vor unliebsamen, die Luftwege blockierenden Eindringlingen schützt. Es ist nun genau dieser Muskel, der auch an der raschen Absenkung der Grundfrequenz der Stimmbänder beteiligt ist. Wäre er nur bei trainierten Sängern in guter Funktion, so hätten alle Menschen ohne Gesangsunterricht einen deutlichen Überlebensnachteil, würden sie doch mit höherer Wahrscheinlichkeit an einem Fremdkörper in der Luftröhre ersticken. Dies kann man kaum annehmen. Anders gesagt: Die Tatsache, dass rasche Tonsenkung nicht geübt zu werden braucht (wir können es alle), beruht darauf, dass sie sich eines überlebenswichtigen Muskels bedient.

Wer schon einmal auf einem Jahrmarkt eine Pfeife, Tröte oder irgendeinen anderen Gegenstand erstanden hat, der durch Hineinblasen Lärm erzeugt (auch bei unsachgemäßem starken Anblasen einer Blockflöte ist der Effekt zu bemerken), der weiß, dass in einfachen physikalischen Systemen, die aus strömender Luft Schall erzeugen, ein Zusammenhang zwischen Lautstärke und Frequenz besteht: Je fester man in die Pfeife bläst, desto lauter *und* desto höher wird ihr Ton. Dies ist bei den Stimmbändern – prinzipiell jedenfalls – keineswegs anders. Beim Sprechen, wo es auf die genaue Tonhöhe nicht ankommt, geschieht dies auch dauernd. Leises Sprechen ist nicht nur leiser, sondern auch deutlich *tiefer* als beispielsweise lautes Rufen. Mit zunehmendem Luftdruck aus der Lunge wird die Stimme lauter. Entsprechende Messungen haben gezeigt, dass es bei Verdopplung des subglottischen Drucks zu einer Erhöhung der Schallstärke der Phonation um etwa neun Dezibel kommt, was etwa einer Verdopplung der Lautstärke entspricht.

Nun ändert sich aber auch die Frequenz der Grundschwingung der Stimmbänder mit dem Druck. Steigt der subglottische Druck um etwa einen Zentimeter Wassersäule, so erhöht sich die Phonationsfrequenz um etwa drei bis vier Hertz. Geht man davon aus, dass ein subglottischer Druck von sieben Zentimeter Wassersäule bei normalem Sprechen einen Ton von etwa 100 (männlich) bzw. 200 Hz (weiblich) hervorruft, ergibt sich, dass bei Verdopplung des subglottischen Drucks von 7 auf 14 cm Wassersäule sich die Grundschwingung bei der männlichen Stimme um 28 Hz erhöht, was verglichen mit der Ausgangslage von 100 Hz etwa einer großen Terz entspricht.

Beim Singen stört dieser Zusammenhang mächtig, und ungeübte Sänger fallen u. a. dadurch negativ auf, dass sie beim Lauterwerden auch stimmlich in die Höhe gehen. Damit dies nicht geschieht, bedarf es ziemlich komplexer Regelmechanismen der Kehlkopfmuskulatur. Durch die Nachregelung der Spannung und Stellung der Stimmbänder muss beim Singen eines Tons gleicher Höhe und zunehmender Lautstärke (sagen wir: ein C im Crescendo) die Physik vom Stimmapparat richtiggehend ausgetrickst werden. Nur so schafft es ein geübter Sänger, die aufgrund der Physik schwingender Körper zusammenhängenden Größen der Lautstärke und Tonhöhe *unabhängig* voneinander zu verändern. In der Tat besteht ein Teil der Kunst professionellen Singens in genau dieser Fähigkeit. Wie dies im Einzelnen geschieht, lässt sich letztlich nur durch genaue Messung der elektrischen Aktivität der beteiligten Muskeln herausfinden, aber wer singt schon gerne, wenn Stimmbänder und Kehlkopfmuskeln mit feinen nadelförmig spitzen Drähten gespickt sind? Die entsprechenden Untersuchungen sind daher zahlenmäßig gering, sie wurden jedoch gemacht!

Die Kontrolle der Muskeln beim Sprechen und Singen erfolgt nicht nur zentral gesteuert, sondern zugleich auch über vollautomatische so genannte *intraphonatorische Reflexe*. Ebenso wie wir unser Kniegelenk normalerweise willkürlich bewegen aber zugleich auch ein Reflex dafür sorgen kann, dass der Unterschenkel nach vorne schnellt, wenn uns der Arzt (bei der Reflexprüfung) mit einem Hämmerchen unterhalb der Kniescheibe auf die Sehne klopft, können auch Muskeln des Stimmapparats reflektorisch und willkürlich aktiv werden. Die Reflexe der Stimme nehmen ihren Ausgangspunkt bei Rezeptoren in Muskeln und Schleimhäuten, die auf Druck und Dehnung reagieren und den momentanen Zustand des Systems melden. Dies wurde nachgewiesen, indem man die Rezeptoren durch Betäubung (Anästhesie) ausschaltete und schaute, was geschieht. Es kommt dann zu Problemen beim Singen, nicht jedoch beim Sprechen, da die Sprache nicht das Ausmaß der genauen Kontrolle verlangt wie das Singen. Was beim Singen im Einzelnen geschieht und wie die Steuerungssysteme ineinandergreifen, wird von Sundberg (1997, S. 86) wie folgt beschrieben:

> „Zunächst stellt der Sänger [...] die Larynxmuskulatur in einer Weise ein, die entsprechend seiner früheren Erfahrung und Ausbildung geeignet ist, den beabsichtigten Ton wunschgemäß zu erzeugen. Das Atmungssystem erhöht den subglottischen Druck. Das löst einen transglottischen Luftstrom aus, der wiederum schallerzeugend wirkt. Jetzt schaltet sich das System für die automatische Phonationskontrolle ein. Die Dehnungsrezeptoren der Larynxmuskeln, die Mechanorezeptoren in der subglottischen Schleimhaut und die Gelenkrezeptoren in den Knorpelgelenken senden laufend Signale über den gegenwärtigen Zustand in ihrem jeweiligen Bereich an das Hirn. Auf der Grundlage dieser Meldungen entscheidet das Hirn, welcher Muskel aktiviert werden muss, in welchem Ausmaß und zu welcher Zeit das geschehen soll. All das läuft unterbewusst und reflektorisch ab."

Neben diesem intraphonatorischen Reflexsystem gibt es natürlich auch noch die Rückkopplung über das Hören. Vor allem beim *Lernen* von Sprechen und Singen ist dieses auditive Feedback äußerst wichtig, was man schon daran sehen kann, dass taub geborene Menschen vergleichsweise viel länger zum Erlernen des Sprechens brauchen. Wenn wir jedoch erst einmal sprechen und singen gelernt haben, kann das Gehör ausfallen, ohne dass wir hierdurch deutlich gestört werden oder die Fähigkeiten zum Sprechen und Singen gleich ganz verlieren. Dennoch singen wir unsauberer, wenn wir das akustische Feedback nicht zur Kontrolle verwenden können.

Wer beispielsweise auf einer lauten Bühne bei einem Pop-Konzert singen muss, der steckt manchmal einen Finger ins Ohr, um gleichzeitig den Schall aus den Monitor-Lautsprechern zu blockieren und den via Knochenleitung zum Innenohr fortgeleiteten Schall am Entweichen durch das Ohr zu hindern und dadurch die eigene Stimme besser zu hören. Man kann dies bei genauem Hinsehen bei Live-Konzerten immer wieder beobachten, gerade dann, wenn schwierige Passagen gesungen werden. Wissenschaftliche Studien hierzu haben ergeben, dass beim Ausfall der akustischen Rückkopplung Amateure eher betroffen sind als professionelle Sänger (die ja auch nicht selten gegen ein ganzes Orchester anzusingen haben, aber zugleich so sehr exponiert sind, dass sich der Finger im Ohr optisch eher nicht so gut macht).

Unterbricht man das Hören der eigenen Stimme durch Vorspielen von lautem Rauschen über Kopfhörer, machen Amateure Fehler von mehr als 55 Cent (entsprechend 3,2 % Abweichung von der richtigen Frequenz des zu singenden Tons), wohingegen die Fehler bei Sängern nur 40 Cent (entsprechend 2,3 % Abweichung) betragen (Ward u. Burns 1978). Professionelle Sänger haben während ihrer Ausbildung ganz offensichtlich gelernt, ihre Kehlkopfmuskeln genauer zu kontrollieren als Laien, was von Gesangslehrern auch manchmal als „muskuläres Tongedächtnis“ (vgl. Sundberg 1997, S. 89) bezeichnet wird.

Bevor wir mit Überlegungen zur Formung des Schalls fortfahren, sei der Vollständigkeit halber noch erwähnt, dass im Mund- und Rachenraum Schall nicht nur geformt werden, sondern auch entstehen kann. Wir können beispielsweise mit der Zunge schnalzen und dadurch Schall erzeugen, ohne die Stimmbänder zu bewegen. Weiterhin ist jeder stimmlose Laut ein Produkt des aus den Lungen kommenden Luftstroms ohne Beteiligung der Stimmbänder. Pressen wir beispielsweise die Unterlippe an die oberen Schneidezähne, so dass der Luftstrom nur durch einen engen Spalt entweichen kann, entstehen hierbei Turbulenzen, d. h. ungeregelte Luftstöße, die wir als Rauschen (den Konsonant /f/) hören. Lassen wir dieses Rauschen in einer Verengung zwischen Zunge und hartem Gaumen entstehen, so hören wir unterschiedliche s-Zischlaute wie beispielsweise /s/, /ch/ oder /sch/; entsteht dieses Rauschen zwischen Zunge und weichem Gaumen, entsteht ein „gutturaler Frikativ“, der beispielsweise im deutschen Wort „Ach“ vorkommt.

Artikulation: den Schall formen

Wie oben bereits erwähnt, macht die Artikulation aus dem von den Stimmbändern kommenden Schall-Rohmaterial erst das, was wir als Stimme hören. Ob also aus unserem Mund ein /i/, /u/ oder /a/ kommt, wird durch die Artikulation ebenso bestimmt wie der größte Teil der allgemeinen Klangcharakteristik unserer Stimme. Man stelle sich einen Silvesterkracher vor, der in einer Mülltonne oder einem Schuhkarton explodiert: Obgleich es sich um den gleichen Silvesterkracher handelt, wird er sich anders anhören, je nachdem, was sich um ihn herum befindet. Nicht anders ergeht es den Schwingungen der Stimmbänder. Ihr Klang wird letztlich dadurch bestimmt, *wie lang* der Weg des Schalls bis zur Mundöffnung ist und *wie viel Platz* der Schall auf diesem Weg zur Verfügung hat. Wie oben bereits im Abschnitt über das Sprechen dargestellt, können die Artikulationsorgane diesen Weg sehr rasch verändern. Dies geschieht natürlich auch und gerade beim Singen.

Formanten

Von Formanten war oben bereits die Rede. Beim Aussprechen verschiedener Vokale ändern wir die Frequenzen der maximalen Resonanz, und diese Maximalwerte der Resonanz nennt man Formanten. Da die menschliche Stimme die Eigenart besitzt, besonders durch die ersten vier dieser Maximalwerte bestimmt zu sein, nummeriert man diese durch und spricht vom ersten, zweiten, dritten und vierten Formanten. Jetzt meint man hiermit im Grunde nicht mehr eine bestimmte Frequenz, sondern Frequenz*bereiche*, innerhalb der die Maximalwerte der Resonanz liegen können. Diese Bereiche liegen für die menschliche Stimme um bestimmte Frequenzen herum.

Die für die menschliche Stimme charakteristischen Formanten liegen etwa bei 500, 1500, 2500 und 3500 Hertz, d. h., Töne im Bereich dieser Frequenzen werden besser zum Mund geleitet als andere Töne. Die Maxima liegen, wie mehrfach hervorgehoben, allerdings nur ungefähr fest. Welche Frequenzen im Einzelfall maximal verstärkt werden, hängt von der Stellung der Artikulationsorgane ab: Die Frequenz aller Formanten wird durch eine geringere Mundöffnung und durch eine Verlängerung des (letztlich röhrenförmigen) Weges von den Stimmbändern zur Mundöffnung durch Kehlkopfabsenkung vermindert. Dies ist unmittelbar einsichtig, denn zum einen macht ein längeres „Rohr" einen tieferen Ton und zum zweiten macht auch ein geschlossener Mund letztlich nichts weiter als eine Verlängerung des Weges vom Kehlkopf zur Schallabstrahlung, die bei weit geöffnetem Mund im Grunde schon im Mund beginnt.

Neben diesen allgemeinen Auswirkungen von Kehlkopfhöhe und Mundweite auf die Formanten gibt es auch noch spezielle Auswirkungen einzelner Artikulationsorgane. So erhöht ein weit geöffneter Mund die Höhe des ersten Formanten ganz besonders stark. Demgegenüber hängt die Höhe des zweiten Formanten vor allem von der Zungenform ab (vgl. Abb. 10-3). Die Zungenspitze bestimmt die Größe des offenen Raums hinter den Schneidezähnen und damit vor allem die Höhe des dritten Formanten. Eine Übersicht zu den Formanten der menschlichen Stimme gibt Tabelle 10-1.

Alt versus Tenor

Eine Frauenstimme klingt anders als eine Männerstimme, auch dann, wenn der gleiche Ton – beispielsweise von einer im oberen Bereich singenden Tenor-Stimme und einer im unteren Bereich singenden Alt-Stimme – hervorgebracht wird. Woran genau liegt dies eigentlich? Der Kehlkopf von Frauen ist kleiner, und ihre Stimmbänder sind, wie vorn erwähnt, im Mittel um sieben Millimeter kürzer. Da der vierte Formant von der Kehlkopfinnenweite abhängt, diese bei Männern aber deutlich größer ist, ist die Frequenz des vierten Formanten bei Altistinnen höher als bei Tenören.

Je näher zwei Formanten zusammenliegen, desto geringer ist die Senke zwischen ihnen ausgeprägt, d. h., desto lauter kommen die zwischen ihnen liegenden Frequenzen aus dem Mund (die „Berge" der Verstärkungsfunktion verschmelzen eher;

Tab. 10-1 Die Formanten der menschlichen Stimme (Daten nach Sundberg 1987).

Formant Nr.	Frequenzbereich in Hz	Frequenz vor allem beeinflusst durch
1	250–1000	Mundöffnung
2	600–2500	Zungengrund
3	1700–3500	Zungenspitze
4	2700–3700	Kehlkopfhöhe und -innenweite

vgl. Abb. 10-2). Frequenzen im Bereich zwischen dem dritten und vierten Formanten (also zwischen etwa 2500 und 3500 Hz) werden also bei Männern lauter abgestrahlt als bei Frauen.

Erinnern wir uns nun an die Ausführungen zur kritischen Bandbreite des Gehörs. Wie in Kapitel 4 dargestellt, gibt diese einen Frequenzbereich an, innerhalb dessen zwei Sinustöne (und bei den hier diskutierten Teiltönen der Stimme handelt es sich definitionsgemäß um Sinustöne) vom menschlichen Gehör nicht voneinander unterschieden werden können und lediglich in Form einer Rauheit gehört werden. Da die kritische Bandbreite des menschlichen Gehörs bei mindestens etwa einer kleinen Terz liegt, folgt, dass die Obertöne der Stimme ebenfalls ab dem sechsten Oberton nur noch als Rauheit (man könnte auch von „Schärfe" sprechen) gehört werden. Dies hat durchaus praktische Bedeutung: Wenn ein Ton von 260 Hz (also etwa C4) gesungen wird, so liegen alle Obertöne oberhalb des sechsten Obertons, also oberhalb von 1560 Hz (260 × 2 × 2 × 1,5; entsprechend der Frequenz der nächsten Oktave [520 Hz], der darauf folgenden Oktave [1040 Hz] und der darüber liegenden Quinte [1560 Hz]) innerhalb der kritischen Bandbreite des Gehörs. Alle von den Stimmbändern produzierten Obertöne, deren Frequenz zwischen dem dritten und vierten Formanten liegt, werden also als Rauheit gehört. Wenn nun beide Formanten nahe beieinanderliegen und somit die Frequenzen zwischen ihnen lauter aus dem Munde kommen, wird dies als Rauheit gehört. Da nun beim Tenor, wie oben gesagt, die Formanten näher beieinander, beim Alt hingegen weiter voneinander entfernt liegen, folgt, dass sich Tenöre rauer anhören als Altstimmen.

Die Tricks der OpernsängerInnen

Wie jeder weiß, klingt der Gesang professioneller Opernsänger und -sängerinnen anders als der Gesang von nichtprofessionellen Sängern. Dem einen gefällt dies, der andere empfindet Operngesang eher unnatürlich. Es sei diesen ästhetischen Urteilen hier nicht weiter nachgegangen, wohl aber sollen kurz die Besonderheiten und Randbedingungen des Operngesangs dargestellt werden.

Der Opernsänger steht zunächst einmal vor einem Problem, das ganz einfach zu beschreiben und schwer zu meistern ist: Er soll (ohne die zur Blütezeit der Oper noch nicht vorhandenen elektronischen Möglichkeiten) so laut singen, dass er ein großes Publikum erreicht (Opernhäuser können mehrere tausend Menschen fassen). Durchaus erschwerend kommt hinzu, dass er dabei durch eine größere Gruppe von Menschen, die entweder ebenfalls singen (dem Chor) oder sogar mit allerlei lärmerzeugenden Gegenständen bewaffnet sind (dem Orchester) maximal behindert wird. Bedenkt man nun noch, dass das Klangspektrum eines Orchesters mit dem der (gesprochenen) menschlichen Stimme nahezu identisch ist (siehe Abb. 10-9), wird klar, dass es keineswegs selbstverständlich ist, dass man einen Opernsänger (bei all dem zusätzlichen Krach, dem großen Saal und den vielen Zuschauern) überhaupt hört. Wie verschafft man sich unter diesen Bedingungen Gehör?

Zunächst einmal singen Opernsänger lauter als Nicht-Opernsänger (im Folgenden einfach als Nichtsänger oder Laien bezeichnet). Dies allein jedoch genügt nicht und trifft auch nur dann zu, wenn man den leisen Gesang betrachtet: Wenn Opernsänger

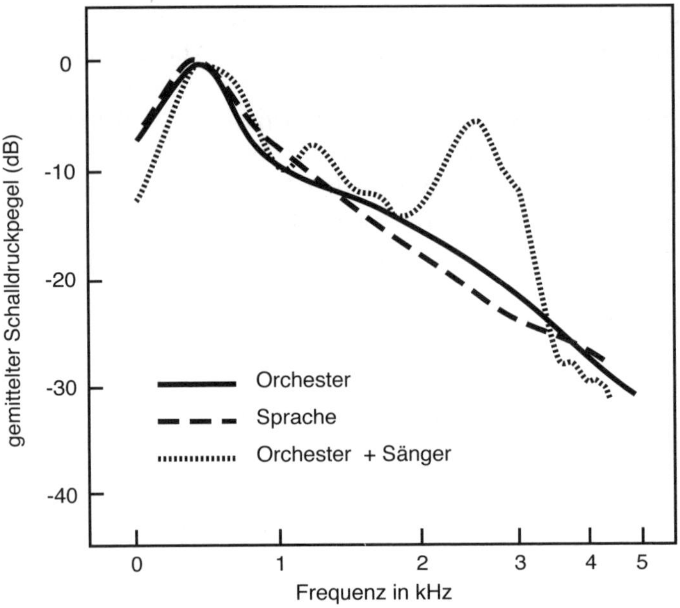

Abb. 10-9 Klangspektrum der menschlichen gesprochenen Stimme und eines Sinfonieorchesters. Dargestellt ist der Mittelwert der Lautstärke der unten logarithmisch aufgetragenen Frequenzen über einen längeren Zeitraum. Wie man deutlich sieht, produzieren Orchester und Stimme im Wesentlichen die gleiche Frequenzverteilung (normiert auf die lauteste Frequenz). Ganz anders sieht die Kurve für einen Opernsänger mit Orchester aus, da der Sänger ein bestimmtes Klangspektrum zusätzlich verwendet, um sich Gehör zu verschaffen (nachgezeichnet aus Sundberg 2000, S. 243).

piano singen, beträgt der Schalldruck noch beachtliche 75 dB (gemessen 50 Zentimeter vom Mund entfernt in einem schalltoten Raum; vgl. Sundberg 1997, S. 121), wohingegen Laien nur 60 dB hervorbringen. (Zur Wiederholung: 3 dB entspricht etwa einer Verdoppelung der Schallenergie, 15 dB entsprechen daher einem $2^5 = 32$-fach stärkeren Schalldruck!). Beim maximal lautesten Singen hingegen unterschieden sich Sänger (93 dB) von Laien (90 dB) nur geringfügig in der Lautstärke. An der Lautstärke allein unterscheidet sich der professionelle Gesang vom Laien also kaum.

Wohl aber gibt es Unterschiede im Hinblick auf die Art des Singens: Der Laie beginnt beim Lautwerden zu schreien, d. h. presst den Ton heraus und wird daher rasch heiser. Der geübte Sänger hingegen bleibt locker und lässt auch bei lautem Gesang die Stimmbänder weiter locker schwingen. Er singt dann zwar kaum lauter als der Laie, hält aber dafür auf jeden Fall länger durch.

Damit OpernsängerInnen besser gehört werden als Laien, wenden sie eine ganze Reihe von Tricks an. Diese beziehen sich vor allem auf die Artikulation und weniger auf die Phonation. Anders ausgedrückt, Opernsänger, -sängerinnen und Laien unterscheiden sich nur wenig im Hinblick auf das, was ihre Stimmbänder tun, sondern vor allem im Hinblick darauf, was mit dem Produkt ihrer Stimmbänder geschieht. OpernsängerInnen, so könnte man sagen, sind Spezialisten der Schallformung (und nicht der Schallerzeugung).

Der Sängerformant

Opernsänger lernen während ihrer Ausbildung, den Kehlkopf beim Singen so tief wie möglich zu senken. Insbesondere die Neigung aller Menschen, beim Anheben der Höhe der Stimme auch den Kehlkopf anzuheben, müssen sie sich aktiv abgewöhnen, um sich das genaue Gegenteil anzugewöhnen: Beim Höhergehen der Stimme soll der Kehlkopf abgesenkt werden. Durch Röntgenaufnahmen konnte man feststellen, dass diese Absenkung des Kehlkopfes eine Verlängerung und eine Erweiterung des über ihm gelegenen Schlunds zur Folge hat. Dies wiederum bewirkt eine Absenkung der Frequenzen des vierten Formanten von 3500 auf 2800 Hz. Auch der fünfte Formant sinkt ab und liegt nun etwa dort, wo zuvor der vierte lag. Das Ergebnis der Absenkung des Kehlkopfes beim Singen ist damit ein zwischen dem dritten und vierten Formanten gelegener scheinbar zusätzlicher Formant, also ein *zusätzlicher lauter Frequenzbereich* der Stimme. Dieser liegt, wie die Abbildung 10-9 zeigt, außerhalb des für Sprache und vor allem Orchester typischen Frequenzbereichs und sorgt dafür, dass man die Stimme eines Opernsängers besonders laut hört. Man nennt diesen Gipfel der spektralen Hüllkurve in der Umgebung von 3000 Hz den Sängerformanten, der dafür sorgen kann, dass die Stimme männlicher Opern- und Konzertsänger 20 dB (also etwa das Hundertfache) lauter gehört wird als die Stimme eines untrainierten Sängers bei gleicher Stimmbandbelastung.

Um diesen Sängerformanten ranken sich einige Missverständnisse, weswegen hier nochmals klar gesagt werden soll, worum es sich eigentlich handelt. Er ist ein gesangstechnisch erzeugtes Energiemaximum der menschlichen Stimme bei etwa 3000 Hz, das sich aus zwei Formanten zusammensetzt. Er ist also streng genommen kein eigener Formant, wie sein Name nahelegt. Er ist auch nur bedingt das direkte physikalische Korrelat einer „guten Stimme“, wie man zunächst gemeint hat (Bartholomew 1934), weswegen Messgeräte zur Bestimmung seines Anteils an der Produktion aller Frequenzen (um hierdurch die „Effektivität“ des Operngesangs kontinuierlich und objektiv messen zu können; vgl. Winckel 1971) wenig nützen (Klingholz 1992).

Untersuchungen über die Stellung des Kehlkopfes beim Singen wurden mittels Magnetresonanztomographie (d.h. ohne jegliche Strahlenbelastung für die Versuchspersonen) durchgeführt (Neuschaefer-Rube et al. 1996). Hierbei zeigte sich bei einer Studie an zwölf Probanden, dass der Kehlkopf bei zehn der zwölf Probanden bei mindestens einem der untersuchten gesungenen Vokale bei hohen Tönen nach oben und bei tiefen Tönen nach unten geht. Übungseffekte bei Sängern sollten sich also heute im Magnetresonanztomographen objektivieren lassen.

Halten wir fest: Opernsänger erzielen eine Verbesserung der Resonanzverstärkung des von den Stimmbändern kommenden Schalls durch eine Verschiebung und damit Clustern der höheren Sprachformanten, und dies wiederum geschieht durch Absenkung des Kehlkopfes. Hierfür ist kein großer Aufwand nötig, man muss es nur lernen, denn es entspricht nicht den natürlichen Sprachgewohnheiten, sondern läuft ihnen sogar entgegen. Hat man es aber gelernt, so kann man sich ohne Zusatzaufwand deutlich mehr Gehör verschaffen – und genau dies ist der Punkt beim Operngesang.

Erkauft wird dies natürlich um den Preis, dass die Stimme des Opernsängers eine größere Rauheit hat als die Stimme des untrainierten Laien. (Gemeint ist hier nicht, das sei angemerkt, die Rauheit mancher gepresster oder gehauchter tiefer Stimmen von Popstars wie Joe Cocker oder Chris Rea!) Aber nicht nur damit – der Preis ist vielmehr deutlich höher. Wie jeder weiß, der schon einmal eine Oper besucht hat, ohne vorher das Libretto gelesen zu haben, ist Operngesang relativ unverständlich, selbst dann, wenn in der Muttersprache gesungen wird. Die Ursache hierfür ist genau die gleiche wie die der verbesserten Lautheit: Bei abgesenktem Kehlkopf sind keine ausgeprägten Variationen der Kombinationen von erstem und zweitem Formanten mehr möglich, d. h. alle Vokale klingen ähnlich und irgendwie nach /ö/ (wie Abbildung 10-10 verdeutlicht).

In der Fachwelt wird hierbei nicht selten vom *Abdunkeln*, *Decken* oder *Färben* der Vokale gesprochen (vgl. Sundberg 1997, S. 161), d. h. /i/ klingt eher wie /y/, /a/ eher wie /o/, und /e/ oder /ä/ eher wie /ö/. Man hat diesen Sachverhalt auch als Vokalmigration bezeichnet, was recht nett klingt, handelt es sich doch letztlich um eine durch das Ziel der hohen Lautstärke eingehandelte Einengung lautsprachlicher Ausdrucksmöglichkeit.

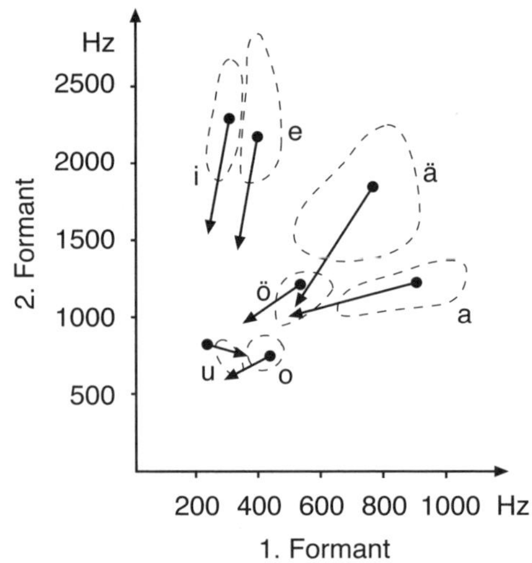

Abb. 10-10 Sundberg und Nordström ließen zwei Sänger, die ihren Kehlkopf willkürlich anheben und absenken konnten, unterschiedliche Vokale mit gehobenem, normalem und gesenktem Kehlkopf singen. Dabei zeigte sich, dass bei abgesenktem Kehlkopf andere und vor allem nur noch eingeschränkte Kombinationen des ersten und zweiten Formanten möglich waren. Diese Kombinationen sind hier auf der Karte der Vokalinseln (siehe unten, Abb. 10-11) eingetragen (nach Sundberg 1997, S. 157). Der Ort des Punktes gibt jeweils an, wo erster und zweiter Formant beim Singen eines bestimmten Vokals mit hohem Kehlkopf liegen, die Pfeilspitze zeigt dagegen etwa die Lage des Formanten bei abgesenktem Kehlkopf an. Diese Art der Darstellung verdeutlicht, dass mit abgesenktem Kehlkopf nur noch Vokale singbar sind, deren Formanten in der Nähe der Formanten des /ö/ liegen und die natürlich dann auch so klingen. (Ausnahme: Das /ö/ selbst, das sich in Richtung /u/ verschiebt.)

Man konnte zeigen, dass der Sängerformant eine umso größere Bedeutung hat, je lauter gesungen werden muss. Wie wir ja bereits oben sahen, ist gerade bei lauten Tönen die Grundfrequenz der Stimme des Opernsängers (bei prinzipiell lautstärkemäßig abfallenden Obertönen ist der Schalldruck im Wesentlichen von der Grundfrequenz bestimmt) nicht wesentlich lauter als die des Laien. Hier kommt jedoch der lautere Klang der Frequenzen um 3000 Hz der Lautheit und Tragfähigkeit der Stimme (gegen Chor und Orchester) sehr zugute.

Und noch ein physikalischer Sachverhalt zeigt die Bedeutung des Sängerformanten: Wie in Kapitel 3 diskutiert, wird die Ausbreitung von Schall mit höherer Frequenz zunehmend richtungsabhängig. Die tiefen Teiltöne einer männlichen Stimme werden (ähnlich wie die Bassklänge aus dem Subwoofer unterm Sofa) in alle Richtungen abgestrahlt. Damit verschwindet die Schallenergie also gleichermaßen nach hinten oder nach oben, wie sie nach vorne den Zuhörer erreicht. Dies ist beim Sängerformanten anders: Wendet sich der Sänger dem Auditorium zu, so geht ein großer Teil der Stimmfrequenzen um 3000 Hz auch in die Richtung der Zuhörer und damit für deren Wahrnehmung nicht verloren, wie Marshal und Meyer (1985) zeigten.

Probleme beim Sopran

Die weibliche Singstimme umfasst Töne mit Grundfrequenzen bis zu etwa 1000 Hz (entsprechend einem C6; wobei manche Sängerinnen durchaus noch höhere Töne singen können). Wie oben diskutiert, sind für die Bildung der verschiedenen Vokale die ersten beiden Formanten zuständig, also die ersten beiden Maxima des zwischen den Stimmbändern und der Mundöffnung befindlichen (Artikulations-) Filters. Anders ausgedrückt: Wenn wir ein /a/, /i/ oder /u/ aussprechen bzw. singen, ändern wir die Stellung von Schlund, Zunge und Mund in einer Weise, die dafür sorgt, dass bestimmte Frequenzen durch Resonanz verstärkt werden. Das erste Maximum dieser Verstärkung liegt für die Vokale /i/ und /u/ bei etwa 300 Hz (vgl. Abb. 10-9), das zweite beim /u/ im Bereich von 700 Hz. Damit liegen die Formanten dieser Vokale aber weit unter der gesungenen Grundfrequenz! Dies bringt zwei Probleme mit sich: Zum einen kann sich eine Opernsängerin nicht leisten, vorhandene Resonanzkapazität zu verschenken, denn ihr wichtigstes Ziel muss ebenso wie das ihrer männlichen Kollegen sein, bei all dem Krach um sie herum überhaupt gehört zu werden. Zum Zweiten muss sie gerade bei hohen Tönen größte Probleme mit der Verständlichkeit haben, denn sie hat bei den nun einmal für die verschiedenen Vokale festliegenden Formanten (d.h. Frequenzbereichen, durch die die verschiedenen Vokale überhaupt für uns definiert werden bzw. unterscheidbar sind) im Grunde überhaupt keine Chance, einen sehr hohen Ton zu singen, der nach /u/ klingt.

Was tut die Sopranistin in dieser Situation? – Wie ihr männlicher Kollege opfert sie in jedem Fall Verständlichkeit für Lautstärke (was ja auch Sinn macht: Wer gar nicht gehört wird, den versteht man sowieso nicht!). Untersuchungen haben ergeben, dass Opernsängerinnen gelernt haben, die Frequenz des ersten Formanten, also das erste Maximum der Schallübertragungsfunktion (von den Stimmbändern zum Mund), der Grundfrequenz des gesungenen Tons anzupassen. Werden also

700 Hz gesungen, so wird der erste Formant in diese Frequenzgegend gelegt und der zweite eine Oktave darüber, egal, welcher Vokal gerade zu singen ist. Damit wird mindestens sichergestellt, dass der von den Stimmbändern produzierte Schall mit maximaler Stärke den Mund verlässt und Resonanzkapazität nicht verschenkt wird. Diese Verstellung des ersten Formanten wird durch eine Vergrößerung der Mundöffnung erreicht. Mit anderen Worten: Wenn Opernsängerinnen hoch und laut singen wollen, müssen sie den Mund – frequenzabhängig, also bei jeder Tonhöhe etwas anders – weit aufmachen und erreichen dadurch eine Erhöhung der Lautstärke des gesungenen Tons um bis zu 30 dB (was einer Vertausendfachung der abgestrahlten Energie entspricht). Aus alledem folgt übrigens auch, dass sich die Lautheit der Stimmen von Opernsängerinnen und Laien vor allem im Bereich der hohen Töne unterscheidet (denn der Trick der Anhebung der ersten Resonanzfrequenz des Mund- und Rachenraums macht ja nur bei hohen Tönen Sinn).

Beim Singen hoher Töne durch geübte Sopranistinnen ist es dem Hörer praktisch kaum mehr möglich, einzelne Vokale zu unterscheiden. Wie Röntgenaufnahmen zeigen konnten, versuchen es die Sängerinnen im Grunde auch gar nicht erst: Die Form der Zunge erwies sich bei allen mit hoher Stimme gesungenen Vokalen als praktisch identisch und entsprach etwa einem /a/ (Jonansson et al. 1983).

Die Tricks der Männer und der Frauen

Interessanterweise sind die gelegentlich anzutreffenden Versuche, „klassischen" Operngesang mit „modernem" Gesang zu mischen, zumeist durch Duette zwischen *weiblichem* Operngesang und *männlichem* Popgesang realisiert und nicht umgekehrt: Anneliese Rothenberger sang mit Peter Alexander (und zumindest meine Eltern waren begeistert), Pavarotti und Britney Spears zusammen sind hingegen wahrscheinlich eher gewöhnungsbedürftig. Zumindest ein tieferer Grund hierfür mag darin liegen, dass die Stimme des Opernsängers von der Stimme des Popsängers im Mittel deutlich stärker abweicht als die Stimme der Opernsängerin von der Stimme der Popsängerin. Nur der Opern*sänger* verwendet den zusätzlichen Formanten und ändert dadurch seine Stimme; die Opern*sängerin* ändert die Klangfarbe ihrer Stimme hingegen im Grunde nicht (was für Popsängerinnen durchaus zutreffen könnte und das Argument noch verstärkt). Daher sollte die Passung für unsere Ohren bei entsprechenden Kombinationen besser sein als bei anderen und daher sollten bei Duetten eher die Frauen die Profis (zumindest was den Operngesang betrifft) repräsentieren. Ob es für diese Vermutung bessere als anekdotische Evidenz gibt, ist mir nicht bekannt.

Frauen haben es aus rein physikalischen Gründen schwerer mit der Verständlichkeit von Vokalen als Männer. Zu den oben bereits genannten Überlegungen kommt ein ganz einfacher Sachverhalt hinzu, den man sich *zusätzlich* noch vor Augen führen muss und der in Abbildung 10-11 demonstriert wird. Bei jedem harmonisch schwingenden Körper (wie beispielsweise den Stimmbändern) sind die Obertöne ganzzahlige Vielfache des Grundtons (vgl. Kapitel 4). Wird also beispielsweise ein Vokal von einem Mann mit einer Grundfrequenz von 110 Hz gesprochen oder gesungen, so liegen zusätzlich die Obertöne der Frequenzen 220 Hz, 330 Hz, 440 Hz, 550 Hz usw. vor, also ein Oberton alle 110 Hz des Frequenzspektrums. Wir hatten zudem gesehen, dass die Formanten, also die Maxima der von den Artikulationsorganen verstärkten Frequenzen, im Bereich zwischen 250 und 3700 Hz liegen (vgl. Tab. 10-1).

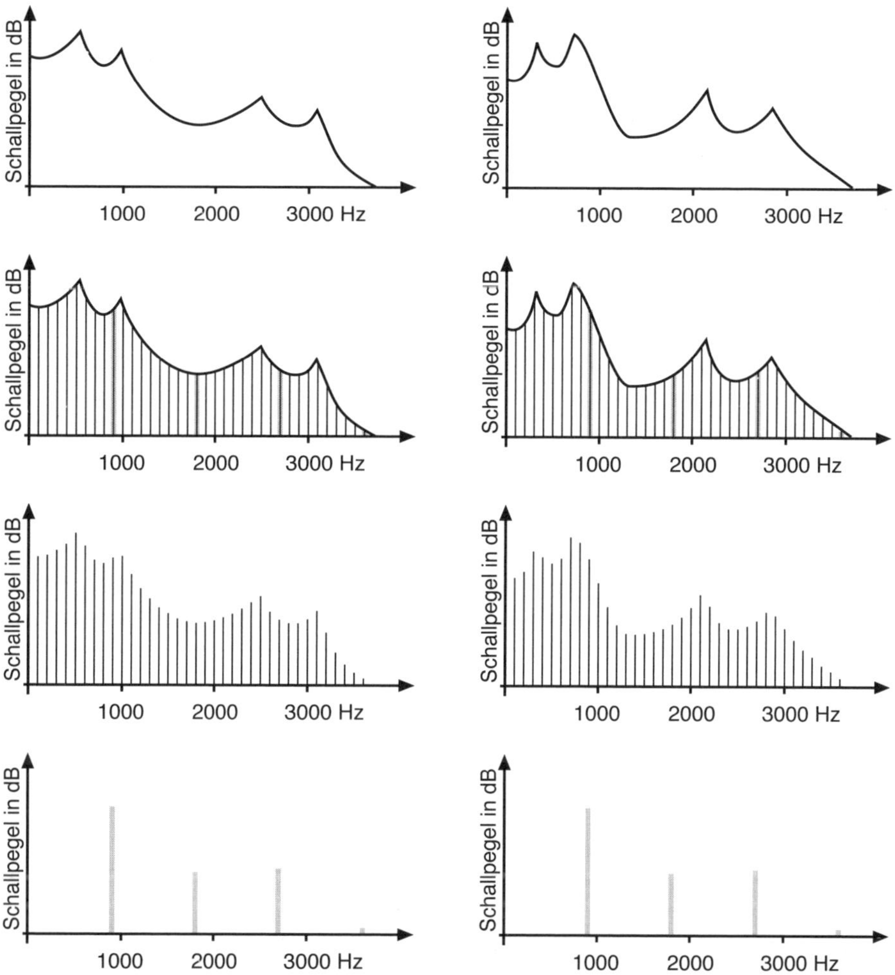

Abb. 10-11 Abhängigkeit der Unterscheidbarkeit von Vokalen von der gesungenen Grundfrequenz (vgl. Sundberg 1997, S. 234). Oben: Zwei Vokale seien durch die unterschiedliche Lage der Formanten, d. h. durch unterschiedliche Filterfunktionen für den von den Stimmbändern kommenden Primärschall charakterisiert. Zweite Reihe: Man kann diese Funktionen als Einhüllende der Amplituden der Frequenzen des Primärschalls ansehen. Dies ist sowohl für eine gesungene Grundfrequenz von 100 Hz (tiefe Männerstimme; dünne schwarze Linien zur Kennzeichnung der Grundfrequenz und der ganzzahligen Vielfachen) als auch von 900 Hz (sehr hohe Frauenstimme; dicke hellgraue Linien) dargestellt. Dritte Reihe: Die vielen, dicht beieinander liegenden Teiltöne der Grundschwingung von 100 Hz bilden die charakteristische Lage der Formanten (und damit den unterschiedlichen Klang der Vokale) gut ab, (unten) die wenigen Teiltöne der Grundschwingung von 900 Hz haben hingegen keine Chance, die Formanten und damit den Klangunterschied der Vokale abzubilden. Hohe Soprane sind unverständlich.

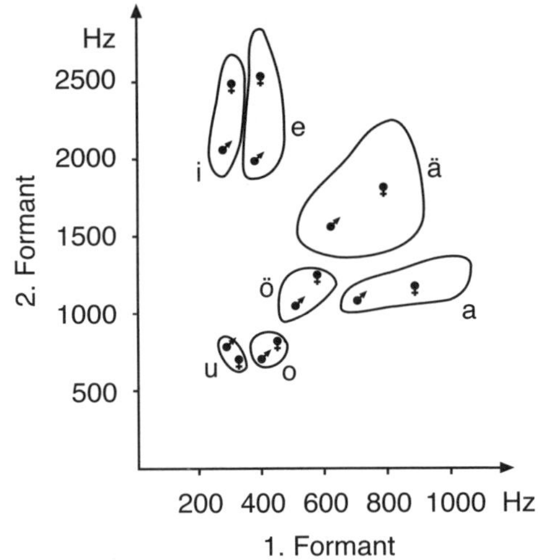

Abb. 10-12 Vokalinseln, d. h. Frequenzkombinationen des ersten und zweiten Formanten, die wir als bestimmte Vokale wahrnehmen (Daten aus Sundberg 1997, S. 39, 142). Das Diagramm erklärt noch einmal, warum Vokale mit zunehmender Tonhöhe immer unverständlicher werden: Je höher der Grundton, desto weniger Frequenzen liegen innerhalb des Bereichs der für die Vokale wichtigen Formanten. Wird ein Vokal mit einem Grundton von 100 Hz gesprochen oder gesungen, so liegen insgesamt mehr als 30 Frequenzen in dem von den Formanten beeinflussten Bereich von 250 bis 3700 Hz. Aus diesen Frequenzen kann der Hörer die Lage der Formanten und damit den Vokal leicht heraushören. Singt jedoch eine Sopranistin – um einen Extremfall zu verwenden – ein Es von etwa 935 Hz, so liegen nur vier Frequenzen im Bereich der Formanten. Der Hörer hat damit kaum genug Datenmaterial (d. h. wahrgenommene Frequenzen), um die Lage der Formanten und damit die Vokale zu erschließen.

Daraus folgt, dass ein von einer tiefen Männerstimme gesungener Vokal aus mehr als 30 Teiltönen besteht, die (aufgrund der Formanten) unterschiedlich laut sind und den artikulierten Vokal (d. h. die Lage der Formanten) klar darstellen. Bei einer hohen Frauenstimme dagegen stehen dem Hörer nur vier Frequenzen zur Verfügung (Abb. 10-12). Das bedeutet, dass der Hörer einer hohen Frauenstimme im Vergleich zu einer tiefen Männerstimme viel weniger Daten zur Verfügung hat, um den Vokal für sich aus den Frequenzen herauszuhören.

Allerdings muss man den Frauen zugutehalten, dass ihre Vokale bei gleicher Tonhöhe sogar besser verständlich sind als die der Männer. Dies liegt daran, dass die Formanten bei den Frauen (mit Ausnahme des zweiten Formanten für den Vokal /u/) etwas höher liegen als bei den Männern (vgl. Abb. 10-12) und damit bei gleicher Grundfrequenz mehr Obertöne umfassen. Entsprechende experimentell erstellte Kurven der Frequenzabhängigkeit der Verständlichkeit von Vokalen sind daher für Männer und Frauen etwas verschieden (siehe Abb. 10-13).

Betrachtet man die Tricks der männlichen und weiblichen Opernstars, so fällt auf, dass sie sehr unterschiedlich sind: Der Mann senkt den Kehlkopf, nähert damit die vierte und fünfte Resonanzfrequenz seines Artikulationsapparates einander

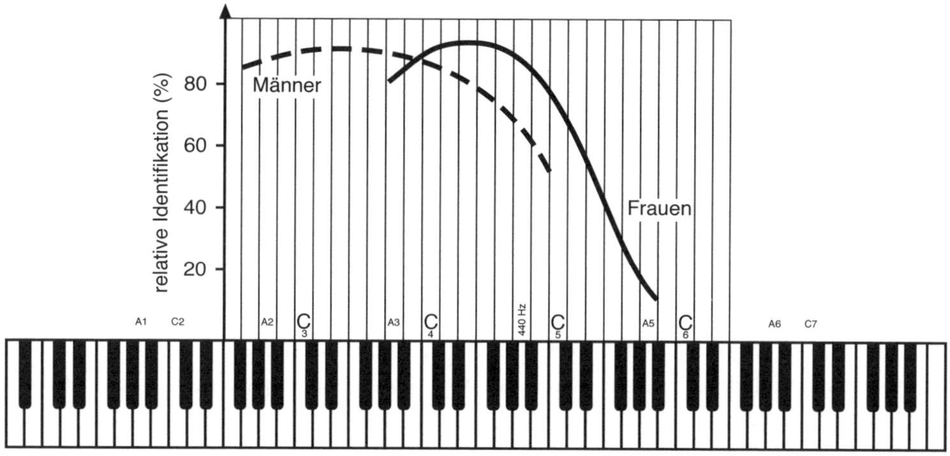

Abb. 10-13 Verständlichkeit in Abhängigkeit von der Tonhöhe (nach Sundberg 1997, S. 238). Bei sehr hohen Tönen weiblicher Sopranistinnen lassen sich verschiedene Vokale praktisch nicht mehr unterscheiden. Entsprechend bemerkt Sundberg hierzu: „Oberhalb von F5 ist die Silbenidentifikation mehr oder weniger ein Ratespiel" (S. 238). Später fügt er im Hinblick auf die Gesangsliteratur hinzu: „Wenn man den Früchten der Bemühungen mancher Komponisten lauscht, so kommt einem doch gelegentlich die Frage in den Sinn, ob es nicht besser gewesen wäre, die Komponisten mit den in der Abbildung dargestellten Fakten vertraut zu machen" (Sundberg 1997, S. 239).

an, erhöht damit die Resonanz für alle Frequenzen zwischen diesen beiden und steigert so die Rauheit (denn die verstärkten Frequenzen betreffen nahe beieinanderliegende Obertöne) und damit die Vernehmbarkeit seiner Stimme. Der Mund ist beim Mann eher offen, und er wird nicht weiter geöffnet, je höher der zu singende Ton ist. (Einem weit verbreiteten Vorurteil zum Trotz ist es nicht der Fall, dass die Schallabstrahlung des Mundes besser wird, je weiter offen er ist.) Allerdings wird der ohnehin schon abgesenkte Kehlkopf beim Singen hoher Töne noch weiter gesenkt. Die Frau demgegenüber lässt ihren Kehlkopf dort, wo er ist (oder hebt ihn allenfalls bei hohen Tönen etwas an), ändert jedoch die Weite ihres Mundes in Abhängigkeit vom gesungenen Ton. Männer und Frauen lösen also auf jeweils ganz andere Weise das Problem, sich stimmlich gegen gleichzeitigen Lärm durchzusetzen.

Es menschelt beim Gesangsunterricht

Die dargestellten ziemlich komplizierten Sachverhalte mögen einen Grund für das unglaubliche Kauderwelsch darstellen, mit dem Gesangslehrer ihre SchülerInnen frustrieren, worauf in der einschlägigen Literatur immer wieder hingewiesen wird (Bartholomew 1934; Sundberg 1997). Sie können im Grunde nur metaphorisch reden und hoffen, dass der Schüler oder die Schülerin intuitiv dann das Richtige macht.

Gesangslehrer bedienen sich zuweilen seltsamer Techniken und Sprachgewohnheiten, um ihren Schülern die Fähigkeit zu lautem Operngesang nahezubringen: Sie lassen ihre Schüler alle Vokale so singen, dass sie ins Ö-hafte spielen, um ihnen die richtige Kehlkopfstellung nahezulegen, oder reden von *Kopfresonanz* (nicht zu verwechseln mit der Kopfstimme, auch Falsett genannt), vom Singen in die Maske, vom Decken der Töne oder davon, dass die Töne metallisch klingen, vorne anschlagen oder in der Nase anschlagen sollen. Sängern wird (zum Erreichen der Kehlkopfsenkung) empfohlen, sie mögen singen, als ob sie weinen würden, einatmen wie beim Gähnen oder einatmen, als ob sie den Duft einer Rose riechen würde (vgl. Sundberg 1997, S. 163, 167, 181).

Wahrscheinlich sind solche Redeweisen für viele Schüler eher verwirrend und frustrierend. Viel vernünftiger wäre es, wenn man Gesangsschülern erstens klar sagen würde, was sie erreichen sollen, und zweitens sich einfache und effektive Wege überlegte, dies zu erreichen. Aus dem Training im Sport weiß man beispielsweise, dass unmittelbare und klare Rückkopplung des eigenen Tuns von großem Lernerfolg begleitet sein kann, so dass man auszubildende Sänger wahrscheinlich im Tasten des Kehlkopfes und in der Bedienung von (computerisierten) Sound-Analyse-Systemen unterweisen sollte. Dies jedoch geschieht in Gesangsschulen kaum. Sundberg bemerkt hierzu lapidar:

> „… etliche Studenten [haben] ihre liebe Mühe, die oft sehr bildhaft beschriebenen Klangvorstellungen des Lehrers richtig zu erfassen und zu interpretieren, wobei viel Zeit verlorengeht. Das kann sogar so weit führen, dass der Student als unbegabt eingeschätzt wird" (Sundberg 1997, S. 180f).

Aus Pädagogik und Psychotherapieforschung weiß man, wie wichtig eine gute Beziehung zwischen Lehrer und Schüler bzw. Therapeut und Patient für den Erfolg ist. Bedenkt man nun noch die nicht selten eher akzentuierten Persönlichkeiten mancher Profimusiker bzw. Musikprofessoren (was hier nicht weiter vertieft werden soll), so wird klar, wie schwer es ein Schüler mit dem Fach Gesang haben kann und wie sehr er von der Person des Lehrers abhängt. Bedenkt man nun noch die durch die Notwendigkeit der Körperbetonung (ein Instrument ist ja nicht vorhanden; das Instrument *ist* der Körper) und durch die Privatheit der Stimme entstehende Intimität des Lehrgegenstandes, wundert das Auftreten emotional gefärbter Unterrichtssituationen beim Singen eher nicht. Auch dies sei hier nicht weiter vertieft.

Das Gehirn singt mit

Im Gegensatz zu den mittlerweile recht zahlreichen Untersuchungen mittels funktioneller bildgebender Verfahren zur Aktivität des Gehirns beim Sprechen (vgl. auch Kapitel 7) gab es bis vor kurzer Zeit keine einzige entsprechende Studie zum Singen. Elektrische Stimulationsexperimente bei Patienten während Gehirnoperationen sowie allgemeine Überlegungen zur Fähigkeit des Singens hatten allerdings bereits nahegelegt, dass beim Singen eine ganze Reihe kortikaler Zentren beteiligt sein sollten: der *motorische Kortex* zur direkten Bewegungssteuerung, *supplementär motorische Areale* zur Programmierung der Bewegung, der *anteriore Gyrus cinguli* zur Kontrolle und *auditorische kortikale Areale* zur gleichzeitigen Wahrnehmung des Gesungenen.

Perry und Mitarbeiter (1999) untersuchten 13 freiwillige Versuchspersonen, bei denen es sich um musikalische Laien handelte, mittels Positronenemissionstomographie (PET), während sie einen einfachen Ton sangen. Als Kontrollbedingung diente das passive Hören von Klarinettentönen gleicher Höhe und Länge. Es zeigte sich, dass beim Singen die erwarteten oben genannten kortikalen Areale aktiviert sind, wobei sich insgesamt ein Muster findet, das mit der Aktivierung während gesprochener Sprache weitgehend übereinstimmt. Singen und Sprechen sind im Hinblick auf die Aktiviertheit bestimmter Gehirnzentren somit kaum unterschieden.

Da die Untersuchung so angelegt war, dass eine motorische Aktivität (singen) mit einer motorisch passiven Bedingung (Töne hören) verglichen wurde, wundert der Befund der Aktivierung motorischer Systeme nicht. Im Hinblick auf die aktivierten akustischen Verarbeitungsareale sind die Befunde jedoch insofern nicht trivial, als ja das Hören der eigenen gesungenen Stimme mit dem Hören eines Tons verglichen wurde. Im Hinblick auf das Hören waren Stimulations- und Kontrollbedingung also recht ähnlich. Es zeigte sich eine Aktivierung akustischer Verarbeitungsareale, die rechts stärker ausgeprägt war. Da bekannt ist, dass Sprechen vor allem linksseitige akustische Zentren aktiviert, lässt sich dies als Hinweis für eine besondere Rolle der rechten Gehirnhälfte für die Wahrnehmung der eigenen Stimme beim Singen interpretieren (vgl. auch Abb. 7-8).

Auch eine weitere Studie, in der die Versuchspersonen gebeten wurden, entweder still (also nur „im Kopf") zu sprechen oder zu singen, deutet in diese Richtung (Wildgruber et al. 1996). Mittels funktioneller Magnetresonanztomographie (fMRT) wurde gefunden, dass beim inneren Sprechen eher linksseitige sprachbezogene Areale, beim inneren Singen hingegen eher deren rechtsseitige Entsprechungen aktiviert wurden.

Die eigene Stimme

Die meisten von uns haben wahrscheinlich schon einmal die folgende eigenartige Erfahrung gemacht: Wenn man die eigene Stimme auf Band aufgenommen hört, so klingt sie ganz anders, fremd und eigenartig. Bei anderen Stimmen ist das nicht der Fall: Ist die Aufnahme- und Wiedergabetechnik gut, so hören sich die Stimmen anderer Menschen vom Band durchaus genauso an wie *live*; nur bei unserer eigenen Stimme scheint die Technik zu versagen und unbefriedigende Ergebnisse zu liefern. Woran liegt das?

Um es gleich vorweg zu nehmen: Es liegt nicht an der Güte der verwendeten Apparate. Unsere eigene Stimme klingt vielmehr aus zwei Gründen live ganz anders als vom Band, die beide etwas damit zu tun haben, wie der Schall unserer Stimme an unsere Ohren gelangt. Zum einen erreichen die vom Mund kommenden Schwingungen nicht alle in gleicher Weise über die Luft unser Ohr: Vielmehr kommt hier wieder die bereits mehrfach erwähnte Frequenzabhängigkeit der Schallausbreitung zum Tragen. Je höher die Frequenz, desto geradliniger (in einer von der Mundöffnung ausgehenden Längsachse) breitet sich der Schall aus. Daraus folgt, dass tiefe Frequenzen unser Ohr besser erreichen als hohe, denn sie laufen vom Mund aus besser „um die Ecke“. Der Effekt ist in einem so genannten schalltoten Raum (oder auf einer ebenen Wiese an einem Sommernachmittag; vgl. Abb. 2-4) am größten, weswegen sich unsere eigene Stimme gerade unter solchen Umständen besonders eigenartig verändert anhört.

Der von der eigenen Stimme produzierte Schall wird jedoch noch auf eine ganz andere Weise zu unseren Ohren geleitet, nämlich direkt über die Knochen. Die Knochenleitung (vgl. Kapitel 3) unterscheidet sich deutlich von der Luftleitung dahingehend, dass sie bei höheren Frequenzen immer schlechter funktioniert. Der Effekt macht pro Oktave sechs Dezibel aus, d.h. ist bei einem gesprochenen oder gesungenen Grundton von 100 bis 200 Hz in den für die Sprache wichtigen Frequenzbereichen von 250 bis 3500 Hz deutlich bis sehr deutlich ausgeprägt.

Beide Effekte – die Frequenzabhängigkeit der Abstrahlung und die der Knochenleitung – addieren sich und bewirken unter dem Strich, dass unsere Stimme jeweils *für uns* anders klingen *muss* als für alle anderen. Daraus folgt auch, dass die eigene Stimme vom Tonband *immer* fremdartig klingen muss.

Wie Sundberg (1987) zu Recht hervorhebt, kann dies beim Singenlernen Probleme bereiten, denn der Sänger hört ja nicht das, was die anderen hören, d.h. kann sich nicht oder nur begrenzt nach seinem eigenen Gehör richten, wenn es darum geht, für seine Stimme den (für den Zuhörer) idealen Klang zu finden. Einen Ausweg aus diesem Dilemma stellt das Singen in der Badewanne dar, mit dem wir uns jetzt kurz beschäftigen wollen.

Warum Männer gern in der Badewanne singen

Auch wenn die meisten Menschen heute nicht mehr sehr häufig in der Wanne baden, ist doch das Singen in der Badewanne – und der Spaß daran – sprichwörtlich. Warum eigentlich? Liegt dies nur daran, dass wir uns in der Badewanne für gewöhnlich wohlfühlen und diesen Zustand der Entspannung mit gelegentlichem Singen verbinden, vor allem deswegen, weil wir uns unbeobachtet fühlen? – Keineswegs! Die Physik des Schalls und die Physiologie des Singens lehren vielmehr, dass es gute Gründe dafür gibt, in der Badewanne zu singen.

Gewiss, wir wären im Ankleideraum wahrscheinlich auch unbeobachtet und fühlen uns unter der Dusche vielleicht so wohl wie in der Wanne. Aber im Ankleideraum hängen Kleider an den Wänden, die für eine erhebliche Dämpfung des reflektierten Schalls sorgen. Daher ähnelt sie akustisch einem schalltoten Raum mit den gerade besprochenen Nachteilen für das Hören der eigenen Stimme. In der Dusche wird der Schall zwar gut reflektiert (und wir fühlen uns wie schon gesagt vielleicht ebenso wohl wie in der Wanne), aber das Plätschern des Wassers überlagert als sprichwörtliches und informationstheoretisches Rauschen unseren Gesang, den wir daher nicht mehr optimal vernehmen können.

Wer in der Badewanne singt, der optimiert sein Hörerlebnis gleich auf mehrfache Weise: Die Wände im Bad sind zumeist gefliest, d.h. bestehen aus einem harten Material, das den Schall insgesamt, und insbesondere auch dessen hohe Frequenzen, sehr gut reflektiert. Bäder sind zudem meist recht klein, so dass sich der reflektierte Schall nicht weit ausbreiten (und damit verdünnen) kann, bevor er vernommen wird. Gerade die von professionellen Opernsängern verstärkt produzierten Schallkomponenten (im Bereich des oben beschriebenen für den Gesang von Männern wichtigen Sängerformanten) werden daher die Ohren des Sängers, auch bei eher schwacher Produktion, in der Badewanne viel besser erreichen als anderswo. Die Physik der Schallausbreitung und Reflexion sowie die Physiologie unseres Gehörs wirken damit – vor allem bei Männern – in die gleiche Richtung und führen unterm Strich dazu, dass sich eine Männerstimme für den Singenden selber im Bad deutlich besser anhört als anderswo. Und wenn man schon im Bad singen muss, damit es nach Pavarotti klingt, warum dann nicht das Angenehme mit dem Nützlichen verbinden und sich in die warme Badewanne legen, um auch noch für die für das lockere Singen notwendige Entspannung zu sorgen?

Vibrato

Unter Vibrato versteht man die periodische Veränderung eines Tons. Prinzipiell gibt es zwei Arten von Vibrato: Ein Ton kann periodisch lauter und leiser (Amplitudenvibrato) oder höher und tiefer werden (Frequenzvibrato), wobei für den Gesang vor allem das zweite von Bedeutung ist. Daneben kann sich auch noch die Klangfarbe periodisch ändern, was jedoch seltener untersucht wird. Ein gutes Vibrato beim Gesang umfasst alle drei Qualitäten und wird umso stärker, je lauter der Ton gesungen wird (Bartholomew 1934). Interessanterweise ist die Vibrationsfrequenz des Vibratos bei den meisten Sängern sehr konstant und beträgt, je nach Sänger bzw. Sängerin, 5,5 bis 7,5 Schwingungen pro Sekunde.

Erstaunlich ist, dass beim Vibrato Tonschwankungen von einem Ganzton (oder noch mehr) durchaus normal sind, und man muss sich fragen, ob man unter diesen Bedingungen überhaupt noch einen vernünftigen Ton hören kann. Untersuchungen hierzu haben jedoch ergeben, dass genau dies der Fall ist: Wir bilden beim Hören sehr genau den Mittelwert aus der sich kontinuierlich ändernden Grundfrequenz und hören dann diesen mittleren Ton (und zugleich, wie er schwingt). Man kann also nicht behaupten (wie dies manchmal getan wurde), dass Vibrato dazu dient, den Ton zu verschleiern und auf diese Weise kleinere Fehler beim Singen der richtigen Tonhöhe zu kaschieren. Zutreffend ist aber, dass ein im Vibrato gesungener (oder gespielter) Ton mit anderen Tönen zusammen (die gegen ihn leicht verstimmt sind) keine Schwebung hervorruft, weil sich ja die Frequenz des Tons dauernd ändert. Da Schwebungen für die Wahrnehmung von Dissonanz mitverantwortlich sind, stellt das Spielen und Singen im Vibrato eine Möglichkeit dar, Dissonanz zu vermeiden. Kurz, mit Vibrato klingt es schöner, gerade dann, wenn man zusammen spielt und singt.

Dies ist allerdings nur dann der Fall, wenn *einer*, natürlich am besten der Solist, Vibrato singt. In Orchester und Chor muss man mit Vibrato viel vorsichtiger sein, weil ein Zuviel an Vibrato ein einheitliches Klangerlebnis geradezu ruinieren kann. Sehr schwer ist es, mehrstimmig ohne jegliches Vibrato zu singen, da dann alle Sänger des Chors besonders genau singen müssen. Man konnte zeigen, dass manche Chöre hierzu mit fast unglaublicher Präzision in der Lage sind: Sundberg (1987) führt als Beispiel den so genannten *Barbershop-Gesang* an, bei dem ein vierstimmiger Männerchor die Intervalle sehr sauber singt und sogar von der wohltemperierten Stimmung regelhaft abweicht, um die dieser Stimmung eigenen Schwebungen zu vermeiden.

Der Vollständigkeit halber sei erwähnt, dass es noch zwei weitere Formen der Frequenzmodulation gibt, Tremolo und Triller. Das Tremolo ist schneller als das Vibrato, d. h. die Frequenz der Tonhöhenänderung (Frequenzmodulation) liegt bei mehr als sieben Hertz. Beim Triller steigt und fällt der Ton über einen weiteren Bereich als beim Vibrato.

Stimmbruch

Nach unbestätigten, vom Autor immer wieder hie und da aufgelesenen anekdotischen Berichten können sich die wenigsten Männer an ihren Stimmbruch erinnern. Dabei handelt es sich doch um ein einschneidendes Phänomen: Plötzlich verliert man die Kontrolle über die Tonhöhe und die zuvor gut gehorchende Stimme schlägt eigenartige Kapriolen, um sich nach einigen Wochen oder Monaten auf einer neuen Frequenz einzufinden. Um diese Frequenz, die etwa eine Oktave tiefer liegt als zuvor, pendelt sie nun beim normalen Sprechen herum.

Ich selbst kann mich gut daran erinnern, was ich aber letztlich einem Zufall verdanke: Als ich zehn war, begannen mein älterer Bruder, meine ältere Schwester und ich mit regelmäßigem gemeinsamen Musizieren; wir hatten unsere eigene Band. Was mit zwei akustischen Gitarren und dem Herumtrommeln auf Waschzubern mit Stricknadeln begann, hatte sich nach etwa zwei Jahren und vielen gemeinsam verbrachten, sehr spaßigen Stunden, der Anschaffung eines alten, richtigen Schlagzeuges sowie von Mikrophonen und einem Verstärker zu einem halbwegs ansehnlichen (bzw. hörbaren) kleinen Ensemble gemausert. Wir spielten die Hitparade hinauf und hinunter sowie eigene Kompositionen meiner Geschwister, die im Übrigen kaum anders klangen, was nach den Ausführungen über Lernen und neuronale Netzwerke (vgl. Kapitel 7) auch nicht verwundert.

Wenige Wochen, nachdem ich mein erstes Mikrophon aus mühsam angehäuften Ersparnissen gekauft hatte, ereilte mich der Stimmbruch. Dies war in hohem Maß frustrierend. Gerade jetzt, wo man meine Stimme durch das Mikrophon endlich einmal neben dem Getöse von Schlagzeug und verstärkten Gitarren vernahm, war das, was aus meinem Munde bei entsprechenden Versuchen kam, nur noch peinlich. Dabei konnte ich doch singen und war immerhin vier Jahre lang im Sopran eines Kirchenchores recht aktiv tätig gewesen. Damit war jetzt aber ebenso Schluss wie mit der zweiten Stimme oder dem Background-Chorgesang (das übliche „uuuhhh" oder „aaahhh" bei der zweiten und dritten Strophe eines Stücks). Zu meiner großen Erleichterung dauerte dieser Zustand nicht lange und recht bald schon sang ich schon wieder ins Mikrophon, allerdings eine Oktave tiefer. Ich kann mich noch gut daran erinnern, wie ich mich damals wunderte, wie schnell der Wechsel letztlich vonstattengegangen war. Im Nachhinein bin ich mir recht sicher: Hätte ich mir nicht kurz zuvor ein Mikrophon gekauft und wäre mir am Singen in der Band damals nicht so viel gelegen gewesen, dann könnte ich mich heute an meinen Stimmbruch höchstwahrscheinlich nicht mehr erinnern.

Das Auftreten des Stimmbruchs ist geschlechtshormonabhängig, korreliert allerdings besser mit dem Hodenwachstum als der Testosteronkonzentration (Harries et al. 1997). Der männliche Kehlkopf wächst rasch und die Knabenstimme sinkt um etwa eine Oktave, wobei sich etwa ein Drittel aller Knabenstimmen zum Tenor und zwei Drittel zu Bariton oder Bass entwickeln. Auch nach dem Stimmbruch wächst der Kehlkopf noch weiter, so dass die Singstimme beim Mann etwa erst im 25. bis 30. Lebensjahr voll entwickelt ist.

Genaue Untersuchungen zeigen, dass die weitläufige Meinung, die Stimme von Mädchen unterliege keiner Entwicklung und die Stimme von Knaben verändere sich lediglich während des Stimmbruches, nicht zutrifft. Schließlich wächst ja auch bei Frauen der Kehlkopf im Rahmen des ganz normalen Körperwachstums. Um hierzu genauere Daten zu gewinnen, untersuchten Hacki und Heitmüller (1999) die Stimmen von 180 Kindern – neun Altersgruppen zwischen dem vierten und zwölften Lebensjahr – durch genaue computerisierte Analysen der Sing- und Sprechstimme. Jeweils zehn Jungen und zehn Mädchen einer Altersgruppe mussten eine kurze Geschichte erzählen, so laut wie möglich und so leise wie möglich zählen, „Hallo, komm her" drei- bis viermal so laut wie möglich rufen sowie den Ton „La" so laut und so leise wie möglich singen.

Hierbei ergaben sich interessante Ergebnisse: Die Tonhöhe der ganz normal gesprochenen Stimme ändert sich bei Mädchen im Alter von sieben bis acht Jahren und bei Jungen im Alter von acht bis neun Jahren um etwa einen Ganzton nach unten. Die maximale Lautstärke der Stimme nimmt vom ersten Messzeitpunkt (vier Jahre) bei Mädchen bis zum Alter von sieben oder acht Jahren zu und dann wieder ab, bei Jungen bis zum Alter von acht bis neun Jahren zu und dann wieder ab.

Bei Jungen und bei Mädchen kommt es weiterhin im zehnten Lebensjahr zu einer Absenkung der Stimme beim lauten Rufen um etwa eine kleine Terz, wobei die Rufstimme bei Jungen etwa einen Halbton niedriger liegt als bei Mädchen. Im zwölften Lebensjahr kommt es weiterhin zu einer Absenkung der Stimme bei Jungen und Mädchen um einen Halbton, den man als Ausdruck der Tatsache werten muss, dass Kinder in diesem Alter starkem Wachstum unterliegen und der Kehlkopf bei Jungen und Mädchen damit wächst. Es fand sich zudem, dass Jungen im Allgemeinen zwei Dezibel lauter sprechen als Mädchen, sowohl was das gewöhnliche Sprechen anbelangt als auch im Hinblick auf das lautestmögliche Sprechen. Im Hinblick auf die Lautstärke wurde weiterhin gefunden, dass Jungen und Mädchen im Alter von acht Jahren Schwierigkeiten mit dem Leisesprechen haben.

Im Hinblick auf die Singstimme fanden sich in den untersuchten Altersgruppen (insgesamt *vor* dem Stimmbruch) keine geschlechtsspezifischen Unterschiede. Im Alter von vier bis acht Jahren nimmt der Bereich der Singstimme zu, d. h. Jungen wie Mädchen können sowohl tiefere als auch höhere Töne singen. Zwischen dem achten und zwölften Lebensjahr kommt es zu keinen wesentlichen Veränderungen.

Es bleibt noch nachzutragen, dass systematische, in den letzten 100 Jahren gemachte Beobachtungen zeigen, dass der Stimmbruch zunehmend früher einsetzt. Noch 1895 gibt Paulsen (zit. nach Hacki u. Heitmüller 1999) das Alter der Jungen im Stimmbruch mit 14 bis 15 Jahren an, wohingegen man heute den Stimmbruch etwa auf das 13. Lebensjahr datiert. Dies ist Ausdruck der allgemein festzustellenden Akzeleration, d. h. dem zunehmend früheren Einsetzen der Geschlechtsreife bei

Jugendlichen, was wiederum wahrscheinlich auf das Konto verbesserter Lebensbedingungen (insbesondere bessere Ernährung) geht.

Brummer sind eher männlich

Manche Menschen singen falsch und merken es nicht. Für jemanden, der singen kann und den Ton trifft, ist es ebenso unbegreiflich, dass jemand den Ton nicht treffen kann, wie es für einen mit gesundem Farbensehen unbegreiflich ist, wie sich die Welt einem Rot-Grün-Blinden darstellt. Beides ist nicht ganz selten: Bekanntermaßen gibt es etwa 7 % rot-grün-blinde und etwa 1 % blau-gelb-blinde Menschen in der Bevölkerung (die Zahlen schwanken etwas und hängen vom Breitengrad ab; vgl. Spitzer 2002) und es sind nach einer Untersuchung von Bentley (zit. nach Bruhn et al. 1997, S. 289) immerhin 7–8 % aller Männer und 1–2 % aller Frauen nicht in der Lage, einen bestimmten Ton nachzusingen. Offensichtlich ist die Fähigkeit von Lernerfahrungen abhängig. Bei Kindern im Alter von 7 Jahren lag der Anteil der Falschsinger bei den Jungen noch bei 27 % und bei den Mädchen bei 11 %. Wie Bruhn mit Recht hervorhebt, sollte von der Unfähigkeit, einen vorgegebenen Ton zu singen nicht auf eine nichtvorhandene Musikalität geschlossen werden. Man tut den Kindern und auch den Erwachsenen damit Unrecht.

Es gibt unterschiedliche Arten des Falschsingens, das man im Jargon von Musiklehrern und Chorleitern als Brummen bezeichnet, da es sich in einem Chor ganz einfach so anhört. Nach einer Untersuchung von Herrmann (zit. nach Bruhn 1993, S. 288–289) zu Falschsängern waren mit 40,6 % diejenigen Sänger am häufigsten, die die Melodie einigermaßen nachsingen konnten, jedoch die Töne nicht ganz genau trafen. Mit 33 % waren diejenigen Sänger am zweithäufigsten, die die Melodie zwar richtig sangen, jedoch in einer insgesamt anderen Tonhöhe. 20,9 % der Brummer sangen eine ganz andere Melodie und 5,5 % der Brummer sangen immer den gleichen Ton. Warum Brummer häufiger männlichen Geschlechts sind als weiblichen Geschlechts, ist nicht völlig geklärt. Möglicherweise hängt dies damit zusammen, dass Frauen generell bessere sprachliche Fähigkeiten aufweisen als Männer und sich Musik und Sprache sowohl im Hinblick auf die Phänomene als auch im Hinblick auf die neuronalen Mechanismen stark überlappen, wie bereits oben (vgl. Kapitel 7) diskutiert.

Wenn die Stimme ihren Dienst aufgibt

Wer schon einmal heiser war, der weiß, was es bedeutet, wenn die Stimmbänder nicht ganz so glatt aussehen und „geschmiert" funktionieren, wie dies normalerweise der Fall ist. In einer Arbeit mit dem bezeichnenden Titel *24 Stunden bis zum Vorhang* konnten Mishra und Mitarbeiter (2000) an 40 Sängern mit akuten Stimmproblemen vor der Aufführung jedoch zeigen, dass bei sachgerechter Diagnose und Therapie 85 % der Sänger ihren Auftritt vollkommen unbeeinträchtigt durchführen konnten. Es zeigte sich weiterhin, dass die Sänger mit zunehmender Erfahrung den Arzt früher (d. h. länger vor dem Auftritt) aufsuchten. Stimmstörungen lassen sich ganz grob in solche die Phonation betreffend (häufig) und solche die Artikulation betreffend (selten) einteilen. Heiserkeit und Sängerknötchen sind ein Problem der Stimmbänder und nicht des Schallformungsapparats. Die unsachgemäße Behandlung der Stimme durch Grölen bzw. zu lautes und zu häufiges Sprechen kann ebenso zu Stimmstörungen führen wie häufiges Erbrechen beim Bestehen einer Bulimie (Lambeck u. Hacki 1997).

Eine ganze Reihe von Pharmaka haben Effekte auf die Stimme, wobei die meisten dieser Effekte nur von vorübergehender Dauer sind. Eine dieser Substanzen ist das in Kaffee, Tee, Cola-Getränken und einer ganzen Reihe von Medikamenten enthaltene Koffein. Akhtar et al. (1999) untersuchten die Effekte von 250 mg Koffein (entsprechend etwa zwei Tassen Kaffee) in Tablettenform bei acht freiwilligen Probanden mit Hilfe eines Laryngographen, einer experimentellen Prozedur, die letztlich den elektrischen Widerstand zwischen zwei links und rechts am Schildknorpel angebrachten Elektroden misst. Dieser ändert sich mit dem Öffnen und Schließen der Stimmritze: Wenn die Stimmbänder beieinander liegen, ist der Widerstand kleiner, ist die Stimmritze geöffnet, nimmt der Widerstand zu. Die Versuchspersonen mussten frei sprechen, eine Passage vorlesen und ein Lied (*Happy Birthday*) singen. Insgesamt ergab sich hierbei eine deutliche Variabilität der Effekte zwischen den Versuchspersonen, wobei jedoch auch die Effekte des Koffeins deutlich wurden: Die Substanz führt nach einer Stunde und insbesondere nach zwei Stunden zu einer Zunahme der Unregelmäßigkeit der Frequenzen beim Sprechen und Singen, woraus die Autoren folgern, dass Koffein in der Tat die Qualität der Stimme beeinträchtigen kann. Nicht umsonst wird Sängern daher geraten, bei Kaffee, Tee und Cola-Getränken zurückhaltend zu sein.

Der Begriff der *Phonochirurgie* wurde 1963 durch von Leden geprägt. Er bezieht sich auf chirurgische Verfahren, die das Ziel haben, die Stimme zu verbessern, wiederherzustellen oder zu erhalten. Natürlich richten sich solche Verfahren nach den Bedürfnissen und nach der jeweils individuellen Situation des Patienten. Chirurgie im Bereich der Stimmbänder kann heute durch entsprechende feine Operationsinstrumente, aber auch mittels Laser durchgeführt werden. Beide Verfahren eignen sich beispielsweise gleichermaßen gut, um kleine Sängerknötchen abzutragen. Direkt nach der Operation ist die Stimme hierdurch beeinträchtigt, ein bis zwei Monate später jedoch hatte sich die Stimme deutlich im Vergleich zu prä- und postoperativ gebessert (Keilmann et al. 1997; Leden 1994; Rosen 2000).

Auch durch gezieltes Singen in Form bestimmter Übungen lassen sich Symptome einer Dysphonie (Stimmstörung wie beispielsweise Heiserkeit) bessern (Carroll 2000).

Fazit: ein kompliziertes Instrument

Die menschliche Stimme ist eines der vielfältigsten und kompliziertesten Musikinstrumente überhaupt. Die meisten Menschen können einigermaßen singen, d. h. haben es gelernt, ganz bestimmte Töne willentlich hervorzubringen, was keineswegs trivial ist. Die Tonhöhe der menschlichen Stimme variiert in Abhängigkeit von der Spannung der Stimmbänder und dem von den Lungen ausgeübten Druck. Die Spannung der Stimmbänder wird unter anderem durch den *Musculus vocalis* reguliert. Bei seiner Anspannung werden die Stimmbänder fester, wodurch ein höherer Ton entsteht. Die Höhe des Luftdrucks in den Lungen bestimmt nicht nur die Lautstärke des Tons, sondern auch dessen Höhe. Bei höherem Druck schwingen die Stimmbänder schneller. Singen wir nun einen immer lauter werdenden, gleich hohen Ton, müssen wir die ansonsten eintretende Zunahme der Tonhöhe durch den steigenden Druck durch ein entsprechendes Nachlassen der Spannung der Stimmbänder wieder ausgleichen. Diese komplizierte Regelung von Luftdruck und Muskelspannung zur Erreichung eines Tons bestimmter Lautstärke und Tonhöhe gelingt offenbar auch nicht speziell ausgebildeten Sängern mühelos: trainierte Sänger können es noch besser.

Formanten sind Eigenschaften des Resonanzraums (Vokaltrakts) der Stimme. Es handelt sich um Frequenzbereiche, in denen der von den Stimmbändern kommende Schall durch Resonanz maximal verstärkt wird. Formanten sind unabhängig von der Grundschwingung der Stimmbänder. Liegt diese tief, werden durch die entsprechend eng gestuften Oberschwingungen die Formanten gleichsam genau nachgezeichnet. Ist die Grundschwingung dagegen sehr hoch, werden die Resonanzmöglichkeiten dagegen kaum ausgeschöpft und die Verständlichkeit der Stimme nimmt ab. Ein männlicher Bass ist daher (aus rein physikalischen Gründen) viel verständlicher als ein mit hoher Stimme singender Sopran.

Professionelle Sänger unterscheiden sich von Laien vor allem dadurch, dass sie kontrolliert lauter singen können und wenden hierfür einige interessante Tricks an, wobei Sängerinnen andere Tricks auf Lager haben als Sänger.

Wer nicht gegen ein lärmendes Orchester ansingen muss, der braucht die Tricks der Opernsänger (die ja nicht nur auf das Konto der Verständlichkeit gehen, sondern beispielsweise auch die Ausdrucksmöglichkeiten – mancher Andersdenkender zum Trotz – ganz deutlich einschränken) nicht zu lernen. Wer also nur von einer Gitarre begleitet singt, braucht ebenso wenig Operngesangsunterricht wie ein Pop- oder Rock-Sänger, der den gesenkten Kehlkopf durch ein Mikrophon ersetzt. Die Elektronik ermöglicht damit eine neue Kategorie des Sängers, die Miller (1996) in einer historischen Übersicht des Sologesangs mit dem Begriff des *untrained professional* bezeichnet hat.

Auf der Bühne zu stehen und zu singen ist die schwierigste Art, öffentlich zu musizieren. Man kann sich an keiner noch so kleinen Flöte festhalten und sich schon gar nicht hinter einer Gitarre verstecken. Man ist nur man selbst. Vielleicht war die höhere Lautstärke der für den professionellen Gesang entwickelten Techniken nur eine Ausrede, um sich hinter einer geringeren Verständlichkeit und einer veränderten Klangfarbe der Profi-Stimme vielleicht doch ein bisschen verstecken zu können? Wer also ganz er selbst sein will, der singe, wie ihm der Schnabel gewachsen ist – einfach so, weil es nicht nur in der Badewanne Spaß macht! Wegen drohender Heiserkeit sollte Grölen (und insbesondere zu viel Alkohol) vermieden werden.

11 Mit Instrumenten spielen

Musikinstrumente lassen sich grob danach einteilen, wie auf ihnen Klang erzeugt wird (Saiteninstrumente, Blasinstrumente, Schlaginstrumente). Wissenschaftliche Untersuchungen zum Musizieren mit Instrumenten sind sehr unterschiedlich im Hinblick auf die Fragen, Ziele, Methoden und Ergebnisse. Sie sind, gemessen an der Menge von Studien zum Hören von Musik, eher selten, was unter anderem daran liegt, dass es viel mehr Leute gibt, die Musik hören, als solche, die Musik machen. Die meisten Untersuchungen beziehen sich zudem auf klassische Instrumente wie das Klavier und die Geige. Wissenschaftliche Studien zum Spielen des Didgeridoo oder der E-Gitarre konnte ich nicht finden.

Die Zahl der Studien zum Musizieren nimmt allerdings zu. Dies hat methodische und inhaltliche Gründe: Zum einen ist durch die Einführung des MIDI-Standards (Music Instrument Digital Interface) jedes Keyboard imstande, die Aktionen eines Pianisten in geschriebene Noten umzusetzen, so dass man auf einfache Weise zumindest das Klavierspiel genauestens untersuchen kann (Wilson 1992). Vor gut hundert Jahren benutzte Alfred Binet (bekannt als der Pionier auf dem Gebiet der Intelligenzmessung) noch einen unter den Klaviertasten angebrachten Gummischlauch, aus dem beim Tastendruck ein Lufthauch aus- trat, der einen Schreiber steuerte. Er fand mit dieser Apparatur Unterschiede im Klavierspiel von Anfängern und Profis.

In methodischer Hinsicht sind weiterhin die vielen Computerprogramme zu erwähnen, die es jedem Besitzer eines PCs gestatten, Schall visuell darzustellen und im Hinblick auf Wellenformen, Frequenzen, Spektren etc. zu analysieren. Aus inhaltlicher Sicht stellt das Musizieren ein sehr gut untersuchbares Modell praktisch-motorischer und kognitiver Fähigkeiten dar. Nicht umsonst beziehen sich nicht wenige Studien zum Lernen und zur Neuroplastizität (vgl. Kapitel 7 sowie Kapitel 12) auf den Bereich der Musik.

Das Spielen von Musik vollzieht sich in den unterschiedlichsten Kontexten, von denen die wenigsten wissenschaftlich untersucht sind. Die Mehrheit aller im Bereich der westlichen Musikkultur lebenden Menschen besitzt nur laienhaft ausgeprägte Fähigkeiten des Musizierens, wohingegen einige wenige Profis den ganzen Tag üben. Wenn es im Folgenden um das Musizieren geht, so ist vielfach von professionellen Pianisten die Rede, die westliche Musik nach westlichen Standards spielen. Zumindest einige der gefundenen Prinzipien sollten sich jedoch auch auf andere Instrumente, Bereiche und Kulturen übertragen lassen.

Technik und Ausdruck

Beim Musizieren geht es um Technik einerseits und um Ausdruck andererseits. Die Ausführung von bis zu 20 Noten pro Sekunde am Klavier, Sprünge auf dem Griffbrett eines Cellos oder auf den Zehntelmillimeter genaue Griffe in den hohen Lagen einer Geige gehören zur technischen Seite ebenso wie das (neuerdings durch das Didgeridoo zu weiterer Bekanntheit gekommene) zirkuläre Atmen (man hat die Backen voller Luft, womit man die Zeit des Einatmens durch die Nase überbrückt und so einen endlosen Ton blasen kann). Da technische Gesichtspunkte weiter unten im Abschnitt über die Hand sowie im folgenden Kapitel diskutiert werden, geht es zunächst um den Ausdruck.

Technik und Ausdruck sollten Hand in Hand gehen: Nur wer sein Instrument beherrscht, kann damit etwas ausdrücken. Technik ohne Ausdruck ist heute durch Computer sehr leicht herzustellen: Ein MIDI-Piano spielt ein Stück immer genau gleich und immer genau so, wie es in den Noten steht. Das ganze klingt dann recht leblos, mechanisch und langweilig. In manchen Computerprogrammen zur Erzeugung von Musik (die im Bereich der Pop-Musik sehr verbreitet sind) gibt es daher die Möglichkeit, kleine zufällige Variationen einzuführen, so dass nicht mehr alles so mechanisch klingt. Man spricht in diesem Zusammenhang von *Humanization*. Wie aber unten gezeigt wird, sind die Variationen im Rahmen des Ausdrucks keineswegs zufällig.

Beim Aufführen eines Musikstücks scheint zunächst alles völlig durch die Noten sowie durch die Angaben zum Tempo und zur Dynamik (laut und leise) festgelegt. Dem ist jedoch nicht so (vgl. Bengtsson 1987; Gjerdingen 1988), zumal diesbezügliche Angaben von Komponisten vor dem Ende des 18. Jahrhunderts kaum verwendet wurden (Shaffer 1995). Musikalische Freiheit kommt durch den Ausdruck ins Spiel, d. h. durch die mehr oder weniger bewusste Variation einiger weniger Parameter: Timing, Lautstärke, Tonhöhe und Klangfarbe. Die Variation dieser Parameter erfolgt so, dass sie beim Hörer bestimmte kognitive, ästhetische und emotionale Reaktionen hervorruft. Nicht immer geht dabei alles: Beim Klavier lässt sich beispielsweise die Tonhöhe gar nicht und die Klangfarbe nur sehr beschränkt (Dämpfer) verändern, wohingegen Geiger oder Saxophonisten alle vier genannten Parameter unter Kontrolle haben.

Unter dem *Timing* versteht man den genauen Beginn und das genaue Ende einzelner Noten. Zwar liegt das Timing mit den Notenwerten prinzipiell fest, es wird jedoch innerhalb gewisser Grenzen bei Aufführungen variiert. Nur mit einer Stoppuhr ausgerüstet fand der Hamburger Musikpsychologe Artur Hartmann bereits im Jahr 1932 in seinen Untersuchungen über metrisches Verhalten in musikalischen Interpretationsvarianten des ersten Satzes der *Mondscheinsonate*, dass die kürzeste halbe Note kürzer war als die längste Viertelnote. Früher waren derartige Messungen sehr aufwendig. Eine Forschergruppe an der Iowa University filmte bereits in den 30er Jahren Pianisten und fand, dass die Noten eines Akkords nicht genau gleichzeitig, sondern 20 bis 200 Millisekunden auseinander gespielt wurden, wobei die Breite bei betonten bzw. wichtigen Akkorden größer war (Henderson et al. 1937, Henderson 1937).

MIDI-Pianos wurden zwar nicht für die Forschung entwickelt, sie eignen sich jedoch hervorragend zum Forschen. Ein solches Piano kodiert millisekundengenau jeden Anschlag und zeichnet auch die Geschwindigkeit des Tastendrucks auf. Man kann damit also das, was ein Pianist im Hinblick auf Lautstärke und Timing macht, sehr genau und objektiv untersuchen. Den Variationen des Ausdrucks entsprechen im Hinblick auf das Timing Änderungen, die im Bereich einer Hundertstelsekunde liegen können!

In den 1990er Jahren wurde hierzu eine Reihe interessanter Untersuchungen durchgeführt, die kurz dargestellt seien. Repp (1990) verglich 19 Aufnahmen des dritten Satzes von Beethovens *Klaviersonate Nr. 18 in E-Moll, Opus 31, dritter Satz* (Menuett) im Hinblick auf das genaue Timing der einzelnen Noten. Wie sich zeigte, waren die Pianisten jeder für sich sehr konsistent in ihrem Ausdruck (bezogen auf das Timing) und untereinander sehr verschieden. Mittels des statistischen Verfahrens der Faktorenanalyse wurde nachgewiesen, dass im Wesentlichen zwei Dimensionen für die Länge eines Tons bestimmend sind: seine Stellung innerhalb eines Taktes (Anfang und Ende langsamer als die Mitte) und seine Stellung innerhalb einer Phrase (am Ende langsamer).

In ähnlicher Weise untersuchte Repp (1992; vgl. auch Repp 1998) 28 Aufnahmen bekannter Pianisten von Schumanns *Träumerei* und fand ebenfalls erhebliche Unterschiede zwischen den Interpretationen. An Gemeinsamkeiten zeigten sich die Abhängigkeit des gewählten Tempos sowie der systematischen Verzögerungen (Ritardandi) von der Struktur des Stücks (stärker an den Enden größerer Untereinheiten).

Gabrielsson (1987) ließ fünf Pianisten das gleiche Stück, Mozarts Klaviersonate in A-Dur, K. 331, zweimal spielen und bestimmte die Abweichungen vom exakten Timing für jede einzelne Note der ersten acht Takte. Wie sich zeigte, gab es wieder Gemeinsamkeiten und Unterschiede zwischen den Pianisten. Interessanterweise waren die Aufführungen der Pianisten jedoch erstaunlich stabil, denn die Abweichungen waren bei der Wiederholung praktisch identisch mit den Abweichungen bei der ersten Aufführung (siehe Abb. 11-1).

Diese Unterschiede im Timing einzelner Noten bei einem Pianisten bleiben selbst dann bestehen, wenn man ihn bittet, das Stück ganz mechanisch und ohne jeden Ausdruck zu spielen, auch wenn sie dann geringer ausgeprägt sind. Dies lässt sich als Hinweis darauf werten, dass ein guter Instrumentalist gar nicht anders kann, als ausdrucksmäßig richtig bzw. adäquat zu spielen (Gabrielsson 1987, 1999, S. 527).

Kommen solche Variationen des Timings überhaupt beim Zuhörer an? Dieser Frage ging Repp (1992) wie folgt nach: Musikerfahrenen Hörern wurde die oben bereits erwähnte Beethovensonate mehrfach vorgespielt, zum einen vom Computer ohne Ausdruck, d. h. ohne Variationen des Timing, synthetisiert, und zum anderen mit einem oder zwei geringgradig (um 23 bis 45 Millisekunden, entsprechend 7–13 % einer Achtelnote von 341 Millisekunden Dauer) verlängerten, *zufällig* ausgesuchten Tönen. Die Hörer hatten die Aufgabe, diese Verzögerungen herauszuhören und auf einem Notenblatt mit dem Ausdruck der Sonate zu vermerken. Es zeigten sich hierbei deutliche Unterschiede in der „Aufspürrate" der dargebotenen Verzögerungen. Diese war nicht zufällig, sondern hing von der Position (man könnte auch sagen, von der Bedeutung) der Note im Gesamtzusammenhang ab. Bei manchen Noten wurde eher erkannt, dass sie länger gespielt wurden, als bei anderen, wobei sich die Streubreite immerhin zwischen nahezu vollständigem Aufspüren aller Verzögerungen und einer Rate von nur etwa 50 % bewegte.

Bei genauer Betrachtung zeigte sich, dass Verzögerungen insbesondere bei denjenigen Tönen nicht bemerkt wurden, die normalerweise ohnehin verlängert gespielt würden. Mit anderen Worten: Genau an den Stellen, an den Pianisten zum Zwecke des Ausdrucks das Timing verzögern, haben Hörer Schwierigkeiten, diese Verzöge-

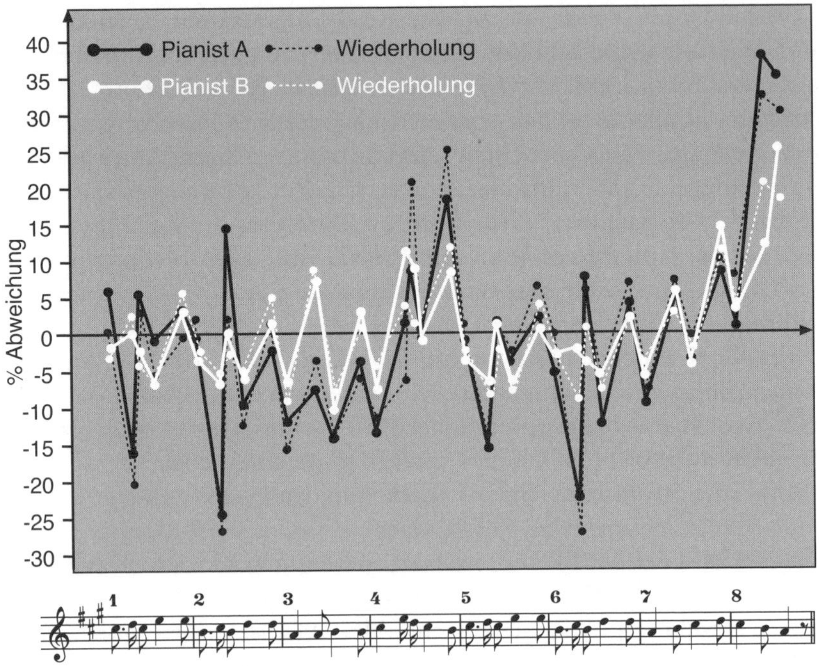

Abb. 11-1 Abweichung der Länge der gespielten Töne vom Notenwert (in Prozent) bei jeder Note der ersten acht Takte von Mozarts A-Dur-Klaviersonate bei zwei Pianisten. Man sieht deutlich, dass beide Pianisten in ihrem Ausdruck (im Hinblick auf das Timing der Noten) konsistent sind, es sich bei den Abweichungen also nicht um Zufall handelt und durchaus Gemeinsamkeiten zwischen ihnen bestehen. Man sieht aber auch, dass sich die Pianisten deutlich unterscheiden (nach Gabrielsson 1987; S. 90–91).

rungen als solche auch zu hören. Demgegenüber wurden sie gut gehört an Stellen, die unbetont sind und normalerweise von Pianisten nicht verlängert gespielt werden. Dies liegt ganz offensichtlich daran, dass die Verzögerungen in diesen Fällen normal klingen, d. h. den Erwartungen der Hörer entsprechen und eben genau aus diesem Grund gerade nicht als Verzögerungen erkannt werden.

In weiteren Experimenten konnte gezeigt werden, dass die Erwartung auch das Aufspüren verkürzter Zeiträume beeinflusst (Repp 1998). Repp kommentiert diesen Befund so, dass interne Repräsentationen der zeitlichen Struktur des Stücks zu Erwartungen führen, die wiederum als Top-down-Prozesse mit der Wahrnehmung wechselwirken und zu einer Art „Verbiegung der Zeit" (*warped time*; vgl. Repp 1992, S. 270) führen.

Penel und Drake (1998) konnten schließlich nachweisen, dass Variationen des Timings beim Spielen nicht nur expressive Komponenten beinhalten, sondern auch durch die Wahrnehmung mitbedingt sind: Unser Hörsystem hört manche Gruppierung besser als andere, und gute Pianisten gleichen dies dadurch aus, dass schwerer zu hörende, aber nichts desto weniger zu segmentierende musikalische Ereignisse etwas langsamer gespielt werden, um deren Wahrnehmung zu unterstützen. So wie

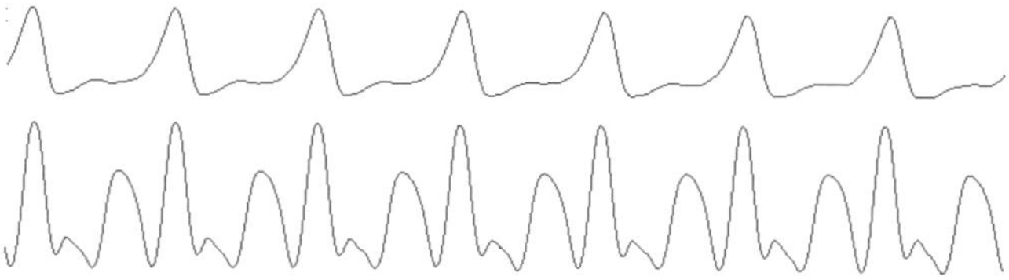

Abb. 11-2 Wellenform des zweiten Trompetentons aus Chuck Magniones *Feels so good* (oben) und dem gleichen Ton hart gespielt im Vergleich (unten). Man sieht deutlich den geringeren Gehalt höherer Oberschwingungen oben, was akustisch einem weicheren Ton entspricht.

ein Zeichner die Linien so setzt, dass unser Sehsystem mit wenigen Strichen ein Objekt gut identifizieren kann, setzt der Pianist die Noten zeitlich so, dass unser Gehör (dem ja zunächst nichts anderes als eine zeitliche Dimension zur Verfügung steht) Zeitstrukturen optimal wahrnehmen kann.

Die Variation der *Klangfarbe* wird vom Laien am ehesten mit Ausdruck in Verbindung gebracht. Insbesondere viele Blasinstrumente erlauben Variationen der Klangfarbe von weich bis hart. Man denke nur beispielsweise an die Trompete von Herb Alpert oder von Chuck Magnione in *Feels so good* im Vergleich zum harten Ton schmetternder Trompeten (vgl. Abb. 11-2).

Natürlich ist auch die *Lautstärke* ein wesentliches Ausdrucksmerkmal. Sie wird zwar durch die Bezeichnungen für die Dynamik – vom pianissimo (*ppp*) zum fortissimo (*fff*) – zumindest teilweise festgelegt, nicht jedes mezzoforte ist jedoch gleich laut. Es hängt ähnlich wie bei der Tonlänge von der Notenumgebung ab, wie laut eine Note tatsächlich gespielt wird. Als Beispiel seien hier wieder die Messungen von Gabrielsson (1987, S. 96) angeführt, die eine Variation der Lautstärke anzeigen, die in einer ähnlichen Größenordnung liegt wie beim genauen Timing. Wichtig ist wieder, dass sich einzelne Pianisten im Detail unterscheiden, aber dennoch bei Wiederholungen ihre Art der Lautstärkemodulation sehr präzise replizieren können (vgl. Abb. 11-3).

Bei vielen Instrumenten ist es möglich, auch die Tonhöhe im Rahmen der zu spielenden Note zu variieren: Der Klarinettist „zieht" den Ton von unten herauf, und der Sänger oder der Geiger passt die Terz der reinen Stimmung an (vgl. das Beispiel der *Barbershop Singers* in Kapitel 10). Nach einer Untersuchung von Fyk (zit. nach Gabrielsson 1999, S. 545f) war die Intonation der Töne eines Geigenkonzerts von Paganini bei zwei Konzertviolinisten nur in 11 % aller Töne korrekt. Oktaven, Quinten und Quarten wurden mit weniger Variabilität intoniert als beispielsweise die große Terz (nominell vier Halbtonschritte entsprechend 400 Cent), die gleich in drei Varianten (385–388, 399–401 und 408–414 Cent) vorkam, die von der jeweiligen Umgebung abhingen.

Beim Spielen von Vibrato schließlich wird die Tonhöhe ganz bewusst mehrmals in der Sekunde um etwa einen Viertel- bis einen halben Ton geändert, um den Klang des Instruments lebendiger werden zu lassen (vgl. Brown 1991, Gärtner 1980, Meyer 1992). Dabei ist die Variationsbreite und auch die Frequenz des Vibratos abhängig vom Instrument. So liegen diese Werte beispielsweise beim Cello mit 4–5

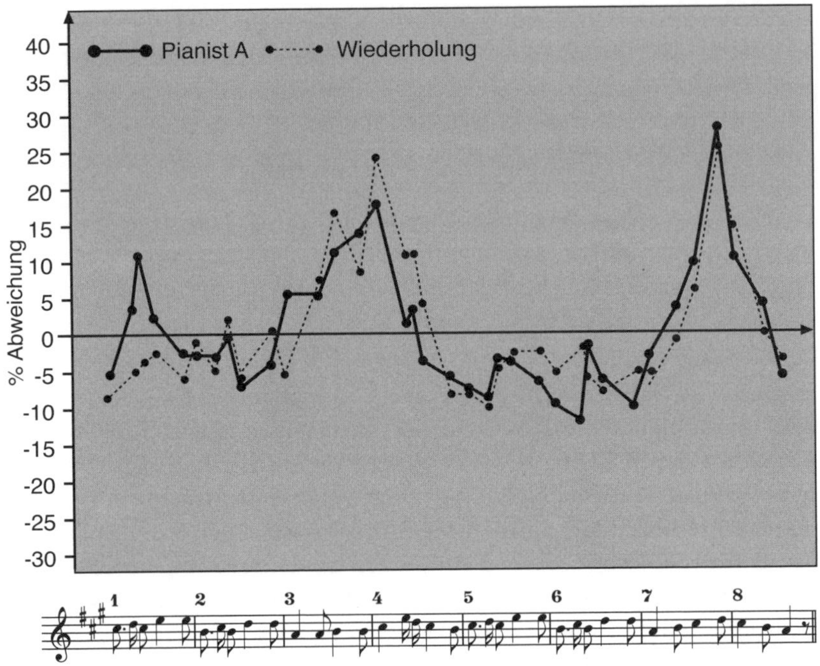

Abb. 11-3 Abweichung der Lautstärke der gespielten Töne vom Mittelwert der Lautstärke aller Töne (in Prozent) bei jeder Note der ersten acht Takte von Mozarts A-Dur-Klaviersonate bei einem Pianisten. Man sieht deutlich, dass er in seinem Ausdruck im Hinblick auf die Lautstärke der einzelnen Töne konsistent ist, die Abweichungen also nicht zufällig sind (nach Gabrielsson 1987, S. 96).

Hz und 50 Cent recht niedrig; Sänger hingegen haben hohe Werte zwischen 5 und 8 Hz für die Frequenz und bis zu mehr als einem Halbton (über 100 Cent) für die Variationsbreite (vgl. das vorgehende Kapitel).

Konflikt mit dem Durchschnitt

Zwischen Musikern gibt es Gemeinsamkeiten und Unterschiede. Gemeinsam sind ihnen die Anforderungen, die die Hörer an sie stellen. Wir erwarten von allen Musikern die Beherrschung ihres Instruments – sie sollten nicht falsch spielen. Man erwartet gewissermaßen einen durchtrainierten Athleten, der während des Konzerts Höchstleistung bringt. Die Leistungen werden immer besser, und was noch vor hundert Jahren zur Goldmedaille reichte, gilt heute in der Regionalliga als Mittelmaß. Es wird heute von Profimusikern mehr und konzentrierter geübt als je zuvor, denn die Konkurrenz ist ebenso wie die Erwartungen der Zuhörer groß (siehe Tab. 11-1). Auch die aufgeführten Stücke wurden mit der Zeit immer schwerer: Eine Analyse der Klaviersonaten des Jahrhunderts von 1750 bis etwa 1850, komponiert von Clementi, Haydn, Mozart, Beethoven und Schubert, zeigte eine Korrelation der Komplexität der Sonaten mit dem Jahr der Komposition von

0,68 ($p < 0,001$). Für viele Instrumente gibt es so genannte „unspielbare" Stücke, die jeweils irgendwann dann doch von einem Virtuosen gespielt wurden (Lehmann u. Ericsson 1998, S. 84). Dies zeigt ebenfalls den wachsenden Schwierigkeitsgrad des Instrumentenspiels über die Zeit an.

Der athletische Aspekt des Musizierens drückt sich auch in Wettbewerben aus, die heute von professionellen Musikern praktisch wahrgenommen und gewonnen werden müssen, sofern eine internationale Solokarriere eingeschlagen werden soll (Sosniak 1985). Solche Wettbewerbe gibt es auch im Bereich des Jazz und es gab sie auch schon früher, wenn auch eher informell, wenn sich beispielsweise Liszt mit Thalberg, Mozart mit Clementi oder Händel mit Scarlatti zu privaten Klavierwettbewerben trafen (Lehmann u. Ericsson 1998, S. 75).

Schließlich hat die weite Verbreitung von Musik durch Tonträger verschiedenster Art die Ansprüche des Publikums in früher ungeahnte Höhen getrieben. Wer ständig die besten Interpreten der Welt in Hi-Fi-Qualität hört, ist nur schwer durch die zweitbesten live zufriedenzustellen. All dies läuft darauf hinaus, dass Musiker sich immer mehr den höchsten Standards nähern müssen und damit immer ähnlicher klingen.

Ästhetik und der Durchschnitt

Auf den Engländer Sir Francis Galton gehen Überlegungen zurück, die die durchschnittliche Ausprägung eines bestimmten Merkmals mit unserer Einschätzung von dessen Schönheit in Verbindung bringen. Um ein Beispiel zu nehmen: Wir finden weder besonders platte noch besonders lange Nasen schön. Uns gefällt vielmehr eine mittelmäßig große Nase am besten. Wie Galtons Experimente (1883) ergaben,

Tab. 11-1 Professionelles Musizieren einst und jetzt (nach Lehmann u. Ericsson 1998, S. 71).

	einst	jetzt
gespielte Musik	Eigenkompositionen	durch andere ausgewählte Stücke
Vorbereitung für einen Auftritt	kurz; man spielte vom Blatt bzw. improvisierte	lang; Monate oder gar Jahre der genauen Übung bis zur Perfektion
Instrumente	Originalinstrumente	modifizierte Instrumente mit optimiertem Klang und Tonumfang sowie verbesserter Flexibilität
Grad der Spezialisierung	gering; der Musiker spielte mehrere Instrumente und war zugleich Lehrer, Komponist, Dirigent oder Chorleiter	hoch; Solo-Instrumentalisten für ein einziges Instrument
Ausbildung	oft informell, relativ später Beginn	professionelle Lehrer, früher Beginn

liegt hierbei unser Schönheitsideal entweder nahe dem Durchschnitt oder fällt mit dem Durchschnitt gemessener Werte zusammen. Mit Hilfe der Durchschnittsbildung aus Bildern von Gesichtern konnten Langlois und Roggman (1990; vergleiche auch die Diskussion in Spitzer 2002) die Ergebnisse von Galton im Hinblick auf ganze Gesichter replizieren: Die meisten Versuchspersonen finden das am Computer erstellte Durchschnittsgesicht aus vielen einzelnen Gesichtern schön. Insbesondere gefällt den meisten Versuchspersonen das Durchschnittsgesicht besser als die meisten der einzelnen Gesichter, aus denen das Durchschnittsgesicht gebildet wurde.

Später konnten Perrett und Mitarbeiter (1994) zeigen, dass das Durchschnittsgesicht aus schönen Gesichtern für attraktiver gehalten wird als das Durchschnittsgesicht aus allen Gesichtern. Dieser Befund widerspricht der Durchschnittshypothese dahingehend, als es sich nicht um den Gesamtdurchschnitt handelt, sondern um einen von diesem etwas abweichenden Durchschnitt, der von den Menschen für ästhetisch am ansprechendsten gehalten wird. Man kann sich dies damit erklären, dass bestimmte systematische Abweichungen vom Mittelwert aller Beobachtungen für die Beobachter Schönheit anzeigen. Um beim Beispiel von Nasen zu bleiben, braucht man nur annehmen, dass jugendliches Alter durch eine eher etwas kleinere Nase signalisiert wird und dass Jugendlichkeit insgesamt ein ästhetisch positiver Wert ist. Daraus folgt, dass die meisten Menschen eine Nase, die etwas kleiner ist als der Mittelwert aller Nasen, für am schönsten halten.

Die Logik dieser Argumentation wurde von Repp (1997) erstmals auf die ästhetischen Qualitäten von Musik übertragen. Er ließ zehn Musikstudenten Schumanns Träumerei auf dem Klavier spielen und produzierte dann eine elfte Aufnahme durch Mittelwertbildung aus den zehn Aufnahmen. Diese geschah per Computer durch Berechnung der jeweiligen Tonlängen und Tonintensitäten anhand von MIDI-Daten (also nicht auf akustischem Weg). Zwölf Beurteiler (allesamt Pianisten) beurteilten daraufhin die elf Versionen des Stücks und fanden die Durchschnittsversion insgesamt am zweitschönsten. Interessanterweise erreichte die Durchschnittsversion auch nur den zweitletzten Platz im Hinblick auf die eingeschätzte Individualität. Ganz offensichtlich war also ein Performanz-Mittelwert leitend für das ästhetische Urteil der Klavierspieler. Kurz: Der Durchschnitt war schön.

In einem zweiten Experiment wurden die Pianisten gebeten, 30 Variationen des Beginns der Chopin-Etüde in E-Moll im Hinblick auf ihre ästhetischen Qualitäten einzuschätzen. Die 30 Stücke stammten sowohl von professionellen Aufnahmen als auch von Hobbypianisten. Unter ihnen waren auch drei Durchschnitte: der Durchschnitt der Hobbypianisten, der Durchschnitt der Profis sowie der Gesamtdurchschnitt. Es zeigte sich, dass der Durchschnitt der Profipianisten insgesamt als am schönsten empfunden wurde, was darauf hindeutet, dass es auch im Bereich der Musik so etwas wie eine Teilmenge besonders schöner Einzelaufführungen gibt, deren Durchschnitt dann als besonders schön empfunden wird.

Mit diesen Experimenten konnte Repp somit insgesamt zeigen, dass im Bereich der Ästhetik musikalischer Ereignisse prinzipiell die gleichen Gesetzmäßigkeiten gefunden werden können wie im Bereich der visuellen Ästhetik. Uns gefällt das Mittelmaß. Dies mag manchen Leser erstaunen, passt jedoch gut zu modernen neurobiologischen Auffassungen zur Genese ästhetischer Urteile. Noch etwas besser als der Gesamtdurchschnitt gefällt uns der Durchschnitt aus Einzelnem, das wir für sich bereits als schön erachten. Auch dieser Befund hat seine Entsprechung im Sehen und wahrscheinlich ebenso in der Neurobiologie ästhetischer Urteile (vgl. hierzu auch Spitzer 2002).

Varietas delectat

Wir freuen uns aber auch über *Unterschiede* und honorieren dies dadurch, dass wir die Platten oder CDs des einen Interpreten gegenüber denen des anderen bevorzugen. Es geht also nicht nur darum, immer gleich gut bzw. sehr gut zu spielen oder zu singen, sondern auch darum, trotz der starken Normierung dem Spiel bzw. Gesang seinen eigenen ganz persönlichen Stempel aufzudrücken. Dies gelingt bei Popsängern, deren Stimmen man unschwer erkennen kann – man denke nur an Joe Cocker (siehe Abb. 11-4) oder Tina Turner –, leichter als bei Pianisten, die den Ton ja weniger formen können. Dennoch haben wir auch für diese oben dargestellt, wie Unterschiede des Ausdrucks möglich sind und tat- sächlich auch vorkommen.

Musizieren erfolgt auf verschiedene Weise: Man kann vom Blatt spielen oder auswendig, mit langer Übung nach Noten oder nach dem Gehör, vorgegebene Musik wiedergeben oder improvisieren. Obgleich diese Fähigkeiten miteinander korrelieren, unterscheiden sich Musiker durchaus darin, was sie besonders gut können. Dies macht deren Individualität ja gerade aus. Um erfolgreich zu sein, genügt es also nicht, nur einfach durchschnittlich zu sein (auch wenn man damit weit kommen kann). Was man ebenfalls braucht, ist Originalität und Unverwechselbarkeit.

Ein guter Freund, mit dem ich vor mehr als zwei Jahrzehnten immer die ganze Fastnacht-Saison musikalisch verbrachte (er am Keyboard, ich am Schlagzeug),

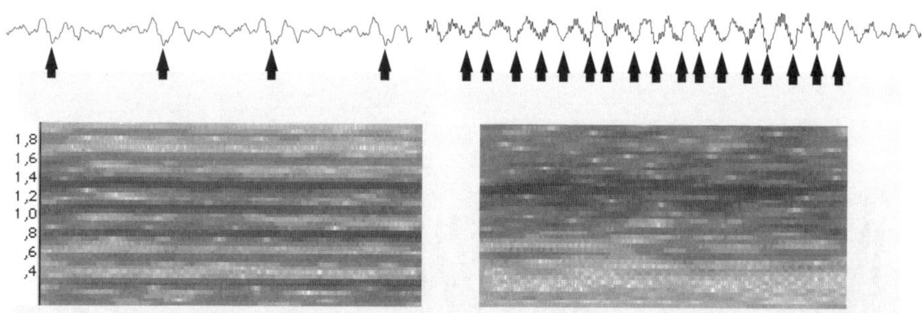

Abb. 11-4 Ausschnitt der Wellenform (Sonogramm; oben) und Spektrogramm (unten) des Schreis von Joe Cocker in *With a little Help from my friends* zum Zeitpunkt 5:44 min (rechts) verglichen mit einem Abschnitt „normalen" Gesangs des gleichen Sängers aus dem Anfang (Zeitpunkt 0:04 min) von *Unchain my heart.* Links oben ist klar eine Periodizität zu erkennen (durch die Pfeile markiert), die dem Spektrogramm zufolge (unterste Bande) eine Frequenz von etwa 300–350 Hz hat und dem tatsächlich gesungenen Ton E (330 Hz) entspricht. Die Periodizität rechts oben (Pfeile) ist bei genauerem Hinsehen nicht genau gleich, sondern hat nur ungefähr die etwa vierfache Grundfrequenz, was sich im Spektrogramm als eine verwaschen dunkle Zone um 1300 Hz zeigt. Der Schrei hat demnach keine eindeutige Tonhöhe.

brauchte noch am Faschings-Dienstag die Noten des Narhalla-Marschs, den wir die Saison über sicherlich mehrere hundert Male zum Auf- und Abgang von Büttenrednern, Ballett-Tänzern oder anderen Gelegenheiten gespielt hatten. In dieser Hinsicht war er ein rechtes Original!

Hände

Sieht man einmal von der Bedienung mancher Schlaginstrumente mit den Füßen sowie der Rolle von Mund und Lungen für die Blasinstrumente und dem bereits im letzten Kapitel diskutierten Singen ab, so wird vor allem mit den Händen musiziert. Diese wiederum werden in komplizierter Weise vom Gehirn gesteuert und es ist diese Steuerung, die die Hände zu einem einzigartigen Werkzeug macht (Abb. 11-5).

Man bedenke nur: Die meisten Wirbeltiere benutzen die oberen/vorderen Extremitäten, um darauf zu laufen! Selbst unsere nahesten Verwandten, die Schimpansen, laufen auf den Knöcheln der Hände und benutzen diese daher allenfalls *auch* als Werkzeug, aber keinesfalls ausschließlich. Dies ist bei den Händen des Menschen anders. Sie werden nicht umsonst als das perfekteste und vielseitigste Werkzeug im Universum überhaupt bezeichnet, und man kann hin- zufügen, dass gerade beim Klavier- oder Geigespielen dieses Werkzeug bis an die Grenzen seiner Leistungsfähigkeit ausgereizt wird.

Bei professionellen Pianisten kann man beobachten, wie sich deren Finger beim Hören von Klaviermusik bewegen. Andererseits schildern sie, wie Fingerbewegungen und Musikerleben für sie innig verbunden sind. Die Hände haben hier ganz offensichtlich eine besondere Funktion bei der Repräsentation von Musik. Diese, so scheint es, bleibt nicht im Ohr, sondern geht direkt in die Muskeln (früher sagte man: ins Blut), d. h. in diejenigen Bereiche des Gehirns, die an der Kontrolle von Bewegungen beteiligt sind. In einer experimentellen Untersuchung konnten Bangert und Mitarbeiter (1999) zeigen, dass professionelle Pianisten beim Hören von Kla-

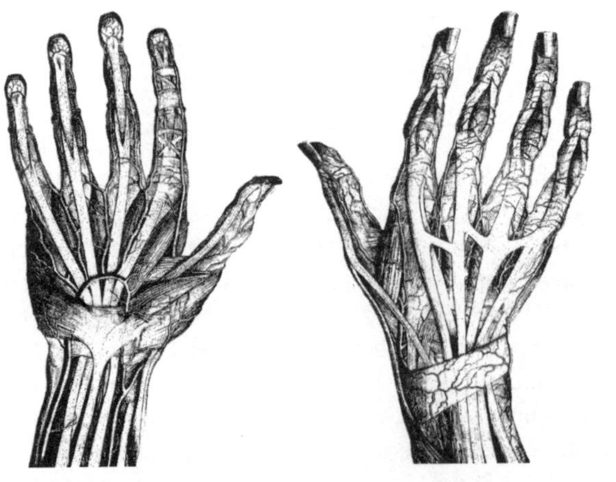

Abb. 11-5 Anatomische Darstellung der Hand (links: Innenseite; rechts Handrücken), die vor allem die Sehnen und damit die komplizierte Mechanik der Hand verdeutlichen soll (aus Tiedemann 1822; für die Möglichkeit der Reproduktion aus dem in Privatbesitz befindlichen Original danke ich meinem Mitarbeiter, Herrn Dr. Hans-Jochen Maxon, sehr herzlich).

viermusik ihre motorische Handregion und beim lautlosen Klavierspiel auf einer Tastatur ihre Hörrinde aktivieren. Beim Erlernen des Klavierspiels durch Laien kommt es zu ähnlichen Effekten und zwar bereits wenige Minuten nach entsprechenden Übungen: Man konnte zeigen, dass auch bei Anfängern eine Kopplung und gleichzeitige Aktivierung von Hörrinde einerseits und für die Fingerbewegung verantwortlichen motorischen Arealen andererseits zustande kommt.

Die klassischen Musikinstrumente wie Geige oder Klavier sind das Ergebnis einer jahrhundertelangen Entwicklung. Für das Klavier wurde diese bereits oben (vgl. Kapitel 2) kurz nachgezeichnet. Die Hände waren bei den Tasteninstrumenten insofern von Anfang an für die Entwicklung maßgeblich, als sich aus ihrer Größe, Form und Bewegung die Größe, Form und Lage der Tasten ergibt. Bei Blasinstrumenten liegt durch die Hand fest, wie weit Grifflöcher auseinanderliegen und wie groß sie sein dürfen. Im Falle des Serpent, eines aus Holz und Leder gefertigten alten französischen Blasinstruments in Schlangenform, hat man die Grenzen erreicht, sind doch die Löcher so groß, dass manche zarte Instrumentalistin Fingerhandschuhe tragen muss, um die notwendige Abdeckung zu erreichen (Abb. 11-6).

So waren vor allem die Hände maßgeblich für den Bau und die Funktion von Musikinstrumenten. Diese sind daher meist recht gut an die Hand angepasst, obgleich es auch Fälle gibt, in denen andere Gesichtspunkte als die optimale Handhabbarkeit die Instrumentenentwicklung beeinflusst haben. So wird verständlich, warum eine so große Zahl von Instrumentalisten mit Problemen beim Spielen zu kämpfen hat (siehe hierzu Kapitel 17).

Biomechanik

In seiner Arbeit *Welche Anforderungen stellt das Instrumentalspiel an die menschliche Hand?* hebt Wagner (1987) hervor, dass sich das Musizieren von anderen manuellen Tätigkeiten in qualitativer und quantitativer Hinsicht unterscheidet. Er listet insbesondere die folgenden sechs Besonderheiten des Instrumentalspiels auf:

> „1. möglichst weitgehende Isolierung der Fingerfunktionen anstelle der gewohnten „Zusammenarbeit";

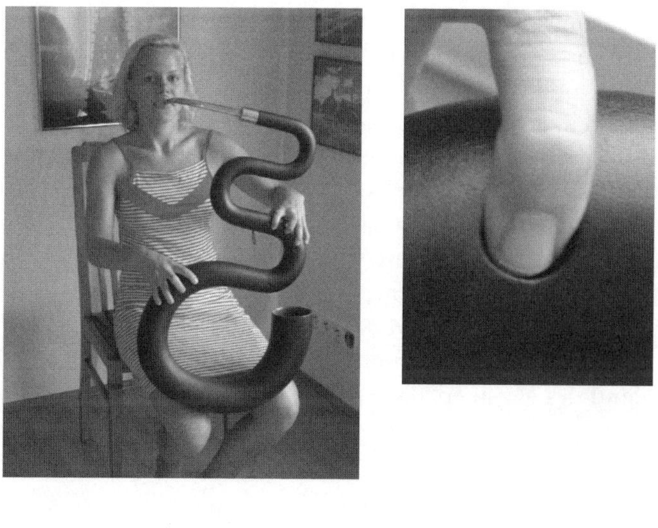

Abb. 11-6 Anja am Serpent (links), in dessen Grifflöchern von bis zu 13 Millimeter Durchmesser kleine Finger regelrecht versinken können (Ausschnitt rechts).

2. ungleichartige Finger müssen hinsichtlich Kompliziertheit, Schnelligkeit und Kraft gleichwertige Aufgaben übernehmen;
3. statt der gewohnten gleichzeitig-gleichsinnigen Bewegungen gleichzeitige gegensinnige Bewegungen in beliebigen Finger- bzw. Gelenkkombinationen;
4. Gleichwertigkeit von Beuge- und Streckbewegungen mit bewusster Kontrolle beider Aktionen;
5. Bindung sämtlicher Haltungs- und Bewegungsfunktionen an den musikalisch vorgegebenen Zeitablauf, häufig extrem hohe Bewegungsfrequenzen;
6. relativ schlechte Kompensierbarkeit von organischen Mängeln im Fall professioneller Anforderungen" (Wagner 1987, S. 23).

Am Beispiel einer Beethoven-Sonate (*Opus 28: Piu allegro quasi presto*) diskutiert Wagner die Anforderungen an die beiden Hände des Pianisten im Einzelnen. Die linke Hand spielt Oktaven, muss also zwischen Daumen und kleinem Finger eine Spreizung von etwa 16,6 Zentimetern konstant aufrechterhalten, wohingegen die rechte Hand schnelle Sechzehntelnoten spielt und damit eine ganz andere Aufgabe hat. Bei einem Metronomwert von 116 Schlägen pro Minute ergibt sich daraus für die rechte Hand eine Anschlagfrequenz von etwa zehn Tönen pro Sekunde, die genau eingehalten werden muss, da sich sonst Veränderungen des Tempos ergeben würden. Dies kann man am Beispiel der 116 Schläge pro Minute sehr klar nachvollziehen: Würden die Sechzehntelnoten jeweils um nur drei Millisekunden verlängert oder verkürzt, ergäbe sich hieraus eine spürbare Veränderung des Tempos um vier Schläge, d.h. auf 112 oder 120 Schläge pro Minute, was durchaus hörbar ist. Bei einem längeren Klaviertriller wurden Unterschiede der Notenlängen von weniger als eine Millisekunde gemessen (Moore 1992), was die erstaunliche Präzision der Handmotorik beim Klavier- spiel verdeutlicht.

Problematisch beim Spielen mit Instrumenten ist also die oben von Wagner bereits angeführte Tatsache, dass beim normalen Hantieren alle Teile der Hand gemeinsam arbeiten, wohingegen beim Instrumentalspiel die Finger als praktisch selbstständige Einheiten eingesetzt werden. Sie können und sie dürfen sich nicht gegenseitig helfen und ein Ziel des Übens am Klavier oder an der Querflöte besteht darin, Mitbewegungen von Fingern unterlassen zu lernen. Auch das vom Instrumentalspiel häufig verlangte gleichzeitige gegensinnige Bewegen in beliebigen Kombinationen ist für die Hand ungewohnt.

Wenn zum Beispiel auf dem Klavier Terztriller gespielt werden, müssen sich der zweite und vierte Finger im Wechsel mit dem dritten und fünften Finger beugen und strecken. Selbst innerhalb eines Fingers können getrennte Funktionen verlangt werden wie beispielsweise beim Cellospiel die Beugung im Grund- und Mittelgelenk bei Passivität im Endgelenk (vgl. Abb. 11-7). Wie von Wagner oben bereits hervorgehoben, stellen die Tatsache, dass ungleichartige Finger genau gleichartige Bewegungen im Hinblick auf Kompliziertheit, Schnelligkeit und Kraft ausführen müssen, sowie die Tatsache, dass ein normaler Griff durch entspanntes Loslassen beendet wird, in der Musik jedoch aktive Streckung zum Beenden eines Tons beispielsweise am Klavier erfolgt, weitere Besonderheiten der Anforderungen an die Hand des Musikers dar.

Abb. 11-7 Ulla am Cello mit einer für die menschliche Hand unnatürlichen Haltung des linken Zeigefingers. Um zwei Saiten gleichzeitig gegen das Griffbrett zu drücken, muss beim gebeugten Zeigefinger das Endglied überstreckt und flach aufgesetzt werden.

Was Fehler verraten

Aus Fehlern kann man lernen, nicht nur, wie man etwas besser macht, sondern worum es sich bei diesem Etwas überhaupt handelt. Fehler verraten sozusagen die genaue Funktionsweise einer Maschinerie, über die man gar nichts sagen kann, wenn sie einfach nur reibungslos funktioniert. Nehmen wir als Beispiel die Sprachproduktion: Wir haben eine Idee im Kopf und möchten dieser Idee sprachlich Ausdruck verleihen. Hierzu ist es notwendig, die Idee in Wortbedeutungen umzusetzen, diesen Wortbedeutungen dann konkrete Wörter zuzuordnen und den Wörtern wiederum Motorprogramme zu ihrer Aussprache. Mit diesen Programmen steuern wir dann die Artikulationsorgane an, um letztlich einen Satz zu sagen.

Wie kommt man darauf, dass all dies in uns abläuft? – Die einfachste Antwort, „Ich schließe die Augen und schaue mir einfach beim Denken und Sprechen zu", hat durchaus ihre Tücken: Seit mehr als 100 Jahren weiß man, dass diese Innenschau – der Psychologe spricht von Introspektion – uns durchaus in die Irre führen kann. Wir können sehr vieles, wissen aber nur sehr wenig darüber, wie wir dieses Können tatsächlich bewerkstelligen. Wer könnte schon beispielsweise, angesichts der Tatsache, dass er grammatikalisch einwandfrei spricht, eine deutsche Grammatik verfassen, allein dadurch, dass er sich selbst beim Sprechen zuschaut (vgl. auch Kapitel 12)? Diese Frage macht deutlich, wie wenig uns Innenschau bei der Lösung psychologischer Fragen weiterbringt. Die Unsitte in Radio und Fernsehen, Athleten unmittelbar nach Erfolgen zu interviewen, lehrt das Gleiche: Auch wenn ein Mensch etwas sehr gut kann und vielleicht gerade eine Weltbestleistung vollbracht hat, vermag er möglicherweise überhaupt nicht zu sagen, wie er dies alles bewerkstelligt hat. Entsprechend rangieren die anlässlich solcher Interviews gemachten Aussagen in aller Regel zwischen trivial und peinlich. Fragt man Musiker nach dem, was in ihnen beim Musizieren vorgeht, erhält man ähnliche sehr unterschiedliche Antworten.

Ein Weg, aus dem objektiv beobachtbaren Verhalten auf die diesem Verhalten intern zugrunde liegenden Strukturen und Prozesse zu schließen, besteht in der Analyse von Fehlern. Analysiert man beispielsweise Versprecher, so stellt man fest, dass es hier verschiedene Typen gibt, die den unterschiedlichen Stationen entsprechen, die eine Idee bis zum Aussprechen durchläuft. So kann ein Wort durch ein anderes bedeutungsgleiches oder bedeutungsähnliches Wort ersetzt werden, was darauf schließen lässt, dass es im Laufe der Versprachlichung einer Idee so etwas gibt wie eine innerlich vorhandene Bedeutung. Auch gibt es Versprecher auf der Lautebene, was dafür spricht, dass auf dem Weg zur Versprachlichung gespeicherte Laute an irgendeiner Stelle dieses Weges einmal intern vorhanden sind und benutzt werden. Man nennt dasjenige, von dem man annimmt, dass es intern vorhanden ist, eine *Repräsentation*. Innere Repräsentationen sind nichts weiter als in ganz bestimmter Weise kodierte Informationen, die wir bei geistigen Prozessen benutzen. Man spricht auch von Kodes. Bewegung wird anders kodiert als Bedeutung, und diese wieder anders als der Lautklang.

Betrachten wir als zweites Beispiel das Maschinenschreiben: Analysiert man eine große Menge von Tippfehlern, so stellt man fest, dass immer wieder ganz bestimmte Typen von Fehlern auftreten: Buchstaben werden vertauscht, Worte werden durch andere ersetzt, etc. Die Fehler sind keineswegs völlig zufällig, sondern entsprechen den verschiedenen Ebenen der Repräsentation (d. h. der Kodierung) dessen, was von den Ohren gehört, intern umgesetzt und von den Fingern auf der Tastatur als Verhalten produziert wird. Der Weg von den Schallwellen am Ohr zur Taste auf der Tastatur geht über die genaue Analyse des Gehörten, Strukturbildung, Sprachverstehen und danach auf der Outputseite über das Formen von Wörtern anhand des Verstandenen und das Auflösen dieser Wörter in Buchstabenfolgen sowie das zielgenaue Ansteuern einzelner Buchstaben über entsprechende Motorprogramme für die über die Tastatur gleitenden Finger.

In früheren Kapiteln (vgl. insbesondere Kapitel 3, 5 und 7) wurde dargestellt, dass solche Repräsentationen nicht nur theoretische, anhand von Fehlern oder Experimenten erschlossene Gebilde sind, sondern dass sie auch ganz konkrete neuronale Realität haben. Innere Repräsentationen sind Muster von Verbindungsstärken von Synapsen, und momentan gerade benutzte Repräsentationen sind Muster von Aktivierungen vernetzter Neuronenverbände.

Will man nun die Frage beantworten, wie Musik intern repräsentiert ist, so geht man der Frage nach, ob es im Bereich der Musik so etwas wie „bedeutungstragende" bzw. funktionelle Einheiten gibt, die beispielsweise bei der Sprache den Lauten, Bedeutungen und Gedanken entsprechen. „Natürlich gibt es das" – wird jeder Musiker jetzt verwundert denken. „Wir gehen doch täglich mit Noten, Takten, Phrasen und Sätzen um!" Dies ist richtig, übersieht jedoch, dass wir nach der *inneren* Repräsentation fragen und nicht danach, wie wir Musik extern (also auf dem Papier) festhalten. Es geht uns also darum, ob einzelnen Noten, musikalischen Phrasen und Melodien tatsächlich eine innere Repräsentation, ein *Kode im Gehirn*, entspricht. In gewisser Weise haben wir diese Frage schon einmal indirekt behandelt (und mit „ja" beantwortet, nämlich als es um die zeitlichen Strukturen von

Musik auf verschiedenen Ebenen ging, vgl. Kapitel 5). Wir hatten argumentiert, dass zeitliche musikalische Strukturen von den beteiligten Gedächtnisprozessen (und deren Eigenschaften und insbesondere deren Grenzen) bestimmt sind. Hier soll es nun darum gehen, aus den Fehlern, die Musiker beim Spielen machen, auf die Natur der internen Repräsentationen von Musik zu schließen.

Solche Untersuchungen gibt es kaum, obgleich sich die Musik für die Methode der Fehleranalyse im Grunde genommen ganz besonders gut eignet. Zum Ersten gibt es, wie oben bereits erwähnt, seit mittlerweile etwa 20 Jahren Tastaturen mit Computeransteuerung und mittlerweile sogar computerisierte, ausgewachsene Konzertflügel, die es erlauben, die Aktionen des Pianisten bis ins Detail aufzuzeichnen, ohne sich dabei auf das Gehör verlassen zu müssen. Der Output eines solchen Pianos kann direkt in Notenschrift übersetzt werden und diese kann direkt mit dem, was zu spielen war, verglichen werden. Die Objektivität der Methode ist also ganz eindeutig gewährleistet.

Zum Zweiten lassen sich die Vorgaben frei wählen und man kann beispielsweise bekannte Stücke verschiedener Struktur nachspielen lassen oder aber neues Material mit bestimmten Eigenschaften vorlegen und so Hypothesen direkt testen. Drittens kann man Fehler nur dann sinnvoll untersuchen, wenn sie häufig genug gemacht werden. Dies ist beim Klavierspiel der Fall, bringt es doch die Leistungsfähigkeit der Feinmotorik des Menschen an seine Grenzen: Ein geübter Pianist kann 15 bis 20 unterschiedliche Einzelereignisse (Tastendrucke und entsprechende Töne) pro Sekunde mit jeder Hand gleichzeitig und unabhängig voneinander erzeugen, was sowohl die Koordination der Handmuskeln als auch deren Programmierung und damit das gesamte motorische System an seine Grenzen bringt. Auch geübte Pianisten machen daher Fehler (vgl. Palmer 1992). Schließlich wirkt sich vorteilhaft auf die Methode aus, dass die Aufgabe, ein Musikstück vorzutragen, beinhaltet, bei Fehlern einfach weiterzumachen, d. h. nicht innezuhalten, zu korrigieren, langsamer zu werden etc. Kurz, die Aufgabe ist eindeutig, die produzierte Variable entsteht mit genügender Häufigkeit und lässt sich objektiv messen – ideale Bedingungen für das Experimentieren in der Psychologie.

In einer entsprechenden Studie (Palmer u. van de Sande 1993) mussten 16 erfahrene Pianisten im Alter von 18 bis 34 Jahren mit durchschnittlich 15 Jahren Klavierunterricht kurze Musikstücke spielen, die entweder harmonisch (eine Melodie mit Begleitakkorden) oder polyphon (mehrere Einzelstimmen) aufgebaut waren. Die Pianisten mussten insgesamt vier Musikstücke zunächst lernen und dann zehnmal mit der doppelten Geschwindigkeit spielen. Das ganze Experiment dauerte etwa eineinhalb Stunden, wofür die Musiker den in der psychologischen Forschung für Versuchspersonen üblichen Hungerlohn von acht US-Dollar erhielten.

Die Autoren gingen davon aus, dass bei unterschiedlicher interner Repräsentation polyphoner und harmonisch aufgebauter homophoner Musik unterschiedliche Fehler beim Spielen gemacht werden müssten. Homophone Kompositionen enthalten normalerweise eine wichtige Hauptstimme, die Melodie, und einige Begleitstimmen mit ähnlichen rhythmischen bzw. harmonischen Eigenschaften, die die Melodie unterstützen (ein großer Teil der abendländisch westlichen Musik des 19. Jahrhunderts entspricht diesem Stil). Im Gegensatz dazu ist bei polyphoner Musik jede Stimme einigermaßen gleichberechtigt, und die Stimmen haben unterschiedliche rhythmische Charakteristika (Bach komponierte beispielsweise in diesem Stil). Assoziative Verknüpfungen zwischen internen Repräsentanzen einzelner Töne sind damit bei homophoner Musik eher im zeitlichen Querschnitt zwischen den Tönen von Begleitakkorden gegeben, wohingegen die assoziativen Verknüpfungen polyphoner Musik eher über die Zeit hinweg innerhalb der einzelnen Melodien erfolgen (und nicht simultan über den hervorgebrachten Akkord).

Die Analyse der insgesamt 283 Fehler ergab, dass sich 98 % dieser Fehler entweder auf einen Akkord oder auf eine Note bezogen, wobei die Autoren klare Kriterien angaben, wie einzelne Fehler zu kodieren waren (in weniger als 2 % der Fälle war die Zuordnung nicht eindeutig). Insgesamt zeigte sich, dass die Aufführung homophoner Stücke häufiger zu Fehlern im Bereich der Akkorde und die Aufführung polyphoner Stücke häufiger zu Fehlern in Bezug auf einzelne Noten führten ($p < 0{,}05$). Die genaue Analyse der fehlerhaften Töne zeigte weiterhin, dass beim Spielen homophoner Stücke signifikant überzufällig häufig der Ton eines Akkordes durch einen anderen Ton des gleichen Akkordes ersetzt wurde. Dies war bei dem polyphonen Spiel nicht der Fall. Es zeigte sich weiterhin, dass die wenigsten Fehler in der Melodiestimme vorkamen. Diese war offensichtlich stärker bzw. effektiver intern repräsentiert als andere Stimmen.

In einem weiteren Experiment der beiden Autoren wurde geprüft, wie sich die melodische Konzeption auf das Spielen auswirkt. Wenn tatsächlich die Hauptstimme eine mentale Sonderbehandlung bekommt und mehr Ressourcen für ihre innere Organisation und die Ausführung ihrer musikalischen Ereignisse verwendet werden als zur Ausführung der Nebenmelodien, so sollte sich dies auch im Experiment zeigen. Man benutzte polyphone Stücke, instruierte jedoch die Pianisten unterschiedlich dahingehend, welche von den Melodien die Hauptmelodie darstellt. Wieder wurden 16 Pianisten im Alter zwischen 21 und 59 Jahren und einer langjährigen Ausbildung in die Studie als Versuchspersonen einbezogen. Die insgesamt analysierten 601 Fehler bezogen sich zu 99 % auf Noten. Ihre genaue Analyse zeigte, dass diejenigen Noten weniger fehlerhaft gespielt werden, die vom Pianisten als Hauptmelodie interpretiert werden. Weitere Experimente zeigten, dass Fehler vor allem in der Mitte einer Phrase und weniger am Anfang oder am Ende begangen werden. Dies passt zu gedächtnis-psychologischen Erkenntnissen über so genannte *Primacy*- und *Recency*-Effekte. Lernt man eine kurze Liste von Items auswendig, so werden die Items am Anfang (Primacy-Effekt) und am Ende der Liste (Recency-Effekt) besser behalten als die in der Mitte.

Mit den Fehlern im Bereich der Musik verhält es sich damit ähnlich wie mit den Fehlern bei gesprochener oder via Schreibmaschine geschriebener Sprache. Die Fehler sind nicht zufällig, sondern zeigen die Maschinerie des jeweiligen Produktionsprozesses an. Im Bereich der Sprache werden Buchstaben durch Buchstaben, Adjektive durch Adjektive oder Verben durch Verben ersetzt, was darauf hindeutet, dass es hier klar strukturierte interne Repräsentationen gibt. Im Bereich der Musik ist dies nach den zitierten Untersuchungen wahrscheinlich ähnlich, wobei die Freiheitsgrade größer sind. Noten determinieren das musikalische Geschehen weniger als Schrift die Sprache. Hierzu wiederum passen die eingangs erwähnten introspektiven Daten, die auf eine große Variabilität des mentalen Lebens beim Musizieren hindeuten.

Vom Blatt spielen

Ein Musiker, der vom Blatt spielen oder singen kann, hat die Fähigkeit, Notenschrift unmittelbar in Musik umzusetzen. Ähnlich dem Vorlesen von geschriebener Schrift handelt es sich dabei um eine recht komplizierte Tätigkeit, die über Jahre hinweg gelernt und perfektioniert wird. Im Gegensatz zum Lesen der Schrift liegen jedoch zum Lesen und unmittelbarem Umsetzen von Musik deutlich weniger wissenschaftliche Untersuchungen vor. Das wenige, was man weiß, sei im Folgenden kurz zusammenfassend dargestellt.

Vom Blatt spielen gelingt umso besser, wenn die Musik bereits bekannt ist oder zumindest deren Stilrichtung, so dass der Musiker eher voraussehen kann, was als nächstes kommt. Auch die Qualität des Notendrucks und die Beleuchtung entscheiden darüber, ob das Vorspiel vom Blatt gelingt. Welchen Einfluss der Notendruck auf das Notenspiel haben kann, mag die folgende Anekdote verdeutlichen: Der Dirigent Herbert von Karajan soll sich während seiner Orchesterproben immer wieder darüber gewundert haben, warum das Orchester an einer ganz bestimmten Stelle seine Geschwindigkeit steigerte. Die genaue Inspektion der Partitur ergab, dass der Verleger an genau dieser Stelle die Noten etwas enger zusammengerückt gedruckt hatte, um einen optisch ansprechenderen Seitenumbruch zu erlangen (Vaughan 1986, S. 209).

Untersuchungen zu den Augenbewegungen von Musikern, die vom Blatt spielen, ergaben, dass ihr Blick keineswegs nur auf der Partitur klebt, sondern gelegentlich auch bei Pianisten beispielsweise auf die Tastatur gleitet. Unterbindet man die Sicht des Pianisten auf die Tastatur, entstehen mehr Fehler (Banton 1995). Musiker, die gut vom Blatt spielen, sind mit ihren Augen normalerweise ihren Fingern etwas voraus. Im Gegensatz zu schlechten Vom-Blatt-Spielern, die Note für Note gleichsam buchstabieren, erkennen sie ganze Notengruppen auf einmal und schauen, das ergaben entsprechende Untersuchungen, bis zu acht Noten im Voraus auf die Partitur.

Eine einfache experimentelle Prozedur, um herauszufinden, um wie viel weiter ein Musiker mit den Augen im Vergleich zu den Fingern ist, besteht darin, ihm unverhofft die Sicht auf die Partitur zu versperren und zu messen, um wie viele Noten weiter er danach noch spielen kann. Für die besten vom Blatt spielenden Musiker hat man auf diese Weise Werte von im Mittel 6,8 Noten gefunden. Der Wert war weiterhin davon abhängig, ob sich der Musiker gerade innerhalb oder am Ende eines Taktes befand. Auch dies spricht dafür, dass, wie beim Vorlesen von Text, gute Vom-Blatt-Spieler nicht einzelne Noten, sondern sinnvolle Notengruppen (entsprechend den Wörtern beim Vorlesen) wahrnehmen.

Die musikalische Erfahrung des Musikers zeigte sich auch in Experimenten, bei denen vom Blatt vorgespielt werden musste und eine Note durch einen falschen Ton ersetzt wurde. Gute Spieler ersetzten die falsche Note oft automatisch durch die richtige, unterlagen also dem gleichen Effekt, der beim Korrekturlesen eines Textes auftreten kann: Man weiß ja, wie das Wort auszusehen hat, und findet daher den Druckfehler gerade nicht. Dass es nicht ein schärferes Auge ist, das den gut vom Blatt spielenden Pianisten vom schlecht vom Blatt spielenden Pianisten unterscheidet, ergab auch eine Reihe weiterer Experimente: Zum einen zeigte man guten und schlechten vom Blatt spielenden Pianisten entweder bedeutungslose Punktmuster oder Notenschrift bei insgesamt sehr rascher visueller Darbietung. Die guten vom Blatt spielenden Musiker unterschieden sich von den schlechten nicht in ihrer Fähigkeit, die Punktmuster zu erkennen. Wohl aber gab es einen Unterschied im Erkennen der Noten, was darauf hinweist, dass ihre Fähigkeit zur Strukturierung der Wahrnehmung dann, wenn es sich um wahrgenommene Noten handelt, also Vorerfahrungen eine wichtige Rolle spielen, besser ausgeprägt ist (vgl. hierzu die Diskussion von Effekten der Gruppierung in Kapitel 5).

In einem weiteren Experiment wurden Musikern und Nichtmusikern Noten gezeigt, die hinterher aufgeschrieben werden mussten. Die Präsentationsdauer wurde von sehr kurzen 100 Millisekunden bis auf zwei Sekunden gesteigert, wobei sich zeigte, dass bei der kurzen Präsentation Musiker und Nichtmusiker die Noten nur schlecht erkannten. Die Erkennungsleistung wurde bei längerer Präsentation zunehmend besser und erreichte bei einer Präsentationsdauer von zwei Sekunden bei den Nichtmusikern drei Noten, bei den Musikern jedoch sechs Noten (Sloboda 1978a).

Auswirkungen von Gestaltqualitäten auf die Güte der Wahrnehmung wurden auch für andere spezielle visuelle Fähigkeiten gefunden. So konnte man beispielsweise zeigen, dass sich Schachspieler das Arrangement von Schachfiguren auf einem Spielbrett besser merken als Nichtschachspieler, jedoch nur dann, wenn die Figuren sinnvoll (gemäß den Schachregeln) angeordnet sind. In diesem Fall ist es den geübten Schachspielern offensichtlich möglich, ihre Kenntnis der Regeln dazu zu verwenden, die Szene vorzustrukturieren und damit viel effizienter wahrzunehmen (Übersicht bei Gobet et al. 2001). Diese Fähigkeit versagt jedoch, wenn die zu erinnernde Szene den Schachregeln nicht entspricht. Hierzu analoge Experimente wurden mit musikalischen Inhalten und prinzipiell gleichem Ergebnis durchgeführt: Halpern und Bower (1982) zeigten ihren Versuchspersonen – Musikern und Nichtmusikern – entweder Melodien, die den üblichen Regeln melodischer Gestaltung gehorchten oder aus eher zufällig aneinander gereihten Noten bestanden. Musikalische Laien konnten sich an die „guten“ und an die „schlechten“ Melodien gleich gut (man müsste eigentlich sagen: gleich schlecht) erinnern, wohingegen Musiker die „guten Melodien“ besser erinnerten als die schlechten.

An speziell hierfür programmierten Computern durchgeführte Untersuchungen zu den Augenbewegungen beim Lesen von Text haben gezeigt, dass wir nicht nur den Buchstaben, den wir gerade fixieren, sondern auch noch vier Buchstaben links und bis zu 15 Buchstaben rechts davon mit verwenden (für eine zusammenfassende Darstellung vgl. Spitzer 2002). Entsprechende Untersuchungen zum Notenlesen liegen nur in sehr geringer Zahl vor und haben gezeigt, dass das Notenlesen etwas anders funktioniert als das Lesen von Text. Trivial ist, dass mehr vertikale Augenbewegungen vorkommen, da – beim Klavierspiel beispielsweise – mehrere horizontale Ebenen gleichzeitig wahrgenommen werden müssen.

Wie beim Lesen von Text gleiten auch beim Notenlesen die Augen nicht, wie es subjektiv den Anschein hat, langsam und nahtlos über das Papier, sondern machen Sprünge. Jeder, der einem anderen Menschen, der entweder Text oder Noten liest, genau auf die Augen schaut, wird dies bemerken: Sie machen kleine Sprünge. Man nennt diese Sprünge Sakkaden. Zwischen den Sakkaden stehen die Augen still und fixieren einen bestimmten Punkt auf dem Text oder auf der Partitur. Diese Fixierungen dauern beim Lesen von Notenschrift 100 bis 200 Millisekunden länger als beim Lesen von Text. Gute Vom-Blatt-Spieler haben mehr vorwärts und rückwärts gerichtete Augenbewegungen als schlechte und nehmen, wie oben bereits gesagt, ganze Notengruppen auf einmal wahr und keineswegs jede Note einzeln. Sie verwenden insbesondere lange Noten, um den Blick nach vorn zu wenden und zu schauen, was als Nächstes kommt. Vor allem Zeichen zur Expressivität werden so zusätzlich zu den Noten besser wahrgenommen, so dass bei guten vom Blatt spielenden Pianisten das Vorspiel nahezu so gut ist, als wäre es zuvor einstudiert.

Gelegentlich wurde behauptet, dass derjenige, der gut vom Blatt spielen kann, über ein schlechteres Gedächtnis verfügt und umgekehrt. Entsprechende wissenschaftliche Untersuchungen haben diese Behauptung jedoch als falsch entlarvt. Im Gegenteil: Wer Musik gut erinnern kann, der kann auch gut vom Blatt spielen, d.h., es findet sich hier eine positive Korrelation (Mc Pherson 1995; Nuki 1984).

Von innen zuschauen

Es gibt eine Reihe von Möglichkeiten, Instrumentalisten beim Musizieren genau zuzuschauen. Man kann Dirigenten filmen oder einen Lichtpunkt am Ende ihres Stabs anbringen und in der Dunkelheit ein Foto der Bewegungen erstellen. Man kann Pianisten oder Gitarristen Leuchtdioden auf die Finger, Hände oder Unterarme kleben und mittels Kameras die Bewegungen sehr fein analysieren. Auch den Bläsern hat man beim Spielen genau zugeschaut: Man hat die Atemmechanik genauestens gefilmt und Flussmessungen der ausgeatmeten Luft durchgeführt. Die Aktion einzelner Muskeln kann man dadurch verfolgen, dass man entweder mit Oberflächen- oder sogar mit Nadelelektroden die elektrischen Potenziale, die mit ihrer Aktivierung einhergehen, ableitet. Wegen der erheblichen Strahlenbelastung verbieten sich heute die früher recht großzügig durchgeführten Durchleuchtungsuntersuchungen mit Röntgengeräten. Von gewissen Einschränkungen durch die Magnetspulen abgesehen, lassen sich jedoch die anatomischen Verhältnisse beim Spiel von Blasinstrumenten mittlerweile im Magnetresonanztomographen untersuchen (vgl. Abb. 11-8).

Zu den wohl ungewöhnlichsten Verfahren der Untersuchung des Spiels von Blasinstrumenten gehört die Verwendung von flexiblen Videolaryngoskopen, die durch die Nase eingeführt werden können, so dass sich die Bewegung von Kehlkopf und Zunge beim Spiel direkt von innen betrachten lässt. So berichtet Miethe (1991) über eine Untersuchung an 15 Versuchspersonen (9 männlich, 6 weiblich), die unter anderem klären konnte, ob beim Spiel verschiedener Blasinstrumente die Stimmbänder unterschiedlich weit gestellt sind.

Weiterhin ging es um die Frage, wie Bläser Vibrato erzeugen und wie die Zunge in Kombination mit dem Kehlkopf den Ansatz und damit die Tonqualität bestimmt. Durch die Verwendung von Querflöte, Blockflöte, Saxophon, Oboe, Trompete und Horn wurden die verschiedenen Mundstücktypen und Ansatzweisen diskutiert. Es zeigte sich, dass unabhängig vom gewählten Mundstück beim Einsetzen des Tones die Stimmlippen (Stimmbänder) relativ eng aneinander gebracht werden, wobei

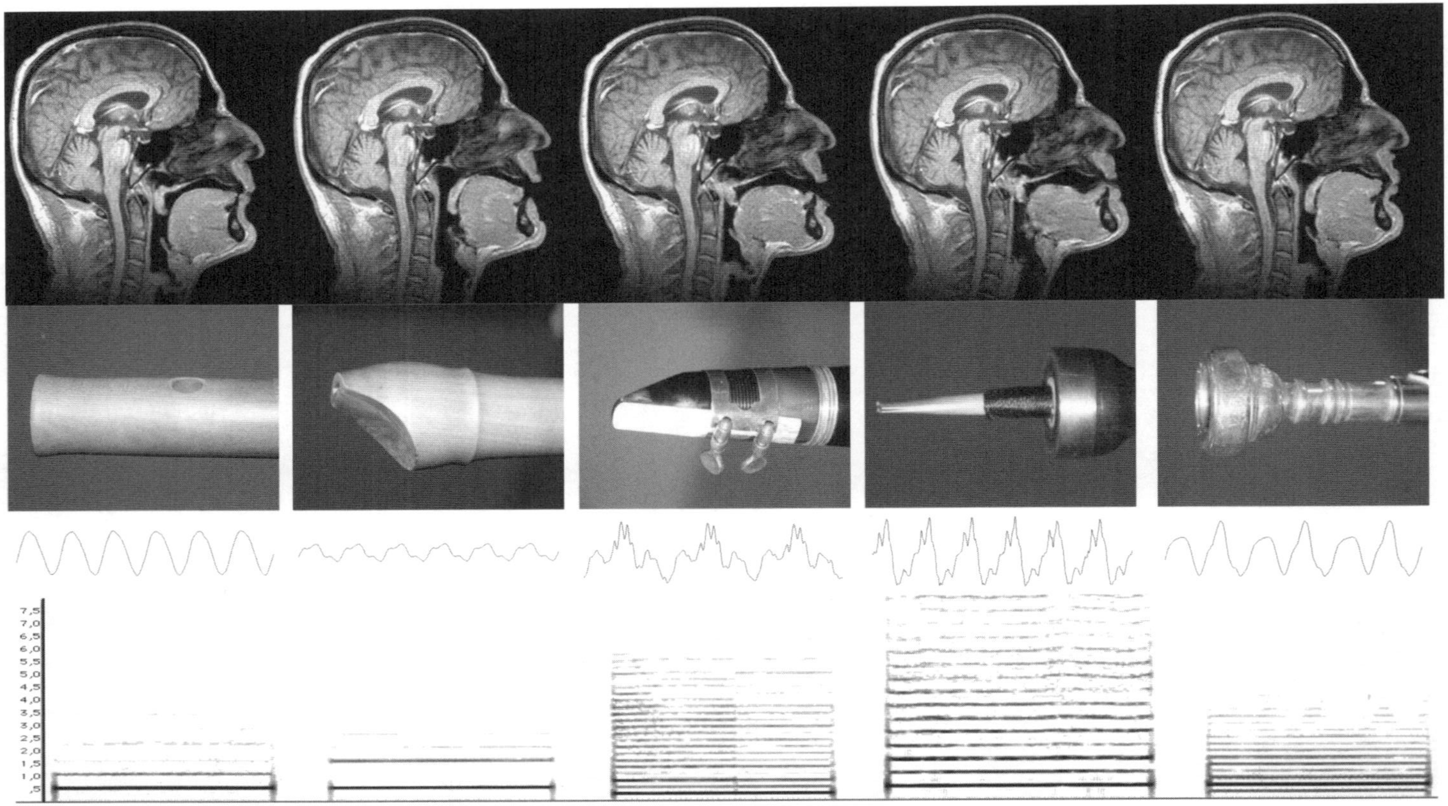

Abb. 11-8 Mundstellung beim Blasen von Querflöte, Blockflöte, Klarinette (einfaches Rohrblatt), Bombarde (doppeltes Rohrblatt) und Serpent (Kesselmundstück). Von oben nach unten sind magnetresonanztomographische Aufnahmen beim Spielen, die Mundstücke sowie die Wellenform und das Spektrogramm der Töne dargestellt.

dies ganz offensichtlich abhängig vom Ausbildungsgrad des Bläsers war: Je virtuoser das Instrument beherrscht wurde, desto geschlossener waren die Stimmbänder des Spielers, relativ unabhängig von Tonhöhe und Lautstärke. Dies lässt sich sehr gut mit der Erfahrung beim Blasen in Zusammenhang bringen, die darin besteht, dass gute Bläser die Atemmuskulatur angespannt haben und dadurch den Ton, wie die Lehrer von Blasinstrumenten zu sagen pflegen, „stützen". Eine solche Muskelspannung kann nur dann aufgebaut und aufrechterhalten werden, wenn zugleich der „Luftsack Lunge" weitgehend verschlossen ist, andernfalls würde die Luft sofort entweichen. Genau dies konnte Miethe durch Betrachtung der Stimmbänder beim Spielen direkt zeigen. Bei den noch am Anfang ihrer Ausbildung stehenden Bläsern waren die Stimmlippen durchweg weiter geöffnet. Es zeigte sich weiterhin, dass sich bei tiefen geblasenen Tönen die Stimmlippen geringfügig öffnen und bei hohen Tönen geringfügig schließen. Ähnlich verhielt es sich mit den Lautstärkeunterschieden: Leise Töne werden mit etwas weiter geöffneten Stimmbändern erzeugt, während laute Töne mit einem besonders schmalen Spalt der Stimmbänder hervorgebracht werden.

Interessant ist auch, wie eine Tonfolge hervorgebracht wird, d. h. wie Töne einsetzen und wieder aufhören. Werden Töne im Stakkato gespielt, so erfolgt dies mit einer Frequenz von bis zu 8–10 Tönen pro Sekunde durch Schließbewegungen der Stimmbänder. Die Zungenspitze ist zwar beteiligt, die Stimmbänder jedoch ebenfalls. Erst bei schnelleren Stakkatofolgen muss die gesamte Zungenmotorik eingesetzt werden und der Trompeter spricht von „Doppelzunge", womit gemeint ist, dass er Zungenbewegungen ausführt, die analog dem abwechselnden, sehr schnellen Sprechen der Konsonanten „D" und „G" sind. Nur durch diese Technik ist es möglich, beim Blasinstrument sehr schnelle Töne zu spielen. Die Videoendoskopie zeigte, dass jedoch auch hierbei noch Stimmbandaktivitäten bestehen und zwar genau mit der halben Schlagzahl. Erst bei sehr schnellen Stakkati bleiben die Stimmbänder ruhig und das Kehlkopfgerüst schwingt infolge der Zungengrundstöße praktisch passiv mit.

Die Untersuchung von Miethe räumt auch mit weit verbreiteten Meinungen über das Entstehen des Vibrato auf. Keineswegs wird ein gutes Vibrato vom Zwerchfell gesteuert, wie manche Lehrer von Blasinstrumenten meinen. Reines Zwerchfellvibrato klingt vielmehr äußerst unnatürlich. Vibrato wird vielmehr durch die Stimmbänder produziert und man konnte nachweisen, dass auch bei einem engen Spalt keine Turbulenzen des Luftstromes auftreten, sondern vielmehr eine so genannte laminare Luftströmung herrscht. Der kontinuierliche laminare Luftstrom wird durch das Weiter- und Engerwerden der Stimmbänder in der Frequenz des Vibrato verändert und erzeugt so einen modulierten Ton. Interessanterweise war bei 6 von 15 untersuchten Bläsern während des Vibratos die linke Stimmlippe stärker bewegt als die rechte. Dies wurde von Miethe als Hinweis darauf gedeutet, dass die rechte Gehirnhälfte möglicherweise etwas stärker an der Kehlkopfmotorik beteiligt ist, d. h. in stärkerem Maße die Produktion des stimmlichen Rohmaterials, aus dem Singstimme und Sprache gebildet werden, beeinflusst als die linke Hemisphäre.

Das Gehirn macht Musik: funktionelles Neuroimaging

Unter dem Begriff des funktionellen Neuroimaging fasst man Methoden wie PET, fMRT, EKP und MEG zusammen, mit denen es möglich ist, Bilder von Gehirnfunktionen zu erstellen (vgl. Kapitel 7). Im Gegensatz zu Verfahren des strukturellen Neuroimaging, die lediglich statische Strukturen des Gehirns sichtbar machen können, geht es beim funktionellen Neuroimaging um die Messung der Aktivierung bestimmter Bereiche des Gehirns, die dann stattfindet, wenn es bestimmte Leistungen vollbringt. Im Folgenden geht es darum, die mit diesen Verfahren gewonnenen Ergebnisse zum Musizieren zusammenfassend darzustellen. Wir können dabei aufbauen auf dem bereits durch die Studien des Ausfalls der Musik gewonnenen Wissen um den Sitz einzelner musikbezogener Leistungen (vgl. Kapitel 7). Wie sich zeigt, ist im Hinblick auf das aktivierte Gehirn das *Musizieren mehr als die Summe von Einzelleistungen* wie dem Bewegen der Finger oder dem Hören von Tönen. Unser Ziel ist es, nach der Darstellung solcher Einzelleistungen in den vergangenen Kapiteln hier eine Art Gesamtbild des musizierenden Gehirns zu entwerfen. Es soll dabei nicht nur klar werden, was man weiß und wie man es weiß, sondern auch, was man (noch) nicht weiß.

Eine der wichtigsten Studien zur Aktivierung des Gehirns durch Musik wurde von der kanadischen (leider in jungen Jahren durch Selbstmord verstorbenen) Neuropsychologin Justine Sergent und Mitarbeitern (1992) bereits vor zwei Jahrzehnten durchgeführt. Bei zehn professionellen Pianisten wurde mittels PET die Aktivierung des Gehirns abgebildet, während sie eine wenig bekannte Partita von Bach mit ihrer rechten Hand (kontrolliert von der linken Hirnhälfte) spielten. Die Studie beinhaltete also das Lesen, Spielen und Hören von Musik. Mittels einer Reihe von Kontrollbedingungen wurde versucht, die Aktivierung durch jede einzelne dieser Tätigkeiten von der Aktivierung durch das Musizieren insgesamt zu trennen. So mussten die Pianisten auch Tonleitern hören oder Tonleitern mit ihrer rechten Hand spielen bzw. die Noten des Stücks lesen, ohne etwas zu hören oder zu spielen. Das Hören von Tönen der Tonleiter aktivierte die bereits bekannten temporalen Areale beidseits (vgl. Abb. 7-2), die teilweise mit dem Wernicke Sprachzentrum überlappen und auch beim Hören von Wörtern aktiviert werden (vgl. Abb. 11-9).

Das Spielen der Tonleitern aktivierte das rechte Kleinhirn (in Abb. 11-9 nicht dargestellt), das enge Verbindungen zum ebenfalls aktivierten linken Frontalhirn aufweist. Das aktivierte Areal überlappt mit dem prämotorischen Areal, das auch beim Schreiben von Wörtern aktiviert ist, woraus Sergent und Mitarbeiter ableiten, dass sowohl beim Hören als auch beim Spielen von Musik Areale der Gehirnrinde beteiligt sind, die sich jeweils mit Arealen überlappen (aber nicht identisch mit ihnen sind), die in die Wahrnehmung und Produktion von sprachlichem Material involviert sind. Das Lesen von Noten aktivierte neben visuellen Arealen einen Bereich im linken Parietallappen, d.h. führte anders als das Lesen von Wörtern zur Aktivierung eines Areals für räumliche Informationsverarbeitung. Bedenkt man, dass in der Notenschrift die Tonhöhe rein räumlich und zeitliche Aspekte teilweise räumlich kodiert sind, wundert dies im Grunde kaum.

Wenn man die Versuchspersonen das Stück nur anhören ließ, wurde zusätzlich zum linken superioren Temporallappen (der bereits beim Hören von Tonleitern

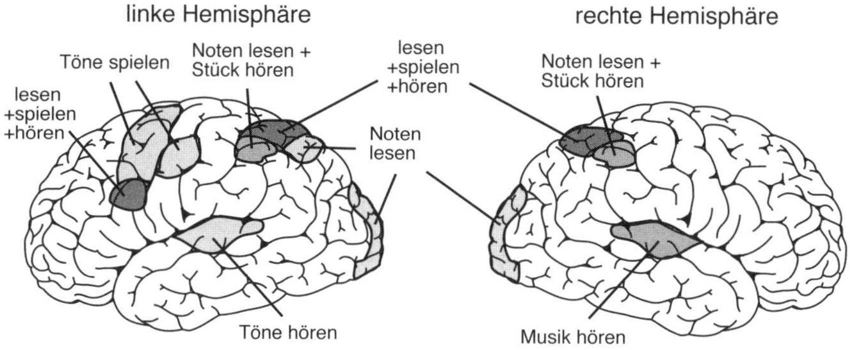

Abb. 11-9 Das Gehirn beim Musizieren. Dargestellt sind diejenigen Bereiche, deren Aktivität bei bestimmten Tätigkeiten des Musizierens aktiviert sind (vgl. hierzu auch Kapitel 7, insbesondere Abb. 7-12).

aktiviert ist) auch der rechte superiore Temporallappen aktiviert, was die besondere Rolle der rechten Hemisphäre für die Wahrnehmung von Melodien bestätigt (vgl. Kapitel 7).

Lasen die Versuchspersonen die Noten, während sie das Stück hörten, waren die beim alleinigen Hören bzw. Notenlesen aktiven Bereiche ebenfalls aktiv. Zusätzlich jedoch wurde der obere Teil des Gyrus supramarginalis beidseits aktiviert, ein Areal, das in der linken Hemisphäre für das Verständnis symbolischer sprachlicher Repräsentationen wesentlich ist. Man kann mit Sergent et al. daher folgern, dass beim gleichzeitigem Hören und Lesen der Noten eines Stücks ein Areal aktiviert wird, das in die Verbindung visueller und akustischer Informationen einbezogen ist und daher als symbolisches Areal (links auch für Sprache und rechts möglicherweise vor allem für Musik) bezeichnet werden kann.

Frauen musizieren in der Regel anders

Eine Möglichkeit zur Erforschung der größeren Beteiligung der linken oder rechten Gehirnhälfte an höheren geistigen Leistungen besteht darin, die zu verarbeitende Information entweder in nur ein Gesichtsfeld oder nur in ein Ohr darzubieten. Da die visuelle Information vollständig und die akustische zu etwa 90 % kreuzt, hat diese einseitige Darbietung einen Verarbeitungsvorteil der jeweils kontralateralen Gehirnhälfte zur Folge, der sich in schnelleren Reaktionen bei entsprechend gestellten Aufgaben zeigt.

Um ein einfaches Beispiel zu verwenden: Wird eine sinnlose Buchstabenfolge oder ein Wort jeweils entweder links oder rechts von einem zentralen Fixierpunkt visuell dargeboten und die Versuchspersonen gebeten, so rasch wie möglich zu entscheiden, ob es sich bei der gezeigten Buchstabenfolge um ein Wort handelt oder nicht, so wird die Entscheidung rascher gefällt, wenn die Buchstabenfolge bzw. das Wort *rechts* vom Fixierpunkt gezeigt wird, denn dies führt zu einer Projektion der

Information zunächst in die *linke* Gehirnhälfte, die bei den meisten Menschen für sprachliche Informationsverarbeitung zuständig ist.

Mittels einer ganzen Reihe von lateralisierten Untersuchungsverfahren wurde nicht nur herausgefunden, dass höhere geistige Leistungen bei Männern stärker lateralisiert sind als bei Frauen, sondern auch, dass der Grad der Lateralisierung bei Frauen vom Menstruationszyklus abhängt. Die Literatur hierzu ist nicht ganz einheitlich, lässt sich aber wie folgt zusammenfassen: Männer sind stärker lateralisiert als Frauen, insbesondere im Hinblick auf sprachliche Fähigkeiten (werden vor allem links verarbeitet) und visuell räumliche Aufgaben, die vor allem rechts verarbeitet werden (vgl. hierzu auch Grön et al. 2000).

Bei Frauen ist die sprachliche Lateralisierung geringer, was ihnen einen Verarbeitungsvorteil bei sprachlichen Informationen insgesamt beschert (diese wird von beiden Hemisphären bearbeitet), aber auch einen Nachteil im Hinblick auf visuell räumliche Aufgaben (hierfür ist in der rechten Hemisphäre sozusagen weniger Platz). Die Lateralisierung bei der Erkennung von Melodien scheint demgegenüber bei Frauen stärker als bei Männern ausgeprägt zu sein (Boucher u. Bryden 1997, Piazza 1980; vgl. jedoch auch gegenteilige Befunde bei Hough et al. 1994), was für eine bessere (weil integriertere) Melodiewahrnehmung bei Männern sprechen würde.

Sofern der Grad der Lateralisierung bei Frauen jedoch zyklusabhängig ist, wurde postuliert, dass während der Menses (d.h. bei geringen Östrogenkonzentrationen) visuell räumliche und auch musikbezogene Aufgaben von Frauen besser gelöst werden können, wohingegen in der Mitte der Lutealphase (hohe Östrogenkonzentrationen) der Vorteil für sprachliche Aufgaben am größten sein sollte.

Um den Einfluss des weiblichen Zyklus auf die Verarbeitung von Musik zu untersuchen, verwendeten Sanders und Wenmoth (1998) sowohl einen sprachlichen als auch einen Musiktest bei 32 Frauen in einem balancierten experimentellen Design, sowohl während der Regelblutung (am 3.–5. Tag) als auch während der Lutealphase, d.h. sieben Tage vor dem Beginn der nächsten Regelblutung. Eine sprachliche Aufgabe (Konsonant-Vokal-Identifikation mit Verarbeitungsvorteil für das rechte Ohr) und eine musikalische Aufgabe (Akkordunterscheidung mit typischem Verarbeitungsvorteil für das linke Ohr) wurden zu diesem Zeitpunkt von 32 Frauen im mittleren Alter von 24 Jahren durchgeführt. Hierbei zeigte sich für die sprachliche Aufgabe das bekannte Ergebnis einer geringeren Lateralisierung während der Menstruation im Vergleich zur Zyklusmitte (Lutealphase; vgl. Abb. 11-10). Bei der musikbezogenen Aufgabe hingegen war die Zyklusabhängigkeit der Asymmetrie umgekehrt: Während der Menstruation war die Asymmetrie deutlich größer als während der Zyklusmitte.

Das von Sanders und Wenmoth gefundene Ergebnis passt gut zu zwei weiteren Studien, die bei nonverbalen eher von der rechten Hemisphäre zu leistenden Aufgaben ebenfalls eine größere Asymmetrie während der Regelblutung fanden (Heister et al. 1989, Rode et al. 1995). Demgegenüber war bei zwei weiteren Untersuchungen, die eine eher linkshemisphärische Aufgabe bearbeiten ließen, eine größere Asymmetrie während des Menstruationszyklus vorhanden (Bibawi et al. 1995; Hampson 1990). Die Ergebnisse lassen sich insgesamt dahingehend interpretieren, dass hohe Östrogenkonzentrationen die Funktion der rechten Hemisphäre beein-

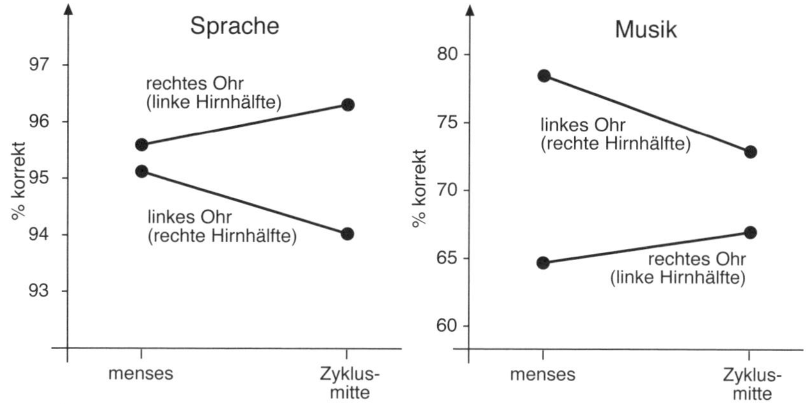

Abb. 11-10 Mittlere korrekt identifizierte sprachliche und musikalische Stimuli bei Wahrnehmung allein durch das rechte oder das linke Ohr. Bei Darbietung sprachlichen Materials (links) gibt es in der Zyklusmitte einen signifikanten Unterschied in der Korrektheit der Verarbeitung zwischen linker und rechter Hirnhälfte, der während der Menstruation praktisch nicht mehr vorhanden ist. Bei einer musikalischen Aufgabe (rechts) ist dies anders: Zur Zyklusmitte sind die Unterschiede zwischen rechtem und linken Ohr deutlich geringer als während der Regelblutung.

trächtigen, so dass Aufgaben, die vor allem die Funktion der rechten Hemisphäre betreffen, während der Zyklusmitte schlechter gelöst wer- den. Dies passt zu einer Untersuchung von Mead und Hampson (1995), die unabhängig von der gestellten Aufgabe eine schlechtere Leistung der rechten Hemisphäre in der Zyklusmitte und eine bessere Leistung während der Menses feststellen konnten.

Fazit: Handspiel, das Wissen schafft

Wissenschaftliche Untersuchungen zum Musizieren sind deutlich seltener als Studien zum Hören von Musik. Ihre Durchführung wurde seit der Einführung eines allgemeinen Standards für Keyboards zumindest im Hinblick auf das Klavier methodisch deutlich vereinfacht, so dass mittlerweile interessante Ergebnisse vor allem zu diesem Instrument vorliegen. Sowohl die Technik als auch der Ausdruck lassen sich untersuchen. Die Ergebnisse zeigen, wie konsistent gerade die oft wenig objektivierbaren Phänomene des Ausdrucks sind. Der Faktor Mensch bewirkt beim Spielen keineswegs eine Zunahme der einfachen Varianz bestimmter Variablen, sondern ganz bestimmte, gut reproduzierbare Abweichungen von der Norm bzw. vorgegebenen Notenschrift. So zeigt die Auswertung der Abweichung der Notenlängen in einem Stück von Mozart bei zwei Pianisten zu zwei Zeitpunkten deutliche Konsistenz innerhalb der Musiker, aber auch zwischen ihnen.

Für Musiker ergibt sich hieraus der Zielkonflikt, einerseits den allgemeinen Anforderungen des Ausdrucks zu genügen und andererseits doch eine besondere Vorstellung zu geben. Für Sänger ist dies leichter als für Pianisten, die nur Lautstärke und Tonlänge, nicht aber (unabhängig davon) Klangfarbe und Tonhöhe (in kleinsten Bruchteilen) variieren können. Auf vielen anderen Instrumenten besteht eine große Ausdrucksmöglichkeit, die wiederum Anlass zu Untersuchungen gegeben hat, wie denn der Musiker die Variationen des Klangs im Einzelnen hervorbringt. Hierzu wurde den Instrumentalisten beim Spielen von Blasinstrumenten sogar genau auf Kehlkopf, Zunge und Mund geschaut, wofür man sogar biegsame Glasfaserendoskope verwendete. Man schaute also regelrecht von innen beim Spielen zu.

Von besonderem Interesse ist beim Musizieren natürlich das Spiel der Hände, an das je nach Instrument unterschiedliche und teilweise ganz erstaunliche Anforderungen gestellt sind.

Über die Mechanik (oder sollte man sagen: Bioelektronik?) der Steuerung der Hände geben die Fehler Auskunft, die beim Musizieren auftreten. Ihre genaue Analyse erlaubt Schlüsse zur Art der internen Repräsentationen beim Spielen. Experimente zum Spielen vom Blatt ergaben, dass der Musiker hierbei mit dem Lesen etwa sieben Noten dem Spielen voraus ist. Die Meinung, wer gut vom Blatt spiele habe ein schlechtes Gedächtnis und umgekehrt, hat sich experimentell nicht bestätigt.

Musiziert man im Scanner, so zeigt sich, dass das gesamte Gehirn am Spiel beteiligt ist. Dies wundert nicht, denn bereits für das Hören von Musik wurde Ähnliches gefunden (vgl. Kapitel 7). Bei gut ausgebildeten Pianisten genügt im Übrigen schon das Hören von Musik, um die motorische Gehirnrinde zu aktivieren (Haueisen u. Knösche 2001). Man konnte sogar zeigen, dass hierbei Töne, die mit dem kleinen Finger bzw. mit dem Daumen gespielt werden, im motorischen Homunculus die entsprechend unterschiedlichen Areale aktivieren. Diese Ergebnisse lassen sich am ehesten dahingehend interpretieren, dass das motorische System „Teil eines Simulationsnetzwerks ist, das zur Interpretation wahrgenommener Handlungen benutzt wird“, wie aufgrund von Studien zum Zusammenhang von Wahrnehmen und Bewegen derzeit diskutiert wird (Chaminade et al. 2001, S. 3669).

Unterschiede in der Verarbeitung und Produktion von Musik zwischen Männern und Frauen sind wahrscheinlich auch auf die größere im Zusammenhang mit dem hormonellen Zyklus zu beobachtende Varianz bei Frauen zurückzuführen.

12 Musizieren lernen

Wie vermittelt man Musikalität? Welches ist die beste Methode des Übens eines Musikinstruments? Gibt es eine Art Grundkompetenz für Musik und kann man sie erwerben? Welche Rolle spielen die Eltern, welche die Lehrer und welche das tägliche Üben? Was ist Talent und welchen Einfluss hat es auf die erreichte Leistung? Gibt es verborgene Übungstricks? – Diese und noch viel mehr Fragen stellen sich sehr viele Menschen, die das Musizieren erlernen wollen, die selber Musik unterrichten oder die ihren Kindern Musik vermitteln möchten. In diesem Kapitel soll versucht werden, das wissenschaftlich gesicherte Wissen hierzu (mit besonderer Berücksichtigung dessen, was man zur Neurobiologie des Lernens weiß) in aller gebotenen Kürze übersichtlich darzustellen.

Lernen, üben und üben lernen

In den vergangenen zwei Jahrzehnten wurde immer deutlicher, dass es unterschiedliche Formen von Lernen (und Gedächtnis) gibt, die mit unterschiedlichen Prozessen und Gehirnstrukturen in Zusammenhang zu bringen sind (Salmon u. Butters 1995; vgl. hierzu auch Kapitel 5). Der in praktischer Hinsicht wichtigste Unterschied ist zunächst der zwischen dem Lernen von Fakten (*episodisches Lernen*) und dem Üben von Fähigkeiten (*prozedurales Lernen*). Ich kann lernen, wann Mozart geboren ist, oder ich kann lernen, ein Stück von Mozart zu spielen. Der Unterschied könnte nicht größer sein, und es ist im Grunde misslich, dass die Sprache uns glauben lässt, in beiden Fällen ginge es um das Gleiche, nämlich um Lernen. Für den Vorgang des prozeduralen Lernens wird daher im Folgenden das Wort *üben* verwendet.

Das Lernen von Fakten geschieht prinzipiell sehr rasch. Wenn ich gut motiviert bin und mich für eine Sache wirklich interessiere, lerne ich Fakten sozusagen auf einen Schlag. Stellen Sie sich beispielsweise vor, Sie befinden sich hungrig in einer fremden Stadt und suchen ein Restaurant. Sie fragen nach dem Weg und lernen die Ihnen geschilderten Landmarken wahrscheinlich so gut, dass Sie das Restaurant am nächsten Tag ohne Schwierigkeiten wieder finden. Auch dessen Name wird für eine Weile in Ihrem Gedächtnis bleiben, wenn das Essen gut war, vielleicht für immer. Sie lernten Fakten bereits mit einem einzigen Lerndurchgang. Das Lernen von Fakten muss man daher im Grunde gar nicht eigens lernen. Nur wenn man es mit sehr vielen Fakten zu tun hat und das Lernen noch dazu langweilig ist (oder dem Schüler zumindest so erscheint, vielleicht weil er den Sinn nicht sieht), bedarf es einiger Tricks wie Eselsbrücken und gelegentlicher Wiederholungen oder Befragungen, um das Lernen zu beschleunigen.

Solche Fakten spielen in der Musik auch eine Rolle, obwohl der Musikunterricht an den Schulen es mit ihnen stark übertreiben dürfte (siehe unten). Man muss wissen, wie viel Kreuze E-Dur hat, und um ein Lied zu singen, ist es gut, wenn man den Text kennt.

Ganz anders steht es um das prozedurale Lernen, das Üben. Wer das Radfahren, Jonglieren, Tanzen oder Seiltanzen lernt, der muss sehr lange üben, bis er die Fähigkeit perfekt beherrscht. Beim Erlernen von Musikinstrumenten ist dies nicht anders. Für das Erlernen des Klavierspielens beispielsweise gibt es bestimmte Pläne, die von erfahrenen Lehrern erdacht wurden, wie beispielsweise der *Piano Syllabus* des Toronto Konservatoriums (1986), das *P-F-System* von Pierce und Fuszek (1987) oder das System der englischen Associated Board and Guildhall of Music Examinations (vgl. Lehmann u. Ericsson 1998). Wie beim Golf, Schach, Judo oder vielen anderen Sportarten gibt es zu meisternde Grade, die so angelegt sind, dass etwa ein weiterer Grad pro Jahr erlernt werden kann. Zehn bis 15 solcher Grade stellen sicher, dass früh begonnen und sehr lange mit zunehmender Schwierigkeit geübt werden kann. Hierzu ein Beispiel: Der *Piano Syllabus* des Toronto Konservatoriums legt fest, dass Tonleitern bei Grad 1 mit einer Geschwindigkeit von etwa 150 Noten pro Minute gespielt werden müssen, bei Grad 12 hingegen mit mehr als 500 Noten pro Minute.

Beim Erreichen des zwanzigsten Lebensjahres haben die meisten der heutigen professionellen Musiker mehr als 10.000 Stunden mit ihrem Instrument verbracht, d.h. geübt (vgl. Abb. 12-1). In diesem Alter wird nicht selten etwa vier bis fünf Stunden täglich geübt (wesentlich mehr geht nicht), was bei 365 Tagen im Jahr eine durchschnittliche jährliche Gesamtübungszeit von ca. 1.500 Stunden bedeutet. Dies war keineswegs immer so: Antonio Salieri, der Zeitgenosse Mozarts, begann

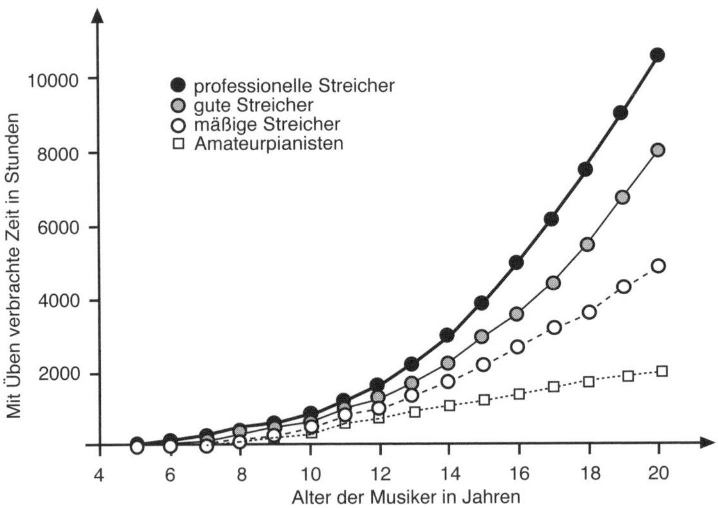

Abb. 12-1 Zusammenhang zwischen der mit Üben am Instrument verbrachten Gesamtzeit und dem Alter der Musiker. Die vier Kurven entsprechen den Werten für vier Gruppen mit unterschiedlichem erreichten professionellen Niveau. Wer ein Profi-Geiger wird, der hat mit 10 Jahren schon tausend Stunden Geige gespielt, als Teenager (mit 15 Jahren) viertausend Stunden und mit 20 Jahren mehr als zehntausend Stunden. Mäßige Streicher haben etwa halb so viel Zeit mit ihrem Instrument zugebracht, und Amateurpianisten noch einmal die Hälfte davon (nach Lehmann u. Ericsson 1998).

seine musikalische Ausbildung als Teenager, ebenso wie Bachs Studenten in Leipzig (vgl. Lehmann u. Ericsson 1998).

Die Geschwindigkeit des Musizierenlernens nahm über die Jahrhunderte zu, wie eine interessante Analyse musikalischer Wunderkinder durch Lehmann und Ericsson (1998, S. 85f) ergab. Die Autoren identifizierten zunächst solche Wunderkinder, indem sie, beginnend mit J.S. Bach, diejenigen auswählten, die vor dem 13. Geburtstag bereits öffentlich und mit viel Beachtung aufgetreten waren. Dies waren neben Bach W.A. Mozart, M.A. Mozart (d.h. die Schwester „Nannerl"), C. Czerny, F. Mendelssohn, F. Liszt, C. Schumann, Ar. Rubinstein, An. Rubinstein, C. Saint-Saëns, E. Nyiregyhazi und J. Hofmann. Die Autoren identifizierten dann das erste öffentlich von den genannten Pianisten aufgeführte Stück sowie das Alter des Pianisten bei dieser Aufführung. Dann wurde die Schwierigkeit (Komplexität) des Stücks in standardisierten Tabellen (wie den oben genannten Plänen) bestimmt und ein Index für die Geschwindigkeit des Lernens aus den Jahren, die gegenwärtig angegeben werden, um das Stück zu lernen, und den Jahren, die das entsprechende Wunderkind tatsächlich gebraucht hat, berechnet und mit 100 multipliziert. Dies klingt kompliziert, ist aber ganz einfach: Wer ein Stück nach sieben Jahren kann, für das sieben Jahre vorgesehen sind, hat einen Index von 100, wer es schon nach dreieinhalb Jahren kann, bei dem beträgt der Index 200.

Wie die Abbildung 12-2 zeigt, liegen die Indizes der Wunderkinder sämtlichst über 100. Man sieht aber auch, dass zu späteren Zeiten geborene Wunderkinder mit weniger Übungszeit schwierigere Stücke spielten: Die Korrelation des Geburtsjahrs mit dem Index betrug 0,67 ($p < 0,05$). Dies bedeutet, dass der Erwerb von

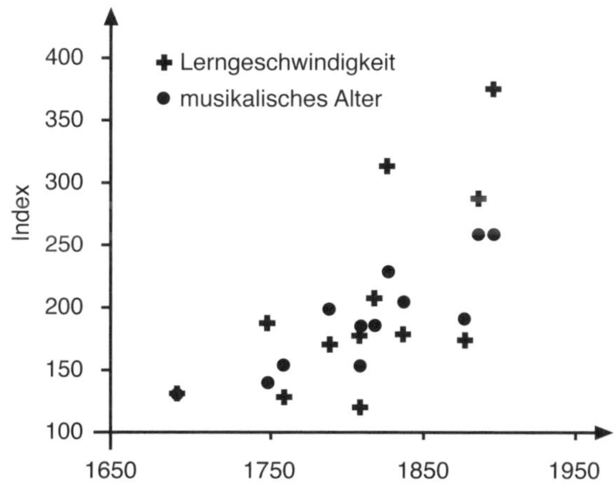

Abb. 12-2 Zusammenhang zwischen dem Geburtsjahr der zwölf untersuchten klavierspielenden Wunderkinder und der Schwierigkeit des erstmals öffentlich aufgeführten Musikstücks, gemessen anhand zweier Indizes, dem Index für die Geschwindigkeit des Lernens (Kreuze) und dem Index für das musikalische Alter (Punkte). Wie man sieht, steigen beide Indizes mit dem Jahr der Geburt des Wunderkindes. Nicht nur sportliche, sondern auch musikalische Höchstleistungen unterliegen demnach einer Steigerung über die Jahrhunderte (nach Lehmann u. Ericsson 1998, S. 86).

Fähigkeiten über die Jahrhunderte immer rascher vonstattenging, also immer effektiver gelernt wurde. Man berechnete zusätzlich einen zweiten Index (für das musikalische Alter) aus dem Alter, in dem ein bestimmtes Stück nach heutigen Plänen aufgeführt wird, und dem Alter, in dem das Stück vom Wunderkind tatsächlich zum ersten Mal öffentlich aufgeführt wurde. Wieder zeigte sich ein signifikanter Zusammenhang ($r = 0{,}85$; $p < 0{,}01$) zwischen dem Geburtsjahr des Wunderkindes und dem Index. Dies besagt, dass in späteren Jahrhunderten geborene Wunderkinder in jüngeren Jahren bereits schwierigere Stücke öffentlich aufgeführt haben.

Die Klavierliteratur der letzten 200 Jahre räumt der Technik des schnellen und rhythmisch sehr präzisen Spielens eine hohe Priorität ein. Wagner (1971) ging diesem Sachverhalt experimentell nach und fand bei Pianisten eine Abhängigkeit der Variation der Länge zu spielender gleich langer Töne von der Geschwindigkeit: Sowohl bei sehr langsamer als auch bei sehr hoher Geschwindigkeit war die Variation größer, am kleinsten war sie bei 6–8 Anschlägen pro Sekunde. Sowohl bei geringer (2 Anschläge pro Sekunde) als auch bei hoher Geschwindigkeit (bis zu 17 Anschläge pro Sekunde) war die Variation der Länge der gespielten Töne deutlich größer. Weitere Untersuchungen ergaben Hinweise für die Ausbildung eines übergeordneten Motorprogramms erst ab einer bestimmten Spielgeschwindigkeit. Dies deutet darauf hin, dass Automatisierung und Geschwindigkeit nicht voneinander unabhängig sind, was als Hinweis dafür gewertet werden kann, dass allein durch langsames Üben ein hoher Automatizitätsgrad nicht erreicht werden kann. Daher kann man annehmen, dass auch die technisch besseren Instrumente gerade im Hinblick auf das Klavierspiel das Üben im Laufe der letzten 200 Jahre deutlich effizienter gemacht haben dürften. Bessere Instrumentalisten wiederum verlangten nach besseren Instrumenten, so dass sich eine Spirale immer größerer Perfektion ergab.

Wechselwirkungen: Talent und Übung

Die Anerkennung besonderer Leistungen im Bereich von Sport, Kunst oder Wissenschaft und der Personen, die sie erbringen, sind Teil unserer Kultur. Warum es manche Menschen gibt, die manches so viel besser können als alle anderen, ist jedoch keineswegs klar. Spekulationen über die Gründe solcher Höchstleistungen sind dabei durchaus so alt wie die Höchstleistungen selbst und man dachte früher an göttliche Eingabe, an den Einfluss der Gestirne und auch bereits an bestimmte Begabungen (Murray 1989). Uralt ist auch der Streit darüber, inwieweit besondere Begabungen vererbt oder durch Übung erworben sind.

Die Frage nach dem Einfluss von Natur und Umwelt (engl.: *nature or nurture*) ist keineswegs so einfach zu beantworten, wie dies zunächst scheint, denn die Dinge liegen nicht so, dass sich Anteile etwa im Sinne von Prozentwerten festlegen ließen. Betrachten wir hierzu folgendes Beispiel: Ein Bauer möchte wissen, ob der Ertrag seines Feldes von den Genen der Weizenpflanze, die er sät, abhängt oder von Umweltbedingungen wie Bewässerung oder Dünger. So sät er eine bestimmte Sorte aus und findet, dass der Ertrag nur von den Umweltbedingungen abhängt. Das Erbgut (er säte eine einheitliche Sorte) war ja konstant, und er kann nun schließen, dass es allein auf die Umwelt ankommt, wie gut sein Getreide gedeiht. Ein anderer, ebenso wissenschaftlich motivierter Bauer möchte die gleiche Frage beantworten und erwirbt zehn verschiedene Weizensorten. Er sät sie nebeneinander auf einem sehr ebenmäßig gelegenen Acker aus, den er gleichmäßig düngt und bewässert. Dieser Bauer findet, dass der Ertrag nur von den unterschiedlichen Sorten abhängt (Kunststück: Die Umwelt war ja konstant). Die Frage, inwieweit eine bestimmte Eigenschaft (in unserem Beispiel der Ertrag) von den Genen oder von der Umwelt abhängt, lässt sich somit allgemein nicht beantworten. Es wäre auch falsch, aus dem Beispiel der Bauern zu schließen, dass es eben zur Hälfte an der Umwelt und zur Hälfte an den Genen liegt. Ganz offensichtlich wäre dies ja in beiden Fällen falsch! Es liegt hier vielmehr eine klassische *Wechselwirkung* vor, eine *Interaktion* von zwei Faktoren, und ein solcher Sachverhalt schließt aus, dass man ein einfaches prozentuales Verhältnis der Haupteffekte angeben kann.

Nicht anders als mit dem Einfluss von Genen und Umwelt auf den Ertrag beim Weizen verhält es sich mit dem Einfluss von Genen und Umwelt auf bestimmte Leistungen beim Menschen. So wurde im Rahmen der Olympischen Spiele in Sydney heftig über die Grenzen menschlicher Leistungsfähigkeit gesprochen sowie darüber, was diese letztlich bestimmt. Das Ergebnis der Diskussion hat manch einen verwundert, wurde doch deutlich, dass es vor allem die Gene sind, die über Medaillen bestimmen. Dies liegt daran, dass es sich bei den hochtrainierten Athleten um einen Fall handelt, der eher dem von Bauer Nr. 2 ähnelt: Alle trainieren sehr viel und unter optimalen Bedingungen, so dass es letztlich nur noch an den Genen liegen kann, wenn trotz gleichem, sehr gutem Training kleine Unterschiede in der Leistung herauskommen. Bei optimalem Training für alle sind also die Gene das Zünglein an der Waage.

Betrachten wir zum Vergleich zwei Schulklassen, die noch nie Sportunterricht hatten und von denen eine nun Unterricht im Stabhochsprung erhält: Nach mehreren Monaten harten Trainings ist es nicht ganz unwahrscheinlich, dass auch der schwächste Schüler in der Trainingsklasse höher springt als der sportlichste Schüler der anderen Klasse ohne jegliche Unterweisung in der Technik. Auch hier lässt sich also die Frage, ob es die Anlagen oder die Umwelt ist, die letztlich über die Leistung entscheiden, nicht allgemein beantworten. Es hängt eben ganz von den Randbedingungen ab.

Ist jeder musikalisch?

Ganz offensichtlich gibt es zwischen den Menschen große Unterschiede im Hinblick auf das Hören und Machen von Musik: Der eine ist musikalisch, der andere nicht. – So zumindest beschreibt der Volksmund diesen Sachverhalt und stellt damit auch gleichzeitig dessen Ursache fest: Es geht um die vererbte Anlage der Musikalität. Solche ererbten Faktoren in der musikalischen Entwicklung sollen im Folgenden auch keineswegs bestritten werden. Man muss sich jedoch klarmachen, dass sich ein allzu starker Glaube an die Vererbung von menschlichen Eigenschaften ungünstig auf das Lernen auswirken kann, und zwar bei denen, die von anderen gesagt bekommen und irgendwann einmal selbst daran glauben, dass sie eine bestimmte Anlage nicht haben. „Du bist unmusikalisch" – das heißt auch, „wir müssen uns um einen Gitarrenlehrer für Dich nicht kümmern, denn es hat ja sowieso keinen Sinn, bei fehlender Erbanlage in diese Fähigkeit zu investieren." Eine ganze Reihe von Befunden aus sehr unterschiedlichen Bereichen sprechen eindeutig dagegen, dass es sich so einfach verhält und dass man Menschen in musikalische und unmusikalische einteilen kann.

Die Bedeutung der Übung

Die beiden bedeutendsten Geiger seiner Zeit weigerten sich, Tschaikovskys Violinkonzert zu spielen. Es sei ihnen zu schwer. Heutzutage gehört dieses Konzert zum Standardrepertoire eines jeden Violinisten, der etwas auf sich hält (vgl. Ericsson et al. 1993, S. 366). In seiner Übersicht zu Meisterviolinisten geht Roth (1982, S. 23) sogar so weit, zu behaupten, dass der vielleicht weltberühmteste Geiger Paganini (1782–1840) auf den Konzertbühnen unserer Zeit eine eher mittelmäßige Figur abgeben würde.

Nicht nur in der Musik, sondern auch in anderen Gebieten wurde die enorme Bedeutung von jahrelanger Übung nachgewiesen: Simon und Chase (1973) fanden beispielsweise, dass Schachspieler mindestens zehn Jahre Training brauchen, um internationale Bedeutung (als Großmeister) zu erlangen. Ähnliches gilt für Mathematiker (Gustin 1985), Ärzte (Lesgold 1984; Patel u. Groen 1991), Wissenschaftler, Schriftsteller (Lehmann 1953; Raskin 1936) und natürlich auch für Sportler verschiedenster Disziplinen, wie beispielsweise Schwimmen (Kalinowski 1985), Tennis (Monsaas 1985) oder Langstreckenlauf (Wallingford 1975).

Wie ist dies nun in der Musik? Wird manchen Menschen tatsächlich, wie immer wieder behauptet wird, die Begabung in die Wiege gelegt, so dass sie es mit nur wenig Aufwand zu großem Können in der Musik bringen? Es scheint zunächst, als sei dies bei manchen Menschen so. In diesem Zusammenhang werden immer wieder Namen wie Mozart angeführt, der bereits in jungen Jahren Höchstleistungen vollbrachte. Dennoch ist auch hier die Übungskomponente nicht zu unterschätzen: Für Komponisten hat Hayes (1981) nachgewiesen, dass ungefähr 20 Jahre vom Beginn der musikalischen Ausbildung bis zu ersten bedeutenden Komposition vergehen. Er konnte zudem zeigen, dass es sich hierbei nicht um ein Artefakt etwa in dem Sinne handelt, dass derjenige, der besonders früh mit der Musik anfängt, eben erst später mit dem Komponieren beginnen kann. Im Gegenteil: Diejenigen Komponisten, deren musikalische Ausbildung vor dem sechsten Lebensjahr begann, komponierten ihr erstes wichtiges Werk im Durchschnitt 16,5 Jahre später, wohingegen diejenigen, die nach dem sechsten Lebensjahr begannen, erst ca. 22 Jahre später ihr erstes wesentliches Werk vollendet hatten.

Platz durch Üben

In Kapitel 7 wurden die Vorgänge beim Üben bereits prinzipiell dargestellt: Es geht um Neuroplastizität, d.h. darum, dass das Gehirn bestimmte Reize immer wieder verarbeitet und bestimmte Bewegungen immer wieder macht. Dadurch verändern sich die Stärken der Verbindungen zwischen Nervenzellen in den betreffenden Bereichen der Gehirnrinde, wodurch wiederum die Wahrnehmungen und Bewegungen besser (d.h. schneller und genauer) funktionieren.

Bringt man Affen bei, zwei nahe beieinander liegende Töne zu unterscheiden, so nimmt die Größe des diese Töne kodierenden Areals des auditorischen Kortex zu. Die zur Durchführung der Aufgabe wichtigen Frequenzen werden auf einem größeren Areal repräsentiert. Dadurch wird eine genauere Verarbeitung der Töne erreicht, und die Unterscheidung auch nur geringgradig verschiedener Töne kann besser durchgeführt werden (Merzenich u. Sameshima 1993).

Eine ähnliche Untersuchung bezog sich auf den Tastsinn (siehe Jenkins et al. 1990). Affen wurden trainiert, mit den Fingerspitzen von Zeigefinger, Mittelfinger und Ringfinger Vibrationsfrequenzen von 20 Hz, 22 Hz, 24 Hz etc. zu unterscheiden. Sie erhielten immer dann eine Belohnung in Form von Saft, wann immer sie die Aufgabe richtig machten. Hierdurch vergrößerte sich das die Fingerspitzen repräsentierende kortikale Areal (vgl. Abb. 12-3). Auch taktile Reize werden kortikal also besser verarbeitet, wenn ein entsprechendes Training erfolgt ist (Merzenich 1996).

Ein im Hinblick auf das Üben von Instrumenten besonders wichtiges Beispiel für die Fähigkeit der menschlichen Gehirnrinde, sich an die Anforderungen ihrer „Benutzung" anzupassen, wurde von Elbert und Mitarbeitern (1995) publiziert. Die Autoren gingen davon aus, dass professionelle Gitarren- und Geigenspieler mit den Fingern ihrer linken Hand sehr häufig Tastempfindungen mit großer Genauigkeit verarbeiten müssen. Bei Streichern sollte daher eine Vergrößerung des die Finger der linken Hand repräsentierenden kortikalen Areals nachweisbar sein. Um dies

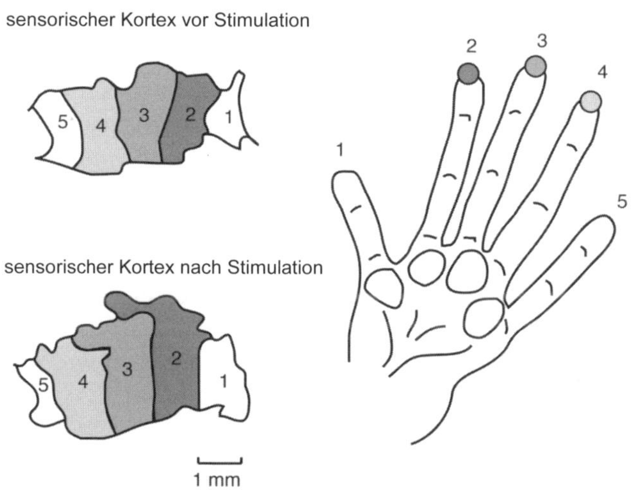

Abb. 12-3 Die Flächen der Großhirnrinde (links vergrößert gezeichnet), die die Fingerspitzen des Zeigefingers, Mittelfingers und Ringfingers repräsentieren, nehmen bei erhöhtem Gebrauch dieser Finger selektiv an Größe zu. Links oben sind die der Verarbeitung von Tastempfindungen dienenden kortikalen Flächen der fünf Finger vor dem speziellen Training und links unten die kortikalen Flächen nach dem Training dargestellt. Rechts sind die Hand des Affen und die vermehrt gebrauchten Bereiche der Fingerspitzen zu sehen. Es ist deutlich erkennbar, wie der vermehrte Gebrauch der Fingerspitzen des zweiten, dritten und vierten Fingers zu einer Vergrößerung der Repräsentationsfläche dieser Fingerspitzen im Kortex geführt hat (modifiziert nach Jenkins et al. 1990).

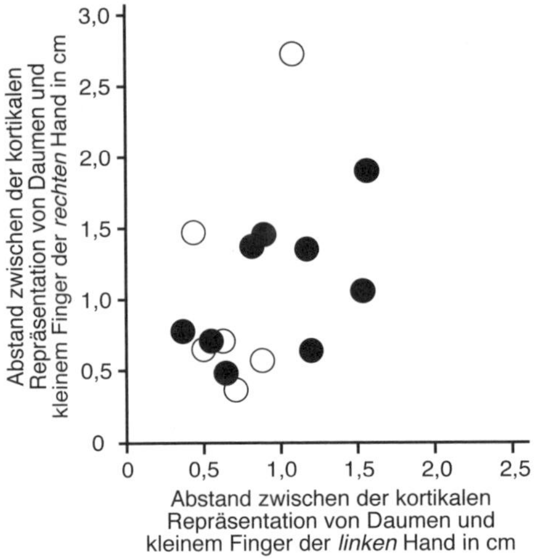

Abb. 12-4 Abstand der kortikalen Repräsentation von Daumen und kleinem Finger (in cm) der linken und rechten Hand bei Geigen- und Gitarrenspielern (weiße Kreise) und bei Kontrollpersonen (schwarze Punkte). Bei den Kontrollpersonen (Rechtshänder) ist der rechten Hand deutlich mehr Platz zugewiesen als der linken. Bei den Geigen- und Gitarrenspielern ist diese Asymmetrie praktisch aufgehoben, den Fingern ihrer linken Hand ist mehr oder gleich viel kortikale Informationsverarbeitungsfläche zugewiesen (nach Elbert et al. 1995).

experimentell zu überprüfen, wurde bei einem Gitarren- und neun Geigenspielern der Abstand zwischen der kortikalen Repräsentation des Daumens und des kleinen Fingers sowohl im rechten Kortex (für die Finger der linken Hand) als auch im linken Kortex (für die Finger der rechten Hand) mit dem Verfahren der Magnetenzephalographie (MEG) gemessen. Da die Karte der Körperoberfläche im Wesentlichen eine Dimension aufweist (siehe Abb. 7-3), ist dieses Maß gut geeignet, um Flächenvergrößerungen aufzuspüren. Auch war durch Vergleich der rechten und linken Seite bei der gleichen Person sichergestellt, dass nicht unspezifische Unterschiede zwischen Personen gemessen wurden, sondern spezifische rechtshemisphärische Veränderungen aufgrund linkshändiger Übungspraxis.

Wie die Ergebnisse zeigen, weisen Streicher tatsächlich eine Vergrößerung des kortikalen somatosensorischen Areals für die Finger der linken Hand auf (vgl. Abb. 12-4). Es wurde weiterhin deutlich, dass dieser Effekt vor allem bei denjenigen besonders ausgeprägt war, die vor dem 12. Lebensjahr mit dem Erlernen des Instruments begonnen hatten. Hierzu passt die Beobachtung einer Geigenlehrerin meiner Tochter Anja, dass Schüler, die nach dem 12. Lebensjahr mit dem Instrument beginnen, zeitlebens das Vibrato nicht mehr so gut beherrschen wie Schüler, die früher begonnen haben.

Das Lernen von Bewegungsabfolgen

Musiker können erstaunliche motorische Leistungen vollbringen. Pianisten beispielsweise spielen ein Stück nach einem Jahr mit den gleichen Akzenten auf Lautstärke und Tonlänge. Sie beherrschen das unabhängige Arbeiten beider Hände, und einzelne Finge können etwa alle 80 Millisekunden (± 25 ms) eine ganz bestimmte Taste mit großer Präzision treffen. Machen sie einen Fehler, spielen sie einfach weiter (Wilson 1992).

Das Lernen komplizierter Bewegungsabläufe wird seit längerer Zeit im Labor mit verschiedenen Methoden untersucht. Solche Untersuchungen sind sowohl für Sportler als auch für Musiker wichtig, wie überhaupt der Bewegungsaspekt von Musik bei Aufführungen eine deutlich sportliche Komponente hat. Man bedient sich bei der Untersuchung von Bewegungsabläufen oft des Verfahrens des Lernens einer bestimmten Folge von einfachen Bewegungen (im anglo-amerikanischen Sprachraum ist dieser Ansatz unter dem Namen *sequence learning* bekannt). Jede dieser Bewegungen für sich genommen ist, ähnlich dem Herunterdrücken einer Taste am Klavier, sehr einfach und besteht beispielsweise aus dem Berühren des Daumens mit einem der vier übrigen Finger oder aus dem Drücken einer Taste mit einem der fünf Finger. Bewegungsfolgen sind jedoch beliebig kompliziert.

Versuchen Sie es einmal: Berühren sie nacheinander den Daumen (1) mit dem Zeigefinger (2), dann dem Mittelfinger (3), dann dem Ringfinger (4) und dann mit dem kleinen Finger (5) und dann wieder zurück, also in der Sequenz 2-3-4-5-4-3-2 ... Dies ist eine relativ einfache Folge. Versuchen Sie es jetzt einmal mit der Folge 5-3-4-2-3-4-2-5 (und jetzt wieder ganz von vorne). – Hier ist es schon komplizierter, verglichen mit den komplexen Bewegungsabläufen beim Klavier- oder Geigenspiel jedoch noch immer recht einfach.

Verwendet man statt der Berührung der Finger mit dem Daumen eine Tastatur mit fünf Tasten und zeigt man die Nummer des Fingers jeweils auf einem Bildschirm, lassen sich interessante Ergebnisse zur Art des Lernens motorischer Abläufe finden. Nehmen wir an, wir zeigen auf dem Bildschirm immer die Folge 2-4-3-5-2-4-3-5 etc., ohne der Versuchsperson mitzuteilen, dass das Auftreten der Zahlen einer Regelhaftigkeit unterliegt. Unter diesen Bedingungen reagiert die Versuchsperson zunächst auf jede Zahl einzeln mit dem Drücken der entsprechenden Taste. Nach mehrfachem Wiederholen der gleichen Folge wird sie schneller, d. h. drückt die Tasten nicht erst dann, wenn sie die Zahl gesehen und die Reaktion vorbereitet hat, sondern beginnt mit der Programmierung der Bewegung bereits früher, unmittelbar nach der zuvor ausgeführten Bewegung. In dem Maße, wie sie zunehmend Bewegungen miteinander verknüpft, braucht sie sich immer weniger auf die Wahrnehmung zu stützen. Aus einzelnen Bewegungen werden so verknüpfte Bewegungen, organisch ineinandergreifende Bewegungsabläufe.

Wie Abbildung 12-5 verdeutlicht, wird die Versuchsperson bereits deutlich schneller, wenn sie die Folge noch nicht als solche kennt (und auf Nachfrage *explizit* benennen kann). Sie verfügt also bereits über *implizites* Wissen um die Bewegungsabfolge, die motorische Fähigkeit, wenn das explizite Wissen noch nicht vorhanden ist. Im Gegensatz zum expliziten Wissen, das sprunghaft einsetzt, entwickelt sich das implizite Können langsam und stetig.

Manche Kinder haben mit dem Üben Probleme, insbesondere dann, wenn sie nicht gewohnt sind, dass man auch langsam und graduell lernen kann. Dies ist gerade bei begabten, intelligenten Kindern nicht selten der Fall. Sie begreifen beispielsweise in der Schule alles sofort und haben daher kein Gefühl für langsames Lernen. Sie setzen sich ans Klavier, meistern eine kompliziertere Noten-, d. h. Bewegungsfolge noch nicht und verlieren sehr schnell das Interesse, weil sie enttäuscht sind über ihre eigene Unfähigkeit. Wer sich dagegen auch in Mathematik und Englisch schwer tut und daran gewöhnt ist, die Dinge erst nach einiger Anstrengung zu

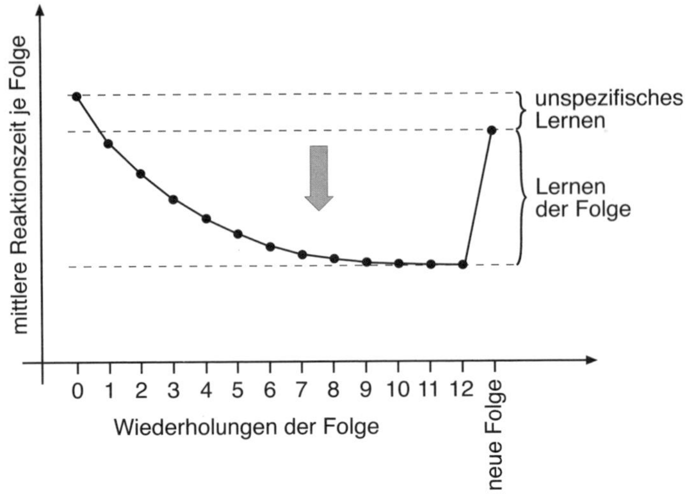

Abb. 12-5 Lernen von Bewegungsabfolgen. Eine Folge besteht beispielsweise aus acht Einzelbewegungen der Finger einer Hand, die zunächst auf entsprechende Hinweisreize einzeln ausgeführt werden. Wird eine 1 gezeigt, drückt der Daumen die Taste Nr. 1, wird eine 2 gezeigt, drückt der Zeigefinger die Taste Nr. 2 etc. Die mittlere Reaktionszeit der Tastendrucke einer gesamten Folge nimmt ab, je öfter die Folge wiederholt wird. Irgendwann wird die Folge auch von der Versuchsperson bemerkt, d. h. ihr wird die Folge als Folge explizit bewusst (grauer Pfeil). Sie hat jedoch bereits vorher die Folge implizit gelernt, wie man an den Reaktionszeiten sieht. Man könnte nun einwenden, dass die Versuchsperson einfach nur lernt, die Taste schneller zu drücken. Dies ist jedoch nur zu einem geringen Grad der Fall, wie sich genau nachweisen lässt. Man gibt der Versuchsperson nach erfolgtem Lernen eine neue Folge vor und bestimmt wieder die Reaktionszeiten. Diese sind dann etwas kürzer als ganz zu Beginn des Lernens, aber deutlich langsamer als bei bekannter Folge.

meistern, der hat auch mit dem Üben eines Instruments keine besondere Mühe. Man sagt in solchen Fällen manchmal über die rasch frustrierten Kinder, sie hätten das Lernen nicht gelernt. Das ist richtig, sollte aber ergänzt werden: Sie haben nicht gelernt, dass es einen Unterschied zwischen dem Begreifen eines Zusammenhangs (meist sprunghaftes explizites Lernen) und dem Aneignen einer Fähigkeit (graduelles implizites Lernen) gibt. Das Begreifen geht bei Begabten sehr schnell. Dies hat ungünstige Folgen, wenn es als Modell für Lernen überhaupt (und damit auch für das Üben) betrachtet wird.

Die geschilderte Art der Untersuchung von Bewegungsfolgen anhand einfacher Fingerbewegungen hat gegenüber anderen Bewegungen den Vorteil, dass entsprechende Experimente zum Training auch im Labor oder sogar im Scanner durchgeführt werden können. Die Ergebnisse waren zunächst uneinheitlich, denn sie zeigten sowohl Zunahmen als auch Abnahmen von Gehirnaktivität nach dem Lernen komplizierter Bewegungen. Mittlerweile sind die Dinge jedoch etwas klarer geworden, so dass sich zusammen mit den bekannten Tatsachen zur zentralnervösen Steuerung von Bewegungen etwa folgendes Bild ergibt.

Die Nervenzellen im primären motorischen Kortex (man nennt diesen Bereich des Gehirns auch M1) liefern nicht nur die Impulse, die (über eine letzte Relais-Station im Rückenmark) die Muskeln antreiben. Sie vollbringen zudem Aufgaben der Berechnung von Bewegungen, denn es gilt ja, eine Gesamtbewegung auszuführen, indem an verschiedenste Muskeln über unterschiedliche periphere Nerven genau dosierte Signale gesendet werden. Bei insgesamt etwa 600 Muskeln im Körper des Menschen würden sich allein bei nur zwei Zuständen pro Muskel (gespannt oder schlaff) insgesamt 2^{600} Möglichkeiten der Steuerung ergeben, weit mehr, als es Atome im Universum gibt (Wolpert et al. 2001). Innere, höherstufige Modelle zur Steuerung sind daher unerlässlich.

M1 bekommt seine Signale vor allem von den so genannten prämotorischen Arealen, die die Hauptarbeit bei der Berechnung der Bewegung leisten. Gerade die moderne Robotik zeigt, wie schwierig es ist, einen mechanischen Arm so zu steuern, dass er beispielsweise nach einer Kaffeetasse greift, sie aufnimmt und irgendwo anders wieder abstellt. Wir tun dies auch ohne jegliche Kenntnis von Differentialgleichungen, bedrohlichen Schwingungen, Dämpfungsfaktoren etc., weil die hier thematisierten Bereiche des Gehirns all dies für uns tun. Es sei angemerkt, dass bis heute kein Roboter Saxophon oder Geige spielen kann, weil die hierzu erforderliche Feinmotorik die derzeitigen technischen Möglichkeiten noch übersteigt.

Bleiben wir daher bei der Kaffeetasse. Um sie vom Ort A zum Ort B zu bewegen, brauche ich die Koordinaten dieser Orte, im Raum überhaupt (das liefert mein Sehsystem aus den Koordinaten der Orte auf der Netzhaut meines Auges) sowie relativ zu einander und vor allem relativ zu mir und meinem Arm. Für die hierzu notwendigen Berechnungen (Koordinatentransformationen) ist unter anderem der obere Scheitellappen zuständig. Das so genannte supplementärmotorische Areal unterstützt, wie sein Name schon sagt, die genannten Bereiche in ihren Funktionen, woraus sich insgesamt ein System aus vier Bereichen der Gehirnrinde ergibt (vgl. Abb. 12-6).

Diese Bereiche lassen sich mit den bereits genannten Verfahren der funktionellen Bildgebung beim Lernen von Bewegungen untersuchen. Karni und Mitarbeiter (1995) fanden hierbei in einer ersten wesentlichen Studie eine Zunahme der Größe des primär-motorischen Areals nach dem Lernen einer Bewegung. Weitere Studien zum Lernen ergaben jedoch ein komplizierteres Bild, denn wenn man eine kom-

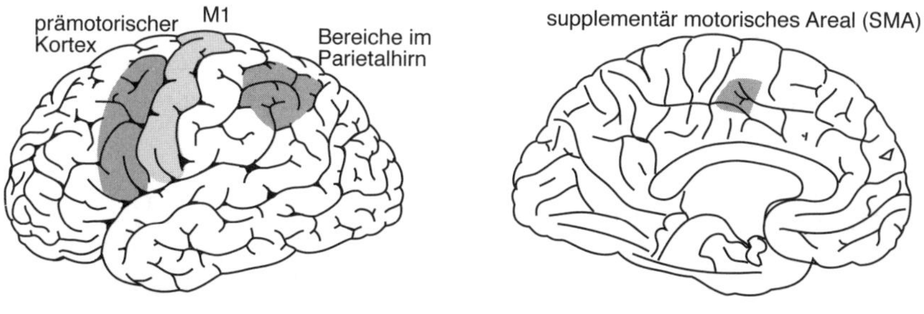

Abb. 12-6 Schema der an der Planung, Steuerung und Ausführung von Bewegungen beteiligten Bereiche der Gehirnrinde. Dargestellt ist die linke Gehirnhälfte, von außen (links) sowie von innen im Schnitt betrachtet.

plexe Bewegung lernt, nimmt ganz offensichtlich der mentale Aufwand, den wir zur Steuerung dieser Bewegung einsetzen, ab: Egal, ob wir Autofahren oder Klavierspielen lernen, der Vorgang ist der gleiche: Zunächst müssen wir jede Einzelheit bewusst planen, und wir sind in Anbetracht der Komplexität der Bewegung (z. B. beim Schalten oder bei einem raschen Arpeggio) nahezu überfordert. Nach dem Lernen läuft das Arpeggio flüssig und wir meistern das Fahren spielend – während wir uns dabei zu allem Überfluss noch unterhalten.

Krings und Mitarbeiter (2000) konnten in einer Studie an vier professionellen Pianisten und vier Kontrollprobanden zeigen, dass der Eindruck von weniger geistigem Aufwand für das Ausführen einer gelernten Bewegung durchaus eine Entsprechung im Gehirn hat. Die insgesamt acht Versuchspersonen mussten eine komplexe Bewegungsabfolge der Finger erlernen, wie oben bereits beschrieben. Dies geschah, während sie im Scanner lagen und eine funktionelle Magnetresonanztomographie (fMRT) durchgeführt wurde. Wenn Pianisten es gewöhnt sind, komplizierte Bewegungsfolgen mit den Fingern auszuführen, so sollte sich dies in einem Unterschied der Gehirnaktivierung beim Lernen solcher Bewegungen zeigen, so die Überlegung der Untersucher. Dies war tatsächlich der Fall. Nicht nur schätzten die Pianisten die zu lernende Bewegung im Vergleich zu den nicht Klavier spielenden Kontrollpersonen als deutlich leichter ein, es wurde bei ihnen auch eine deutlich geringere Aktivierung motorischer Areale nachgewiesen. Kurz und laienhaft ausgedrückt: Wer Klavier spielen kann, der braucht für das Erlernen neuer Fingerbewegungsabfolgen weniger „Hirnschmalz“ als jemand, der des Klavierspiels nicht fähig ist.

Diese Befunde erscheinen zunächst widersprüchlich: Musiker haben größere kortikale Areale zur Repräsentation von Tönen, musikbezogenen Bewegungen und Tastempfindungen, ihrer Stimme oder musikalischer kognitiver Prozesse und Vorstellungen, die Aktivität solcher Areale scheint jedoch bei Musikern geringer zu sein. Wie kann man dies in einen sinnvollen Zusammenhang stellen?

Ein Ferrari hat einen größeren Motor als ein Smart. Stellen Sie sich vor, beide fahren Richtgeschwindigkeit auf der Autobahn. Stellen Sie sich weiter vor, Sie messen die Aktivierung des Motors im Vergleich zum Standgas, und nehmen wir jetzt noch an, wir messen diese Aktivierung relativ zur maximal möglichen Aktivierung. Welcher Motor ist bei gleicher Performanz (d. h. gleicher Geschwindigkeit) mehr aktiviert?

Wir können uns auch einen Zehnkämpfer und einen relativ unsportlichen Menschen vorstellen, die beide nebeneinander die Treppen des Eifelturms hinaufsteigen. Trainingsbedingt wird der Zehnkämpfer über dickere Oberschenkelmuskeln verfügen, ihre Aktivierung beim Steigen einer Stufe wird aber geringer sein. Die beiden Beispiele machen deutlich, dass zunehmende Größe und geringere Aktivierung bei gleicher Performanz sich nicht widersprechen müssen. Im Gegenteil.

Motivation: unverzichtbar schon im Tierversuch

Die gleiche Arbeitsgruppe, die das oben diskutierte Experiment zur Verbesserung der Vibrationsempfindung beim Affen durch entsprechendes Training publizierte, berichtet über ein weiteres für unseren Zusammenhang sehr wichtiges Experiment (vgl. Ahissar et al. 1992). Mit einem anderen Affen wurde genau das gleiche Experiment durchgeführt. Auch er hatte Vibrationsempfindungen mit den Fingern zu ertasten, jedoch mit einem kleinen Unterschied zum oben erwähnten Experiment: Er bekam Saft zu trinken, wann immer er wollte. Saft hatte für das Tier also keine belohnende Funktion. Daher wundert auch nicht, dass es bei diesem Tier nicht zum Lernen der Frequenzunterschiede und ebenso wenig zu einer Veränderung kortikaler Landkarten kam.

Ganz offensichtlich genügt die einfache Erklärung – Input macht automatisch landkartenförmige kortikale Repräsentationen (oder anders: Erfahrungen sorgen für Lernen) – nicht, um zu verstehen, was geschieht, wenn Affen lernen. Der Affe muss wohl auch Lust haben, die Aufgabe zu lösen; sie darf ihm nicht gleichgültig sein. Das Experiment ist insofern sehr wichtig, als es die Bedeutung von Motivation auf das Lernen zeigt: Man muss lernen wollen, mit dem Geist dabei sein, und es sollte auch Spaß machen.

Während des letzten Jahrzehnts wurde eine ganze Reihe von Studien durchgeführt, die insgesamt die Rolle von Aufmerksamkeit, Motivation und Emotionen für das Lernen aufzeigen konnten. Von Aufmerksamkeitsprozessen konnte gezeigt werden, dass sie eine Zunahme der Aktivität der Nervenzellen in denjenigen kortikalen Arealen bewirken, die eine bestimmte Aufgabe zu leisten haben. Wenn Sie sich also beispielsweise jetzt einmal umschauen und auf die Farbe der Umgebung achten, ist die Aktivierung der Farbareale (V4 und V8) Ihres Sehsystems gesteigert; achten Sie hingegen auf alles, was sich bewegt, so führt dies zu einer Steigerung der Aktivität im Bewegungsareal (MT oder auch V5 genannt). Wie man durch weitere Experimente zeigen konnte, reicht das Ausmaß der Aktivitätssteigerung aus, um zusätzliche Lernprozesse in Gang zu setzen (für eine Zusammenfassung vgl. Spitzer 2002). Daraus folgt unmittelbar: Aufmerksamkeit, Motivation und emotionale Beteiligung sind für effizientes Üben unverzichtbar. Oder anders ausgedrückt: Wer beim Üben nicht wirklich dabei ist oder gar döst, der kann es auch lassen.

Lehrer und Schüler

Aus der Psychotherapieforschung ist bekannt, dass es für den Erfolg der Behandlung gar nicht so wichtig ist, welche Methode (Gesprächstherapie, Verhaltenstherapie oder Psychoanalyse) eingesetzt wird. Entscheidend ist jedoch die Beziehung zwischen Therapeut und Patient. Kommt es zu einem tragfähigen vertrauensvollen Bündnis, und kommt man in der Therapie wirklich zusammen, dann stellt sich mit hoher Wahrscheinlichkeit ein Erfolg ein. Bleibt die Beziehung oberflächlich und von gegenseitiger Geringschätzung oder Missachtung geprägt, so ändert sich in der Therapie nichts.

Der Grund für diese Beobachtung ist nach den gerade diskutierten Effekten motivationaler und emotionaler Prozesse auf das Lernen leicht zu sehen: Jede Psychotherapie ist eine Form von Lernen, und sie wird umso erfolgreicher sein, je mehr diese Prozesse beim Lernen beteiligt sind. Nicht anders ist es beim Erlernen eines Musikinstruments. Untersuchungen konnten zeigen, dass gerade am Anfang die Ausbildung des Lehrers weniger wichtig ist, dass jedoch dessen Wärme, Zuwendung und Verständnis für den langfristigen Erfolg entscheidend sind. Schüler und

Lehrer müssen sich gegenseitig mögen und respektieren. Dies kann man nicht erzwingen, man merkt es aber im Grunde sofort. Selbst dies ist durch Studien belegt: Wir wissen innerhalb von Sekunden, ob wir jemanden sympathisch finden und mit ihm auskommen oder nicht. In der Ausbildung zum Psychotherapeuten werden diese Wahrnehmungen trainiert, denn es ist wichtig, sie zu kennen und zu nutzen. Musiklehrern und Schülern sei geraten, diese Prozesse ebenfalls zu beachten; sie könnten auf diese Weise sich und dem anderen möglicherweise viel Frustration ersparen.

Einzel- oder Gruppenunterricht?

Sollte der Unterricht einzeln oder in Gruppen erfolgen? Diese Frage stellt sich gerade Eltern und Schülern immer wieder. Einzelunterricht ist teuer und ökonomisch ineffektiv, jedoch ab einem gewissen Grad des Könnens unverzichtbar.

Die Gruppe hat den Vorteil, dass eine soziale Komponente zur Musik hinzukommt, die gerade heute nicht mehr selbstverständlich ist. Noch vor einhundert Jahren war Musik in aller Regel ein soziales Phänomen. Man konnte zwar auch alleine spielen, jedoch konnte man praktisch nicht (wie heute beim Spielen oder Hören über Kopfhörer) vermeiden, dass jemand zuhört.

Als es noch keine Speicherung und Verbreitung von Musik auf entsprechenden Medien gab, war Musik im Grunde immer mit Gemeinsamkeit verbunden. Dies ist gegenwärtig nicht mehr der Fall und man hat gelegentlich sogar den gegenteiligen Eindruck: Durch sehr unterschiedliche Musik für sehr unterschiedliche Geschmäcker wird es immer notwendiger, dass jeder „seiner" Musik nur per Kopfhörer lauscht. Daraus ergibt sich aber, dass Musik eher zur Vereinzelung beiträgt und gerade nicht, wie früher notwendigerweise, gemeinschaftsstiftend wirkt. Da Menschen jedoch Gemeinschaftswesen sind, könnte es ein Vorteil von Musikunterricht in Gruppen sein, dass der Aspekt der Gemeinschaft beim Musizieren stärker betont ist, gleichsam unmittelbar mit dazu gehört und nicht nur als ein Nebenprodukt der Tätigkeit gesehen wird. Wie im folgenden Kapitel noch genauer dargestellt wird, ist Musik gelebtes Miteinander, und als solches ist sie auch am schönsten.

Eltern: Was können oder sollen sie tun oder lassen?

Musikalische Kinder kommen aus musikalischen Familien. Beispiele kennt wahrscheinlich jeder aus seinem Bekanntenkreis oder aus der Geschichte: Bach lernte von seinem Vater und Mozart ebenso. Andererseits gibt es aber auch sehr viele Fälle – und wieder kennt sicherlich jeder einen oder mehrere solcher Beispiele aus dem eigenen Umfeld –, in denen Eltern den Kindern durch übermäßige Strenge den Spaß an der Musik verdorben haben. Der Autor kann sich an seine Studienzeit erinnern und an die vielen etwa gleich lautenden Antworten auf die Frage an Kommilitonen und Kommilitoninnen, ob sie ein Instrument gelernt hätten: „Von 9 bis 13 Jahren hatte ich Klavierunterricht. Dann hatte ich keine Lust mehr. Heute kann ich gar nichts mehr spielen." Neben der Gruppe Gleichaltriger, der so genannten Peergroup bei pubertierenden Jugendlichen, stellen die Eltern den wichtigsten Einflussfaktor auf das heranwachsende Kind dar. Wie groß aber ist dieser Einfluss und was lässt sich hierüber wissenschaftlich gesichert sagen?

Ob sie es wollen oder nicht, die Eltern sind in jedem Fall Modell für die Kinder. Üben oder musizieren Eltern zusammen mit Kindern, so geht der Effekt über das reine Üben weit hinaus. Die Kinder lernen nicht nur das Musizieren, sondern vor allem auch, wie sehr gemeinsames Musizieren Freude bereiten kann, und nehmen hieraus viel Motivation für das Üben an „ihrem" Instrument mit. Weiterhin hat gemeinsames Üben einen strukturierenden Effekt, und vor allem kleine Kinder lernen hierdurch im Laufe der Zeit, sich selbst zu strukturieren. Daraus folgt, dass der elterliche Einfluss besonders im frühen Kindesalter von großer Bedeutung ist.

Da das Erlernen eines Musikinstrumentes im Wesentlichen eine Funktion der mit dem Instrument verbrachten Zeit darstellt, ist es weiterhin von großer Bedeutung, inwiefern die Eltern eine Umsetzung des oft wöchentlich stattfindenden Musikunterrichts in tägliches Üben mitbewirken können. Mit Ermahnung ist es ganz sicher nicht getan. Im Gegenteil: Jegliche vom Kind aversiv erlebten Einflussnahmeversuche der Eltern werden langfristig mit Musik assoziiert werden, so dass elterliche Verhaltensweisen wie Ermahnung, Drohung, Beschimpfung etc. langfristig dazu führen müssen, dass das Kind den Spaß an der Musik verliert. Man hat weiterhin gefunden, dass die Eltern von Musikern oft selbst keine Musiker waren, was sich offenbar positiv auf das Kind auswirkt. Sind die Eltern an Musik interessiert, aber selbst keine Musiker, so werden sie jeden Fortschritt des Kindes begeistert kommentieren und sich daran freuen. Man kann sagen, dass sie in gewisser Weise der kindlichen Entwicklung folgen. Sind die Eltern hingegen selbst Musiker, wird das Kind immer erleben, dass, was immer es auch tut, die Eltern es deutlich besser können. Dieses für das Kind möglicherweise als unerreichbar erlebte elterliche Modell kann somit leicht zu Enttäuschungserlebnissen beim Kind und damit zu Unlust im Zusammenhang mit Musik führen. Man kann also annehmen, dass Eltern, die *führen*, für die kindliche Entwicklung zum Musiker ungünstiger sind als Eltern, die *folgen*.

Davidson und Mitarbeiter (1996) gingen diesen Überlegungen in einer Untersuchung an 257 jungen Menschen im Alter zwischen 8 und 18 Jahren nach, die mindestens ein Musikinstrument erlernt hatten. Sowohl die Kinder als auch die Eltern wurden detailliert nach der musikalischen Ausbildung und insbesondere nach der Rolle der Eltern in dieser Ausbildung befragt. Ferner wurde der Grad der Kompetenz im Instrumentenspiel mit Hilfe eines standardisierten Verfahrens erhoben, so dass sich Zusammenhänge zwischen der elterlichen Erziehung und dem von den Kindern erreichten Grad musikalischer Kompetenz herstellen ließen.

Taxifahren genügt nicht

Man untersuchte unter anderem den Zusammenhang zwischen der elterlichen Beteiligung am Musikunterricht und dem Erfolg dieses Unterrichts. Hierbei zeigte sich ein Einfluss, der allerdings nur vom dritten bis zum elften Lebensjahr nachweisbar war. Danach scheinen die Eltern nur noch eine geringere Rolle zu spielen. Für das kleine Kind ist es jedoch wichtig, dass die Eltern mehr tun, als nur den Taxifahrer zu spielen: Beschränkt sich die elterliche Teilnahme am Musikunterricht der Kinder darin, diese zum Lehrer zu bringen und dort wieder abzuholen, ist der Erfolg des Musikunterrichts statistisch signifikant geringer, als wenn die Eltern mit dem Lehrer regelmäßig über den Unterricht sprechen und damit inhaltlich auch am Unterricht beteiligt sind.

Es zeigte sich weiterhin, dass die Kinder ihr Instrument umso besser beherrschten, je mehr die Eltern in den Unterricht einbezogen waren. Kein Unterschied zeigte sich allerdings beispielsweise in der elterlichen Rolle bei den häuslichen Übungen. Sowohl bei denen, die später sehr gut auf ihrem Instrument spielten, als auch bei denen, die nach wenigen Stunden Unterricht abgebrochen hatten, mussten die Eltern zu Beginn des Unterrichts die Kinder an das Üben erinnern. Auch zeigte sich, dass die Eltern aller Kinder etwa gleich involviert beim Üben waren: Sie fragten nach oder boten Hilfe an, waren aber nicht ständig beim Üben anwesend oder dem Üben gegenüber völlig gleichgültig. Interessanterweise zeigte sich weiterhin, dass etwa 30 % der Väter oder Mütter der ihr Instrument sehr gut spielenden Kinder sich im Laufe der Zeit selbst mehr mit Musik beschäftigten – die Kinder hatten also einen Einfluss auf die Eltern!

Insgesamt kann man damit sagen, dass die Eltern von erfolgreich ein Instrument lernenden Kindern Interesse an der Musik haben und dass dieses Interesse mit zunehmenden Fertigkeiten der Kinder noch zunimmt. Eltern von Kindern, die ihr Instrument nach einer Weile wieder aufgeben, sind von vornherein weniger interessiert, und das Interesse nimmt auch im Laufe der Zeit nicht zu. Wie sich weiterhin zeigte, waren die Eltern der gut spielenden Kinder keineswegs Musiker, sondern eher Musikhörer.

Analog oder digital?

Plastik mit ein bisschen Silizium ist billig, Holz hingegen teuer. Auf den ersten Blick lässt sich mit einem billigen Keyboard sehr viel anstellen (die meisten spielen sogar ganz alleine), mit einer Flöte, Geige oder einem Klavier hingegen nur sehr wenig. Mit den technischen Möglichkeiten der heutigen Zeit ergibt sich daher auch immer wieder die Frage, ob man den Musikunterricht nicht vielleicht auch an einem elektronischen Instrument beginnen könnte, vielleicht sogar mit einem Lernprogramm aus dem Internet, und somit praktisch oder fast umsonst.

Aus mehreren Gründen ist hiervon dringend abzuraten. Gegen das Internet spricht, dass dort zwar alles Mögliche vorhanden sein mag, dass es aber gerade die Aufgabe eines Lehrers ist, das vielfältige Angebot auf die Fähigkeiten und Bedürfnisse des Schülers einzustellen, ihn an Dinge heranzuführen und ihn bei seinem Weg zum Instrument anzuleiten, zu begleiten und zu korrigieren. Die persönliche Beziehung zwischen Schüler und Lehrer ist hierbei nicht zu ersetzen. Sie wird mit der zunehmenden Verbreitung des Internets nicht weniger wichtig, wie manche meinen, sondern im Gegenteil, immer bedeutungsvoller. Alles andere ist im Netz, die miteinander musizierenden Menschen nicht.

Man hört gelegentlich, dass man nicht früh genug damit beginnen kann, kleine Kinder an den Umgang mit Computern heranzuführen. Diese Ansicht ist falsch. In den Zimmern von Kleinkindern hat zudem weder der Computer noch ein elektronisches Instrument etwas zu suchen. Die Gründe hierfür stellen sich wie folgt dar:

(1) Kleine Kinder lernen vor allem dadurch, dass sie Signale aus der Umwelt aufnehmen und deren allgemeine Struktur im Gehirn landkartenförmig in bestimmten Arealen abbilden. So entstehen Repräsentationen, erst recht grob, dann immer genauer. Zunächst wird mit „Wau Wau" jegliche Manifestation von lautproduzierendem, sich bewegendem, fellbehaftetem Gewusel bezeichnet, später ist „Wau Wau" jeder Hund und noch später ist es Waldi und nur er.

Noch einmal: Die Gehirne von Kindern sind wie Schwämme: Sie saugen Informationen auf. Sie sind aber auch wie Regel-Generatoren, denn es werden Informationen meist nicht einzeln gespeichert, sondern das Allgemeine an ihnen. Jeder von uns hat schon tausende von Tomaten gesehen, sie aber gerade nicht einzeln abgespeichert, sondern das Allgemeine an ihnen (Aussehen, Geruch, Geschmack, Verwendungen etc.). Wir hätten sonst nicht nur sehr viele Tomaten im Kopf; sie würden uns vor allem auch gar nichts nützen, wenn uns die nächste begegnete. Sehr nützlich hingegen ist die Kenntnis der allgemeinen Eigenschaften.

Ein weiteres Beispiel: Keiner von uns hat seine Muttersprache durch Pauken gelernt; wir alle bekamen vielmehr sehr viel sprachlichen Input zu hören und machten uns die Regeln daraus selbst. Diese Regeln wissen wir nicht, wir können sie aber! Betrachten wir ein Beispiel: Im Deutschen bilden die auf *-ieren* endenden Verben das Partizip Perfekt ohne *ge*, so steht es in der Grammatik. Also: wir sind gestern *ge*laufen, wir sind aber nicht *ge*spaziert, sondern (nur) spaziert. Die wenigsten jedoch *wissen* um diese Regel, wir *können* sie jedoch alle. Man könnte nun einwenden, dass wir nicht die Regel können, sondern einfach nur alle Beispiele einzeln gespeichert haben. Dem ist aber nicht so, und selbst bei kleinen Kindern kann man zeigen, dass sie schon die Regel und nicht nur die Beispiele beherrschen. „Die Zwerge sitzen beisammen und quangen. Am anderen Tag sagte einer: ‚Ach, was haben wir gestern wieder einmal so richtig schön ___' – ‚gequangt'" wird das Kind ergänzen. Es kann also das Partizip auch von einem Verb bilden, das es noch nie gehört hat, weil es dieses Verb gar nicht gibt. Das kann nur gehen, wenn das Kind die allgemeine Regel beherrscht. Da das Kind die Regel jedoch nicht gelernt hat, muss es diese selbst generiert haben. Man kann das Experiment auch variieren (und hat es dann nicht *ge*variiert!). „Die Zwerge sitzen beisammen und patieren. Am anderen Tag sagte einer: ‚Ach, was haben wir gestern wieder einmal so richtig schön ___' – ‚patiert'" wird das Kind in diesem Fall antworten, ohne *ge*!

(2) Kleine Kinder brauchen Input, der stimmig ist. Wenn es genau dort wackelt *und* raschelt, dann lassen sich Hören und Sehen *zusammen* verarbeiten. Die Eindrücke verstärken und stützen sich gegenseitig und liefern sehr robustes Material, aus dem sich Regeln ableiten lassen. Dies ist sehr wichtig für das Erlernen der grundlegenden Eigenschaften der Dinge in der Welt. Aus dem Computer (oder dem Fernseher) kommen dagegen vergleichsweise sehr schlecht korrelierte Signale: Das Kind erlebt, was man als eine Bildsoße beschreiben könnte, zusammen mit einer Klangsoße. Und beide Soßen passen nicht einmal zusammen. Aus den via Bildschirm und Lautsprecher normalerweise vermittelten Erfahrungen lassen sich daher nicht in der Weise Regeln ableiten wie aus den Erfahrungen mit der normalen gegenständlichen Welt. Selbst bei Erwachsenen fand man erst kürzlich eine geringere Aktivierung motorischer Areale beim Betrachten von Videofilmen von Handbewegungen als beim Betrachten der gleichen *realen* Handbewegungen (Järgveläinen

et al. 2001; vgl. auch Perani et al. 2001). „Reale“ Realität ist daher für kleine Kinder ganz sicher geeigneter als „virtuelle“.

Dies schließt nicht aus, dass der Computer manchmal hilfreich sein kann. Liegt beispielsweise eine Verarbeitungsstörung für Sprachlaute vor (vgl. Abb. 7-7), so lassen sich die entsprechenden kortikalen Areale durch digital verlangsamten Sprachinput trainieren, wodurch die Kinder besser Verstehen und auch besser lesen und schreiben lernen können. Dies lässt sich am Computer realisieren, der hier ebenso hilfreich sein kann wie andere „Prothesen“ bei anderen Störungen (vgl. Merzenich et al. 1996; Tallal 1996).

(3) Beginnen Kinder zu musizieren, so sollten sie Töne so leibhaft wie möglich erleben. Die Luft aus den eigenen Lungen, das Vibrieren der Saiten an den Fingern oder einfach das Hören der eigenen Stimme sind wichtige Erlebnisse, die nur sehr abgeschwächt oder gar nicht durch elektronische Klangerzeugung nachgeahmt werden können. Auch lässt sich der akustisch erzeugte Ton vielfältig und ganz einfach formen, für seine Lautstärke gibt es keinen Drehknopf (während dessen Bedienung man nicht spielen kann), sondern ist in aller Regel Kraft (aus Lungen oder Fingern) aufzuwenden. Dadurch wird der Ton viel unmittelbarer erlebt und klingt auch wesentlich abwechslungsreicher.

Man könnte hier zwar einwenden, dass man mit viel guter Elektronik heute all dies auch nachmachen kann. Dies mag sein, aber dann muss man fragen, warum man eine Blockflöte mit viel Elektronik nachmachen soll (was prinzipiell geht), wenn man sie auch ganz einfach mittels eines kleinen Stückchens Holz (was zudem auch noch besser riecht und sich besser anfühlt als Plastik) implementieren kann. Hat jemand erst einmal ein ganz normales Instrument gelernt, wird es nicht viel schaden, wenn er dann auf ein elektronisches umsteigt. Mit der Elektronik anzufangen, erscheint mir jedoch aus den genannten Gründen (und ich bin mir fast sicher, dass der eine oder andere Leser meine Liste ergänzt) falsch.

Aus dem Netz in die Schule

Wenn unser Gehirn plastisch ist und durch Erfahrungen geformt wird, wenn dies durch das Knüpfen von Verbindungen zwischen Nervenzellen geschieht und wenn sich diese Prozesse in Computersimulationen neuronaler Netzwerke nachbilden und untersuchen lassen (vgl. Spitzer 1996), so sollte es möglich sein, solche Netzwerke mit Musik einer bestimmten Stilrichtung oder eines bestimmten Komponisten als Input zu trainieren, so dass sie hierdurch in die Lage versetzt werden, beispielsweise gemäß den entsprechenden Gewohnheiten und Regeln (die hierzu niemand zu kennen braucht) zu komponieren. Dies ist in der Tat der Fall, wie eine Reihe entsprechender Studien belegt (vgl. hierzu Todd u. Loy 1991; Griffith u. Todd 1999).

Es ist interessant zu sehen, wie das Problem des richtigen Übens von verschiedenen Lehrern unterschiedlich gelöst wurde und noch immer wird. Ein besonders instruktives Beispiel ist mit dem Namen Suzuki verbunden, dessen Methode des Geigenunterrichts aus ganz bestimmten kulturellen Randbedingungen und einem intuitiven Verständnis vieler hier diskutierter Gedanken resultiert.

Suzuki

Wenn Kinder lesen lernen, können sie bereits sprechen. Sie müssen daher nur eine Fähigkeit neu erwerben und sind hierin in aller Regel sehr geschickt. Lernen Kinder ein Instrument, so müssen sie in aller Regel sowohl das Instrument lernen als auch die Fähigkeit erwerben, Noten zu lesen und das Gelesene in entsprechende Handlungen umzusetzen. Wird versucht, beides gleichzeitig zu vermitteln, so kann es leicht zu Überforderungssituationen kommen. Man macht sich die Komplexität dessen, was ein Kind lernen muss, wenn es beispielsweise mit dem Spiel des Klaviers oder der Violine beginnt, überhaupt nicht klar! Es ist daher nur folgerichtig, dass man Versuche unternimmt, diese Komplexität zu reduzieren und daher das Lernen kindgerechter zu gestalten. Ein solcher Versuch ist die Methode zum Erlernen des Geigenspiels nach Suzuki.

Shinichi Suzuki (1898) war der Sohn des ersten japanischen Geigenbauers Masakichi Suzuki (gestorben 1944), der als 25-Jähriger zum ersten Mal eine Geige sah und im Jahr 1884 die erste Geige auf japanischem Boden baute. Er gründete eine Firma, in der nach kurzer Zeit über 1000 Arbeiter beschäftigt waren, die maschinell recht gute und vergleichsweise preisgünstige Instrumente in großer Zahl herstellten. Einer seiner Söhne (Shiro Suzuki) übernahm später die Firma, wohingegen der bereits genannte Shinichi Suzuki Methoden des Gruppenunterrichts für vorschulpflichtige Kinder entwickelte. Gerade vor dem Hintergrund, dass in Japan das Erlernen der Schrift praktisch die gesamte Grund- und Hauptschulzeit ausfüllt, war es Suzuki klar, dass das Erlernen irgendeines graphischen Repräsentationssystems für Noten vor dem Erlernen des Violinspiels ein großes Hindernis für Kinder darstellte. Ganz offensichtlich können Kinder jedoch die komplizierte japanische Sprache (wie jede andere Muttersprache) durch einfaches Nachsprechen lernen. So setzte Suzuki die Überlegung in die Musik um und brachte Kindern das Geigenspiel dadurch bei, dass er sie wieder aus dem Gedächtnis nachspielen ließ. Zu diesem Zweck verwendete er Schallplatten und setzte Notenschrift erst verhältnismäßig spät im Laufe des Erwerbs der Fähigkeit zum Geigenspiel ein. Die 1955 in Tokio gegründete *Suzuki Violine School* wurde international viel beachtet und die Methode wird heute vielfach angewendet (Kolneder 1972/1993).

Musik in der Schule

Nicht wenige Leser werden bei der Lektüre des vorliegenden Buchs vielleicht gelegentlich an ihren eigenen Musikunterricht erinnert. Dort lernte man, wenn überhaupt, Vermischtes und Versprengtes aus der Musik, meist in recht trockener Form und meistens bezogen auf Musikstücke, die man ansonsten nicht hörte. Die Teilung der Musik in „ernste“, vom Musikunterricht behandelte Musik einerseits und Unterhaltungsmusik andererseits, die man selbst zum Spaß hörte und für die man in Form von Tonträgern jedweder Art Geld ausgab, bewirkte eine im Grunde eigenartige Situation: Man interessierte sich sehr für die eine Sorte von Musik und lernte über die andere. Die Konsequenzen für Motivation und Aufmerksamkeit der Schüler bedürfen kaum der näheren Ausführung.

Sehen wir einmal von den üblichen Problemen heutiger Schulen ab (Fachlehrermangel, Depression bei Lehrern, Abwahl des Fachs durch Schüler, mangelnde Akzeptanz bestimmter Fächer und veraltete Lehrerausbildung), so lassen sich mit Nimczik (2001) die folgenden drei entscheidenden Mängel speziell am Schulmusikunterricht festhalten:

1. fehlende Kontinuität,
2. fehlende Musikpraxis,
3. Überfrachtung mit theoretischem Wissen über Musik.

Zum ersten Punkt ist zu sagen, dass ein kontinuierlich aufeinander aufbauender Unterricht in vielen Fächern zur Selbstverständlichkeit gehört: Mathematik oder auch Latein lassen sich gar nicht anders unterrichten, als beginnend beim Anfang und dann aufbauend. Nicht viel anders steht es um Naturwissenschaften und andere Sprachen.

Beim Musikunterricht ist es jedoch in der Regel anders: Hier werden aus dem Zusammenhang gerissene Einzelheiten dargeboten, und der Musikunterricht hat eher den Charakter von „Vermischtem und Versprengtem“ als von aufeinander aufbauendem systematischem Wissen. Ungünstig wirkt sich weiterhin die Tatsache aus, dass der Musikunterricht an der Grundschule nur zu einem geringen Teil von Musiklehrern durchgeführt wird. So weist die Ministerialstatistik des Landes Nordrhein-Westfalen für das Schuljahr 2000/2001 die Tatsache aus, dass von den insgesamt gehaltenen 46.361 Musikunterrichtsstunden nur 11.569 (also 24,8 %) von Lehrern und Lehrerinnen mit Musikfakultas erteilt wurden, also von Lehrern, die Musik studiert haben. In Mathematik oder Latein ist diese Situation kaum denkbar. Weiterhin kann der Musikunterricht mancherorts in Deutschland schon ab der Klasse 7 abgewählt werden. In der gymnasialen Oberstufe spielt er ohnehin eine immer geringere Rolle. Musikunterricht fällt häufig aus (der Fachlehrer kann nicht ersetzt werden), was bei den Schülern den Eindruck hinterlässt, dass Musik ganz offensichtlich ein unwichtiges Fach darstellt.

Zum zweiten oben genannten Punkt, dem geringen Anteil von Musikpraxis im Schulmusikunterricht, ist zu sagen, dass dieser vor allem die Gymnasien betrifft und gern als besonders „fortschrittlich“ angesehen wird. Man betrachtet Musik als wissenschaftliches Fach, in dem letztlich Bildungsinhalte vermittelt werden. Dies läuft dann in der Unterstufe darauf hinaus, dass die Kinder die Geburts- und Sterbedaten berühmter Musiker lernen nebst einigen anderen plakativen Aussagen über die von ihnen geschaffenen Werke. Solche Art „trockener“ Musikunterricht trägt nicht dazu bei, den Schülern eine ästhetische Zugangsweise zur Musik zu vermitteln. Dies bleibt dann ganz auf die Freizeit beschränkt, was den in diesem Sektor statthabenden Wildwuchs erklärt und natürlich auch stärkt. Wenn es nur noch um Kommerz, um Neuigkeit und um das übliche „noch lauter, noch schriller und noch ungewöhnlicher“ geht, bleibt differenziertes ästhetisches Empfinden auf der Strecke.

Musikunterricht sollte ähnlich betrachtet werden wie der Sportunterricht, der – wenn er richtig verstanden wird – nicht im Sprechen seine Basis hat, sondern in Leibesübungen. Im Sportunterricht geht es ja auch nur am Rande um das Erlernen der Regeln von Basketball oder Fußball; es geht vielmehr vor allem um den Sport selbst. Im Musikunterricht sollte es daher auch um die Musik selbst gehen. Das mag Schwierigkeiten hervorrufen, aber diese hat der Sportlehrer ja auch: Wer im Fußballverein, im Sportverein und im Basketball-Club ist, der wird gute Noten nach Hause bringen. Die wenigsten empfinden hier eine prinzipielle Ungerechtigkeit. Wer aber Klavier, Geige und Flöte lernt und dann in Musik eine gute Note nach Hause bringt, ist ein Streber, der sich seine guten Noten von den Eltern finanzieren lässt. Es wird Zeit, dass wir hier umdenken!

Wie im Kapitel zur Musiktherapie (vgl. Kapitel 17) noch dargestellt wird, hat Musik, um es mit Friedrich Schiller zu formulieren, ebenso wie Sport eine regulierende Wirkung auf den Geist: Wer müde ist, wird aufmerksamer, wer angespannt ist, wird ruhiger. Der Zusammenhang zwischen Aktivationsniveau und Leistungsfähigkeit wurde bereits 1907 von Yerkes und Dodson mit einer umgekehrt-U-förmigen Kurve beschrieben (vgl. auch Abb. 13-2): Bei einem mittleren Aktivierungsniveau ist die Leistungsfähigkeit am größten. Ein solches Aktivierungsniveau wird durch körperliches Training einerseits und durch musikalische Betätigung andererseits herbeigeführt. Dabei wirkt keineswegs, wie noch Pythagoras und Platon glaubten, der Sport nur auf den Körper und die Musik nur auf den Geist. Vielmehr wurden gerade in den letzten Jahren immer wieder positive Effekte von körperlichem Training auf geistige Leistungsfähigkeit nachgewiesen (vgl. die Übersicht bei Kubesch und Spitzer 1999), und umgekehrt zeigt gerade die musiktherapeutische Forschung die positiven Wirkungen von Musik auf den Körper sehr deutlich. Für den Musikunterricht an Schulen heißt dies, dass das praktische Musizieren der wesentliche Bestandteil des Unterrichts sein sollte und nicht die verbale Vermittlung von Faktenwissen.

Dies leitet über zum dritten oben genannten Punkt. Nimczik (2001, S.3) beschreibt die Situation an den Gymnasien wie folgt:

> „Genauer gesehen wird auf der Sekundarstufe II des Gymnasiums nicht Musikunterricht angeboten, sondern weitgehend Musikwissenschaft bzw. Musiktheorie. Im Vorgriff auf die Anforderungen der gymnasialen Oberstufe wirkt sich dieses Fachverständnis auch auf den Musikunterricht innerhalb der Sekundarstufe I in sehr fragwürdiger Weise aus."

Musikunterricht besteht an vielen Stellen in nichts weiter als einem Reproduzieren von Fakten. Es könnte auch um ganz andere Dinge gehen. Lehrer haben nicht verstanden, dass es in Schulen nicht nur (und vielleicht nicht einmal vorrangig) um das Vermitteln von Faktenwissen geht, sondern um die Heranbildung von Menschen mit kritischem Verstand und Urteilsvermögen, die auch im Sport und in der Musik (sowie vielleicht auch in der Kunst) Bereiche der Lebenspraxis erfahren, die ihnen im gesamten weiteren Leben helfen, dasselbe zu bewältigen.

Fazit: Übung macht den Meister

Mit dem Erlernen eines Musikinstruments verhält es sich wie mit anderen Fertigkeiten: Übung macht den Meister. Wer jedoch glaubt, am Klavier bzw. an Geige oder Gitarre klimpernderweise die Zeit verdösen zu können und dennoch etwas zu lernen, der irrt: Es ist letztlich der Wunsch, eine Sache wirklich zu können und der daraus folgende Wille zum Üben, der über den Erfolg entscheidet. Man fasst beides heute gerne unter dem Schlagwort der Motivation zusammen.

Das Üben erfolgt am besten mit einem Lehrer, der sein Handwerk versteht und den Schüler da abholt, wo er steht, ihn begleitet, korrigiert, und das Üben insgesamt so strukturiert, dass es vom Schüler gemeistert werden kann. Die Übungen sollten nicht zu leicht sein (das führt nicht nur zu wenig Übungseffekt, sondern auch zu Langeweile beim Schüler), aber auch nicht zu schwer. Einzelunterricht ist in dieser Hinsicht wesentlich effektiver als Gruppenunterricht, dieser wiederum ist jedoch besser als gar kein Unterricht und hat gerade heutzutage den Vorteil, dass das kommunikative Moment des Musizierens wieder ins Blickfeld gerät.

Die Beziehungen zwischen Übung und dem, was man mit den Begriffen Anlage, Begabung und Talent beschreibt, sind komplex und keineswegs mit der Angabe einfacher Verhältnisse zu lösen. Man kann einfach nicht sagen, zu wie viel Prozent musikalische Fähigkeiten angeboren oder erworben sind, weil diese Prozentzahl selbst von der Varianz bei den Genen und bei der Übung abhängig ist. Allerdings müssen wir uns darüber im Klaren sein, dass wir die Gene nicht im Griff haben, die Erfahrung und Übung doch sehr wohl: Sloboda (2000, S. 398) hat sicherlich recht, wenn er feststellt, dass die Behauptung, man habe eben kein Talent, oft dazu führt, die Musik aufzugeben. Er nennt dies eine andauernde kulturelle und erzieherische Tragödie und liefert sehr viele Beobachtungen und Befunde, die zeigen, dass man am Üben durch allzu viel Reden von Talent nur gehindert wird. Das Üben funktioniert vor allem dann, wenn Lehrer und Schüler gut miteinander auskommen und sich wechselseitig mögen und respektieren.

Im Hinblick auf die Musik in der Schule ist dem kompetenten Kenner des Sachgebiets Nimczik zuzustimmen, der „die Situation des Musikunterrichts an den allgemeinbildenden Schulen insgesamt als äußerst ernst" (Nimczik 2001, S. 4) einschätzt. Im Musikunterricht sollte man sich wieder mehr auf das besinnen, worum es eigentlich geht, nämlich auf die Musik selbst.

Und schließlich: Wer ein Musikinstrument für ein Kind erwerben möchte, hat schon den größten Fehler vermieden, wenn er beim Kauf des Instruments darauf achtet, dass es ohne Strom auskommt.

13 Gemeinsam musizieren

Musik ist eine gemeinschaftliche Aktivität. Gewiss, man kann auch alleine pfeifen oder singen, trommeln oder ein Instrument üben, ebenso wie man auch beispielsweise ein Buch lesen oder einen Monolog halten kann. Dies darf jedoch nicht darüber hinwegtäuschen, dass es sich mit Musik so verhält wie mit Sprache: Sie kann nur in der Gemeinschaft entstehen und hat nur in der Gemeinschaft ihre eigentliche Funktion. Die Mutter spricht und singt mit ihrem Kind, Kinder singen, tanzen und spielen im Kindergarten, später singt man im Chor und spielt im Orchester. Der heranwachsende Mensch nimmt dabei in ähnlicher Weise wie bei der Sprache aufgrund seiner Veranlagung zum Sprechen und zur Musik die kulturell bereitgestellten Strukturen begierig auf: Die Tonleiter lernen wir ebenso wie die Grammatik, ohne darüber nachzudenken, an Beispielen. Nicht umsonst bestehen Kinderlieder im Wesentlichen aus Teilen der Tonleiter und einfachen Intervallen.

Bereits eingangs wurde erwähnt, dass wesentliche gesellschaftliche Ereignisse im Leben eines Menschen von Musik begleitet sind. Man singt zur Taufe, spielt und tanzt zur Hochzeit und spielt zur Beerdigung. Über die Funktion dieses gemeinsamen Spiels, über das Herbeiführen einer bestimmten Stimmung innerhalb einer Gemeinschaft – sei sie traurig oder fröhlich –, über deren Einstimmung wurde viel nachgedacht und geschrieben. Gegenstand der empirischen Forschung waren diese Phänomene jedoch nur selten. Ebenfalls selten wurde untersucht, was eigentlich geschieht, wenn Menschen zusammen musizieren. Gedanken über Aufführungspraxis und Musikkultur, die ja eine des Machens und Hörens und in jedem Fall eine der musikalischen Gemeinsamkeit ist, schließen daher dieses Kapitel ab.

Orchesterphysik

Betrachtet man die Dinge etwas näher, so wundert man sich zunächst, dass so etwas wie ein Orchester überhaupt funktionieren kann. Dabei sehen wir zunächst einmal von der Gruppendynamik (Streicher und Blechbläser haben eine wechselseitige Abneigung, ebenso der Oboist und der Flötist etc.) und der Ökonomie (in westlichen Industrienationen kommt ein Sinfonieorchester auf etwa zwei Millionen Einwohner; in der Ex-DDR war die Dichte mit etwa 1 auf 300.000 am höchsten) völlig ab und betrachten nur die Physik. Die Leistung einer Geige liegt bei 0,001 Watt, die einer Flöte bei 0,013 Watt, eine Tuba bringt es auf 0,28 Watt – jeweils im Fortissimo gespielt! Man verdeutliche sich: Für die Leistung einer ganz normalen Glühbirne bräuchte man 40.000 Geigen (bzw. 143 Tuben). Selbst ein Klavier schafft nur 0,42 Watt, ein krachendes Becken bringt es auf 15 Watt und ein ganzes Orchester auf 27 Watt (Michels 2001).

Wenn dies so ist, dann sollten wir die Geigen – auch wenn es in einem großen Orchester 16 erste und 14 zweite Violinen sind – eigentlich gar nicht hören, denn eine einzige Tuba hat immer noch die zehnfach höhere Leistung als alle zusammen. Glücklicherweise aber hat unser Gehör die bereits oben (vgl. Kapitel 2) erwähnte Eigenschaft, dass es gerade nicht die Leistung (in Watt) als Lautstärke abbildet, sondern die daraus abgeleitete Entfernung. Erinnern wir uns: Wenn Schall sich ausbreitet, so hat er in der doppelten Entfernung nur noch (bezogen auf beispielsweise die Fläche des Trommelfells) ein Viertel der Energie. Würde das Gehör also diesen Wert als Lautstärke abbilden, so würde es damit zwar die Physik am Ohr richtig wiedergeben, nicht aber die Physik der Gegenstände draußen. Für einen Organismus, der überleben soll, ist nicht die Physik am Ohr entscheidend, sondern die Physik in der Welt. Es kommt darauf an, dass er die tatsächliche Entfernung des nahenden Löwen aus dem Geraschel im Busch richtig einschätzt. Daher hat das Gehör die Eigenschaft entwickelt, eine *doppelt* so weit entfernte Schallquelle etwa *halb* so laut zu hören (obwohl nur ein Viertel der Energie am Ohr angekommen ist). Daraus ergibt sich für das Zusammenspiel von Instrumenten aber folgendes: Unterschiede in der Leistung (in Watt) werden von unserem Gehör nicht so stark empfunden wie sie physikalisch gemessen (und in Zahlen ausgedrückt) werden. Wir hören die Tuba lauter als die Geige, aber nicht 280 Mal lauter. Auch sind zehn Geigen nicht zehn Mal so laut wie eine. Unser Gehör deckt vielmehr einen sehr großen Bereich ab und kann einerseits unterscheiden, ob eine einzelne Geige piano oder forte spielt, und zugleich beurteilten, dass das Becken laut oder leise angeschlagen wurde.

Aus der physikalischen Leistung der Instrumente eines Orchesters ergibt sich deren Aufstellung: Vorn die (leisen) Geigen, dann die (etwas lauteren) Holzbläser und hinten die (vergleichsweise lauten) Blechbläser sowie das (noch lautere) Schlagzeug (vgl. Abb. 13-1). Damit wirkt die Aufstellung den natürlichen Lautstärkeunterschieden der Instrumente zumindest ausgleichend entgegen. Die Architektur der Bühnen und Konzertsäle tut dann das Ihrige, um den produzierten Schall zu den Ohren der Zuhörer zu leiten (vgl. Kapitel 16).

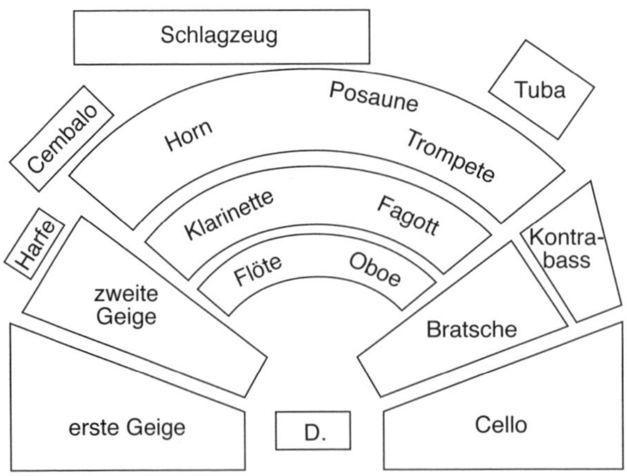

Abb. 13-1 Schematische Darstellung der Sitzordnung im Orchester. Ganz unten steht der Dirigent (D.), mit dem Rücken zum Publikum.

Sound-Check

In Anbetracht der Möglichkeiten der heutigen Elektronik mutet all dies veraltet an. Dennoch sind die Gesetze der Physik und der Lautstärke keineswegs außer Kraft gesetzt. Kommt jedoch zur Akustik des Raums und zu den natürlichen Tönen noch deren elektronische Umwandlung und Verstärkung hinzu, wird die Beschallung nur noch komplizierter. Daher kann der so genannte Sound Check bei Live-Auftritten Stunden bis Tage dauern und ganze Teams von Ingenieuren und Technikern beschäftigen.

Wer schon einmal in einer Band gespielt hat, der weiß, was geschieht, wenn sich keiner um den Sound kümmert: Der Lautstärkeknopf sitzt oben am Verstärker, gut erreichbar für den Gitarristen. Der hat gleich ein Solo und dreht etwas auf. Das veranlasst den Schlagzeuger, etwas mehr Kraft einzusetzen, woraufhin der Sänger etwas näher zum Mikrophon rückt. Spätestens jetzt greifen auch Bassist, Keyboarder und Rhythmusgitarrist heftiger in die Saiten und Tasten, so dass der Sologitarrist genötigt ist, den Knopf wieder etwas weiter zu drehen.

Man greift zu Oropax, nicht nur auf der Bühne, sondern auch beim Üben. Dabei müsste dies nicht sein, denn mit etwas Disziplin könnte jeder differenzierter spielen und wäre damit besser bedient. Damit sind wir aber schon jenseits der Physik bei der Psychologie und den Gruppenprozessen der zusammen spielenden Musiker.

Orchesterpsychologie und -soziologie

Musiker sind ganz verschiedene Menschen, die Psychologie *des Musikers* gibt es daher ebenso wenig, wie es die Psychologie des Bäckers oder des Werbegraphikers gibt. Dennoch gibt es einige Charakterzüge oder Persönlichkeitseigenschaften, die bei Musikern häufiger vorkommen als in der Gesamtbevölkerung (Kemp 1996, 1997). Diese im Kapitel über das gemeinsame Musizieren zu diskutieren, ist sinnvoll, denn erst im Miteinander der Gruppe werden Persönlichkeit und Charakter bedeutsam.

Man könnte zunächst meinen, dass Musiker, die sich beruflich vor Publikum präsentieren müssen, per definitionem extravertiert sein sollten. Sie sind jedoch eher introvertiert, was nicht zuletzt wahrscheinlich unter anderem dadurch bedingt ist, dass nur derjenige Musiker wird, der mehrere Stunden am Tag (beim Üben) sich selbst genug sein kann. Am stärksten introvertiert sind Komponisten (Kemp 1981a, b). Schüchternheit und Ernstheit jedenfalls sind zwar oft mit Introversion vergesellschaftet, nicht jedoch bei Musikern. Musiker sind nicht deshalb allein, weil sie ängstlich und schüchtern sind. Alleinsein ist für sie keine Vermeidungsstrategie, sie haben vielmehr die Fähigkeit zum Alleinsein als Zeichen emotionaler Reife und Stabilität. Kemp (1997, S. 28) führt dies wie folgt aus:

> „Die meisten Typen von Musikern verfügen über die Fähigkeit, sich während langer Übungsstunden wohl zu fühlen und zugleich die Kraft aus ihrer reichen kraftvollen inneren Gedankenwelt zu schöpfen, die es ihnen ermöglicht, auf der Bühne ein hohes Maß an Autonomie und Selbstvertrauen zu zeigen. Mit anderen Worten, Musiker übertragen diese Kraft auf der Grundlage ihres reichen inneren Seelenlebens auf die Bühne und führen

daher ein Stück gemäß ihrer Auffassung desselben auf. Aus keinem anderen Grund muss man Studenten an Konservatorien öfters daran erinnern, dass es ihr Job ist, mit den Zuhörern zu kommunizieren und die dazu notwendigen angemessenen Verhaltensweisen zu erlernen."

Musiker erweisen sich nicht nur als introvertierter, sondern auch als unabhängiger, sensibler, emotional instabiler, misstrauischer und auch ängstlicher als die Durchschnittbevölkerung (Kemp 1996). Man kann vermuten, dass es genau diese Fähigkeiten sind, die es jemandem erlauben, besonders einfühlsam zu musizieren bzw. ein Stück besonders ausdrucksvoll vorzutragen.

Flugpersonal und Sinfonieorchester

Während meiner ersten Gastprofessur an der Harvard Universität lag mein Büro direkt gegenüber dem des Sozialpsychologen Richard Hackman. Dieser hatte sich gerade einen Namen damit gemacht, dass er Hunderttausende von Meilen in Flugzeugen zurückgelegt hatte, um die Crew – Piloten, Copiloten, Flugingenieure und Flugbegleiter – bei ihrer Arbeit zu beobachten. Sein Ziel war es, herauszufinden, warum so viele Flugzeuge wegen menschlichem Versagen abstürzen, und eines seiner Ergebnisse bestand darin, dass Gruppenprozesse für das Versagen nicht eines Einzelnen, sondern einer ganzen Crew verantwortlich sein können. Wir plauderten öfters über unsere Arbeit und ich erinnere mich noch gut an seine Geschichten von Flugzeugabstürzen, bei denen die Analyse der Gespräche auf dem Voice-Recorder eindeutig sein Forschungsergebnis untermauernde Eindrücke vermittelte.

Als Hackman die Fliegerei satt hatte, wechselte er sein Studienobjekt und begann mit der systematischen Untersuchung von Sinfonieorchestern. Auch hier ist eine Gruppe am Werk, vollbringt eine Höchstleistung, muss wie aus einem Guss, als wäre sie ein lebendiger Superorganismus, funktionieren, und auch hier gibt es Gruppenprozesse, die der Leistung förderlich oder abträglich sein können. Vorarbeiten zu Streichquartetten hatten ergeben, dass Gruppenprozesse und deren Handhabung über Erfolg oder Misserfolg der Musiker entscheiden können. Jane Davidson führt zu an britischen Streichquartetten gewonnenen Ergebnissen Folgendes aus:

„... bei Meinungsverschiedenheiten waren in erfolgreichen Gruppen die Bereitschaft und die Fähigkeit zu Kompromissen vorhanden, was den Mitgliedern die Lösung von Konflikten ermöglichte. Beispielsweise verfolgten die Quartettmitglieder statt endloser konfliktbeladener Diskussionen oft die Strategie des Time-out, d.h. des Beendens der Diskussion für eine gewisse Zeit. Insbesondere lag der wesentliche Akzent ihres Tuns auf dem Musizieren und nicht auf dem Sprechen. Bei nicht erfolgreichen Streichquartetten wurde demgegenüber mehr gesprochen als musiziert. Darüber hinaus wurde deutlich, dass die Mitglieder erfolgreicher Quartette klare Regeln hatten, was man diskutieren konnte und was nicht. Wenn einmal eine Diskussion über die beste Interpretation eines Stücks wegen Meinungsverschiedenheiten nicht beendet werden konnte, dann wurde die eine Interpretation bei einem Auftritt und die andere bei einem anderen Auftritt gespielt. Das Ergebnis war unweigerlich, dass aufgrund der Erfahrungen mit beiden Interpretationen bei den Auftritten eine der beiden als besser befunden und ausgewählt wurde" (Davidson 1997, S. 217).

Die erfolgreichen Quartette waren also ganz offensichtlich in der Lage, Konflikte als etwas Positives und Gesundes zu sehen, als Teil ihrer Arbeit und ihres Bemühens um die beste Musik. Misserfolg stellt sich hingegen ein, wenn es nicht mehr um die Musik, sondern um persönliche Eitelkeiten und Macht geht.

Die Position der ersten Geige in einem erfolgreichen Quartett ist mit einem Menschen besetzt, der einerseits klare Anweisungen geben und andererseits auch auf die Meinung der anderen hören kann. Wer dagegen nur demokratisch tut und hinten herum seine Meinung durchdrückt, erntet Misserfolg. Wie die Soziologie des Problems der optimalen Leitung von Gruppen gezeigt hat, ist diese Art der Führung nicht nur für Orchester, sondern für Gruppen ganz allgemein, die beste Strategie.

Nicht nur der Erste in der Gruppe sollte klar und zugleich zugänglich sein. Die zweite Geige beispielsweise erhält in guten Quartetten ganz besondere Aufmerksamkeit, weil sie einerseits eben genau nicht glänzt wie die erste, weil jedoch der Gesamtklang ganz wesentlich von ihr abhängt. Wer also die zweite Geige nicht schätzt und sie nicht als gleichwertiges Mitglied, sondern als Hilfstruppe oder Wasserträger behandelt, hat wieder größere Chancen auf Misserfolg.

In einem Sinfonieorchester arbeiten 50 bis über 100 Menschen in einer hierarchisch strukturierten Gemeinschaft auf ein gemeinsames Ziel hin und müssen hierzu ihre Aktivitäten genau aufeinander abstimmen. Man sollte nun meinen, dass es für die Musiker eines großen Orchesters eine Selbstverständlichkeit darstellt, dass sie gut spielen, denn schließlich ist dies ja der Grund ihrer Mitgliedschaft im Orchester (Auswahl nach erstklassigem Vorspiel). Die Studien von Hackman zeigten jedoch, dass Musiker eine Wertschätzung ihres Tuns erwarten und sich nur dann dem Orchester wirklich zugehörig fühlen, sich mit ihm identifizieren und alles für es geben, wenn ihr Tun auch wirklich wahrgenommen und geschätzt wird. Man sollte ihnen daher beispielsweise genügend Zeit zur Vorbereitung lassen, so dass sie auch die Chance haben, ihr Bestes zu geben (Allmendinger et al. 1994). Wie beim Quartett ist es beim großen Orchester ebenfalls sehr wichtig, dass jeder die Möglichkeit hat, seine Meinung im Hinblick auf die beste Weise des Spiels zu äußern und sich damit nicht als Sklave, sondern als mündiges Mitglied einer Gemeinschaft fühlt. Die Kunst der Führung besteht also wiederum in der flexiblen Gratwanderung zwischen klarer Richtungsvorgabe und gelegentlichem Abweichen, wenn dies sinnvoll erscheint.

Singen im Chor

Die Mitgliedschaft in einem Chor setzt soziale Kompetenz voraus, die bekanntermaßen bei Frauen größer ist als bei Männern. Daher ist das Singen im Chor bei Mädchen wesentlich beliebter als bei Jungen (O'Neill 1997) und wird auch im höheren Alter eher von Frauen als von Männern ausgeübt. Im Gegensatz zu einem Orchester tun im Chor alle das Gleiche. Man singt. Die Untersuchungen dazu, wie dies im Einzelnen geschieht, sind ganz besonders interessant, weil sie sich auch auf Orchester übertragen lassen, wo die Dinge jedoch aufgrund der höheren Komplexität schwerer zu untersuchen sind.

Wer im Chor singt, der muss sich auf die anderen einstellen, sollte nicht zu laut und nicht zu leise singen und vor allem nicht daneben. Ternström (1999) bestimmte experimentell bei 23 Chorsängern das von jedem einzelnen Sänger bevorzugte Verhältnis der Laustärke der eigenen Stimme zur Lautstärke des Chors. Hierbei zeigten sich geringe intraindividuelle und erhebliche interindividuelle Unterschiede, d.h. jeder einzelne hat eine sehr klare Vorliebe für das ihm genehme Lautstärkeverhältnis (sie liegt innerhalb von nur etwa zwei Dezibel), verschiedene Personen haben jedoch unterschiedliche Vorlieben, was das Verhältnis der Lautstärke ihrer Stimme zur Lautstärke des Gesamtchores anbelangt (Unterschiede von etwa 15 dB). Man kann sich daher durchaus vorstellen, dass durch die zumeist klar vorgegebene Art der Aufstellung eines Chors manche Sänger eher zu viel, andere hingegen zu wenig vom Gesamtchor hören. Man kann dies durch das Höherhalten der Noten (sie reflektieren den Schall der eigenen Stimme) oder durch einen Finger im Ohr (macht den Chor leiser) etwas beeinflussen, ästhetische Gründe sprechen jedoch eher dagegen.

Empirische Untersuchungen zur Tonhöhe, also dazu, inwieweit die Mitglieder eines Chors tatsächlich den gleichen Ton singen, haben ergeben, dass die Abweichungen bis zu einem halben Halbton nach oben und nach unten betragen können, bei guten Chören jedoch im Bereich von ±10 bis 20 Cent liegen. Betrachtet man einzelne gesungene Intervalle, so zeigt sich, dass nicht alle gleich genau intoniert werden. Nach Untersuchungen von Lottermoser und Meyer (1960) werden die reinen Intervalle Quarte, Quinte und Oktave von Chören recht genau intoniert. Demgegenüber neigen Chöre dazu, die kleine Terz etwas kleiner und die große Terz etwas größer zu singen, also deren Unterschiede zu betonen. Das Gleiche gilt für die große und die kleine Sexte.

Besonders interessant sind Untersuchungen dazu, was geschieht, wenn wir versuchen, beim Hören eines Tones einen zweiten Ton in einem bestimmten Intervall hierzu zu singen. Wie oben dargestellt, liegen bei konsonanten Intervallen bestimmte Obertöne übereinander: die Quinte zum Kammerton A von 440 Hz hat 660 Hz (Frequenzverhältnis 2:3; wir nehmen an, das E sei rein gestimmt). Entsprechend hat der zweite Oberton von 440 Hz die gleiche Frequenz wie der erste Oberton von 660 Hz, nämlich 1320 Hz.

Allgemein gilt, dass jeder dritte Oberton über dem A mit jedem zweiten Oberton über dem E zusammenfällt (vgl. die ausführliche Darstellung in Kapitel 4). Dies legt die Annahme nahe, dass man sich beim Singen am Zusammenfallen dieser Obertöne orientiert, um ein Intervall rein zu intonieren. Dies wurde experimentell dadurch nachgewiesen, dass man Sängern einen Ton als Referenz über Kopfhörer präsentierte und sie bat, ein entsprechendes Intervall, beispielsweise eine Quinte zu diesem Ton nach oben zu singen.

Man manipulierte nun den Referenzton derart, dass er entweder die mit dem zu singenden Intervall gemeinsamen Obertöne enthielt oder nicht. Zusätzlich wurde der Effekt zweier weiterer Veränderungen des Referenztones untersucht: Er enthielt entweder eine ganze Reihe hoher Obertöne oder nicht und wurde entweder im Vibrato dargeboten oder nicht. Alle drei Variationen des Referenztones hatten Auswirkungen darauf, wie genau das Intervall von insgesamt 18 männlichen Chorsängern gesungen wurde. Man bestimmte hierzu ganz einfach den Mittelwert der von den Sängern gesungenen Frequenzen und deren Variation. War die Variation gering, so konnten alle ganz offensichtlich das Intervall eindeutig intonieren; war die

Variation groß, gelang die Intonation schlechter. Die Ergebnisse der Studie zeigten Folgendes: Gemeinsame Obertöne erleichtern es, die Frequenz eines zu einem anderen Ton gesungenen Tones genau einzustellen. Liegt der Referenzton im Vibrato vor, so muss sich der Sänger nicht nur auf dessen mittlere Frequenz einstellen, sondern verliert auch Schwebungsfrequenzen, die ihm bei der Orientierung helfen können (vgl. den Abschnitt zu Vibrato in Kapitel 10). Hohe Obertöne helfen offensichtlich zusätzlich bei der Bestimmung der Grundfrequenz eines Tons und damit beim Singen eines Intervalls.

Ein weiteres Experiment zeigte, dass sogar die Stärke einzelner gemeinsamer Obertöne die Intonation eines Intervalls beeinflusst. Weil dieses Experiment für das praktische Üben in Chören relevant ist, sei es hier kurz dargestellt: Man nutzte die Tatsache aus, dass bestimmte Vokale dadurch charakterisiert sind, dass sie aus einer Grundschwingung und bestimmten Obertönen, die besonders leise oder besonders laut mitschwingen, bestehen (zur Diskussion der Formanten vgl. Kapitel 10). Bei geschickter Wahl der Grundfrequenz eines Tons und des zu singenden Vokals werden also – je nachdem, ob man ein /a/ oder beispielsweise ein /o/ singt – die gemeinsamen Obertöne des Intervalls hervorgehoben oder abgeschwächt. Entsprechend sollte die Genauigkeit der Intonation eines Intervalls davon abhängen, welcher Vokal gesungen wird.

Betrachten wir das Beispiel, das Sundberg (1987, S. 137) gibt: Die Quarte aus den beiden Frequenzen 300 und 400 Hz hat den ersten gemeinsamen Oberton bei 1200 Hz. Singt man nun beide Töne auf AH, d. h. auf einen Vokal, dessen zweiter Formant im Bereich von 1200 Hz liegt, so sollte sich das Intervall genauer singen lassen als beispielsweise beim Singen des gleichen Intervalls wie dem Vokal UH. Bei diesem Vokal ist die Frequenz von 1200 Hz nicht besonders hervorgehoben. Genau dies war auch der Fall. Sundberg kommentiert dies dahingehend, dass man beim Intonieren einzelner Intervalle im Chor durchaus vom Text absehen könne, sich die Grundfrequenzen der zu singenden Intervalle notieren, die Frequenz des ersten gemeinsamen Obertones berechnen und dann einen Vokal, der einen wesentlichen Formanten im Bereich dieser Frequenz enthält, singen lassen sollte. Hierzu ließen sich beispielsweise eine Tabelle der Intervalle sowie die Abbildung 10-12 heranziehen. In der Praxis wird man vielleicht eher nicht einen völlig neuen Text aus lauter Vokalen schreiben, um für jedes einzelne Intervall das zu dessen Intonation optimale Frequenzspektrum singen zu lassen. Man wird vielmehr eine bestimmte Phrase, mit deren Intonation der Chor Schwierigkeiten hat, ganz einfach auf verschiedene Vokale singen lassen (beispielsweise alles auf „nü“ oder „la“), um so beim Durchgehen mehrerer Vokale eine gute Chance zu haben, für jedes der Intervalle gelegentlich einmal das zur Intonation am besten geeignete Obertonspektrum zur Verfügung zu haben. Als Nebeneffekt entfällt beim Singen einer Phrase auf nur einen einzigen Vokal das Ablenken der Aufmerksamkeit auf den Text und damit auf musikalisch zunächst irrelevante Bestandteile der Phonation und Artikulation. Man sollte ferner die Chorsänger dazu anweisen, die Töne gerade und ohne jedes Vibrato zu singen, um das genaue Bestimmen der Grundfrequenzen sowie das Heraushören von Schwebungen zu erleichtern. Aus den genannten Gründen kann es weiterhin sinnvoll sein, den Vokal /u/ beim Üben durch ein /a/ zu ersetzen. Beim /u/ sind die Obertöne besonders stark abgedämpft, so dass sich Intervalle weniger gut bestimmen lassen als auf /a/, /e/ oder /i/. Insbesondere dann, wenn ein Chor an einer bestimmten Stelle Schwierigkeiten hat und hier der Vokal /u/ gesungen werden soll, ist es daher sinnvoll, beim Üben auf den Text zu verzichten und die ganze Phrase auf „ah" zu singen.

Raumakustik

Die Problematik des optimalen Konzertsaals wird weiter unten eigens diskutiert (vgl. Kapitel 16), es sei bereits hier jedoch der Frage nachgegangen, welchen Einfluss die akustische Charakteristik des Raumes, in dem ein Chor singt, auf den Chorgesang hat (vgl. Marshall und Meyer 1985). Man platzierte den Chor hierzu in einem schalltoten Raum und simulierte verschiedene Echos elektronisch mittels Lautsprechern. Wie unten dargestellt, ist die Akustik eines Raumes durch direkte frühe Echos als auch durch längere späte indirekte Reflexionen, die einzelne akustische Ereignisse gleichsam miteinander verschmieren (den so genannten Nachhall), gekennzeichnet. Es stellte sich heraus, dass die Chorsänger ein innerhalb von 40 Millisekunden auftretendes frühes Echo mochten. Bei einer Schallgeschwindigkeit von 330 m/s, also 33 Zentimeter pro Millisekunde, wird innerhalb von 40 Millisekunden ein Weg von etwa 14 Metern zurückgelegt. Chorsänger mögen es also, bis zu 7 Meter entfernt von einer Wand aufgestellt zu sein und gemeinsam zu singen. Ist die Entfernung zur Wand weiter, kommen die frühen Echos zu spät und werden als unangenehm bzw. als störende Echos empfunden.

Steigen und Fallen

Meine etwa vierjährige Zeit im Sopran eines ländlichen Kirchenchores ist schon sehr lange her. Dennoch ist mir noch gut in Erinnerung, dass die Tonlage des Chors bei Aufführungen manchmal in einen höheren und manchmal in einen tieferen Bereich modulierte: Wir starteten in C-Dur und endeten in H-Dur oder Cis-Dur oder irgendwo dazwischen. Unser Chorleiter war beim Steigen des Chores im Allgemeinen begeistert, beim Fallen hingegen enttäuscht. Dies hatte ganz offenbar den Grund, dass er am Steigen sehen konnte, wie sehr alle begeistert dabei waren und sich ins Zeug legten. Beim Fallen hingegen ging er von fehlender Motivation und schlechter Grundstimmung der Chorsänger aus. Empirische Untersuchungen haben zudem gezeigt, dass ein zu niedrig intonierter Ton eher als falsch gehört wird als ein zu hoher (Sundberg 1987, S. 178).

Vielleicht war das Steigen und Fallen unseres Chors aber auch vom gesungenen Text abhängig: In einem Experiment, in dem Sänger den gleichen Ton mit unterschiedlichen Vokalen singen mussten, konnte gezeigt werden, dass beim Wechsel von dunklen nach hellen Vokalen (von /o/ nach /i/) der Ton ansteigt, wohingegen vom Wechsel eines hellen zu einem dunkleren Vokal (z.B. von /i/ nach /a/) die Grundfrequenz des intonierten Tones abnimmt (Sundberg, 1987, S. 143).

Improvisieren

Bevor wir uns wissenschaftlich der Improvisation zuwenden, sei klargestellt, dass es keineswegs einfach ist, die genaue Bedeutung dessen, was Improvisieren eigentlich heißt, abzugrenzen. Auch derjenige, der ein durchkomponiertes Stück vom Blatt spielt, kann Gesamtlautstärke, Tempo, Ausdruck und (bei vielen Instrumenten auch) die Klangfarbe innerhalb bestimmter Grenzen frei variieren. Das extremste Beispiel sind vielleicht die Diskjockeys der letzten Jahre, die Schallplatten nicht nur auflegen, sondern die – zunächst mit der Platte ja vollständig vorgegebene – Musik zum Improvisieren verwenden, indem sie die Drehung des Plattentellers mit der Hand beeinflussen („scratchen"), Dinge neu zusammenmischen, entfremden, überblenden etc. Ein solcher Diskjockey, so könnte man sagen, improvisiert, ohne zu spielen. Am anderen Ende der Skala befindet sich u. a. der Free-Jazz, bei dem aber keineswegs alles so frei ist, wie man zunächst meinen möchte. Auch und gerade beim Jazz ist vieles vorstrukturiert, zumindest in den Köpfen der Musiker.

Improvisieren im Bereich der Musik macht enorm viel Spaß! Wer selbst keine Musik macht oder nie improvisiert hat, dem sei gesagt, dass es vielleicht ähnlich ist wie bei einem guten Volleyballspiel oder einer anderen Aktivität, die durch gemeinsames, unmittelbares und nur teilweise vorstrukturiertes Handeln gekennzeichnet ist. Aus meiner Zeit als Musiker in verschiedenen Bands kann ich mich gut an Auftritte mit einer Besetzung erinnern, die noch nie in dieser Weise zusammen gespielt hat: Einer gibt an, was gespielt wird, und jeweils ein anderer übernimmt einen Solopart bzw. einen Teil der Begleitung. Nach wenigen Stücken schon kann man sich gegenseitig recht gut einschätzen, kennt die Fähigkeiten, Fertigkeiten, aber auch die Neigungen jedes einzelnen Bandmitglieds immer genauer und stellt sich entsprechend darauf ein. Gegen Ende eines oftmals von 20 Uhr bis 2 Uhr früh dauernden Auftritts kann so aus einem zusammengewürfelten Haufen einander völlig unbekannter Musiker eine Band werden und der Prozess – dies muss der Leser dem Autor einfach glauben – gehört zum Aufregendsten und Schönsten, was es im Bereich menschlicher Begegnung überhaupt gibt.

Der Philosoph Alfred Schütz (1964) hat den Aspekt der Gemeinsamkeit des Musizierens sehr treffend als „wechselseitiges sich Einstimmen" beschrieben, das die Barriere zwischen dem getrennten „Ich" und „Du" in die Gemeinsamkeit des „Wir" überwinde. Aus Gründen dieser sehr tiefen Erlebnisweise von Gemeinsamkeit durch Musik dürfte diese vor allem schon immer wichtiger Bestandteil religiöser oder anderer spiritueller Rituale gewesen sein. Betrachtet man manche der gegenwärtigen Rock-Konzerte, kann man sich des Eindrucks nicht erwehren, dass hier einem tiefen menschlichen Bedürfnis nach Gemeinsamkeit (vor aller Gemeinsamkeit rationalen, ökonomisch bestimmten Miteinanders) nachgekommen wird.

Improvisation spielt natürlich auch im Bereich der Musiktherapie eine große Rolle, wo es gerade auf die jeweiligen hier und jetzt zu Stande kommende Interaktion und Kommunikation zwischen Therapeut und Patient ganz besonders ankommt (vgl. hierzu Kapitel 17).

Angst und Lampenfieber

Lampenfieber (engl.: *stage fright*, wörtlich „Bühnenfurcht") ist nach einer vergleichenden Studie an verschiedenen Vertretern der „performing arts" bei Musikern mit 47 % am häufigsten, gefolgt von Sängern (38 %), Tänzern (35 %) und Schauspielern (33 %). Richard Burton litt ebenso unter ihm wie Laurence Olivier und Sergei Rachmaninov. Es gibt verschieden Gründe für Lampenfieber: Während der Anfänger schlicht davor Angst hat, falsch zu spielen, fürchtet sich der Profi auf dem Gipfel seiner Karriere eher davor, dass derjenige, der auf dem Podest steht, überhaupt nur noch dann Aufsehen erregt, wenn er herunterfällt. Ältere Musiker fürchten sich vielleicht vor Händezittern oder plötzlichen Gedächtnislücken, insbesondere dann, wenn sie ihr Lampenfieber mit Alkohol zu bekämpfen suchen (Wilson 1997). Untersuchungen zur Häufigkeit von Lampenfieber bestätigten im Wesentlichen die oben bereits genannten Zahlen: Eine Studie an 301 Studenten und Professoren der Musikhochschule an der Universität von Iowa, Indiana, ergab bei 21 % der Befragten „deutliches Unwohlsein" und bei weiteren 40 % „mäßiges Unbehagen" durch Lampenfieber. Über eine „deutliche Beeinträchtigung" durch Lampenfieber bei Aufführungen klagten immerhin 17 %, und über eine „mäßige Beeinträchtigung" noch zusätzliche 30 %. Von diesen wurde über eine ganze Reihe von Symptomen geklagt (vgl. Tabelle 13-1). Lampenfieber ist bei Frauen häufiger und scheint mit einer allgemeinen Neigung zu Angststörungen bzw. Phobien sowie mit den Persönlichkeitsfaktoren Introversion und Neurotizismus einherzugehen, letzteres insbesondere bei professionellen Musikern (Steptoe u. Fidler 1987). Mehr als jeder dritte Musiker mit Lampenfieber berichtete über ungünstige Auswirkungen auf die Karriere und etwa jeder siebte hat im Verlauf derselben wegen Ängsten medizinische oder psychologische Hilfe in Anspruch genommen (Wesner et al. 1990).

Immerhin gaben 9 % der befragten Musiker an, dass sie wegen Lampenfieber des Öfteren Engagements nicht annehmen würden, und weitere 13 % gaben zu, dass sie mindestens einmal einen Auftritt wegen Lampenfieber unterbrechen mussten. Weitere Studien kamen zu ähnlichen Ergebnissen (Übersicht bei Wilson 1997), so dass man davon ausgehen kann, dass Lampenfieber tatsächlich für Musiker ernsthaft beeinträchtigend sein kann. Glücklicherweise nimmt die Häufigkeit von Lampenfieber bei professionellen Musikern mit zunehmendem Alter und zunehmender Erfahrung ab (Korrelation von -0,35 bzw. -0,38; vgl. Steptoe u. Fidler 1987).

Die Tatsache, dass Männer auf Lampenfieber vergleichsweise eher mit erhöhtem Blutdruck, Frauen hingegen eher mit dem Sprechen über Angstgefühle reagieren, legt nahe, dass körperliche Manifestationen eine genetische bzw. hormonelle Komponente haben könnten, die ihrerseits auf ein im Laufe der Evolution entstandenes altes Reaktionsmuster zurückgehen (vgl. Kapitel 14). Männer gehen auf die Jagd und müssen in Angst auslösenden Situationen für den aktiven Kampf körperlich gerüstet sein, wohingegen für Frauen im sozialen Verbund der heimischen Höhle eher der kommunikative Aspekt angstvoll erlebter Bedrohung von Bedeutung ist.

Von praktischer Bedeutung sind die folgenden Zusammenhänge von Persönlichkeitsmerkmalen und situativen Aspekten einerseits sowie Erregungsniveau und Leistungsfähigkeit andererseits. Eines der bekanntesten und ältesten Gesetze der Psychologie geht auf Yerkes und Dodson (1908) zurück. Es besagt, dass es einen

Tab. 13-1 Häufigkeit der Symptome von Lampenfieber bei betroffenen Musikern (nach Wesner et al. 1990).

Symptom	Häufigkeit
Konzentrationsstörungen	63 %
beschleunigter Puls	57 %
Zittern	46 %
Mundtrockenheit	43 %
Schwitzen	43 %
Kurzatmigkeit	40 %
Erröten	selten
zitternde Stimme	selten
Übelkeit	selten
Benommenheit und Schwindel	selten

umgekehrt-U-förmigen Zusammenhang zwischen emotionaler Erregung und Leistungsfähigkeit gibt (vgl. Abb. 13-2).

Aufgrund ihres unterschiedlichen inneren Erregungsniveaus wirkt sich diese Tatsache auf introvertierte (mit höherem inneren Erregungsniveau) und extravertierte (niedrigeres Erregungsniveau) Menschen im Hinblick auf die Entwicklung von Lampenfieber unterschiedlich aus: Bei introvertierten Menschen genügt bereits wenig zusätzliche Erregung, um das Leistungsoptimum zu erreichen. Zu viel Erregung wird die Leistung verringern und zu Lampenfieber führen. Extravertierte Menschen hingegen profitieren mehr von situationsbedingter zusätzlicher Erregung, erleben durch sie erst den „Kick", den sie brauchen, um auf der Bühne richtig gut zu sein. Von Caruso, dem berühmten Tenor, wird beispielsweise gesagt, er habe sein hohes C nur bei entsprechender Stimulation durch das Publikum wirklich überzeugend singen können (Davidson 1997, S. 215).

Musiker mit gesunder, normaler Erregung vor Auftritten und Musiker mit Lampenfieber unterscheiden sich unter anderem auch durch das Timing der Erregung.

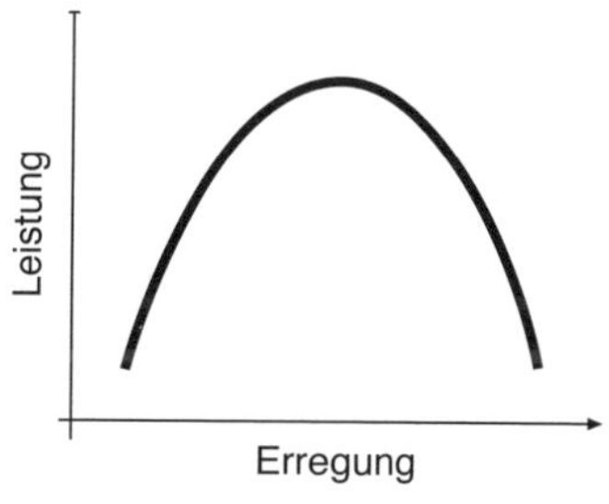

Abb. 13-2 Gesetz von Yerkes und Dodson. Bei zunehmender Erregung nimmt die Leistungsfähigkeit zunächst zu, erreicht ein Optimum und nimmt dann wieder ab. Da introvertierte Menschen „von Haus aus" erregter sind, brauchen sie weniger zusätzliche Erregung zum Erreichen einer optimalen Leistung. Der Extravertierte hingegen hat weniger eigene Erregung und wird erst richtig gut mit viel „extra Kick" durch entsprechende äußere bzw. situative Erregung.

Wie man bei Fallschirmspringern und bei Musikern zeigen konnte, stellt sich bei erfahrenen Menschen mit gesunden Anpassungsmechanismen an die gestellte Aufgabe das maximale Erregungsniveau kurz *vor* dem Sprung bzw. Auftritt ein. Unerfahrene mit Lampenfieber hingegen erleben das Erregungsmaximum während der Aufgabe und sind daher oft wegen zu viel Erregtheit weniger leistungsfähig bzw. machen Fehler (Wilson 1997).

Was hilft bei Lampenfieber? – Zunächst ist es wichtig, sich darüber klar zu werden, was *nicht* hilft: Suchtstoffe. Sie reichen vom Schluck aus dem Flachmann oder dem Glas Champagner (je nach Kontext) vor dem Auftritt über Barbitursäure- oder Benzodiazepin-Abkömmlinge (beides Typen von Schlaf- bzw. Beruhigungsmitteln) bis hin zu illegalen Drogen wie Cannabis (Haschisch, Marihuana), Opiaten (Heroin) oder Aufputschmitteln (Kokain, Amphetamin). Bekanntermaßen setzt der Gebrauch von Suchtstoffen eine ungünstige Spirale in Gang, die aus Einnahme, Euphorie und gleichzeitiger verminderter Kritikfähigkeit, verminderter Leistungsfähigkeit und vermehrter Angst bei Nüchternheit besteht. So wird die Vorstellung (die Leistung) immer schlechter, die Angst immer größer und der Substanzgebrauch immer notwendiger. Wenn nichts geschieht, kann diese Abwärtsspirale leicht eine Karriere ruinieren. Es ist daher sehr zu begrüßen, dass die bekannten Daten zum Substanzmissbrauch bei Musikern keineswegs so ungünstig liegen, wie es die Schlagzeilen mancher Regenbogenblätter über Pop- und Jazzmusiker nahelegen. Diese sind wahrscheinlich weniger die Spitze eines Eisbergs als vielmehr das Ende einer Skala, auf der die meisten Musiker dort einzuordnen sind, wo die übrige Bevölkerung auch angesiedelt ist (vgl. Wilson 1997, S. 239).

Bei Lampenfieber wirksam sind Verhaltenstrainingsprogramme wie *systematische Desensibilisierung* (Appel 1976) oder *kognitive Restrukturierung* (Kendrick et al. 1982), in denen letztlich versucht wird, andere Verhaltensweisen als negative Gedanken und ungünstige Reaktionen vor Auftritten durch entprechende Übungen zu lernen.

Ganz besonders wichtig erscheint mir, auf eine krankhafte Strategie hinzuweisen, die von vielen Menschen befolgt wird, um der Konfrontation mit Ängsten, Schwächen oder ganz allgemein der eigenen Begrenztheit aus dem Weg zu gehen. Es handelt sich hierbei um die gezielte Selbstbehinderung (vgl. Jones u. Berglas 1978; Spitzer 1999), die dann als Ausrede herangezogen wird. Man geht auf eine Party und lernt nicht vor der Klassenarbeit, um die Idee, man sei ja eigentlich sehr intelligent, nicht verwerfen zu müssen. Ist das Ergebnis dann schlecht, dann lag es ja (man hat selbst dafür gesorgt) daran, dass man müde war, oder daran, dass man nicht gelernt hat. Leider versuchen viele jungen Menschen, auf diese Weise den Glauben an die eigene Genialität aufrechtzuerhalten und der Konfrontation mit Schwächen aus dem Weg zu gehen. „Ich hätte ja schon alles besser machen können, wenn ich nur gewollt hätte“ – dieser Gedanke scheint ihnen erträglicher zu sein (denn er legt keine Selbstkritik nahe) als der Gedanke „dies ist die beste Leistung, zu der ich fähig bin“ (der das Risiko beinhaltet, dass ein anderer besser ist und man dies – vor allem vor sich selbst – zugeben muss).

So eigenartig der Gedanke der gezielten Selbstbehinderung auch klingen mag, so häufig ist diese Strategie bei vielen Menschen in vielen Situationen. Wir ertragen es offensichtlich nur schwer, unsere Grenzen und Schwächen vor uns selbst einzugestehen, und nehmen dafür lieber in Kauf, beständig unter dem uns eigentlich möglichen Leistungsniveau zu funktionieren. Schüler sind lieber schlecht (und können den Gedanken behalten, sie seien eigentlich Genies) als gut (mit dem Gedanken, zwar gut, aber nicht genial zu sein). Bei Musikern mit Lampenfieber, die bewusst nicht zur Probe erscheinen, ihr Instrument vor dem Auftritt beschädigen oder betrunken zum Auftritt kommen (Wilson 1997, S. 241), ist dies nicht anders. Derartige suboptimale Lösungsstrategien tiefsitzender Lebensprobleme (früher sprach man von Neurosen) sind der Kernbereich psychotherapeutischen Handelns und oft nur durch gezielte entsprechende Therapie zu beheben.

Ebenfalls zu einem gewissen Grad wirksam sind so genannte Betarezeptorenblocker (Substanzen wie Propranolol, die auch kurz Beta-Blocker genannt werden), die den Sympathikus (ein Anteil des vegetativen Nervensystems) blockieren und so die Wirkungen von Angst auf den Körper dämpfen können. Obgleich diese Substanzen also am Erleben der Angst nichts oder nur wenig ändern, kommt es nach ihrer Einnahme zu weniger Herzklopfen, Zittern oder Schwitzen. Die körperlichen Symptome des Lampenfiebers werden durch Beta-Blocker also gemindert, weswegen einer amerikanischen Studie zufolge bis zu einem Viertel der professionellen Musiker Beta-Blocker gegen Lampenfieber einnehmen. Da diese Medikamente für diese Anwendung nicht offiziell zugelassen sind, erfolgt ihre Einnahme mit einem gewissen Risiko. Sie sollte nur nach genauer Aufklärung des Musikers und unter ärztlicher Überwachung erfolgen, denn wie jedes wirksame Medikament haben auch Beta-Blocker Nebenwirkungen, die es zu erfassen gilt und die tückisch sein können. So kann es beispiels- weise unter der Therapie mit ihnen nicht nur zu akuten Kreislaufproblemen, Müdigkeit, Schlafstörungen und sexuellen Funktionsstörungen kommen. Bei längerer Anwendung über Monate hinweg kann sich eine Depression einstellen, deren Zusammenhang mit dem Beta-Blocker nicht gesehen wird. Dies kann sehr ungünstige Folgen auf das berufliche und auch private Leben des Musikers haben, weswegen man auch mit den oft als harmlos bezeichneten Beta-Blockern vorsichtig sein sollte.

Authentizität und Aufführungspraxis

Musik ist nur, wenn sie gemacht wird. Wie aber soll man sie machen? Welches ist die beste Weise des Musizierens? Die Frage ist viel einfacher gestellt als beantwortet. (Und die Antwort kommt nicht nur aus dem Bereich der Musikwissenschaft oder -soziologie!)

Zunächst einmal stellt sich diese Frage nur, wenn man das komponierte Werk von dessen Aufführung unterscheidet. Dies ist bei Jazz-Improvisationen keineswegs der Fall, wird doch hier praktisch während der Aufführung komponiert. Aber auch bei „klassischen" Werken gibt es Improvisationsteile, die man zwar irgendwann aufgeschrieben und damit „verfestigt" hat, die jedoch eigentlich eben als Improvisationen gemeint waren. Von Beethoven ist beispielsweise bekannt, dass er während einer Aufführung die Reihenfolge der Sätze änderte oder manches einfach wegließ (Davidson 1997). Damals sollten und konnten Dirigent und Musiker ihr

Tun dem Kontext der Aufführung, der Situation und vor allem dem Publikum gemäß verändern, und es war genau dies die Intention des Komponisten, eben einen solchen Freiraum zu schaffen (man müsste sonst annehmen, er habe aus Faulheit eine Kadenz nicht auskomponiert).

Man kann argumentieren, dass man jegliche Musik so spielen muss, wie sie zur Zeit des Komponisten geklungen haben muss, denn nur dann sei sie eine wirkliche, „wahre" Aufführung des Werkes. Dann dürfte man jedoch weder Mozart noch Bach auf einem Steinway-Flügel spielen (die gab es damals noch nicht), sondern müsste sich mit den Instrumenten begnügen, die es zu den Lebzeiten dieser Komponisten gab. Da wir jedoch wissen, wie sehr diese Komponisten, die ja gerade auch selbst Musiker waren, von technischen Neuerungen im Instrumentenbau begeistert waren, können wir annehmen, dass sie von einem heutigen Konzertflügel hellauf begeistert gewesen wären und keinen Moment gezögert hätten, ihre Musik auf diesem Instrument zu spielen.

Bei der Frage der „richtigen" Aufführungspraxis geht es also keineswegs darum, dass alles so klingen muss wie damals (also auch genauso verstimmt), sondern so, wie man annehmen kann, dass es der Komponist gewollt hat. Damit befindet man sich jedoch im Bereich der Spekulation über die Absichten früherer, längst verstorbener Menschen. Je mehr man über diese Menschen weiß, desto eher wird dieses Wissen in die Aufführung einfließen. Keineswegs jedoch werden dadurch notwendigerweise Grenzen gezogen. Vielmehr zeigen diese Überlegungen zur Authentizität, dass es sich bei Aufführungen notwendigerweise um Produkte der Auseinandersetzung des Aufführenden mit dem Werk handelt und dass diese Auseinandersetzung nicht aufhört, sondern in einer lebendigen Musikkultur immer weiter fortschreitet.

Man kann also zwar argumentieren, dass die richtige authentische Aufführung diejenige ist, „bei der Vibrationen der Luft verursacht werden, wie sie zur Zeit der Komposition auch verursacht worden wären" (vgl. Young 1988). Wer jedoch fordert, dass Musik nur so klingen darf, wie sie zur Zeit ihrer erstmaligen Produktion tatsächlich klang, der betrachtet Musik als ein Museumsstück, das man in eine Schublade oder eine Glasvitrine packt und gelegentlich betrachtet, losgelöst vom sonstigen Alltag. Solche Musik ist aber gerade nicht lebendig und man kann davon ausgehen, dass kein Komponist wirklich will (oder wollte), dass man so mit seinen Werken umgeht. So argumentierte bereits 1912 Arnold Schönberg in seinem Aufsatz *Parsifal und Copyright* im Hinblick auf die Frage, wie und wo die Werke Richard Wagners in Zukunft aufgeführt werden sollten. Der Sohn Wagners, Siegfried, hatte damals eine Verlängerung des Copyrights für Wagners Werke gefordert, um sie dem testamentarisch geäußerten Wunsch des Vaters getreu auch weiterhin nur in Bayreuth aufführen zu können. Schönberg hingegen argumentierte, dass es der Wille des Komponisten nicht habe sein können, nur noch als Museumsstück aufbewahrt zu werden (vgl. Schönberg 1912/1975). Man kann die Geschichte der Bayreuther Wagner-Festspiele durchaus als gelebte, d. h. von widerstreitenden Intentionen kulturell immer wieder neu ausgetragene und produktiv umgesetzte Reflexion dieser Aufführungsproblematik verstehen.

Lebendige Kultur

Akzeptiert man aber erst einmal diese Tatsache, dann wird klar, dass sich Aufführungen ändern *müssen*: Wir tanzen keine Gavotte mehr, wie man dies vor einigen hundert Jahren tat, und eine Gavotte wird daher von uns notwendigerweise anders gehört als damals. Vielleicht ist daher der gerappte *Kanon* von Pachelbel, die Hip-Hop-Version von Bachs *Air* oder was auch immer an recycelter Klassik derzeit produziert wird (auch wenn es mir persönlich nicht zusagt) die für manche jüngeren Menschen vergleichsweise stimmigere Aufführung, denn sie passt wieder zu deren übrigen Musik-, Tanz- und Lebensgewohnheiten.

Zum Wesen von Kultur gehört, dass lebensbedeutsame Inhalte ständigem Wandel unterliegen. Dies liegt letztlich an der Biologie des Menschen: Wer in einer Kultur aufwächst, der übernimmt zunächst deren Inhalte, lernt also beispielsweise die Sprache, die allgemeinen Gebräuche (einschließlich der Tonleiter), Sitten, Werte und konkrete Handlungen (einschließlich eines Liedrepertoires). Zugleich geht er aber auch aktiv damit um, wird mit der Sprache neue Sätze (oder sogar neue Wörter) bilden, wird Handlungen ändern (weil die alten bedeutungslos oder ineffektiv oder langweilig geworden sind), wird reflektierend alte Werte in Fragestellen und sich in dieser Weise reflexiv zur Kultur verhalten. Genau damit wird er sie weitertreiben und lebendig erhalten. Die von vielen aufgrund sich ändernder Lebenspraxis produzierten und gelebten Änderungen werden Teil der Kultur und diese wird wiederum erneut von jungen Menschen zunächst aufgenommen und dann wieder verändert. Die Biologie des Menschen ist für diesen Prozess insofern von Bedeutung, als Kultur von interagierenden Menschen getragen wird, deren Gehirne sich in verschiedenen Stadien der Entwicklung und Reifung befinden. Die älteren haben den größten Vorrat an Wissen und Kenntnissen und auch Fertigkeiten, die jüngeren die größere Flexibilität (vgl. Spitzer 1996, 2001). Beides trifft aufeinander (nicht immer ohne Schmerzen für beide Seiten), und von genau diesem Austausch lebt Kultur. Junge Menschen spielen. Sie tun dies mit und in der Kultur, die sie von den älteren (ob sie wollen oder nicht) übernehmen. (Auch der größte Revolutionär spricht zunächst einmal die Sprache derer, gegen die er sich auflehnt!). Die Auseinandersetzung von Menschen in der konkreten Lebenspraxis ist letztlich der Motor kulturellen Fortschritts. Nicht anders ist es mit der Musik. Was heute gefällt, ist morgen veraltet, was gestern Emotionen hervorrief, gilt heute als Schnulze, und was heute klingt wie ein Dieselmotor, ist der Beat von morgen.

Damit ist nicht gesagt, dass immer alles besser oder immer alles schlechter wird. Es ist nicht einmal klar, was in diesem Zusammenhang mit „besser“ gemeint sein kann bzw. ob es einen Maßstab geben kann, der sich anlegen ließe, um solchen Vergleichen eine Bedeutung zu geben. Nicht Bocuse bestimmt unsere Esskultur, sondern McDonalds; nicht das Theater bestimmt, was wir sehen, sondern das Fernsehen und das Kino; und nicht das Konzerthaus bestimmt, was wir hören, sondern die Verkehrsfunksender des Autoradios. Dies liegt daran, dass wir eine sehr mobile Gesellschaft sind, dass häufig beide Ehepartner arbeiten (und man daher zu Fast Food greift) und dass Hollywood mehr finanzielle Mittel für neue Produktionen bereitstellen kann als jedes Theater. Wer glaubt, Kultur spiele sich nur im Bereich des „Höheren“ ab, in den Glaskästen mancher Edelrestaurants, Theater und Konzerthäuser, die zu selten und zu teuer sind, um für alle relevant zu sein, der irrt.

Adornos Irrtümer

Es wurde die Meinung vertreten, dass die Musik des Alltags Produkt der Ideologie des Spätkapitalismus sei, zum Einlullen der Massen von einer herrschenden Schicht kreiert und voller süßer melodischer und einfacher rhythmischer Platitüden, die dem Hörer gar keine Wahl lassen, als zu ihrem Konsum verführt zu werden. Musik diene damit der Verschleierung (un-)sozialer Realität, sei als Massenware das Produkt stabilisierender reaktionärer Kräfte und daher zu verurteilen bzw. abzulehnen. Adorno vertrat diese Position, die unter anderem die (vom Kapitalismus bewirkte) scharfe Trennung zwischen Unterhaltungsmusik und wirklicher ernster Musik zur Voraussetzung hat. Sie sei nach Mozarts Zauberflöte eingetreten, der letzten Produktion, die zugleich U- und E-Musik war.

In seiner Schrift über leichte Musik kritisiert Adorno (1962/1996) die „klebrige Vorliebe für die Harfe“ (S. 47) der Wiener Operette, deren „Ontologie die der Konfektion“ wäre (S. 38; gemeint ist, dass es um Kleider und um Musik geht). Musicals seien noch furchtbarer und beispielsweise *My Fair Lady* genüge „musikalisch nicht einmal den vulgärsten Ansprüchen nach Originalität und Einfallsreichtum“ (S. 38). Ganz schlimm sei auch die „Pseudo-Individualisierung [...] der Improvisationen im kommerziellen Jazz“ (S. 46), auch wenn er zugeben muss, dass „der Stumpfsinn [...] scharfsinnig bedacht [und] von hochqualifizierten Musikern auf Touren“ gebracht wird (S. 47). Der Jazz werde nur noch vom „Schwachsinn“ (S. 40) des Schlagers überboten, der aus den „simpelsten Grundstrukturen“ aus „bis zum Überdruss vertrauten Grundkategorien der Wahrnehmung“ bestehe und „nur kalkulierte Effekte, welche die Immergleichheit würzen“ enthalte (S. 40). – Wer Adorno liest, der traut sich danach weder, das Radio einzuschalten, noch selber ein Lied zu pfeifen oder gar zu singen. Der gesummte Schlager in der Badewanne ist nichts als „Idiotie der leichten Musik“ (S. 48), deren „Warencharakter“ (S. 49) als Ausdruck einer verfallenen Gesellschaft gesehen werden muss. Wer also mitpfeift, der trägt zur unkritischen Stabilisierung der herrschenden Schicht und der von ihr und auferlegten entfremdeten Produktionsverhältnisse bei. Spießiger Kleinbürger – Pfui!

Aber vielleicht ist die Analyse nicht ganz zutreffend. Die Massenmusik war sicherlich vor allem das Produkt technischer Neuerungen, angefangen von Edisons Grammophon über das Radio, Transistorradio, die Schallplatte, Tonbandkassette, CD bis zur Musik im Internet. Nicht die Musiker haben uns die Musik aus der Dose beschert, die Trennung von Aufführung und Konsum, von Machen und Hören, sondern die Techniker.

Der sich in der populären Musik immer stärker durchsetzende „Beat“, die Rhythmisierung der Musik mit Zeitkonstanten, die weniger einem Atemzug (wie beim Rubato, den Abweichungen vom Metrum in klassischen Stücken), sondern eher einem Schritt entsprechen, lässt sich durchaus als Rückkehr zu einer natürlichen rhythmisierten Musik nach Zeiten der diesbezüglichen (durch die Römer und die Kirche herbeigeführten) Enthaltsamkeit (vgl. Kapitel 8) erklären. Er wurde den „Massen“ eher nicht zur rhythmischen Einlullung verordnet, sondern kommt von ihnen – zu verschiedenen Zeiten und an ganz unterschiedlichen Orten (vgl. z.B. die eindrucksvolle Beschreibung des kulturellen Schmelztiegels in Kuba durch Roy,

2000, sowie den entsprechenden Film). Man kann daher eher fragen, ob nicht die zunehmende Demokratisierung und Selbstbestimmung in manchen Teilen der Welt eben auch die Veränderungen im Bereich der Musik bewirkt haben.

Man kann weiterhin bezweifeln, dass Musik die Ideologiekritik, die ihr von Adorno und manchen anderen zugemutet wird, überhaupt leisten kann. „Sofern Schoenberg ein Kritiker der bürgerlichen Musikkultur war, war er ein bemerkenswert ineffektiver Kritiker“ bemerkt Scruton hierzu mit Recht und fährt erläuternd fort:

> „Denn seine Musik wurde nur insoweit rezipiert, wie sie ihren Platz in der großen ‚bourgeoisen‘ Tradition fand – die Tradition der Konzertsäle und Opernhäuser. Seine Experimente im Hinblick auf Atonalität sind Untersuchungsgegenstand einer kleinen Gruppe bürgerlicher Intellektueller, von denen viele akademische Vertreter aus dem Bereich der neuen ‚Freizeitklasse‘ sind“ (Scruton 1997, S. 470, Übersetzung durch den Autor).

Hausmusik

Das Wort Hausmusik kommt interessanterweise nur im deutschen Sprachraum vor (Dahlhaus u. Eggebrecht 1995), es gibt also keine *house* oder *home music*, obgleich die US-Amerikaner ein durchaus musikbegeistertes Völkchen sind: Nach einer Gallup-Umfrage an 15.110 Familien wurde die Zahl der Bläser auf 10.863.000, die der Streicher auf 1.799.000 geschätzt, und es wurde zudem berechnet, dass in 51 % aller amerikanischen Haushalte mindestens ein Musiker (Amateur oder Profi) vorhanden ist (Taddey 1992). Es gibt dennoch wenig gute Überlegungen und noch weniger empirische Arbeiten zur Hausmusik. Daher sei die folgende anekdotische Illustration erlaubt.

Mein Vater hatte ebenso wenig wie meine Mutter eine musikalische Ausbildung durchlaufen; aber meine Eltern mochten Musik. Als ich noch sehr klein war, machten meine Eltern, Geschwister und ich Hausmusik, d. h. wir musizierten zusammen. Was uns gerade einfiel. Einfach so. Und mit einer Menge Spaß dabei. Ich bedaure es bis heute sehr, selbst praktisch keine formale musikalische Ausbildung erfahren zu haben. Als Sohn heimatvertriebener Eltern, die zunächst nichts hatten außer einem Rucksack und viel Mut und Tatkraft, und als mittleres von fünf Kindern haben in meiner Kindheit die finanziellen Möglichkeiten einfach nicht für ein Klavier und Unterricht ausgereicht. Beides hatte ich mir als Kind immer gewünscht, aber das Dach über dem Kopf und das Brot auf dem Teller waren wichtiger.

Dennoch gab es in meiner Kindheit viel Musik, eben vor allem Hausmusik. Mein Vater spielte Mundharmonika, manchmal zusammen mit meiner großen Schwester, die dazu Blockflöte spielte, und wenn ich auch diese spontanen Aufführungen nach Feierabend (zu denen ich manchmal durch Herumtrommeln auf Kochtöpfen eher wenig konstruktiv beitrug) im Gedächtnis verklären mag, so sind sie mir als verklärte umso wichtiger. Mit etwa acht Jahren wechselte ich von Kochtöpfen auf die damals üblichen trommelförmigen Waschmittelbehälter, bespannt mit Einmachzellophan, was aufgrund der geringen Dicke die maximal mögliche Lautstärke begrenzte – zu meinem Leidwesen. (Aus der Sicht meiner Eltern und Geschwister war das aber durchaus o. k.) So betrachtet könnten die heute üblichen, in kleinen Tüten oder Schachteln erhältlichen Kompaktwaschmittel so manche Karriere als Perkussionist im Keime ersticken. Wieder zwei Jahre später kaufte ich mir für 250 DM (ein Vermögen!) ein gebrauchtes Schlagzeug, was sich als die vielleicht beste Investition meines Lebens – sowohl ökonomisch als auch im Hinblick auf den, wie man heute sagt, Spaßfaktor – herausstellen sollte.

Noten und Blockflöte lernte ich in der Grundschule, den Quintenzirkel auf dem Gymnasium – irgendwie nebenbei, denn wirklich wichtig war das Spielen in der Band (Besetzung: zwei Gitarren und Schlagzeug) mit meinem großen Bruder und meiner großen Schwester. Diese Hausmusik fand erst durch den Auszug meiner großen Schwester nach dem Abitur ein plötzliches Ende. Sie hatte jedoch mir und meinen beiden jüngeren Schwestern das Gitarrespielen beigebracht, so dass ich etwa zu dieser Zeit (mit 14 Jahren) mit Mitschülern meine erste Band gründete (Besetzung: drei Gitarren und Schlagzeug). Wir verstanden uns gut und das war auch zunächst die einzige Grundlage der Band, konnten doch die anderen drei bei Gründung der Band noch gar nicht spielen! Aber wir fingen trotzdem an und bei unseren ersten Proben einfacher Stücke mit nur zwei Begleitakkorden spielte je ein Gitarrist einen Akkord (das Umgreifen dauert am Anfang immer zu lange) und auf mein Zeichen (Zunicken mit dem Kopf) wechselte man sich ab. Die Not machte erfinderisch! Und wieder war eben Hausmusik angesagt. Im Haus des Freundes mit dem Schlagzeug (Gitarren kann man besser transportieren). Mit der Zeit beherrschten die Kollegen ihre Instrumente, ich selbst hatte durch die Anschaffung eines gebrauchten Saxophons unsere Besetzung erweitert, und so kam es sogar zu einigen öffentlichen Auftritten im Dorf. Solche Auftritte, in welcher Form auch immer, sind für das Musizieren von großer Bedeutung. Man hat ein Ziel, arbeitet darauf hin, ist konzentriert, und erntet Anerkennung. Dies kann Hausmusik allein nicht leisten. Hausmusik sollte also gelegentlich außer Haus gemacht werden. Bei meinen Kindern sehe ich, wie die von ihren Lehrern der verschiedenen Instrumente organisierten öffentlichen Vorspiele die Motivation und damit das Üben steigern.

Dem Leser sei diese autobiographische Notiz zugemutet, denn die Literatur zu Bedeutung und Funktion der Hausmusik gibt, wie schon gesagt, nicht sehr viel her. Man kann lesen, dass sie eine Erfindung des 19. Jahrhunderts sei, von den Nationalsozialisten propagandistisch für ihre Zwecke missbraucht (Braun 1985) und nach dem Zweiten Weltkrieg hierzulande trotz Jugendmusikbewegung nie wieder richtig gelebt wurde. Ich denke, dass dies falsch ist, bedenkt man die vielfältigen Äußerungen musikalischen Handelns. Es gibt gerade hierzulande vielfältige Bestrebungen an öffentlichen und privaten Musikschulen, Zusatzangebote an allgemeinbildenden Schulen sowie einen nicht geringen grauen Markt an privaten Musiklehrern unterschiedlichster Berufsauffassung und Vorbildung. Dies ist seit Jahrhunderten so (Roske 1978) und beeinflusst die Weise, wie Musik zu Hause im privaten Rahmen praktiziert wird.

Fazit: Musik ist gelebte Gemeinsamkeit

Auch das gemeinsame Musizieren ist von Physik und Physiologie bestimmt. Instrumente sind unterschiedlich laut, woraus sich ihre Aufstellung im Orchester ableitet; dass wir sie dennoch gut zusammen hören, liegt jedoch vor allem an der Art, wie unser Gehör aus Energieunterschieden Lautstärkeunterschiede dekodiert.

Wer im Chor mit anderen singt, muss sehr genau intonieren und tut es auch, wie Untersuchungen der Genauigkeit der Tonhöhe bei Chorsängern ergaben. Es gibt dem Chorgesang förderliche oder abträgliche Randbedingungen, die von der richtigen emotionalen Gestimmtheit bis zur richtigen Aufstellung im Raum reichen. Wenn alles stimmt, kann Chorgesang ein wunderbares Gemeinschaftserlebnis vermitteln.

Ein Erlebnis ganz besonderer Art ist das gemeinsame Improvisieren, d.h. das Produzieren von Musik im Augenblick der Aufführung. Zunächst ist es keineswegs einfach, anzugeben, was Improvisation im Bereich der Musik eigentlich ist: Auch wer vom Blatt spielt, hat bestimmte Freiheitsgrade im Hinblick auf Lautstärke, Tempo, Phrasierung und andere Ausdrucksmerkmale, die er während des Vorspiels variiert. Umgekehrt beinhaltet selbst der Free-Jazz bestimmte Konventionen und greift der improvisierende Jazzmusiker auf memorierte Fertigkeiten, Kenntnisse und Strukturen zurück. Im Grunde geht es also im Hinblick auf das Improvisieren in der Musik eher um eine Dimension und weniger um zwei Kategorien (improvisiert versus nicht-improvisiert), auch wenn dies zunächst so zu sein scheint. Wenn gemeinsames Improvisieren glückt, kann dies für alle beteiligten Musiker mindestens so schön sein wie der Chorgesang.

Mit der Trennung des Musikstücks von seiner Aufführung ergibt sich das Problem von deren Verhältnis zueinander, das oft als Frage nach der „richtigen" Aufführung verstanden wird. Zunächst scheint es dabei so, als sei die richtige Aufführung diejenige, die das Stück genau so, wie es der Komponist auch gehört hat, wiedergibt. Die genauere Betrachtung zeigt jedoch, dass diese Sicht mit der eigentlichen Absicht des Komponisten gerade eher nicht vereinbar ist. Wir können diese Absicht zwar nicht mit letzter Sicherheit wissen, sie jedoch aus bestimmten Randbedingungen erschließen. Es ist also, um ein Beispiel zu nennen, keineswegs falsch, eine Komposition von Bach auf einem Steinway-Flügel zu spielen (weil es dieses Instrument zu Bachs Zeiten nicht gab und er daher dafür nicht komponiert haben kann), denn wir wissen, wie stark Bach vom damals gerade aufkommenden Hammerklavier fasziniert war, und können ahnen, wie stark ihn ein *Steinway Grand* begeistert hätte.

Man sollte sich über Hausmusik nicht lustig machen. So laienhaft hier auch gespielt werden mag, so einfach Volkslieder oder Schlager auch sein mögen: Wenn die Familie schon – trotz Fernseher, Computer mit Internetanschluss, Telefon, Kino, Disco und weiterer alternativer Zerstreuungsangebote – zusammenkommt, um gemeinsam zu musizieren, so ist dies positiv und fördernswert. Man sollte solche seltenen (und nach unbestätigten Beobachtungen des Autors immer seltener werdenden) Ereignisse vielmehr betrachten wie ein Kleinod. Und wenn dann die Mädchen oder Jungen ganz einfache Melodien von Britney Spears oder Robbie Williams singen, um gleich danach ein Menuett von Bach aufzuführen und danach wiederum sich an einem Spiritual zu versuchen, so ist das weder Ausdruck postmoderner kleinbürgerlicher Dekadenz noch Ergebnis gelungener gesellschaftsstabilisierender Einlullung der Massen. Es dient weder der Kritik der Produktionsverhältnisse noch unterstützt es sie. Es ist vielmehr der Ausdruck von Musikalität eben dieser jungen Menschen in eben dieser Zeit, die ihnen eben dieses Material zur Verfügung stellte. Im übernächsten Kapitel wird deutlich, dass sich das Bedürfnis des Menschen nach Musik auch unter den widrigsten Umständen seinen Weg bahnt.

Teil IV
Musik verstehen

Warum gibt es Musik? Wie entstand Musik? Machen nur Menschen Musik? Wie kommt es, dass Musik uns so tief anspricht? Wie hängen Musik und Gefühl zusammen? Warum gibt es Gebrauchsmusik und wie müssen Konzertsäle aussehen? Schließlich: Kann Musik uns helfen, uns selbst besser zu verstehen, vor allem in Zeiten, in denen es uns schlecht geht? Kann Musik also heilen?

Wenn es im folgenden letzten Abschnitt dieses Buchs um Fragen wie die eben genannten geht, so sind wir beim Verstehen von Musik angelangt. Nicht beim Verstehen einzelner Musikstücke (worauf die musikwissenschaftliche Interpretationskunst abzielt), sondern beim Verstehen von Musik überhaupt. Die Quellen eines solchen Verständnisses sind vielfältig.

14 Evolution

Evolution und Musik scheinen zunächst Seinsbereiche oder Wissensgebiete zu bezeichnen, die weiter entfernt voneinander gar nicht liegen könnten. Selbst wenn wir annehmen, dass Menschen vor 500.000 Jahren nicht nur Faustkeile, sondern auch Harfen herstellten, so wären heute nur noch die Faustkeile übrig. Nicht nur die Musik der Harfen, sondern auch die Harfen selbst hätten die Zeit nicht überdauert. Dabei ist es wahrscheinlich, dass die Menschen sangen noch bevor sie mit Instrumenten spielten, und dieser Gesang ist für immer verklungen. Wie kann man also überhaupt irgendetwas Vernünftiges über die Evolution von Musik aussagen?

Um es gleich vorweg zu nehmen: Es geht! Die Spanne der Daten und daraus ableitbaren Argumente reicht dabei von der Evolution des Gehörs über die Evolution spezifisch menschlicher Verhaltensweisen bis hin zu archäologischen Funden von Musikinstrumenten. Aus diesen kleinen Teilen lässt sich ein Puzzle zusammensetzen, das zwar noch lange nicht vollständig ist, jedoch einige Züge der Evolution von Musik ahnen lässt.

Das Interesse an der Frage nach der Evolution von Musik wächst deutlich, wie ein Buch zum Thema (Wallin et al. 2000) sowie eine ganze Reihe von anderen Arbeiten jüngeren Datums anzeigen. Es war gerade in Deutschland bereits in den zwanziger Jahren des vergangenen Jahrhunderts zu den Zeiten der so genannten *Berliner Schule* der vergleichenden Musikwissenschaft vorhanden, der neben Erich von Hornbostel (1877–1935), dem Begründer dieses Wissenschaftszweiges, unter anderen die bereits erwähnten Wissenschaftler Carl Stumpf (vgl. Kapitel 8) und Curt Sachs (vgl. Kapitel 1) angehörten. Durch die Kriegswirren und die Emigration vieler Wissenschaftler sowie durch das eher naturwissenschaftsfeindliche Klima der Musiksoziologie und Musikwissenschaft nach dem Zweiten Weltkrieg traten Überlegungen zur Biologie oder gar Evolution der Musik für Jahrzehnte in den Hintergrund. Dies hat sich in den letzten Jahren wieder geändert.

Wie Brown und Mitarbeiter (2000) hervorheben, gibt es mindestens drei gute Gründe für das Studium der Urgeschichte der Musik. Zum einen gibt es Musik, wie bereits in Kapitel 1 hervorgehoben, praktisch überall, und sie hat in den verschiedenen Kulturen vielfältige Funktionen. Musik ist daher keine zufällige Nebensache, sondern wesentlicher Bestandteil unserer Kultur und aller bekannten anderen Kulturen. Sofern man also die Geschichte der Kultur auch nur einigermaßen genau nachzeichnen möchte, kommt man um eine Darstellung der Entstehung von Musik und von Tanz nicht herum.

Zum zweiten spielt die Entwicklung der Musik eine wesentliche Rolle beim Verständnis der Entwicklung der Sprache. Dieses in vielerlei Hinsicht zentrale Thema evolutionsbiologischer Untersuchungen profitiert von musikbezogenen Erkenntnissen, denn Sprache und Musik weisen eine Reihe von Gemeinsamkeiten auf, von der Physik des Vokaltrakts bis zur zentralnervösen Steuerung und Repräsentation.

Drittens kann das Studium der Evolution der Musik dabei helfen, frühe Migrationsbewegungen von Völkern aufzuklären. Hierzu bedient man sich gegenwärtig neben molekulargenetischen Methoden vor allem der vergleichenden Linguistik. Im Hinblick auf die Sprache gibt es bei kulturellem Kontakt zweier Gesellschaften jedoch das Phänomen, dass meist eine der beiden untergeht und die andere völlig vorherrschend wird. Genau dies ist bei Musik nicht der Fall: Im Hinblick auf die Musik kommt es viel mehr als bei der Sprache zu Vermischungen, so dass sich Spuren verschiedener Musiken im kulturellen Erbe einer Gemeinschaft besser nachweisen lassen als Spuren einer Sprache.

> „Wir wissen nicht, wann die alte Kunst des Musizierens begann. Wenn sie aber so alt ist wie manche glauben, könnte dies erklären, warum wir in Musik so viel Bedeutung und Gefühl finden, obwohl wir nicht erklären können, warum Musik uns in der Art und Weise anspricht, wie sie dies eben nun einmal tut. Diese undurchdringliche Unbestimmtheit bezüglich einer der einfachsten und grundlegendsten menschlichen Fähigkeiten könnte anzeigen, dass die Wurzeln der Musik eher im alten Reptilgehirn zu suchen sind als in der vergleichsweise jüngeren vernunftbegabten Gehirnrinde, und dass Musik vielleicht älter ist als die menschliche Sprache" (Gray et al. 2001, S. 54).

Dieses Zitat aus einer Arbeit zur Evolution der Musik macht die Bandbreite der Probleme nochmals deutlich. Obgleich man sich singende Krokodile nur schwer vorstellen kann, wird hier Musik bis zum Reptilgehirn zurückverfolgt, was selbstverständlich die Frage nach der Existenz von Musik im Tierreich aufwirft. Mit Überlegungen hierzu sei daher begonnen.

Musik nur beim Menschen?

Nicht nur Singvögel belegen, dass keineswegs nur die Menschen singen. Auch Delphine, Wale und manche Affenarten singen, d.h. bringen komplizierte variationsreiche Klänge hervor, die man durchaus als Gesang bezeichnen kann. Wir lassen es dabei offen, was die Tiere hierbei subjektiv erleben. Man könnte unabhängig davon argumentieren, dass Musik menschliches Erleben und vor allem menschliches Wahrnehmen und Denken voraussetzt, und dass der Gesang der Vögel eben nur *für uns* Musik ist, für den Vogel hingegen reflexhaftes Geschehen, ebenso wie das Schwingen einer Saite ja auch nur für uns einen Ton darstellt, nicht jedoch für den leblosen Gegenstand der Saite selber (vgl. z.B. Jerison2000, S. 178).

Ganz so einfach liegen die Dinge allerdings nicht. So können Ratten und Stare konsonante von dissonanten Akkorden westlicher Musik unterscheiden (Tramo 2001), was zumindest voraussetzt, dass sie über eine entsprechende Erlebnisqualität verfügen. Singvögel haben nur die Anlage zum Singen genetisch mitbekommen, nicht aber die Gesänge. Diese müssen sie anhand von gehörten Beispielen während einer kritischen Periode ihrer Entwicklung lernen. Sofern ihre akustische Umgebung vor allem aus Mobiltelefonen und deren Rufklängen oder -melodien besteht, kann es daher vorkommen, dass Singvögel diese statt ihrer üblichen Gesänge lernen.

Im Gegensatz zu den Vögeln ist Gesang bei Säugetieren nicht die Regel, sondern die seltene Ausnahme. Bei Primaten sieht es etwas besser aus: Elf Prozent aller Arten der Primaten zeigen Gesangsverhalten, wobei im Gegensatz zu den Vögeln generell Männchen und Weibchen singen, nicht selten im Duett. Vielleicht ist es kein Zufall, dass bei den Primaten alle Arten, bei denen solche Gesänge vorkommen, auch eine monogame Sozialstruktur aufweisen (vgl. Geissmann 2000). Darauf deutet auch hin, dass diejenigen Vogelarten, bei denen Gesang im Duett vorkommt, auch im Wesentlichen monogam sind. Gibt es also einen Zusammenhang zwischen Singen im Duett und Monogamie, zwischen Musik und Sex? Wir kommen gegen Ende dieses Kapitels darauf zurück.

Smash Hits bei Buckelwalen

Obwohl die ersten Aufnahmen der Gesänge von Buckelwalen erst in den 40er Jahren gelangen, ist das Wissen um sie sehr viel älter. Zur See fahrende Naturvölker wie die Inuit-Eskimos oder der Stamm der Tlingit hörten den Walen seit Jahrtausenden zu, denn deren Gesang drang gut durch die dünnen Wände ihrer Segelschiffe (Gray et al. 2001).

Singen Wale wirklich oder geben sie nur irgendwelche Laute von sich? – Die genaue Analyse der Lautproduktionen von Buckelwalen ergab eine ganze Reihe erstaunlicher Übereinstimmungen von deren Gesängen mit menschlichem Gesang (vgl. Gray et al. 2001; Guinee u. Payne 1988; Noad et al. 2000; Payne 2000):

1. Buckelwale singen rhythmisch, d. h. sie produzieren eine Abfolge von Tönen von 0,15 bis 8 Sekunden Dauer und Frequenzen zwischen 30 und 4000 Hertz. Im Hinblick auf die harmonische Struktur kommen sowohl reine Töne als auch Tongemische vor, jeweils in einer variantenreichen Dynamik von laut und leise.
2. Bei genauerer Betrachtung der Töne zeigt sich, dass diese in sich wiederholende Gruppen organisiert sind. Man spricht bei diesen Gruppen von einigen Sekunden Länge auch von Phrasen.
3. Mehrere solcher Phrasen werden zu Themen organisiert.
4. Bis zu zehn solcher Themen wiederum werden, oft ohne jegliche Pause zwischen ihnen, wiederholt und hintereinander hervorgebracht, woraus sich insgesamt eine komplexe lautliche Produktion ergibt.
5. Nicht selten kann man dabei eine Struktur ausmachen, die mit Thema, Durchführung und Wiederholung des Themas (also einer ABA-Form) westlichen Kompositionen sehr ähnelt.
6. Man kann bei den Wiederholungen reimende Refrains identifizieren, die den Walen möglicherweise, wie uns Menschen auch, dabei helfen, die Lieder im Gedächtnis zu behalten.
7. Die Gesamtlänge der Walgesänge liegt mit 5 bis 16 (manchmal sogar bis 35) Minuten zwischen der Länge eines Schlagers und eines Satzes in einer Symphonie. Man hat daraus abgeleitet, dass Wale mit ihrem dem menschlichen sehr ähnlichen Gehirn möglicherweise eine ähnlich lange Aufmerksamkeitsspanne haben wie Menschen (Gray et al. 2001).
8. Man hat zudem gefunden, dass Buckelwale Töne in einem Bereich von ungefähr sieben Oktaven hervorbringen können, was etwa dem Tonumfang eines Klaviers entspricht.
9. Sie verwenden zudem diskrete Töne, deren Intervalle den in der Musik bekannten Intervallen gleichen oder entsprechen.

10. Wale verwenden nicht nur Töne, sondern auch perkussive Geräusche. Die Mischung aus Tönen und Geräuschen entspricht dabei anteilig etwa der Mischung, wie sie bei westlicher symphonischer Musik auch vorliegt.
11. Selbst die von Walen verwendeten Klangfarben entsprechen den Klangfarben menschlicher Gesänge.

Wie sollte man eine solche Produktion nennen, die insgesamt einige Minuten dauert, mehrere Themen besitzt, die mehrfach in gleicher Weise wiederholt werden und die ihrerseits aus Phrasen bestehen, d. h. aus klar abgrenzbaren Zusammensetzungen einzelnen Töne? Ganz offensichtlich haben diese Produktionen alle Merkmale, die menschliche Gesänge auch haben, weswegen es keineswegs übertreiben ist hier von Liedern zu sprechen. Ähnlich wie Menschen neigen Wale dazu, ein Lied immer wieder zu singen, wobei man von einem Zyklus spricht. Der längste auf Band aufgenommene Liederzyklus (mit weniger als einer Minute Pause zwischen den Liedern) hatte eine Länge von 21 Stunden.

All dies müsste nicht so sein. Wale könnten auch ganz ungeordnete Laute von sich geben, diese könnten sich eher wie Grunzen, Brüllen oder Stottern anhören (wie dies bei den Verlautbarungen anderer Tierarten ja tatsächlich der Fall ist), aber sie tun dies nicht, sondern verhalten sich exakt so wie Menschen, wenn sie singen.

Wale mögen neue Songs

Die in allen Weltmeeren vorkommenden Buckelwale sind bei der Geburt 4–5 Meter lang und können ausgewachsen bis zu 17 Meter lang werden. Während sie sich in den Sommermonaten eher in der Nähe der Regionen des Polarkreises befinden und von Krill (tierischem Plankton) ernähren, schwimmen sie in den Wintermonaten zur Paarungszeit in tropische Gewässer. Sowohl während ihres etwa 5-monatigen Aufenthaltes dort als auch auf dem Weg dorthin und von dort zurück in Richtung kälterer Gewässer lassen sich die Walgesänge aufzeichnen. Bis heute ist nicht völlig aufgeklärt, wozu diese Gesänge dienen. Es ist jedoch sehr wahrscheinlich, dass sie wie bei anderen Tierspezies die Funktion haben, Gebiete für die Paarung abzugrenzen und die Rangordnung einzelnen Männchen untereinander anzuzeigen. Neben der Festlegung von Territorialansprüchen und sozialen Hierarchien dienen die Gesänge möglicherweise auch dazu, weibliche Buckelwale zur Paarung zu gewinnen, wenn auch diese Überlegungen zu Walen als Troubadoure bis heute spekulativer Natur sind (Payne 2000).

Zur Paarungszeit singen männliche Buckelwale komplexe Lieder. Wie sollte man die in hohem Maße strukturierten Abfolgen von Tönen und Geräuschen, die sich mittels eines Unterwassermikrophons und eines Kassettenrecorders aufnehmen lassen, sonst nennen? Dank der guten Leitfähigkeit von Wasser für Schall ist es möglich, bei guten Wetterbedingungen den Gesang eines Wals auch noch in Entfernungen von einem oder mehreren Dutzend Kilometern zu hören. Dies kann bei Anwesenheit mehrerer Wale durchaus zum Problem werden: Oft sind die Gesänge mehrerer Wale gleichzeitig zu hören, wobei die Wale zwar durchaus das gleiche Lied singen mögen, jedoch jeder auf seine Weise und zeitlich nicht miteinander abgestimmt. Die Tonaufnahmen lassen sich jedoch im wissenschaftlichen Tonstudio analysieren. Eine ganze Reihe von Wissenschaftlern haben sich mit diesen Klängen der Buckelwale befasst, und es ist erstaunlich, was man über die Gesänge und deren Veränderungen über die Zeit hinweg weiß.

Zunächst hatte man aus Beobachtungen von etwa 20 Jahren abgeleitet, dass die Gesänge der Buckelwale im Wesentlichen von dem Meer bzw. Ozean abhängen, in dem sie sich aufhalten (vgl. Payne u. Payne 1985). So wusste man, dass sich die Gesänge innerhalb eines Gewässers ähneln, der Walgesang in verschiedenen Ozeanen jedoch sehr unterschiedlich klingt (Payne 2000). Alle männlichen Tiere einer Walpopulation bringen den gleichen Gesang hervor, der sich im Laufe der Jahre normalerweise nur sehr langsam ändert. Alle Wale unterliegen der Veränderung, d. h. singen über die Jahre hinweg ein etwas anderes Lied. Die Lieder in einem ganzen Meer bzw. Ozean sind ähnlich, wobei die Unterschiede mit der Entfernung zunehmen. Lieder in verschiedenen, durch Kontinente getrennten Ozeanen sind hingegen völlig verschieden. Es ist, als gäbe es in den Weltmeeren jeweils eine Wal-Liedkultur, die sich langsam ändert.

Den australischen Winter verbringen die Buckelwale zur Geburt und zur Paarung an der Ostküste im warmen Norden des Great Barrier Riffs. Noad und Mitarbeiter (2000) nahmen die Gesänge der Wale mittels Hydrophonen und Kassettenrecordern auf Band auf und analysierten insgesamt 1057 Stunden Walgesänge, die von 1995 bis 1998 aufgenommen wurden. Von 1995 bis 1996 änderte sich der Gesang praktisch nicht, zwei Sänger sangen jedoch ein neues völlig anderes Lied, das 1997 schon häufiger wurde und 1998 das alte Lied völlig verdrängt hatte. Das neue Lied war praktisch identisch mit dem Gesang der Wale an der Westküste Australiens im Jahr 1996. Im Normalfall sind die Gesänge an der Ostküste und an der Westküste Australiens sehr verschieden, und es findet praktisch kein Austausch zwischen den Populationen statt. Die wahrscheinlichste Erklärung der Beobachtung ist somit, dass sich 1996 einer oder zwei Wale in den „falschen" Ozean (vom Indischen Ozean in den Pazifik) verirrt hatten. Sie sangen ihr Lied, das offensichtlich den anderen Walen besser gefiel als ihr eigener Song, so dass alle Wale an der Ostküste Australiens innerhalb von zwei Jahren das neue Lied übernahmen (vgl. Abb. 14-1).

Dies ist bemerkenswert! Bei Singvögeln und anderen singenden Arten wurde zwar die Weitergabe und langsame Entwicklung von Liedern beobachtet, ein Prozess, den man *kulturelle Evolution* genannt hat. Es wurde jedoch noch in keinem anderen Fall der rasche Wechsel einer ganzen derartigen kulturellen Tradition durch Lernvorgänge beobachtet. Der Wandel des Gesangs war nicht Folge der Einwanderung vieler Wale aus einem anderen Meer, sondern durch Lernen bedingt. Es ist nahe liegend, dass die treibende Kraft dieser kulturellen Revolution in einer Vorliebe für Neues besteht, ganz ähnlich der menschlichen Vorliebe für immer neue Musikstücke.

Nach meiner Auffassung kehren Beobachtungen wie diese die Beweislast in der Argumentation um Musik im Tierreich mindestens um: Konnte man früher argumentieren, dass Musik nur von Menschen betrieben wird und dass alle Interpretation tierischer Aktivitäten als Musik letztlich Anthropomorphisierungen, also Beschreibungen nichtmusikalischer lautlicher Verhaltensweisen mit der menschlichen Musikkultur entlehnten Begriffen darstellten, so muss man nach der gegenwärtigen Datenlage eher umgekehrt fragen, welche Evidenz denn ein Skeptiker zulassen wollte, um zu beweisen, dass beispielsweise Wale nicht singen.

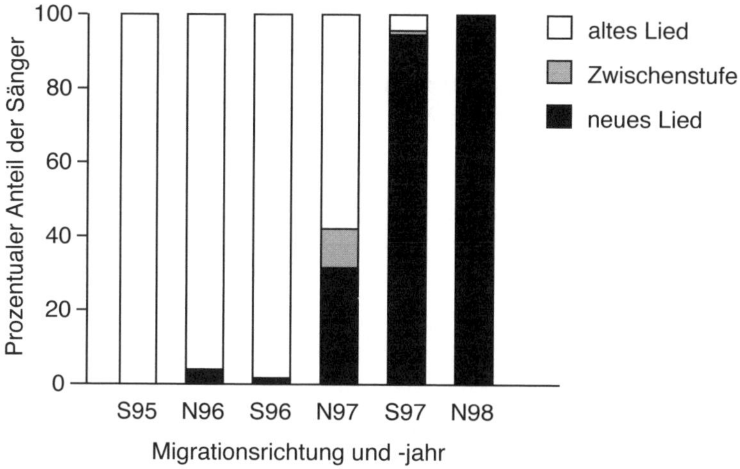

Abb. 14-1 Kulturelle Revolution bei Buckelwalen. Ergebnis der Studie von Noad und Mitarbeitern (2000) zum Gesang männlicher Buckelwale (*Megaptera novaeangliae*) an der Ostküste Australiens. Als die Wale 1995 nach Süden zogen (S95), sangen sie alle das alte Lied. Beim Zug nach Norden (N96) und später nach Süden (S96) sang jeweils ein Wal (aus einem anderen Meer) das neue Lied, das beim Zug nach Norden im Jahr 1997 schon von einem Drittel aller Wale und ein Jahr später von allen Walen gesungen wurde (Daten nach Noad et al. 2000).

Archäologie: fossile Musik

Französische Archäologen betrachten nicht nur die Bilder in den Höhlen von Lascaux oder dem Ardèche-Tal, sie singen oder summen auch gelegentlich, um die akustischen Eigenschaften von Höhlen oder Grabmälern zu studieren, oder sie benutzen hierfür sogar Lautsprecher und Mikrophone. In seinem Buch *Stone Age Soundtracks: The Acoustic Archaeology* versucht Paul Devereux, aus akustischen Eigenschaften archäologischer Funde auf die Musik der damaligen Zeit zurückzuschließen. Dies ist ein gewagtes Unterfangen und man kann sicherlich mit Recht fragen, ob aus der Tatsache, dass manche Grabkammern im Bereich der männlichen Stimme Resonanz zeigen, auch folgt, dass in diesen Grabkammern männliche Priester gesungen haben. Wie auch immer die Urteile nach weiteren Messungen ausfallen werden, es wird Zeit, dass sich die Archäologie nicht nur um die Waffen und Werkzeuge, sondern auch um die Musik früherer Kulturen kümmert. Fortschritte in dieser Richtung wurden gerade in den letzten Jahren durchaus gemacht.

Das Geißenklösterle ist eine nahe Blaubeuren in einem kleinen Tal gelegene Höhle. Etwa 60 Meter oberhalb des Talgrundes der Ach, eines kleines Flüsschens, liegt ihr versteckter Eingang, was wohl der Grund dafür war, dass diese archäologische Fundstätte erst in den fünfziger Jahren des letzten Jahrhunderts entdeckt wurde. Seit 1973 werden dort Ausgrabungen durch Wissenschaftler der Universität Tübingen vorgenommen, die einige ganz wichtige Funde aus der Steinzeit zu Tage fördern konnten (Conard u. Floss 2001). Die verschiedenen Schichten der Funde weisen darauf hin, dass die Höhle bereits in der Jungsteinzeit von Neandertalern bewohnt war. Da man auch Reste von Mammut, Ren, Wildpferd, Steinbock, Wollnashorn, Hase, Fuchs sowie verschiedener Vögel und Fische dort fand, lassen sich Rückschlüsse auf die Lebens- und Essgewohnheiten der Neandertaler ziehen. Vier kleine Elfenbeinfiguren tierischer und menschlicher Gestalt, ein Wiesent, ein Mammut, ein Bär und ein Mensch sind als die ältesten bekannten Kunstwerke der Welt im Stuttgarter Landesmuseum zu besichtigen und zeugen noch heute von der ausgeprägten „künstlerischen Ader" der damaligen Menschen.

Flötende Neandertaler

Der Neandertaler war offensichtlich nicht nur bildhauerisch begabt. Zu den bemerkenswertesten Funden aus dem Geißenklösterle gehört auch eine Flöte aus Schwanenknochen, die mit ihrem Alter von 36.000 Jahren zu den ältesten Musikinstru-

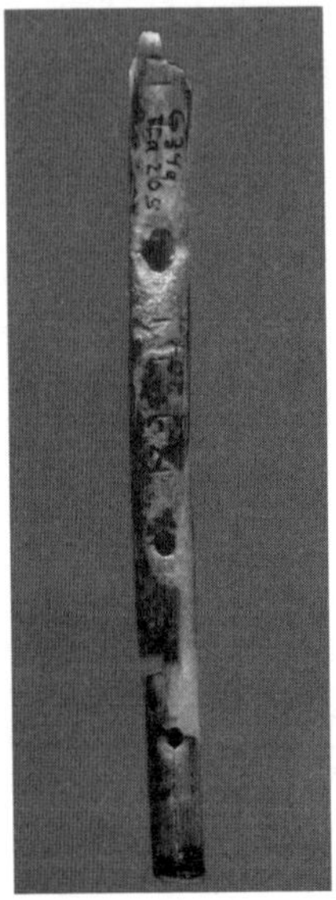

Abb. 14-2 Eines der ältesten Musikinstrumente der Welt: Flöte aus Schwanenknochen, hergestellt und wahrscheinlich auch gespielt von Neandertalern, gefunden im Geißenklösterle, einer Höhle nahe Blaubeuren.

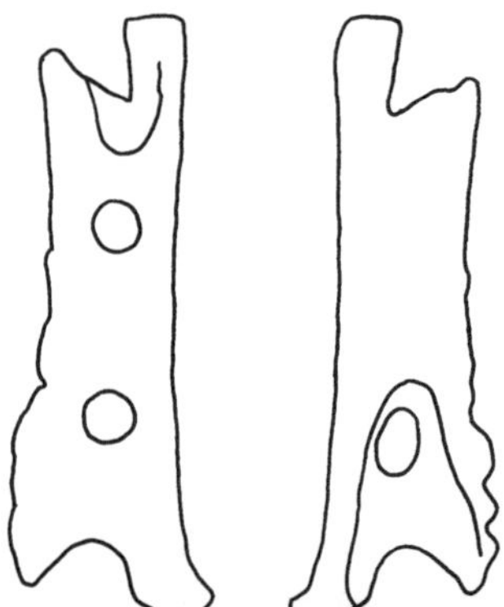

Abb. 14-3 Das mit einem Alter von etwa 45.000 Jahren älteste Musikinstrument der Welt (nachgezeichnet, aus Kunej u. Turk 2000).

menten der Welt gehört (Abb. 14-2). Sie besitzt drei Grifflöcher und ist im Gegensatz zu anderen Röhrenknochenfunden mit einem oder zwei Löchern hie und da ohne Zweifel als Flöte zu identifizieren.

Weitere Funde von Flöten aus Röhrenknochen stammen aus dem heutigen Slowenien, wo im Jahr 1995 die mit einem Alter von etwa 45.000 Jahren wahrscheinlich älteste Knochenflöte überhaupt gefunden wurde (vgl. Abb. 14-3). Der Fund stammt nicht mehr aus der Jungsteinzeit, sondern aus der mittleren Steinzeit, aus der nur sehr wenige kunstbezogene Funde überhaupt erhalten sind. Mit anderen Worten: Sofern Kunst in grauer Vorzeit irgendwann einmal entstanden ist, war Musik von Anfang an mit dabei. Sie ist nicht nach Malerei oder Bildhauerei entstanden, sondern entweder mit diesen oder zuvor.

Dass die Neandertaler Flöten bauten und auf diesen musizierten, ist nach den beschriebenen Ergebnissen der Archäologie der letzten zehn Jahre sehr wahrscheinlich. Sangen sie auch dazu?

Singende Neandertaler?

Interessanterweise wurde diese Frage über lange Zeit eindeutig mit „nein“ beantwortet. Man berief sich hierbei auf den bereits Jahrzehnte alten Ausguss eines Schädels aus der Höhle von *La Chapelle-aux-Saints* in Frankreich, der zur Herstellung und Vermessung einer Rekonstruktion des Vokaltrakts (vgl. Kapitel 10) diente, aus der man ableitete, dass die linguistischen und gesanglichen Fähigkeiten des Neandertalers sehr beschränkt waren und eher denen der heutigen Menschaffen ähnelten. Da diese Meinung zum einen falsch, zum anderen jedoch noch heute weit verbreitet ist, lohnt es sich, ihr kurz nachzugehen.

Zunächst einmal ist zu bedenken, dass die Rekonstruktion des Vokaltrakts aus Fossilien vor einer Reihe schwieriger Probleme steht, deren wichtigstes darin besteht, dass der Vokaltrakt nicht aus Knochen, sondern aus Knorpel und Weichteilen zusammengesetzt ist. Er ist daher in fossiler Form gar nicht erhalten. Man kann nun versuchen, durch Vergleiche der umgebenden Knochen (z. B. der Schädelbasis und des Hyoidknochens, einer kleinen für die Stimmbildung wahrscheinlich unwichtigen Knochenspange oberhalb des Kehlkopfes) bei verschiedenen Spezies mit der bei diesen Arten bekannten Form des Vokaltrakts Gesetzmäßigkeiten abzuleiten, die man dann auf fossile Knochenfunde überträgt. Solche Gesetzmäßigkeiten existieren, sind aber insgesamt schwach ausgeprägt und im Einzelfall nicht unbedingt zwingend. Im Klartext: Es gibt kein Merkmal des knöchernen Schädels, aus dem sich die Anatomie des Kehlkopfes oder die genaue Form des Schlunds ableiten ließe. Zudem ist die fossile Datenbasis unvollständig, und man ist sich insgesamt darüber einig, dass die Sprache (und wahrscheinlich auch der Gesang) mehr vom Gehirn als vom Kehlkopf abhängig sind.

Versucht man dennoch, den anatomischen Gegebenheiten aus Knochenfunden im Hinblick auf die Frage nachzugehen, ob der Neandertaler singen konnte oder nicht, ergibt sich folgendes Bild (vgl. Frayer u. Nicolay 2000):

1. Der hufeisenförmige Hyoidknochen, der auf dem Kehlkopf sitzt, besitzt beim Menschen eine deutlich andere Form als beim Menschenaffen. Er dient zwar weder zum Sprechen noch zum Singen, seine deutlich unterschiedliche Form

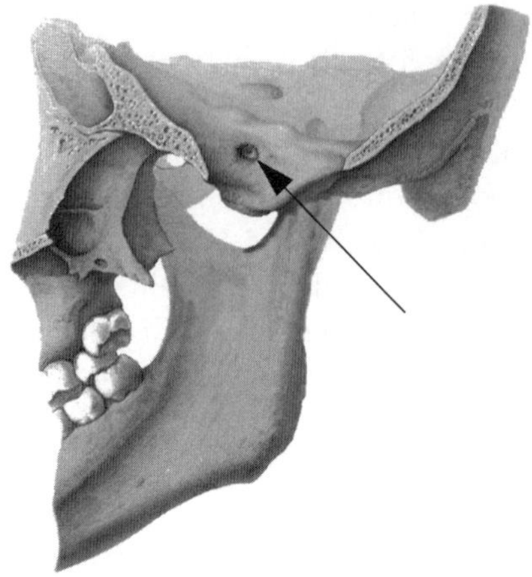

Abb. 14-4 Der *Canalis hypoglossi* (Pfeil), ein kleines Loch in der hier nur als Ausschnitt dargestellten Schädelbasis, durch den der *Nervus hypoglossus* zur Zunge zieht und deren Bewegungen steuert. Der Durchmesser dieses Kanals weist auf die Dicke des Nervs und damit auf die Feinheit der möglichen Zungenbewegungen hin.

kann jedoch als Indiz für die Ähnlichkeit der übrigen Weichteile des Kehlkopfes gewertet werden in dem Sinne, dass man aus der Ähnlichkeit dieses Knochens auf die Ähnlichkeit der Weichteile schließen kann. Lediglich zwei Hyoidknochen existieren weltweit überhaupt als fossile Funde. Der besser erhaltene von beiden ist der eines etwa 50.000 Jahre alten Neandertalers und sieht aus wie der des modernen Menschen.

2. Die Fasern des der Steuerung der Zunge dienenden zwölften Hirnnerven (*Nervus hypoglossus*) ziehen aus dem Gehirn durch ein kleines Loch in der Schädelbasis (vgl. Abb. 14-4). Je genauer die Zunge, ein ebenso komplexer wie wichtiger Muskel, gesteuert werden muss (weniger zum Kauen als vielmehr vor allem zum Sprechen und Singen) desto mehr Fasern müssen die Zungenmuskulatur erreichen. Dann aber muss der Nerv dicker sein, was wiederum bedeutet, dass das Loch in der Schädelbasis (man nennt es *Canalis hypoglossi*) einen größeren Durchmesser haben muss. Entsprechend ihren geringen lautlichen Fähigkeiten haben Affen einen deutlich kleineren *Canalis hypoglossi* als Menschen, sowohl absolut gemessen als auch relativ zur Größe des Gaumens. Die Neandertaler hingegen hatten ein ebenso großes Loch in ihrer Schädelbasis wie der heutige Mensch. Ihre Fähigkeiten zur Feinmotorik der Zunge, so kann man hieraus schließen, waren daher im Hinblick auf die Steuerung den unsrigen nicht unterlegen.
3. Menschen haben einen fassförmigen Brustkorb, wohingegen Menschenaffen einen eher lampenschirmartigen, sich nach oben verjüngenden Brustkorb aufweisen (vgl. Abb. 14-5).
4. Am anderen Ende des Respirationstrakts sitzt die Nase, die bekanntermaßen für die Erwärmung und Befeuchtung der eingeatmeten Luft eine wesentliche Rolle spielt und dies umso besser kann, je weiter sie hervorsteht. Eine menschliche, hervorsehende Nase kann aber nicht nur für warme feuchte Luft sorgen, sondern sie spielt auch für die Bildung vieler Konsonanten der Sprache eine wesentliche Rolle. Affen besitzen nicht nur keine Nase (im engeren, d.h. hervorstehenden Sinn), sondern können auch keine Konsonanten hervorbringen. Demgegenüber verfügten nach den bekannten Fossilien die ältesten bekannten Vertreter der Art *Homo*

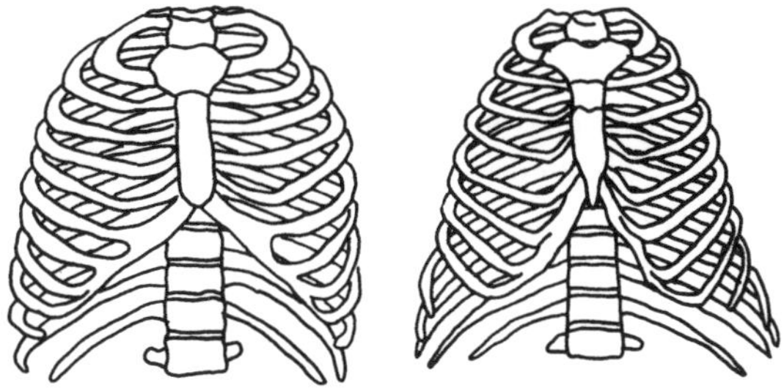

Abb. 14-5 Form des Brustkorbes (Thorax) des Menschen und des Schimpansen (Schema-Zeichnung). Der menschliche Brustkorb ist für die Aufrechterhaltung eines stetigen Luftstroms zum Singen und Sprechen wesentlich besser geeignet als der Brustkorb des Schimpansen. Aus Knochenfunden unserer Vorfahren lässt sich ermitteln, dass die menschliche Form des Brustkorbs etwa 1,5 Millionen Jahre alt ist und beispielsweise auch beim Neandertaler vorlag. Im Hinblick auf den Luftstrom hatte der Neandertaler also beim Singen keine Probleme.

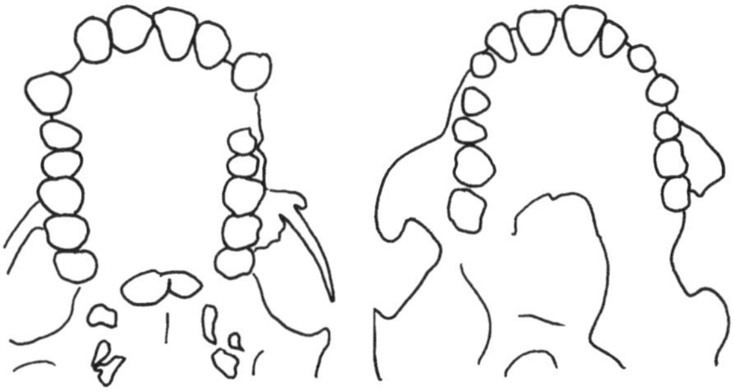

Abb. 14-6 Oberkiefer eines Schimpansen und eines Menschen (schematisch), von unten betrachtet. Durch die eher rechteckige Form des harten Gaumens beim Schimpansen (links) ergibt sich eine langgestreckte Mundhöhle, was vergleichsweise längere Wege der Zunge bei der Artikulation zur Folge hat und diese erschwert. Die Entwicklung einer kürzeren Mundhöhle (rechts) mit einem ebenso breiten wie langem harten Gaumen war daher wahrscheinlich für die Sprachentwicklung des Menschen von Bedeutung.

sapiens (und natürlich auch der Neandertaler) über eine hervorstehende Nase. Daran sollte es also im Hinblick auf Sprache und Gesang nicht gefehlt haben.

5. Die Mundhöhle des Menschen ist mit der eher quadratischen Form des harten Gaumens deutlich von der eher langgestreckten Mundhöhle der Schimpansen mit rechteckigem harten Gaumen verschieden (vgl. Abb. 14-6). Dies hat zur Folge, dass die Wege der Zunge bei der Artikulation unterschiedlicher Laute (vgl. Kapitel 10) vergleichsweise kurz sind. Diese kurzen Wege wiederum erleichtern das Sprechen und Singen und machen vor allem die hierzu notwendigen schnellen Lautfolgen überhaupt erst möglich. Wie fossile Knochenfunde zeigen, ist der harte Gaumen vieler unserer Vorfahren eher langgestreckt (wie beim heutigen Schimpansen) und änderte sich erst vor etwa 250.000 Jahren in Richtung einer eher quadratischen Form. Die vor 50.000 Jahren lebenden Neandertaler wiesen

diese dem heutigen Menschen entsprechende und sich vom Affen deutlich unterscheidende Form auf.
6. Wie steht es jedoch um den Befund, aus dem die Sprach- und Gesangsunfähigkeit des Neandertalers abgeleitet wurde? Die oben bereits beschriebene, vom Sprachforscher Lieberman und Mitarbeitern in den 70er Jahren angefertigte Rekonstruktion des Vokaltraktes des Neandertalerschädels erwies sich als fehlerhaft. Eine neue Rekonstruktion ergab Messwerte für den Vokaltrakt, die denen des heutigen Menschen entsprechen.

Zusammenfassend ergibt sich damit, dass die Neandertaler über alle Voraussetzungen verfügten, um zu sprechen und zu singen. Dass die Entwicklung der Sprache als Kommunikationsmittel für eine in Gruppen lebende Art, die sich auf Jagen und Sammeln spezialisiert hat, einen wesentlichen Überlebensvorteil darstellte und daher erfolgte, nachdem die Voraussetzungen seitens der Steuerung (Gehirn) und der Produktion von Lauten (Vokaltrakt) erst einmal gegeben waren, leuchtet unmittelbar ein. Welchen Überlebenswert aber hatte das Singen bzw. das Musizieren?

Musik und Sex

Denkt man erst einmal über diese Frage nach, so scheint man gegen eine konzeptuelle Wand zu rennen: Wer musiziert, verbringt seine Zeit eben gerade *nicht* mit Essen, Kopulieren oder der Aufzucht der Nachkommen. In evolutionsbiologischer Hinsicht verschwendet er also seine Zeit. Zudem macht er vielleicht durch seinen Lärm Räuber auf sich aufmerksam und wird selbst gegessen. Musizieren ist also mit evolutionären Nachteilen verbunden. Wie konnte sich dann aber die Fähigkeit zur Musik überhaupt entwickeln (vgl. zum Folgenden auch Spitzer 2001)?

Man könnte nun argumentieren, dass Musik ja bereits, wie oben beschrieben, im Tierreich vorkommt und dort vor allem von Männchen gemacht wird, nicht selten, um Weibchen zu beeindrucken. Die Musikalität des Menschen könnte man in diesem Sinn als *Atavismus* deuten, als Überbleibsel aus entwicklungsgeschichtlich früheren Zeiten.

Diese Auffassung kling zunächst plausibel, erweist sich jedoch bei näherer Betrachtung als problematisch. Zum ersten kommen Atavismen, wie beispielsweise zusätzliche Brustwarzen beim Menschen, selten vor. Sie sind die Ausnahme, nicht die Regel. Andere, früher als reine Atavismen gedeutete allgemeine Merkmale wie beispielsweise der Blinddarm erwiesen sich bei genauerer Betrachtung als gar nicht so überflüssig, wie zunächst vermutet (der Blinddarm dient unter anderem der Immunabwehr). Gerade die Tatsache, dass Musik keine von manchen Außenseitern praktizierte Ausnahme ist, sondern in allen Kulturen vorkommt und (entweder aktiv oder mehr oder weniger passiv) von allen Mitgliedern einer Musikkultur getragen wird, spricht gegen die Annahme, Musik sei ein nutzloses Überbleibsel aus früheren Zeiten.

Selbst wenn wir aber für einen Augenblick einmal annehmen, diese Annahme sei korrekt, löst sie unser Problem nicht, sondern verlegt es nur vor. Warum, so muss man fragen, singen die Männchen im Tierreich? Die Antwort, weil sie den Weibchen gefallen wollen, befriedigt nicht, denn sie wirft die Frage auf, warum Weibchen einen Geschmack entwickeln konnten für ein nutzloses Verhalten von Männchen. Weibchen mit Vorliebe für Musik sollten aus den gleichen Gründen ausgestorben sein (ihre Partner verschwendeten wertvolle Zeit) wie Männchen mit entsprechenden Fähigkeiten.

Was dem Pfau das Rad, ist dem Menschen die Musik

Dieses Problem der Erklärung völlig nutzloser Eigenschaften oder Verhaltensweisen stellte sich bereits Charles Darwin, der Vater der Evolutionstheorie. Bis heute löst es unter Biologen hitzige Diskussionen aus, denn auch im Tierreich kann man Nutzlosigkeit vielfältig beobachten. Das vielleicht berühmteste Beispiel stellt das Rad männlicher Pfauen dar. Es ist vollkommen nutzlos und bringt dem Pfauenmann nur Nachteile: Es kostet Energie, die Federn wachsen zu lassen, sie mit sich zu tragen und zu erhalten. Es ist zudem schwerer, einem Raubtier mit so viel Ballast zu entkommen. Da alle Lebewesen, einschließlich ihrer Verhaltensweisen, Produkt der Evolution sind, stellt sich die Frage, wie Pfauen mit großen langen bunten Schwanzfedern evolutiv entstehen konnten bzw. warum sie nicht längst ausgestorben sind. Allgemein lautet die Frage, wie etwas scheinbar Nutzloses in der Natur überhaupt entstehen kann.

Bekanntermaßen benutzen Pfauenmänner ihre farbenprächtigen Schwanzfedern, um ein Rad zu formen und mit diesem spektakulären Schauspiel Pfauenweibchen zu beeindrucken; Biologen haben festgestellt, dass dies auch tatsächlich funktioniert: Pfauenfrauen paaren sich mit denjenigen Pfauenmännern, die die prächtigsten Schwanzfedern haben! Warum, so muss man jedoch fragen, haben Pfauenweibchen einen so seltsamen Geschmack? Wer sich mit einem Männchen paart, dessen Gene einen offensichtlichen Nachteil mit sich bringen, setzt die eigenen Gene diesem Nachteil ja auch aus und sorgt damit für eine geringere Überlebenswahrscheinlichkeit der Nachkommenschaft. Mit anderen Worten: Ebenso wie mit großen farbenprächtigen Schwanzfedern steht es mit der Vorliebe für dieselben: Beides sollte aussterben bzw. gar nicht erst entstehen, denn es bringt nur Nachteile im Hinblick auf das Überleben.

Man muss dabei nicht einmal annehmen, dass alle besonders schönen Pfauen aufgefressen wurden. Es genügt schon die Annahme, dass das Wachstum der Federn und deren Herumtragen Ressourcen binden, die ansonsten auf rascheres Wachstum und damit raschere Reproduktion verwendet werden könnten.

Die nutzlosen großen bunten Räder der Pfauen sollte es daher ebenso wenig geben wie den Gesang. Wenn dem aber so ist, warum singt dann das Nachtigallmännchen und warum geben sich Nachtigallweibchen den besten Sängern hin? Und damit nicht genug: Warum sind manche männlichen Käfer so bunt (und damit für Vögel mit gutem Farbensehen ein buchstäblich leichtes Fressen), warum haben Elchmänner riesig große, unförmige und nutzlose Geweihe? Warum haben die männlichen Tiere mancher Affenarten eine sehr auffällige Gesichtsbehaarung? Warum singen Troubadoure oder Buckelwale? Warum gibt es, so lautet also unsere Frage, in der Natur so viel vermeintlich Nutzloses?

Die auf Darwin zurückgehende Antwort der Biologie auf diese Frage lautet kurz zusammengefasst etwa so: Sexuelle Reproduktion läuft aus bestimmten Gründen (vgl. Dawkins 1976; Buss 1994) in vielen Fällen so ab, dass Männchen um Weibchen konkurrieren, und diese wiederum denjenigen zur Paarung auswählen, der am „fittesten" ist, d. h. die weiblichen Gene in der nächsten Generation mit der größten Wahrscheinlichkeit weitergibt. Alle anderen Wahlstrategien sterben schlechterdings aus, d. h. ein Weibchen, das nicht wählerisch in Bezug auf den Reproduktionspartner ist, wird weniger bzw. weniger fitte Nachkommen haben. Damit werden auch Erbanlagen, die Weibchen wählerisch machen, langfristig zur genetischen Ausstattung von Weibchen gehören. Männchen unterliegen daher nicht nur dem Evolutionsdruck des „survival of the fittest", sondern auch der sexuellen Selektion, d. h. der Auswahl durch den Sexualpartner, mit dem zusammen die eigenen Gene jeweils weitergegeben werden.

Musik als Fitness-Indikator

Wie aber erkennt ein Weibchen die Fitness des Männchens? Es geht hier wohlgemerkt nicht unbedingt um das, was man in diversen Studios an Kraftmaschinen seinem Körper antut, sondern um *genetische Fitness*. Diese ist als Wahrscheinlichkeit definiert, mit der die Gene eines Organismus in den nächsten Generationen vertreten sind. Da in der Natur Lug und Trug an der Tagesordnung sind (vgl. Trivers 1985), haben es die Weibchen schwer, zwischen unfitten Angebern und tatsächlich fitten Männchen zu unterscheiden. Sie orientieren sich bei ihren Entscheidungen daher an so genannten *Fitness-Indikatoren*, die von Biologen in den vergangenen Jahren recht genau erforscht wurden.

Ein Fitness-Indikator ist eine Eigenschaft, die sich ein Männchen sozusagen leisten kann, gerade weil es vor Gesundheit und Kraft nur so strotzt und die daher anzeigt, dass es ein genetisch besonders qualitativ hochwertiges Männchen ist. Dies wird am Beispiel des Pfauen sehr deutlich: Nur wer über besonders große Körperkraft, scharfe Sinneswahrnehmung, leistungsfähige Immunabwehr oder rasche Reaktionsgeschwindigkeit verfügt, kann sich eine bunte übergroße Federpracht leisten. Sofern es also Variationen der Fitness männlicher Individuen in diesen oder anderen relevanten Hinsichten (oder irgendwelchen Kombinationen hiervon) gibt, ist es für das Pfauenweibchen sinnvoll, sich dasjenige Pfauenmännchen zur Reproduktion auszusuchen, das am verschwenderischsten mit seinen Ressourcen umgeht. Daraus folgt, dass Pfauenmännchen mit großem bunten Rad und Pfauenweibchen mit einer Vorliebe dafür langfristig fittere Nachkommen produzieren.

Diese Überlegung setzt voraus, dass es überhaupt individuelle Variationen der Fitness gibt. Warum, so lautet die Frage, sind nicht alle Individuen einer Art optimal an ihre Umgebung angepasst – schließlich ließ ihnen die Evolution ja offensichtlich lange genug hierfür Zeit? Auf die Pfauen übertragen lautet die Frage somit, warum nicht alle Pfauen kräftig sind, scharf sehen, Erkrankungen abwehren und rasch reagieren, wenn doch für die Weibchen genug Zeit war, bei der Paarung immer nur die fittesten Männchen zu wählen? Auf diese scheinbar einfache Frage – warum gibt es Unterschiede zwischen Individuen einer Art im Hinblick auf ihre Fitness? – gibt es im Wesentlichen zwei Antworten: Mutationen und Parasiten.

Obgleich Organismen durch Mutation und Selektion entstanden sind, haben die meisten Mutationen einen ungünstigen Effekt, d. h. vermindern die Fortpflanzungswahrscheinlichkeit (Fitness) eines Individuums. Wäre es nun nicht praktisch, wenn es eine Möglichkeit für weibliche Individuen gäbe, die Anzahl der Mutationen eines männlichen Organismus abzuschätzen? Damit dies möglich ist, sollten die Weibchen ein Organ bewerten, dessen Funktion möglichst komplex und durch das Zusammenspiel sehr vieler Gene bedingt ist, denn dann würde die Funktion dieses Organs ein sehr sensibles Maß für die Häufigkeit von Mutationen darstellen. Wie Miller (2000) argumentiert, ist das menschliche Gehirn, für dessen Entwicklung die Hälfte aller Gene eine Rolle spielt und in dem etwa ein Drittel aller Gene in Funktion sind, ein sehr geeigneter Kandidat für genau diese Rolle: Das Gehirn vermittelt wesentlich mehr Information über etwaige Veränderungen des Erbguts eines Organismus als jedes andere Organ. Seine Funktion ist vom Zusammenspiel sehr vieler Gene abhängig. So betrachtet ist das Gehirn ein genauer Indikator genetischer Gesundheit, eine Art Achillesferse, die sehr genau anzeigt, wie fit ein Männchen tatsächlich ist. Gerade die Eigenschaft der offensichtlichen Anfälligkeit für ungünstige Mutationen macht das Gehirn und seine Leistungen damit zu einem sehr guten Fitness-Indikator.

Praktisch alle komplexeren Organismen wie Insekten, Reptilien, Vögel oder Säugetiere (und damit auch wir Menschen) sind nicht nur permanent von Spontanmutationen bedroht, sondern auch von Parasiten. Dieser Gedanke erscheint zunächst eigenartig, ist jedoch bei näherer Betrachtung nicht von der Hand zu weisen (vgl. hierzu Ridley 1993): Ganz gleich ob Viren, Bakterien oder Würmer, Parasiten entwickeln sich parallel mit ihren Wirtsorganismen. Sie haben dabei einen rascheren Generationenwechsel und sind daher in evolutionärer Hinsicht (d. h. was ihre Fähigkeit zur Anpassung durch Mutation und Selektion anbelangt) schneller als ihre Wirte. Entwickelt eine Wirtspezies also eine Abwehrstrategie (ebenfalls durch Mutation und Selektion), so können die Parasiten sehr rasch Gegenmaßnahmen entwickeln, denn sie reproduzieren sich viel schneller. Kurz, Parasiten sind ihren Wirten im Grunde immer voraus, weswegen sie für die Wirte – analog zum ständigen Auftreten von Spontanmutationen – eine permanente Bedrohung darstellen.

Damit gilt ganz allgemein, dass sich keine höhere Art in einem evolutionären Gleichgewicht befindet, denn die einzelnen Individuen kämpfen beständig – mit unterschiedlichem Erfolg – gegen die sie plagenden Parasiten. Der große bunte Federschmuck des männlichen Pfauen signalisiert, dass sein Träger relativ frei von Parasiten ist, denn Bandwürmer, Blutsauger, Bakterien und Viren hätten ansonsten die Entwicklung des schönen Rades vereitelt. Pfauenfrauen mit Geschmack für große bunte Räder geben ihre Gene damit eher an abwehrstarke und somit parasitenärmere Nachkommen weiter. Oder anders: Pfauenfrauen mit anderen ästhetischen Präferenzen waren evolutionsgenetische Sackgassen.

Nutzlose Musik

Wir haben gesehen: Ein wesentliches Merkmal von Fitness-Indikatoren stellt gerade ihre Nutzlosigkeit dar! Ebenso wie der heiratswillige Mann seiner Verlobten durch einen teuren Ring signalisiert, dass er sich solcherlei Verschwendung leisten kann und damit auch für jahrzehntelange Unterstützung der Nachkommen gewappnet ist, signalisieren der Elch mit dem besonders großen Geweih, das Nachtigallmännchen mit dem besonders abwechslungsreichen Gesang und der Pfau mit dem besonders großen schönen bunten Rad ihren jeweiligen Partnerinnen: Ich kann mir dies leisten, denn ich bin fit; also lass' uns heiraten und Kinder bekommen.

Viele Fähigkeiten des menschlichen Gehirns sind an Nutzlosigkeit nicht zu überbieten. Warum, so kann man in unserem Zusammenhang fragen, gibt es Musik, Malerei, Tanz, Gedichte und Humor? Diese sehr menschlichen Tätigkeiten tragen nichts zum Überleben bei. Im Gegenteil: Wer singt, tanzt, schwätzt oder gar blödelt, verschwendet mittelfristig bestenfalls Energie (die er für die Suche von Nahrung oder einem Geschlechtspartner aufbringen könnte) und wird ungünstigstenfalls kurzfristig Energielieferant eines hungrigen Raubtiers. Warum gibt es dann überhaupt all das?

Nach den bisherigen Ausführungen fällt die Antwort auf diese Frage nicht mehr schwer: Das Gehirn mit all seinen wundervollen Fähigkeiten und seinem verschwenderischen Umgang mit Energie (25 % dessen, was wir essen, wird von 2 % unseres Körpers, dem Gehirn, verbraucht) ist das Produkt sexueller Selektion. Es stellt einen Fitness-Indikator dar. Damit ist zugleich gesagt, dass das Gehirn und seine Leistungen bzw. Fähigkeiten zunächst einmal gerade dadurch entstand, weil es – wie das Rad der Pfauen – vollkommen nutzlos war.

Diese Einsicht mag den Leser zunächst schockieren, ist bei genauerer Betrachtung aber keineswegs so ungünstig für unser Selbstverständnis wie es zunächst erscheint. Die Annahme, das menschliche Gehirn sei ein – definitionsgemäß nutzloser – Fitness-Indikator, schließt keineswegs aus, dass unser Gehirn auch etwas nützt. Sie zeigt lediglich, dass man die Frage nach dem evolutionären Nutzen von Merkmalen nicht übertreiben darf. Sexuelle Selektion kann nach den hier dargestellten Überlegungen zur Entwicklung von zunächst Nutzlosem führen. Dies war im Laufe der Evolution mit hoher Wahrscheinlichkeit immer wieder von größter Bedeutung.

Betrachten wir hierzu folgendes Problem: Immer wieder kam es im Verlauf der Entwicklung der Arten zum Entstehen völlig neuer Merkmale und Eigenschaften, und es ist vielfach schwer vorstellbar, wie die „Zwischenschritte" dieser Entwicklung überleben konnten. Machen wir hierzu ein Gedankenexperiment (vgl. Miller 2000, S. 170f): Man kann sich nur schwer ausmalen, wie ein so kompliziertes Organ wie beispielsweise der Flügel eines Vogels aus den verkümmerten Armgliedmaßen der evolutionären Vorfahren der Vögel, der Saurier, entstehen konnte. Man kann sich zwar vorstellen, dass eine Mutation zu einem Hautlappen zwischen oberen Gliedmaßen und Oberkörper geführt hat. Es ist jedoch kaum wahrscheinlich, dass dieser Vorläufer eines Flügels dem Träger schon das Fliegen ermöglichte. Im Gegenteil, er kostete Energie und war wahrscheinlich eher hinderlich. Nicht anders steht es um die Resultate weiterer Mutationsschritte in Richtung eines Flügels. Die Mechanismen der Mutation und Selektion allein können daher das Überleben der vielen Organismen, die die notwendigen Zwischenschritte bei der Evolution komplexer Merkmale bzw. Organe repräsentieren, nicht plausibel erklären. Hier kommt sexuelle Selektion zu Hilfe. Man braucht im Falle unseres hypothetischen Beispiels nur anzunehmen, dass der Hautlappen vielleicht zunächst dazu diente, die eigene Größe etwas zu übertreiben, um damit ein potenzielles Weibchen zu beeindrucken.

Gerade wenn der Hautlappen völlig überflüssig war, bildete er einen guten Fitness-Indikator und bedingte damit eine weibliche Präferenz für zunehmend große Hautlappen. So entstanden die Voraussetzungen dafür, dass aus dieser Nutzlosigkeit heraus später ganz wichtige Funktionen entstehen konnten.

Sexuelle Selektion hat damit eine ähnliche Funktion wie Risikokapital in einem Wirtschaftssystem: Sie fördert zunächst sinnlose Neuerungen, die sich später als Kern ganzer Wirtschaftszweige entpuppen können. Würde man immer nur auf kurzfristigen Gewinn schauen (analog zu Mutation und Selektion, die immer auf der Ebene des in evolutionärer Zeitskala kurzlebigen Einzelindividuums wirken), so könnte sich wirklich Neues niemals oder nur sehr langsam entwickeln.

Übertragen auf die Entwicklung unseres Gehirns macht diese Sicht verständlich, warum das menschliche Gehirn entwickelt war, *bevor* seine wesentlichen Vorteile lebensbestimmend wurden: Wir, Vertreter der Art *Homo sapiens* mit unserem großen Gehirn, bevölkerten Afrika hunderttausend Jahre vor dem Beginn so wesentlicher, letztlich dem Gehirn zugeschriebener kultureller Errungenschaften wie Ackerbau, Viehzucht, Werkzeugherstellung und -gebrauch, komplexe soziale Strukturen, Schrift, Recht, Medizin oder Musik. Unser komplexer Geist war zunächst nichts weiter als gleichsam das Softwareäquivalent von nutzloser Hardware wie bunten Pfauenfedern oder großen Hirschgeweihen (vgl. Dawkins 2000). Erst später stellte sich heraus, dass man mehr damit anstellen kann, als durch Gemälde, Kreativität, Musik, Poesie und Humor das andere Geschlecht zu beeindrucken.

Fassen wir zusammen: Große Gehirne und die mit ihnen mögliche Musik sind so nutzlos wie Verlobungsringe, Pfauenräder oder Hirschgeweihe und stellen nichts weiter dar als Indikatoren der Fitness zur Parasitenabwehr. – Ich gehe davon aus, dass sich jeder Leser im Hinblick auf die Entstehung des Menschen und insbesondere des Gehirns Gedanken gemacht hat und gerade daher den hier vorgetragenen Überlegungen sehr skeptisch gegenübertritt. Ob sie korrekt sind, können auch letztlich nur weitere wissenschaftliche Untersuchungen zeigen. Dennoch möchte ich nicht unerwähnt lassen, dass die von Naturwissenschaftlern in den vergangenen Jahrzehnten diskutierten Alternativen zur hier vorgetragenen Hypothese wesentlich stärker an unserem Selbstbewusstsein kratzen.

Man kann das menschliche Gehirn auch als Produkt der Entwicklung immer besserer Techniken zur Kommunikation beim Jagen (Pinker 1994; Hurford et al. 1998) betrachten oder als Werkzeug zur Täuschung anderer beim Verteilen der Beute (Cosmides u. Tooby 1992). Ist dies schon nicht sehr schmeichelhaft für uns, so sind die vielleicht bekanntesten Überlegungen zur Entwicklung des Gehirns als Instrument der Kriegführung zwischen Stämmen – der Schlauere gewinnt und überlebt – noch weniger mit einem rationalen demokratischen Menschenbild vereinbar (Alexander 1989). Gerade die jüngste Geschichte verdeutlicht die Gefahren derartiger, auf Gewalt und Stärke fokussierter Gedanken! Die Idee, unser Gehirn entwickelte sich – allen Nachteilen für das Überleben zum Trotz – *zunächst* zum Meistern von Musik, Tanz, Kunst und Dichtung, wonach sich erst *später* bessere Überlebenschancen und vielleicht sogar verbesserte Strategien bei der Kriegführung gleichsam als Nebenprodukte einstellten, mag ungewöhnlich sein. Mir gefällt sie.

Fazit: uralte Musik

Musik gab es wahrscheinlich schon, bevor es den heutigen Menschen gab. Hierauf verweist nicht nur die Existenz von Musik im Tierreich, die differenzierter ist als man noch vor einigen Jahrzehnten angenommen hatte. Auch die Funde von Knochenflöten zeugen von der musikalischen Fähigkeit und Tätigkeit unserer Vorfahren. Dabei ist es durchaus leichter, eine Flöte aus einem Ast herzustellen als aus einem Knochen. Holzflöten hat es daher wahrscheinlich noch früher gegeben als Knochenflöten, sie sind jedoch ebenso vergangen wie die auf ihnen erklungene Musik.

Unsere Vorfahren spielten nicht nur Flöte, sie sangen auch mit hoher Wahrscheinlichkeit dazu. Die weit verbreitete Meinung, dass beispielsweise der Neandertaler weder richtig sprechen noch singen konnte, beruht auf einem wissenschaftlichen Irrtum. Das Gegenteil ist richtig: Nach den verschiedenen Kriterien für entsprechende Analogieschlüsse muss man heute davon ausgehen, dass alle vorhandenen – zugegebenermaßen spärlichen – Daten dafür sprechen, dass der Neandertaler sprach und sang.

Das hohe entwicklungsgeschichtliche Alter und die weite Verbreitung der Musik werfen die Frage auf, wie sie überhaupt entstehen konnte, denn sie dient weder der Ernährung noch der Fortpflanzung. Auf Charles Darwin geht der Gedanke zurück, dass nutzlose Eigenschaften oder Fähigkeiten von Organismen Produkt der sexuellen Selektion sein können. Mit den Methoden und Daten der heutigen Biologie verknüpft, führt dieser Gedanke zur zunächst ungewöhnlich erscheinenden Konsequenz, dass Musik sich gerade wegen ihrer Nutzlosigkeit entwickelt hat. Wie die Betrachtung alternativer Hypothesen lehrt, ist dieser Gedanke letztlich vielleicht gar nicht so unsympathisch.

15 Emotion

Wohl kaum jemand wird daran zweifeln, dass uns Musik emotional ergreift. Warum würden die Menschen sonst Milliarden hart verdienter Ersparnisse jährlich in den Erwerb von Musikinstrumenten, Konzertkarten oder CDs investieren? Musik treibt uns um, bestimmt unser Erleben, macht uns fröhlich oder traurig, stimmt aggressiv oder romantisch. Mit Musik ziehen Menschen in den Krieg. Zur Musik tanzen sie, schmusen, küssen und (ver-)lieben sich. Musik erklingt bei Scherz und Schmerz, Lust und Leid, Hochzeiten und Hinrichtungen, Triumphzügen und Totenmessen.

Im Gegensatz zur weit verbreiteten und allgemein akzeptierten *Kenntnis* der Wirkungen von Musik auf unser Gemüt steht die Tatsache, dass es hierzu nur *wenige wissenschaftliche Untersuchungen* gibt. Wir beginnen daher auch zunächst mit Überlegungen zum Verhältnis von Wissenschaft, Emotionen und Musik, beschreiben dann einige Beobachtungen, die sich auf ganz normale Musik unter sehr unnormalen Umständen sowie auf bestimmte Gattungen (Liebes- und Wiegenlieder) beziehen, um von da aus den Dingen in etwas mehr wissenschaftlichem Rahmen nachzugehen.

Zur Wissenschaftsfähigkeit von Emotionen und Musik

Ein Grund für die relativ geringe wissenschaftliche Beschäftigung mit den emotionalen Reaktionen auf Musik mag darin liegen, dass sich in den Augen vieler Menschen Emotionen und Wissenschaft etwa so zueinander verhalten wie Sauerkraut und Vanillesoße. Dabei ist diese Meinung längst als eindeutig falsch erwiesen: Seit den 50er Jahren sind Emotionen Gegenstand wissenschaftlicher Untersuchungen, und gerade in den letzten Jahrzehnten erlebt die Emotionsforschung im Rahmen neurowissenschaftlicher Untersuchungen einen regelrechten Boom, wie sich am Erfolg von Büchern wie *Affective Neuroscience* (Panksepp 1998) oder *The feeling of what happens* (Damasio 2000) ablesen lässt.

So sehr Emotionen in der *Neuro*wissenschaft sozusagen salonfähig wurden, so wenig wurden sie in der *Musik*wissenschaft beachtet. Im Gegenteil: Es ist nicht selten das erklärte Ziel vieler Musikwissenschaftler, emotionale Reaktionen bei Diskussionen über Musik explizit auszuschließen. In einem überzogenen Anspruch an Wissenschaftlichkeit, die mit Emotionsfreiheit verwechselt wird, kann dann gleich das Kind mit dem Bade ausgeschüttet werden (vgl. Kivy 1989; Sloboda 1999). Damit werden jedoch wesentliche Aspekte der Musik, die dieser nicht äußerlich sind, sondern unmittelbar zu ihr gehören, übersehen.

In historischer Hinsicht mag ein Grund für die relativ geringe wissenschaftliche Beschäftigung mit den emotionalen Reaktionen auf Musik in der einflussreichen Monographie von Meyer (1956) liegen, der argumentiert hat, dass Emotionen in Verbindung mit Musik gar nicht sinnvoll untersucht werden können. Weil man, wie aus anderen Fehlern, etwas aus ihr lernen kann, sei die Argumentation von Meyer kurz genauer betrachtet. Er stellte fest, dass die *körperlichen* Reaktionen auf Musik *zu allgemein* sind, um sie mit bestimmten emotionalen Reaktionen in eine klare Verbindung bringen zu lassen. Andererseits jedoch seien die verbalen Beschreibungen einzelner Menschen über ihre *psychischen* Reaktionen auf Musik *zu speziell* und können überhaupt nicht verallgemeinert werden. Im Spagat zwischen einzelnen verbalen Beschreibungen einerseits und ganz allgemeinen körperlichen Erregungen andererseits fehlte für Meyer sozusagen die dem Gegenstand angemessene mittlere Betrachtungsebene, auf der sich emotionale Reaktionen auf Musik sinnvoll untersuchen ließen. Daher solle man es sein lassen. So einflussreich und bestechend klar diese Argumentation auch war, erwies sie sich dennoch eindeutig als falsch.

Dies wurde allerdings erst in der jüngeren Vergangenheit so richtig deutlich, wie weiter unten gezeigt wird. Zunächst seien einige Beobachtungen zu Musik und Emotionen mitgeteilt. Sie sollen dafür sorgen, dass wir nicht der Versuchung erliegen, über Emotionen völlig emotionslos zu denken, zu schreiben und zu lesen.

Musik in Auschwitz

Mein längst verstorbener Vater teilte das Schicksal vieler deutscher Soldaten und kam gegen Ende des Krieges in Gefangenschaft, zunächst in die französische und dann in die amerikanische. Ich erinnere mich noch gut daran, dass er – als wir fünf Kinder noch klein waren – manchmal sonntags über Kriegsgeschehnisse berichtete (unserer Mutter war dies gar nicht recht), wobei wir Kinder im Grunde nichts von dem Berichteten wirklich fassen konnten. Zum Unfasslichsten (wenn man hier überhaupt Abstufungen machen kann) gehörten jedoch seine Erzählungen von der Musik in der Gefangenschaft, von Kapellen, Chören und Bands mit Instrumenten aus Abfällen in Gefangenenlagern bis zum „Heißhunger" der jungen deutschen Soldaten – einschließlich meines Vaters – auf die aus den USA kommende und während des Krieges in Deutschland verbotene swingend-fröhliche Musik von Glenn Miller und anderen, die mein Vater sein Leben lang sehr mochte.

Auch während des Krieges gab es Musik und nicht nur Marschmusik. Marcel Reich-Ranicki beschreibt in seinen Lebenserinnerungen die Musik im Warschauer Ghetto sehr eindrucksvoll:

> „Damals konnte man überraschende Klänge hören: in einem Hof Beethovens Violinkonzert, im nächsten Mozarts Klarinettenkonzert, allerdings beide ohne Begleitung. Ich sehe sie noch immer vor mir – eine weißhaarige Frau, die ein Instrument spielte, das man auf einer Straße des Ghettos wohl am wenigsten erwartet hätte: Erhobenen Hauptes gab sie auf einer Harfe etwas Französisches zum besten, wohl Debussy oder Ravel. Viele Passanten blieben verblüfft stehen, einige legten einen Geldschein hin oder eine Münze" (Reich-Ranicki 1999, S. 219f).

Reich-Ranicki beschreibt die Schwierigkeiten der Gründung eines Sinfonieorchesters unter diesen Bedingungen (Bläser waren schwer zu bekommen) sowie bewegende Erlebnisse mit Musikern und Musik bis hin zu den Todesurteilen mit Wiener Walzer.

„Es trifft schon zu – im Grunde ist es eine Banalität –, dass die Musik auf viele Menschen in Grenzsituationen unmittelbarer wirkt als das gesprochene Wort, dass sie stärker Gefühle zu wecken und die Phantasie anzuregen vermag" (Reich-Ranicki 1999, S. 229).

In seinem posthum auf Deutsch erschienenen Buch *Musik in Auschwitz* erzählt der zweieinhalb Jahre im Konzentrationslager Birkenau auf den Tod wartende jüdisch-polnische Musiker und Komponist Szymon Laks (1901–1983) über den vielleicht ungewöhnlichsten und sicherlich grausigsten Kontext von Musik. Er tut dies ohne sichtbares Rachegefühl und billigt den Deutschen, den Mördern seiner Kameraden, ein hohes Maß an Musikbeflissenheit zu, wie das folgenden Zitat zeigt, von dem man nicht glaubt, dass es dem oben genannten Buch entnommen ist:

„Die folgende Anekdote ist in Kreisen von Musikern und Musikliebhabern weltweit bekannt: Ein Tourist – Ausländer – überquert den Marktplatz eines deutschen Städtchens, sieht ein ziemlich umfangreiches Blasorchester, das vor dem Balkon des Rathauses spielt. Der Tourist wendet sich an einen der Zuschauer: ‚Zu wessen Ehre spielt das Orchester?' ‚Wieso wessen Ehre? Zur Ehre unseres Bürgermeisters natürlich! Heute ist sein Geburtstag.' ‚Verstehe. Aber warum zeigt sich das Geburtstagskind nicht auf dem Balkon?' ‚Es kann nicht. Es spielt ja selbst im Orchester mit!'" (Laks 1998, S. 76).

Der Autor spricht immer wieder von der Musikalität seiner Peiniger und kommentiert den Witz entsprechend:

„Diese Anekdote will sich in unschuldiger Weise über die übertriebene Liebe der deutschen Nation zur Musik lustig machen. Und es steht natürlich außer Frage, dass die Deutschen von Geburt an Musikliebhaber sind und nichts was die Musik betrifft, ist ihnen fremd. Auschwitz ist dafür noch ein weiteres Beispiel" (Laks 1998, S. 76–77).

Laks berichtet, wie er nahezu wehmütig den Probenraum des von ihm geleiteten Orchesters beim Umzug in ein anderes Lager kurz vor Ende des Krieges verließ (S. 136). Er erzählt vom griechischen Flötisten, der während eines Konzertes in ein Solo vertieft nicht bemerkt, wie an ihm vorbei seine Tochter auf einem Lkw in die Gaskammer transportiert wird (S. 64–65). Auch erzählt er von einer Art musikalischer Kriegführung beim Arrangieren von Orchesterstücken gegen seinen damaligen Vorgesetzten, einen unfähigen Kapellmeister namens Kopka:

„Tatsache ist, das gestehe ich ohne Gewissensbisse, dass ich bei meiner Orchestrierung so viele rhythmische, kontrapunktische Schwierigkeiten und Synkopen wie möglich – unter anderem in der Perkussion – einführte, die es Kopka unmöglich machten, die Proben zu leiten, von einer öffentlichen Aufführung ganz zu schweigen! Nie habe ich diesen hässlichen Trick bedauert ..." (Laks 1998, S. 61).

Laks wehrt sich heftig gegen jegliche Verklärung der Musik im Lager: Sie habe niemanden getröstet, ermutigt, gekräftigt oder zum Weiterleben ermuntert (S. 126ff), was er an einer Stelle besonders klar verdeutlicht: „... auf jeden Fall habe ich niemals einen Häftling getroffen, dem unsere Musik Mut machte, ihn zum Überleben ermutigte. Die Parole der Hungernden war: essen, essen, essen!" (Laks 1998, S. 130). Auch die Lagerlieder waren keineswegs, wie ein anderer Lagermusiker verklärend darstellte, „eine Fundgrube des lyrischen Schaffens" (S. 126) bzw.

„Arznei für die kranke Psyche der Häftlinge“ (S. 129). – Nein, Musik, das war einfach ebenso ein Bestandteil des Lagerlebens wie das knappe Essen, die blühende Tauschwirtschaft, die Kälte im Winter oder die engen Betten. Die im Lager entstandenen Lieder waren „vulgär“, „ordinär“ und hatten „wenig mit der Seelenstärke im Menschen zu tun“ (S. 130). So kommt Laks zu dem Fazit:

> „Es ist unangenehm, Legenden zu zerstören. Aber noch unangenehmer ist es, zu lesen, dass ‚gerade unter den Lagerbedingungen' die Musik ein Medikament für die kranke Psyche des Häftlings war. Denn das ist nicht wahr!“ (Laks 1998, S. 130).

Wenn sich Menschen in Konzentrationslager unter dem Einfluss von Musik veränderten, so waren es ganz offenbar die Peiniger:

> „Wenn ein SS-Mann Musik hört, vor allem solche, die er besonders mag, beginnt er sich irgendwie in ein menschenähnliches Wesen zu verwandeln. Die Stimme verliert eine ihr eigene Heiserkeit, er selbst wird nett im Umgang, und man spricht mit ihm fast wie mit seinesgleichen. Manchmal hat man den Eindruck, dass irgendeine Melodie in ihm die Erinnerung an eine sehr nahe Person erweckt, vielleicht seine Braut, die er lange nicht mehr gesehen hat, und seine Augen überzieht ein Nebelschleier, der an menschliche Tränen erinnert“ (Laks 1998, S. 77).

Deutlicher kann man die tiefgreifenden emotionalen Wirkungen von Musik kaum beschreiben! Und so war es vielleicht auch mehr für die eigenen Leute und weniger im Hinblick auf die Häftlinge, wenn im August 1942 das Reichssicherheitshauptamt eine Anordnung zur Gründung von Lagerkapellen in allen Hauptlagern erließ (Fackler 1995) und die Lagerkommandanten mit ihren Orchestern nicht selten untereinander wetteiferten (Laks 1998, S. 109f).

In Auschwitz wurde ganz normale Musik gespielt, auf ganz normale Weise, zu ganz normalen Anlässen, mit ganz normalen Wirkungen. Dies ist das eigentlich Bemerkenswerte! Wenn sich hieran etwas zeigen lässt, dann vielleicht das starke Bedürfnis der Menschen nach Musik, das auch unter den widrigsten Umständen bestehen bleibt.

Herrscher und Beherrschte, Musik und Macht

Es ist wahrscheinlich kein Zufall, dass es Nationalhymnen und keine Nationalgedichte gibt. Musik spielte schon immer eine wichtige gesellschaftliche und damit auch politische Rolle. Wie bereits erwähnt, war dies im antiken Griechenland klar reflektiert, anerkannt und konsequent praktisch umgesetzt. Musik war fester Bestandteil von Bildung bzw. Ausbildung, wurde in ganz bestimmten Formen zu ganz bestimmten Zwecken eingesetzt und war, wenn man so will, staatlich geregelt, um nicht zu sagen kontrolliert. Dutzendweise Radiostationen mit den unterschiedlichsten musikalischen Angeboten, CDs und Tonbandkassetten, die Musiktauschbörse im Internet, für jeden frei wählbare und immer verfügbare Musik jeder auch nur erdenklichen Art – für den Griechen des Altertums käme dies einem Alptraum und dem sicheren politischen Verfall gleich! (Konnten sie nicht froh sein, dass die Technik noch nicht so weit war?)

Der enge Zusammenhang von Musik und Macht zeigte sich später über die Jahrhunderte hinweg in Kriegsgesängen, dem Gesang unterdrückter Volksgruppen, Hymnen und Militärmusik. Von Sklavenarbeitern in Nordamerika ist bekannt, dass sie in den Gesängen, die sie bei der Arbeit sangen, ihre betrübliche Lebenssituation und ihr Leid ganz offen klagten, und zwar in einer Weise, wie es ihnen rein sprachlich nie erlaubt gewesen wäre. Wer sang (und dabei seine Arbeit machte), wie schrecklich die Unterdrückung, wie hart die Arbeit und wie gnadenlos die Vorgesetzten waren, der hatte nichts zu fürchten. Wer genau die gleichen Inhalte nur sprachlich äußerte, wurde ausgepeitscht.

Auch im deutschen Nationalsozialismus wurde Musik zum Bestandteil der Staatspropaganda. Es gab „deutsche Musik" zu jedem Anlass, und gerade auf der emotionalen Klaviatur wurde bei Großkundgebungen und in dem neuen Massenmedium des Rundfunks virtuos gespielt. Seit 1933 war die Standesvertretung der Musiker, die Reichsmusikkammer, Teil der dem Propagandaministerium unterstellten Reichskulturkammer. Was bei einer solchen Verquickung herauskommt, kann der Leser selbst anhand der folgenden Zitate aus zwei Monographien zur Geschichte der deutschen Musik aus dieser Zeit selbst beurteilen:

> „Musik gilt dem Verfasser nicht als ‚tönend bewegte Form', sondern als tönender Ausdruck eines geistigen Leitbildes. Eine deutsche Musikgeschichte hat sich somit zu beschäftigen mit der Frage, in welcher Weise die deutsche Tonübung im Laufe der Jahrhunderte und Jahrtausende das geistige Leitbild der deutschen Volkheit verwirklicht hat. [...] Die Beschäftigung mit rassenkundlichen Fragen ist – diese persönliche Bemerkung mag gestattet sein – für den Verfasser zwangsläufig aus der Beschäftigung mit der Tonkunst hervorgegangen. [...] Und wenn auch das vorliegende Buch keine Rassengeschichte der deutschen Musik ist [...], so ist es doch eine deutsche Musikgeschichte auf rassenkundlicher Grundlage" (Schuhmann 1940, S. 3f).

> „Eine neue einbändige, handliche Geschichte der deutschen Musik ist gerade in unserer Gegenwart hochnotwendig. [...] Sie soll die Sendung der Musik in der Geschichte des deutschen Volkes aufzeigen und den Weg bahnen zur Erkenntnis des Deutschen in der Musik. [...] Das Schicksal der Musik ist vom Schicksal unseres Volkes nicht zu trennen" (Müller-Blattau 1942, S. 7).

Sechzig Jahre später klingen die damals selbstverständlich geäußerten Gedanken über „Schicksal", „Sendung" (nicht im Radio!) und „Musikgeschichte auf rassenkundlicher Grundlage" peinlich und sehr fremd. Sie verweisen jedoch sehr deutlich auf die emotionale Bedeutung der Musik und auf die Gefahr der Monopolisierung von Musik durch den Staat.

Die Verbindung von Musik und Macht wird nirgendwo so deutlich wie beim Instrument der Trompete. So schrieb Johann Ernst Altenburg im Jahr 1795 das Folgende:

> „In ihrer Signal- und Fanfarenfunktion wird die Trompete gleichsam zum klingenden Symbol für staatliche oder weltliche Souveränität. Was Wunder also, wenn die Trompete – und im weiteren auch der Stand der Trompeter – von Alters her als Ausdruck besonderer Autorität und hoher hierarchischer Machtkonzentration galt. Als klingende Heraldik war das Trompetenspiel Jahrhunderte hindurch Synonym für feudale Repräsentation und ein exklusives Vorrecht der Obrigkeit" (zit. nach Hofer 1992, S. 65).

Es ist sicherlich auch kein Zufall, dass sich das Militär der lauten Instrumente (Trommel für die Infanterie, Trompeten für die Kavallerie) bediente, waren doch diese zur Kommunikation am besten geeignet. Dies dürfte zusammen mit deren „durch Mark und Bein" gehenden Klängen (also der emotionalen Wirkung) zu deren Verwendung im Dienste von Herrschern, Ideen und Weltanschauungen geführt haben. Und selbst in ferner Zukunft und einer anderen Galaxis spielen Trommeln und Fanfaren zum *Krieg der Sterne*.

Manchmal wird Musik auch von Staats wegen verboten, wie am Beispiel des Taliban-Regimes in Afghanistan zu sehen ist. Dass sich Musik jedoch nicht wirklich durch ein Verbot abschaffen lässt, zeigt die Tatsache, dass mit dem Niedergang des Regimes die Menschen ihre Instrumente wieder ausgraben ...

Liebeslieder

Der Zusammenhang von Musik und Emotion wird vielleicht nirgends so deutlich wie bei den Liebesliedern. Wer hier Zweifel an der (kaum untersuchten) empirischen Datenbasis hat, braucht nur das Radio einzuschalten oder in den Supermarkt zu gehen. Jede Wette, dass ein großer Teil der zu vernehmenden Liedtexte von Liebe – in all ihren lebenspraktischen Ausformungen – handelt.

Liebeslieder werden keineswegs nur zu gegebenem Anlass – von Troubadouren oder in Blues-Bars – gesungen, sondern auch dann, wenn der Kontext eigentlich mit Liebe nichts zu tun hat: beim Marschieren, Rudern, Segeln, Arbeiten oder Einkaufen. Das ist ja gerade das Eigenartige an ihnen! So sangen beispielsweise auch die Mitglieder der so genannten chain-gangs – zur Landarbeit abgestellte Gruppen von an den Füßen angeketteter Strafgefangener – zuweilen Liebeslieder, um sich die schwere Arbeit zu erleichtern. Während des zweiten Weltkriegs sangen Soldaten auf beiden Seiten der Front *Lilly Marlen*.

Wie Brakeley (1950a) wahrscheinlich zu Recht betont, gehören Liebeslieder zu den schönsten und in jedem Falle zu den bewegendsten musikalischen Manifestationen, die es überhaupt gibt. Die Texte drehen sich, wie schon gesagt, um alle Schattierungen, von der ersten Liebe, bis zum verlassenen oder betrogenen Lover. Der französische Schriftsteller Voltaire hatte sicherlich Recht mit seiner Behauptung, dass alles, was zu töricht ist, um ausgesprochen zu werden, gesungen werde. Von „Herz-Schmerz" und „Treue-Reue" geht es über „Frust-Lust" bis hin zu der lapidaren Aufforderung *Voulez-vous coucher avec moi ce soir*, woraufhin er pragmatisch antwortet *Get out of my dreams, get into my car*. Obgleich die Termini wechseln, bleibt das ewig Gleiche in bemerkenswerter Weise tatsächlich ewig gleich!

Wiegenlieder

Bei Wiegenliedern handelt es sich um langsame, gesungene Musikstücke (meist im Dreivierteltakt), deren Melodie einen einfachen Charakter haben soll. Interessanterweise gibt es Wiegenlieder praktisch in allen Kulturen und es gab sie zu allen Zeiten, sofern man hierzu überhaupt Daten hat (Brakeley 1950b; Tucker 1984).

Die einfachsten Wiegenlieder sind oft eher eine Art Singsang, ein Summen, das bestimmte musikalische Phrasen häufig wiederholt. Der Rhythmus wird durch die Frequenz des Schaukelns des Kindes auf dem Arm oder des Kindes im Bettchen bestimmt, denn dieses Schaukeln ist Bestandteil der Einschlafzeremonie. Wie sehr Geschaukel das Einschlafen fördert, wissen viele Eltern, besteht doch unbestätigten Berichten vieler befreundeter junger Eltern zufolge die High-Tech-Variante dieses alten Brauchs gegenwärtig darin, dass man das Kind ins Auto lädt und mit ihm ein paar Male um den Block fährt, um es zum Einschlafen zu bringen.

Bei manchen nomadisch lebenden Indianerstämmen waren Wiegenlieder ganz besonders leise, befand man sich doch nicht selten in feindlichem Territorium, und musste daher einerseits das Kindergeschrei abstellen, andererseits durfte dies selbst nicht mit allzu viel Geräusch verbunden sein. Vom Summen abgesehen sind die häufigsten in Wiegenliedern verwendeten Silben „lu-lu“, „la-la“, „lu-lei“, „na-na“, „bo-bo“ und „do-do“, d.h. solche Konsonant-Vokal-Kombinationen, die nach neuesten Untersuchungen vom Säugling besonders oft spontan ausgesprochen werden, weil sie vom Sprachapparat besonders leicht hervorgebracht werden können (MacNeilage u. Davis 2000; vgl. auch Spitzer 2001). Der Sänger des Wiegenliedes – meist die Mutter – stellt sich also auf die Bedürfnisse und auch die Fähigkeiten des Kindes ein, was ebenfalls die Gleichheit der Wiegenlieder über alle Kulturen hinweg erklärt. Diese Gleichheit zeigt sich u.a. auch daran, dass wir Wiegenlieder der verschiedensten Kulturen als solche erkennen, selbst dann, wenn sie Tiefpass-gefiltert sind und nur Frequenzen bis 500 Hz enthalten (vgl. Trehub et al. 1992).

Der Text von Wiegenliedern entspricht ihrer musikalischen Aussage: „Schlafe ein, die Mutter ist da und passt auf, es ist alles in Ordnung, du bist in Sicherheit“ etc. sind überall zu findende Motive (Brakeley 1950b). Nicht selten sind sie mit religiösen Motiven des Wachens und Beschützens verbunden, so dass die Übergänge vom Wiegenlied zum Abendgebet fließend sein können.

Dass es Wiegenlieder so gut wie überall gibt, wundert im Grunde nicht, wenn man einmal die engen Verbindungen von Musik und Emotionen einerseits und die Entstehung von Musik zumindest teilweise aus emotionsgeladenen Ausrufen (vgl. das vorangegangene Kapitel) andererseits in Betracht zieht. Auch haben Studien ergeben, dass Kinder den emotionalen Gehalt von Musik viel früher verstehen als den von Sprachmelodie (Doherty et al. 1999). Bedenkt man hierzu noch, dass viele Menschen dazu neigen, beim Sprechen zu Säuglingen und Kleinkindern in einen stärkeren Singsang zu verfallen, d.h. die Grundfrequenz der Stimme stärker zu modulieren und damit die Sprache emotionsgeladener und zugleich musikalischer zu machen (vgl. Kapitel 6 sowie die Studien von Fernald und Simon 1984 sowie von Fernald 1989, 1993), wundert noch weniger, dass es Wiegenlieder gibt. Sie stehen gewissermaßen zwischen Musik einerseits und stark mit positiven, liebenden, beruhigenden Emotionen geladener Sprache andererseits. Da man weiterhin weiß, dass beispielsweise vier Monate alte Säuglinge einer solchen eigens für sie verfremdeten Sprache lieber zuhören als normaler Sprache (Fernald 1985), lässt sich leicht ermessen, dass gerade bei der Entwicklung der Kommunikation und damit der Entwicklung sowohl sprachlicher als auch nichtsprachlicher (emotionaler) Kommunikation Wiegenlieder eine besondere Rolle spielen.

Trehub und Mitarbeiter (1997) fanden zudem heraus, dass nicht nur das an Kleinkinder gerichtete Sprechen, sondern auch das Singen sowohl bei Müttern als auch bei Vätern ganz bestimmten Veränderungen unterliegt. Das Experiment war ganz einfach: 28 Mütter oder Väter mussten ihrem Kind ein Lied ihrer Wahl vorsingen und das gleiche Lied dann noch einmal in Abwesenheit des Kindes singen. Beides wurde auf Band aufgenommen und danach wurden beide Versionen des Liedes unabhängigen Versuchspersonen vorgespielt, die entscheiden mussten, welcher von beiden Gesängen dem Kind vorgesungen wurde und welcher nicht. Diese Entscheidung war in den meisten Fällen vor allem anhand des Tempos und der Tonhöhe möglich. Ein weiteres Experiment konnte zeigen, dass die emotionale Beteiligung weit höher eingeschätzt wurde, wenn der Gesang gegenüber dem Kind erfolgte.

Schon die ersten musikalischen Erfahrungen des Kindes in Form der von den Eltern gesungenen Wiegenlieder haben also eine ganz besondere Charakteristik: Sie stehen in engem Zusammenhang mit den Emotionen der Eltern den Kindern gegenüber und haben ganz offensichtlich eine bindende und zugleich beruhigende Funktion. Stellt man nun noch in Rechnung, dass es sich beim auf das Wiegenlied in aller Regel folgenden Schlaf nicht um ein passives Phänomen handelt, sondern um ein Stadium der aktiven Informationsverarbeitung (das Gehirn geht *offline*, speichert ab, kodiert um und verarbeitet nach; vgl. die Zusammenfassung in Spitzer 2001), so kann man im Grunde genommen die Bedeutung von Wiegenliedern nicht hoch genug einschätzen.

Darling, they're playing our tune

Wer hätte noch nicht die Erfahrung gemacht, dass manche Musikstücke in uns ganz bestimmte Erinnerungen hervorrufen? Aus meiner langjährigen Erfahrung als Bandleader im Bereich der Tingel-Tangel-Unterhaltungsmusik weiß ich, wie wichtig es sein kann, den Musikwunsch eines jungen Herrn in der Tanzbar oder einer jungen Dame in der Disco zu erfüllen, ganz zu schweigen vom Musikwunsch des Brautvaters bei einer Hochzeit. Wenn man sich dann als Musiker nur entfernt an das gewünschte Stück erinnert, es aber wagt, mit aufeinander eingespielten Musikern das Stück ohne vorherige Probe mehr recht als schlecht zu spielen (Motto: „Wer übt, fällt den anderen Bandmitgliedern in den Rücken"), erntet man nicht selten den größten Beifall des Abends (samt extra Trinkgeld) für genau dieses nach objektiven Kriterien bestenfalls mittelmäßig aufgeführte Stück.

Solchen Episoden liegt ganz offensichtlich die Tatsache zugrunde, dass manches Lied manchem Menschen sehr viel bedeutet. Die Zusammenhänge sind dabei jedoch ganz offensichtlich eher zufällig: Man spricht von so genannten episodischen Assoziationen zwischen einem ganz bestimmten Gedächtnisinhalt und ganz bestimmter Musik (vgl. auch Kapitel 5). Hierbei handelt es sich in praktischer Hinsicht wahrscheinlich um den stärksten, in theoretischer Hinsicht jedoch um den uninteressantesten Zusammenhang zwischen Musik und Emotionen, der von Davies (1978) treffend als „Darling, they're playing our tune"-Theorie der Emotionen bezeichnet wurde. Stark ist der Zusammenhang deswegen, weil Musik ganz offensichtlich einen sehr direkten und automatischen Zugriff auf bestimmte Gedächtnisinhalte bewirkt, die sehr häufig emotional bedeutsame Ereignisse betreffen. Wissenschaftlich uninteressant ist dieser Typus der Verbindung von Emotionen und Musik deswegen, weil es sich um jeweils individuelle Verbindungen handelt: Eine emotional aufwühlende Situation wird mit vielen Assoziationen erinnert, so könnte man argumentieren, und neben den visuell eingeprägten Bildern aus der Situation wird eben auch die Begleitmusik miterinnert. Der Fall sagt somit weniger über Musik aus, als vielmehr über Grundtatbestände menschlicher Assoziations- und Gedächtnistätigkeit.

Der Zusammenhang von Musik und Emotionen erschöpft sich jedoch keineswegs in episodischen Assoziationen. Die zweite Möglichkeit der Verbindung von Musik und Emotion kann man als ikonische oder metaphorische Assoziation bezeichnen. Diese werden durch Eigenschaften der Musik hervorgerufen, die nicht-musikalischen Klangereignissen ähneln oder diese nachahmen. So können nachgeahmte Vogelstimmen in Musikstücken emotionale Reaktionen ebenso hervorrufen wie beispielsweise nachgeahmter Donner (vgl. Sloboda 1999).

Untersuchungen zu den emotionalen Reaktionen auf Musikstücke zeigten jedoch auch, dass es bestimmte Eigenschaften der Musik selbst sind, die Emotionen hervorrufen können. Auch dann, wenn uns Musik an nichts Bestimmtes erinnert und wenn sie nichts Bestimmtes nachahmt, kann sie Emotionen hervorrufen. Es ist diese Eigenschaft von Musik, die uns fasziniert und zugleich in hohem Maße interessiert.

Gänsehaut – wissenschaftlich betrachtet

Wer kennt sie nicht, die Gänsehaut auf dem Rücken, begleitet von einem Gefühl der Überraschung und sehr positiven Emotionen, bei einem besonders ansprechenden Musikstück? Wer hatte nicht schon einmal beobachtet, dass Menschen bei bestimmten Musikstücken Tränen in den Augen haben, und wer würde in Anbetracht der Verzückung von Millionen im Rahmen von *Love Parades* nicht an starke emotionale Wirkungen von Musik glauben?

Im Zeitraum der letzten Dekade wurden emotionale Reaktionen auf Musik wieder Gegenstand der empirischen Forschung. So berichtet beispielsweise Sloboda (1991) von einer Untersuchung an 83 Musikhörern aus Großbritannien, die einen Fragebogen im Hinblick auf ihre körperlichen Reaktionen auf Musik ausfüllen mussten. Die Stichprobe umfasste 34 professionelle Musiker, einschließlich Musiklehrer, 33 Amateure und 16 Menschen, die Musik lediglich hörten, aber nicht selbst spielten. Die Altersverteilung lag zwischen 16 und 70 Jahren.

Sloboda ging davon aus, dass die oft beschriebenen Erlebnisse der Gänsehaut so eindrücklich erlebt und auch erinnert werden, dass sie zuverlässig abfragbar und auswertbar sein sollten. Diese Erlebnisse stellen für Sloboda gewissermaßen Keimzellen emotionaler Reaktionen dar, wenn auch das Verhältnis von solchen Erlebnissen und der emotionalen Bewertung von Musikstücken nicht unproblematisch ist. Sloboda (1991) bemerkt mit Recht, dass es durchaus möglich ist, ein Musikstück als traurig zu charakterisieren ohne im geringsten von ihm bewegt zu sein, dass also

Bewertung und Wirkung eines Stücks auseinanderklaffen können. Der Fragebogen bezog sich auf die Häufigkeit körperlicher Reaktionen auf Musik während der letzten fünf Jahre. Dann sollten die Probanden bis zu drei Musikstücke angeben, bei denen sie sich daran erinnern konnten, eine oder mehrere solcher körperlicher Reaktionen verspürt zu haben. Die Ergebnisse der Befragung sind in Tabelle 15-1 dargestellt.

Die häufigsten Reaktionen auf Musik sind das eiskalte Über-den-Rücken-Laufen von Gänsehaut, Lachen, Kloßgefühl in der Kehle und Tränen. Frauen gaben Tränen signifikant häufiger an als Männer, und Versuchspersonen im Alter zwischen 30 und 40 Jahren lachten signifikant häufiger als Versuchspersonen in anderen Altersklassen.

Es zeigte sich weiterhin, dass diese Reaktionen auch bei häufigem Hören nicht abnahmen. Selbst die Versuchspersonen, die angaben, dass sie das betreffende Stück über 50-mal in den vergangenen fünf Jahren gehört hatten, gaben in mehr als zwei Dritteln der Fälle an, dass sie bei jedem oder fast jedem erneuten Hören mit der entsprechenden körperlichen Reaktion reagierten. Es war den Versuchspersonen sogar in vielen Fällen möglich, genau anzugeben, an welcher Stelle des Musikstücks sie die körperliche Reaktion verspürten.

Tab. 15-1 Häufigkeit des Auftretens körperlicher Erscheinungen beim Hören von Musik. Die Versuchspersonen konnten diese Häufigkeit auf einer fünfstufigen Skala einschätzen, wobei 1 nie, 2 selten, 3 gelegentlich, 4 recht oft und 5 sehr oft bedeutete. In der Tabelle ist sowohl der Mittelwert der angegebenen Häufigkeiten für jedes Ereignis als auch der Anteil der Versuchspersonen (in Prozent) angegeben, die das bestimmte Ereignis in den vergangenen fünf Jahren erlebt hatten.

Körperliche Reaktion	Mittelwert	Anteil der Versuchspersonen mit diesen Erfahrungen (%)
Gänsehaut, die eiskalt den Rücken hinunterläuft	3,08	90
Lachen	2,80	88
Kloßgefühl in der Kehle	2,68	80
Tränen	2,65	85
Gänsehaut	2,40	62
Herzklopfen	2,31	67
Gähnen	2,15	58
Magensensationen	2,11	58
sexuelle Erregung	1,56	38
Zittern	1,51	31
Erröten	1,46	28
Schwitzen	1,44	28

Von besonderem Interesse war die Tatsache, dass sich die emotionalen Reaktionen der Versuchspersonen auf klar bestimmbare harmonische oder melodische Strukturen, auf Rhythmus und Struktur sowie die Dynamik des Stücks bezogen. Es ließen sich zehn musikalische Charakteristika identifizieren, die in unterschiedlicher Weise Tränen oder Kloßgefühl im Halsbereich, Gänsehaut über den Rücken oder anderswo bzw. Herz- und Magensensationen hervorriefen. Wie Tabelle 15-2 anzeigt, werden durch verschiedene musikalische Ereignisse unterschiedliche emotionale Reaktionen hervorgerufen.

Die Ergebnisse von Sloboda stimmen damit gut mit bereits vor Jahrzehnten gemachten Untersuchungen überein (vgl. z.B. Hevner 1936), in denen gezeigt wurde, dass Angehörige einer bestimmten Kultur recht gut übereinstimmen, wenn sie aus einer Liste von Eigenschaftswörtern solche heraussuchen sollen, um ein bestimmtes Musikstück zu beschreiben. Kastner und Crowder (1990) haben sogar zeigen können, dass solche Einschätzungen bereits von dreijährigen Kindern zuverlässig vorgenommen werden können.

Tab. 15-2 Eigenschaften von Musikstücken und hierdurch hervorgerufene emotionale körperliche Reaktionen. In der ersten Spalte sind die musikalischen Ereignisse aufgeführt und in der zweiten, dritten und vierten Spalte die Anzahl von Probanden mit den jeweiligen körperlichen Reaktionen (nach Sloboda 1991, S. 114). In der Spalte ganz rechts ist das Signifikanzniveau (p) der jeweiligen Unterschiede angegeben (ns: nicht signifikant). Wie sich zeigt, bewirken harmonische oder melodische Details vor allem Tränen, wohingegen unerwartet Neues eher eine Gänsehaut hervorruft.

Eigenschaft	Tränen	Gänsehaut	Puls-erhöhung	p
Harmoniefolge zur Tonika absteigender Quinten	6	0	0	<0,02
melodische Höhepunkte	18	9	0	<0,001
melodische bzw. harmonische Sequenz	12	4	1	<0,02
enharmonische Verwechslung	4	6	0	ns
harmonische bzw. melodische Beschleunigung zur Kadenz	4	1	2	ns
Verzögerung der Schlusskadenz	3	1	0	ns
neue bzw. unvorbereitete Harmonie	3	12	1	<0,02
plötzlicher Wechsel von Dynamik oder Textur	5	12	3	ns
wiederholte Synkopen	1	1	3	<0,001
hervortretendes Ereignis früher als erwartet	1	4	3	<0,02

Emotionen im Experiment

Obwohl der wissenschaftliche Laie bei dem Gedanken an Experimente zu Emotionen vielleicht eher skeptisch reagieren mag (Motto: „Mit Gefühlen kann man doch nicht experimentieren“), hat gerade die jüngere Zeit eine Reihe interessanter experimenteller Untersuchungen zu den emotionalen Reaktionen auf Musik hervorgebracht.

Waterman (1996) beispielsweise ging den emotionalen Effekten von Musik im Rahmen dreier Experimente nach. 30 gesunde Probanden (15 männlich und 15 weiblich) im Alter von 19 bis 55 Jahren nahmen am ersten Experiment teil. Die Gruppe bestand aus 15 Musikern (7 Frauen, 8 Männer) und 15 musikalischen Laien. Ihnen wurden fünf Musikstücke unterschiedlicher Art (von Vivaldi bis Punk und Jazz) vorgespielt, und sie wurden gebeten, einen Knopf zu drücken „wann immer die Musik bewirkt, dass in Ihnen etwas geschieht“ (Waterman 1996, S. 56). Diese Instruktion wurde mit Absicht unscharf formuliert, so dass die Versuchspersonen ihrem einfachen Erleben freien Lauf lassen konnten, ohne dass Bewertungs- oder kompliziertere Kategorisierungsprozesse ihr Empfinden beeinträchtigen sollten. Danach wurden die Versuchspersonen einzeln im Hinblick auf ihre Reaktionen in einem Interview befragt, so dass auch qualitative Daten bezüglich ihrer Reaktionen erhoben werden konnten.

Im zweiten Experiment wurden ein Jahr nach dem ersten Experiment acht der Versuchspersonen (4 Musiker und 4 Laien) nochmals mit zwei der bereits ein Jahr zuvor gehörten Musikstücke konfrontiert, und es wurden die emotionalen Reaktionen erneut festgehalten und diskutiert. In einem dritten Experiment mussten vier Musiker jeweils in Duettform ein Musikstück aufführen, wobei sie mit einem Fußschalter oder einem kleinen Schalter zwischen den Zähnen (z. B. bei Pianisten) wiederum angeben sollten, wann die Musik etwas mit ihnen machte.

Die Ergebnisse der Untersuchung waren wie folgt: Es fanden sich deutliche Übereinstimmungen im Hinblick auf bestimmte Zeitpunkte in einem Musikstück, die von verschiedenen Versuchspersonen als wichtig bzw. bewegend bewertet wurden. Bei den musikalischen Ereignissen, die als unmittelbar emotional bedeutsam bewertet wurden, handelt es sich unter anderem um enharmonische Verwechslungen, um den Beginn einer Singstimme, den Höhepunkt eines Crescendo, einen Rhythmuswechsel oder um das Auftreten des Intervalls einer absteigenden Quinte. Auch wurde gefunden, dass die Versuchspersonen auf musikalisch unerwartetes Material emotional reagierten.

Im Wiederholungsexperiment nach einem Jahr zeigte sich, dass die Versuchspersonen, von denen sich die meisten nicht an die bereits ein Jahr zuvor gehörten Musikstücke erinnern konnten, insgesamt etwa so reagierten wie ein Jahr zuvor. Was also auch immer die emotionale Reaktion bewirkte, der Effekt war reproduzierbar, und die Personen waren konsistent in ihren Reaktionen (die entsprechenden Test-Retest-Korrelationen lagen zwischen 0,46 und 0,82).

Dabei waren die Wirkungen keineswegs bei jedem gleich. Welche Reaktionen allerdings im Einzelnen hervorgerufen werden, scheint vielmehr von den individuellen Vorerfahrungen oder von der Stimmung des Zuhörers abzuhängen: So wurde beispielsweise der erste Satz aus Vivaldis *Die vier Jahreszeiten*, „Winter“ als interessant, aufregend, unheimlich, böse oder depressiv beschrieben. Wie der Autor hierzu treffend bemerkt, haben diese Beschreibungen gemeinsam, dass die Musik mit dem Hörer im Hinblick auf dessen hedonische Gestimmtheit etwas macht, aber dass sich hierin die Gemeinsamkeiten auch schon erschöpfen.

Die Ergebnisse sprechen also insgesamt dafür, dass es auf einer ganz allgemeinen Ebene so etwas wie eine „Grammatik" musikalischer Ereignisse geben mag, bei deren Verletzung im Sinne der Unerwartetheit eines Ereignisses eine emotionale Reaktion auftritt. Andererseits sind die auftretenden Reaktionen von einer solchen Vielgestaltigkeit, dass man insgesamt von einer sehr stark individualisierten Reaktionsweise von Menschen auf musikalische Ereignisse ausgehen muss. „Es gibt möglicherweise gar keine systematische Erklärung dessen, was geschieht, wenn Menschen mit Musik interagieren" (Waterman 1996, S. 66).

Im dritten Experiment zu den Emotionen zweier Musiker beim Musizieren im Duett zeigte sich, dass die Musiker in ihren emotionalen Reaktionen auf das gerade gespielte Stück nur geringfügig übereinstimmten (die entsprechenden Koeffizienten der Übereinstimmung lagen alle unter 0,27). Die danach durchgeführten Befragungen der Musiker ergaben, dass dies wahrscheinlich daher rührte, dass die Musiker permanent die Qualität des eigenen Spiels sowie des Spiels des zweiten Musikers im Bewusstsein hatten und weniger die emotionalen Gehalte des gerade Gespielten. Die Musiker, so könnte man formulieren, waren zu sehr mit dem Spielen beschäftigt, als dass sie es sich hätten leisten können, noch zusätzlich emotional auf das Stück zu reagieren.

Interessant war weiterhin noch, dass Musiker im Vergleich zu Laien in ihren Einschätzungen der bedeutsamen Ereignisse mehr selbstbezogen waren, mehr Werturteile und mehr intellektualisierende Urteile aussprachen. Es zeigte sich somit erwartungsgemäß, dass Musiker ihre Kenntnisse einsetzen, wenn sie Musik hören und durch Musik bewegt werden. Entsprechend erinnerten sich die Musiker beim Hören der Musikstücke an mehr musikalische, aber auch an mehr nichtmusikalische Ereignisse, die mit dem gerade gehörten Musikstück in Verbindung standen. Dies würde man gemäß den in Kapitel 5 beschriebenen Prozessen zum Chunking und Clustering von Inhalten durch Vorerfahrungen erwarten.

Demgegenüber war die Variabilität des erinnerten Materials bei den musikalischen Laien größer. Wurden die Nichtmusiker durch das Musikstück an etwas erinnert, so war dieses mit einer höheren Wahrscheinlichkeit nichtmusikalischer Natur. Diese Tatsache der größeren Streuung der Assoziationen nichttrainierter Zuhörer könnte dahingehend interpretiert werden, dass sie in gewisser Weise „mehr" von der Musik haben als Nichtmusiker. Es fällt ihnen alles Mögliche ein, nicht nur das, was nach musikalischen Gesichtspunkten nahe liegt. Die größeren Vorerfahrungen von Musikern mit Musik können dazu führen, dass ihre Assoziationen eher wissensbasiert gelenkt sind und möglicherweise sogar noch größer an Zahl sind als die der Nichtmusiker, jedoch innerhalb des Bereichs der Musik verbleiben. Die größere Streuung der Nichtmusiker wird bei den Musikern sozusagen durch einen musikspezifischen Assoziationshof ersetzt.

Man kann sich wahrscheinlich nun endlos darüber streiten, welches die bessere Art des Hörens darstellt. Für den Soziologen Theodor Adorno war dies ein klarer Fall: Nur der Experte hört Musik richtig. Aus heutiger Sicht erscheint eine solche Haltung jedoch nicht nur überheblich, sondern auch sachlich fragwürdig, denn die

Breite der Assoziationen ist ja beim Nichtmusiker größer, und vielleicht war es ja gerade die Erzeugung breiter Assoziationen, denen die Musik in evolutionärer Hinsicht überhaupt ihre Existenz verdankt. Vielleicht ist auch die Breite der Assoziationen bis heute der wesentliche Grund, weswegen wir so häufig Musik hören. Das emotionslose Zuhören des Experten mit allein musikalischen Gedanken, Assoziationen und Interpretationen ist aus dieser Sicht der Musik ebenso angemessen wie eine Proteinanalyse gegenüber einem Fünf-Sterne-Menü. Wer also bestimmte Weisen des Hörens von Musik anderen Weisen gegenüber auszeichnet, der unterschreibt zugleich bestimmte Gedanken zu Zielen und Zwecken von Musik, und diese Gedanken sind bis heute keineswegs eindeutig geklärt. Solange es sich jedoch so verhält, kann man mit gutem Recht argumentieren, dass ein jeder nicht nur hören möge, was er will, sondern auch, wie er es will!

Wählen lässt sich der Grad des Expertentums des Musikhörens vom Individuum ohnehin ebenso wenig wie die eigene Schuhgröße. Ein Mensch hat beim Hören bestimmter Musik eben bestimmte Vorerfahrungen oder nicht. So hört eben auch jeder, wie er hört, und sollte sich deswegen nicht wegen Adorno grämen (vgl. auch Kapitel 13).

Doch zurück zu den Ergebnissen von Waterman. Insgesamt lässt sich aus seinen Daten schließen, dass sowohl trainierte Musiker als auch musikalische Laien recht gut darin übereinstimmen, bei welchen musikalischen Ereignissen sie innerlich berührt oder bewegt werden. Auch zeigte sich, dass Menschen in diesen Bewertungen relativ konsistent bzw. stabil sind. Beim aktiven Musizieren stimmen Musiker demgegenüber nicht in ihren emotionalen Reaktionen auf die Musik überein, was wahrscheinlich daran liegt, dass sie sich eben um ihr Spiel und nicht um ihre emotionalen Reaktionen auf dieses Spiel kümmern.

Mit Piepser und Testblock

Um die Veränderungen der Stimmung durch Musik zu objektivieren, gingen Sloboda und Mitarbeiter einen ungewöhnlichen Weg. Sie baten, musikalisch nicht weiter vorbelastete Versuchspersonen, einen Piepser bei sich zu tragen, der sie eine Woche lang in zufälligen Abständen anpiepste. Weiterhin mussten die Versuchspersonen einen kleinen Block mit standardisierten Fragen bei sich führen. Jedes Mal, wenn sie angepiepst wurden, sollten sie mit ihrer augenblicklichen Beschäftigung, soweit möglich, innehalten und sich der Musik die beim Piepston gerade in der Umgebung erklang, zuwenden. Falls gerade keine Musik erklang, sollten sie sich an die zuletzt gehörte Musik erinnern.

Wie in der Wissenschaft nicht ganz selten üblich, fand man hierbei zunächst heraus, was wir alle ohnehin schon wissen: Musik wird unter den verschiedensten Begleitumständen gehört. Dabei ist die Musik selbst sehr selten Hauptthema, sondern begleitet in der Regel irgendeine andere Aktivität, wie beispielsweise Geschirrspülen, miteinander plaudern, sich sportlich betätigen, Arbeiten oder Reisen. Die Versuchspersonen mussten ihre Stimmung auf einer Reihe von Skalen zwischen Extremwerten einordnen, also beispielsweise irgendwo auf einer Linie zwischen den Worten „fröhlich" und „traurig" (vgl. Tabelle 15-3). Mit dem statistischen Verfahren der Faktorenanalyse wurden hieraus drei wichtige Faktoren für die Stimmung extrahiert: Positivität, geistige Präsenz und Wachheit.

Tab. 15-3 Drei Faktoren (mit prozentualer Varianzaufklärung) der emotionalen Reaktion auf Musik (nach Sloboda 1999) und jeweils charakteristische Adjektivpaare.

Positivität (36 %)	
gestresst	behaglich
traurig	fröhlich
irritierbar	locker
unsicher	sicher
gespannt	entspannt
geistige Präsenz (14 %)	
gelangweilt	interessiert
unbeteiligt	beteiligt
einsam	verbunden
nostalgisch	in der Gegenwart
Wachheit (12 %)	
benommen	wach
müde	energiegeladen

Die Musik führte insgesamt zu einer Veränderung in Richtung mehr Positivität, mehr Wachheit und mehr Präsenz. Das heißt, Musik macht die Menschen – nach ihrer eigenen Einschätzung – glücklicher, wacher und weniger einsam bzw. gelangweilt.

Darüber hinaus zeigte sich als interessantes Ergebnis die besondere Bedeutung der Kontrolle der Versuchspersonen über die Art der gehörten Musik: Konnten die Versuchspersonen selbst darüber entscheiden, was sie gerade hörten, änderte sich die Stimmung am deutlichsten in die positive Richtung, wohingegen nur geringe positive Änderungen zu verzeichnen waren, wenn die Versuchspersonen der Musik passiv ausgesetzt waren und nicht selbst entscheiden konnten, was sie gerade hörten (siehe Abb. 15-1).

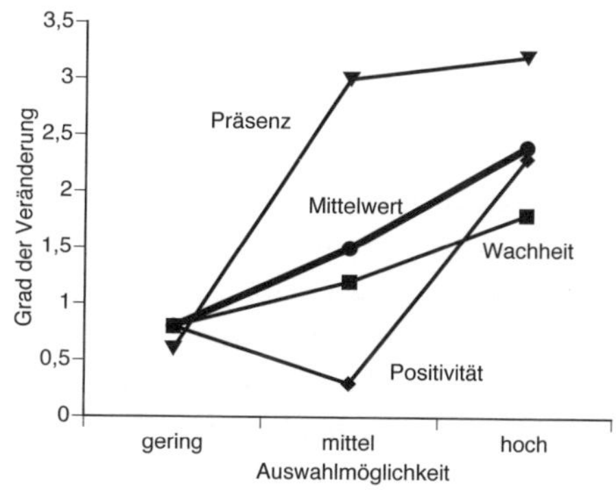

Abb. 15-1 Ausmaß der positiven Veränderung der Stimmung durch Musik (in einer Selbstbeurteilungs-Skala) in Abhängigkeit davon, ob man wenig, mittelmäßig viel oder viel Kontrolle darüber hat, welche Musik man hört. Man fühlt sich an Kant erinnert (vgl. Kapitel 1), der durch Musik eher gestört zu werden schien.

Ein weiteres interessantes Resultat der Untersuchung war, dass die emotionalen Faktoren unabhängig voneinander variieren konnten. Zwar verbesserte Musik insgesamt die emotionale Lage der Versuchspersonen, in einigen Episoden änderten sich jedoch die Faktoren gegensinnig, insbesondere dann, wenn die Versuchspersonen Musik zum Hervorrufen bestimmter Stimmungen gezielt einsetzen. Hat man beispielsweise Freunde eingeladen, so legt man vielleicht eine langsame ruhige CD mit „Hintergrundmusik" auf, die Wachheit und Präsenz reduziert, Positivität jedoch fördert.

Bilder vom emotionalen Gehirn

Es gibt bislang erst wenige Untersuchungen zur Frage, was genau im Gehirn geschieht, wenn es emotional auf Musik reagiert.

Blood und Mitarbeiter (1999) gingen der Frage nach, in welchen Gehirnregionen emotionale Antworten auf musikalische Erlebnisse verarbeitet werden. Sie verwendeten die Methode der Positronenemissionstomographie (PET) und bestimmten damit lokale Hirndurchblutungsänderungen während zehn Versuchspersonen sechs unterschiedliche Versionen eines unbekannten Musikstücks hörten. Die sechs Versionen des gleichen Stücks unterschieden sich im Grad der Dissonanz. Es fanden sich bei dieser Untersuchung Hirnareale, deren Aktivität mit dem Grad der Dissonanz positiv als auch negativ korrelierte: Der Bereich des rechten parahippocampalen Gyrus und des Präcuneus korrelierten mit Dissonanz, wohingegen orbitofrontale und frontopolare Regionen beidseits mit Konsonanz aktiviert wurden. Man ließ die Versuchspersonen auch die sechs Musikstücke auf der Dimension angenehm und unangenehm sowie auf der Dimension fröhlich und traurig einschätzen. Damit konnte gezeigt werden, dass die Hirnaktivierung nicht durch einen fröhlichen oder traurigen Affekt, sondern durch den Grad der Angenehmheit beeinflusst wurde. Da der parahippocampale durch Dissonanz aktivierte Bereich enge Verbindung mit dem Mandelkern hat und dieser traditionell mit der Verarbeitung unangenehmer Affekte in Verbindung gebracht wird, ist das Ergebnis von Blood und Mitarbeitern durchaus plausibel. Es zeigt an, dass die durch Dissonanzen hervorgerufenen unangenehmen Empfindungen im Gehirn Strukturen aktivieren, die für negative Emotionen zuständig sind. Die Orbitofrontalregion sowie die Frontopolarregion wurden beide mit der Verarbeitung von Regeln sowie mit der Affektverarbeitung in Verbindung gebracht. Ihre stärkere Aktivierung durch konsonante/ angenehme Musik deutet darauf hin, dass diese regelhaften Erwartungen entspricht und dass die mit der Musik verbundenen positiven Affekte in diesen Hirnregionen verarbeitet werden.

Wie oben (vgl. Kapitel 7) bereits angeführt, scheint die emotionale Bewertung von Musik zwar mit Konsonanz und Dissonanz zusammenzuhängen, aber nicht damit identisch zu sein. Da man aus der Untersuchung von Blood et al. (1999) wusste, wo (musikbezogene) Emotionen verarbeitet werden, konnte im Fall der Patientin I.R. klar gezeigt werden, dass diese Bereich des Gehirns nicht betroffen waren und Emotionalität und Wohlklang zumindest neurobiologisch klar getrennt sind.

Gänsehaut im Scanner

Zwei Jahre nach dieser ersten Studie zu vor allem negativen Emotionen durch dissonante Musik erschien von der gleichen Autorin eine weitere Studie, in der vor allem sehr positiven Affekten beim Hören von Musik nachgegangen wurde (Blood u. Zatorre 2001). Zehn Probanden mit im Mittel acht Jahren musikalischer Ausbildung wurden zunächst danach ausgesucht, ob sie das Gefühl der den Rücken hinunterlaufenden Gänsehaut beim Hören mancher ganz bestimmter Musikstücke kennen. Jeder einzelne musste dann dasjenige Musikstück auswählen, welches bei ihr (n = 5) oder ihm (n = 5) solche Gänsehaut verursacht, wobei es sich in allen Fällen um „klassische" Musik handelte. Da man von diesem Gefühl weiß, dass es an ganz bestimmten Stellen der Musikstücke auftritt, wurden diese vorher bestimmt und eine jeweils 90 Sekunden lange „gänsehautträchtige" Passage ausgewählt.

Da die einzelnen Versuchspersonen jeweils andere Stücke auswählten, konnten diese Passagen wechselseitig als Kontrollbedingung dienen: Was dem einen die Gänsehaut macht, bewirkt beim anderen nichts. Jede Passage wurde auf diese Weise genau zweimal verwendet, einmal als emotionale Stimulationsbedingung und einmal als Kontrollbedingung. Dadurch wurde sichergestellt, dass ein Unterschied in der Aktivierung des Gehirns nicht auf bestimmte musikalische Eigenschaften der Stücke wie Tempo, Stilrichtung, Dynamik etc. zurückzuführen war, sondern auf deren emotionale Wirkungen auf die Versuchspersonen.

Mittels PET wurden dann insgesamt zwölf Messungen der zentralnervösen Aktivierung vorgenommen, nämlich jeweils drei Scans unter den Bedingungen „Musik-Gänsehaut", „Musik" sowie den beiden zusätzlichen Kontrollen „Rauschen" und „Ruhe", alles in zufälliger Anordnung hintereinander. Die während der Untersuchung gleichzeitig durchgeführten Messungen von Puls, Atemtiefe und Muskelanspannung ergaben deutliche emotionale Reaktionen auf die musikbedingte positiv bewertete Gänsehaut im Sinne einer Steigerung (vgl. Abb. 15-2). Die Gänsehaut trat auch tatsächlich in 77 % der Fälle auf, in denen sie erwartungsgemäß auftreten sollte. Die Versuchspersonen bewerteten die Intensität sowohl dieser Erlebnisse als auch ihrer emotionalen Reaktion überhaupt auf die Musik. Die Aus-

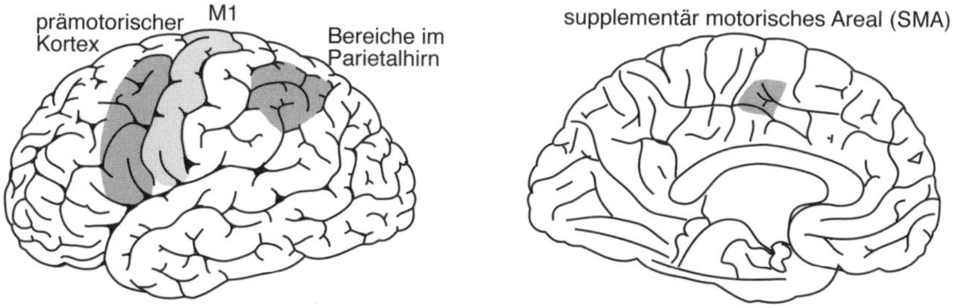

Abb. 15-2 Bewertung der emotionalen Reaktion allgemein sowie der Gänsehaut und Darstellung physiologischer Variablen (Puls, Atemtiefe und Muskelspannung) beim Hören von Musik, die Gänsehaut beim Einzelnen verursacht versus Musik (Kontrolle), die diese Reaktion nicht hervorruft (Daten aus Blood u. Zatorre 2001).

wertung der PET-Daten ergab, dass mit zunehmender Gänsehaut die Aktivität in einigen Arealen zunahm, in anderen dagegen abnahm (vgl. Abb. 15-3). Eine Zunahme der Aktivität fand sich u. a. in einem Bereich (ventrales Striatum links), der für positive Bewertung zuständig und beispielsweise auch dann aktiv ist, wenn ein Suchtstoff wie Kokain eingenommen wird, wenn man mit Heißhunger Schokolade isst oder wenn man mit einer attraktiven Person Blickkontakt hat (Breiter et al. 1997; Kampe et al. 2001; Small et al. 2001; für eine zusammenfassende Diskussion vgl. Spitzer 2002a). Auch im linken dorsomedialen Mittelhirn, dem rechten orbitofrontalen Kortex sowie der Insel beidseits (ebenfalls bekanntermaßen in Bewertungsvorgänge bzw. emotionale Prozesse involviert) sowie in Bereichen, die für Aufmerksamkeit (anteriorer Gyrus cinguli) und Bewegungskontrolle (supplementär-motorisches Areal und Kleinhirn) zuständig sind, fand sich eine Zunahme der Aktivierung. Eine Abnahme zeigten dagegen die Mandelkerne beidseits (die bei Angst aktiviert werden) und der ventromediale präfrontale Kortex (der bei unangenehmen Erfahrungen aktiviert wird).

Damit ergibt sich das folgende Bild: Musik bewirkt prinzipiell das Gleiche wie andere biologisch außerordentlich wichtige Reize wie beispielsweise Nahrung oder soziale Signale. Sie stimuliert das körpereigene Belohnungssystem, das auch durch Sex oder Rauschdrogen stimuliert wird, und das mit der Ausschüttung von Dopa-

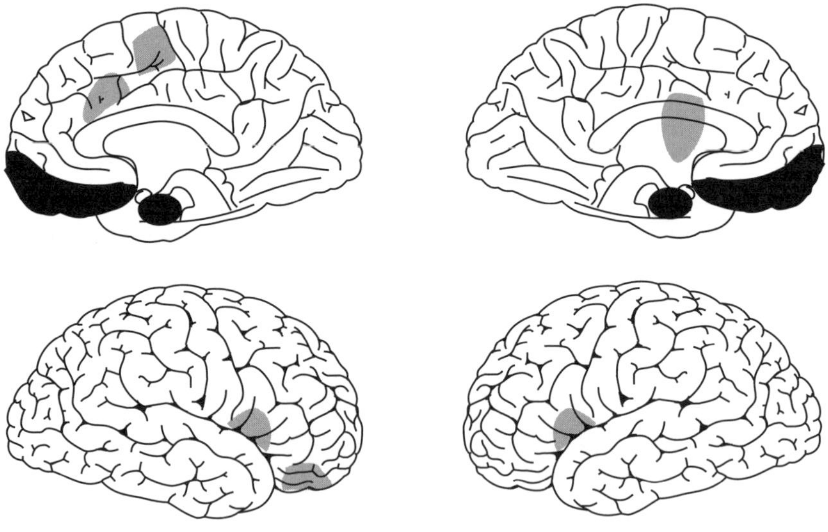

Abb. 15-3 Schematische Darstellung einiger der von Blood und Zatorre (2001) berichteten durch das Erleben musikbedingter Gänsehaut aktivierter (hellgrau) bzw. deaktivierter (schwarz) Areale des Gehirns. Eine Aktivierung war u. a. im linken ventralen Striatum (oben rechts), in der Insel beidseits (unten), im rechten orbitofrontalen Kortex (unten links), dem anterioren Gyrus cinguli, dem supplementär-motorischen Areal (oben links) sowie dem Kleinhirn (jeweils beidseits, nicht dargestellt) zu verzeichnen. Bei Gänsehaut vermindert war dagegen die Aktivierung des rechten Mandelkerns, des linken Hippocampus-Mandelkern-Bereichs und des ventralen medialen präfrontalen Kortex (oben).

min (aus Neuronen der *Area A10* in den *Nukleus accumbens*) und von endogenen Opioiden (aus Neuronen des *Nukleus accumbens* in weite Teile des Frontalhirns) einhergeht. Umgekehrt wird durch angenehm empfundene Musik die Aktivierung zentralnervöser Strukturen, die unangenehme Emotionen wie Angst und Aversion signalisieren, gemindert. Musik, die der Hörer mag, wirkt damit gleich auf doppelte Weise angenehm. Zusätzlich führt Musik zur Aktivierung von Strukturen, die für Wachheit und Aufmerksamkeit wichtig sind (Thalamus und anteriorer Gyrus cinguli), und könnte auf diese Weise weitere günstige Auswirkungen auf das Wohlbefinden und die Leistungsfähigkeit der Menschen haben. Die Autoren kommentieren ihre Befunde daher wie folgt:

> „Wir haben hiermit gezeigt, dass Musik neuronale Systeme für Belohnung und Emotionen aktiviert, die denen entsprechen, die auf spezifische biologisch relevante Stimuli wie beispielsweise Nahrung oder Sex antworten, bzw. künstlich durch Rauschdrogen aktiviert werden. Dies ist bemerkenswert, denn Musik ist streng genommen weder für das Überleben noch zur Reproduktion notwendig, ebenso wenig ist Musik eine Substanz im pharmakologischen Sinn. Die Aktivierung dieser Systeme des Gehirns durch einen Reiz vom Grad der Abstraktheit von Musik könnte eine emergente Eigenschaft der Komplexität menschlichen Denkvermögens sein. Möglicherweise hat die Ausbildung immer stärkerer anatomischer und funktioneller Verbindungen zwischen entwicklungsgeschichtlich älteren, überlebenswichtigen Systemen einerseits und neueren eher kognitiven Systemen andererseits unsere Fähigkeit, abstrakten Reizen Bedeutung zu verleihen, verstärkt, und damit auch unsere Fähigkeit vermehrt, aus diesen Reizen Freude abzuleiten. Die Tatsache, dass Musik die Eigenschaft besitzt, solch intensive Glücksgefühle zu bewirken und körpereigene Belohnungssysteme stimuliert, legt nahe, dass Musik, wenn sie auch nicht für das Überleben der Art Mensch unbedingt notwendig ist, doch einen deutlichen Beitrag zu unserem geistigen und körperlichen Wohlbefinden leisten könnte" (Blood u. Zatorre 2001, S. 11823).

Im letzten Kapitel dieses Buches (vgl. Kapitel 17) wird den therapeutischen Wirkungen von Musik, die nach den vorgestellten neuesten neurobiologischen Untersuchungen sehr naheliegend sind, weiter nachgegangen.

Fazit: Wer fühlen will, muss hören

Emotionale Reaktionen auf Musik sind wie unser Geschmack beim Essen: Ganz wichtig, aber kaum wissenschaftlich untersucht. Getreu dem in Kapitel 5 über Metaphern Gesagten sei es daher erlaubt, die Metaphorik des Essens und Schmeckens etwas weiterzutreiben. Dem einen schmeckt eher Süßes, dem anderen ist es eher nach Herzhaftem zumute. Es gibt auch bestimmte Dinge, die den meisten Menschen schmecken und vor allem auch bestimmte andere Dinge, die niemand mag. Bei aller Variabilität zwischen den Menschen ist ein einzelner jedoch einigermaßen konsistent: Wer heute Rippchen mit Sauerkraut gerne isst, wird dies wahrscheinlich in einem Jahr auch noch tun, auch wenn er sich gar nicht mehr daran erinnern kann, heute genau dies mit Genuss gegessen zu haben. Den Menschen direkt vorzuschreiben, was sie wie zu essen hätten, funktioniert nicht, schon gar nicht, ihnen vorzuschreiben, was sie zu mögen haben. Eigenartigerweise lassen sich viele Menschen dennoch von den Medien stark beeinflussen und mögen (oder glauben jedenfalls, mögen zu müssen, um cool oder in zu sein) nutritiv-geschmacklich verarmteste Nahrung. Säfte, Großmutters Eintopf oder Bauernbrot schmecken besser als Soft-Drinks, Chips und Fast Food oder Toast (alles aus Fabriken, immer gleich und immer langweilig), aber viele meinen, ohne die Fabriknahrung nicht auskommen zu können. Es ist sicherlich auch eine starke Verarmung, wenn wir nach einem Flug ans andere Ende der Welt als erstem dem geschwungenen M oder dem Cola-Schriftzug (nebst anderen globalen Logos) begegnen. – Der Leser übertrage dies alles einmal gedanklich auf Musik. Er wird feststellen, dass die Metapher ziemlich weit trägt: Big Mac und Cola ist wie Madonna und Michael Jackson ...

Die wenigen wissenschaftlichen Untersuchungen zeigen, dass es unterschiedliche Weisen gibt, wie Musik mit Emotionen verknüpft sein kann: Zum einen im episodischen Gedächtnis als ganz bestimmte assoziative Verknüpfung eines Erlebnisses mit der parallel gehörten Musik. Zum anderen aber auch als kulturell allgemein recht verbindliche Weise des Hörens bestimmter musikalischer Phänomene (Dur fröhlich, Moll traurig etc.) und zum Dritten vielleicht noch darüber hinausgehend als sogar interkulturell relativ stabile Reaktionsweise auf bestimmte akustische Sachverhalte. Wer Angst hat, dem rasen Puls und Atmung, wer sich hingegen wohl fühlt, der atmet ruhig und hat einen eher langsamen Puls: Wiegenlieder sind daher überall eher ruhig und langsam, denn sie sollen ja das Kind beruhigen und zum Einschlafen bringen.

Experimente zu den emotionalen Reaktionen auf Musik zeigen deren Stabilität über die Zeit und deren Spezifität im Hinblick auf bestimmte Bereiche des Gehirns, die für Bewertungen – welcher Art von Stimuli auch immer – zuständig sind.

Wie sagte doch der Werbespruch einer süddeutschen Radiostation (in Verdrehung eines Sprichworts zu den aversiv-nozizeptiven Folgen von Ungehorsam) so treffend: Wer fühlen will, muss hören.

16 Funktion

Musik wird in vielfacher Hinsicht praktiziert und angewendet. In diesem Kapitel geht es sowohl um das *Wo* als auch um das *Wozu* solcher angewandter Musik, wobei aufgrund der Fülle möglicher Themen nur beispielhaft vorgegangen werden kann. Interessant ist wiederum, dass es die Physiologie unseres Hörsinns – immer zusammen mit, und letztlich irgendwo zwischen Physik und Kultur – ist, die die Anwendungen von Musik bestimmt. Angewandte Musikwissenschaft (*applied musicology*) ist damit vielgestaltig und erst seit noch nicht allzu langer Zeit dabei, überhaupt Wissenschaft zu sein.

Bei der Funktion von Musik denkt man in erster Linie an Werbung und Supermärkte. In Werbespots werden durch geeignete Musik Inhalte vermittelt, die bei ihrem Aussprechen vielleicht zu platt oder gar unplausibel erscheinen würden. Fährt ein Auto beispielsweise zur Panflöte werbewirksam über die Mattscheibe (nebenbei: nie im Stau, sondern immer sogar ganz ohne Gegenverkehr durch die Natur, z. B. entlang der Küste), dann muss es einen Katalysator haben (vgl. Tabelle 16-2), denn das Instrument der Hirten steht für Naturverbundenheit und sein einfacher Klang suggeriert Reinheit. In Supermärkten sorgt Musik durch den Effekt der Maskierung (vgl. Kapitel 3) für die Privatheit, die wir beim Einkaufen brauchen, um nicht ständig das Gefühl zu haben, uns schaue (bzw. höre) jemand zu. Diese Privatheit durch Maskierung anderer Schallquellen dürfte einer der Hauptgründe für die vielfältigen Weisen des Hörens von Musik sein: Das Autoradio begleitet uns beim Fahren und man hört entweder die seichte Kost der Verkehrssender oder spezielle Klassiksender, bei denen die Dynamik der Musik auf wenige dB reduziert wurde, damit man leise Passagen überhaupt (bei dem Lärm im Auto) hört und durch die lauten Passagen nicht zu sehr abgelenkt wird. „Früher rasierte man sich, wenn man Beethoven hören wollte, jetzt hört man Beethoven, wenn man sich rasieren will." Mit diesem Aphorismus beschreibt der Schweizer Schriftsteller Peter Bamm den allfälligen Gebrauchsaspekt von Musik sehr treffend.

Musik wird irgendwo gemacht. Obwohl das Musizieren im Freien bei schönem Wetter Spaß machen kann, kann Open-Air-Musik nie so gut klingen wie im Konzertsaal (siehe unten). Im antiken Griechenland versuchte man immerhin, durch die halbrunde Bauweise der (Freiluft-)Amphitheater wenigstens das Sprachverständnis zu optimieren. Kirchen eignen sich scheinbar nur für Kirchenmusik, nicht aber für Jazz. Warum eigentlich? Liegt das nur am fehlenden intimen Ambiente, also an unseren Gewohnheiten? Das Feld der *musical architecture* gibt hier manche interessante Antwort, die – wenn missachtet – den baulich schönsten Konzertsaal nutzlos macht.

Musik wird nicht immer grundlos bzw. ohne Zweck gemacht. Vielmehr wird Musik auch angewandt, um mehr Waren zu verkaufen, um Leiden zu lindern (hierzu mehr in Kapitel 17) oder um bewegte Bilder zu begleiten, damit diese eindrücklicher und verständlicher werden. Richard Wagner verstand sich meisterhaft auf audiovisuelle Effekte zur Dramaturgie, und bis heute lebt die Filmmusik zumindest teilweise von seinem Erbe, worauf u.a. Adorno in seinem *Versuch über Wagner* (1952) hinwies. In diesem Kapitel greifen wir drei funktionale Aspekte der Musik auf, den des Kaufens und Verkaufens, die musikbezogene Architektur und die bildbezogene Filmmusik.

Wirtschaft, Werbung und Supermärkte

Geht man in Ulm oder irgendwo anders auf der Welt auf den Marktplatz, so kann man die Händler zuweilen recht lautstark ihre Ware anpreisen hören. Rhythmische Rufe und Gesänge werden benutzt, um auf sich aufmerksam zu machen und Käufer anzuziehen. Bridge (1921) zitiert diese melodiösen Rufe (oder sind es rufartige Melodien?) aus den Straßen von London, die von Bauern, Fischern, Händlern und allerlei fahrendem Volk zu vernehmen waren (vgl. Abb. 16-1).

Musik beeinflusst möglicherweise die gesamte Wirtschaft. Zullow (1991) untersuchte die Texte der 40 meistverkauften Schlager (*Top 40* in der amerikanischen Hitparade) in den Jahren 1955 bis 1989 und bewertete sie nach ihrem Gehalt an pessimistischen, depressiven Äußerungen. Die über die Jahre zu beobachtenden Schwankungen der Häufigkeit der durch oft gehörte Musikstücke verbreiteten depressiven Inhalte erwies sich als Prädiktor für das Vertrauen der Menschen in die Wirtschaft und dieses Konsumentenvertrauen wiederum sagte die wirtschaftliche Entwicklung der nächsten ein bis zwei Jahre voraus! Im Grunde verwundert dies nicht, wenn man bedenkt, dass die Musik in Funk und Fernsehen Bedeutungsgehalte (und seien sie noch so trivial) millionenfach in die Köpfe der Menschen transportiert. Die auf diese Weise eingehämmerten textlichen Inhalte können langfristig

Abb. 16-1 Gerufene Melodien zum Verkauf von Ware in den Straßen von London (nach Bridge 1921).

unser Denken beeinflussen. Die Studie zeigt somit, wie ernst die Wirkungen von leichter Musik unter Umständen sein können.

Musik ist aus der Werbung nicht wegzudenken. Sie zieht Aufmerksamkeit an, vermittelt – bemerkt oder unbemerkt – eine Nachricht, versetzt uns in einen bestimmten emotionalen Zustand oder ruft ganz bestimmte Erinnerungen hervor. Kein Wunder also, dass knapp 90 % aller international ausgestrahlten Werbesendungen Musik als wesentliches Element enthalten (Appelbaum u. Halliburton 1993). Die Wirkungen von Musik in der Werbung lassen sich nicht mit einem einfachen Mechanismus erklären, sondern sind durchaus vielschichtig.

Kugelschreiber und Shampoo

Die einfachste Erklärung der Wirkung von Musik in der Werbung besteht in der Annahme, es handele sich um klassisches Konditionieren (vgl. die bekannte Geschichte von den Hunden, denen die Spucke läuft, wenn das Glöckchen klingelt in Kapitel 7). Das vielleicht bekannteste Experiment hierzu wurde bereits vor etwa 20 Jahren durchgeführt (vgl. Gorn 1982). Den Versuchspersonen wurde das Dia eines hellblauen oder eines beigefarbenen Kugelschreibers gezeigt, und gleichzeitig wurde Musik gespielt, die die Versuchspersonen mochten oder nicht. Danach durften sich die Versuchspersonen als Dankeschön für die Beteiligung am Experiment einen Kugelschreiber (entweder hellblau oder beige) aussuchen. Durch Variation der Musik und der Farben konnte man zeigen, dass die Versuchspersonen zu 79 % denjenigen Kugelschreiber auswählten, dessen Bild sie zuvor während des Hörens angenehmer Musik gesehen hatten. Die Musik hatte also die Wahl beeinflusst. Sie war während des Experiments mit dem Bild verbunden worden, was sich auf die Auswahl danach auswirkte.

In weiteren Experimenten konnte man zeigen, dass diese Verbindung eines Produkts zu gemochter Musik (was im Mögen des Produkts und damit im Kaufen resultiert) selbst dann gelingt, wenn die Versuchspersonen die Musik gar nicht beachten (vgl. North u. Hargraeves 1997). Die ist bei Werbung in Funk und Fernsehen wahrscheinlich meist der Fall.

Ganz so einfach, wie man hieraus schließen könnte – Musik als Medium der Gehirnwäsche und geheimen Verführung marionettenhafter Konsumenten – liegen die Dinge allerdings nicht. So wurde das Kugelschreiber-Experiment mit roten und blauen Kondomen wiederholt – ohne Effekt der Begleitmusik (Pitt u. Abratt 1988). Auch mit den Kugelschreibern klappt das Experiment nicht, hat also die Musik keinen Einfluss auf die Auswahl, wenn man den Versuchspersonen die Vorzüge oder Nachteile eines der beiden Produkte erläutert (Gorn 1982).

Man hat hieraus geschlossen, dass Musik nur in solchen Fällen in der Werbung im Sinne des klassischen Konditionierens wirkt, wenn die Aufmerksamkeit des Kunden gering ist und er vor allem auch dem Produkt wenig Aufmerksamkeit schenkt. Wer sich mit dem Produkt hingegen genau beschäftigt, den wird unterschwellige Musik nicht manipulieren. Ein Experiment zur Werbung für ein Shampoo zur Haarwäsche mag dies verdeutlichen. Den Versuchspersonen wurden entweder die Vorzüge des Produkts im Einzelnen erklärt (hohe Involviertheit der Versuchspersonen), wohingegen eine zweite Gruppe von Versuchspersonen die Instruktion erhielt, sich vorzustellen, dass sie das Shampoo gar nicht brauchten (niedrige Involviertheit der Versuchspersonen). Beide Gruppen wurden nochmals aufgeteilt, und es wurde der Effekt von zusätzlich eingespielter angenehmer Musik gemessen. Die Ergebnisse waren wie folgt: Wer sich nicht für Shampoo interessiert, jedoch angenehme Musik bei seiner Vorstellung hört, denkt positiver über das Produkt als ohne Musik. Wer jedoch Informationen über das Shampoo erhält, den stört die Musik eher, so dass in der Informationsgruppe die zusätzliche Musik einen tendenzmäßig ungünstigen Effekt hatte (Park u. Young 1986).

Musik kann aber auch Informationen vermitteln, wie eingangs bereits mit dem Bild des zur Panflötenmusik durch die Natur fahrenden Autos angedeutet. Ein weiteres Experiment mit Shampoo macht dies deutlich: Wurde während der Produktpräsentation das Lied *You Make Me Feel Like a Natural Woman* gespielt, wurde die Information zur Natürlichkeit des Produkts von den hoch involvierten Versuchspersonen besser verarbeitet. Die Musik störte in diesem Fall also nicht, sondern passte gut zum Gehalt dessen, was man auch verbal vermitteln wollte (McInnis u. Park 1991).

Es wurde zudem gefunden, dass nicht nur das Produkt, sondern der Werbespot selbst gemocht oder nicht gemocht werden kann und dass sich dieser Effekt auf das beworbene Produkt überträgt. Man kann daher versuchen, mittels Musik gar nicht das Produkt, sondern lediglich den Werbespot attraktiver zu gestalten, um auf diese Weise indirekt die Einstellung dem Produkt gegenüber zu verbessern (North u. Hargraeves 1997). Dies dürfte bei sehr vielen musikbegleiteten Werbespots der Fall sein.

Kaufatmosphäre

Die Idee einer mehr oder weniger guten Kaufatmosphäre in Geschäften ist etwa seit den 1970er Jahren bekannt. Man versucht, mit Licht, Raumgestaltung, Musik und sogar Geruch beim Kunden emotionale und zumeist nicht bewusste Wirkungen hervorzurufen, die das sein Verhalten beeinflussen und vor allem die Kaufwahrscheinlichkeit erhöhen. Man begann bereits vor über 40 Jahren mit entsprechenden Experimenten in Supermärkten, wobei zunächst ganz allgemeine Aspekte von Musik untersucht wurden, wohingegen man später mehr ins Detail ging. Bei lauter Musik verbringen die Kunden weniger Zeit im Supermarkt als bei leiser Musik (17,64 versus 18,53 Minuten), was dahingehend interpretiert wurde, dass laute Musik die Wachheit (und damit die Geschwindigkeit des Kaufens) erhöht (Smith u. Curnow 1966). Später fand man, dass schnelle Musik (mehr als 93 Schläge/min) im Vergleich zu langsamer Musik (weniger als 73 Schläge/min) den gleichen Effekt hat: Um von einem Punkt im Geschäft zu einem anderen zu gelangen, brauchten die Kunden bei langsamer Begleitmusik durchschnittlich 127,5 Sekunden, bei schneller Musik hingegen nur 108,9 Sekunden. Sie gaben bei langsamer Begleitmusik allerdings auch etwa ein Drittel mehr Geld aus (wofür sie sich offenbar die Zeit nahmen), was verdeutlicht, dass der Gesichtspunkt der Effektivität (definiert im Sinne des Durchschleusens von Kunden) allein zur Beurteilung der Wirkungen von Musik nicht herangezogen werden sollte (Milliman 1982).

Ein ähnliches Ergebnis hatte eine Untersuchung in einem Restaurant (Milliman 1986). Die Gäste aßen bei langsamer Musik langsamer und tranken mehr als bei schneller Musik. In einer Cafeteria wurde nachgewiesen, dass die Gäste bei langsamer Musik im Durchschnitt 3,8 Bissen pro Minute verschlangen, bei schneller Musik hingegen 4,4 Bissen pro Minute (Roballey et al. 1985), und in einer Bar führt schnelle Musik zu rascherem Trinken (McElrea u. Standing 1992).

Wie oben im Fall der Werbung bereits gezeigt, kann Musik nicht nur über Lautstärke und Geschwindigkeit das Konsumverhalten beeinflussen. Wurde in einem Weingeschäft entweder klassische Musik oder Musik aus der Hitparade als Hintergrundmusik verwendet, so hatte dies zwar keinen Einfluss auf die Anzahl der gekauften Weinflaschen, wohl aber auf die Sorten: Bei Berieselung mit klassischer Musik wurden vermehrt teure Weine gekauft (Areni u. Kim 1993). Dies legt nahe, dass auch hier die Musik einen Bedeutungshof (vgl. Spitzer 1996, insbesondere Kap. 10) vorgebahnt hat („klassisch") und dass diese Bahnung zu einer verstärkten mentalen Präsenz damit verbundener Produkte („wertvoll", „hochpreisig") und damit zu einer entsprechenden Verschiebung von Kaufwahrscheinlichkeiten geführt hat.

Hitparaden machen Geschmack

Die Annahme, dass Radiosender die Musik spielen, die sich die Hörer wünschen, ist falsch. Sender liefern gar nicht Musik an ein Publikum. Sie liefern vielmehr Publikum an Werbeagenturen und bedienen sich dazu der Musik als Mittel. Hierfür wird die Musik ganz speziell ausgewählt, so dass möglichst viele Menschen den Werbespots in den Pausen zuhören. North und Hargreaves sprechen hierbei von der „absoluten Dominanz kommerzieller Interessen" (1997, S. 279). Hauptproblem der Radiosender ist hierbei das Ab- oder Umschalten, das es zu verhindern gilt. So erklärt sich die zunehmende Spezialisierung der Sender auf bestimmte Musikkategorien, da dies die Wahrscheinlichkeit minimiert, dass ein Musikstück gespielt wird, das einem Hörer (der für sich die entsprechende Station eingestellt hat) nicht gefällt. Die Spezialisierung der Sender auf bestimmte Musik (die von Hörern bestimmter Altersklassen oder bestimmter sozialer Schichtzugehörigkeit gehört wird) bewirkt zudem, dass die Sender jeweils ein ganz bestimmtes Publikum verkaufen können, was es der Werbebranche wiederum erlaubt, ihre Spots gezielter zu platzieren.

Seit dem 1. August 1981 sorgt zusätzlich zum Radio der Musiksender *Music Television (MTV)* samt seiner Nachahmer für Musik im Fernsehen, die von Videos begleitet wird, die speziell für junge Zuschauer produziert wurden und diese der Werbebranche zuliefern. Zuweilen werden Musikstücke über ihre „Begleitvideos" bekannt.

Statistische Untersuchungen über die „Lebensdauer" solcher Musikstücke haben ein überraschend einheitliches Bild ergeben. Erfolgreiche Pop-Singles durchlaufen fünf Lebensphasen (vgl. North u. Hargreaves 1997):

1. Zunächst werden die Stücke und Musiker ausgesucht („pre-release"),
2. dann wird der Song durch die Plattenfirma mit Hilfe von Promotion-Veranstaltungen oder „events" beim Rundfunk und Fernsehen propagiert („buzz-creation"), woran sich die Veröffentlichung anschließt.
3. Danach ist entscheidend, wie rasch es gelingt, den Song in den Medien unterzubringen, noch *bevor* er in die Hitparaden gelangt („pre-threshold"). Diese Phase

entscheidet letztlich darüber, wie gut sich der Song verkaufen wird und damit, wie weit er in den Hitparaden (die ja auf Verkaufszahlen beruhen) nach oben gelangt.

4. Das vierte Stadium des eigentlichen kommerziellen Lebens („commercial life“) des Stücks entspricht der Dauer seines Verbleibs in der Hitparade, die im Durchschnitt elf Wochen beträgt.
5. Das fünfte und letzte Stadium („final decline“) dauert meist nur drei Wochen und betrifft den Zeitraum nach Verlassen der Hitparade bis zu praktisch vernachlässigbaren Verkaufszahlen.

Ware Musik

Wie bereits in Kapitel 1 angedeutet, sind die Ausgaben für Musik beträchtlich. Im Jahr 1992 beispielsweise betrugen in den USA die Ausgaben für bespielte Tonträger (in der Hauptsache CDs) etwa siebeneinhalb Milliarden US-Dollar (North u. Hargreaves 1997). Musik als Ware unterliegt dabei durchaus eigenen Gesetzen, denn im Gegensatz zu anderen Produkten kennen wir Musik in aller Regel gut (z. B. durch das Radio), bevor wir sie kaufen und erwerben sie selten mehr als einmal. Bei Gebrauchtwagen oder Brötchen ist dies anders.

Die beste Werbung für Musik ist die Musik selbst. Systematische Untersuchungen konnten zeigen, dass diejenige Musik gemocht wird, die auch gekannt wird. Radiosender erstellen daher Listen von Musikstücken und spielen diese Stücke immer wieder. Die Teilmenge der von einem Sender gesendeten Musik aus der Gesamtmenge der in Frage kommenden Musik ist daher verschwindend gering.

Allerdings schlägt Bekanntheit und daraus resultierende Beliebtheit irgendwann einmal in Langeweile um: Man kennt das Stück zu gut, es vermag uns nicht mehr zu erregen, und so wenden wir uns ab. Wie oben bereits erwähnt, geschieht das „Ableben“ eines Musikstücks innerhalb von dessen aus fünf Phasen bestehenden Lebenszyklus auffallend rasch. Die Tatsache, dass Beliebtheit von der Bekanntheit abhängt und zu hohe Bekanntheit ihrerseits sehr rasch zu Überdrüssigkeit oder Langeweile führen kann, dürfte das rasche Ende eines Hits zumindest teilweise erklären.

Musikalische Architektur

Der erste, der das Problem der Akustik in der Architektur klar sah, war Henry Matthews, der bereits 1826 die unguten Auswirkungen vom Hall und Echo der Wände und der Decke auf die Verständigung beschrieb.

> „Dies ist das Prinzip, das die Klarheit des Schalls in Kirchen, Kapellen und anderen großen Gebäuden zerstört; bei hohen Seitenwänden, einer steilen oder ganz flachen Decke und bei breiten platten vorderen Galerien in der Nähe des Sprechers wartet das Echo nicht höflich, wie es der Fall ist, wenn es von einem entfernten Felsen kommt, bis der Sprecher fertig ist. Stattdessen führt es den Sprecher mit zehntausend Stimmen an der Nase herum, sobald er begonnen und noch ehe er ein Wort zu Ende gesprochen hat“ (zit. nach Beyer 1999, S. 48, Übersetzung durch den Autor).

Matthews führte weiter aus, dass nach dem direkten Schall zunächst die frühen Reflexionen von der Wand hinter dem Sprecher, dann die von der Decke und dann die von den Wänden an das Ohr des Hörers dringen, so dass dieser Mühe haben kann, die Worte des Sprechers klar zu hören. Es vergingen allerdings etwa 70 Jahre, bis die ersten systematischen Untersuchungen zur Akustik von Bauten vorgenommen wurden.

Wallace Clement Sabine war zur Zeit der vorletzten Jahrhundertwende Professor für Mathematik und Philosophie an der Harvard Universität. Im Jahr 1895 wurde er gebeten, ein peinliches Problem zu beseitigen, mit dem das gerade neu gebaute *Fogg*-Kunstmuseum behaftet war: In dessen Hörsaal war die Akustik so schlecht, dass man die Redner nicht verstehen konnte. Es ist bis heute interessant nachzulesen, wie Sabine sich diesem Problem wissenschaftlich näherte und damit die Wissenschaft von der Gebäude- bzw. Raumakustik schuf. Er war der erste, der die Nachhallzeit eines Raumes definierte, die Schallabsorption verschiedener Materialien bestimmte und auf diese Weise nicht nur dem Hörsaal eine „nicht exzellente, aber dem Zweck durchaus dienliche" (Sabine 1922/1964) Akustik verlieh, sondern auch die Grundlagen für weitere systematische Studien legte. Seine Überlegungen trugen übrigens auch zur Planung der *Boston Symphony Hall* bei, bis heute nach Meinung vieler Kenner eines der besten Konzerthäuser der Welt.

Echo macht lebendig

Nicht umsonst heißt ein Raum, dessen Wände so geformt sind, dass sie auftreffenden Schall nicht reflektieren, sondern verschlucken, schalltot. Ohne jegliches Echo klingt eine Schallquelle – sei es die menschliche Stimme, ein Instrument, Hundegebell oder was auch immer – fade, langweilig bzw. leblos und tot. Erst zusammen mit den Reflexionen von Boden, Wänden und Decke wirkt eine Schallquelle natürlich und lebendig.

Ich kann mich noch sehr gut an die Zeiten der ersten von mir gegründeten Band erinnern. Wir begannen ganz klein mit akustischen Gitarren und einem Schlagzeug, bestehend aus für den Verkauf von Waschpulver benutzten großen leeren Papptrommeln. Verglichen mit den anderen Bands in Nachbarorten ließ der Klang mangels entsprechender Ausstattung daher durchaus zu wünschen übrig. Was jedoch am meisten störte war der Gesang ohne jegliches Echo: Auch wenn man es als Laie kaum merkt, wenn man nicht darauf achtet, so ist doch jeglicher in der Unterhaltungsmusik zu hörender Gesang mit Hall und Echo versehen. Er wirkt so lebhafter, räumlich, weit und schwungvoll. Die Anschaffung der ersten Gesangsanlage bestehend aus Mikrophonen, Mischpult, Verstärker und vor allem einer Echomaschine war daher für die Band ein großer Schritt nach vorn.

Während solche Geräte heute digital funktionieren, d.h. den Schall zunächst in eine Folge von Nullen und Einsen verwandeln und mit dieser Folge dann beliebig rechnen, um die verschiedensten Effekte (einschließlich Echo) zu erzeugen, so waren damals, also vor etwa 45 Jahren, die Geräte analog und sehr einfach gebaut: Eine Echomaschine bestand im Wesentlichen aus einem Tonbandgerät mit einem Aufnahmekopf, einem Wiedergabekopf, einem Löschkopf und einer endlosen

Bandschleife. Das über das Mikrophon aufgenommene Tonsignal wird auf das Tonband aufgenommen und kurz darauf wiedergegeben, und dieses wiedergegebene Signal dem Originalsignal beigemischt. Durch Veränderung des Abstandes zwischen Aufnahme- und Wiedergabekopf ließ sich der Abstand des Echos individuell einstellen. Singt man dann in das Mikrophon „da“, so ertönt es aus dem Lautsprecher „da-da“. Durch erneutes Einspeisen des Echos in den Aufnahmekopf war es auch möglich, mehrere Echos zu produzieren. Wichtig war hierbei, dass ihre Intensität abnahm, da sich sonst anschwellender, immer lauter werdender unangenehmer Lärm ergab. Der Effekt einer solchen Echomaschine ist überraschend stark: Wer einmal in ein Mikrophon mit richtig eingestelltem Echo gesungen hat, der möchte nicht mehr ohne Mikrophon singen!

Interessanterweise ist unser Gehör darauf ausgerichtet, Echos zu *unterdrücken*, also aus dem an unsere Ohren treffenden akustischen Signal herauszufiltern. Wie gut wir dies können, wurde durch ein interessantes Experiment eindrucksvoll nachgewiesen.

Warren (1999) stellte Tonaufnahmen mit umgekehrtem Echo her, d. h. mit einem Echo, das dem eigentlichen Signal nicht nachfolgt, sondern ihm vorausgeht. Er ging dabei folgendermaßen vor: Er nahm ganz normale menschliche Sprache in einem schalltoten Raum mit einem Tonbandgerät auf und spielte dann das Band in einem ganz normalen Raum rückwärts ab. Dies wiederum wurde mitsamt den durch den Raum verursachten Hall- und Echoeffekten von einem Mikrophon wiederum auf Band aufgenommen. Ließ man dann dieses Band rückwärts ablaufen, so erhielt man wieder normale Sprache, die jedoch mit einem Raumhall versehen war, der ihr nicht nachfolgte, sondern ihr vorausging. Eine Kontrollaufnahme wurde auf die gleiche Weise hergestellt, nur dass man das Tonband nicht zweimal rückwärts ablaufen ließ, so dass der Raumklang ganz normal der gesprochenen Sprache folgte. Der Vergleich beider Bänder ist frappierend: Der vor der eigentlichen Sprache auftretende Raumklang hört sich eigenartig an, ist sehr stark wahrnehmbar und beeinträchtigt das Verständnis der Sprache. Demgegenüber fällt der normale (d. h. zeitlich nachfolgende) Raumklang kaum auf.

Damit wurde klar und sehr eindrucksvoll gezeigt, dass unser Gehör Echos aus dem umgebenden Raum auf eine ganz bestimmte Art verarbeitet: Sie werden zum Originalton hinzugeschlagen und machen ihn „lebendig“, ohne jedoch seine Wahrnehmung wesentlich zu stören. Man bezeichnet diesen Effekt in der Literatur als *Haas-Effekt* oder *Präzedenz-Effekt* (vgl. Pierce 1992, S. 143ff). Der Leser kann sich ihn leicht selbst vorführen. Er braucht nur seine Stereoanlage auf Mono-Betrieb schalten und sich dann zunächst in die Mitte zwischen den beiden Lautsprechern zu begeben. Er hört dann den Schall aus einer Richtung, die der Mitte zwischen den beiden Lautsprechern entspricht. Bewegt man sich jedoch etwas näher hin zu einem der beiden Lautsprecher, geschieht etwas Eigenartiges: Man hört den Schall praktisch nur noch aus dieser Richtung und kaum noch oder gar nicht mehr aus der Richtung des anderen Lautsprechers.

Selbst wenn man nun die Lautstärke durch den Balance-Regler so anpasst, dass an beiden Ohren der gleiche Schalldruck ankommt, entsteht nicht mehr der Höreindruck einer klar in der Mitte zwischen den Lautsprechern positionierten Schallquelle. Der Schall vom einen Lautsprecher kommt früher an als der vom anderen, und dieser Unterschied wird zwar nicht als solcher gehört, er beeinträchtigt aber dennoch die Ortung der Schallquelle.

Wie in Kapitel 5 dargestellt, besitzt unser Gehör zwar die beste zeitliche Auflösung von allen Sinnen, wir hören aber dennoch oft nur ein Schallereignis, wenn tatsächlich viele sehr ähnliche Ereignisse nacheinander an unsere Ohren gelangen. Man kann den Übergang von einem Schallereignis zu zwei Schallereignissen sehr leicht selbst nachvollziehen, indem man sich vor eine große ebene Hauswand stellt und in die Hände klatscht. Ist man weniger als 10 m von der Wand entfernt, läuft also der Schall insgesamt höchstens 20 m zur Wand und zurück, so hört man ein Klatschen. Ist man jedoch mehr als etwa 13 m von der Wand entfernt, so hört man ganz klar ein Klatschen *und dessen Echo*. Bei einer Schallgeschwindigkeit von ca. 340 m/s bedeutet dies, dass man 20/340 m/(m/s) = 0,058 s (also etwa eine zwanzigstel Sekunde) noch beim Verschmelzen ähnlicher Schallwellen zu einem Ereignis toleriert, wohingegen man 26/340 m/(m/s) = 0,076 s (also eine dreizehntel Sekunde) nicht mehr zu einem Ereignis verschmelzen kann (vgl. Pierce 1992, S. 144).

Der Haas-Effekt ist der Verständlichkeit von Sprache sehr förderlich: Was uns zuerst erreicht, wird gehört, der Rest wird als Reflexion entlarvt und unterdrückt. Nur deswegen verstehen wir überhaupt den Pfarrer in der Kirche, aber nur dann, wenn er nicht zu schnell spricht. Große Kirchen haben Nachhallzeiten von mehreren Sekunden. Diese Zeit ist heute definiert als die gemessene Zeit nach einem Klick, nach der nur noch ein Millionstel der Schallenergie vorhanden ist, der Schalldruck also um 6 Zehnerpotenzen (entsprechend 60 zehntel Zehnerpotenzen, d.h. 60 dB) abgenommen hat. Bereits nach einem Zehntel der Nachhallzeit hat der Schalldruck auf ein Viertel abgenommen, so dass er die Wahrnehmung eines neuen Schallereignisses nicht mehr wesentlich stören kann. Daraus folgt, dass man Sprache optimal in Räumen mit Nachhallzeiten von ½ Sekunde verstehen kann, denn beim normalen Sprechen wird etwa jede {{1/20}} Sekunde ein neuer Laut (ein neues zu differenzierendes Schallereignis) produziert. Ist der Raum schalltot, klingt die Sprache leer und fad, ist der Nachhall länger als ½ Sekunde, kann er die Wahrnehmung sprachüblicher rascher Lautfolgen stören. Beträgt die Nachhallzeit in einer Kirche drei Sekunden (im großen Ulmer Münster ist sie länger!), müsste der Pfarrer zur optimalen Verständlichkeit also sechsmal langsamer sprechen als normal.

Da dies kaum realistisch und der Verständlichkeit aus anderen Gründen abträglich ist (man schläft ein!), verwendet man heute in vielen Kirchen ganze Reihen kleiner vertikal angeordneter Lautsprecher, die die Sprache des Pfarrers (meist mit einer kleinen elektronisch realisierten Verzögerung) in ihren für die Verständlichkeit wesentlichen Frequenzen zur Kirchengemeinde übertragen. Die Verzögerung garantiert die Verschmelzung des Schalls vom Lautsprecher mit den deutlich später ankommenden Reflexionen zu jeweils einem Schallereignis, und der Haas-Effekt sorgt für die Unterdrückung eines großen Teils des Nachhalls, der ansonsten die Verständlichkeit beeinträchtigt.

Halten wir fest: Nachhalleffekte haben die eigenartige Bewandtnis, dass wir sie nicht als Schallverdopplungen (oder Vervielfachungen) wahrnehmen, und sie überhaupt nur so lange als angenehm empfinden, wie wir nicht auf sie aufmerksam werden. Andererseits empfinden wir den Schall als leer und tot, wenn Nachhalleffekte ganz fehlen. Die Akustik eines Raums ist also genau dann gut, wenn wir sie nicht bemerken!

Räume klingen

Man betritt eine Kirche und schon wird man von Hall und Echo umhüllt, so dass man automatisch nur noch flüstert. Ist ein Theater oder Konzertsaal richtig gebaut, so hört man im Auditorium das, was auf der Bühne geschieht, sehr gut. Der Schall erreicht den Zuhörer auf verschiedenen Wegen, zum einen direkt von der Bühne, dann indirekt (wie oben von Matthews bereits beschrieben) über deren Rückwand und Decke sowie mit längerer Verzögerung indirekt über Decke, Wände und Rückwand (vgl. Abb. 16-2).

Den akustisch optimalen Konzertsaal gibt es nicht und es kann ihn auch gar nicht geben, denn es hängt unter anderem von der Musik ab, welche Eigenschaften günstig sind. Für klassische Musik sollte der Nachhall etwa zwei Sekunden betragen, bei Kirchenmusik darf es etwas mehr sein, wohingegen leichtere (sprich: rhythmisch betontere, schnellere) Musik weniger Nachhall verträgt. Wie oben gezeigt, ist für optimales Sprachverständnis noch kürzerer Hall optimal. Die obigen Überlegungen gelten auch für Musik: Bei einer Nachhallzeit von zwei Sekunden liegt der zehnte Teil mit 200 Millisekunden (einer fünftel Sekunde) im Bereich von Viertelnoten (bei Tempo 75). Diese sind somit noch gut als Einzelereignisse hörbar, wohingegen Achtelnoten schon stärker akustisch gebunden (um nicht zu sagen: miteinander verschmiert) werden. Ganz offensichtlich entspricht dies unseren Hörgewohnheiten so genannter klassischer Musik. Schnelle Jazz-Improvisationen hingegen gingen unter solchen Umständen teilweise unter, weswegen kleine Clubs mit viel Plüsch und kurzen Nachhallzeiten für Jazz besser geeignet sind.

Man kann die Akustik von Konzertsälen durchaus mit der Akustik von Musikinstrumenten vergleichen, obwohl der Vergleich zum Leidwesen von Akustikern

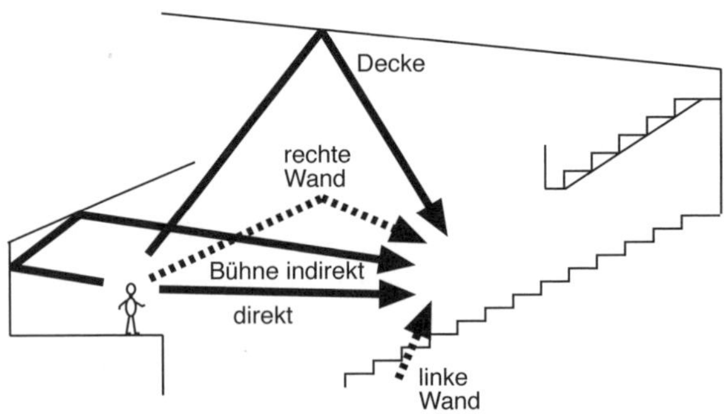

Abb. 16-2 Schematische Darstellung der Schallausbreitung in einem Konzertsaal. Da eine Anzahl der Sitzplätze von n = 1 (wie bei Ludwig II) eher die Ausnahme darstellt, kommen unterschiedliche Reflexionen an verschiedenen Stellen unterschiedlich zum Tragen. Es klingt also nicht überall gleich gut.

und wohlmeinenden Architekten hinkt: Bei einem Instrument sind die Resonanzeigenschaften prinzipiell berechenbar (vgl. Fletcher u. Rossing 1998; Winkler 1988), denn deren Größe liegt zumindest in der gleichen Größenordnung wie die Wellenlängen der produzierten Töne. (Zur Wiederholung: Bei einer Schallgeschwindigkeit in Luft von 340 m/s hat ein Ton der Frequenz 340 Hz eine Wellenlänge von einem Meter.) Auch die Verhältnisse in der Badewanne lassen sich noch recht gut über Wellen und Resonanzfrequenzen (die so genannten *Moden*) fassen, bei Konzerthäusern jedoch versagen diese Methoden.

„... eine große Halle wie beispielsweise die Boston Symphony Hall hat insgesamt mehr als zehn Milliarden Moden im hörbaren Frequenzbereich [...], von denen wir keine einzige jemals hoffen können zu erfahren" (Schroeder 1999, S. 26).

Schallstrahlen

Man hat dieses Problem dadurch überhaupt erst in den Griff bekommen, dass man die Dinge vereinfacht und den Schall nicht als Welle, sondern als *Strahl* auffasst, wie dies in Abbildung 16-2 bereits zu sehen ist. Solche Strahlen können dann in maßstabsgerechten Baumodellen durch Licht dargestellt und von Spiegeln reflektiert werden. Man kann auch kleine Schallquellen und Mikrophone in den Modellen anbringen, um die Akustik zu simulieren, muss dabei aber bedenken, dass man die verwendeten Wellenlängen ebenfalls skalieren muss. In einem Modell im Maßstab 1:10 muss man statt 500 Hz eine Schallquelle von 5000 Hz verwenden, um die Verhältnisse einigermaßen korrekt abzubilden.

Bereits vor über einhundert Jahren fand Wallace Clement Sabine, Professor für Mathematik und Philosophie an der Harvard Universität, eine Formel, mit der man den Hall einer Halle einigermaßen genau berechnen konnte, sofern deren Ausmaße und die Beschaffenheit der Wände gegeben waren. Von deren reflexiven Eigenschaften im Hinblick auf den Schall hängt es entscheidend ab, wie lange ein Raum nachhallt. In Tabelle 16-1 sind einige Werte angegeben.

Tab. 16-1 Schallabsorptionskoeffizienten einiger Baumaterialien (nach Pierce 1992, S. 145). Ein Koeffizient von 0 bedeutete keinerlei Absorption, d. h. perfekte Reflexion, wohingegen ein Koeffizient von 1 das völlige Verschlucken des Schalls anzeigt. Wie aus der Tabelle zu entnehmen, ist der Absorptionskoeffizient frequenzabhängig; hohe Töne werden von unterschiedlichen Materialien anders geschluckt als tiefe.

Material	Frequenz		
	125 Hz	500 Hz	2000 Hz
Marmor, Beton	0,01	0,01	0,02
Glas	0,18	0,04	0,02
Teppich auf Beton	0,02	0,14	0,60
Sperrholz, abgehängt	0,60	0,10	0,09
dämpfender Putz	0,25	0,78	0,89
Glas	0,18	0,04	0,02

Durch geeignete Anordnung der richtigen Materialien lässt sich manch akustisch unbrauchbarer Raum retten, wie nicht nur die ältere Geschichte zeigt. Der Neubau des Plenarsaals des Bundestages in Bonn war akustisch so schlecht, dass man zunächst überhaupt nichts verstand und akustisch erheblich nachbessern musste. Offenbar hatte der Architekt Günter Behnisch (eine berühmte Figur auf seinem Gebiet) an vieles gedacht, nur nicht an die Funktion des Saals als Ort des Redens und (auch wenn man es manchmal nicht meinen möchte) des Verstehens.

Als man mit der Nutzung des Saales begann, verstand man nichts oder es pfiffen die Verstärker und Lautsprecher. Sitzungen wurden gestrichen und man zog wieder in den alten Saal, denn im neuen klappte das Diskutieren einfach nicht. Daraufhin wurden Akustiker auf den Plan gerufen, und obgleich sie keine Wunder vollbringen konnten, war es ihnen doch möglich, dem Saal durch geschickte Anordnung von den Schall reflektierenden und schluckenden Materialien auf Wänden oder zusätzlichen Platten die Funktion zu geben, für die er gedacht war. Dass mit dem Umzug der Bundesregierung nach Berlin alles noch einmal anders kam und in dem Saal heute wenig geredet wird, ist akustisch weniger von Belang.

Wohin mit Orchester und Chor

Auch die Musiker auf der Bühne sind für gute Architektur dankbar, denn nur dann, wenn sie sich selbst gut hören, können sie gut miteinander musizieren.

Marshall und Meyer (1985) gingen der Frage nach, welchen Einfluss die akustische Charakteristik des Raumes, in dem ein Chor singt, auf den Chorgesang hat. Man platzierte den Chor hierzu in einem schalltoten Raum und simulierte verschiedene Echos elektronisch mittels Lautsprechern. Wie oben dargestellt, ist die Akustik eines Raumes sowohl durch direkten frühen Schall als auch durch längere späte indirekte Reflexionen, die einzelne akustische Ereignisse miteinander verschmieren (den so genannten Nachhall), gekennzeichnet. Es stellte sich heraus, dass die Chorsänger ein innerhalb von 40 Millisekunden auftretendes frühes Echo mochten. Bei einer Schallgeschwindigkeit von 340 m/s, also 34 cm pro Millisekunde wird innerhalb von 40 Millisekunden ein Weg von etwa 14 m zurückgelegt. Chorsänger mögen es also, bis zu 7 m entfernt von einer Wand aufgestellt zu sein und gemeinsam zu singen. Ist die Entfernung zur Wand weiter, kommen die frühen Echos zu spät und werden als unangenehm und dem Singen abträglich empfunden. Sie werden dann nämlich als eigenständige Echos und nicht als Lebendigkeit des eigenen Gesangs gehört (siehe oben). Für Konzertmusiker gilt prinzipiell das gleiche. Sie können nur dann gut zusammen spielen, wenn sie sich und die anderen gut hören, wozu eine Bühne einerseits groß genug, aber nicht zu groß sein muss und zudem mit schallreflektierenden Wänden ausgestattet sein sollte.

Wenn Räume nicht klingen

Die Geschichte der *architectural acoustics* ist, wie die oben angeführten Beispiele der Säle für optimales Sprachverständnis bereits zeigen, vor allem eine Geschichte von Desastern. Daran konnten offensichtlich auch die bahnbrechenden Arbeiten des oben erwähnten Harvard-Professors nur bedingt etwas ändern, denn die meisten Architekten verstehen von Akustik wenig bis gar nichts.

Ein sehr instruktives Beispiel wird von Pierce (1992, S. 154ff) geschildert. Die *Philharmonic Hall* im Lincoln Center, Manhattan, New York, wurde am 12. September 1962 eröffnet, nachdem ihr Architekt Leo Beranek noch im Juli davor ein Buch mit dem Titel *Music, Acoustics, and Architectural Design* geschrieben und darin die Besonderheiten dieses Konzerthauses dargelegt hatte. Die Eröffnung wurde jedoch zum Desaster, denn es stellte sich heraus, dass der Saal schrecklich klang. Das Orchester konnte sich selbst nicht hören, denn die Bühne war mit schallschluckendem Material ausgekleidet. Der Saal produzierte wenig Nachhall, tiefe Frequenzen (also z.B. die Celli und Bässe) waren im Auditorium praktisch gar nicht zu hören, dafür aber störende Echos. Man gestaltete daraufhin den Saal um, die Bühne bekam schallreflektierende Wände, die Sitze weniger (schallschluckenden) Plüsch, die Seitenwände wurden mit den Schall besser verteilenden (echoreduzierenden) Platten verkleidet, die Rückwand hingegen mit schallschluckendem Material. Dies alles verbesserte die Akustik, das Orchester hörte sich selbst, die Echos wurden schwächer, der Hall stärker. Dennoch entschloss man sich schließlich zu einem völlig neuen Design des Innenraums, der durch einen Akustiker von Grund auf neu gestaltet wurde. Heute heißt der Saal *Avery Fisher Hall* und hat eine gute Akustik.

Was kann man tun, um solche kostspieligen Irrtümer zu vermeiden? In zunehmendem Maße werden Modelle aus Sperrholz durch solche in einem Computer ersetzt. Analog zu Programmen, mit denen Räume modelliert und dann mittels *Ray-Tracing-Technik*, beleuchtet werden können, lassen sich mit dem Computer Schallstrahlen im Raum berechnen. Damit kann ermittelt werden, wie sich der von der Bühne abgestrahlte Schall im Raum ausbreitet, wie lange der Nachhall dauert, ob es störende Echos gibt, ob es Sitzplätze mit schlechter Akustik gibt und wie unterschiedliche Frequenzen vom Raum behandelt werden. Mit dieser Technik ließ sich die Akustik von Räumen deutlich besser vorhersagen als mit den Formeln von Sabine und anderen Akustikern, insbesondere dann, wenn der Grundriss des Gebäudes eher komplex ist.

Der Göttinger Akustiker Manfred Schroeder und Mitarbeiter (vgl. die Übersicht bei Schroeder 1999) entwickelten zudem eine Methode, um Konzertsäle direkt miteinander zu vergleichen. Man verwendete eine in einem schalltoten Raum in Vielkanaltechnik gemachte Aufnahme der *Jupitersinfonie* von Mozart, gespielt von einem guten Orchester und spielte diese Aufnahme dann in 20 europäischen Konzertsälen mittels auf der Bühne in Position der entsprechenden Instrumente gebrachten Lautsprechern ab. Man hatte damit ein standardisiertes Konzert, das man mittels Kunstkopftechnik in den verschiedenen Konzertsälen aufnehmen konnte: Der Kunstkopf wurde jeweils im Konzertsaal platziert, und die Aufnahme ergab somit ein Abbild dessen, was an die Trommelfelle eines Zuhörers in dem jeweiligen Saal dringt. Spielte man diese Aufnahme wiederum in einem schalltoten Raum ab, so ergab sich der Höreindruck in dem jeweiligen Konzertsaal.

Man konnte nun zum ersten Mal die Akustik von Konzertsälen direkt miteinander vergleichen – ohne sich auch nur vom Sitz erheben zu müssen. Es gab schon zuvor Meinungen über diese und jene Säle, aber es waren eben nur Meinungen, basierend auf unterschiedlichen Aufführungen verschiedener Orchester und Dirigenten (die vielleicht in dem einen Saal besser spielten als im anderen) zu verschiedenen Zeiten, d.h. Tage, Wochen oder gar Monate auseinanderliegend. Man verwendete Begriffe wie Wärme, Brillanz, Klarheit, Fülle oder Eingehülltsein („mehrere Dutzend dieser mehr oder weniger pittoresken Ausdrücke sind in der Kunst bekannt"; Schroeder 1999, S. 38), um die Akustik von Konzertsälen zu beschreiben, wobei Schroeder mit Recht kritisch anmerkt, dass diese Wörter „unterschiedliche Dinge für verschiedene Menschen bezeichnen können (wenn wir einmal annehmen, dass sie überhaupt etwas bedeuten)" (S. 38). Schroeder beschrieb den mit dieser Methode gewonnenen Höreindruck wie folgt:

> „Ich werde den Augenblick nie vergessen, in dem ich bequem im Sessel des Göttinger schalltoten Raums saß und mich selbst vom berühmten Wiener Musikvereinssaal zur Berliner Philharmonie umschaltete. Die akustischen Unterschiede dieser Konzerthäuser, deren Existenz man bislang immer nur annahm, stachen nun so lebhaft hervor, dass man den Eindruck kaum beschreiben kann" (Schroeder, zit. nach Pierce 1992, S. 163, Übersetzung durch den Autor).

Um die – von Schroeder ja selbst erlebte – *schwer beschreibbare* Beurteilung der Akustik der Konzertsäle auf eine objektive Grundlage zu stellen, gingen er seine und Mitarbeiter wie folgt vor: Sie ließen zehn Versuchspersonen den Klang der Konzerthäuser jeweils paarweise vergleichen und wandten ein statistisches Verfahren an (multidimensionale Skalierung), um diese Vergleiche auf letztlich nur zwei Größen zu reduzieren: Die Unterschiedlichkeit zwischen den Versuchspersonen und deren mit anderen geteilte Vorliebe. Jede Versuchsperson konnte also in einem Koordinatensystem mit den Achsen „individuelle Unterschiedlichkeit" und „mit anderen geteilte Vorliebe" eingetragen werden (wobei sich, dies sei hier für Experten angemerkt, zeigte, dass diese beiden Achsen den größten Teil der Varianz – 85 % – erklärten).

Um nun herauszufinden, was es denn für Eigenschaften der Konzerthäuser sind, die zu Vorliebe oder Abneigung führen, konnten nun die subjektiven Einschätzungen der Versuchspersonen mit objektiven Parametern wie beispielsweise der Breite des Konzerthauses oder dessen Nachhallzeit in Beziehung gesetzt werden. Hieraus ergaben sich dann Korrelationen, die – unter Umgehung der Hürde von Wörtern mit unklarer Bedeutung – anzeigten, was einen guten Konzertsaal ausmacht.

Der „objektive optimale" Konzertsaal

Wir sagten es oben bereits: Den optimalen Konzertsaal gibt es nicht. Das heißt jedoch nicht, dass man nicht sagen könnte, was einen guten Konzertsaal ausmacht.

Die Methode von Schroeder ergab beispielsweise, dass die Nachhallzeit positiv mit der Vorliebe korrelierte (für Konzertsäle mit bis zu etwa 2 Sekunden Nachhall), die Breite des Konzertsaals jedoch negativ. Man bestimmte auch die Unterschiedlichkeit des Schallsignals an beiden Ohren, und fand sie wiederum positiv korreliert mit der Vorliebe für den jeweiligen Konzertsaal.

Dies lässt sich wie folgt erklären: Wir hatten oben bereits angeführt, dass ein guter Konzertsaal den Schall von der Bühne dem Zuschauer gleich mehrfach und damit sehr klar und deutlich zuspielt. Reflexionen von Wänden und Decke sind also prinzipiell gut. Sie sollten aber alle Frequenzen gleichmäßig betreffen, also den Klang nicht verfälschen. Zudem sollten sie nicht als solche, nämlich als Echos, gehört werden. Dies ist leichter gesagt als getan, denn wie wir oben ebenfalls sahen, entstehen vernehmbare Echos ab etwa 25 m Laufwegunterschied des Schalls, was in großen Häusern leicht erreicht wird (man betrachte nur Abbildung 16-2 und stelle sich einen großen Maßstab vor). Die Wände sollten also so gerichtet und verkleidet sein, dass der Schall richtiggehend durcheinandergequirlt wird, bevor er das Ohr der Hörers erreicht, so dass ein kontinuierlicher Nachhall (und kein Echo) entsteht. Hat der Nachhall die richtige Länge, dann unterstützt er die Musik gleich mehrfach, denn er macht das Hören einzelner Noten gerade eben möglich und verwischt sehr kurze Noten zu einem Gesamteindruck. Dieser Effekt ist allerdings, wie oben bereits diskutiert, abhängig von der gespielten Musik.

Es sei angemerkt, dass der Nachhall auch einen Grund für die Polsterung der Sitze in Konzerthäusern darstellt. Sind die Sitze nämlich blank, reflektieren sie den Schall und sorgen für Hall, aber nur im leeren Saal. Füllt er sich mit Publikum – aus akustischer Sicht dämpfendes Material wie Haare, Filz, Stoff und unregelmäßige Oberfläche – nimmt der Nachhall ab und der Saal klingt trockener (um nicht zu sagen: toter). Man hat früher daher in manchen Sälen Probevorhänge verwendet, die allzu viele Reflexionen während der Orchesterproben verminderten, um den Musikern bei vollbesetztem Saal eine böse Überraschung (weniger Hall verschmiert die Töne weniger und lässt daher Fehler auffälliger werden) zu ersparen. Das Polstern der Sitze löst dieses Problem jedoch auf buchstäblich bequemere Weise.

Wie steht es nun mit der Breite? Warum sind breite Konzertsäle schlechter als schmale? Der Grund hierfür liegt in der Unterschiedlichkeit des Schalls an beiden Ohren, von der ja oben berichtet wurde, dass sie zu einer positiven Einschätzung führt. Letztlich geht es hier um unsere Präferenz für Musik in Stereo im Vergleich zu Mono. Wer eine Hi-Fi-Anlage mit Mono-Knopf besitzt, also bei der gleichen Musik zwischen Stereo und Mono umschalten kann, der weiß, wovon die Rede ist: Musik in Mono klingt viel langweiliger als Musik in Stereo. Der Grund liegt in unserem Kopf! Das Gehör entwickelte sich als sehr feiner Raum- und Richtungsanalysator (vgl. Kapitel 3). Wir ziehen daher räumliches Hören vor, etwa aus dem gleichen Grund, aus dem wir gut ausgeleuchtete Räume düsteren vorziehen, denn unsere Augen haben dann besseren Input. Wer den Effekt für gering hält, vergegenwärtige sich Folgendes: Wir treiben bei der Aufnahme und Reproduktion von Musik doppelt so viel Aufwand als nötig wäre (*zwei* Mikrophone, *zwei* Tonbandspuren, *zwei* Sendekanäle, *zwei* Verstärker und nicht zuletzt *zwei* klobige Boxen im Wohnzimmer) – nur um räumlich zu hören!

Damit wir räumlich hören, muss das linke Ohr *etwas anderes* hören als das rechte. Dies ist trivial, wirkt sich aber auf das Design guter Konzertsäle auf ganz einfache und sehr drastische Weise aus. Aus Kostengründen würde man diese gerne breit und niedrig bauen – wie jeder Häuslebauer weiß, richten sich die Baupreise nach dem Kubikmeter umbautem Raum. Als es noch keine Klimaanlagen gab, musste man dennoch hohe Räume bauen, damit die vielen dicht gedrängt sitzenden Menschen genügend Luft zum Atmen hatten. Damit waren die Räume hoch. Weil das Publikum noch nicht so zahlreich (und der Lohn der Musiker noch nicht so hoch) war, hielt sich die Breite der Konzertsäle in Grenzen. Daraus folgt, dass der Schall vor allem über die *Wände* reflektiert den Hörer erreichte, was wiederum bedeutet, dass die beiden Ohren von den beiden Wänden unterschiedlichen Schall erhalten. Der Saal klingt räumlich.

Nehmen wir nun einmal an, man könnte vollkommen geräuschlose Klimaanlagen bauen, wollte beim Bau schon sparen (wer will das nicht?) und bei dem vielen Geld für die Musiker auch noch für entsprechend viel Platz für viel Publikum sorgen. Man baut also eine breite Halle (viel Sitzplätze) und eine niedrige Decke (wenig umbauter Raum; die Atemluft wird in den Saal gepumpt). Resultat: Die Reflexionen kommen vor allem von der Decke und sind damit für rechtes und linkes Ohr gleich. Der Saal bringt uns die Musik also in Mono. Dies ist der Grund, warum die obigen zehn Versuchspersonen einen Konzertsaal umso weniger mochten, je breiter er war.

Ein Konzerthaus sollte aus den genannten Gründen nicht zu groß sein und etwa die Form einer Kiste haben. Dies wiederspricht nicht selten den Anforderungen an ein Gebäude, zumal in vielen Häusern zugleich auch Kongresse abgehalten, oder Handball gespielt werden soll. Was also tun? Dank der Möglichkeiten mit Computern und Elektronik geht heute vieles, was früher unmöglich war. So wird heute die Verständlichkeit von Sprache in großen Hallen durch Verstärkung des direkten Schalls und Dämpfung des indirekten Schalls (durch entsprechende Materialien an den Wänden und Decken) elektronisch ermöglicht. Will man aber in der gleichen Halle Orchestermusik hören, muss man an den Wänden Lautsprecher anbringen und über diese verstärkten und mit Nachhall versehenen indirekten Schall abstrahlen, damit das Orchester nicht tot klingt. Man braucht dann also keine direkte Verstärkung, sondern muss elektronisch das ersetzen, was durch die Dämpfung der Wände (bei Sprache erwünscht) nicht vorhanden ist. Vielzweckhallen sind damit eine akustische Herausforderung, der man erst in jüngerer Zeit auch nur halbwegs Herr wird.

Filmmusik

Das Interessante an Filmmusik, die es übrigens auch und gerade schon zu Zeiten des Stummfilms gab, ist die Tatsache, dass sie immer dann besonders auffällt, wenn sie fehlt. Filmmusik verhält sich damit zum Film wie die Soße zum Salat. Man geht nicht ins Kino der Musik wegen, aber fehlt die Musik, fehlt am Film sehr viel. Dies zeigt sich nicht zuletzt an der Entwicklung der vergangenen Jahre, in denen immer mehr Platten (bzw. CDs) zum Film auf den Markt kamen und sich gut verkauften. Man hat beinahe den Eindruck, als näherten sich Kino und Film dem Fernsehsender MTV, bei dem die raschen Bilder der Videos ja im Grunde nur die Begleitbildsoße zum Lied sind, und nicht umgekehrt. In Musikvideos geht es um die Musik, nicht um die Videos, wenn man auch manchmal einen gegenteiligen Eindruck haben mag. Damit hat MTV die Geschichte des Films wieder eingeholt, denn auch der erste im Oktober 1889 gezeigte experimentelle, von Thomas Edison hergestellte Zelluloidfilm diente der Ergänzung der Wiedergabe von Musik und Sprache durch seinen Phonographen (Keller 1996, S. 10).

Filmmusik wird nicht selten als Beiwerk abgetan, als musikalische Prostitution von Menschen, die eigentlich Besseres könnten. Diese Sicht der Dinge erscheint jedoch oberflächlich, betrachtet man die vielen feinsinnigen Bild-Ton-Arrangements im Kino der letzten Jahrzehnte. Vielleicht trifft daher eher zu, was Bernard Herman, der viele Filme des Regisseurs Alfred Hitchcock vertonte, sagt:

> „Film und seine Entwicklung ist zweifellos die wichtigste künstlerische Errungenschaft des 20. Jahrhunderts. Und er ist die einzige Kunstform heute, die Musik als Teil ihres eigenen künstlerischen Zeitausdrucks nutzt. Ich glaube, dass Komponisten zu allen Zeiten sich den Bedürfnissen ihrer Gegenwart zu stellen hatten: Mozart und Haydn waren sich nicht zu schade, Dinner-Musik zu schreiben, wenn es entsprechend bezahlt wurde; und sie waren sich nicht zu fein, Stücke für spezielle Sänger oder Instrumentalisten zu schreiben. Desgleichen Bach, indem er seine wöchentlichen Kantaten für den Gottesdienst verfasste: Es ist nur eine Frage der Zeit, in der man lebt. In unserem Zeitalter sind eben Kino und Fernsehen die wichtigsten Musikmedien" (Herman, zit. nach Keller 1996, S. 19).

Vorweggenommen wurden viele Aspekte der Filmmusik durch Richard Wagner, der mit Musik noch vor der Einführung des Films dramatische Bühneneffekte zu erzielen verstand. Man kann daher durchaus sagen, dass Wagner heute sehr häufig gehört wird, nämlich in Form einer ganzen Tradition im Kino.

Beispiel Casablanca

Wie Filmmusik funktionieren kann, dafür gibt Matthias Keller unter anderem das folgende Beispiel aus der Eröffnungssequenz des Films *Casablanca*:

> „Auf der Leinwand erscheint zunächst eine Karte von Afrika [...] hierzu vernimmt man aufgekratzte, pseudoorientalische Musik, die nach ca. 45 Sekunden in die erste Zeile der ‚Marseillaise' übergeht. Diese wiederum mündet nach wenigen Sekunden in einen so genannten Trugschluss, während auch im Bild eine erste Blende erfolgt. Zur sich drehenden Weltkugel und der Stimme eines Kommentators tritt nun eine breit angelegte dritte Musik in Erscheinung, mit düsteren Paukenschlägen nach Art des Kopfsatzes der ersten Brahms-Sinfonie. Das musikalische Gesamttempo hat sich [...] um zwei Stufen verlangsamt [...] Kamera und Text des Erzählers erreichen in weniger als einer Minute das vorläufige Ziel dieser Eröffnung [...] Schon erscheint aus der Vogelperspektive der Turm einer Moschee. Abwärtsschwenk ins marokkanische Gassengewirr mit gleichzeitigem Erklingen realer Geräusche (so genannter O-Töne). Beim nachfolgenden Schnitt in das Innere einer Amtsstube ertönt – es sind gerade zwei Minuten vergangen – ein neuerliches Motiv: Der Anfang der deutschen Nationalhymne. Noch bevor der Darsteller zu sprechen beginnt, wissen wir, wo wir uns befinden: Nämlich in einem Quartier der deutschen Wehrmacht" (Keller 1996, S. 11).

Danach geht es mit einer Verfolgungsjagd weiter, während der die Musik dramatischer wird. Dann wird sie noch dramatischer und jemand wird erschossen. Man weiß zunächst nicht, wer es ist und entsprechend wird dies von einem „nervös-gespannten Orchestertremolo" (Keller 1996, S. 12) begleitet. Als klar wird, dass es sich um einen französischen Widerstandskämpfer handelt, erklingt wieder die französische Nationalhymne, allerdings in Moll.

Wie man anhand des Beispiels nachvollziehen kann, unterstreicht Filmmusik Handlungsabläufe, kündigt etwas an, verbindet die zusammengeschnittenen, bewegten Bilder mit einer Art akustischem Kitt und sorgt vor allem zusätzlich noch für die emotionale Tönung der Bildsequenz.

Gesteigerte, verarmte Realität

Im Grunde genommen ist die Realität im Kino stark verarmt: Man riecht nichts und fühlt nichts, kein Wind berührt die Haut, keine Winterlandschaft fühlt sich kalt an. Musik kann hier einiges wettmachen und allein über die akustische Wahrnehmung den Realitätsgehalt der Bilder steigern. Es ist ja keineswegs so (wie man zunächst meinen könnte), dass ein Film ohne Musik realistischer wirken würde. Das Gegenteil ist vielmehr der Fall: Ohne Musik wirkt ein Film flach, fade und irgendwie irreal. Obgleich die Musik also etwas Künstliches, Hinzugegebenes und dem Film Fremdes ist, steigert sie unser Realitätsempfinden. Der Handschlag von Winnetou und Old Shatterhand im wilden Westen wirkt viel echter, wenn er zu den breiten Klängen eines Sinfonieorchesters erfolgt. Wer aber dächte bei diesem Handschlag daran, dass ein Sinfonieorchester in unmittelbarer Nähe zugegen sein müsste, um genau das, was wir im Film sehen und hören, hervorzubringen? – Ganz offensichtlich erreicht uns die Musik auf irgendwie andere Weise, was umso erstaunlicher ist, als sie ja gemischt mit Geräuschen und Sprache (O-Tönen) präsentiert wird. Wir ordnen jedoch intuitiv die Klänge richtig zu, nehmen den Schuss aus der Silberbüchse als reales Geräusch und den Paukenschlag am Ende des Klangteppichs als emotionale Untermalung der Szene.

Es ist im Grunde erstaunlich, wie sehr Musik den Ausdrucksgehalt von Bildern beeinflussen kann. Ein dissonantes Intervall kündigt an, dass gleich irgendetwas Schlimmes geschieht, ein hohes Geigentremolo, vielleicht begleitet durch ganz tiefe Paukenwirbel, steigert die Spannung, wohingegen reine Intervalle wie Quinte und Oktave den Blick auf weite Landschaften begleiten. Woher stammt diese innige Verbindung von Bild und Ton?

Bei genauerer Betrachtung zeigt sich, dass es vielerlei Wurzeln gibt, die man in historisch-kulturelle und physiologisch-physikalische einteilen könnte. Aus historischer Sicht sind die Gründe für frühe Verbindung von Musik und Film leicht aufzuzählen: Zum einen ging es im Kino natürlich um Sensation, und Sensationen werden seit alters her mit musikalischen Klängen umrahmt (Motto: Fanfare – Der König kommt!). Zum zweiten eignete sich Musik in Form von Klavier- oder manchmal auch Orgelbegleitung, die live dargeboten wurde, beim Stummfilm gut, um die ratternden Projektoren zu übertönen. Drittens war die Anwesenheit eines Künstlers praktisch, wenn es darum ging, unterhaltungsmäßigen Leerlauf bei den damals nicht allzu seltenen Filmrissen zu überbrücken. Nicht zuletzt mag Filmmusik aber auch zur Beruhigung der Zuschauer gedient haben, denen das Sitzen in einer Menge in einem dunklen Raum ansonsten Angst bereitet hätte. (Auch heute wird Musik dazu verwendet, um Menschen beispielsweise in einem engen Magnetresonanztomographen während der Untersuchung abzulenken und zu beruhigen.)

Die genannten historisch-kulturellen Gründe sind jedoch (abgesehen vom letzten) eher äußerlich und zufällig. Es hätte auch anders kommen können.

Dies ist bei den physikalisch-physiologischen Gründen anders. Filmmusik kann Originalgeräusche in musikalische Sequenzen einbauen, zumal sich dies heute mit Computern und Sequenzern sehr leicht machen lässt. Ein hohler Baumstamm klingt eben, wie er klingt, und der Sound kann musikalisch verwertet werden. Er zeigt dann Schwere, Größe oder auch Leichtigkeit an. Wie in Kapitel 5 bereits dargestellt, hat vieles an unseren Hörgewohnheiten mit Metaphorik zu tun, die vom Physikalisch-Körperhaften oder vom physiologischen Körper getragen ist. Hierzu gehören u. a. auch der Rhythmus (vgl. Kapitel 8), der im Film die Geschwindigkeit des Gesamtablaufs anzeigen kann. Die Musik kann dem Zuschauer kaum Zeit zum Atmen lassen oder ihm eine Verschnaufpause gönnen – je nach Lauf der Handlung.

Zudem kann die Musik oder der gesamte Ton des Films auf elektronischem Wege so gefiltert werden, dass er der Filterung durch den entsprechenden im Film gezeigten Raum entspricht: Befindet man sich in einem großen Raum, wird der Musik Nachhall hinzugefügt, spielt die Szene in einem engen Unterseeboot, werden bestimmte Frequenzen weggefiltert, wodurch auf elektronische Weise insgesamt der Eindruck von Enge und Beklemmung erzeugt wird.

Schließlich sind es noch die im eingangs angeführten Beispiel ebenfalls erwähnten Musikzitate, mit denen Filmmusik psychologisch wirksam sein kann: Die deutsche oder die französische Nationalhymne geben an, um wen es sich bei einer bestimmten Person handelt, fröhliche beschwingte Musik kündigt Komödien, in Moll daherkommende langsamere Musik kündigt Tragödien an. Diese Wirkungen sind zwar kulturell vermittelt, setzen jedoch physiologische Gedächtnisprozesse voraus, wie in Kapitel 5 ausführlich dargestellt.

Nur aufgrund unserer Fähigkeit zu raschen assoziativen Verknüpfungen funktionieren so genannte *Leitmotive*, die in der Filmmusik sehr häufig vorkommen und interessanterweise in Wagners Opern eine immens wichtige Rolle spielen! Wie auch in Oper oder Operette werden im Film nicht selten bestimmte Charaktere mit bestimmten Musikstücken angekündigt und begleitet, auch wenn man die betreffende Person dann nicht sieht, weiß man, dass sie zugegen sein muss. Leitmotive werden eingesetzt „um die vielen Versatzstücke des Films zusammenzuhalten", wie der Hitchcock-Komponist Herman (zit. nach Keller 1996, S. 68) einmal treffend bemerkt hat. Sie unterstützen damit die visuelle Wahrnehmung des Zuschauers. Man kennt sie nicht nur aus den drei Tönen der Mundharmonika in *Spiel mir das Lied vom Tod*, sondern auch von vielen anderen Filmen. Der Hollywood-Schinken *Vom Winde verweht* (1939) hat nach Keller nicht weniger als elf Hauptmotive.

Mickeymousing

Als es noch keine Möglichkeiten gab, Musik am Computer digital zu bearbeiten und damit den bewegten Bildern zumindest innerhalb bestimmter Grenzen anzupassen, bot bereits der Zeichentrickfilm die umgekehrte Option: Man konnte die Bewegungen der Figuren nach der Musik zeichnen. Entsprechend laufen tapsige Mäuse, Katzen, Hunde oder Enten oft exakt mit der Musik, was nicht nur den Eindruck der Bewegung deutlich verstärkt, sondern den Figuren auch zusätzliche Lebendigkeit verleiht. Wen wundert es, dass diese Technik unter dem Namen Mickeymousing bekannt wurde, verwendete sie Walt Disney doch erstmals in seinen ersten Ton-Zeichentrickfilmen mit der berühmten Maus als Helden (vgl. Bullerjahn 2001, S. 78).

Zusammenstöße der Figuren untereinander oder mit Gegenständen werden von einem heftigen Crash-Becken (sic!) begleitet, und wenn die wilde Jagd den Berg hinauf oder die Treppe hinab geht, wird dies von entsprechender Musik begleitet. Wenn im Film *Die Schöne und das Biest* die Heldin Belle nach ihrem Verweis vom Schloss durch das Biest die Treppe hinunter rennt, wird sie von sich abwärts bewegenden Violinentönen begleitet. Horizontale Bewegung wird durch rhythmische Musik unterstrichen, so auch bei Belle, auf die vor dem Schloss nicht nur die Pferde, sondern auch rhythmische Galoppmusik warten (vgl. Keller 1996, S. 55).

In manchen Musik- und Tanzfilmen der 50er und 60er Jahre wurde diese Technik auch ohne Zeichentrick verwendet, beispielsweise beim schnellen Stepptanz (wem fiele nicht Fred Astaire ein?) oder bei mit musikalischen Akzenten untermalten Ohrfeigen, Schüssen oder Fechtgeräuschen, die auch den Laserschwertern aus dem *Krieg der Sterne* einen stärkeren Realitätsgehalt verleihen.

Hintergrund und Stimmung

Wie im eingangs angeführten Zitat, das die Eröffnungssequenz des Films *Casablanca* kommentiert, dargestellt, bildet Musik oft das Milieu ab, in dem eine bestimmte Sequenz spielt. Geht es um einen orientalischen Marktplatz, wird man Getrommel und das Schnarren eines Doppelrohrblattinstrumentes hören. Kommt der König zu Besuch, ertönt eine Fanfare, und geht es um die Darstellung des einfachen mittelalterlichen Volkes (beispielsweise im Film *Cyrano de Bergérac*), so sind Fidel und Drehleier als typische Instrumente des einfachen Volkes mit dabei. Nicht nur Orte, sondern auch Zeiten werden durch Musik angezeigt: Barockmusik versetzt uns einige Jahrhunderte zurück, auch wenn sie nicht original gespielt, sondern nur musikalisch nachempfunden wird.

Bullerjahn (2001, S. 81) diskutiert diese Vorgehensweise der Programmmusik (d. h. von Instrumentalmusik mit außermusikalischem Inhalt) wie folgt:

> „Durch die gezielte Verwendung bestimmter Instrumentalfarben und Klangregionen kann Musik eine konkrete Inhaltlichkeit gewinnen und auf diese Weise z. B. Zeit, Milieu und Schauplatz illustrieren. Die Verwendung spezifischer Instrumente für die Charakterisierung bestimmter Landschaften, Länder und Musikgenres ist in vielen Fällen zum Klischee geworden."

Das vielleicht bekannteste musikalische Beispiel des gezielten Einsatzes der unterschiedlichen Klangfarben verschiedener Instrumente ist Prokofiews Komposition *Peter und der Wolf*. Die Ente ist durch eine Oboe repräsentiert, also durch ein Instrument, das seine historischen Vorläufer in klassischen Hirteninstrumenten (Aulos und Schalmei) hat und das wir mit freundlich-friedvoller, ländlicher Idylle in Verbindung bringen. Die Katze hingegen ist durch die Klarinette vertreten, die aufgrund ihrer Betonung ungerader Obertöne (der Quinten) dumpfer und irgendwie hintergründiger wirkt. Nicht umsonst dient die Klarinette in vielen Filmen zur Untermalung des Bösewichts (vgl. Keller 1996, S. 32). Peter selbst ist durch strahlende Geigen im Unisono musikalisch repräsentiert.

In seiner Monographie *Die Rolle der Musik in der Film-, Funk- und Fernsehwerbung* führt der Werbekomponist Klaus Wüsthoff (1978) eine ganze Reihe solcher Instrumentenklischees tabellarisch auf, von denen hier nur einige Auszüge wiedergegeben sein sollen (vgl. Tabelle 16-2).

So erfolgreich und wirkungsvoll diese Technik der programmatischen musikalischen Beschreibung auch ist, so sehr wurde sie auch kritisiert. Dies geschah keineswegs erst bei Film- und Werbemusik, sondern bereits viel früher, gleichsam beim Urvater all dessen, Richard Wagner, dessen „System der Verdoppelungen und Verhundertfachungen", vom Philosophen Friedrich Nietzsche heftig angegriffen wurde (vgl. Bullerjahn 2001, S. 83). Sehr deutlich wird der Filmmusiker Hanns Eisler, der sich über die „entsetzliche Wagnersche Illustrationstechnik" wie folgt äußerte:

> „Wenn von einem Hund gesprochen wird, bellt es im Orchester, wenn von einem Vogel gesprochen wird, zwitschert es im Orchester, wenn vom Tod gesprochen wird, werden die Herren Posaunisten bemüht, in der Liebe gibt es die geteilten hohen Geigen in E-Dur, und beim Triumph setzt das bewährte Schlagzeug auch noch ein. Das ist unerträglich" (Eisler 1958/1976, S. 255).

Tab. 16-2 Instrumente in der Werbung und die ihnen zugeschriebene Bedeutung (nach Wüsthoff 1978, S. 38ff).

Instrument	Bedeutung	Bemerkungen
Akkordeon	Paris, Seefahrt, Volksmusik	Die Bedeutung richtet sich nach der gespielten Melodie.
Bongos	Urwald	oft noch mit anderen Trommeln
Cembalo	Barock	leise, aber scharf
Dudelsack	Schottland	Bordunton kann auch anderen Instrumenten schottischen Charakter verleihen.
English Horn	Eis, Schnee	scharfe, traurige Melodien
Flöte	Folklore	noch besser: Panflöte
Hawaii-Gitarre	Südsee	Es gibt kaum ein platteres Klischee!
Horn	Jagd, Wald, Feld	einfache, weiche Melodien
Kastagnetten	Spanien	barfüßig, vollbusig, schwarzhaarig
Kirchenorgel	sakral, feierlich	klingt nach Sonntag oder Hochzeit
Mundharmonika	Blues, Wasser	je nach Melodieführung
Panflöte	Folklore, Natur	Fährt ein Auto zur Panflöte, muss es einen Kat haben!
Trompete	Militär, Jazz	je nach Melodieführung
Tuba	Bayern	Volksmusik
Zither	Bayern, Alpen	*Der dritte Mann*

Musik-Logos und Emotionen

Wer kennt sie nicht, die kurzen Musiksequenzen, bei denen uns sofort eine bestimmte Sendung oder ein bestimmtes Thema einfällt: die Erkennungsfanfare der *Tagesschau*, die Eurovisionsmelodie, die Titelmelodie vom *Tatort* oder vom *Siebten Sinn*, vom *Sandmännchen* oder von unserem Lieblingsradiosender. Wir haben sie unzählige Male gehört und assoziieren mit ihrem Vernehmen sofort den entsprechenden Inhalt. Sie wirken auf uns wie die graphischen Logos von *McDonalds*, der *Deutschen Bank*, *Coca Cola* oder *DaimlerChrysler*. Wie diese graphischen Symbole haben musikalische Clips und Jingles einen hohen Wiedererkennungswert.

Der zusätzliche Vorteil musikalischer Logos besteht darin, dass wir sie wahrnehmen ohne es zu bemerken. Es ist viel einfacher wegzusehen als wegzuhören! Das Gehör verhält sich in dieser Hinsicht eher wie der Geruchssinn. Wir laufen an einem Restaurant vorbei, es riecht nach gebratenen Zwiebeln, wir bekommen Hunger und gehen hinein. Wer hier versucht „wegzuriechen" hat schon verloren und bekommt nur sehr bald noch größeren Hunger!

Niemand geht ins Kino, um Musik zu hören. Daher folgt Filmmusik ganz anderen Gesetzen als Orchestermusik. Es ist aus diesem Grunde falsch, sie als formlos oder uneinheitlich zu charakterisieren, denn genau hierin liegt ihre Stärke: Sie soll ja die Bilder nicht ersetzen oder übertönen, sondern ihnen überhaupt erst zur optimalen Wirkung verhelfen. Stellt man das vielfältige Kinopublikum einmal in Rechnung, so ist die Variationsbreite von Filmmusik erstaunlich: Das Publikum wird keineswegs nur mit Klängen verwöhnt, die es von irgendwoher bereits kennt, sondern bekommt auch Neues und Ungewöhnliches zu hören. So meldet sich in Horrorfilmen immer wieder die musikalische Avantgarde zu Wort, vielleicht gerade deswegen, weil dem Publikum hier Ungewohntes und Unheimliches vorgeführt werden soll. Ein Schüler von Arnold Schönberg vertonte die Filme *Jenseits von Eden* (1954) und *Denn sie wissen nicht was sie tun* (1955) mit Musik, die den Werken des Zwölftonmeisters nicht unähnlich ist.

Mit Filmmusik werden nicht nur die Emotionen der Zuschauer direkt beeinflusst, es werden auch die Emotionen der Darsteller, wie sie die Handlung vorgibt und plausibel macht, dem Zuschauer nahe gebracht. Musik kann aussagen, ob der Held fröhlich oder traurig, ängstlich oder draufgängerisch gestimmt ist.

Auch zum Ausdruck von Emotionen gibt es Bedeutungsstandards, denn man assoziiert bestimmte Instrumente mit bestimmten Gefühlen, ohne es recht zu merken oder gar zu wissen, warum dies so ist. Würde man dem nachgehen, fände man wieder die bereits bekannte Mischung aus kulturell bestimmten (eher zufälligen) Assoziationen über Körperliches bis hin zur Physik. Tabelle 16-3 gibt eine kurze Übersicht zu den bekanntesten und verbreitetsten Klischees.

Fazit: Am besten funktioniert es unbemerkt

Musik in der Werbung, Konzertsäle und Filmmusik haben eines gemeinsam: Wenn sie gut sind, werden sie nicht bemerkt. Umfangreiche Experimente zur Wirkung von Musik in der Werbung zeigten unterschiedliche und nicht immer leicht erklärbare, jedoch insgesamt sehr starke Einflüsse von Musik auf Erleben, Handeln und Entscheiden von Menschen in ökonomischen Zusammenhängen.

Tab. 16-3 Musikinstrumente zeigen Gefühle an (nach Skiles 1976).

Instrument	Gefühl
Flöte	hohe Töne hell und freundlich, mittlere romantisch,tief, geheimnisvoll
Geige	hoch glänzend, mittlere Lage warm, tiefe dramatisch
Klarinette	mittlere Töne romantisch, tiefe Töne dunkel
Horn	hoch kraftvoll, tief spannend-intensiv
Oboe	hohe Töne klagend, tiefe dramatisch
Posaune	mittlere Lage stark, dramatisch, tief dramatisch bis depressiv
Trompete	hoch heldenhaft, tief dramatisch, sehnsüchtig

In der Person von Richard Wagner sind Film und Architektur vielleicht am stärksten vereint, hat er doch in dem von ihm geplanten Bayreuther Festspielhaus das Orchester in einen Graben mit Deckel positioniert, um durch diese „Unsichtbarmachung des Orchesters" (Wagner 1873/1984, S. 19) die Wirkung von dessen Musik zu optimieren. Dies geschieht zum einen dadurch, dass es optisch nicht stört, und zum anderen dadurch, dass seine Musik indirekt zum Zuschauer bzw. Zuhörer gelangt und auf dem Weg mit dem Gesang der Sänger/Schauspieler verschmilzt (vgl. auch Appia 1902/1984). Man kann zudem davon ausgehen, dass ein Sänger einfach größere Chancen hat, gegen ein lautes Wagnerorchester anzusingen, wenn dieses durch den besagten Deckel etwas gedämpft wird (vgl. Kapitel 10). Wahrscheinlich würde Wagner heute in Hollywood arbeiten, um seine Visionen von der dramaturgisch optimalen Wirkung von Optik und Akustik zu verwirklichen (vgl. Schreiber u. Mangold 1986, S. 37).

Werden Konzerthäuser für Konzerte (und nicht für Opern) eingesetzt, so darf man das Orchester durchaus sehen. Um es gut zu hören, muss eine Reihe von Randbedingungen erfüllt sein, die zumindest teilweise den Anforderungen nach Größe und Wirtschaftlichkeit widersprechen. Gute Konzerthäuser sind also letztlich immer Kompromisse. Erst seit relativ kurzer Zeit hat man die akustischen Prinzipien gut genug verstanden, um bereits bei der Planung für ein zumindest befriedigendes späteres Klangerlebnis zu sorgen. Ein Problem stellen Mehrzweckhallen dar, die im Grunde nicht gut klingen können.

Bekanntermaßen gab es Filmmusik schon beim Stummfilm. Sie bestand in Form von Klavier- oder manchmal auch Orgelbegleitung, die live dargeboten wurde. Die Gründe für diese frühe Verbindung von Musik und Film waren vielfältig und sowohl emotionaler als auch technischer Natur.

Gute Filmmusik macht mit Hilfe einer Reihe von Techniken die bewegten Bilder verständlicher, realer, einprägsamer und unmittelbarer. Sie wird wahrgenommen, wenn sie fehlt und ist am besten, wenn sie nicht wahrgenommen wird. Dies ist u. a. auch meist dann der Fall, wenn sie nicht im Film, sondern zusammen mit anderen bewegten Bildern auftritt: Zu Beginn von Nachrichtensendungen, während Nachrichtensendungen, bei Dokumentarfilmen und Sportereignissen, Magazinen und Shows. Es wäre ein großer Fehler, die Bedeutung solcher Art „Gebrauchsmusik" zu unterschätzen.

17 Gesundheit, Medizin und Therapie

Musik durchzieht unser Leben von der Wiege bis zur Bahre. Nach all dem, was bislang zur Musik gesagt wurde, wundert es nicht, dass Musik auch in der Medizin eine Rolle spielt und insgesamt positive Effekte nicht nur auf den gesunden, sondern auch auf den kranken Menschen haben kann. Wie im Kapitel 15 über Emotionen dargestellt, sind vielfältige positive Wirkungen von Musik auf unser Gemüt nachgewiesen. In einer Schülerzeitung werden sie von einer Fünfzehnjährigen wie folgt charakterisiert:

> „Jeder von uns kennt das: Der Freund oder die Freundin hat Schluss gemacht, mit den eigenen Eltern gibt es nur Stress und in der Schule klappt auch nichts mehr. Zu Hause hängst du nur rum, bist traurig, deprimiert und am liebsten würdest Du die ganze Welt auf den Mond kicken. Dem einen von uns mag es in solchen Situationen vielleicht helfen ein Buch zu lesen, um sich geistig abzulenken. Oder er ruft den besten Freund an, bei dem er sich dann richtig ausheult. Dem anderen von uns mag es aber vielleicht auch helfen, das eigene Lieblingslied zu hören oder auch auf dem eigenen Musikinstrument zu spielen. Ihm ist wahrscheinlich aufgefallen, dass die Welt nach dem Hören von Musik nur noch halb so schlimm aussieht, die Sorgen und Probleme nicht mehr gar so schwer auf ihm lasten" (Ulla Spitzer 2001, S. 20).

Die wissenschaftlichen Untersuchungen zu den Wirkungen von Musik reichen heute von systematischen Befragungen bis hin zu objektiven Messungen im Gehirn. Unser gehirneigenes Belohnungssystem beispielsweise kann durch Musik aktiviert werden (vgl. Kapitel 15). Demgegenüber wird die Aktivität von Bereichen, die Angst und Furcht vermitteln, durch das Hören angenehmer Musik vermindert.

Die Idee der Verbindung von Musik und Heilkunst ist keineswegs neu. Ägyptische Papyri sprechen ebenso von Musik und Heilkunst wie die Bibel, die griechische Tradition oder die vielen Stammesriten einfach lebender Völker. Es ist allerdings keineswegs einfach, die mit Musik und Medizin zusammenhängenden Sachverhalte klar zu sehen, denn so manches in beiden Feldern berührt den Bereich des Aberglaubens oder liegt sogar schon mittendrin. Wie sollte es da bei Überlegungen zur therapeutischen Wirkung der Musik anders sein als dass sehr viel Unsinn geredet und geschrieben wird: Kosmische Rhythmen, gute Schwingungen („good vibes"), Symbolik und Symbiotik wurden und werden bemüht, um die Wirkungen von Musik auf den Menschen sehr blumig und außerhalb jeglicher Überprüfbarkeit zu beschreiben. Auch findet man sehr viele maßlose Übertreibungen, Geschichten von lindernden bis hin zu „lebensrettenden" Effekten von Musik in der Literatur (vgl. z.B. Campbell 1997). Erst die Erkenntnisse der Wissenschaft der letzten etwa zwanzig Jahre haben diese Situation verbessert. Wir wissen gegenwärtig noch immer sehr wenig zu den heilenden Wirkungen von Musik, aber wir haben Ideen, wie man diesen ungünstigen Zustand beenden könnte (vgl. Aldridge 1999, Spitzer 2001).

Wenn die Seele lacht

Wer sich wohl fühlt, hat ein Lied auf den Lippen, pfeift sich eines oder singt in der Badewanne. „Wo Musik ist, da lass' Dich nieder" sagt ein Sprichwort, und gute Laune und Musik scheinen irgendwie zusammenzugehören. Dass Musik zum Wohlbefinden beiträgt, wusste bereits Kant, der in seiner *Kritik der Urteilskraft* schrieb: „Alles wechselnde freie Spiel der Empfindungen [...] vergnügt, weil es das Gefühl der Gesundheit befördert" (Kant 1790/1924, S. 188f).

Als Wirkungsmechanismus der Musik schlägt Kant eine Wechselwirkung musikalischer Erfahrung mit körperlichen Prozessen vor und befindet sich hierbei prinzipiell auf sehr modernem Terrain, lehnt er doch eine rein „verkopfte" Sichtweise der positiven Effekte der Musik ab:

> „Nicht die Beurteilung der Harmonie in Tönen [...], sondern das beförderte Lebensgeschäft im Körper, der Affekt, der die Eingeweide und das Zwerchfell bewegt, mit einem Worte das Gefühl der Gesundheit (welche sich ohne solche Veranlassung sonst nicht fühlen lässt) macht das Vergnügen aus, welches man daran findet, dass man dem Körper auch durch die Seele beikommen und diese zum Arzt von jenem brauchen kann" (Kant 1790/1924, S. 189f).

In dieser Hinsicht vergleicht Kant die Wirkungen der Musik mit denen des Lachens. Das bloße Spiel der Vorstellungen bringe „ein Gleichgewicht der Lebenskräfte im Körper hervor" (Kant 1790/1924, S. 190), man fühle die „Schwingung der Organe, welche die Herstellung ihres Gleichgewichts befördert und auf die Gesundheit einen wohltätigen Einfluß hat" (Kant 1790/1924, S. 190). Das durch Musik oder Scherz bewirkte Gleichgewicht wird also eindeutig als gesundheitsfördernd gesehen. Aus neurobiologischer Sicht lag Kant mit dieser Ansicht gar nicht so falsch: Eine Untersuchung zur Gehirnaktivierung durch Humor zeigte ähnliche Muster wie beim Hören guter Musik (Goel u. Dolan 2001).

Was ist Musiktherapie?

Die Möglichkeiten der deutschen Sprache zur Bildung zusammengesetzter Wörter birgt Fallstricke. Mit der Musiktherapie und beispielsweise der Sprachtherapie ist es wie mit Käsekuchen und Hundekuchen. In den erstgenannten Fällen geht es darum *womit* therapiert oder gebacken wird, wohingegen es in den anderen Fällen darum geht, *wofür* das Therapieren oder Backen geschieht. Musiktherapie ist *nicht* die Behandlung von Störungen im Bereich der Musik.

Musiktherapie ist also nicht zu verstehen wie Sprachtherapie, mit der die Sprache des Aphasikers behandelt wird. Auch geht es in der Musiktherapie nicht um das Erlernen eines Instruments (wenn dies auch, gleichsam nebenbei, geschehen kann) und ebenso wenig sind aufführungsreife Gesänge oder Orchesterwerke das Ziel. Was aber ist Musiktherapie?

Diese Frage ist leichter gestellt als beantwortet, was sich schon allein daran ablesen lässt, dass ihr ein ganzes Buch (*Defining Music Therapy*) gewidmet ist. Dort wird Musiktherapie wie folgt charakterisiert:

> „Musiktherapie ist ein systematischer Prozess der Intervention, in dessen Rahmen der Therapeut dem Klienten hilft, seine Gesundheit durch den Einsatz musikbezogener Erfahrungen und der sich daraus entwickelnden Beziehungen zu fördern" (Bruscia 1998, S. 20, zit. nach Hanser 1999; Übersetzung durch den Autor).

Es geht also um deutlich mehr als um das Hören oder Machen von Musik. Die Rede ist von einem therapeutischen Prozess sowie vor allem von der Beziehung zwischen Therapeut und Klient oder Patient. Ganz ähnlich definiert Bunt Musiktherapie in seiner Übersicht zum klinischen und therapeutischen Gebrauch von Musik:

> „Musiktherapie besteht im Gebrauch von Klängen und Musik innerhalb einer sich entwickelnden Beziehung zwischen einem Kind oder Erwachsenen und einem Therapeuten, um das körperliche, geistige, soziale und emotionale Wohlbefinden zu unterstützen und anzuregen" (Bunt 1997, S. 251; Übersetzung durch den Autor).

Man sieht diesen Definitionen schon an, dass sich Musiktherapie im Spannungsfeld zwischen Musik und Beziehung bewegt. Die Betonung liegt dabei je nach musiktherapeutischer Schulenzugehörigkeit, kulturellem Hintergrund, Land der Ausübung sowie dem Kontext der Ausübung einmal mehr auf der Musik und ein anderes Mal mehr auf der Beziehung. So variiert auch das relative Ausmaß der psychologischen bzw. medizinischen Fähigkeiten des Therapeuten und dessen musikalische Fähigkeiten von Land zu Land sehr stark, was sich auch auf die jeweils verwendete Definition von Musiktherapie auswirkt (Bunt u. Pavlicevic 2001). Kurz und überspitzt könnte man formulieren: Musiktherapeuten können *Musiker* sein, die ihr Metier mit Patienten betreiben (und gelegentlich dabei nach dem Befinden fragen), oder *Psychotherapeuten* (d.h. Psychologen, Sozialarbeiter, Heilpraktiker oder Ärzte), die Patienten durch Gespräch, Anweisung und Beziehung therapieren und dabei gelegentlich ein bisschen auf Instrumenten klimpern. Meist wird die Wahrheit, d.h. in diesem Fall die klinische Praxis, irgendwo zwischen diesen Polen liegen. Es sei angemerkt, dass die Situation in der Kunsttherapie (zwischen Kunst und Therapie) keineswegs besser ist und dass Musiktherapie medizinisch, psychoanalytisch, verhaltens-, gesprächs- oder gestalttherapeutisch diskutiert und praktiziert wird.

Leider hat sich diese eher unklare Situation der Musiktherapie ungünstig auf die Forschung ausgewirkt. Aldridge (1999, S. 14) beschreibt sehr eindrucksvoll, wie die Geschichte seiner Forschung „auch die Geschichte der Aussöhnung eines Wissenschaftlers mit dem Künstler in sich" ist, und lässt dabei deutlich durchblicken, wie forschungsfeindlich die musiktherapeutische Umgebung im Grunde ist:

> „Alle Musiktherapeuten, mit denen ich sprach, sagten als erstes, dass sie die Ergebnisse ihrer Arbeit nicht als eine Reihe psychologischer Reaktionen wegerklärt wissen wollten oder als ein gewisses Repertoire von Verhaltensmustern oder physiologischen Reaktionen" (Aldridge 1999, S. 15).
>
> „Musiktherapeuten haben oft das Problem, zwar über keine eigene Forschungstradition zu verfügen, aber sehr genau zu wissen, welche Art von Forschung sie *nicht* wollen. Diese Ablehnung formaler klinischer Forschung beruht auf einer Ablehnung der Methoden, die bislang von Psychologen oder Ärzten auf die Musiktherapie angewandt worden sind" (Aldridge 1999, S. 26).

Wer aber andere Menschen zu behandeln beansprucht und wer dafür von der Solidargemeinschaft Geld erhalten möchte – Musiktherapie ist personalintensiv und daher geht es um nicht wenig Geld –, der muss sich den Fragen nach der Wirksamkeit, der Indikationsstellung und der Stellung seines Therapieverfahrens im Vergleich zu anderen wissenschaftlich stellen. Daher kommt auch Aldridge in seiner Monographie über *Musiktherapie in der Medizin* zu dem Schluss:

„Kernaussage dieses Buches ist, dass die Musiktherapie unbedingt erforscht werden muss“ (S. 36) und bislang, so muss man leider ergänzen, kaum beforscht ist:

> „Um von einer generellen Verbesserung der gesundheitlichen Situation durch Musiktherapie sprechen zu können, fehlt es [...] bislang an großflächig durchgeführten Studien“ (Aldridge 1999, S. 90).

Auch andere Autoren weisen mit Recht auf das Missverhältnis von klinischer Praxis und wissenschaftlich erwiesenen Fakten hin (vgl. Bunt u. Pavlicevic 2001). Es ist wichtig, sich diese ganz bewusst am Beginn dieses Kapitels erwähnten Grenzen des Wissens vor Augen zu halten, wenn im Folgenden einiges von dem, was man über Musiktherapie weiß oder zu wissen glaubt, beschrieben wird.

Einsatzbereiche der Musiktherapie

Die Musiktherapie entstand in den USA, wo nach dem Zweiten Weltkrieg Musiker systematisch bei der Rehabilitation von Kriegsveteranen eingesetzt wurden und 1950 die erste Gesellschaft für Musiktherapie, die National Association of Music Therapy (NAMT) gegründet wurde. Später kam eine zweite Organisation, die American Music Therapy Association (AMTA) hinzu, und allein in den USA wird die Zahl der Musiktherapeuten mit etwa 5000 angegeben, wobei es sich weit überwiegend um Frauen kaukasischer ethnischer Herkunft (Weiße) mit Undergraduate College Abschluss handelt (Davis et al. 1999). Oerter und Mitarbeiter (2001) geben die Zahl der in Deutschland in den drei Fachgesellschaften, der Deutschen Gesellschaft für Musiktherapie (DGMT), dem Berufsverband der Musiktherapeutinnen und Musiktherapeuten in Deutschland (BVM) und der Deutschen Musiktherapeutischen Vereinigung Ost (DMVO), organisierten Musiktherapeuten mit 1850 an.

Ganz allgemein unterscheidet man *aktive* (Musik machen) und *passive* (Musik hören) Musiktherapie. Man hat diese Therapieformen bei den unterschiedlichsten Erkrankungen eingesetzt, und es ist erstaunlich, dass sie nicht selten gerade von sehr schwer kranken Menschen als wohltuend empfunden wird und nach Meinung einiger Untersucher sogar für Patienten im Koma geeignet ist (Aldridge et al. 1990). In manchen Fällen, wie beispielsweise bei der Rehabilitation behinderter Kinder, gehört Musiktherapie zu den ganz wenigen Möglichkeiten des Ausdrucks und der Kommunikation mit den schwer kranken Patienten. Eine Übersicht zu den verschiedensten Indikationsgebieten und Anwendungsbereichen der Musiktherapie gibt Tabelle 17-1, wobei es sich um die Ergebnisse einer Meta-Analyse handelt, in die sehr viele Studien aufgenommen wurden. Es ließ sich so (bei allen Vorbehalten gegenüber dieser Technik) die Stärke des Therapie-Effekts von Musiktherapie ein-

Tab. 17-1 Beeinflussung medizinischer Sachverhalte durch Musiktherapie (nach Bunt 1997). Links ist die jeweils gemessene Variable, rechts die Stärke des Effekts von Musiktherapie (statistisches Maß) dargestellt.

Variable	Effektstärke
Pulserhöhung (beim Zahnarzt)	3,00
Schmerzmittelgebrauch (beim Zahnarzt)	2,49
Blutdruck (beim Zahnarzt)	2,25
Angst beim Kinderarzt	1,97
Stärke des Griffs bei Schlaganfallpatienten	1,94
subjektiv erlebte Angst bei Herzpatienten	1,77
Schmerzen bei chirurgischer Behandlung von Verbrennungen	1,52
postoperative Schmerzen	1,49
Entspannung in der Geburtshilfe	1,32
Dauer der Wehen unter der Geburt	0,99
Schmerzen bei einer Abtreibung	0,96
Hilflosigkeit (beim Zahnarzt)	0,94
Geschwindigkeit des Laufens bei Schlaganfallpatienten	0,94
Blutdruck (bei Patienten in der Chirurgie)	0,82
Gewichtszunahme beim Neugeborenen	0,71
Zufriedenheit bei behandelten Krebspatienten	0,67
Intensität des Erbrechens bei Chemotherapie	0,47
Schlaf bei Patienten in der Herzchirurgie	0,42

heitlich als statistisches Maß berechnen, so dass man einen Eindruck gewinnen kann, in welchen Bereichen der Medizin Musiktherapie wirkt und wie stark die Wirkung in einem Indikationsbereich im Vergleich zu anderen Indikationsbereichen ist.

Ganz allgemein ließ sich feststellen, dass Musiktherapie bei Frauen besser wirkt als bei Männern und ebenfalls bei Kindern und Jugendlichen eine bessere Wirkung hat als bei Säuglingen und Erwachsenen. Der Effekt ist bei objektiven Beobachtungen deutlicher als bei subjektiven Selbstbeurteilungen, und er ist auch dann größer, wenn die Musik live (vom Therapeuten) kommt und nicht von einem Tonträger wie Kassette oder CD. Im Hinblick auf verschiedene gemessene körperliche Variablen hat Musiktherapie den größten Einfluss auf die Atmung, gefolgt von der Muskelspannung im Elektromyogramm (EMG) und dem Schmerzmittelgebrauch (vgl. Bunt 1997).

Musiktherapie wird auf ganz unterschiedliche Weise eingesetzt, je nach Krankheitsbild und medizinischem Gesamtumfeld. Einige Typen dieses unterschiedlichen Einsatzes seien kurz angesprochen.

Angst, Stress, Schmerzen

Zur Schmerzbekämpfung, Angstreduktion, Stressbewältigung wird Musik meist passiv gehört und hilft auf diese Weise, Medikamente einzusparen. Dies kann in der Chirurgie, Frauenheilkunde, Geburtshilfe, Dialyse (Blutwäsche) oder Kinderheilkunde geschehen, wobei die Musik, vorzugsweise die Lieblingsmusik des Patienten, am besten bereits vor der schmerzhaften oder angstbesetzten medizinischen Maßnahme einsetzt und dem Patienten Angst, Stress und Schmerzen zumindest teilweise nimmt. Dieser Effekt ist nach den oben erwähnten und in Kapitel 15 beschriebenen Wirkungen von Musik auf emotionale Prozesse und Verarbeitungssysteme zu erwarten und oft sehr deutlich.

Bei Patienten vor herzchirurgischen Eingriffen vermag Musiktherapie beispielsweise in der perioperativen Periode die Angst zu reduzieren und auch bei Herzinfarktpatienten lässt sich durch Musiktherapie der Teufelskreis aus Angst, vegetativer Anspannung und weiterer Belastung des Herzens durchbrechen. Allgemein kann man durch Musiktherapie Patienten vor chirurgischen Eingriffen oder anderen diagnostischen Prozeduren relaxieren, was mithilft, Beruhigungsmittel einzusparen, was sich wiederum positiv auf den weiteren Krankheitsverlauf auswirken kann (Pacchetti et al. 2000).

Bewegung

Bei Patienten mit Problemen im Bereich des Bewegungsapparats, bei Lähmungen nach Schlaganfällen oder bei Patienten mit Problemen im Bereich der Atemwege kann Musik eine Stärkung von Kraft und Ausdauer sowie eine verbesserte Koordination der Muskulatur bewirken. Hierzu wird ein Musikstück verwendet, dessen rhythmische bzw. melodische Charakteristika zu einem bestimmten Symptombild passen und geeignet erscheinen, die Bewegungen des Patienten, der angewiesen wird, sich z. B. auf den Takt zu konzentrieren und sich nach ihm zu bewegen, zu beschleunigen.

Zur Verdeutlichung sei ein Beispiel angeführt. Die Parkinson-Krankheit (Schüttellähmung) besteht in einer Degeneration dopaminproduzierender Nervenzellen im Gehirn, wodurch es zu Zittern, Muskelsteifigkeit, kleinschrittigem Gang, starrem Gesichtsausdruck und sogar bis zur völligen Bewegungsunfähigkeit kommen kann. Pacchetti und Mitarbeiter (2000) gingen im Rahmen einer prospektiven kontrollierten Einfachblindstudie der Frage nach, ob sich die Symptome der Parkinson-Krankheit durch aktive Musiktherapie bessern lassen. 32 Patienten mit Parkinson-Krankheit, deren Zustand bei gleichzeitig gegebener konstanter Medikation stabil war, wurden für einen Zeitraum von drei Monaten zusätzlich behandelt, wobei 16 Patienten (12 Männer, 4 Frauen) wöchentlich aktive Musiktherapie, die anderen 16 Patienten (11 Männer und 5 Frauen) hingegen traditionelle Physiotherapie erhielten. Die Zuweisung zu den Gruppen war zufällig (randomisiert) und die Gruppen unterschieden sich nicht im Hinblick auf ihr Durchschnittsalter, die Zeit, die seit Diagnosestellung vergangen war, die Medikation oder die Schwere der Erkrankung. Die Gruppengröße betrug sowohl bei der wöchentlichen Physiotherapie als auch bei der Musiktherapie acht Personen, d. h. es wurden zwei Gruppen gebildet. Ein Neurologe, der nicht wusste, zu welcher Gruppe die Patienten gehörten, untersuchte die motorischen Fähigkeiten der Patienten mit Hilfe einer standardisierten Skala in der ersten, dritten, fünften, siebten, neunten und elften Woche der Untersuchung sowie zu einem Follow-up-Zeitpunkt zwei Monate nach Beendigung der gesamten Studie. Im Hinblick auf das Zittern hatten beide Therapien keinen Einfluss, die Rigidität (Muskelsteifigkeit) wurde durch die körperliche Therapie stärker reduziert als durch Musiktherapie, wohingegen die Bewegungseinschränkung (Bradykinese) durch die Musiktherapie signifikant deutlicher verbessert wurde. Musiktherapie zeigte weiterhin signifikante positive Effekte auf Alltagsaktivitäten wie Anziehen, Essen, Sicherheit beim Gehen und das so genannte „Einfrieren", d.h. das krankheitsbedingte Verharren in bestimmten Stellungen. Auch das mit einem Fragebogen gemessene emotionale Wohlbefinden wurde durch die Musiktherapie, nicht aber durch die Physiotherapie signifikant gebessert. Das gleiche traf auf ein Maß der Lebensqualität zu. Einschränkend muss gesagt werden, dass sämtliche Effekte beim Follow-up-Zeitpunkt zwei Monate nach Beendigung der Untersuchung nicht mehr vorhanden waren. Musiktherapie (wie auch Physiotherapie) wirkte also nur während man sie anwandte. Alle Patienten in den beiden Musiktherapiegruppen, jedoch nur insgesamt vier Patienten in der Physiotherapie, gaben beim letzten Gespräch an, dass sie sich zuhause wohler fühlten, aktiver seien und vor allem durch die Therapie Sozialkontakte und kreative Kommunikationsmöglichkeiten besser kennen gelernt hätten.

Die Autoren interpretieren ihre Befunde so, dass durch die aktive Musiktherapie das emotionale Wohlbefinden der Patienten gesteigert wird, was seinerseits wiederum positive Effekte auf die Motorik hat. Zusätzlich stabilisiert der rhythmische Aspekt von Musik interne motorische Rhythmen und verbessert so die Einleitung neuer Bewegungen. Man konnte nämlich zeigen, dass beispielsweise bei Aufgaben wie dem sequentiellen Drücken eines Knopfes oder dem einfachen Gehen akustische Reize den Bewegungsfluss von Parkinson-Patienten verbessern können (Georgiou et al. 1993, Thaut et al. 1996, McIntosh et al. 1997). Die positiven Effekte von Musiktherapie könnten schließlich auch auf eine Verbesserung des Motivationszustandes der Patienten zurückzuführen sein, der wiederum durch eine Beeinträchtigung des Dopaminsystems bei Parkinson-Krankheit einer Störung unterliegt.

Zusammenfassend lässt sich somit sagen, dass Musiktherapie bei Patienten mit Parkinson-Krankheit aufgrund ihres positiven Einflusses auf rhythmische Bewegungen, auf die Emotions- und Motivationslage der Patienten sowie aufgrund ihres Modellcharakters im Hinblick auf kreativen Umgang im sozialen Bereich positive Wirkungen ausübt. Bemerkenswert ist an der zitierten Studie, dass dies in einer randomisierten Einfachblindstudie nachgewiesen werden konnte, da derartige Studien gerade im Bereich der Musiktherapie eher eine Seltenheit darstellen.

Beratung und Beziehung

Im Bereich der Beratung und Betreuung von Menschen in Extremsituationen kann Musiktherapie insbesondere der Herbeiführung und Aufrechterhaltung einer intensiven zwischenmenschlichen Beziehung dienen. Sekeles (1999) schildert beispielsweise den Fall einer 39-jährigen alleinerziehenden Lehrerin, die ihren 19-jährigen

Sohn verliert und diesen Verlust zunächst nicht verarbeiten konnte. Unfähig zu trauern, konnte sie nicht mehr arbeiten und verbrachte ein halbes Jahr im Krankenhaus. Während eines Teils dieser Zeit hatte sie unter anderem auch wöchentlich vier Stunden Musiktherapie, während der sie über das Medium Musik Zugang zu ihren Gefühlen finden und die Trauer überwinden konnte.

Erziehung, Kinderpsychiatrie

Im Rahmen der Erziehung und Erziehungsberatung bis hin zur Kinder- und Jugendpsychiatrie kann Musiktherapie belohnend eingesetzt werden, um Aufmerksamkeit beim Lernen, Selbstkontrolle oder die Strukturierung von Situationen zu verbessern. So wird Musiktherapie in der Rehabilitation behinderter Kinder eingesetzt, da sie für diese eine der wenigen Möglichkeiten des Ausdrucks darstellt.

In Schulen kann Musiktherapie eingesetzt werden, um den Schülern Spaß an gemeinsamer Aktivität zu vermitteln und sie bei Gruppenprozessen zu verstärken. Kinder mit Problemen im emotionalen Bereich können durch Musiktherapie nachreifen und Erfahrungen machen, die ihnen im Umfeld daheim verwehrt sind (vgl. Gfeller 1999).

Eine Reihe von Studien hat die positiven Wirkungen von Musiktherapie bei autistischen Kindern zum Inhalt (vgl. Thaut 1999). Diese Kinder weisen zum Teil außerordentliche musikalische Fähigkeiten auf, jedoch auch bei musikalisch „normal begabten" lässt sich Musik therapeutisch mit Erfolg einsetzen, um Motorik zu koordinieren, Stereotypien zu unterbrechen, die Aufmerksamkeitsspanne zu erhöhen, Angst zu reduzieren, Körperbewusstsein, „Selbstkonzept" und soziale Wahrnehmung zu verbessern sowie Kommunikation zu üben (Thaut 1999, S. 171).

Stimulation

Bei Patienten mit Demenz (z.B. Alzheimer-Krankheit) sowie nach Schlaganfällen bis hin zu komatösen Zuständen kann Musik neben anderen Formen der Stimulation gewählt werden, um den Patienten überhaupt zu erreichen und mit ihm Kontakt aufzunehmen. Gerade ältere Patienten waren über längere Zeit von Musiktherapeuten vernachlässigt worden, denn es bestand die Auffassung, dass sie mit dem Material nichts anfangen könnten (z.B. wegen Schwerhörigkeit) bzw. nicht lernen könnten (Davis 1999).

Musiktherapie kann jedoch bei älteren Menschen eingesetzt werden, um deren soziale, psychologische, intellektuelle und kognitive Fähigkeiten zu verbessern. Es zeigt sich immer wieder, dass Menschen, die bettlägerig sind und vermeintlich ohne jede Motivation, daran etwas zu ändern, beim Abspielen der Musik aus ihrem Jugendalter plötzlich mit neuem Leben erfüllt sind, aufstehen, marschieren oder tanzen, um beim Abschalten der Musik wieder in die frühere Lethargie und Starre zu verfallen. „Für viele Patienten mit Demenz war Musiktherapie die effektivste Maßnahme zur Verbesserung der Lebensqualität" bemerkt Hanser (1999, S. 43) hierzu lapidar.

Biofeedback

Musik kann als Mittel des Biofeedback verwendet werden, d. h. „zur Verstärkung und Strukturierung einer gesteigerten Bewusstheit und Selbstkontrolle" (Bunt 1997, S. 261). Dies geschieht z. B. bei der Behandlung des Bluthochdrucks, bei Kreislaufstörungen, Anfallsleiden oder Migränekopfschmerzen. Die Patienten erlernen musikbezogene Entspannungstechniken und hören dabei angenehme, entspannend wirkende Musik.

Musiktherapie in der Psychiatrie

Der Psychiater Eugen Bleuler hat einmal gesagt, dass das, was einem Gesunden gut tut, einem schizophrenen Menschen auch gut tut. Man kann durchaus verallgemeinern, dass sich dieser Satz im Hinblick auf Musik wahrscheinlich auf sehr viele Erkrankungen körperlicher und seelischer Natur anwenden lässt.

Gerade im Bereich der Psychiatrie geht es um die Gestaltung von Normalität, weil viele Patienten krankheitsbedingt diese Normalität verloren haben, oder wie es der Psychiater Wolfgang Blankenburg (1971) einmal formuliert hat, die die *natürliche Selbstverständlichkeit* ihrer Lebensvollzüge verloren haben.

Bei Depressiven kann Musiktherapie wieder dazu führen, dass sie emotional angesprochen sind, insbesondere dann, wenn die Symptomatik so weit fortgeschritten bzw. so stark vorhanden ist, dass über das so genannte „Gefühl der Gefühllosigkeit" geklagt wird, das darin besteht, dass nicht einmal mehr Traurigkeit von diesen Patienten gespürt werden kann. Manchmal vermag in solchen Fällen die Musik noch eine „Phase der Seele zu berühren", die sich mit Gesprächen oder auf andere Weise nicht mehr bewegen lässt.

Die Erfahrungen mit Musiktherapie im Bereich der Psychiatrie beschränken sich leider zumeist auf Einzelfallberichte (vgl. z.B. Hoffmann 2001) oder auf Querschnittsbeobachtungen. So spielen depressive Patienten das Volkslied *Hänschen klein* langsamer, Maniker hingegen schneller als psychisch gesunde Menschen, und schizophrene Patienten dagegen spielen es eher durcheinander. Solche Ergebnisse, die in entsprechenden Studien tatsächlich gefunden und publiziert wurden, sind peinlich, denn in ihrer Trivialität kaum zu überbieten. Was bis heute fehlt, sind methodisch saubere Studien zur Wirksamkeit von Musiktherapie bei verschiedenen seelischen Störungen. Erst wenn diese vorliegen und wenn deren Ergebnisse positive sind, wird sich die Lage der Musiktherapie in der Psychiatrie deutlich verbessern, was sehr zu hoffen ist.

Musik kann Musiker krank machen

Jede Form von Übertreibung kann schaden. Hiervon weiß insbesondere der Sportmediziner ein Lied zu singen, der sehr oft mit Menschen zu tun hat, die im Prinzip gesünder sind als der Durchschnitt der Bevölkerung, sich dann mit anderen ebenso Gesunden in einen harten Wettbewerb begeben und hierdurch letztlich krank werden. Was für Leistungssportler gilt, gilt natürlich auch für Tänzer und lässt sich auf Sänger und Musiker zumindest auch übertragen.

Wie entsprechende Untersuchungen gezeigt haben, sind Probleme im Bereich von Muskeln, Knochen und Sehnen bei Musikern keineswegs selten. Caldron und Mitarbeiter (1986) befragten 250 Musiker (Schlag- und Streichinstrumente) von denen immerhin 59 % über entsprechende Probleme klagten. Eine andere Befragung durch Fry (1988) bei insgesamt 485 Musikern in Sinfonieorchestern ergab, dass 312 von ihnen (64 %) wiederkehrende oder dauerhafte Schmerzen im Zusammenhang mit dem Instrumentenspiel berichteten. Ein an 48 Sinfonieorchester verschickter Fragebogen, der sich mit den medizinischen Problemen von Streichern beschäftigte, ergab, dass 58 % der 2212 Musiker, die den Fragebogen zurücksandten, über medizinische Probleme im Bereich von Muskeln und Knochen klagten, die zu irgendeinem Zeitpunkt während ihrer Karriere als schwerwiegend eingeschätzt wurden (Middlestadt u. Fishbein 1989).

Insgesamt zeigte sich, dass Frauen häufiger über medizinische Probleme im Zusammenhang mit dem Instrumentenspiel klagen als Männer, und dass insbesondere Streicher und Pianisten betroffen sind. Auch Lederman (1994) gibt die Häufigkeit von medizinischen Problemen im Bereich des Muskel- und Skelettsystems bei insgesamt 672 Instrumentalisten im Durchschnittsalter von 32 Jahren mit 64 % an. Entzündungen oder Einklemmungen im Bereich der peripheren Nerven fand er in 22,5 % der Fälle und Bewegungsstörungen im Sinne von Verkrampfungen in 7 %. Befragt man Musikschüler bzw. Musikstudenten, erhält man ähnlich hohe Zahlen, die nur noch von der Gruppe der professionellen Tänzer übertroffen werden, von denen etwa 70 % über medizinische Probleme im Bereich der Muskeln oder Knochen klagen (Chmelar et.al. 1991, Mutoh et.al. 1988).

Demgegenüber werden von der Allgemeinbevölkerung Symptome im Bereich der Finger oder Schulter von jeweils etwa 7 % der Befragten beklagt, wobei man bei 3–4 % tatsächlich körperliche Krankheitszeichen finden kann, wie eine große epidemiologische Untersuchung an nahezu 7000 Erwachsenen im Alter von 25 bis 74 Jahren ergab (Cunningham u. Kelsey 1984). Für Musiker ergibt sich damit ein deutlich erhöhtes Risiko schmerzhafter Erkrankungen im Bereich des Bewegungsapparates.

Schmerzen durch Musik

Das häufigste von Musikern geklagte Symptom sind Schmerzen. Etwa die Hälfte der mit dem Bewegungsapparat in Zusammenhang bestehenden Beschwerden sind letztlich auf einen falschen oder übermäßigen Gebrauch von Muskeln und Sehnen zurückzuführen. Die Tatsache, dass man letztlich nichts Genaues über die Ursachen der Beschwerdebilder weiß, drückt sich nicht zuletzt in den sehr unterschiedlichen Namen aus, die man diesen Erkrankungen gegeben hat: Overuse Syndrome, Repetitive Motion Disorder, berufsbedingte zervikobrachiale Störung, Störung durch kumulative Mikrotraumen, Tendinitis, Tendomyalgie, regionales Schmerzsyndrom etc. Neben Schmerzen können Steifheit, Verkrampfungen, Schwellungen, Bewegungseinschränkungen, Sensibilitätsstörungen und Verkrampfungen bestehen. Geigenspieler klagen vor allem über Schmerzen im Bereich der linken Schulter und des linken Armes, wohingegen bei Klavierspielern vor allem der rechte Arm und die rechte Hand betroffen sind. Bei Oboenspielern und Klarinettisten ist vor allem der rechte Daumen betroffen, der das Gewicht des Instrumentes zu tragen hat (Lederman 1994).

Ein knappes Viertel der den Arzt aufsuchenden Musiker hat Probleme im Bereich eines peripheren Nerven, wobei es sich meist um Druckschäden oder Einklemmungen handelt. Diese beziehen sich entweder auf den Schulterbereich (vor allem bei Geigenspielern) oder auf den Bereich des Unterarms und Handgelenks (vor allem bei Pianisten).

Zu den ebenfalls sehr unangenehmen Symptomen von Musikern gehören die Verkrampfungen (Dystonien) im Bereich der Hände, die wiederum bei Streichern vor allem links und bei Pianisten vor allem rechts auftreten (Altenmüller 1996, Lederman 1994). Im Gegensatz zu den oben beschriebenen Symptomen sind bei den Verkrampfungen vor allem Männer (im Alter von etwa Mitte 30) betroffen. Dies ist ein Hinweis auf eine mögliche erbliche Komponente bei diesen Störungen.

Therapeutisch ist das scheinbar Einfachste für die Betroffenen am allerschwersten: Die Ruhigstellung und Schonung des betroffenen Körperteils. Hier sind die Lebensumstände, die soziale Situation und vor allem auch der berufliche Erfolgszwang mit zu bedenken. Die Musiker haben ihre Beschwerden ja nicht umsonst, sondern in aller Regel genau deswegen, weil sie Teile ihres Körpers durch intensives Üben überbeansprucht haben. Rät nun der Doktor dem Musiker, er solle das Üben seinlassen, so ist dies für den Musiker viel einfacher gesagt als getan. Neben der Ruhigstellung ist es wichtig, die Bewegungsabläufe beim Musizieren unter die Lupe zu nehmen, um Fehlhaltung, unnötige Bewegung sowie unnötige Belastungen auszuschließen. Beide Maßnahmen zusammen, das Ruhigstellen (dies kann auch als teilweises Ruhigstellen im Sinne einer prozentualen Reduktion von Üben und Spielen erfolgen) und das optimierte Bewegen führen in aller Regel bereits zu einer deutlichen Besserung der Beschwerden. Bekanntermaßen sind Musiker dennoch keine einfachen Patienten: Sie sind besessen von ihrer Musik und ordnen dieser Besessenheit durchaus anderes unter. Nicht selten werden ärztliche Ratschläge daher nicht angenommen. Es ist deshalb bei Musiker-Patienten für den Arzt besonders wichtig, ein gutes Vertrauensverhältnis aufzubauen. Eher schwer zu behandeln sind Dystonien, bei denen eine Kombination psychologischer und pharmakologischer Therapien am ehesten zum Erfolg führen.

Fuhrmeister und Wiesenhütter (1973) legen eine größere Studie an Musikern dreier Orchester vor, die nahelegt, dass es nicht nur Probleme mit dem Instrument sind, die Musiker krank machen können, sondern auch Probleme mit der Musik. Die Autoren gingen der Frage nach, ob bei Musikern, die mit viel zeitgenössischer Musik beschäftigt sind, stärkere oder spezielle Beschwerden zu finden sind. Anekdotische Berichte hierüber sowie die Auffassung vieler Hörer, nach der zeitgenössische Musik oft als Geräusch empfunden wird, legten diese Vermutung nahe. Es wurden insgesamt 208 Berufsmusiker mit Hilfe eines halbstrukturierten klinischen Interviews befragt, wobei die einzelne Befragung bis zu drei Stunden dauern konnte. Die Musiker kamen aus drei Orchestern, dem Orchester A, das vor allem zeitgenössische (moderne) Musik spielte, Orchester B, bei dem der Anteil zeitgenössischer Musik bei etwa 25 % lag, und Orchester C, das insgesamt schlechtere

Arbeitsbedingungen hatte, aber keine zeitgenössische Musik, sondern Klassik, Oper und Operette spielte (Orchester C diente als eine Art Kontrollgruppe). Die Musiker eines jeden Orchesters waren im Durchschnitt 46 Jahre alt. Es wurden sowohl die vor dem Eintritt in die jeweiligen Orchester bereits bestandenen Beschwerden als auch die gegenwärtig bestehenden Beschwerden erfasst, so dass durch Differenzbildung die zumindest zeitlich mit dem Musizieren im Orchester in Verbindung stehenden neu aufgetretenen Beschwerden ermittelt werden konnten. Insgesamt zeigte sich, dass in allen drei Orchestern die meisten Musiker von funktionellen Störungen wie Schlaflosigkeit, „Nervosität“, Wetterempfindlichkeit, Ermüdbarkeit oder Kopfschmerzen geplagt waren. Betrachtete man die Musiker im Vergleich, so stellte sich heraus, „dass sowohl der körperliche als auch der seelische Gesundheitszustand der Musiker des ausgesprochen ‚zeitgenössischen Orchesters‘ (A) der signifikant schlechteste war“ (Fuhrmeister u. Wiesenhütter 1973, S. 75).

Wie aus Abbildung 17-1 hervorgeht, zeigten die Musiker des Orchesters A vor allem einen höheren Prozentsatz an Herz-Kreislauf-Erkrankungen, Magen-Darm-Erkrankungen und funktionellen Störungen wie Ermüdbarkeit, Kopfschmerzen, Schlafstörungen und Nervosität. Zugleich fiel auf, dass die typischen Berufskrankheiten der Musiker wie instrumentenbedingte Beschwerden und Erkrankungen von Knochen und Muskeln in Orchester A seltener vorkamen. Dies schließt eine Erklärung der höheren Anzahl von Beschwerden der Musiker in Orchester A im Sinne „einer Flucht in die Berufskrankheit“ aus. Auffallend ist, dass bei vielen Musikern des Orchesters A eine deutlich schwerere Störung vorliegt als bei Musikern der anderen beiden Orchester. Immerhin lag die Häufigkeit der Magen-

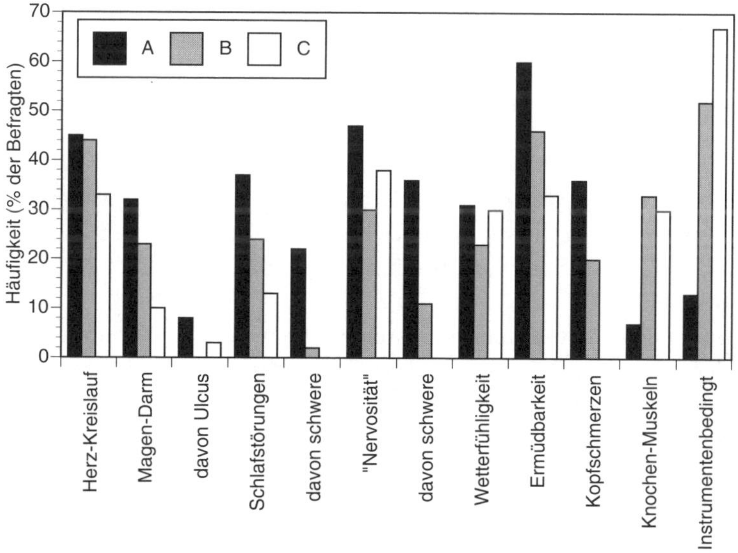

Abb. 17-1 Nach Orchestereintritt erstmals aufgetretene Erkrankungen (nach Abzug der bereits vorher bestehenden Krankheiten) in Prozent bezogen auf die Gesamtzahl der untersuchten Musiker von Orchester A (93 von 99), Orchester B (85 von 108) sowie Orchester C (30 von 47) (Daten aus Fuhrmeister u. Wiesenhütter 1973).

und Duodenalgeschwüre bei 11 % (Orchester B: 5 %; Orchester C: 3 %) und auch die schweren Schlafstörungen traten in Orchester A bei 22 % vergleichsweise häufig auf (Orchester B: 2 %; Orchester C: 0 %). Zu denken gibt auch folgendes Ergebnis:

> „Mit Sicherheit war der Tablettenkonsum im Orchester A bedeutend höher als in den anderen; fast selbstverständlich wurden Beruhigungs-, Schmerz- und Schlafmittel beinahe von jedem Musiker eingenommen, manchmal sogar vor den Proben ‚offiziell' ausgeteilt. Von den Musikern wird das wiederum allein mit den Auswirkungen der zeitgenössischen Musik begründet" (Fuhrmeister u. Wiesenhütter 1973, S. 78).

Auch das Freizeitverhalten im Hinblick auf die Musik unterschied sich sehr deutlich bei den Mitgliedern der drei Orchester. So lag die Zahl derjenigen, die auch in der Freizeit musizierten, in Orchester A mit 56 % am höchsten, „andererseits findet sich in diesem Orchester die höchste Zahl der Musiker, die in ihrer Freizeit kein Instrument anrühren". Beides ist als reaktives Verhalten auf die Orchesterarbeit mit zeitgenössischer Musik zu erklären: Die einen versuchen, künstlerische und musikalische Befriedigung in der Freizeit zu finden, die anderen haben resigniert, „die Nase voll" (Fuhrmeister u. Wiesenhütter 1973, S. 78).

In Abbildung 17-2 sind schließlich die körperlichen und seelischen Symptome nach Proben zeitgenössischer Musik aufgeführt, die nach Proben klassischer Musik nicht auftreten. Die Autoren werten ihre Ergebnisse insgesamt als starken Hinweis darauf, dass es die zeitgenössische Musik selbst ist, die den Musikern Probleme macht, womit sie anderen Auffassungen wie beispielsweise der von Adorno entgegentreten:

> „Demnach wäre die Äußerung von Adorno ‚die Dissonanzen die sie schrecken, reden von ihrem eigenen Zustand, einzig darum sind sie ihnen unerträglich' für die Musiker der Orchester A und B umzukehren: die Dissonanzen (als Verallgemeinerung der zeitgenössischen Musik) bewirken einen psychisch und körperlich unerträglichen Zustand und sind ihnen (den Musikern) deswegen so ‚verhasst'" (Fuhrmeister u. Wiesenhütter 1973, S. 79).

Etwa zwei Drittel der Musiker in den Orchestern A und B machen die zeitgenössische Musik für ihre Beschwerden und Krankheiten in der Hauptsache verantwortlich und selbst die Mitglieder des Orchester C gaben etwa zur Hälfte an, dass ihnen zeitgenössische Musik, die sie selbst kaum spielten, körperliches oder seelisches Unbehagen bereitet.

Mit den wenigen Ausnahmen der unspielbaren Stücke schreiben Komponisten Musik in der Regel mit Rücksicht auf die Möglichkeiten des Instrumentalisten. Es hat keinen Sinn, einem Pianisten etwas vorzuschreiben, was er mit zwei Händen schlichtweg nicht leisten kann. Es kommt auch nicht vor, dass Klarinettenmusik beispielsweise verlangt, dass der Daumen über die Klarinette greift (und sich nicht unter ihr befindet). Interessanterweise gibt es allerdings biomechanische Unterschiede verschiedener Hände. Nicht jedes Instrument ist für jede Hand gut geeignet, und es hat in der Vergangenheit nicht an Bemühungen gefehlt, hier durch objektive Messungen zu besserer Klarheit zu gelangen. Wenn die Hand nicht bis an ihre Grenzen ausgereizt wird, kann sie alles so einigermaßen. Geht man jedoch an die Grenzen, so sind manche Hände für bestimmte Bewegungen besser geeignet als

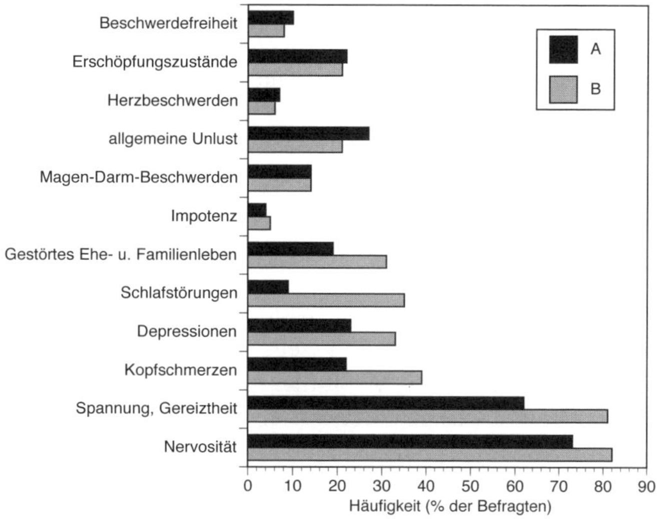

Abb. 17-2 Körperliche und seelische Symptome nach Proben zeitgenössischer Musik, die nach Proben klassischer Musik nicht auftreten (Daten aus Fuhrmeister u. Wiesenhütter 1973, S. 50).

andere. Wagner (1987) berichtet von einer Untersuchung an etwa 600 Berufsmusikern, deren Ergebnisse klar in diese Richtung deuten: Offensichtlich sind es vor allem genetisch festliegende biomechanische Eigenschaften der Hand, die zu technischen Schwierigkeiten am Instrument oder zu funktionellen oder organischen Störungen im Bereich der Hände, Arme oder Schultern führen. Die Bedeutung dieser Unterschiede zwischen den Händen der Musiker lässt sich wahrscheinlich kaum überschätzen. Bei einer Befragung von 160 Streichinstrumentalisten aus fünf Orchestern stellte sich heraus, dass nur 32 von ihnen (also 20 %) zum Zeitpunkt der Befragung niemals irgendwelche berufsbedingten Beschwerden im Bereich des Bewegungsapparates gehabt hatten. Dies ist im Grunde erschreckend. Weiterhin zeigte sich eine Abhängigkeit vom Instrument: Die Violine ist offensichtlich beanspruchender als die Bratsche, denn von 100 Violinisten hatten 84 Beschwerden, wohingegen von 36 Bratschisten nur 72 % Beschwerden hatten. Cellisten gaben mit 67 % die wenigsten Beschwerden an, wohingegen die Beschwerdehäufigkeit bei den Kontrabassisten mit 89 % sogar über der der Violinisten lag. Man sollte sich aufgrund dieser Ergebnisse insbesondere davor hüten, den Musikern psychische Probleme mit ihrem Instrument anzudichten.

Fazit: Musik und Medizin

Musiktherapie wurde in der Rehabilitation behinderter Kinder eingesetzt, da sie für diese eine der wenigen Möglichkeiten des Ausdrucks darstellt. Zusätzlich wird Musiktherapie bei älteren Menschen eingesetzt, um deren soziale, psychologische, intellektuelle und kognitive Fähigkeiten zu verbessern. Es zeigt sich immer wieder, dass Menschen, die bettlägerig sind und vermeintlich ohne jede Motivation, daran etwas zu ändern, beim Abspielen der Musik aus ihrem Jugendalter plötzlich mit neuem Leben erfüllt sind, aufstehen, marschieren oder tanzen, um beim Abschalten der Musik wieder in die frühere Lethargie und Starre zu verfallen. Auch bei Depressiven kann Musiktherapie wieder dazu führen, dass sie emotional angesprochen sind, insbesondere dann, wenn die Symptomatik so weit fortgeschritten ist bzw. so stark vorhanden ist, dass über das so genannte „Gefühl der Gefühllosigkeit" geklagt wird, das darin besteht, dass nicht einmal mehr Traurigkeit von diesen Patienten gespürt werden kann. Manchmal vermag in solchen Fällen die Musik noch eine „Phase der Seele zu berühren", die sich mit Gesprächen oder auf andere Weise nicht mehr bewegen lässt. Bei Patienten vor herzchirurgischen Eingriffen vermag Musiktherapie in der perioperativen Periode die Angst zu reduzieren und auch bei Herzinfarktpatienten lässt sich durch Musiktherapie der Teufelskreis aus Angst, vegetativer Anspannung und weiterer Belastung des Herzens durchbrechen. Allgemein kann man durch Musiktherapie Patienten vor chirurgischen Eingriffen oder anderen diagnostischen Prozeduren relaxieren, was mithilft, Beruhigungsmittel einzusparen, was sich wiederum positiv auf den weiteren Krankheitsverlauf auswirken kann (Pacchetti et al. 2000).

Musik kann krank machen, wenn das Musizieren zum Beruf wird und der Beruf zur Überforderung führt. Das Musizieren fordert dem Körper viel ab, und Musikern geht es nicht viel anders als Leistungssportlern.

Postscript: Musik bringt Leben

Musik ist sehr innig mit uns Menschen verwoben: Sie gibt es seit Jahrtausenden (Kapitel 14), sie beruhigt uns schon im Mutterleib (Kapitel 6), unsere Gedächtnisprozesse ermöglichen sie und werden zugleich durch sie angesprochen (Kapitel 5), und nicht anders geht es unserem ganzen Körper: Wer musiziert oder tanzt, der macht nicht nur einfach Musik oder bewegt sich zur Musik; er ist vielmehr Musik (Kapitel 8, 10, 11 und 12). Und wenn man zusammen musiziert, dann ist die Musik die Gemeinschaft und die Gemeinschaft ist die Musik (Kapitel 13).

Es wäre daher falsch, ein Buch über Musik und das Gehirn mit Gedanken zu musikbedingten Krankheiten zu beenden. Gewiss, der Teufel spielt Geige; aber die Engel singen und spielen Harfe, gelegentlich auch Trompete oder Trommel oder andere Instrumente. Die meisten von uns verbinden Musik ganz überwiegend mit positiven Erlebnissen, Gedanken und Gefühlen. Musik, die uns gefällt, bringt unser gehirneigenes Belohnungssystem auf Trab und regelt die Aktivität der Mandelkerne, unseres gehirneigenen Angsterwartungssystems, herunter (Kapitel 15), weswegen wir diese Musik immer wieder hören und nicht wenig Geld für sie ausgeben.

Mit einem Lied auf den Lippen sieht die Welt anders aus, Musik stimmt uns besser, macht optimistisch. Man hüte sich davor, dies leichtfertig als Mystik oder Aberglauben abzutun, denn es gilt sogar für unheilbar Kranke. Ganz allgemein gilt, dass Optimisten signifikant länger leben als Pessimisten, wie eine an der Mayo-Klinik in Rochester, Minnesota, durchgeführte Nachuntersuchung an insgesamt 723 Personen, die vor 30 Jahren einen Persönlichkeitsfragebogen ausgefüllt hatten, ergab (Maruta et al. 2000). In einem Kommentar hierzu verdeutlicht Martin Seligmann (2000), dass Optimismus – ebenso wie Pessimismus und Hilflosigkeit – relativ früh im Leben gelernt wird, so dass man auch in dieser Lebensphase intervenieren sollte, wenn es notwendig erscheint. Das Erlernen eines Instruments und das Musizieren in der Gemeinschaft sind sehr gut geeignet, solches Lernen zu unterstützen.

Sich mit Musik zu beschäftigen, aktiv oder passiv, ist also keinesfalls Zeitverschwendung, sondern – sofern man die Musik auch mag – gut für Körper und Geist. Gerade die letzten Jahre haben gezeigt, wie innig beides zusammenhängt und wie gerade im Kopf der Leib und die Seele nicht zu trennen sind. Dieser Gedanke zeigt sich vielleicht nirgendwo klarer, stärker und eindrucksvoller als im Bereich der Musik.

Die Beschäftigung mit der Musik als einem Bereich menschlicher Fähigkeit und Tätigkeit zeigt uns damit auch etwas ganz Allgemeines über uns selbst. Diese Einsichten sind, das ist meine Überzeugung, nicht die falschesten, die durch sie nahe gelegten Handlungen nicht die unangemessensten und die daraus für uns und unsere Mitmenschen resultierenden Erlebnisse nicht die schlechtesten. So können wir uns mit Musik vielleicht ein Stück dem Wahren, Guten und Schönen nähern.

Das wäre doch etwas!

Also auf geht's: A one, a two, a one-two-three-four ...

Literatur

Abrams RM, Gerhardt KK (1997) Some aspects of the foetal sound environment. In: Deliege IE, Sloboda JE (eds) *Perception and Cognition of Music.* Taylor & Francis, Hove UK, pp. 83–101.

Adorno TW (1958) *Versuch über Wagner.* Suhrkamp, Frankfurt.

Adorno TW (1962/1996) *Einleitung in die Musiksoziologie.* Suhrkamp, Frankfurt.

Aggleton JP, Kentridge RW, Good JMM (1994) Handedness and musical ability: a study of professional orchestral players, composers, and choir members. *Psychology of Music* 22: 148–156.

Ahissar E, Vaadia E, Ahissar M, Bergmann H, Arieti A, Abeles M (1992) Dependence of cortical plasticity on correlated activity of single neurons and on behavioral context. *Science* 257: 1412–1415.

Akhtar S, Wood G, Rubin JS, O'Flynn PE, Ratcliffe P (1999) Effect of caffeine on the vocal folds: a pilot study. *The Journal of Laryngology and Otology* 113: 341–345.

Aldridge D (1999) *Musiktherapie in der Medizin. Forschungsstrategien und praktische Erfahrungen.* Huber, Bern.

Aldridge D, Gustorff D, Hannich H-J (1990) Where am I? Music therapy applied to coma patients. *Journal of the Royal Society of Medicine* 83: 345–346.

Alexander RD (1989) The evolution of the human psyche. In: Mellars P, Stringer C (eds) *The human revolution.* Edinburgh University Press, pp. 455–513.

Allen JR (1984) Salicylate induced musical perceptions. *New England Journal of Medicine* 313: 642–643.

Allmendinger J, Hackmann JR, Lehman EV (1994) *Life and work in symphony orchestras: an interim report of research findings.* Report No. 7, Cross-National Study of Symphony Orchestras, pp. 95–107.

Altenmüller E (1996) Fokale Dystonien bei Musikern: Eine Herausforderung für die Musiker-Medizin. *Musikphysiologie und Musikermedizin* 3: 29–39.

Altenmüller E (2000) Apollo in uns: Wie das Gehirn Musik verarbeitet. In: Elsner N, Lüer G (eds) *Das Gehirn und sein Geist*, pp. 87–104.

Altenmüller E (2000) Vom Spitzgriff zur Liszt-Sonate. In: Wehr M, Weinmann M (eds) *Die Hand. Werkzeug des Geistes.* Spektrum Akademischer Verlag, Heidelberg, pp. 79–111.

Altenmüller E, Schuppert M, Kuck H, Bangert M, Großbach M (2000) Neuronale Grundlagen der Verarbeitung musikalischer Zeitstrukturen. In: Müller K, Aschersleben G (eds) *Rhythmus. Ein interdisziplinäres Handbuch.* Bern: Huber, pp. 59–78.

Amrhein V (1999) Sexuelle Selektion und die Evolution von Kopulationen außerhalb des Paarbundes: Spielregeln der Weibchen. *Journal für Ornithologie* 140: 431–441.

Amunts K, Schlaug G, Jäncke L et al. (1997) Motor cortex and hand motor Skills: structural compliance in the human brain. *Human Brain Mapping* 5: 206–215.

Ando Y, Hattori H (1973) Statistical studies on the effects of intense noise during human fetal life. *Journal of Sound and Vibration* 27: 101–110.

Appel SS (1976) Modifying solo performance anxiety in adult pianists. *Journal of Music Therapy* 13: 2–16.

Appelbaum V, Halliburton C (1993) How to develop international advertising campaigns that work: the example of the European food and beverage sector. *International Journal of Advertising* 12: 223–241.

Appia A (1984) Über das Bayreuther Festspielhaus (1902). In: Bauer OG (ed) *Der Festspielhügel: Richard Wagners Werk in Bayreuth*. Bayreuth: Mühl Verlag, pp. 99–103.

Areni CS, Kim D (1993) The influence of background musik on shopping behavior: classical versus top-forty music in a wine store. *Advances in Consumer Research* 20: 336–340.

Arom S, Leothaud G, Voisin F (1997) Experimental ethnomusicology: an interactive approach to the study of musical scales. In: Deliege IE, Sloboda JE (eds) *Perception and Cognition of Music*. Taylor & Francis, Hove UK, pp. 3–30.

Ashmore JF, Mammano F (2001) Can you still see the cochlea for the molecules? *Current Opinion in Neurobiology* 11: 449–454.

Au WWL (1990) Target detection in noise by echolocating dolphins. In: Thomas J, Kastelein R (eds) *Sensory abilities of cetacaens. Laboratory and field evidence*. New York: Plenum Press, pp. 203–216.

Austin SF, Titze IR (1997) The Effect of Subglottal Resonance Upon Vocal Fold Vibration. *Journal of Voice* 11: 391–402.

Auzou P, Eustache F, Etevenon P et al. (1995) Topographic EEG activations during timbre and pitch discrimination tasks using musical sounds. *Neuropsychologia* 33: 25–37.

Ayotte J, Peretz I, Rousseau I, Bard C, Bojanowski M (2000) Patterns of music agnosia associated with middle cerebral artery infarcts. *Brain* 123: 1926–1938.

Bächtold-Stäubli H (1935/1987) *Handwörterbuch des deutschen Aberglaubens*. Walter de Gruyter, Berlin.

Baharloo S, Johnston PA, Service SK, Gitschier J, Freimer NB (1998) Absolute pitch: an approach for identification of genetic and non-genetic components. *American Journal of Human Genetics* 62: 224–231.

Barbarotto R, E. C, M. L (2001) Living musical instruments and inanimate body parts? *Neuropsychologia* 39: 406–414.

Barnes J (1979) Bach's keyboard temperament: internal evidence from the well-tempered clavier. *Early Music* 7(2): 236–249.

Bartholomew WT (1934) A physical definition of "good voice-quality" in the male voice. *J Acoust Soc Am* 6: 25–33.

Becker J (2001) Anthropological perspectives on music and emotion. In: Juslin PN, Sloboda JA (eds) *Music and Emotion: Theory and Research*. Oxford University Press, pp. 135–160.

Behne K (1997) The development of „Musikerleben" in adolescence: how and why young people listen to music. In: Deliege IE, Sloboda JE (eds) *Perception and Cognition of Music*. Taylor & Francis, Hove UK, pp. 143–159.

Beisteiner R, Erdler M, Mayer D et al. (1999) A marker for differentiation of capabilities for processing of musical harmonies as detected by magnetoencephalography in musicians. *Neuroscience Letters* 277: 37–40.

Békésy G von (1971) Auditory backward inhibition in concert halls. *Science* 171: 529–536.

Belin P, Zatorre RJ, Lafaille P, Ahad P, Pike B (2000) Voice-selective areas in human auditory cortex. *Nature* 403: 309–312.

Benade AH (1988) Holzblasinstrumente. In Winkler K (ed) *Die Physik der Musikinstrumente*. Heidelberg, Spektrum der Wissenschaft, pp. 22–31.

Bender W (2000) *Sweet Mother. Moderne Afrikanische Musik*. Peter Hammer Verlag, Wuppertal.

Bengtsson I (1987) Notation, motion and perception: some aspects of musical rhythm. In: Gabrielsson A (ed) *Action and Perception in Rhythm and Music*. Royal Swedish Academy of Music No. 55, pp. 69–80.

Benton AL (1977) The Amusias. In: Critchley M, Henson RA (eds) *Music and the Brain. Studies in the Neurology of Music.* William Heinemann Medical Books Ltd., London, pp. 378–397.

Bergmann H (2000) *Mönche, Minne, Musici.* Klett, Leipzig.

Bernstein L (1976) *The unanswered question. Six talks at Harvard.* Harvard University Press, Cambridge MA.

Berrios GR Musical hallucinations: a historical and clinical study. *British Journal of Psychiatry* 156: 188–194.

Besson M (1997) Electrophysiological studies of music processing. In: Deliege IE, Sloboda JE (eds) *Perception and Cognition of Music.* Taylor & Francis, Hove UK, pp. 217–250.

Bever TG, Chiarello RJ (1974) Cerebral dominance in musicians and nonmusicians. *Science* 185: 537–539.

Beversdorf DQ, Heilman KM (1998) Progressive ventral posterior cortical degeneration presenting as alexia for music and words. *Neurology* 50: 657–659.

Beyer RT (1999) *Sounds of our times. Two hundred years of acoustics.* AIP Press, Springer, New York.

Bharucha JJ (1999) Neural Nets, Temporal Composites, and Tonality. In: Deutsch DE (ed), *The Psychology of Music*, 2nd ed. San Diego: Academic Press, pp. 413–440.

Bibawi D, Cherry B, Hellige JB (1995) Fluctuation of perceptual asymmetry across time in women and men: effects related to the menstrual cycle. *Neuropsychologia* 33: 131–138.

Bigand E (1993) Contributions of music to research on human auditory cognition. In: McAdams S, Bigand E (eds) *Thinking in sound. The cognitive psychology of human audition.* Oxford University Press, pp. 231–277.

Blackham ED (1988) Klaviere. In: Winkler K (ed) *Die Physik der Musikinstrumente.* Heidelberg, Spektrum der Wissenschaft, pp. 100–109.

Blacking J (1973) *How musical is man?* University of Washington Press, Seatle and London.

Blaffer Hrdy S (1999) *Mother Nature. A History of Mothers, Infants, and Natural Selection.* Pantheon Books, New York.

Blankenburg W (1971) *Der Verlust der natürlichen Selbstverständlichkeit.* Enke, Stuttgart.

Blaser E, Pylyshyn Z-W, Holcombe A-O (2000) Tracking an object through feature space. *Nature* 408: 196–199.

Blood AJ, Zatorre RJ, Bermudez P, Evans AC (1999) Emotional responses to pleasant and unpleasant music correlate with activity in paralimbic brain regions. *Nature Neuroscience* 2: 382–387.

Blood AJ, Zatorre RJ (2001) Intensely pleasurable responses to music correlate with activity in brain regions implicated in reward and emotion. *PNAS* 98: 11818–11823.

Bogen JE, Gordon HW (1971) Musical tests for functional lateralization with intracarotid amobarbital. *Nature* 230: 524–525.

Boltezar IH, Burger ZR, Zargi M (1997) Instability of voice in adolescence: pathologic condition or normal developmental variation? *The Journal of Pediatrics* 130: 185–190.

Bolton TL (1894) Rhythm. *American Journal of Psychology* 6: 145–238.

Boltz MG (1998) The processing of temporal and nontemporal information in the remembering of event durations and musical structure. *Journal of Experimental Psychology: Human Perception and Performance* 24: 1087–1104.

Boucher R, Bryden MP (1997) Laterality effects in the processing of melody and timbre. *Neuropsychologia* 35: 1467–1473.

Boysson-Bardies et al. (1986) Accoustic investigations of cross-linguistic variability in babbling. In: Lindblom B, Zettelström R (eds) *Precursors of early speech.* Wenner-Gren Symposium Series Vol 44, New York: Stockton, pp. 113–126.

Brady PT (1970) Fixed-scale mechanism of absolute pitch. *The Journal of the Acoustical Society of America* 48: 883–887.
Brakeley TM (1950a) Love songs. In: Leach M (ed) *Funk & Wagnalls Standard Dictionary of Folklore Mythology and Legend.* New York: Funk & Wagnalls, pp. 648–650.
Brakeley TM (1950b) Lullaby. In: Leach M (ed) *Funk & Wagnalls Standard Dictionary of Folklore Mythology and Legend.* Funk & Wagnalls, New York, pp. 653–654.
Braun H (1985) *Einführung in die musikalische Volkskunde.* Wissenschaftliche Buchgesellschaft Darmstadt.
Breiter HC, Gollup RL, Weisskoff RM, Kennedy DN, Madris N, Berke JD (1997) Acute effects of cocaine on human brain activity and emotion. *Neuron* 19: 591–611.
Bregman AS (1990) Auditory scene analysis. The per- ceptual organization of sound. MIT Press, Cam- bridge MA.
Bregman AS (1993) Auditory scene analysis: hearing in complex environments. In: McAdams S, Bigand E (eds) *Thinking in sound. The cognitive psychology of human audition.* Oxford University Press, pp. 10–36.
Brezinka C, Lechner T, Stephan K (1997) Der Fetus und der Lärm. *Gynäkologische und Geburtshilfliche Rundschau* 37: 119–129.
Bridge F (1921) *The old cryes of London.* Novello, London.
Broaddus-Lawrence PL, Treole K, McCabe RB, Allen RL, Toppin L (2000) The effects of preventive vocal hygiene education on the vocal hygiene habits and perceptual vocal characteristics of training singers. *Journal of Voice* 14: 58–71.
Bröcker M (1977) *Die Drehleier. Ihr Bau und ihre Geschichte.* Verlag für systematische Musikwissenschaft, Bonn.
Brown SF (1991) Determination of location of pitch within a musical vibrato. *Bulletin of the Council for Research in Music Education* 108: 15–30.
Brown S, Merker B, Wallin NL (2000) An introductin to evolutionary musicology. In: Wallin NL, Merker B, Brown S (eds) *The origins of music.* MIT Press; Cambridge MA, pp. 3–24.
Bruhn H (2000) Zur Definition von Rhythmus. In: Müller K, Aschersleben G (eds) *Rhythmus. Ein interdisziplinäres Handbuch.* Bern: Huber, pp. 41–56.
Bruhn H (2000) Kognitive Aspekte der Entwicklung von Rhythmus. In: Müller K, Aschersleben G (eds), *Rhythmus. Ein interdisziplinäres Handbuch.* Huber, Bern, pp. 227–244.
Bullerjahn C (2001) *Grundlagen der Wirkung von Filmmusik.* Wißner, Augsburg.
Bunt L (1997) Clinical and therapeutic uses of music. In: Hargraeves DJ, North AC (eds) *The Social Psychology of Music.* Oxford University Press, New York, pp. 249–267.
Bunt L, Pavlicevic M (2001) Music and emotion: perspectives from music therapy. In: Juslin PN, Sloboda JA (eds) *Music and Emotion: Theory and Research.* Oxford University Press, pp. 181–201.
Burns E (1999) Intervals, scales, and tuning. In: Deutsch DE (ed) *The Psychology of Music,* 2nd ed. San Diego: Academic Press, pp. 215–264.
Buser P, Imbert M (1992) *Audition.* MIT Press, Cambridge, MA.
Buss DM (1994) *The Evolution of Desire.* Basic Books, New York.
Busse G (2000) Kunststoffe zerstörungsfrei prüfen: Rechtzeitige Erkennung von Schäden in Bauteilen. *Kunststoffe* 90: 212–222.
Campbell D (1997) *The Mozart Effect.* Avon Books, New York.
Capelle W (ed) (1968) *Die Vorsokratiker.* Kröner, Stuttgart.
Carroll LM (2000) Application of singing techniques for the treatment of dysphonia. *Otolaryngologic Clinics of North America* 33: 1003–1015.
Carterette EC, Kendall RA (1999) Comparative music perception and cognition. In: Deutsch DE (ed) *The Psychology of Music,* 2nd ed. San Diego: Academic Press, pp. 725–791.

Chaminade T, Meary D, Orliaguet J-P, Decety J (2001) Is perceptual anticipation a motor simulation? A PET study. *NeuroReport* 12: 3669–3674.

Clark DB, Agras WS (1991) The assessment and treatment of performance anxiety in musicians. *American Journal of Psychiatry* 148: 598–605.

Clarke EF (1987) Categorical rhythm perception: an ecological perspective. In: Gabrielsson A (ed) *Action and Perception in Rhythm and Music*. Royal Swedish Academy of Music No. 55, pp. 19–33.

Clarke EF (1999) Rhythm and timing in music. In: Deutsch DE (ed) *The Psychology of Music*, 2nd ed. San Diego: Academic Press, pp. 473–500.

Cleveland TF (1994) A clearer view of singing voice production: 25 years of progress. *Journal of Voice* 8: 18–23.

Cohen AJ (2001) Music as a source of emotion in film. In: Juslin PN, Sloboda JA (eds) *Music and Emotion: Theory and Research*. Oxford University Press, pp. 249–272.

Conard NJ, Floss H (2001) *Neue Eiszeit-Kunstwerke von der Schwäbischen Alb*. Begleitheft zur Sonderausstellung im Schloßmuseum Hohentübingen (16.2.01–1.7.01). Museumsheft 4, Urgeschichtliches Museum Blaubeuren.

Cook N, Dibben N (2001) Musicological approaches to emotion. In: Juslin PN, Sloboda JA (eds) *Music and Emotion: Theory and Research*. Oxford University Press, pp. 45–70.

Cosmides L, Tooby J (1992) Cognitive adaptations for social exchange. In: Barkow JH (ed) *The Adapted Mind*. Oxford University Press, pp. 163–228.

Counter SA, Bjelke B, Borg E, Klason T, Chen Z, Duan ML (2001) Magnetic resonance imaging of the membranous labyrinth during in vivo gadolinium (Gd-DTPA-BMA) uptake in the normal and lesioned cochlea. *NeuroReport* 11: 3979–3983.

Cousto (1984) *Die kosmische Oktave. Der Weg zum universellen Einklang*. Synthesis Verlag, Essen.

Covey E, Casseday JH (1999) Timing in the auditory system of the bat. *Annual Review of Neuroscience* 61: 457–476.

Critchley M, Henson RA (eds) (1977) *Music and the Brain. Studies in the Neurology of Music*. William Heinemann Medical Books Ltd., London.

Critchley M (1977) Musicogenic epilepsy. (1) The Beginnings. In: Critchley M, Henson RA (eds) *Music and the Brain. Studies in the Neurology of Music*. William Heinemann Medical Books Ltd., London, pp. 344–353.

Crowder RG (1993) Auditory memory. In: McAdams S, Bigand E (eds) *Thinking in sound. The Cognitive Psychology of Human Audition*. Oxford University Press, pp. 113–145.

Crozier JB (1997) Absolute pitch: practice makes perfect, the earlier the better. *Psychology of Music* 25: 110–119.

Crozier WR (1997) Music and social influence. In: Hargraeves DJ, North AC (eds) *The Social Psychology of Music*. Oxford University Press, New York, pp. 67–83.

Cutcheon MLE (2000) Another failure to generalize the Mozart effect. *Psychological Reports* 87: 325–330.

Dahlhaus C, Eggebrecht HH (1995) *Brockhaus Riemann Musiklexikon*, Bd 1–5. Schott: Atlantis Musikbuch-Verlag, Mainz.

Damasio AR (2000) *The Feeling of What Happens: Body and Emotion in the Making of Consciousness*. Harvest Books.

Damasio AR, Damasio H (1977) Musical faculty and cerebral dominance. In: Critchley M, Henson RA (eds) *Music and the Brain. Studies in the Neurology of Music*. William Heinemann Medical Books Ltd., London, pp. 141–155.

Danner B, Oberegelsbacher D (2001) Spezifische und unspezifische Wirkfaktoren in der Musiktherapie. Katamnestische Erhebung an psychosomatischen Patienten einer Psychiatrischen Klinik. *Nervenheilkunde* 20: 434–441.

Davidson JW (1997) The social in musical performance. In: Hargraeves DJ, North AC (eds) *The Social Psychology of Music.* Oxford University Press, New York, pp. 210–228.

Davidson JW, Howe MJA, Moore DG, Sloboda JA (1996) The role of parental influences in the development of musical performance. *British Journal of Developmental Psychology* 14: 399–412.

Davidson JW, Howe MJA, Sloboda JA (1997) Environmental factors in the development of musical performance skill over the life span. In: Hargraeves DJ, North AC (eds) *The Social Psychology of Music.* Oxford University Press, New York, pp. 188–229.

Davis WB, Gfeller KE, Thaut MH (1999) *An Introduction to Music Therapy. Theory and Practice*, 2nd ed. McGraw-Hill College, Boston MA.

Davis WB (1999) Music therapy and elderly populations. In: Davis WB, Gfeller KE, Thaut MH (1999) *An Introduction to Music Therapy. Theory and Practice*, 2nd ed. McGraw-Hill College, Boston MA, pp. 118–147.

Dawkins R (1976) *The Selfish Gene.* Oxford University Press.

Dawkins R (2000) Kommentar in Miller (2000), Schutzumschlag.

Dear SP (1998) Computational strategies in the auditory cortex of the big brown bat, Eptesicus fuscus. In: Kunz H, Racey PA (eds) *Bat Biology and Conservation.* Smithsonian Institution Press Washington, pp. 205–219.

De Backer J, Van Camp J (1999) Specific aspects of the music therapy relationship to psychiatry. In: Wigram T, De Backer J (eds) *Clinical Applications of Music Therapy in Psychiatry.* Jessica Kingsley Publishers, London, pp. 11–23.

DeCasper AJ, Fifer WP (1980) Of human bonding: newborns prefer their mothers' voices. *Science* 208: 1174–1176.

Delfino R, Loibner M (1997) *Drehleier spielen. Grundlagen & Hintergründe.* Verlag der Spielleute, Reichelsheim.

Deliège I, Sloboda J (eds) (1997) *Perception and Cognition of Music.* Taylor & Francis, Hove UK.

Demany L, McKenzie B, Vurpillot E (1977) Rhythm perception in early infancy. *Nature* 266: 718–719.

Denes PB, Pinson EN (1993) The Speech Chain. The Physics and Biology of Spoken Language, 2nd ed. Freeman, New York.

DeNora T (2001) Aesthetic agency and musical practice: new directions in the sociology of music and emotion. In: Juslin PN, Sloboda JA (eds) *Music and Emotion: Theory and Research.* Oxford University Press, pp. 161–180.

Deutsch D (1982) *The Psychology of Music.* Academic Press, New York.

Deutsch D (1999) *The Psychology of Music*, 2nd ed. Academic Press, San Diego.

Deutsch D (1999) Grouping mechanismus in music. In: Deutsch DE (ed) *The Psychology of Music*, 2nd ed. San Diego: Academic Press, pp. 299–348.

Deutsch D (1999) The processing of pitch combinations. In: Deutsch DE (ed) *The Psychology of Music*, 2nd ed. San Diego: Academic Press, pp. 349–411.

Devereux P (2001) *Stone Age Soundtracks. The Acoustic Archaeology of Ancient Sites.* Chrysalis.

Dibben N (1994) The cognitive reality of hierarchic structure in tonal and atonal music. *Music Perception* 12: 1–25.

Doherty CP, Fitzsimons M, Asenbauer B, Staunton H (1999) Discrimination of prosody and music by normal children. *European Journal of Neurology* 6: 221–226.

Doskov D, Ivanov T, Boyanov B (1995) Comparative analysis of singers high formant in different type of singing voices. *Folia Phoniatr Logop* 47: 291–295.

Douen AG, Bourque PR (1997) Musical auditory hallucinosis from listeria rhombencephalitis. *Can J Neurol Sci* 24: 70–72.

Dowling WJ (1978) Scale and contour: two components of a theory of memory for melodies. *Psychological Review* 85: 341–354.

Dowling WJ (1991) Tonal strength and melody recognition after long and short delays. *Perception & Psychophysics* 50: 305–313.

Dowling WJ (1999) The Development of music perception and cognition. In: Deutsch DE (ed) *The Psychology of Music*, 2nd ed. San Diego: Academic Press, pp. 603–625.

Drayna D, Manichaikul A, de Lange M, Snieder H, Spector T (2001) Genetic correlates of musical pitch recognition in humans. *Science* 291: 1969–1972.

Driver J (1996) Enhancement of selective listening by illusory mislocation of speech sounds due to lip-reading. *Nature* 381: 66–68.

Dubrovskiy NA (1990) On the two auditory subsystems in dolphins. In: Thomas J, Kastelein R (eds) *Sensory Abilities of Cetacaens. Laboratory and Field Evidence.* New York: Plenum Press, pp. 233–254.

Dullat G (1990) *Holzblasinstrumentenbau. Entwicklungsstufen und Technologien* (Edition Moeck Nr. 4040). Moeck, Celle.

Edmonds LD, Layde PM, Erickson JD (1979) Airport noise and teratogenesis. *Archives of Environmental Health* 34: 243–247.

Eisler H (1958/1976) Über Dummheit in der Musik. Gespräch auf einer Probe. In: Eisler H (Hg) *Materialien zu einer Dialektik der Musik.* Leipzig: Reclam, S. 251–264.

Elhinney Mc M, Annett JM (1996) Pattern of efficacy of a musical mnemonic on recall of familiar words over several presentations. *Perceptual and Motor Skills* 82: 395–400.

Ellis AW (1998) Neurocognitive processing of faces and voices. In: Young AW, Ellis HD (eds) *Handbook of Research in Face Processing.* Amsterdam: Elsevier, pp. 207–215.

Emanatian M (1995) Metaphor and the expression of emotion. *Metaphor and Symbolic Activity* 10: 163–182.

Engel C (1876/1977) *Musical Myths and Facts*, Vols. 1 and 2. Novello, Ewer, London. Reprint by Longwood Press, Boston MA.

Epstein D (1989) Time and Timing in Music: Musical and Neurological Aspects. In: Petsche HH (Hg) *Musik-Gehirn-Spiel: Beiträge zum vierten Herbert von Karajan-Symposium.* Birkhäuser, Basel, S. 153–162.

Ericsson KA, Krampe RT, Tesch-Römer C (1993) The role of deliberate practice in the acquisition of expert performance. *Psychological Review* 100: 363–406.

Ericsson KA (1997) Deliberate practice and the acquisition of expert performance: An overview. In: Jørgensen H, Lehmann AC (eds) *Does practice make perfect? Current theory and research on instrumental music practice.* Norges musikkhøgskole of forfatterne, Oslo, pp. 9–52

Erkwoh R (1992) Musikalisch-sprachliche Halluzinationen und ihre Korrelation mit elektroenzephalographischen und PET-Befunden. *Nervenarzt* 63: 169–174.

Everest FA (2001) *Master Handbook of Acoustics*, 4th ed. McGraw-Hill, New York.

Evers S, Dannert J, Rödding D, Rötter G, Ringelstein E (1999) The cerebral haemodynamics of music perception: a transcranial Doppler sonography study. *Brain* 122: 75–85.

Farah M (1998) Why does the somatosensory homunculus have hands next to the face and feet next to genitals? A hypothesis. *Neural Computation* 10: 1983–1985.

Fernald A (1985) Four-month-old infants prefer to listen to motherese. *Infant Behavior and Development* 8: 181–195.

Fernald A (1989) Intonation and communicative intent in mothers speech to infants: is the melody the message? *Child Development* 60: 1497–1510.

Fernald A (1991) Prosody in speech to children: prelinguistic and linguistic functions. Annals of Child Development 8: 43–80.

Fernald A (1993) Approval and disapproval: infant responsiveness to vocal affect in familiar and unfamiliar languages. *Child Development* 64: 657–674.

Fernald A, Simon T (1984) Expanded intonation contours in mothers' speech to newborns. *Developmental Psychology* 20: 104–113.

Fernald A, Taeschner T, Dunn J, Papousek M, Boysson-Bardies D, Fukui I (1989) A cross-language study of prosodic modifications in mothers' and fathers' speech to preverbal infants. *Journal of Child Language* 16: 477–501.

Fetiplace R, Ricci AJ, Hackney CM (2001) Clues to the cochlear amplifier from the turtle ear. *Trends in Neurosciences* 24: 169–175.

Fetterman JG (1987) Same-different comparison of duration. *Animal Learning and Behavior* 15: 403–411.

Fifer WP, Moon C (1989) Psychobiology of newborn auditory auditory preferencs. *Seminars in Perinatology* 13: 430–433.

Fishman M (1991) Musical hallucinations: report of two unusual cases. *Canadian Journal of Psychiatry* 36: 609–611.

Fletcher NH, Thwaites S (1988) Orgelpfeifen. In: Winkler K (Hg) *Die Physik der Musikinstrumente.* Heidelberg, Spektrum der Wissenschaft, S 32–43.

Fletcher NH, Rossing TD (1998) *The Physics of Musical Instruments*, 2nd ed. New York: Springer.

Flew A (1979) *A Dictionary of Philosophy*, 2nd ed. New York: St. Martin's Press.

Forbes HS, Forbes HB (1927) Fetal sense reaction: hearing. *Journal of Comparative and Physiological Psychology* 7: 353–355.

Fraisse P (1982) Rhythm and tempo. In: Deutsch D (ed) *The Psychology of Music.* Academic Press, New York, pp. 149–180.

Fraisse P (1987) A historical approach to rhythm as perception. In: Gabrielsson A (ed) *Action and Perception in Rhythm and Music.* Royal Swedish Academy of Music No. 55, pp. 7–18.

Frayer DW, Nicolay C (2000) Fossil evidence for the origin of speech sounds. In: Wallin NL, Merker B, Brown S (eds) (2000) *The Origins of Music.* MIT Press, Cambridge MA, pp. 217–234.

Freund H-J (1989) Handmotorik und musikalisches Lernen. In: Petsche HH (Hg) *Musik-Gehirn-Spiel: Beiträge zum vierten Herbert von Karajan-Symposium.* Birkhäuser, Basel, S 103–110.

Friberg A, Sundberg J, Frydén L (1987) How to terminate a phrase: an analysis-by-synthesis experiment on a perceptual aspect of music performance. In: Gabrielsson A (ed) *Action and Perception in Rhythm and Music.* Royal Swedish Academy of Music No. 55, pp. 49–55.

Fries W, Swihart AA (1990) Disturbance of rhythm sense following right hemisphere. *Neuropsychologia* 28: 1317–1323.

Fuhrmeister M-L, Wiesenhütter E (1973) *Metamusik. Psychosomatik der Ausübung zeitgenössischer Musik.* J.F. Lehmanns Verlag, München.

Gabrielsson A (1987) Once again: the theme from Mozart's piano sonata in A major (K.331). A comparison of five performances. In: Gabrielsson A (ed), *Action and Perception in Rhythm and Music.* Royal Swedish Academy of Music No. 55, pp. 81–103.

Gabrielsson A (1999) The performance of music. In: Deutsch DE (ed) *The Psychology of Music*, 2nd ed. San Diego: Academic Press, pp. 501–602.

Gabrielsson A (2001) Emotions in strong experiences with music. In: Juslin PN, Sloboda JA (eds) *Music and Emotion: Theory and Research.* Oxford University Press, pp. 431–449.

Gabrielsson A, Lindström E (2001) The influence of musical structure on emotional expression. In: Juslin PN, Sloboda JA (eds) *Music and Emotion: Theory and Research.* Oxford University Press, pp. 223–248.

Gärtner J (1980) *Das Vibrato unter besonderer Berücksichtigung der Verhältnisse bei Flötisten.* Gustav Bosse Verlag, Regensburg.

Gaertner M (1999) The sound of music in the dimming, anguished world of Alzheimer's disease. In: Wigram T, De Backer J (eds) *Clinical Applications of Music Therapy in Psychiatry.* Jessica Kingsley Publishers, London, pp. 244–264.

Gagné F (1999) Nature or nurture? A Re-examination of Sloboda and Howe's (1991) interview study on talent development in music. *Psychology of Music* 27: 38–51.

Gann K (1997) *An introduction to historical tunings.* http://home.earthlink.net/kgann/histune.html.

Gardiner MF, Fox A, Knowles F, Jeffrey D (1996) Learning improved by arts training. *Nature* 381: 284.

Geisse D, Busse G (1998) Charakterisierung der Vernetzung polymerer Harze. *Adhäsion (Kleben & Dichten)* 9: 37–41.

Geissmann T (2000) Gibbon songs and human music from an evolutionary perspective. In: Wallin NL, Merker B, Brown S (eds) (2000) *The Origins of Music.* MIT Press; Cambridge MA, pp. 103–123.

Georgiou N, Iansek R, Bradshaw JL, Phillips JG, Mattingley JB, Bradshaw JA (1993) An evaluation of the role of internal cues in the pathogenesis of parkinsonian hypokinesia. *Brain* 116:1575–1587.

Gerhardt KJ, Abrams RM (1996) Fetal hearing: characterization of the stimulus and response. *Seminars in Perinatology* 20: 11–20.

Gfeller KE (1999) Music therapy in the schools. In: Davis WB, Gfeller KE, Thaut MH (1999) *An Introduction to Music Therapy. Theory and Practice*, 2nd ed. McGraw-Hill College, Boston MA, pp. 259–272.

Gilchrist PN, Kalucy RS (1983) Musical hallucinations in the elderly: a variation on the theme. *Australian and New Zealand Journal of Psychiatry* 17: 286–291.

Giraux P, Sirigu A, Schneider F, Dubernard J-M (2001) Cortical reorganization in motor cortex after graft of both hands. *Nature Neuroscience* 4: 691–692.

Gjerdingen RO (1988) Shape and motion in the microstructure of song. *Music Perception* 6: 35–64.

Gjerdingen RO (1994) Apparent motion in music? *Music Perception* 11: 335–370.

Gleick J (1988) *Chaos – die Ordnung des Universums.* Droemer Knaur, München.

Glover H, Kalinowski J, Rastatter M (1996) Effect of instruction to sing on stuttering frequency at normal and fast rates. *Perceptual and Motor Skills* 83: 511–522.

Gobet F, Lane PCR, Crocker S, Cheng PC-H, Jones G, Oliver I, Pine JM (2001) Chunking mechanisms in human learning. *Trends in Cognitive Sciences* 5: 236–243.

Goel V, Dolan RJ (2001) The functional anatomy of humor: segregating cognitive and affective components. *Nature Neuroscience* 4: 237–238.

Gordon HW (1975) Hemispheric asymmetry and musical performance. *Science* 189: 68–69.

Gordon HW (1996) Amusia. In: Beaumont JG, Kenealy PM, Rogers MJC (eds) *The Blackwell Dictionary of Neuropsychology*, Blackwell, Cambridge MA, Oxford UK, pp. 64–69.

Gordon HW, Bogen JE (1974) Hemispheric lateralization of singing after intracarotid sodium amylobarbitone. *Journal of Neurology, Neurosurgery and Psychiatry* 37: 727–738.

Gordon HW, Bellamy K (1991) Music, myelin, language, localization, speech, synapses, brain, and behavior. In: Sundberg J, Nord L, Carlson R (eds) *Music, Language, Speech, and Brain.* Wenner-Gren Center International Symposium Series, vol 59. Cambridge University Press, pp. 311–317.

Gorn GJ (1982) The effect of music in advertising on choice behavior: a classical conditioning approach. *Journal of Marketing* 46: 94–101.

Gottlieb G (1966) Species identification by avian neonates: contributory effect of perinatal auditory stimulation. *Animal Behaviour* 14: 282–290.

Götze H, Wille R (1985) *Musik und Mathematik*. Springer, Berlin.

Gray PM, Krause B, Atema J, Payne R, Krumhansl C, Babtista L (2001) The music of nature and the nature of music. *Science* 291: 52–54.

Green E, Lyon BE, Muether VR, Ratcliffe L, Oliver SJ, Boag PT (2000) Disruptive sexual selection for plumage coloration. *Nature* 407: 1000–1003.

Gregersen PK (1998) Instant recognition: the genetics of pitch perception. *American Journal of Human Genetics* 62: 221–223.

Gregersen PK, Kowalsky E, Kohn N, West Marvin E (1999) Absolute pitch: prevalence, ethnic variation, and estimation of the genetic component. *American Journal of Human Genetics* 65: 911–913.

Gregory AH (1997) The roles of music in society: the ethnomusicological perspective. In: Hargraeves DJ, North AC (eds) *The Social Psychology of Music*. Oxford University Press, New York, pp. 123–140.

Griffiths TD (2000) Musical hallusinosis in acquired deafness: phenomenology an brain substrate. *Brain* 123: 2065–2076.

Grove G (1980) *The New Grove Dictionary of Music and Musicians* (edited by S. Sadie). Macmillan, London, New York; reprint paperback 1995.

Grüsser O-J (1989) Gehirnvorgänge und bildnerische Kreativität. Phylogenetische, historische und individuelle Bedingungen. In: Petsche HH (Hg) *Musik-Gehirn-Spiel: Beiträge zum vierten Herbert von Karajan-Symposium*. Birkhäuser, Basel, S. 53–90.

Guinee L, Payne K (1988) Rhyme-like repetition in songs of humpback whales. *Ethology* 79: 295–306.

Guis M, Lefrançois T, Venture R (1993) *Le galoubet-tambourin. Instrument traditionnel de Provence*. Edisud, Aix-en-Provence.

Hacki T (1999) Tonhöhen- und Intensitätsbefunde bei Stimmgeübten. *HNO* 47: 809–815.

Hacki T, Heitmüller S (1999) Development of the child's voice: premutation, mutation. *International Journal of Pediatric Otorhinolaryngology* 49: 141–144.

Hallam S (1997) Approaches to instrumental music practice of experts and novices: implications for education. In: Jørgensen H, Lehmann AC (eds) *Does practice make perfect? Current theory and research on instrumental music practice*. Norges musikkhøgskole of forfatterne, Oslo, pp. 89–107.

Halpern AR (1984) Organization in memory for familiar songs. *Journal of Experimental Psychology: Learning, Memory and Cognition* 10: 496–512.

Halpern AR (1988) Mental scanning in auditory imagery for songs. *Journal of Experimental Psychology: Learning, Memory and Cognition* 14: 434–443.

Halpern A, Zatorre R (1999) When that tune runs through your head: a PET inverstigation of auditory imagery for familiar melodies. *Cerebral Cortex* 9: 697–704.

Halpern AR, O'Connor MG (2000) Implicit memory for music in Alzheimer's disease. *Neuropsychology* 14: 391–397.

Hammeke TA, McQuillen MP, Cohen BA (1983) Musical hallucinations associated with acquired deafness. *Journal of Neurology, Neurosurgery and Psychiatry* 46: 570–572.

Hampson E (1990) Estrogen-related variations in human spatial and articulatory motor skills. *Psychoneuroendocrinology* 15: 97–111.

Hanser SB (1999) *The New Music Therapist's Handbook*, 2nd ed. Berklee Press, Boston MA.

Hargraeves DJ, North AC (1997) The social psychology of music. In: Hargraeves DJ, North AC (eds) *The Social Psychology of Music*. Oxford University Press, New York, pp. 1–21.

Harnischmacher C (1997) The effects of individual differences in motivation, volition, and maturational processes on practice behavior of young instrumentals. In: Jørgensen H, Lehmann AC (eds) *Does practice make perfect? Current theory and research on instrumental music practice*. Norges musikkhøgskole of forfatterne, Oslo, pp. 71–88.

Harrer G, Harrer H (1977) Music, emotion and autonomic function. In: Critchley M, Henson RA (eds) *Music and the Brain. Studies in the Neurology of Music*. William Heinemann Medical Books Ltd., London, pp. 202–216.

Harries MLL, Walker JM, Williams DM, Hawkins S, Hughes IA (1997) Changes in the male voice at puberty. *Archives of Disease in Childhood* 77: 445–447.

Hartikainen A-L, Sorri M, Anttonen H, Tuimala R, Läärä E (1994) Effect of occupational noise on the course and outcome of pregnancy. *Scand J Work Environ Health* 20: 444–450.

Hartmann A (1932) Untersuchungen über metrisches Verhalten in musikalischen Interpretationsvarianten. *Archiv für die gesamte Psychologie* 84: 103–192.

Hassler M, Gupta D (1993) Functional brain organization, handedness, and immune vulnerability in musicians and non-musicians. *Neuropsychologia* 31: 655–660.

Haueisen J, Knösche TR (2001) Involuntary motor activity in pianists evoked by music perception. *Journal of Cognitive Neuroscience* 13: 786–792.

Hauser MD (2000) The sound of the fury: primate vocalizations as reflections of emotion and thought. In: Wallin NL, Merker B, Brown S (eds) (2000) *The Origins of Music*. MIT Press; Cambridge MA, pp. 77–102.

Hébert S, Peretz I (1997) Recognition of music in long-term memory: are melodic and temporal patterns equal partners? *Memory & Cognition* 25: 518–533.

Hécaen H, Robert H (1963) Les hallucinations auditives des otopathes. *Journal de Psychologie Normale & Pathologique* 60: 293–324.

Heinz W (1928) Instrumentenkunde. In: Bücken E (Hg) *Handbuch der Musikwissenschaft*. Wildpark-Potsdam: Akademische Verlagsgesellschaft Athenaion, pp. 1–160.

Heister G, Landis T, Regard M, Schroeder-Heister P (1989) Shifts of functional cerebral asymmetry during the menstrual cycle. *Neuropsychologia* 27: 871–880.

Helmholtz Hv (1913) *Die Lehre von den Tonempfindungen als physikalische Grundlage für die Theorie der Musik*, 6. Aufl. Vieweg & Sohn, Braunschweig.

Henderson MT (1937) Rhythmic organization in artistic piano performance. In: Seashore CE (ed) *University of Iowa Studies in the Psychology of Music IV. Objective Analysis of Musical Performance*. Iowa City: University of Iowa, pp. 281–305.

Henderson MT, Tiffin J, Seashore CE (1937) The Iowa piano camera and its use. In: Seashore CE (ed) *University of Iowa Studies in the Psychology of Music IV. Objective Analysis of Musical Performance*. Iowa City: University of Iowa, pp. 252–262.

Henson RA (1988) Maurice Ravell's illness: a tragedy of lost creativity. *British Medical Journal* 296: 1585–1588.

Hepper PG (1992) Fetal psychology: an embryonic science. In: Tang N (ed) *Fatal Behaviour: Develop-mental and Perinatal Aspects*. Oxford: Oxford University Press, pp. 129–156.

Hepper PG, Scott D, Shahidullah S (1993) Newborn and fatal response to maternal voice. *Journal of Reproductive and Infant Psychology* 11: 147–153.

Herrnberger B, Kempf S (2001) Activation dynamics at auditory midbrain level. In: Breebart DJ, Houtsma AJM, Kohlrausch A, Prijs VF, Schoonhoven R (eds) *Physiological and Psychophysical Bases of Auditory Function*. Maastricht: Shaker.

Hoffmann P (2001) „Vom Phrasen dreschen zum Phrasieren“ Ein Beitrag zur Untersuchung musiktherapeutischer Improvisationen. *Nervenheilkunde* 20: 442–449.

Hofmann G, Tymnik G, Pabst F (1995) Untersuchungen zur rezeptiven Musikalität mit Hilfe eines binauralen Frequenzdiskriminationstests. *Folia Phoniatrica et Logopaedica* 47: 236–241.

Hofmann G, Mürbe D, Kuhlisch E, Pabst F (1997) Unterschiede des auditiven Frequenzdiskriminationsvermögens bei Musikern verschiedener Fachbereiche. *Folia Phoniatrica et Logopaedica* 49: 21–25.

Hogikyan ND, Appel S, Guinn LW, Haxer MJ (1999) Vocal fold nodules in adult singers: regional opinions about etiologic factors, career impact, and treatment. A survey of otolaryngologists, speech pathologists, and teachers of singing. *Journal of Voice* 13: 128–139.

Hopkin B (1996) *Gravikords, Whirlies & Pyrophones. Experimental Musical Instruments.* Ellipsis Arts, New York.

Hough MS, Daniel HJ, Snow MA, OBrien KF, Hume WG (1994) Gender differences in laterality patterns for speaking and singing. *Neuropsychologia* 32: 1067–1078.

Howe MJA, Davidson JW, Sloboda JA (1998) Innate talents: reality or myth? *Behavioral and Brain Sciences* 21: 399–442.

Hugdahl K, Bronnick K, Kyllingsbak S, Law I, Gade A, Paulson OB (1999) Brain activation during dichotic presentations of consonat-vowel and musical instument stimuli: a O-PET study. *Neuropsychologia* 37: 431–440.

Hugill S (1961) *Shanties from the Seven Seas*. Routledge and Kegan Paul, London.

Hulse SH, Humpal J, Cynx J (1984) Discrimination and generalization of rhythmic and arhythmic sound patterns by European Startlings (Sturnus vulgaris). *Music Perception* 1: 442–464.

Hurford J, Studdert-Kennedy M, Knight C (eds) (1998) *Approaches to the Evolution of Language*. Cambridge University Press.

Husserl E (1966) *Zur Phänomenologie des inneren Zeitbewußtseins (1893–1917)*. Husserliana Bd X (ed: R Boehm). Nijhoff, Den Haag.

Hutchins CM (1988) Violinen. In Winkler K (ed) *Die Physik der Musikinstrumente*. Heidelberg, Spektrum der Wissenschaft, pp. 64–77.

Ibbotson N, Morton J (1981) Rhythmand dominance. *Cognition* 9: 125–138.

Inouye T (1909/2000) *Visual disturbances following gunshot wounds of the cortical visual area*. Wilhelm Engelmann, Leipzig.

Isshiki N (2000) Mechanical and dynamic aspects of voice production as related to voice therapy and phonosurgery. *Otolaryngol Head Neck Surg* 122: 782–93.

Jäncke L, Loose R, Lutz K, Specht K, Shah NJ (2000) Cortical activations during paced finger-tapping applying visual and auditory pacing stimuli. *Cognitive Brain Research* 10: 51–66.

Jäncke L, Schlaug G, Steinmetz H (1997) Hand skill asymmetry in professional musicians. *Brain and Cognition* 34: 424–432.

Järveläinen J, Schürmann M, Avikainen S, Hari R (2001) Stronger reactivity of the human primary motor cortex during observation of live raher than video motor acts. *NeuroReport* 12: 3493–3495.

Jaramillo F, Markin VS, Hudspeth AJ (1993) Auditory illusions and the single hair cell. *Nature* 364: 527–529.

Jeffres A (1948) A place theory of sound localization. *J Comp Physiol Psychol* 61: 468–486.

Jonas WR (1986) Akustische Halluzinose bei Schwerhörigkeit. *Nervenarzt* 57: 252–254.

Jones EE, Berglas S (1978) Control of attributions about self through self-handicapping strategies: the appeal of alcohol and the role of underachievement. *Personality and Social Psychology Bulletin* 4: 1150–1155.

Jones MR (1987) Perspectives on musical time. In: Gabrielsson A (ed) *Action and Perception in Rhythm and Music*. Royal Swedish Academy of Music No. 55, pp. 153–175.

Jorgensen OH (1991) *Tuning*. Michigan State University Press, East Lansing, Michigan.

Jusczyk PW, Hohne EA (1977) Infant's memory for spoken words. *Science* 277: 1984–1986.

Justlin PN (2001) Communicating emotion in music performance: a review and a theoretical framework. In: Juslin PN, Sloboda JA (eds) *Music and Emotion: Theory and Research*. Oxford University Press, pp. 309–337.

Kampe KKW, Frith CD, Dolan RJ, Frith U (2001) Reward value of attractiveness and gaze. *Nature* 413: 598.

Karni A, Meyer G, Jezzard P, Adams MM, Turner R, Ungerleider LG (1995) Functional MRI Evidence for adult motor cortex plasticity during motor skill learning. *Nature* 377: 155–158.

Kasai K, Asada T, Yumoto M, Takeya J, Matsuda H (1999) Evidence for functional abnormality in the right auditory cortex during musical hallucinations. *The Lancet* 354: 1703–1704.

Keilmann A, Biermann G, Hörmann K (1997) CO^2-Laser versus konventionelle Mikrolaryngoskopie bei gutartigen Veränderungen der Stimmlippe. *Laryngo-Rhino-Otologie* 76 : 484–489.

Keller M (1996/2000) *Stars and Sounds. Filmmusik – Die dritte Dimension*. Bärenreiter-Verlag, Kassel.

Kelletat H (1981) *Zur musikalischen Temperatur. Bd. I. Johann Sebastian Bach und seine Zeit*. Merseburger, Kassel.

Kelletat H (1982) *Zur musikalischen Temperatur. Bd. II. Wiener Klassik*. Merseburger, Kassel.

Kemp AE (1981a) The personality structure of the musician. I. Identifying a profile of traits for the performer. *Psychology of Music* 9: 3–14.

Kemp AE (1981b) The personality structure of the musician. II. Identifying a profile of traits for the composer. *Psychology of Music* 9: 69–75.

Kemp AE (1996) *The Musical Temperament: the Psychology and Personality of Musicians*. Oxford University Press, Oxford.

Kemp AE (1997) Individual differences in musical behaviour. In: Hargraeves DJ, North AC (eds) *The Social Psychology of Music*. Oxford University Press, New York, pp. 25–45.

Kendrick MJ, Craaig KD, Lawson DM, Davidson PO (1982) Cognitive and behavioral therapy for musical performance anxiety. *Journal of Consulting and Clinical Psychology* 50: 353–362.

Kessen W, Levie J, Wendrich KA (1979) The imitation of pitch in infants. *Infant Behavior and Development* 2: 93–99.

Kester B, Saykin AJ, Sperling MR, O'Connor MJ, Robinson LJ, Gur R (1991) Acute effect of anterior temporal lobectomy on musical processing. *Neuropsychologia* 29: 703–708.

Kilgard MP, Merzenich MM (1998) Cortical map reorganization enabled by nucleus basalis activity. *Science* 279: 1714–1718.

Kimura D (1964) Left-right differences in the perception of melodies. *Quarterly Journal of Experimental Psychology* 16: 355–358.

King AJ, Schnupp JWH, Doubell TP (2001) The shape of ears to come: dynamic coding of auditory space. *Trends in Cognitive Sciences* 5: 261–270.

Klein M, Coles MGH, Donchin E (1982) Electrophysiology of absolute pitch. *Psychophysiology* 19: 569.

Kleist K (1959) *Sensorische Aphasien und Amusien auf myeloarchitektonischer Grundlage*. Thieme, Stuttgart.

Klingholz F (1992) Welchen Wert hat die Messung des „Sängerformanten" in der Phoniatrie? *Laryngo-Rhino-Otol* 71: 581–583.

Klingholz F (1993) Overtone singing: productive mechanisms and acoustic data. *Journal of Voice* 7: 118–122.

Knoblauch A (1890) On disorders of musical capacity from cerebral disease. *Brain* 13: 317–340.

Knudsen EI (1998) Capacity for plasticity in the adult owl auditory system expanded by juvenile experience. *Science* 279: 1531–1533.

Knudsen EI, Konishi M (1978) A neural map of auditory space in the owl. *Science* 200: 795–797.

Knudsen VO (1988) Raumakustik. In: Winkler K (ed) *Die Physik der Musikinstrumente.* Heidelberg, Spektrum der Wissenschaft, pp. 136–149.

Koffka K (1935) *Principles of Gestalt Psychology*. Lund Humphries, London.

Koh SD, Koh T-H (1966) Scaling of musical preferences by the mentally retarded. *Science* 153: 432–434.

Kolinski M (1967) Recent trends in ethnomusicology. *Ethnomusicology* 11: 1–24.

Kolneder W (1972, 1993) *Das Buch der Violine. Bau, Geschichte, Spiel, Pädagogik, Komposition.* Atlantis Musikbuch-Verlag, Zürich und Mainz.

Konishi M (1994) An outline of recent advances in birdsong neurobiology. *Brain Behavior and Evolution* 44: 279–285.

Koufman JA, Radomski TA, Joharjl GM, Russell GB, Pillsbury DC (1996) Laryngeal biomechanics of the singing voice. *Otolaryngol Head Neck Surg* 115: 527–37.

Krings T, Tpper R, Foltys H, Erberich S, Sparing R, Willmes K, Thron A (2000) Cortical activation patterns during complex motor tasks in piano players and control subjects. A functional magnetic resonance imaging study. *Neuroscience Letters* 278: 189–193.

Krohn N, Geie D, Nixdorf K (1999) *Charakterisierung der Vernetzung polymerer Harze durch Resonanzmethoden, 16. Stuttgarter Kunststoff-Kolloquium.* Stuttgart: Sprint-Druck, S. 10.

Kronman U, Sundberg J (1987) Is the musical ritard an allusion to physical motion? In: Gabrielsson A (ed) *Action and Perception in Rhythm and Music.* Royal Swedish Academy of Music No. 55, pp. 57–68.

Krumhansl CL (1990) *Cognitive Foundations of Musical Pitch.* Oxford University Press.

Krumhansl CL (1997) An exploratory study of musical emotions and psychophysiology. *Canadian Journal of Experimental Psychology* 51: 336–352.

Krumhansl CL (2000) Rhythm and pitch in music cognition. *Psychological Bulletin* 126: 159–179.

Krumhansl CL, Jusczyk PW (1990) Infant's perception of phrase structure in music. *Psychological Science* 1: 70–73.

Kruth P, Stobart H (eds) (2000) *Sound.* Cambridge University Press.

Kubesch S, Spitzer M (1999) Sich laufend wohlfühlen: Aerobes Ausdauertraining bei psychisch Kranken. *Nervenheilkunde* 18: 363–370.

Kubovy M, Cutting JE, McGuire RM (1974) Hearing with the third ear: dichotic perception of a melody without monaural familiarity cues. *Science* 186: 272–274.

Kuney D, Turk I (2000) New perspectives on the beginnings of music: Archeological and musicological analysis of a middle paleolithic bone „flute". In: Wallin NL, Merker B, Brown S (eds) (2000) *The Origins of Music.* MIT Press, Cambridge MA, pp. 235–268.

Kurihara H, Chiba H, Shimizu Y, et al (1996) Behavioral and adrenocortical responses to stress in neonates and the stabilizing effects of maternal heartbeat on them. *Early Human Development* 46: 117–127.

Lachmann R (1928) Die Musik der außereuropäischen Natur- und Kulturvölker. In: Bücken E (Hg), *Handbuch der Musikwissenschaft*. Wildpark-Potsdam: Akademische Verlagsgesellschaft Athenaion.

Lachmann R (1929) *Musik des Orients*. Ferdinand Hirt Verlag, Breslau.

Lambeck W, Hacki T (1997) Stimmstörung und Bulimie. *HNO* 45: 36–39.

Lehman HC (1953) *Age and Achievement*. Princeton University Press, Princeton NJ.

Lehmann A (1997) The acquisition of expertise in music: efficiency of deliberate practice as a moderating variable in accounting for sub-expert performance. In: Deliege IE, Sloboda JE (eds), *Perception and Cognition of Music*. Hove: Psychology Press, pp. 161–187.

Lehmann AC, Ericsson A (1998) Historical developments of expert performance: public performance of music. In: Steptoe A (ed) *Genius and the Mind. Studies of Creativity and Temperament*. Oxford: Oxford University Press, pp. 67–94.

Lennox G (1988) Auditory hallucinations due to ear disease. *British Journal of Psychiatry* 154: 713–714.

Levitin DJ (1994) Absolute memory for musical pitch: evidence from the production of learned melodies. *Perception & Psychophysics* 56: 414–423.

Levy DA, Granot R, Bentin S (2001) Processing specificity for human voice stimuli: electrophysiological evidence. *NeuroReport* 12: 2653–2657.

Lewkowicz DJ (1998) Infants' response to the audible and visible properties of the human face: II. Discrimination of differences between singing and adult-directed speech. *Developmental Psychobiology* 32: 261–274.

Liegeois-Chauve C, Peretz I, Babai M, Laguitton V, Chauvel P (1998) Contribution of different cortical areas in the temporal lobes to music processing. *Brain* 121: 1853–1867.

Liimola H (2000) Some notes on choral singing. In: Potter J (ed) *The Cambridge Companion to Singing*. Cambridge University Press, pp. 151–157.

Lu T, Liang L, Wang X (2001) Temporal and rate representations of time-varying signals in the auditory cortex of awake primates. *Nature Neuroscience* 4: 1131–1138.

Luce RD (1993) *Sound & Hearing. A Conceptual Introduction*. Erlbaum, Hillsdale NJ.

Lundy DS, Roy S, Casiano RR, Evans J, Sullivan PA, Xue JW (2000) Relationship between aerodynamic measures of glottal efficiency and stroboscopic findings in asymptomatic singing students. *Journal of Voice* 14: 178–183.

MacInnis DJ, Park CW (1991) The differential role of characteristics of music on high- and low-involvement consumers' processing of ads. *Journal of Consumer Research* 18: 161–173.

Mackrell JR (1989) The art of dance. *Encyclopedia Britannica*, 16th ed., Vol. 16, Chicago, pp. 935–957.

Malotki E (2001) *Kokopelli. The Making of an Icon*. University of Nebraska Press, Lincoln, Nebraska.

Malsburg Cvd (1996) The binding problem of neural networks. In: Llinas R, Churchland P (eds), *The Mind-Brain Continuum*. Cambridge MA: MIT Press, pp. 131–146.

Marin OSM, Perry DW (1999) Neurological aspects of music perception and performance. In: Deutsch DE (ed), *The Psychology of Music*, 2nd ed. San Diego: Academic Press, pp. 653–724.

Marler P (2000) Origins of music and speech. In: Wallin NL, Merker B, Brown S (eds) (2000) *The Origins of Music*. MIT Press, Cambridge MA, pp. 31–48.

Maruta T, Colligan RC, Malinchoc M, Offord KP (2000) Optimists vs pessimists: Survival rate among medical patients over a 30-year period. *Mayo Clinic Proceedings* 75: 140–143.

May E (1980) *Musics of Many Cultures*. University of California Press, Berkeley, CA.

Mazzola G, Graber-Brunner V, Wieser H-G (1989) Hirnelektrische Vorgänge im limbischen System bei konsonanten und dissonanten Klängen. In: Petsche HH (Hg) *Musik-Gehirn-Spiel: Beiträge zum vierten Herbert von Karajan-Symposium*. Birkhäuser, Basel, S. 135–152.

McAdams S (1993) Recognition of sound sources and events. In: McAdams S, Bigand E (eds) *Thinking in Sound. The Cognitive Psychology of Human Audition*. Oxford University Press, pp. 146–198.

McAdams S, Bigand E (1993) Introduction to auditory cognition. In: McAdams S, Bigand E (eds) *Thinking in Sound. The Cognitive Psychology of Human Audition*. Oxford University Press, pp. 1–9.

McAlpine D (2000) Convergent input from brainstem coincidence detectors onto delay-sensitive neurons in the inferior colliculus. *J Neurosci* 18: 6026–6039.

McAlpine D, Jiang D, Palmer AR (2001) A neural code for low-frequency sound localization in mammals. *Nature Neuroscience* 4: 396–401.

McAngus Todd NP (1994) The kinematics of musical expression. *Journal of the Acoustical Society of America* 97: 1940–1949.

McElrea H, Standing L (1992) Fast music causes fast drinking. *Perceptual and Motor Skills* 75: 362.

McIntosh GC, Brown SH, Rice RR, Thaut MH (1997) Rhythmic auditory-motor facilitation of gait patterns in patients with Parkinson's disease. *J Neurol Neurosurg Psychiatry* 62: 22–26.

McLachlan JC (1993) Music and spatial task performance. *Nature* 366: 520.

Mead LA, Hampson E (1995) A selective effect of ovarian hormones on left visual field performance in verbal and nonverbal tachistiscopic tasks. *Journal of the International Neuropsychological Society* 1: 176 (abstract).

Mehler J, Bertoncini J, Barrire M, Jassik-Gerschenfeld D (1978) Infant recognition of mothers voice. *Perception* 7: 491–497.

Merzenich MM, Kaas JH, Roth GL (1976) Comparison of tonotopic maps in animals. *Journal of Comparative Neurology* 166: 387–402.

Merzenich MM, Knight PL, Roth GL (1973) Cochleotopic organization of primary auditory cortex in the cat. *Brain Research* 63: 343–346.

Merzenich MM, Sameshima K (1993) Cortical plasticity and memory. *Current Opinion in Neurobiology* 3: 187–196.

Merzenich MM, Jenkins WM, Johnston P, Schreiner C, Miller SL, Tallal P (1996) Temporal processing deficits of language-learning impaired children ameliorated by training. *Science* 271: 77–81.

Messerli P, Pegna A, Sordet N (1995) Hemispheric dominance for melody recognition in musicians and non-musicians. *Neuropsychologia* 33: 395–405.

Metzler W (1989) Spiel, Phantasie und Konzentration bei musischer und wissenschaftlicher Tätigkeit. In: Petsche HH (Hg) *Musik-Gehirn-Spiel: Beiträge zum vierten Herbert von Karajan-Symposium*. Birkhäuser, Basel, S. 23–33.

Meyer LB (1956) *Emotion and Meaning in Music*. University of Chicago Press, Chicago.

Meyer J (1992) Zur klanglichen Wirkung des Streicher-Vibratos. *Acustica* 76: 283–291.

Michels U (2001) *dtv-Atlas Musik*. Deutscher Taschenbuch Verlag, München.

Mick E, Biederman J, Faraone SV (2000) *Letters: Comment on Lambert and Hartsough* (1998).

Middleton R (2000) Rock singing. In: Potter J (ed) *The Cambridge Companion to Singing*. Cambridge University Press, pp. 28–41.

Miethe E (1991) Videoendoskopische Befunde beim Spielen verschiedener Blasinstrumente. *HNO* 39: 445–447.

Miller B, Boone K, Cummings L, Read S, Mishkin F (2000) Functional correlates of musical and visual ability in frontotemporal dementia. *British Journal of Psychiatry* 176: 458–463.

Miller DG, Schutte HK (1993) Physical Definition of the „Flageolet Register". *Journal of Voice* 7: 206–212.

Miller DG, Schutte HK (1994) Toward a definition of male „Head" Register, Passaggio, and „Cover" in Western Operatic Singing. Folia *Phoniatr Logop* 46: 157–170.

Miller GF (2000) *The Mating Mind*. Doubleday, New York.

Miller GF (2000) Evolution of human music through sexual selection. In: Wallin NL, Merker B, Brown S (eds) (2000) *The Origins of Music*. MIT Press; Cambridge MA, pp. 329–360.

Miller R (1996) The odyssey of Orpheus: the evolution of solo singing. *Journal of Voice* 10: 109–128.

Miller TC, Crosby TW (1978) Musical hallucinations in a deaf elderly patient. *Annals of Neurology* 5: 301–302.

Milliman RE (1982) Using background music to affect the behavior of supermarket shoppers. *Journal of Marketing* 46: 86–91.

Milliman RE (1986) The influence of background music on the behavior of restaurant patrons. *Journal of Consumer Research* 13: 286–289.

Mishra S, Rosen CA, Murry T (2000) 24 Hours prior to curtain. *Journal of Voice* 14: 92–98.

Moeck H (1951/1996) *Ursprung und Tradition der Kernspaltflöten der europäischen Folklore und die Herkunft der musikgeschichtlichen Kernspaltflötentypen*. Edition Moeck Nr 4063. Moeck Verlag, Celle.

Möckel O (1990) *Die Kunst des Geigenbaues*, 7. Aufl. Verlag Handwerk und Technik, Hamburg.

Moore GP (1992) Piano trills. *Music Perception* 9: 351–360.

Moore PWB (1987) Dolphin Echolocation and Audition. In: Hawkins HL, McMullen TA, Popper AN, Fay RR (eds) *Auditory Computation*. Berlin: Springer, pp. 161–168.

Moore PWB, Pawloski DA (1990) Investigations on the control of echolocation pulses in the dolphin (tursiops truncatus). In: Thomas J, Kastelein R (eds), *Sensory Abilities of Cetacaens. Laboratory and Field Evidence*. New York: Plenum Press, pp. 305–316.

Moore DR, Schupp JHW, King AJ (2001) Coding the temporal structure of sounds in auditory cortex. *Nature Neuroscience* 4: 1055–1056.

Morsomme D, Orban A, Jamart J, Remacle M (1999) A study of vibrato: assessment by panel of judges compared to spectral voice analysis. *Revue de laryngologie, otologie rhinologie* 120: 239–244.

Morton D (2000) *Off the Record. The Technology and Culture of Sound Recording in America*. Rutgers University Press, New Brunswick, New Jersey, London.

Müller-Blattau J (1942) *Geschichte der deutschen Musik*. 3. Aufl. Vieweg, Berlin-Lichterfelde.

Murooka H, Koie Y, Suda N (1976) Analyse des sons intra-utrins et leurs effets tranquillisants sur le nouveau-né. *J Gynecol Obstet Biol Reprod* 5: 367–376.

Narmour E (1999) Hierarchical Expectation and Musical Style. In: Deutsch DE (ed) *The Psychology of Music*, 2nd ed. San Diego: Academic Press, pp. 441–472.

Nestle W (1957) *Die Vorsokratiker*. VMA Verlag, Wiesbaden.

Neuschaefer-Rube C, Wein B, Angerstein W, Klajman S (1996) Kernspintomographische Untersuchung der Kehlkopfstellungen beim Singen von Vokalen. *Folia Phoniatr Logop* 48: 201–209.

Niemtzow RC (1993) Loud noise and pregnancy. *Military Medicine* 158: 10–12.

Nittono H, Bito T, Hayashi M, Sakata S, Hori T (2000) Event-related potentials elicited by wrong terminal notes: effects of temporal disruption. *Biological Psychology* 52: 1–16.

Noad MJ, Cato DH, Bryden MM, Jennert M-N, Jennert KCS (2000) Cultural revolution in whale songs. *Nature* 408: 537.

North AC, Hargreaves DJ (1997) Experimental aesthetics and everyday music listening. In: Hargraeves DJ, North AC (eds) *The Social Psychology of Music*. Oxford University Press, New York, pp. 84–103.

North AC, Hargreaves DJ (1997) Music and consumer behaviour. In: Hargraeves DJ, North AC (eds) *The Social Psychology of Music*. Oxford University Press, New York, pp. 268–289.

Nowak R (1995) Brain center linked to perfect pitch. *Science* 267: 616.

O'Hare M (2000) *New Scientist. The Last Word 2*. Oxford University Press, Oxford.

O'Neil SA (1997) The role of practice in children's early performance. In: Jørgensen H, Lehmann AC (eds) *Does Practice Make Perfect? Current Theory and Research on Instrumental Music Practice*. Norges musikkhøgskole of forfatterne, Oslo, pp. 53–70.

O'Neil SA (1997) Gender and music. In: Hargraeves DJ, North AC (eds) *The Social Psychology of Music*. Oxford University Press, New York, pp. 46–63.

Oepen G, Berthold H, Thoden U (1989) Amusien bei unterschiedlichen Hirnläsionen. In: Petsche HH (Hg) *Musik-Gehirn-Spiel: Beiträge zum vierten Herbert von Karajan-Symposium*. Birkhäuser, Basel, S. 179–190.

Oerter U, Scheytt-Hölzer N, Kächele H (2001) Musiktherapie in der Psychiatrie. Versorgungslage und Stand der Forschung. *Nervenheilkunde* 20: 428–433.

Pacchetti C, Mancini F, Aglieri R, Fundaro C, Martignoni E, Nappi G (2000) Active music therapy in Parkinson's disease: an integrative method for motor and emotional rehabilitation. *Psychosomatic Medicine* 62: 386–393.

Palmer AR, Russell IJ (1986) Phase-locking in the cochlear nerve of the guinea-pig and its relation to the receptor potential of inner hair-cells. *Hearing Research* 24: 1–15.

Palmer C (1997) Music Performance. *Annual Review of Psychology* 48: 115–38.

Palmer C, Drake C (1997) Monitoring and planning capacities in the acquisition of music performance skills. *Canadian Journal of Experimental Psychology* 51: 369–384.

Palmer C, Van de Sande C (1993) Units of knowledge in music performance. *Journal of Experimental Psychology: Learnig, Memory and Cognition* 19: 457–470.

Panksepp J (1998) *Affective Neuroscience. The Foundations of Human and Animal Emotions*. Oxford University Press, New York, Oxford.

Pantev C, Roberts LE, Schulz M, Engelien A, Ross B (2001) Timbre-specifiv enhancement of auditory cortical representations in musicians. *NeuroReport* 12: 169–174.

Pantev C, Oostenveld R, Engelien A, Ross B, Roberts LE, Hoke M (1998) Increased auditory cortical represenation in musicians. *Nature* 392: 811–814.

Panóff P (1928) Die altslavische Volks- und Kirchenmusik. In: Bücken E (Hg) *Handbuch der Musikwissenschaft*. Wildpark-Potsdam: Akademische Verlagsgesellschaft Athenaion.

Park CW, Young SM (1986) Consumer response to television commercials: the impact of involvement and background music on brand attitide formation. *Journal of Marketing Research* 23: 11–24.

Patel AD, Perez I (1997) Is music autonomous from language? A neuropsychological appraisal. In: Deliege IE, Sloboda JE (eds), *Perception and Cognition of Music*. Hove: Psychology Press, pp. 191–215.

Patel VL, Groen GJ (1991) The general and specific nature of medical expertise: a critical look. In: Ericsson KA, Smith J (eds) *Toward a General Theory of Expertise*, pp. 93–125. Cambridge University Press, Cambridge, UK.

Payne K (2000) The progressively changing songs of humpback whales: a window on the creative process in a wild animal. In: Wallin NL, Merker B, Brown S (eds) (2000) *The Origins of Music*. MIT Press; Cambridge MA, pp. 135–150.

Payne K, Payne R (1985) Large-scale changes over 19 years in songs of humpback whales in Bermuda. *Zeitschrift für Tierpsychologie* 68: 89–114.

Pedersen MF (1993) A longitudinal pilot study on phonetograms/voice profiles in pre-pubertal choir boys. *Clin Otolaryngol* 18: 488–491.

Peiper A (1925) Sinnesempfindungen des Kindes vor seiner Geburt. *Monatsschrift für Kinderheilkunde* 29: 236–241.

Penel A, Drake C (1998) Sources of timing variations in music performance: a psychological segmentation model. *Psychological Reseach* 61: 12–32.

Penfield W, Perot P (1963) The brain's record of auditory and visual experience. *Brain* 86: 595–696.

Penhune VB, Zatorre RJ, Feindel WH (1999) The role of auditory cortex in retention of rhythmic patterns as studied in patients with temporal lobe removals including Heschl's gyrus. *Neuropsychologia* 37: 315–331.

Perani D, Fazio F, Borghese NA et al. (2001) *Neuroimage* 14: 749–758.

Peretz I (1993) Auditory agnosia: a functional analysis. In: McAdams S, Bigand E (eds) *Thinking in Sound. The Cognitive Psychology of Human Audition*. Oxford University Press, pp. 199–230.

Peretz I (2001) Listen to the brain: a biological perspective on musical emotions. In: Juslin PN, Sloboda JA (eds) *Music and Emotion: Theory and Research*. Oxford University Press, pp. 105–134.

Peretz I, Babaï M (1992) The role of contour and intervals in the recognition of melody parts: evidence from cerebral asymmetries in musicians. *Neuropsychologia* 30: 277–292.

Peretz I, Blood A, Penhune V, Zatorre R (2001) Cortical deafness to dissonance. *Brain* 124: 928–940.

Peretz I, Kolinsky R, Tramo M, Labrecque R, Hublet C, Demeurisse G, Belleville S (1994) Functional dissociations following bilateral lesions of auditory cortex. *Brain* 117: 1283–1301.

Perry DW, Zatorre RJ, Petrides M, Alivisatos B, Meyer E, Evans AC (1999) Localization of cerebral activity during simple singing. *NeuroReport* 10: 3979–3984.

Persson RS (2001) The subjective world of the performer. In: Juslin PN, Sloboda JA (eds) *Music and Emotion: Theory and Research*. Oxford University Press, pp. 275–289.

Persson RS, Pratt G, Robson C (1992) Motivational and influential components of musical performance: a qualitative analysis. *European Journal for High Ability* 3: 206–217.

Pfäffgen P (1988) *Die Gitarre. Grundzüge ihrer Entwicklung*. Schott, Mainz.

Phyland DJ, Oates J, Greenwood KM (1999) Self-reported voice problems among three groups of professional singers. *Journal of Voice* 13: 602–611.

Piazza DM (1980) The influence of sex and handedness in the hemispheric specialization of verbal and non-verbal tasks. *Neuropsychologia* 18: 163–176.

Pierce JR (1999) The nature of musical sound. In: Deutsch DE (ed) *The Psychology of Music*, 2nd ed. San Diego: Academic Press, pp. 1–23.

Pierson LL (1996) Hazards of noise exposure on fetal hearing. *Seminars in Perinatology* 20: 21–29.

Pierson LL, Gerhardt KJ, Abrams RM, Griffiths SK, Peters AJM (1994) Effect of impulse noise on the auditory brainstem response of the fetal sheep and the adult Ewe: case study. *Military Medicine* 159: 676–680.

Pinker S (1994) *The Language Instinct*. Allen Lane, London.

Pitt LF, Abratt R (1988) Music in advertisements for unmentionable products – a classical conditioning experiment. *International Journal of Advertising* 7: 130–137.

Platel H, Price C, Baron J-C, et al. (1997) The structural components of music perception: a functional anatomical study. *Brain* 120: 229–243.

Platon (1961) *Der Staat*. Meiner, Hamburg.

Plenger PM, Breier JI, Wheless JW, et al (1996) Lateralization of memory for music: evidence from the intracarotid sodium amobarbital procedure. *Neuropsychologia* 34: 1015–1018.

Port RF, Cummins F, McAuley JD (1995) Naive time, temporal patterns, and human audition. In: RF Port, T van Gelder (eds) *Mind as Motion*. MIT Press, Cambridge, MA, pp. 339–371.

Potter J (2000) *The Cambridge Companion to Singing*. Cambridge University Press.

Potter J (2000) Ensemble singing. In: Potter J (ed) *The Cambridge Companion to Singing*. Cambridge University Press, pp. 158–164.

Profita J, Bidder TG (1988) Perfect Pitch. *American Journal of Medical Genetics* 29: 763–771.

Purves D, George JA, Fitzpatrick D, Katz LC, LaMantia A-S, McNAmara JO, Williams SM (eds) (2001) *Neuroscience*. Sunderland MA: Sinauer.

Radvansky GA, Potter J (2000) Source cuing: memory for melodies. *Memory & Cognition* 28: 693–699.

Raghuram R, Keshavan MD, Channabasavanna SM (1980) Musical hallucinations in a deaff middle-aged patient. *Journal of Clinical Psychiatry* 41: 357.

Rakowski A, Morawska-Büngeler M (1987) In search for the criteria of absolute pitch. *Archives of Acoustics* 12: 75–87.

Rammsayer T (2000) Zeitwahrnehmung und Rhythmuswahrnehmung. In: Müller K, Aschersleben G (Hg) *Rhythmus. Ein interdisziplinäres Handbuch*. Bern: Huber, S. 83–106.

Ramsey JH (1983) The effects of age, singing ability, and instrumental experience on preschool children's melodic perception. *Journal of Research in Music Education* 31: 133–145.

Rasch R, Plomp R (1999) The perception of musical tones. In: Deutsch DE (ed) *The Psychology of Music*, 2nd ed. San Diego: Academic Press, pp. 89–112.

Rault C (1993) La reconstrucción del organistrum. In: Fundación Pedro Barrié de la Maza conde de Fenosa, *Los Instromentos del Pórtico de la Gloria. Su reconstrucción y la música de su tiempo*, Vol. I, pp. 383–406.

Rauscher FH, Shaw GL (1998) Key components of the Mozart effect. *Perceptual and Motor Skills* 86: 835–841.

Rauscher FH, Shaw GL, Ky KN (1993) Music and spatial task performance. *Nature* 365: 611.

Rauscher FH, Shaw GL, Ky KN (1995) Listening to Mozart enhances spatial-temporal reasoning: towards a neurophysiological basis. *Neuroscience Letters* 185: 44–47.

Rauscher FH, Shaw GL, Levine LJ, Wright EL, Dennis WR, Newcomb RL (1997) Music training causes long-term enhancement of preschool children's spatial-temporal reasonig. *Neurological Research* 19: 2–8.

Ravilious K (2001) Songs before the storm. *New Scientist* (17.11.01) 2317: 30–34.

Ridley M (1993) *The Red Queen: Sex and the Evolution of Human Nature*. Viking, New York.

Röder B, Teder-Slejrvi W, Sterr A, Rsler F, Hillyard SA, Neville HJ (1999) Improved auditory spatial tuning in blind humans. *Nature* 400: 162–166.

Rehm S, Jansen G (1978) Aircraft noise and premature birth. *Journal of Sound and Vibration* 59: 133–135.

Reich-Ranicki M (1999) *Mein Leben*. DVA Stuttgart.

Repp BH (1990) Patterns of expressive timing in performances of a Beethoven minuet by nineteen famous pianists. *Journal of the Acoustical Society* 88: 622–641.

Repp BH (1992) Diversity and commonality in music performance: An analysis of timing micro-structure in Schumann`s „Träumerei". *Journal of the Acoustical Society* 92: 2546–2568.

Repp BH (1992) Probing the cognitive representation of musical time: Structural constraints on the perception of timing perturbations. *Cognition* 44: 241–281.

Repp BH (1997) The aesthetic quality of a quantitatively average music performance: two preliminary experiments. *Music Perception* 14: 419–444.

Repp BH (1998) Obligatory „expectations" of expressive timing induced by perception of musical structure. *Psychol Res* 61: 33–43.

Repp BH (1998) Variations on a theme by Chopin: relations between perception and production of timing in music. *Journal of Experimental Psychology: Human Perception and Performance* 24: 791–811.

Response to Mick, Biederman, and Faraone. *Journal of Learning Disabilities* 33: 314–316.

Rice CE (1966) The human sonar system. In: Busnel RG (ed) *Animal Sonar Systems: Biology and Bionics*. Jouyen Josas, France: Laboratoire de Physiologie Accoustique, INRA-CNRZ, pp. 719–755.

Richter J, Fischer R, Hollmann P (1994) *Die alte Heimat Spindelmühle. St. Peter-Friedrichsthal im Riesengebirge*. Heimatkreis Hohenelbe/Riesengebirge e. V., Marktoberdorf/Allgäu.

Ridding MC (2000) Reduced interhemispheric inhibition in musicians. *Exp Brain Res* 133: 249–253.

Ridgway SH (1986) Physiological observations on dolphin brains. In: Schusterman RJ, Thomas JA, Wood FG (eds) *Dolphin Cognition and Behavior: A Comparative Approach*. Hillsdale, NJ: Erlbaum, pp. 31–59.

Rieder CE (1976) Possible premature degenerative temporomandibular joint disease in violinists. J *Prosthet Dent* 35: 662–664.

Ries Jones M, Yee W (1993) Attention to auditory events: the role of temporal organization. In: McAdams S, Bigand E (eds) *Thinking in Sound. The Cognitive Psychology of Human Audition*. Oxford University Press, pp. 69–112.

Roballey TC, McGreevy C, Rongo RR, Schwantes ML, Steger PJ, Wininger MA, Gardner EB (1985) The effect of musik on eating behavior. *Bulletin of the Psychonomic Society* 23: 221–222.

Robles L, Ruggero MA, Rich NC (1991) Two-tone distortion in the basilar membrane of the cochlea. *Nature* 349: 413–414.

Rode C, Wagner M, Güntürkün O (1995) Menstrual cycle affects functional cerebral asymmetries. *Neuropsychologia* 33: 855–865.

Rosen CA (2000) Vocal fold scar: evaluation and treatment. *Otolaryngologic Clinics of North America* 33: 1081–1086.

Roske M (1978) *Studie zur Entwicklungsgeschichte des privaten Musikunterrichts*. Schriften zur Musikpädagogik 5. Mössler, Wolfenbüttel.

Ross ED (1978) Musical hallucinations in deafness revisited. *JAMA* 240: 1716.

Ross ED, Jossman PB, Bell B, Sabin T, Geschwind N (1975) Musical hallucinations in deafness. *JAMA* 231: 620–622.

Rossing TD (1990) *The Science of Sound*, 2nd ed. Addison-Wesley, Reading MA.

Rossing TD (2000) *The Science of Percussion Instruments*. World Scientific, Singapore.

Rossing TD, Fletcher NH (1995) *Principles of Vibration and Sound*. Springer-Verlag, New York.

Roy M (2000) *Buena Vista. Die Musik Kubas*. Palmyra, Heidelberg.

Rozanski J, Rosen H (1952) Musical hallucinations in otosclerosis. *Confinia Neurologica* 12: 49–54.

Russel PA (1997) Musical tastes and society. In: Hargraeves DJ, North AC (eds) *The Social Psychology of Music*. Oxford University Press, New York, pp. 141–158.

Saba PR, Keshavan MS (1997) Musical hallucinations and musical imagery: prevalence and phenomenology in schizophrenic patients. *Psychopathology* 30: 185–190.

Sachs C (1928) Die Musik der Antike. In: E Bücken (Hg) *Handbuch der Musikwissenschaft*. Wildpark-Potsdam: Akademische Verlagsgesellschaft Athenaion.

Sachs C (1929) *Geist und Werden der Musikinstrumente*. Berlin: Dietrich Reimer Verlag.

Saffran JR, Loman MM, Robertson RRW (2000) Infant memory for musical experiences. *Cognition* 77: B15–B23.

Saffran JR, Griepentrog GJ (2001) Absolute pitch in infant auditory learning: evidence for developmental reorganization. *Developmental Psychology* 37: 74–85.

Salmon DP, Butters N (1995) Neurobiology of skill and habit learning. *Current Opinion in Neurobiology* 5: 184–190.

Sample I (2001) Sound defence. The Pentagon is considering an ear-blasting anti-hijacking gun. *New Scientist*, 17.11.01, 2317: 24.

Samson S, Zatorre RJ (1992) Learning and retention of melodic and verbal information after unilateral temporal lobectomy. *Neuropsychologia* 30: 815–826.

Samson S, Zatorre RJ (1994) Contribution of the right temporal lobe to musical timbre discrimination. *Neuropsychologia* 32: 231–240.

Sanders G, Wenmoth D (1998) Verbal and music dichotic listening tasks reveal variations in functional cerebral asymmetry across the menstrual cycle that are phase and task dependent. *Neuropsychologia* 36: 869–874.

Sapir S, Mathers-Schmidt B, Larson GW (1996) Singers' and non-singers' vocal health, vocal behaviours, and attitudes towards voice and singing: indirect findings from a questionnaire. *European Journal of Disorders of Communication* 31: 193–209.

Schaal B, Marlier L, Soussignan R (2000) Human foetuses learn odors from their pregnant mother's diet. *Chemical Senses* 25: 229–237.

Schaefer J (2000) „Songlines": vocal traditions in world music. In: Potter J (ed) *The Cambridge Companion to Singing*. Cambridge University Press, pp. 9–27.

Scheck G (1980) *Das Vibrato unter besonderer Berücksichtigung der Verhältnisse bei Flötisten*. Bosse, Regensburg.

Schellenberg EG, Trainor LJ (1996) Sensory consonance and the perceptual similarity of complex-tone harmonic intervals: tests of adult and infant listeners. *Journal of the Accoustic Society of America* 100: 3321–3328.

Schellenberg EG, Trehub S (1996a) Natural musical intervals: evidence from infant listeners. *Psychological Sciences* 7: 272–277.

Schellenberg EG, Trehub S (1996b) Children's discrimination of melodic intervals. *Developmental Psychology* 32: 1039–1050.

Schelleng JC (1988) Die gestrichene Saite. In: Winkler K (Hg) *Die Physik der Musikinstrumente*. Heidelberg, Spektrum der Wissenschaft, S. 78–87.

Scherer RC, Brewer DW, Colton R, et al. (1994) The integration of voice science, voice pathology, medicine, public speaking, acting, and singing. *Journal of Voice* 8: 359–374.

Scherer KR, Zentner MR (2001) Emotional effects of music: production rules. In: Juslin PN, Sloboda JA (eds) *Music and Emotion: Theory and Research*. Oxford University Press, pp. 361–392.

Schiffter R, Straschill M (1977) Aura continua musicalis – Bericht über einen Krankheitsfall mit sensorischem Status epilepticus. *Nervenarzt* 48: 321–325.

Schlaug G, Jäncke L, Huang Y, Staiger JF, Steinmetz H (1995) Increased corpus callosum size in musicians. *Neuropsychologia* 33: 1047–1055.

Schlaug G, Jäncke L, Huang YX, Steinmetz H (1995) In-vivo evidence of structural brain asymmetry in musicians. *Science* 267: 699–701.

Schmuckler MA (1997) Expectancy effects in memory for melodies. *Canadian Journal of Experimental Psychology* 51: 292–305.

Schneider B, Trehub SE (1985) Behavioural assessment of basic auditory abilities. In: Schneider B, Trehub SE (eds) *Auditory Development in Infancy*. New York: Plenum Press, pp. 101–114.

Schönberg A (1912/1975) Parsival and Copyright. In: *Style and Idea. Selected Writings of Arnold Schoenberg* (Ed: L Stein). London, Faber & Faber, pp. 491–496.

Schroeder MR (1999) Concert halls: from magic to number theory. In: Deutsch DE (ed), *The Psychology of Music*, 2nd ed. San Diego: Academic Press, pp. 25–46.

Schubert E (2001) Continuous measurement of self-report emotional response to music. In: Juslin PN, Sloboda JA (eds) *Music and Emotion: Theory and Research*. Oxford University Press, pp. 393–414.

Schütz A (1964) Making musik together. In: *Collected Papers ii*, Nujhoff, The Hague, pp. 159–178.

Schulkind MD (1999) Long-term memory for temporal structure: evidence from the identification of well-known and novel songs. *Memory & Cognition* 27: 896–906.

Schulkind MD, Hennis LK, Rubin DC (1999) Music, emotion, and autobiographical memory: they're playing your song. *Memory & Cognition* 27: 948–955.

Schumann O (1940) *Geschichte der deutschen Musik*. Bibliographisches Institut Leipzig.

Schuppert M, Münte T, Wieringa B, Altenmüller E (2000) Receptive amusia: evidence for cross-hemispheric neural networks underlying music processing strategies. *Brain* 123: 546–559.

Schutte HK, Miller DG, Svec JG (1995) Measurement of formant frequencies and bandwidths in singing. *Journal of Voice* 9: 290–296.

Scott DF (1977) Musicogenic epilepsy. (2) The later story: its relation to auditory hallucinatory phenomena. In: Critchley M, Henson RA (eds) *Music and the Brain. Studies in the Neurology of Music*. William Heinemann Medical Books Ltd., London, pp. 354–364.

Scott DF, Moffett A (1977) The development of early musical talent in famous composers: a biographical review. In: Critchley M, Henson RA (eds) *Music and the Brain. Studies in the Neurology of Music*. William Heinemann Medical Books Ltd., London, pp. 174–201.

Scruton R (1997) *The Aesthetics of Music*. Oxford University Press.

Seligman MEP (2000) Editorial. *Mayo Clinic Proceedings* 75: 133.

Seidel H (1993) Selected health risks caused by long-term, whole-body vibration. *American Journal of Industrial Medicine* 23: 589–604.

Sekeles C (1999) Working through loss and mourning in music therapy. In: Wigram T, De Backer J (eds) *Clinical Applications of Music Therapy in Psychiatry*. Jessica Kingsley Publishers, London, pp. 176–196.

Sergeant D (1969) Experimental investigation of absolute pitch. *Journal of Research in Music Education* 17: 135–143.

Sergent J (1993) Music, the brain and Ravel. *Trends in Neurosciences* 16: 168–172.

Sergent J, Zuck E, Terriah S, MacDonald B (1992) Distributed neural network underlying musical sight-reading and keyboard performance. *Science* 257: 106–109.

Sethares WA (1998) *Tuning, Timbre, Spectrum, Scale*. Springer, London.

Shaffer LH (1995) Musical performance as interpretation. *Psychology of Music* 23: 17–38.

Shamma SA (2001) On the role of space and time in auditory processing. *Trends in Cognitive Sciences* 5: 340–348.

Shannon RV, Zeng F-G, Kamath V, Wygonski J, Ekelid M (1995) Speech recognition with primarily temporal cues. *Science* 270: 303–304.

Sharma J, Angelucci A, Sur M (2000) Induction of visual orientation modules in auditory cortex. *Nature* 404: 841–847.

Shen S (1988) Das Glockenspiel im alten China. In: Winkler K (Hg) *Die Physik der Musikinstrumente*. Heidelberg, Spektrum der Wissenschaft, S. 118–127.

Shuter-Dyson R (1999) Musical ability. In: Deutsch DE (ed) *The Psychology of Music*, 2nd ed. San Diego: Academic Press, pp. 627–651.

Sibley F (1993) Making music our own. In: Krausz M (ed) *The Interpretation of Music*. New York: Oxford University Press, pp. 165–176.

Simon HA, Chase WG (1973) Skill in chess. *American Scientist* 61: 393–403.

Simon W (1989) Musik und Psyche. In: Petsche HH (Hg) *Musik-Gehirn-Spiel: Beiträge zum vierten Herbert von Karajan-Symposium*. Birkhäuser, Basel, S. 35–38.

Simonton DK (1967) Products, persons, and periods: historiometric analyses of compositional creativity. In: Hargraeves DJ, North AC (eds) *The Social Psychology of Music*. Oxford University Press, Ney York, pp. 107 122.

Singer K (1927) *Heilwirkung der Musik. Beitrag zur musikalischen Empfindungslehre*. Julius Püttmann, Stuttgart.

Skiles M (1976) *Music Scoring for TV and Motion Pictures*. Tab books, Blue Ridge Summit.

Slater PJB (2000) Birdsong repertoires: their origins and use. In: Wallin NL, Merker B, Brown S (eds) (2000) *The Origins of Music*. MIT Press, Cambridge MA, pp. 49–63.

Slifer D, Duffield J (1994) *Kokopelli. Flute Player Images in Rock Art*. Ancient City Press, Santa Fe, New Mexico.

Sloboda J (1999) Music – where cognition and emotion meet. *The Psychologist* 12: 450–455.

Sloboda JA (1991) Music structure and emotional response: some empirical findings. *Psychology of Music* 19: 110–120.

Sloboda JA, Davidson JW, Howe MJA (1994) Is everyone musical? *The Psychologist* 7: 349–354.

Sloboda JA, Davidson JW, Howe MJA, Moore DG (1996) The role of practice in the development of performing musicians. *British Journal of Psychology* 87: 287–309.

Sloboda JA, Howe MJA (1991) Biographical precursors of musical excellence: an interview study. *Psychology of Music* 19: 3–21

Sloboda JA, Howe MJA (1999) Musical talent and individual differences in musical achievement: a reply to Gagné (1999). *Psychology of Music* 27: 52–54.

Sloboda JA, Juslin PN (2001) Psychological perspectives on music and emotion. In: Juslin PN, Sloboda JA (eds) *Music and Emotion: Theory and Research*. Oxford University Press, pp. 71–104.

Sloboda JA, O'Neill SA (2001) Emotions in everyday listening to music. In: Juslin PN, Sloboda JA (eds) *Music and Emotion: Theory and Research*. Oxford University Press, pp. 415–429.

Small DM, Zatorre RJ, Dagher A, Evans AC, Jones-Gotman M (2001) Change in brain activity related to eating chocolate. From pleasure to aversion. *Brain* 124: 1720–1733.

Smith LD, Williams RN (1999) Children's artistic responses to musical intervals. American *Journal of Psychology* 112: 383–410.

Smith MO, Chu J, Edmonston Jr. WE (1977) Cerebral lateralization of haptic perception: interaction of responses to Braille and music reveals a functional basis. *Science* 197: 689–690.

Smith PC, Curnow R (1966) „Arousal hypothesis" and the effects of music on purchasing behavior. *Journal of Applied Psychology* 50: 255–256.

Sohmer H, Goitein K, Freeman S (1994) Improvement in sensorineural auditory threshold of the guinea-pig fetus following delivery. *Hearing Research* 73: 116–120.

Sontag LW, Wallace RF (1935) The movement response of the human fetus to sound stimuli. *Child Development* 6: 253–258.

Sosniak LA (1985) Learning to be a concert pianist. In: Bloom BS (ed) *Developing Talent in Young People*. New York: Ballantine, pp. 19–67.

Spitzer B (1999) *Der zweite Rosengarten. Eine Geschichte der Geburt*. Elwin Staude Verlag, Hannover.

Spitzer M (1988) *Halluzinationen. Ein Beitrag zur allgemeinen und klinischen Psychopathologie*. Springer, Berlin.

Spitzer M (1988) Zwang und Wahn. Ein kasuistischer Beitrag zur klinischen Psychopathologie. *Schweizer Archiv für Neurologie und Psychiatrie* 139: 61–85.

Spitzer M (1993) Assoziative Netzwerke, formale Denkstörungen und Schizophrenie: Zur experimentellen Psychopathologie sprachabhängiger Denkprozesse. *Nervenarzt* 64: 147–159.

Spitzer M (1996) *Geist im Netz*. Spektrum Akademischer Verlag, Heidelberg.

Spitzer M (1997) History of neural networks. In: Stein D (ed) *Neural Networks and Psychopathology*. Cambridge University Press, pp. 14–33.

Spitzer M (1997) A cognitive neuroscience view of schizophrenic thought disorder. *Schizophrenia Bulletin* 23: 29–50.

Spitzer M (1999) *Die Idee der Universität. Studium als Selbsterfahrung im „Jahrzehnt des Gehirns"*. Reden und Aufsätze der Universität Ulm, Heft 4. Universitätsverlag Ulm.

Spitzer M (2001a) Psychohygiene und Missbildungen in der Schwangerschaft. Vom „Versehen" zur Life-Event-Teratogenität. In: *Ketchup und das kollektive Unbewusste. Geschichten aus der Nervenheilkunde*. Stuttgart: Schattauer, S. 20–23.

Spitzer M (2001b) Lernen im Mutterleib. *Nervenheilkunde* 20: 123–124.

Spitzer M (2001c) Sprachmodule – typisch menschlich? In: Spitzer M: *Ketchup und das kollektive Unbewusste*. Schattauer, Stuttgart.

Spitzer M (2001) Wer fühlen will, muss hören. Emotionen und Musik in der Forschung. *Nervenheilkunde* 20: 422–427.

Spitzer M (2001) Musik im Kopf (Editorial). *Nervenheilkunde* 20: 420–421.

Spitzer M (2002) *Die Macht innerer Bilder*. Spektrum Akademischer Verlag, Heidelberg.

Spitzer M (2002a) Belohnung im Gehirn: von Kokain und Schokolade zu Musik und einem Lächeln. *Nervenheilkunde* 21.

Spitzer M, Böhler P, Kischka U, Weisbrod M (1995) A neural network model of phantom limbs. *Biological Cybernetics* 72: 197–206.

Spitzer U (2001) Was bedeutet Musik für Dich? *Hopp Gym*. Schülerzeitung des Humboldt-Gymnasiums Ulm, Ausgabe 106.

Spitznagel A (2000) Zur Geschichte der psychologischen Rhythmusforschung. In: Müller K, Aschersleben G (Hg), *Rhythmus. Ein interdisziplinäres Handbuch*. Bern: Huber, S. 1–40.

Springer SP, Deutsch G (1981) *Left Brain, Right Brain*, rev. ed. Freeman, New York.

Stein BE, Wallace MT, Stanford TR (2001) Brain mechanisms for synthesizing information from different sensory modalities. In: Goldstein BE (ed) *Blackwell Handbook of Perception*. Blackwell, Oxford, pp. 709–736.

Steptoe A (2001) Negative emotions in music making: the problem of performance anxiety. In: Juslin PN, Sloboda JA (eds) *Music and Emotion: Theory and Research*. Oxford University Press, pp. 291–307.

Steptoe A, Fidler H (1987) Stage fright in orchestral musicians: a study of cognitive and behavioural strategies in performance anxiety. *British Journal of Psychology* 78: 241–249.

Stößel R, Dillenz A, Krohn N, Busse G (2000) Zerstörungsfreie Prüfung mit defektselektiven Abbildungsverfahren. *Materialprüfung* 42: 38–44.
Stone REE, Cleveland TF, Sundberg J (1999) Formant frequencies in country singers' speech and singing. *Journal of Voice* 13: 161–167.
Stumpf C (1883/1890) *Tonpsychologie*, Bd. I und II, Leipzig.
Stumpf C (1901) Beobachtungen über subjektive Töne und über Doppelthören. *Beiträge zur Akustik und Musikwissenschaft*, Vol. 3. Leipzig, S. 30–51.
Sundberg J (1974) Articulatory interpretation of the „singing formant". *J Acoust Soc Am* 55: 838–844.
Sundberg J (1988) Die Singstimme. In: Winkler K (Hg) *Die Physik der Musikinstrumente*. Heidelberg, Spektrum der Wissenschaft, S. 14–21.
Sundberg J (1994) Perceptual aspects of singing. *Journal of Voice* 8: 106–122.
Sundberg J (1997) *Die Wissenschaft von der Singstimme*. Orpheus Verlag, Bonn.
Sundberg J (1999) The percepion of singing. In: Deutsch DE (ed) *The Psychology of Music*, 2nd ed. San Diego: Academic Press, pp. 171–214.
Sundberg J (2000) Emotive transforms. *Phonetica* 57: 95–112.
Sundberg J (2000) Where does the sound come from? In: Potter J (Hg) *The Cambridge Companion to Singing*. Cambridge University Press, pp. 231–247.
Taddey JJ (1992) Musicians and temporomandibular disorders: prevalence and occupational etiologic considerations. *The Journal of Craniomandibular Practice (Cranio)* 10: 241–244.
Takeda K, Bandou M, Nishimura Y (1990) Motor amusia following a right temporal lobe hemorrhage – a case report. *Clinical Neurology* 30: 78–83.
Takeuchi AH, Hulse SH (1993) Absolute pitch. *Psychological Bulletin* 113: 345–361.
Tallal P, Miller SL, Bedi G, Byma G, Wang X, Nagarajan SS, Schreiner C, Jenkins WM, Merzenich MM (1996) Language comprehension in langauge-learning impaired children improved with acoustically modified speech. *Science* 271: 81–84.
Tanriverdi N, Sayilgan MA, Özçürümez (2001) Musical hallucinations associated with abruptly developed bilateral loss of hearing. *Acta Psychiatrica Scandinavica* 103: 153–155.
Taylor J, Holmes G, Walshe FMR (eds) (1958) *Selected writings of John Hughlings Jackson*, Vols. 1 u. 2. Basic Books, New York.
Tchernichovski O, Mitra PP, Lints T, Nottebohm F (2001) Dynamics of the vocal imitation process: How a Zebra finch learns its song. *Science* 291: 2564.
Tekman G, Bharucha JJ (1992) Time course of chord priming. *Perception and Psychophysics* 51: 33–39.
Terao T, Ikemura N (2000) Musical obsessions or hallucinations? *J Neuropsychiatry Clin Neurosci* 12: 518–519.
Ternström S (1999) Preferred self-to-other ratios in choir singing. *The Journal of the Acoustical Society of America* 105: 3563–3574.
Tervaniemi M, Ilvonen T, Sinkkonen J, et al. (2000) Harmonic partials facilitate pitch discrimination in humans: electrophysiological and behavioral evidence. *Neuroscience Letters* 279: 29–32.
Tervaniemi M, Kujala A, Alho K, Virtanen J, R. I, Näätänen R (1999) Functional specialization of the human auditory cortex in processing phonetic and musical sounds: a magnetoencephalographic (MEG) study. *NeuroImage* 9: 330–336.
Tervaniemi M, Medvedev S, Alho K, et al (2000) Lateralized automatic auditory processing of phonetic versus musical information: a PET study. *Human Brain Mapping* 10: 74–79.

Thaut MH (1999) Music therapy with autistic children. In: Davis WB, Gfeller KE, Thaut MH (1999) *An Introduction to Music Therapy. Theory and Practice*, 2nd edition. McGraw-Hill College, Boston MA, pp. 163–178.

Thaut MH, McIntosh GC, Rice RR, Miller RA, Rathbun J, Brault JM (1996) Rhythmic auditory stimulation in gait training for Parkinsons disease patients. *Movement Disorders* 11: 193–200.

Thomasson M, Sundberg J (1999) Consistency of phonatory breathing patterns in professional operatic singers. *Journal of Voice* 13: 529–541.

Tian B, Rauschecker JP (1994) Processing of frequency-modulated sounds in the cat‘s anterior auditory field. *J Neurophysiol* 71: 1959–1975.

Tiedemann F (1822) *Tabulae Arteriarum corporis humani*. Carlsruhe.

Tillmann B, Bharucha JJ, Bigand E (2000) Implicit learning of tonality: a self-organizing approach. *Psychological Review* 107: 885–913.

Titze IR, Story BH (1997) Acoustic interactions of the voice source with the lower vocal tract. *Journal of the Acoustical Society of America* 101: 2234–2243.

Todd N (1994) The kinematics of musical expression. *Journal of the Acoustical Society of America* 97: 1940–1949.

Todd PM, Loy DG (eds) (1991) *Music and Connectionism*. MIT Press, Cambridge MA.

Tolaas J (1991) Notes on the origin of some spatialization metaphors. *Metaphor and Symbolic Activity* 6: 203–218.

Towle VL, Bolanos J, Suarez D, et al (1993) The spatial location of EEG electrodes: locating the best-fitting sphere relative to cortical anatomy. *Electroencephalography and clinical Neurophysiology* 86: 1–6.

Trainor L, Trehub SE (1992) A comparison of infants’ and adults’ sensitivity to Western tonal structure. *Journal of Experimental Psychology: Human Perception and Performance* 18: 394–402.

Trainor L, Heinmiller B (1998) The development of evaluative responses to music: infants prefer to listen to consonance over dissonance. *Infant Behavior and Development* 21: 77–88.

Tramo MJ (2001) Music of the hemispheres. *Science* 291: 54–56.

Trehub SE (1985) Auditory pattern perception in infancy. In: Schneider B, Trehub SE (eds) *Auditory Development in Infancy*. New York: Plenum Press, pp. 183–195.

Trehub SE (1990) The perception of musical patterns by human infants: the provision of similar patterns by their parents. In: Berkley M, Stebbins WC (eds) *Comparative Perception, Vol. 1: Basic Mechanisms*, Wiley, New York, pp. 429–459.

Trehub S (2000) Human processing predispositions and musical universals. In: Wallin NL, Merker B, Brown S (eds) (2000) *The Origins of Music*. MIT Press; Cambridge MA, pp. 427–448.

Trehub SE, Bull D, Thorpe LA (1984) Infants’ perception of melodies: the role of melodic contour. *Child Development* 55: 821–830.

Trehub SE, Unyk AM, Trainor (1992) Adults identify infant-directed music across cultures. *Infant Behavior and Development* 16: 193–211.

Trehub SE, Schellenberg E, Hill D (1997) The origins of music perception and cognition: a development perspective. In: Deliege IE, Sloboda JE (eds) *Perception and Cognition of Music*. Hove: Psychology Press, pp. 103–128.

Trehub SE, Thorpe LA (1989) Infant’s perception of rhythm. Categorization of auditory sequences by temporal structure. *Canadian Journal of Psychology* 43: 217–229.

Trehub SE, Trainor LJ (1993) Listening strategies in infancy: the roots of music and language development. In: McAdams S, Bigand E (eds) *Thinking in Sound. The Cognitive Psychology of Human Audition*. Oxford University Press, pp. 278–327.

Trehub SE, Unyk AM, Kamenetsky SB, et al (1997) Mothers' and fathers' singing to infants. *Developmental Psychology* 33: 500–507.

Triepel H (1934) Zur Frage des absoluten Gehörs. *Archiv für die Gesamte Psychologie* 90: 373–379.

Trivers R (1985) *Social Evolution,* Kapitel 16: Deceit and self-deception. Benjamin Cummings, Menlo Park.

Tucker N (1984) Lullabies. *History Today* 34: 40–46.

Tzortzis C, Goldblum M-C, Dang M, Forette F, Boller F (2000) Absence of amusia and preserved naming of musical instruments in an aphasic composer. *Cortex* 36: 227–242.

Ujhelyi M (2000) Social organization as a factor in the origins of language and music. In: Wallin NL, Merker B, Brown S (eds) (2000) *The Origins of Music.* MIT Press, Cambridge MA, pp. 125–134.

Umemoto T (1997) Developmental approaches to music cognition and behaviour. In: Deliege IE, Sloboda JE (eds) *Perception and Cognition of Music.* Taylor & Francis, Hove UK, pp. 129–142.

Unger J, Spitzer M (2000) Bildung neuer Nervenzellen in alten Gehirnen? *Nervenheilkunde* 19: 65–68.

Unyk AM, Trehub SE, Trainor LJ, Schellenberg GE (1992) Lullabies and simplicity: a cross-cultural perspective. *Psychology of Music* 20: 15–28.

Van der Maas J (1985) *Das Monochord. Das Instrument des Harmonikers.* Schriften über Harmonik 9; Kreis der Freunde um Hans Kayser, Bern.

Vander Ark S (1997) Instrumental performance of an etude after three methods of practice. *Perceptual and Motor Skills* 85: 1338.

Van Heteren CF, Boekkooi PF, Jongsma HW, Nijhuis JG (2000) Fetal learning and memory. *Lancet* 356: 1169–1170.

Van Lancker D, Canter G (1982) Impairments of voice and face recognition in patients with hemispheric damage. *Brain & Cognition* 1: 185–195.

Vendrix P (1997) Cognitive sciences and historical sciences in music: ways towards conciliation. In: Deliege IE, Sloboda JE (eds) *Perception and Cognition of Music.* Taylor & Francis, Hove UK, pp. 69–80.

Vernon PE (1977) Absolute pitch: a case study. *British Journal of Psychology* 68: 485–489.

Vihman MM (1978) Consonant harmony: its scope and function in child language. In: Greenberg JH (ed) *Universals of Human Language.* Stanford University Press, Stanford, pp. 281–365.

Vollmer-Haase J, Finke K, Hartje W, Bulla-Hellwig M (1998) Hemispheric dominance in the processing of J.S. Bach fugues: a transcranial Doppler sonography (TCD) study with musicians. *Neuropsychologia* 36: 857–867.

Vos PG, Handel S (1987) Playing triplets: facts and preferences. In: Gabrielsson A (ed) *Action and Perception in Rhythm and Music.* Royal Swedish Academy of Music No. 55, pp. 35–47.

Wagner C (1971) The Influence of the tempo of playing on the rhythmic structure studied at pianist's playing scales. *Medicine and Sport* 6: 129–132.

Wagner C (1987) Welche Anforderungen stellt das Instrumentalspiel an die menschliche Hand? *Handchirurgie* 19: 23–32.

Wagner C (1988) The pianist's hand: anthropometry and biomechanics. *Ergonomics* 31: 97–131.

Wagner R (1984) Das Bühnenfestspielhaus zu Bayreuth (1873). In: Bauer OG (ed) *Der Festspielhügel: Richard Wagners Werk in Bayreuth.* Bayreuth: Mühl Verlag, pp. 13–22.

Walker D (1998) *Cuckoo for Kokopelli.* Northland Publishing, Flagstaff, AZ.

Wallin NL, Merker B, Brown S (eds) (2000) *The Origins of Music*. MIT Press; Cambridge MA.

Wallace MN, Rutkowski RG, Shackleton TM, Palmer AR (2001) Phase-locked responses to pure tones in guinea pig auditory cortex. *NeuroReport* 11: 3989–3993.

Ward WD (1999) Absolute pitch. In: Deutsch DE (ed) *The Psychology of Music*, 2nd ed. San Diego: Academic Press, pp. 265–298.

Warren RM (1993) Perception of acoustic sequences: global integration versus temporal resolution. In: McAdams S, Bigand E (eds) *Thinking in Sound. The Cognitive Psychology of Human Audition*. Oxford University Press, pp. 37–68.

Warren RM (1999) *Auditory Perception*. Cambridge University Press.

Warren RM, Obusek CJ, Farmer RM, Warren RP (1969) Auditory sequence: confusion of patterns other than speech or music. *Science* 164: 586–587.

Waterman M (1996) Emotional responses to music: implicit and explicit effects in listeners and performers. *Psychology of Music* 24: 53–67.

Watzman H (2000) The big crunch. *New Scientist* 2270/71: 14.

Weikert M, Schlmicher-Thier J (1999) Laryngeal movements in saxophone playing: video-endoscopic investigations with saxophone players. *Journal of Voice* 13: 265–273.

Weinberger NM (1999) Music and the auditory system. In: Deutsch DE (ed) *The Psychology of Music*, 2nd ed. San Diego: Academic Press, pp. 47–87.

Wellek A (1938) Das absolute Gehör und seine Typen. *Zeitschrift für angewandte Psychologie und Charakterkunde*, Beiheft 83. Leipzig.

Wesner RB, Noyes R, Davis TL (1990) The occurrence of performance anxiety among musicians. *Journal of Affective Disorders* 18: 177–185.

Whaling C (2000) What's behind a song? The neural basis of song learning in birds. In: Wallin NL, Merker B, Brown S (eds) (2000) *The Origins of Music*. MIT Press, Cambridge MA, pp. 65–76.

White B (1960) Recognition of distorted melodies. *American Journal of Psychology* 73: 100–107.

Wilson FR (1992) Digitizing digital dexterity: a novel application for Midi recordings of keyboard performance. *Psychomusicology* 11: 79–95.

Wilson GD (1997) Performance anxiety. In: Hargraeves DJ, North AC (eds) *The Social Psychology of Music*. Oxford University Press, New York, pp. 229–245.

Winckel F (1971) How to measure the effectiveness of stage singers voice. *Folia phoniat* 23: 228–233.

Winkler K (Hg) (1988) *Die Physik der Musikinstrumente*. Spektrum der Wissenschaft, Heidelberg.

Wolman D (2001) Sound of science. Climate record my old friend, it's good to hear your voice again. *New Scientist* 2301: 30–33.

Wolpert DM, Ghahramani Z, Flanagan JR (2001) Perspectives and problems in motor learning. *Trends in Cognitive Sciences* 5: 487–494.

Wüsthoff K (1978) *Die Rolle der Musik in der Film-, Funk- und Fernsehwerbung*. Merseburger, Berlin.

Wyke MA (1977) Musical ability: a neuropsychological interpretation. In: Critchley M, Henson RA (eds) *Music and the Brain. Studies in the Neurology of Music*. William Heinemann Medical Books Ltd., London, pp. 156–173.

Yoshizaki K (1994) *Basic Textbook for the Koto*. Japanese Society for House Music, Fukuoka, Japan.

Young JO (1988) The concept of authentic performance. *British Journal of Aesthetics* 28.

Zatorre R (1998) Functional specialization of human auditory cortex for musical processing. *Brain* 121 (Pt 10): 1817–1818.

Zatorre RJ (1985) Discrimination and recognition of tonal melodies after unilateral cerebral excisions. *Neuropsychologia* 23: 31–41.

Zatorre RJ, Halpern AR (1993) Effect of unilateral temporal-lobe excision on perception and imagery of songs. *Neuropsychologia* 31: 221–232.

Zentner MR, Kagan J (1996) Perception of music by infants. *Nature* 383: 28.

Zentner MR, Kagan J (1998) Infant's perception of consonance and dissonance in music. *Infant Behavior and Development* 21: 483–492.

Zillmann D, Gan S-L (1997) Musical taste in adolescence. In: Hargraeves DJ, North AC (eds) *The Social Psychology of Music*. Oxford University Press, New York, pp. 161–187.

Zullow HM (1991) Pessimistic rumination in popular songs and news magazines predict economic recession via decreased consumer optimism and spending. *Journal of Economic Psychology* 12: 501–526.

Zungu-Dirwayi N, Hugo F, Heerden BB van, Stein DJ (1999) Are musical obsessions a temporal lobe phenomenon? *Journal of Neuropsychiatry and Clinical Neuroscience* 11: 389–400.

Sach- und Personenverzeichnis

A

B

C

H

I

J

K

L

M

N

O

P

Q

R

S

T

U

V

W

Y

Z